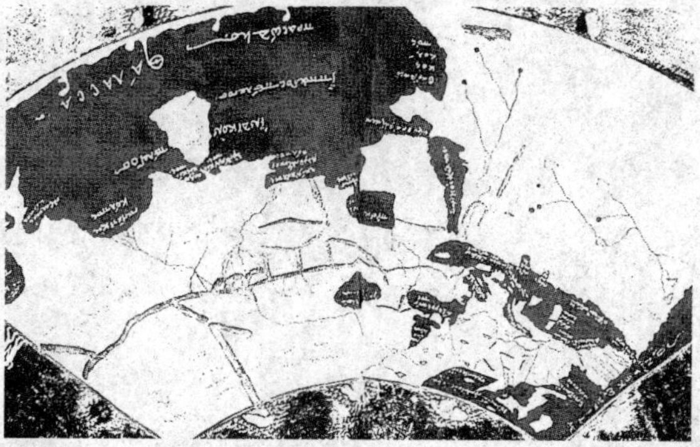

文化伟人代表作图释书系

An Illustrated Series of Masterpieces of the Great Minds

非凡的阅读

从影响每一代学人的知识名著开始

知识分子阅读，不仅是指其特有的阅读姿态和思考方式，更重要的还包括读物的选择。在众多当代出版物中，哪些读物的知识价值最具引领性，许多人都很难确切判定。

“文化伟人代表作图释书系”所选择的，正是对人类知识体系的构建有着重大影响的伟大人物的代表著作，这些著述不仅从各自不同的角度深刻影响着人类文明的发展进程，而且自面世之日起，便不断改变着我们对世界和自然的认知，不仅给了我们思考的勇气和力量，更让我们实现了对自身的一次次突破。

这些著述大都篇幅宏大，难以适应当代阅读的特有习惯。为此，对其中的一部分著述，我们在凝练编译的基础上，以插图的方式对书中的知识精要进行了必要补述，既突出了原著的伟大之处，又消除了更多人可能存在的阅读障碍。

我们相信，一切尖端的知识都能轻松理解，一切深奥的思想都可以真切领悟。

■ 文化伟人代表作图释书系

几何原本（全新修订本）

Euclid's Elements

〔古希腊〕欧几里得/著

邹 忌/编译

重庆出版社

图书在版编目（CIP）数据

几何原本 /（古希腊）欧几里得著；邹忌编译. — 修订本. — 重庆：重庆出版社，2014.1（2025.9重印）
ISBN 978-7-229-07157-8

Ⅰ. ①几…　Ⅱ. ①欧…　②邹…　Ⅲ. ①欧氏几何
Ⅳ. ①O184

中国版本图书馆CIP数据核字（2013）第267085号

几何原本（全新修订本）
JIHE YUANBEN

［古希腊］欧几里得 著　邹忌 编译

策 划 人：刘太亨
责任编辑：陈渝生
责任校对：李小君
封面设计：日日新
版式设计：曲　丹

重庆出版社 出版
重庆市南岸区南滨路162号1幢　邮编：400061　http://www.cqph.com
重庆市国丰印务有限责任公司印刷
重庆出版社有限责任公司发行
全国新华书店经销

开本：720mm×1000mm　1/16　印张：42　字数：700千
2005年10月第1版　2014年8月第3版　2025年9月第53次印刷
ISBN 978-7-229-07157-8
定价：58.00元

如有印装质量问题，请向重庆出版社有限责任公司调换：023-61520678

译者序

数学是一个高贵的世界，即使身为世俗的君主在这里也毫无特权。与在时间中速朽的物质相比，数学所揭示的世界才是永恒的。

古希腊数学直接脱胎于哲学，它使用各种可能的描述，解析我们的宇宙，使它不至混沌、分离；它建立起物质与精神世界的确定体系，致使渺小如人类也能从中获得些许自信。

被称为“几何之父”的古希腊数学家欧几里得，他所著的《几何原本》是哲学意义上的几何，它完全有别于起源并应用于世俗计算的中国数学和古埃及数学。

在本书里，欧几里得建立了人类历史上第一座宏伟的演绎推理大厦，利用很少的自明公理、定义，推演出四百余个命题，将人类的理性之美展现到了极致。欧几里得坚信，物质、宇宙、空间和人的精神之中存在着一种超然于一切的形式之美，他设定“点、线、面、角”为一切存在的始基，因为在他的世界里，脱离空间之物是不存在的。万物的根本关系是数量关系，找到这些数量关系，就找到了从现实世界通往神界的道路。

欧几里得在哲学上信任原子论。以德谟克里特为代表的原子论学派认为，线段、面积和立体是由许多不可再分的原子所构成，计算面积和体积等于将这些原子集合起来。所以根据欧几里得的个人动机，他的《几何原本》与其说是数学叙述，不如说是他寻找宇宙始基的哲学叙述。汉语“几何”为“多少”的数量关系，与“万物之始基”这一意义相去甚远，明代翻译家徐光启将希腊文的$E\upsilon\kappa\lambda\varepsilon\iota\delta\eta$译成“几何”，这有点舍本逐末，失掉了原汁，或许，译为“宇宙基本元素的数量关系”更为妥帖。

欧几里得把距离、角度转换成任意数维的坐标系，描绘出一幅有限维、实和内积空间的图景，欧氏空间也被理解为线性流形。

赫拉克利特和亚里士多德开启了逻辑理论以后，欧几里得创造了逻辑演绎的标本。多数哲学家几乎都相信，在逻辑里可以看到神的踪迹，柏拉图就直接把有理性思考的精神当成天国制品。一个有理性思考的人，其思考本身是具有神性的。这种理性是指对事物抽象性质进行判断与推理，也指思想、概念、理论、言辞、规律性。它们被黑格尔称为“绝对精神的掌握”，并以此揭示事物的本质。正因如此，《几何原本》从它诞生时起就被视为人类锻炼和培养逻辑理性的最杰出甚至唯一的教本，它也是这个世界所能找到的最美丽的逻辑剧本。

我还想对《几何原本》作以下描述：

它是一部关于事物秩序之书；空间理性的黑夜之书；一部想建立生活秩序的书；一部描述原子形态的书；一部试图找到宇宙“始基”的书；它是物质世界（甚至精神世界——根据柏拉图《理想国》）的表述方式，是对宇宙的终极解释。

我始终没将它作为数学教本来读，却引为歌剧、诗、哲学、宇宙之舞来欣赏。对优雅事物的欣赏，以抵抗单向度的混乱情景是那么必要；物质世界的协调，文化、精神的和谐是那么必要。希腊数学，是伟大的希腊人向宇宙秩序射出的光芒。希腊数学的精神，不同于美索不达米亚文明的数学，也不同于古埃及和中国数学，它对世俗的计算几乎不感兴趣，而是在寻找宇宙的基本构成和数量关系，也因此开创了通过自明的简单公理进行演绎推理得出结论的方法。也正因为如此，其气质华美高贵是其他民族的数学难以媲美的。希腊数学其实是世上最热情洋溢的诗篇。

我们已无法考察欧几里得的身世，只知道他给这个世界留下过一本书和两句话。第一句在本文开头说了，现在转述他的第二句。当欧几里得面对一位青年的质问“你的几何学有何用处”时，他的回答简洁而确定，他对身边的侍从说：“请给这小伙子三个硬币，因为他想从几何学里得到实际利益。”

导读

GUIDE

如果欧几里得未能激发起你少年时代的科学热情，那么你肯定不会是一个天才的科学家。

——爱因斯坦

一、欧几里得生平

欧几里得大约生活在公元前330—前275年。除《几何原本》外，还有不少著作，如《已知数》《纠错集》《圆锥曲线论》《曲面轨迹》《观测天文学》等。遗憾的是，除了《几何原本》以外，其余的都没有留存下来，消失在了时空的黑暗之中。从某个意义上说，这就更增加了人类的黑暗。仅留世的《几何原本》，已让我们震撼了两千余年。

欧几里得的生平也已失传，据后世推断，他早年在雅典接受教育，熟知柏拉图的学说。公元前300年左右，受托勒密王（前364—前283年）之邀，他前往埃及统治下的亚历山大城工作，长期从事教学、研究和著述，涉猎数学、天文、光学和音乐等诸多领域。所著《几何原本》共有13卷，希腊文原稿业已失传，现存的是公元4世纪末西翁的修订本和18世纪在梵蒂冈图书馆发现的希腊文手抄原本。这部西方世界现存最古老的科学著作，为两千余年来用公理法〔1〕建立演绎的数学体系找到了源头。德·摩根〔2〕曾说，除了《圣经》，再没有任何一种

---

〔1〕公理法：选取少数不加定义的原始概念（基本概念）和无条件承认的思想规定（公理）作为出发点，再加以严格的逻辑推理，将其一数学分支建成演绎系统的方法，叫数学系统的公理化方法，简称“公理法”。

〔2〕德·摩根：（1806—1871年），英国数学家、逻辑学家。其主要在分析学、代数学、数学史及逻辑学等方面作出了重要的贡献。

书像《原本》这样拥有如此众多的读者，被译成如此多种的语言。从1482年到19世纪末，《原本》的各种版本竟用各种语言出了1000版以上。明朝万历年间（1607年），徐光启和意大利传教士利玛窦把前六卷译成中文出版，定名为《几何原本》。“几何”这个数学名词就是这样来的。《几何原本》同时也是中国近代翻译的第一部西方数学著作。康熙皇帝将这个仅有前六卷的版本书当成智力玩具把玩了一生，但估计其理解也十分有限。

古籍中记载了两则故事，一则是说：托勒密国王问欧几里得，有没有学习几何学的捷径。欧几里得答道：“几何无王者之道。”意思是，在几何学里没有专门为国王铺设的大路。这句话成为千古传诵的箴言。另一则是说：一个学生才开始学习第一个命题，就问学了几何之后将得到些什么。欧几里得对身边的侍从说：“给他三个钱币，因为他想在学习中获取实利。”这两则故事，与他的光辉著作一样，具有高深的含义。

二、《几何原本》的贡献

《几何原本》从少量“自明的”定义、公理出发，利用逻辑推理[1]的方法，推演出整个几何体系，选取少量的原始概念和不需证明的命题，作为定义[2]、公设或公理[3]，使它们成为整个体系的出发点和逻辑依据，然后运用逻辑推理证明其他命题。它成为了人类文明的一块瑰宝，创造了人类认识宇宙

〔1〕逻辑推理：逻辑是人的一种抽象思维，是人通过概念、判断、推理、论证来理解和区分客观世界的思维过程。

逻辑推理是指把不同排列顺序的意识进行相关性的推导。当人类听到别人陈述的事情时，大脑开始历经复杂的信号处理及过滤，并将信息元素经过神经元迅速地触发并收集相关信息，这个过程便是超感知能力。之后由经验累积学习到的语言基础进行语言的处理及判断，找出“正确”（假设在一个相对统一概念的既定世界观范围内）的事件逻辑。

〔2〕定义：是认识主体使用判断或命题的语言逻辑形式，确定一个认识对象或事物在有关事物的综合分类系统中的位置和界限，使这个认识对象或事物从有关事物的综合分类系统中彰显出来的认识行为。

〔3〕公设或公理：指的是某门学科中不需要证明而必须加以承认的某些陈述或命题，即“不证自明”的命题。一门学科如果被表示成公理的形式，那么它的所有命题就可以由这些公理或公设逻辑地推证出来。如果我们把一门学科比作一幢大楼，那么该学科的公理或公设就像大楼的地基，整幢大楼必须以它为基础而建立起来。

空间和宇宙数量关系的源头，是人类历史上的一部科学杰作。逻辑并不是欧几里得开创的，而是以另一个希腊天才亚里士多德为代表，他的著名的三段论，开创了逻辑的基本面貌，提出了逻辑的基本建构。欧几里得是第一个将三段论应用于实际知识体系构建的人，他铸造了一部完整的逻辑演绎体系。他构成了希腊理性最完美的纪念碑。

□ 最早的印刷本

9世纪以后，大量的希腊著作被译成阿拉伯文，约1255年，坎帕努斯（？—1296年）参考数种阿拉伯文本及早期的拉丁文本重新将《原本》译成拉丁文，并于1482年以印刷本的形式在威尼斯出版。图为坎帕努斯译本的第一页。

两千余年来，所有初等几何教科书以及19世纪以前一切有关初等几何的论著，都以《几何原本》作为依据。“欧几里得”成为几何学的代名词，并且人们把这种体系的几何学叫作“欧几里得几何学”。

《几何原本》对世界数学的贡献主要是：确立了数学的基本方法学。

①建立了公理演绎体系，即用公理、公设和定义的推证方法；②将逻辑证明系统地引入数学，确立了逻辑学的基本方法；③创造了几何证明的方法：分析法、综合法及归谬法。

相对《原本》中的几何知识而言，它所蕴含的方法论意义则更为重大。事实上，欧几里得本人对他的几何学的实际应用并不关心，他关心的是他的几何体系内在逻辑上的严密性。《原本》作为文化丰碑还在于，它为人类知识的整理、系统阐述提供了一种模式。从此，人类的知识建构，找到了一个有效的方法。整理为从基本概念、公理或定律出发的严密的演绎体系成为人类的梦想。斯宾诺莎的伦理学就是按这种模式阐述的，牛顿的《自然哲学的数学原理》也同样如此。

三、《几何原本》介绍

在《几何原本》中，欧几里得首先给出了点、线、面、角、垂直、平行等定义，接着给出了关于几何和量的十条公理，如“凡直角都相等”“整体大于部分”，以及后来引起许多纷争的“平行线公理”等。公理后面是一个一个的命题及其证明，内容丰富多彩。比如有平面作图、勾股定理、余弦定理、圆的各种性质，空间中平面和直线的垂直、平行和相交等关系，平行六面体、棱锥、棱柱、圆锥、圆柱、球等问题，此外还有比例的理论、正整数的性质与分类、无理量等。公理化结构是近代数学的主要特征，而《几何原本》则是公理化结构的最早典范。欧几里得创造性地总结了他以前的古希腊人的数学，将零散的、不连贯的数学知识整理起来，加上自己的大量创造，构建出彼此有内在联系的有机的宏伟大厦。

本书共分 13 卷，有 5 条公设、5 条公理、119 个定义和 465 个命题，构成了历史上第一个数学公理体系。

关于重要命题 《几何原本》中涉及诸多重要命题，比如命题I.47就是著名的“勾股定理”。传说这一定理最早是由毕达哥拉斯证明出的，但他的证明方法却没有流传下来。而《几何原本》中的证明，则可以算是现存西方最早证明勾股定理的记载。

关于命题的逻辑关系 《几何原本》中命题间的逻辑关系甚至比现代教科书还高。为了清晰地表明这一关系，千余年来的各种语文版本多附有数学家们对逻辑关系的注解。

关于公理或公设 演绎法，其基本精神是由简单现象去证明较复杂的现象，在数学中同样也遵循这一原理。在这一理论里，逻辑推理虽然至关重要，但更重要的是，我们必须接受一些简单的现象作为我们的“起点”，是明显的“自明”道理，而欧几里得将这些“起点”命名为“公设”或“公理”。

虽然以公理为起点演绎几何的方法并非为欧几里得首创，其首创应该是他之前的泰勒斯，但是《几何原本》中的公设或公理，全部由欧几里得所创造和筛选。这一天才的智力令人叹为观止！

关于第 5 公设及非欧几何学 欧几里得的不完美催生了新的几何学，这是从第 5 公设开始的。第5公设不同于其他 9 条，言语迟钝，仿佛有些力不从心的样子。形式上也不像公设，倒像一个命题。因此，自《几何原本》诞生后，就有无数的数学家研究这条公设，并试图找出证明这条公设的方法。可惜，一直以来，他们的尝试都归于失败！到了19世纪，波尔约[1]和罗巴切夫斯基[2]分别发表了一套与第 5 公设相反的几何体系，从而证明了第 5 公设确实是一条“公设”，不能被证明或否定。与此同时，这两位数学家亦为我们带来一个全新的数学世界——非欧几何学。

关于圆面积及球体体积公式，《几何原本》中并没有圆面积或球体体积的计算公式，但在第12卷中，可以找到一些相关命题。在欧几里得之后，另一个希腊天才阿基米德提出球体体积公式。阿基米德应用了一种近乎于现代微积分的计算手法，推算出有关的算式，并成功地计算出圆周率小数后两位的数值。

四、希腊数学背景

希腊人重视数学在美学上的意义，认为数学是一种美，是和谐、简单、明确以及有秩序的艺术。在数学中可以看到关于宇宙结构和设计的最终真理，认为宇宙是按数学规律设计的，且能被人们所认识。

古希腊的地理范围，除了现在的希腊半岛以外，还包括整个爱琴海区域和北面的马其顿和色雷斯、意大利半岛和小亚细亚等地。公元前五六世纪，特别是希波战争以后，雅典取得希腊城邦的领导地位，经济生活高度繁荣，生产力显著提高，在这个基础上滋生了光辉灿烂的希腊文化。

希腊数学的发展历史可以分为三个时期：第一时期从伊奥尼亚学派到柏拉图学派为止，约公元前7世纪中叶到公元前3世纪；第二时期是亚历山大前期，从欧几里得起到公元前146年希腊陷于罗马为止；第三时期是亚历山大后期，是在罗马人统治下的时期，结束于641年亚历山大被阿拉伯人占领。

伊奥尼亚学派 从古代埃及、巴比伦的衰亡，到希腊文化的昌盛，这段过渡时期留下来的数学史料很少。不过希腊数学的兴起和希腊商人通过旅行交往接触到古代东方的文化有密切关系。伊奥尼亚位于小亚细亚西岸，它比希腊其

---

〔1〕波尔约：（1802—1860年），匈牙利数学家，非欧几何创始者之一。其最大成就是独立创建绝对几何。

〔2〕罗巴切夫斯基：（1792—1856年），俄国数学家，非欧几何的早期发现人之一。其主要著作有《平行线理论的几何研究》《论几何学》等。

他地区更容易吸收巴比伦、埃及等古国积累下来的经验和文化。在伊奥尼亚，氏族贵族政治为商人的统治所代替，商人具有强烈的活动性，有利于思想自由而大胆地发展。城邦内部的斗争，帮助摆脱传统信念。在希腊没有特殊的祭司阶层，也没有必须遵守的教条，因此有相当程度的思想自由。这大大有助于科学和哲学从宗教中分离出来。

米利都是伊奥尼亚的最大城市，也是泰勒斯的故乡。泰勒斯是公认的希腊哲学鼻祖。他早年是一个商人，曾游访巴比伦、埃及等地，很快就学会古代流传下来的知识，并加以发扬。此后他创立了伊奥尼亚哲学学派，摆脱了宗教，从自然现象中去寻找真理，以水为万物的根源。

当时天文、数学和哲学是不可分的，泰勒斯同时也研究天文和数学。他曾预测到一次日食，促使米太（在今黑海、里海之南）、吕底亚（今土耳其西部）两国停止战争。多数学者认为该次日食发生在公元前585年5月28日。他在埃及时曾利用日影及比例关系算出金字塔的高度，使法老大为惊讶。泰勒斯在数学方面的贡献主要在于开了命题证明的先河，它标志着人们对客观事物的认识从感性上升到理性，这在数学史上是一个不寻常的飞跃。伊奥尼亚学派的著名学者还有阿那克西曼德〔1〕和阿那克西美尼〔2〕等。他们对后来的毕达哥拉斯有很大的影响。

毕达哥拉斯学派 毕达哥拉斯，公元前580年左右出生于萨摩斯（今希腊东部小岛）。为了摆脱暴政，他移居到意大利半岛南部的克罗顿。在那里他组织了一个政治、宗教、哲学、数学合一的秘密团体。后来这个集体在政治斗争中遭到破坏，毕达哥拉斯被杀害，但他的学派还继续存在了两个世纪（约前500—前300年）之久。这个学派企图用数来解释一切，不仅仅认为万物都包含数，而且说万物都是数。他们以发现勾股定理（西方叫作“毕达哥拉斯定理”）闻名于

---

〔1〕阿那克西曼德：（约前610—前546年），古希腊哲学家、米利都学派的学者、泰勒斯的学生。他否定了水是基质而肯定另有一种元质，对天体引入“球体”概念和“演化”概念，并尝试绘制了第一幅全球地图。

〔2〕阿那克西美尼：（约前570—前526年），古希腊哲学家、米利都学派的第三位学者，阿那克西曼德的学生。他继承了前两位米利都学派哲学家的传统，也是该学派最后一位哲学家。

世，又由此导致不可通约量的发现。这个学派还有一个特点，就是将算术和几何紧密联系起来。他们找到用三个正整数表示直角三角形三边长的一种公式，又注意到从1开始连续奇数的和必为平方数等，这既是算术问题，又和几何有关。他们还发现了五种正多面体。在天文方面，毕达哥拉斯首创地圆说，认为日、月、五星都是球体，并浮悬在太空中。同时，他还是音乐理论的始祖。

伊奥尼亚学派和毕达哥拉斯学派有显著不同。前者研习数学并不单纯为了哲学的兴趣，同时也为了实用；而后者却不注重实际应用，将数学和宗教联系起来，想通过数学去探索永恒的真理。

智人学派 诞生于公元前5世纪，此时正值雅典的黄金时代，文人荟萃，辩论会遍布大街小巷，于是“智人学派”应运而生。他们以教授文法、逻辑、数学、天文、修辞、雄辩等科目为业。在数学上，他们提出“三大问题”：三等分任意角；倍立方，求作一立方体，使其体积是已知立方体的二倍；化圆为方，求作一正方形，使其面积等于一已知圆。这些问题的难处在于作图时只许用直尺（没有刻度的尺）和圆规。

希腊人的兴趣并不在于图形的实际作出，而是在尺规的限制下从理论上去解决这些问题，这是几何学从实际应用向系统理论过渡所迈出的重要一步。

这个学派的安提丰[1]提出用“穷竭法”去解决化圆为方的问题，这是近代极限理论的雏形。先作圆内接正方形，以后每次边数加倍，得八、十六、三十二边形……安提丰深信“最后”的多边形与圆的“差”必会“穷竭”。这提供了求圆面积的近似方法。这和中国的刘徽（约263年前后）的割圆术思想不谋而合。

柏拉图（约前427—前347年）在雅典建立学派，创办学园。他非常重视数学，主张通过几何的学习培养逻辑思维能力，因为几何能给人以强烈的直观印象，将抽象的逻辑规律体现在具体的图形之中。这个学派培养出不少数学家，如欧多克索斯[2]就曾就学于柏拉图学园，他创立的比例论对欧几里得影响巨

---

〔1〕安提丰：（前426—前373年），古希腊智者，柏拉图的同母兄弟。著有《释梦》《论和谐》《论政治家》和《论真理》，但留传至今只有《论真理》的残篇两段。

〔2〕欧多克索斯：（约前400—前347年），古希腊数学家和天文学家。他首先引入“量”的概念，将“量”和“数”区别开来；其次是建立了严谨的穷竭法，并用它证明了一些重要的求积定理。

大。柏拉图的学生亚里士多德也是古代大哲学家，是形式逻辑的奠基者。他的逻辑思想为日后将几何学整理在严密的逻辑体系之中开辟了道路。

埃利亚学派 这个时期的希腊数学中心还有以芝诺（约前496—前430年）为代表的埃利亚学派。芝诺提出四个悖论，这给思想界带来极大震动。这四个悖论是：①二分说，一物从甲地到乙地，永远不能到达。因为想从甲到乙，首先要通过道路的一半，但要通过这一半，必须先通过一半的一半，这样分下去，永无止境。结论是此物的运动被道路的无限分割阻碍着，根本不能前进一步。②阿喀琉斯（善跑英雄）追龟说，阿喀琉斯追乌龟，永远追不上。因为当他追到乌龟的出发点时，龟已向前爬行了一段，他再追完这一段，龟又向前爬了一小段。这样永远重复下去，总也追不上。③飞箭静止说，每一瞬间箭总在一个确定的位置上，因此它是不动的。④运动场问题，芝诺论证了时间和它的一半相等。

原子论学派 以德谟克里特为代表的原子论学派认为，线段、面积和立体是由许多不可再分的原子所构成。计算面积和体积，等于将这些原子集合起来。这种不甚严格的推理方法却是古代数学家发现新结果的重要线索。

公元前4世纪以后的希腊数学，逐渐脱离哲学和天文学，成为独立的学科。数学的历史于是进入到一个新阶段——初等数学时期。这个时期的特点是数学（主要是几何学）已建立起自己的理论体系，从以实验和观察为依据的经验科学过渡到演绎的科学。由少数几个原始命题（公理）出发，通过逻辑推理得到一系列定理，这是希腊数学的基本精神。在这一时期里，初等几何、算术、初等代数大体已成为独立科目。和17世纪出现的解析几何学、微积分学相比，这一时期的研究内容可以用“初等数学”来概括，因此叫作“初等数学时期”。

埃及的亚历山大城是东西海陆交通的枢纽，又由于经过托勒密王的精心经营，这里逐渐成为新的希腊文化中心，而希腊本土这时已经退居次要地位。几何学最初萌芽于埃及，后来移植于伊奥尼亚，再后来繁盛于意大利和雅典，最后又回到发源地埃及。经过这一番培植，它已达到丰茂成林的境地。

亚历山大前期 从公元前4世纪到公元前146年古希腊灭亡，罗马成为地中海区域的统治者为止，希腊数学以亚历山大为中心，并达到它的全盛时期。这里有巨大的图书馆和浓郁的学术氛围，各地学者云集在此进行教学和研究。其中成就最大的是亚历山大前期三大数学家欧几里得、阿基米德和阿波罗尼奥斯。阿基米德是物理学家兼数学家，他善于将抽象的理论和工程技术的具体应用结合起来，又在实践中洞察事物的本质，通过严格论证，使经验事实上升为理论。他根据力学原理去探求解决面积和体积问题，已经包含积分学的初步思想。阿波罗尼奥斯的主要贡献是对圆锥曲线的深入研究。

除了三大数学家以外，埃拉托斯特尼[1]的大地测量和以他为名的“素数筛子”也很出名。天文学家喜帕恰斯[2]制作了“弦表”，这是三角学的先导。

亚历山大后期 公元前146年以后，在罗马统治下的亚历山大学者仍能继承前人工作，且各种发明层出不穷。这一时期的门纳劳斯（约公元100年前后）、帕普斯[3]等人都有重要贡献。天文学家托勒密将喜帕恰斯的工作加以整理发挥，奠定了三角学的基础。

晚期希腊学者在算术和代数方面也颇有建树，代表人物有尼科马霍斯（约公元100年）和丢番图（约公元250年）。尼科马霍斯著有《算术入门》，丢番图著有《算术》，其主要内容是数的理论，而大部分内容可以归入代数的范畴。它完全脱离了几何的形式，在希腊数学中独树一帜，对后世的影响仅次于《几何原本》。

325年，罗马帝国的君士坦丁大帝开始利用宗教作为统治的工具，他把一切学术都置于基督教神学的控制之下。529年，东罗马帝国皇帝查士丁尼下令关闭雅典的柏拉图学园以及其他学校，严禁传授数学。许多希腊学者逃到叙利亚和波斯等地，数学研究受到沉重打击。641年，亚历山大被阿拉伯人占领，图书

---

〔1〕埃拉托斯特尼：（约前276—前195年），古希腊数学家、地理学家、历史学家、诗人、天文学家。其贡献主要是设计出了经纬度系统，计算出地球的直径。

〔2〕喜帕恰斯：（约前190—前125年），古希腊最伟大的天文学家。他编制出1022颗恒星的位置一览表，首次以“星等”来区分星星。发现了岁差现象，是方位天文学的创始人。

〔3〕帕普斯：（约300—350年），古希腊数学家，亚历山大学派的最后一位伟大的几何学家。生前有大量著作，但只有《数学汇编》一书保存下来。此书对数学史具有重大的意义，且对前辈学者的著作进行了系统整理，并发展了前辈的某些思想，保存了很多古代珍贵的数学作品的资料。

馆再次被毁。公元415年，女数学家、新柏拉图学派的领袖希帕提娅[1]遭到基督徒的野蛮杀害。她的死标志着希腊文明的衰弱，亚历山大里亚大学极富创造力的日子也随之一去不复返。至此，希腊数学告一段落。

五、欧几里得的宗教情怀

对于欧几里得来说，几何是近神的，这与我们通常的理解刚好相反。因此，与其把《几何原本》当数学阅读，不如将其视为诗歌或哲学，这更接近欧几里得的动机。

在欧几里得生活的时代较早前的几百年，是希腊思想鼎盛的时代，人们研究人自身的问题以及人所面对的宇宙问题，这成为整个希腊的精神气质，构成了远古时代知识分子的日常生活和基本话题。苏格拉底年轻时常常站在大街上拉着过路的行人就要求辩论一番，以企图寻找人、人群、物质、精神等存在的本来意义。众哲学家在思考着这些问题：人所寄居的宇宙到底是什么？人到底是什么？要干什么？

为阐释宇宙的本质，灿若群星的哲学思想繁衍旺盛，哲学家们要寻找世界的“始基”[2]、构成宇宙的基本元素以及万千复杂世界所依的根本。他们将整体的复杂还原为要素，而要素的变化、过程、次序、排列、关系成为寻找对象。

巴门尼德[3]则把元素抽象为“唯一的、不动的、永恒的”东西，按照他的描述，“存在着一条最后的边界，它在各方面都是完全的，好像一个滚圆的球体，从中心到每一个方面的距离都相等”。黑格尔讽刺说，巴门尼德弄出来的

---

〔1〕希帕提娅：（370—415年），希腊化古埃及学者，是当时名重一时、广受欢迎的女性哲学家、数学家、天文学家、占星学家以及教师。

〔2〕始基：古希腊语，从泰勒斯起开始具有哲学上的意义，是万物的根源或基本，万物从它产生又可复归于它的共同的东西。

〔3〕巴门尼德：（约前515—前5世纪中叶以后），古希腊哲学家，著有哲学诗《论自然》。他创造了一种形而上学的论证形式，这种论证曾经以不同的形式存在于后来大多数的形而上学者的身上直迄黑格尔为止，并且包括黑格尔本人在内。人们常常说他曾创造了逻辑，但他真正创造的却是基于逻辑的形而上学。

是“一片简单的阴影”。但也有后人讽刺黑格尔说，他弄出来的“不过是个上帝的身体”；德谟克里特也不相信，他提出了自己的原子论，他坚信宇宙的本质是原子与虚空的结合，它们作为最小的存在构成了万物，只要找到原子的面貌，世界的本质就昭然若揭了，同时他也提出人的灵魂是另一类原子的运动；赫拉克利特[1]则不同意这一观点，他认为本质是火，万物皆流，无物常住，那变动不居的火就是世界的本质，流变就是世界的本质，那团不生不灭、永恒存在的“活火”主宰了我们的世界；阿那克西美尼却不同意他的观点，他认为本质是“气”；阿那克西曼德又不同意这一观点，他认为那基本元素虽然存在，但却不具有任何定性，永远不能定名，也不能描述，它是不可知的一个元素。集哲学家、预言者、科学家和江湖术士为一身的恩培多克勒（约前483—前435年）则发现了“气”。在倒着把瓶子放入水中而水不能进入瓶子时，他发现空气是一种存在的物质，于是他认为土、气、火、水是世界的基本元素。这就是早期的自然哲学。

苏格拉底并不同意这样的解释，他在方法上另辟蹊径，用苏格拉底的方法，即通过辩论问题中的矛盾清晰事物的结论获得真理，真理的累加最后通达整个宇宙。苏格拉底的进步在于他已不把那“元素”或“始基”视为一种经验中的物质，而是抽象出他称为“真理”“规律”“理性法则”的东西。

柏拉图从他的《理想国》里提出“理念世界”一词，并宣布：现实世界是个假象，是个影子，是理念世界的投影，攀登上理念世界的人必须借着理性的绳索。他对几何学抱着虔诚的敬神式的热情，因为他看到既能满足于一切物质和空间，又不受时间腐蚀的点、线、面、角的规律之舞，“其品性接近于理念世界之物”，他相信，几何学可以修建通往理念世界的天梯。也就是说，柏拉图的元素或始基，是他描述的“理念世界”。柏拉图在他创办的雅典学园传播这些理论的时候，出现了一位杰出的学生——亚里士多德。这位跟着他二十年

---

〔1〕赫拉克利特：（约前530—前470年），古希腊哲学家。他的理论以毕达哥拉斯的学说为基础。借用毕达哥拉斯“和谐”的概念，认为在对立与冲突的背后有某种程度的和谐，而协调本身并不是引人注目的。同时他也被称为辩证法的奠基人之一，因为他是在古代希腊哲学家中，第一个用朴素的语言讲出了辩证法的要点的人。

的学生更是青出于蓝而胜于蓝，集古希腊哲学之大成，他把宇宙的实质定义为“本体”，放弃了自然哲学中的那种宇宙本原的寻求。并由此发明出范畴、分类、逻辑、属性、一般与个别、本质与现象、思维与存在、理性与感性、可能性与现实、不变与变等矛盾关系。

另一条线对欧几里得来说有些特别，这条线得从泰勒斯开始。泰勒斯生活在公元前600年左右，首先，他认为世界的本质元素是“水”，水开万物，水是万物的本原。当希腊神话成为大众思想生活和精神生活的主流时，他却反希腊神话。他不能忍受用杜撰的故事来阐释造化天工，于是转而观察自然界的各种法则，希望从自然界内部找到他的神，于是他首创了在自然元素中寻找宇宙答案的方法。人类最早的“证明命题”方法应归功于他。

毕达哥拉斯是一位数学天才，由于超常的数学智力，他受到希腊公民的尊重，创建了宗教的哲学派别——毕达哥拉斯学派。他认为万物皆数，数是宇宙的根本，找到数就找到了宇宙的本原。这显然意味着，认识世界就要从数开始。只要运用定量方法来认识世界，就可以解开宇宙的终极秘密。但实际上当他发现无理数的存在时，就发现自己的思想基础已经崩溃，只是由于恐惧于群众的力量而不敢宣布。毕达哥拉斯学派把数学从那些显然的具体应用中抽象出来，企图解释这个宇宙。他们发现勾股定理时的那种惊喜无异于基督教徒找到上帝存在的一个证据时的惊喜。他们还发现了不可公约量，以及五种正多面体的存在，并把算术和几何图形结合起来。这些都为欧几里得的《几何原本》奠定了坚实的基础。

的确，在空间面前我们瑟瑟发抖。无论是在遥远的古希腊欧几里得时代，还是今天，我们对空间的认识，对宇宙的理解，仅仅迈出了很小的一步。我引用科学家、数学家、物理学家出身却反科学理性的法国思想家帕斯卡的一句话：“在这永恒沉默的空间面前，我瑟瑟发抖。”

这弥漫物质的空间，它的紧迫，它的压制，它的盲目流动，它的到来和去向……

苏格拉底、柏拉图师徒俩怀着深厚的几何学情结，这是因为他们想借这一工具找到上帝。苏格拉底看到，物质的速朽性和无常性使他自然联想到身体，再进一步联想到人的精神属性，这时他看到了几何学的特别属性：不受时空的腐蚀，它是永恒的、绝对的。这吻合了柏拉图的绝对理念，只有上帝是绝对的，于是，几何学可以修筑通往上帝的天梯。数世纪以后，有人修建巴别塔，企图通往天国。毕达哥拉斯学派同样抱着借数字之梯通向神的理想情怀。

欧几里得本人同样把几何学视为近神器物，这就产生了一个青年追问他几何学的用处时他叫身边的侍从给他三个硬币的著名故事。汉语翻译的“几何”一词其实并不贴切，这不是圆满的译法，它失去了神性。“几何”意为事物数字意义上的多少，用于反问句。而希腊语是指“元素”“原理”，意即我们这个世界的基本元素，宇宙的基本元素以及构建这个宇宙的基本元素，这就是哲学中所说的“元素”“始基”。从点、线、面、距离、长度、角度出发描述的刚性空间是宇宙的本样，甚至可能是神的本样；换句话说，从空间中抽离出来的点、线、面是一切事物的元素，因此也是宇宙的元素。

欧几里得没有想到的是，两千余年以后，靠几何学寻找上帝依旧渺茫，而世俗性的应用却大规模建造了人类的物质文明。对于工业革命后兴盛的人造物质来说，几何学起到了支撑性作用。按照欧几里得批评他那位世俗的学生的理想主义思路，近现代社会从几何学角度来看，是一个失败的社会。

从这个角度讲，《原本》与其说是数学，不如说是描述宇宙的诗歌之舞，是一种宗教情怀，一种哲学。

六、毕达哥拉斯的狂醉

虽然不能考证欧几里得是否属于毕达哥拉斯学派，但他对数学的虔诚却与这个学派一脉相通。

毕达哥拉斯，这个宣布万物皆数的人，简直是历史上最有趣味而又最难理解的人物之一。混合了一堆真理与荒诞，他的数学天分成为他理解世界秩序却又恨铁不成钢的手段。他建立的巨大宗教社团成为最早的共产主义形式，其权力大到控制了整个国家。这也说明古希腊民众对天才精英们的虔诚，因为他们希望在天才的带领下找到生命的意义、宇宙的秩序。毕达哥拉斯把数夸张到世人难以理解的神秘境地，他甚至把数与某些意义直接联系起来，比如，规定“二”表示意见，“四”是正义，“五”是结婚，“十”是完满，如此等等，这的确让今人匪夷所思。

他所建立的团体不分男女都可以参加。财产是公有的，过着一种共同的生活，即使是科学和数学的发现也认为是集体的，而且，在一种神秘的意义上，都得归功于毕达哥拉斯，甚至于在他死后也还是如此。他们赞美沉思生活的道德，由此数学的秩序便受到同于神的敬仰。他把这些荒诞的秩序同数学秩序结合在一起，当成钥匙，用以打开世界之门。

被毕达哥拉斯所鼓舞的人们，一直保存着一种狂醉式的启示成分。这一点，对于那些在学校里无可奈何地学过一些数学的人们来说，好像是很奇怪的；然而，对于那些时时经历着由于数学上的豁然贯通而感到沉醉欢欣的人们以及那些喜爱数学的人们来说，毕达哥拉斯的观点则似乎自然得很，纵使它并不真实。仿佛经验的哲学家只是材料的奴隶，而纯粹的数学家正像音乐家一样，他们是那秩序井然、美丽世界的自由创造者。

欧几里得也有着同样的狂醉，但他不关心豆子和白公鸡，只对物质的物理数性结构痴迷。在他看来，找到这个数性结构，就找到了宇宙的基本“元素”和“始基”。万物基始于点、线、面、角以及它们的滋生繁衍、相互构成与转换，宇宙的舞蹈就是它们的数字舞蹈。因此，他坚信数学起源于实际应用的观点是不正确的，它更起源于人的精神困惑和对浩渺宇宙的描述欲望。

希腊数学产生了数学精神，即数学证明的演绎推理方法。数学的抽象化以及自然界依数学方式设计的信念，为数学乃至科学的发展起了至关重要的作用。而由这一精神所产生的理性、确定性、永恒的不可抗拒的规律性等一系列思想，则在人类文化发展史上占据了重要地位。因此伽利略就直接说“数学是上帝的语言”。毕达哥拉斯将数学和宗教联系起来，想通过数学去探索永恒的真理。

七、芝诺的狂醉

一开始，在哲学上就有人反驳欧几里得言论。先于欧几里得百年的芝诺发出了巨大的嘲讽声。按罗素的说法，迄今为止人们还不能真正懂得这其中的哲学意义。虽然亚里士多德批判了他，但罗素却对他的批判进行了批判。

芝诺是巴门尼德的学生兼朋友，他不满于赫拉克利特万物皆流的理论，创造出一套悖论（可惜他的著作没有流传下来），后人知道的仅有8个，比如如下4个悖论：二分说、阿喀琉斯追龟说、飞箭静止说、运动场悖论，还没有哪一个哲学家敢轻易对此下结论。

芝诺生于意大利半岛南部的埃利亚城邦，据说他在母邦度过了一生，仅在成名之后到过雅典。据传说，芝诺因蓄谋反对埃利亚的君主而被处死。关于他的生平，缺乏可靠的文字记载。柏拉图在他的对话《巴门尼德篇》中，记载了芝诺和巴门尼德于公元前5世纪中叶去雅典的一次访问。其中有这样的文字："巴门尼德年事已高，约65岁；头发很白，但仪表堂堂。那时的芝诺约40岁，他身材魁梧、相貌堂堂，大家说他已经变成巴门尼德所钟爱的了。"在以后的希腊著作看来，这次访问是柏拉图虚构的。但柏拉图有关芝诺观点的记叙，却被普遍认为是准确的。在柏拉图的《巴门尼德篇》中，当芝诺谈到自己的著作《论自然》时，他这样说道："由于年轻时的好胜完成此部著作，著成后即有人将它窃去，以致我不能决断是否应当让它问世。"芝诺不像他的老师那样试图从正面去证明是一不是多、是静不是动，他常常从反面即归谬法来为"存在论"辩护。公元5世纪的评论家普罗克洛斯说过，芝诺从"多"和"运动"的假设出发，一共推出了40个各不相同的悖论。现存的芝诺悖论至少有8个，其中关于运动的4个悖论最为著名。芝诺的著作早已失传，亚里士多德的物理学和辛普里西奥斯为物理学作的注解是了解芝诺悖论的主要途径，此外只有少量零散的文献可作参考。

亚里士多德批判"二分说"：他主张一个事物不可能在有限的时间里通过无限的事物，或者分别和无限的事物相接触。要知道，事物在有限的时间里不能和数量上无限的事物相接触，但能和分开的无限的事物相接触，因为时间本身是分开的也是无限的。批判"追龟说"时认为，在运动中领先的东西不能被追上的这个想法是错误的。因为在它领先的时间内是不能被赶上的，但是，如果芝诺允许它能越过所规定的有限距离，那么它也是可以被赶上的。批判"飞箭静止说"（我国的庄子，也提出过相同的思想，在《天下篇》中有："飞鸟之景，未尝动也。"）时认为，他的这个说法是错误的，因为时间不是由不可分的"现在"组成的，正如别的任何量都不是由不可分的部分组合成的那样。这个结论是因为把时间当作是由"现在"组合成而引起的，如果不肯定这个前提，这个结论是不会出现的。批判“运动场悖论”认为，这里的错误在于他把一个运动物体经过另一运动物体所花的时间，看作等同于以相同速度经过相同大小的静止物体所花的时间，事实上这两者是不相等的。

但罗素又反批判亚里士多德，他说道：“直到19世纪中叶，亚里士多德关于芝诺悖论的引述及批评几乎是权威的，人们普遍认为芝诺悖论不过是一些诡辩。在这个变化无常的世界上，没有什么比死后的声誉更变化无常了。死后得不到应有的评价的最典型例子莫过于埃利亚的芝诺了。他虽然发明了4个无限微妙而深邃的悖论，但是后世的大批哲学家却宣称他只不过是个聪明的骗子，而他的悖论只不过是一些诡辩。遭到两千多年的连续驳斥之后这些诡辩才得以正名。19世纪下半叶以来，学者们开始重新研究芝诺。他们推测芝诺的理论在古代就没能得到完整的、正确的报道，而是被诡辩家们用来倡导怀疑主义和否定知识，亚里士多德正是按照被诡辩家们歪曲过的形象来引述芝诺悖论的。目前，学者们对芝诺提出这些悖论的目的还不清楚，但大家一致认为，芝诺关于运动的悖论不是简单地否认运动，这些悖论后面有着更深的内涵。亚里士多德的著作保存了芝诺悖论的大意，从这个意义上来说，他功不可没，但他对芝诺悖论的分析和批评是否成功，还不可以下定论。”

其他评论还有：毕达哥拉斯学派发现的不可公约量对芝诺悖论的提出产生了深刻影响。芝诺是对古代数学的发展起决定影响的人物。他们试图证明，毕达哥拉斯学派曾假定存在无限小的基本线段，想以此来克服因发现不可公约量而引起的矛盾，而芝诺的悖论反对了这种不准确的做法。美国数学家贝尔说：“芝诺以非数学的语言记录下了最早同连续性和无限性斗争的人们所遭遇到的困难。”芝诺的功绩在于提出动和静的关系、无限和有限的关系以及连续和离散的关系，并进行了辩证的考察。

前三个悖论揭示的是事物内部的稠密性和连续性之间的区别，是无限可分和有限长度之间的矛盾。他并不是简单地否认运动，而是反对那种认为空间是点的总和、时间是瞬刻的概念，他想证明在空间作为点的总和的概念下，运动是不可能的。第四个悖论是古代文献中第一个涉及相对运动的问题。

按照芝诺的这些理论，欧几里得的理论从根本上就失效了。

八、关于空间的哲学

一切哲学问题归根到底是空间[1]和时间[2]的问题。

柏拉图的观点是，“形”是“物”的基本存在条件，亚里士多德则认为“质料”依靠“形式”而存在，牛顿则进一步认为时空是绝对存在的，独立于一切存在的存在，康德则认为这种绝对存在是一种先验假设，黑格尔则认为一切存在都是绝对精神的表现形式。

亚里士多德认为，空间是事物的场所，是完全包围的形式，物质虽可以在空间中移动，但不能脱离空间，不存在没有空间的物质。

在牛顿认为的空间里，许多“点”构成空间，许多“瞬刻”构成时间，空间和时间不受占据它们的物体及事件影响，是独立存在的。

康德认为，空间和时间不是概念的，而是“直观”的。据康德的意见，外部世界只造成感觉的素材，但是我们自己的精神装置把这种素材整列在空间和时间中，并且供给我们借以理解经验的种种概念。物自体[3]为我们感觉的原因是不可认识的；物自体不在空间或时间中，它不是实。空间和时间是主观的，是我们感觉器官的一部分。但是正因为如此，我们可以确信，凡是我们所经验的东西都要表现几何学与时间科学所讲的那些特性。由于你在精神上老是戴着一副空间眼镜，所以你一定总是看到一切东西都存在于空间中。因此，按几何学必定适用于经验的一切东西这个意义来讲，几何学是先天的，但是我们没有理由设想与几何学类似的什么学适用于我们没经验到的物自体。

康德对欧几里得的几何学评价为：关于空间的先验论点来自于几何学。他

---

〔1〕空间：是具体事物的组成部分，是运动的表现形式，是人们从具体事物中分解和抽象出来的认识对象，是绝对抽象事物和相对抽象事物、元本体和元实体组成的对立统一体，是存在于世界大集体之中的，不可被人感到但可被人知道的普通个体成员。

〔2〕时间：是人类用以描述物质运动过程或事件发生过程的一个参数，确定时间，是靠不受外界影响的物质周期变化的规律。

它们都是物质存在的属性，即时间是物质存在的“持续”属性，空间是物质存在的“广延”属性。

〔3〕物自体：物自体是指认识之外的，但又绝对不可认识的存在之物。它是现象的基础，人们承认可以认识现象，必然要承认作为现象的基础的物自体的存在。

认为欧几里得几何虽然是综合的（也就是说仅由逻辑推演不出来），但是先天认识到的。他以为，几何学上的证明依赖图形。例如，我们能够看出，设有两条彼此成直角的相交直线，通过其交点只能作一条与这两条直线都成直角的直线。他认为，这种知识不是由经验来的。但是，我能直观预见在对象中会发现什么的唯一方法，就是预见在我的主观中一切现实印象之前，该对象是否只含有我的感性的形式。感觉的对象必须服从几何学，因为几何学讲的是感知的方式，因此用其他方法是不能感知的。这说明为什么几何学虽然是综合的，但却是先天的和必然的。

九、古希腊理性的纪念碑

古希腊的智者由于坚信这个世界是可以理解的，物质世界甚至延及精神世界的终极答案是可以获得的，并可以用永恒的法则来表述它，于是发展了数学精神，也强化了用演绎的形式进行严密推理的逻辑方法，这就保证了数学成为一门确定可靠的知识。在纷繁的物质世界背后，潜藏着数学法则，不同的空间结构形式构成了不同的物质。

西方科学发展的历史，就是与宗教抗争的历史，就是反蒙昧、反专制的历史。在这中间，数学以它的确实和完美起到了主要的作用，并最终逐出了在自然科学领域同样居于统治地位的上帝，解放了思想。从这个意义上讲，一个没有发达数学文化的民族注定会衰落。

古希腊是奴隶制国家，当时希腊的雅典城邦实行奴隶主的民主政治（奴隶不能享受这种民主）。男性奴隶主举行全体大会选举执政官，并对一些战争、财政大事实行民主表决。这种政治文明包含着某些合理因素。奴隶主之间讲民主往往需要用理由说服对方，从而使学术上的辩论风气浓厚。为了证明自己坚持的是真理，也就需要证明。先设一些人人皆同意的“公理”，规定一些名词的意义，然后把要陈述的命题称为公理的逻辑推论。在这一背景下，游学回到雅典的柏拉图开创了柏拉图学园。柏拉图学园的大门上挂着这样一个牌子：“不懂几何学者，请勿入内”。人们普遍猜测，欧几里得曾经在该学园接受过教诲，但无史料考证，故不可断言。从这个角度看，任何人类事物是否发达，不是种族的智力差异，不是所谓的经济发达，而是社会制度恶与优的直接产物。

欧几里得几何学是鄙视实用价值的，这一点早就被柏拉图所谆谆教诲过。在希腊时代没有一个人会想到圆锥曲线是有任何用处的，最后到了17世纪伽利略才发现抛物体是沿着抛物线而运动的，而开普勒[1]则发现行星是以椭圆轨迹而运动的。于是，希腊人由于纯粹爱好理论所做的工作，一下子变成了解决天文学的一把金钥匙。

欧几里得的《几何原本》毫无疑义是古往今来最伟大的著作之一。罗马人的头脑太过于实际而不能欣赏欧几里得的著作。第一个提到欧几里得的罗马人是西塞罗[2]，那时候《几何原本》或许还没有拉丁文的译本，并且在鲍依修斯（约公元480年）以前，确乎是并没有任何关于拉丁文译本的记载。阿拉伯人却更能欣赏欧几里得的《几何原本》。大约在公元760年，拜占庭皇帝曾送给回教哈里发一部《几何原本》；大约在公元800年，当哈伦·阿尔·拉西德在位的时候，《几何原本》就有了阿拉伯文的译文了。现在最早的拉丁文译本是巴斯的阿戴拉德于公元1120年从阿拉伯文译过来的。从这以后，对几何学的研究就逐渐在西方复活起来，但是一直到文艺复兴晚期，几何学才迈出了极为重要的一步。

通过以上的这些介绍，我殷切希望能对读者阅读理解这部巨著有所帮助，同时希望对《几何原本》不感兴趣的人能重新拥有数学情怀而有所帮助。

---

[1] 开普勒：（1571—1630年），德国天文学家，被誉为“天空立法者”。他发现了行星运动的三大定律，即轨道定律、面积定律和周期定律。其著作主要有《新天文学》《折光学》《哥白尼天文学概要》等。

[2] 西塞罗：（前106—前43年），古罗马著名政治家、演说家、雄辩家、法学家和哲学家。主要著作有《论国家》《论法律》《论至善和至恶》《论神性》《论演说家》等。

目录 CONTENTS

第7卷　数论（一）/ 225

第 1 卷
几何基础

CHAPTER 1

毕达哥拉斯学派试图用数来解释一切。他们把数学从具体事物中抽象出来，建立自己的理论体系。他们提出了勾股定理、不可公约量以及五种正多面体，所有这些都成了本书的重要内容。希波战争后，雅典的巧辩学派提出了几何作图的三大问题：①三等分任意角；②倍立方——求作一个立方体，使其体积等于一直立方体的两倍；③化圆为方——求作一个正方形，使其面积等于已知圆。问题的难处在于，作图只允许用没有刻度的直尺和圆规。

本卷确立了基本定义、公设和公理，还包括全等形、平行线和直线形中的相关定理。

本卷提要

※定义I.23，定义了平行线。

※公设I.5，平行线公设。

※本卷公理，只涉及量。

※命题I.1，怎么作一个等边三角形。

※三角形全等理论。三角形全等的几个条件：边—角—边相等（命题I.4）；边—边—边相等（命题I.8）；角—边—角相等（命题I.26）。

※等腰三角形。等角意味着等边（命题I.5）；反之，等边意味着等角（命题I.6）。

※命题I.9、I.10，等分角及线段的建立。

※命题I.11、I.12，给一条直线作垂线。

※命题I.16，三角形的外角大于两个不相邻的内角。

※命题I.29，一条线穿过两条平行线时构成的三角形。

※命题I.20，三角形两边之和大于第三边。

※命题I.22，用已知边作三角形。

※命题I.32，三角形的外角等于两个不相邻的内角之和；三内角之和等于两个直角。

※命题I.42，面的使用。作一个平行四边形等于已知三角形。

※命题I.45，作一个平行四边形等于已知多边形。

※命题I.47、I.48，毕达哥拉斯定理及其逆定理。

□ 维特鲁威人

意大利科学家列昂纳多·达·芬奇（1452—1519年）的人体比例图，现珍藏于威尼斯艺术学院。达·芬奇认为，把完善的人体造型包含在一个圆形和正方体中是最成功的设想，而且人的体长是头长的八倍最为匀称恰当。达·芬奇，这位文艺复兴时期百科全书式的人物，他的天赋在工程、解剖、建筑、数学和光学等领域中都表现得淋漓尽致，他在历史上留下了一个任何后人都无法企及的高度。

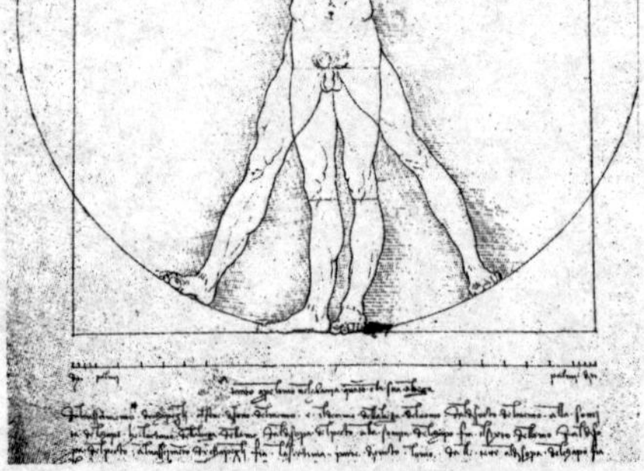

定 义

定义I.1　点：点不可以再分割成部分。

定义I.2　线：线是无宽度的长度。

定义I.3　线的两端是点。

定义I.4　直线：直线是点沿着一定方向及其相反方向无限平铺。

定义I.5　面：面只有长度和宽度。

定义I.6　一个面的边是线。

定义I.7　平面：平面是直线自身的均匀分布。

定义I.8　平面角：平面角是两条线在一个平面内相交所形成的倾斜度。

定义I.9　直线角：含有角的两条线成一条直线时，其角成为直线角（现代称为平角）。

定义I.10　直角与垂线：一条直线与另一条直线相交所形成的两邻角相等，两角皆称为直角，其中一条称为另一条的垂线。

定义I.11　钝角：大于直角的角。

定义I.12　锐角：小于直角的角。

定义I.13　边界：边界是物体的边缘。

定义I.14　图形：由一个边界或几个边界所围成的。

定义I.15　圆：由一条线包围着的平面图形，其内有一点与这条线上任何一个点所连成的线段都相等。

定义I.16　这个点叫圆心。

定义I.17　直径是穿过圆心、端点在圆上的任意线段，该线段将圆分成两等份。

定义I.18　半圆：是直径与被它切割的圆弧围成的图形。半圆的圆心与原圆心相同。

定义I.19　直线图形是由线段首尾顺次相接围成的。三角形是由三条线段围成的，四边形是由四条线段围成的，多边形是由四条以上的线段围成的。

定义I.20　三角形中，三条边相等的称等边三角形，两条边相等的称等腰三角形，各边都不相等的称不等边三角形。

定义I.21　三角形中，有一个角为直角的是直角三角形；有一个角为钝角的称钝角三角形；三个角都为锐角的为锐角三角形。

定义I.22　四边形中，四条边相等并四个角为直角的称为正方形；四角为直角，但边不完全相等的为长方形（也叫矩形）；四边相等，角不是直角的为菱形；两组对边、两组对角分别相等的为平行四边形；一组对边平行，另一组对边不平行的称为梯形。

定义I.23 平行直线：在同一个平面内向两端无限延长不能相交的直线。

公 设

I.1 过两点可以作一条直线。

I.2 直线可以向两端无限延伸。

I.3 以定点为圆心及定长的线段为半径可以作圆。

I.4 凡直角都相等。

I.5 同平面内一条直线和另外两条直线相交，若在直线同侧的两个内角之和小于180° ，则这两条直线经无限延长后在这一侧一定相交。

公 理

I.1 等于同量的量彼此相等。

I.2 等量加等量，其和仍相等。

I.3 等量减等量，其差仍相等。

I.4 彼此能够重合的物体是全等的。

I.5 整体大于部分。

关于定义

《几何原本》开始于一系列定义，这些定义分为三类，第一类指明某些概念，比如定义I.1、I.2、I.5，指派了术语点、线、面（注意：欧几里得的线的概念也包含曲线）。第二类是由原概念衍生的新概念。第三类是非实质性定义，从表面上看，这些定义是实质性的，其实不然，比如定义I.4所表述的直线为"点沿着一定方向及其相反方向无限平铺"，这一定义几乎是不可用的，最多指出将要讨论的线是直线。

可能有些定义不是欧几里得所著，而是编著的后人加上去的，另一种可能是来源于其他著作，有可能更古老。

关于公设

紧接定义之后是几个公设。公设是自明的，意即无需证明的显在事实，尤其表现在平面几何中。公设内容多为作图。

关于量与公理

公理也是自明的，涉及各种不同类型的大小。线段的量出现得最频繁，另一些量是直线的角和面（平面图形），也包含其他类型。在命题Ⅲ.16中直线角与曲线角相比较，以示直线角是平面角的特殊类型。这与欧几里得在定义I.9和定义I.8中的定义相吻合。

在卷3中，出现圆上的弓形的量，仅相等圆的弓形可以比较与相加，因此，相等圆上的弓形组成量，同不相等圆上的弓形是另一类不同的量。这些量皆不同于线段量。无论图形的哪个区域进行比较，不同的曲线不被讨论。

卷5讨论比例理论，并不涉及特殊类型的量。比例并不来自特殊类型的量，它们可以相比，但不能相加。卷7至卷10讨论数论，可以认为是讨论亚里士多德提出的数理。从卷11开始讨论立体，这是本书讨论的最后一个类型。

命题 I.1

已知一条线段可作一个等边三角形。

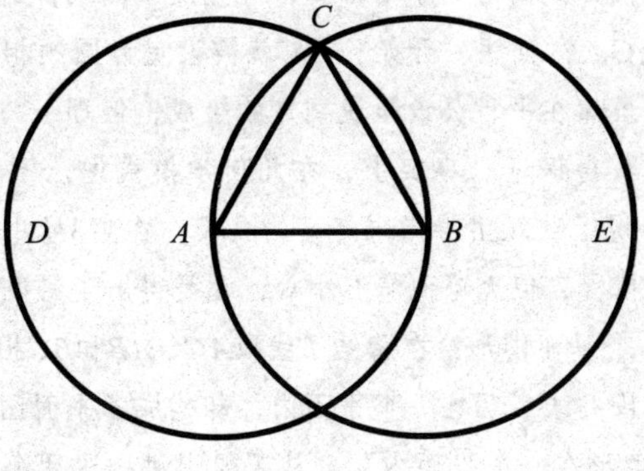

设：*AB*为已知的线段。

要求：以线段*AB*为边作一个等边三角形，以*A*为圆心、*AB*为半径作圆*BCD*；再以*B*为圆心、以*BA*为半径作圆*ACE*；两圆相交于*C*点，连接*CA*、*CB*。

因为：*A*点是圆*CDB*的圆心，故*AC*等于*AB*（定义I.15）。

又，点*B*是圆*CAE*的圆心，故*BC*等于*BA*（定义I.15），*CA*等于*AB*；所以：线段*CA*等于*CB*等于*AB*。

因为等于同量的量互相相等（公理I.1）；所以：*CA*等于*CB*。所以：三条线段*CA*、*AB*、*BC*相等。

所以：三角形ABC是作在线段AB上的等边三角形。

证完

注 解

将这一命题作为《原本》的第一命题是令人愉快的，三角形结构清晰，对等边三角形的证明过程，也条理清晰，当然对C点可以有两个选择，任意一个皆可。或许，欧几里得应将命题I.4作为《原本》的第一命题，因为该命题逻辑上不依赖于前三个命题；但是，欧几里得的第一命题的选择，也自有他的理由。首先，本书接触五个正多边形，从一个正三角形开始，有其美学意义。另外，命题I.2和命题I.3皆需要命题I.1，命题I.2和命题I.3给出了移动线的结构，命题I.4虽然在逻辑上不依赖于命题I.2和命题I.3，但却引用了叠合的概念，从某种意义上讲，是移动的点和线。

欧几里得在某个命题结束时，用了“证完”一词。这是几何学命题证明结束的一个标准。尽管两千多年来这部天才的巨著受到了历代数学批评家们的挑剔，并且他们也指出了不少漏洞，但丝毫无损它的光辉。本命题是两千余年来受到批评最多的一个命题，批评者指出，如此简洁明了的命题，却充满了漏洞，这是陈述不够充分的逻辑裂缝。为什么生成C点？证明一开始，点C就被设定为圆的相交点，但它的存在却没有证明。欧几里得虽然在平行公设里说到点的生成，但那一公设却与该命题无关。所以点C的存在不能获得保证。事实上，在几何学模式中，不相交的圆自然是存在的，因此，在这里出现了欧几里得尚未定义的公设。在第3卷中，欧几里得小心谨慎地分析圆相交的可能情况，但无论他怎么小心，还是得出了错误的定理。

为什么ABC是一个平面图形？在总结了线段AC、AB和BC相等以后，就确定ABC是平面图形，三条线段并未表明在一个平面内，却构成了平面图形，缺乏逻辑链。命题X.1中声明了“三角形在一个平面内”，从逻辑上讲，这两个命题应该被置于第一卷的第一命题。然而二者却没有被置于第一命题，这显然是因为第10卷中的命题属于立体几何，而《原本》中，立体几何从平面几何发展而来。从历史观点的考察来看，无疑是这样的。

不能排除这种可能性：边可以构成多次多区域的相交，就像泡沫链一样。这里需要证明（或者设立公设）：两条无限延伸的直线至少能在一点相交。

命题的应用

这一命题直接应用在本卷的命题I.2、I.9、I.10、I.11及命题X.11、X.12中。

命题 I.2

从一个给定的点可以引一条线段等于已知的线段。

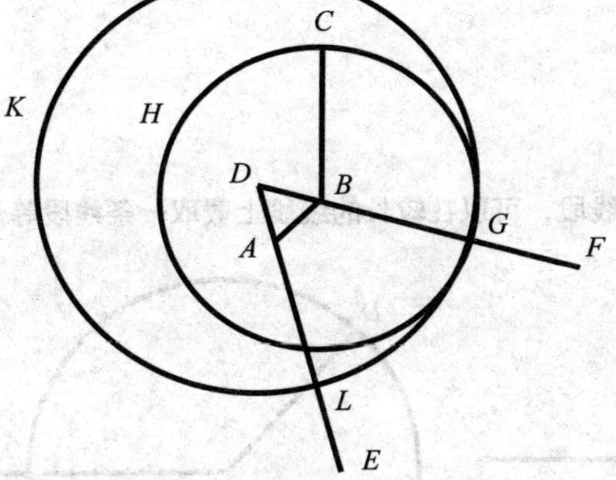

设：A为给定的点，BC为给定的线段。

求作：以A为端点的一条线段等于BC。

连接A、B两点成线段AB（公设I.1）；并以此作一个等边三角形DAB（命题I.1）。

作DA的延长线AE，DB的延长线BF（公设I.2）；以B为圆心、BC为半径，作圆CGH（公设I.3），再以D为圆心、DG为半径，作圆GKL（公设I.3）。

那么因为，B点是圆CGH的圆心，故BC等于BG。

又，因为D点是圆GKL的圆心，故DL等于DG。

因为DA等于DB，那么其余下部分AL等于BG（公理I.3）。

同理可证：BC等于BG；于是线段AL等于BG等于BC。

等量减等量，差相等（公理I.1）。

所以：AL等于BC。

所以：从给定的点A作出的线段AL等于给定的线段BC。

证完

注 解

这是一个聪明的作图法，用以解决看似简单的问题，滑动线段BC，以使其末端与A点重叠。但是在欧几里得的几何里，运动是并未涉及的领域。命题I.4仿佛也涉及运动，但实际上并没有什么真正移动过。在公设I.1、I.2、I.3中描述过基础的作图法。

命题的应用

这一命题仅应用在命题I.3的作图中。本图假定了所有的A点和线段BC位于一个平面内。

命题 I.3

给定两条不等线段，可以在较长的线段上截取一条线段等于较短的线段。

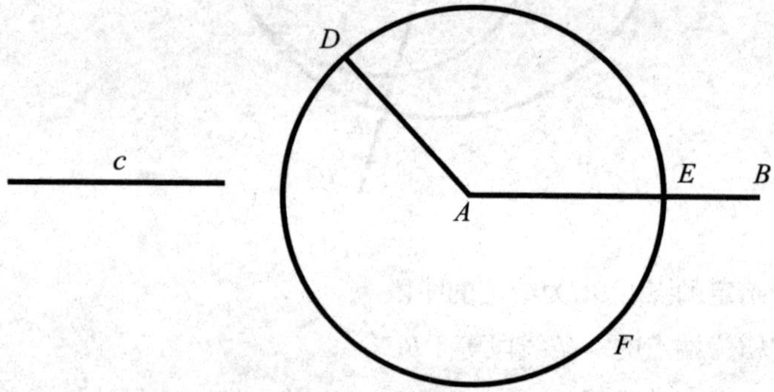

设：AB和c是给定的两条不等线段，AB较长。

现在要求：从较长线段AB上切取一条线段等于较短线段c。

在点A上取AD等于c，又，以A为圆心、AD为半径作圆DEF（公设I.3）。

因为点A是圆DEF的圆心，所以：$AE=AD$（定义I.15）。

又，c也等于AD，所以：线段AE和c都等于AD。所以：AE也等于c（公理I.1）。

所以：给定两条不等线段AB和c，从较长线段AB上作出了AE等于短线段c。

证完

注 解

很显然，命题I.2在本命题中发挥了作用，根据普鲁库鲁斯（410—485年）的记载，《几何原本》首先由希波克拉底写成，另外，里昂和赛奥底留斯也著过不同的版本，但欧几里得的版本出现以后，它们就消隐失传了，后者取而代之。命题I.2可能出现在希波克拉底时代。这一命题开始了线的几何代数，允许相减、相加计算，用以比较线段的大于、小于或等于性质。

这一命题在《原本》中被大量使用，比其他命题都多。从本卷命题5开始以后，在卷4、6、11、13中均有大量利用。

命题 I.4

如果三角形的两条对应边及夹角相等，那么其第三边亦相等，两个三角形亦全等，其余的两对应角亦相等。

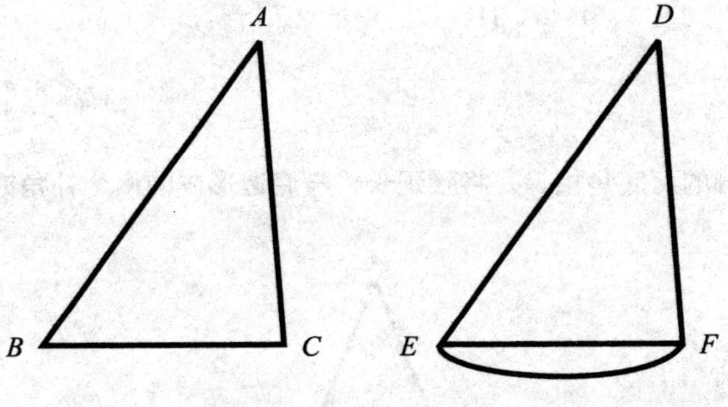

设：作三角形ABC、三角形DEF，使其$AB=DE$、$AC=DF$，AB是DE的对应边，AC是DF的对应边，$\angle BAC$等于$\angle EDF$。

求证：边BC等于边EF，三角形ABC全等于三角形DEF，相应的角亦相等，即$\angle ABC$等于$\angle DEF$，$\angle ACB$等于$\angle DFE$。

因为$AB=DE$，假定三角形ABC与三角形DEF不全等，置A点于D点上，AB线于DE线上，B点就同E点重合；

又，因为$\angle BAC$等于$\angle EDF$，于是AB与DE相等，AC与DF相等；于是点C与点F必然重合，因为AC也等于DF。

另外：B与E重合，于是底边BC与底边EF相等。

假定：当B替换E、C替换F时，底边BC不等于底边EF，两条线段就要形成一个空间，这是不可能的。所以底边BC与底边EF重合并相等（公理I.4）。

所以：三角形ABC与三角形DEF重合并全等，其余对应角重合并相等，$\angle ABC$对应$\angle DEF$，$\angle ACB$对应$\angle DFE$。

所以：如果三角形的两条对应边及夹角相等，那么其第三边亦相等，两个三角形亦全等，其余的两对应角亦相等。

证完

注 解

本命题涉及三角形的叠合，欧几里得没有明确地使用叠合的概念。在讨论立体几何时，欧几里得使用了“相似且相等”这一概念，以表述“叠合”，这一概念出现在卷6中，它理应放在书的开始部分。

本命题的全等定理应用在本卷的下两个命题中，同时也高频率地应用在从卷1开始的各卷中，在卷2、3、4、6、11、12、13中皆不时地出现。

命题 I.5

等腰三角形的两底角相等，将腰延长，与底边形成的两个补角亦相等。

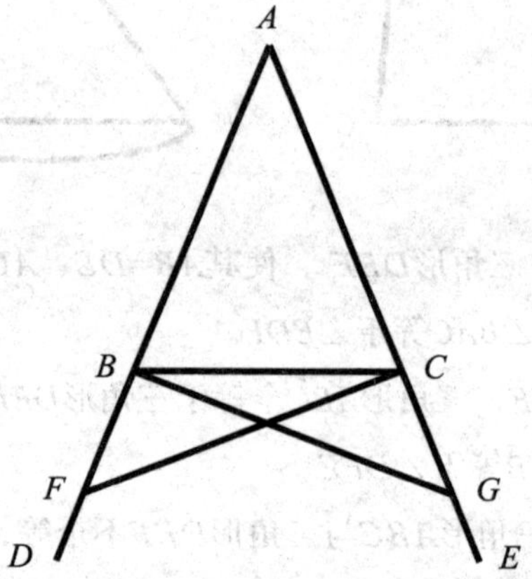

设：作等腰三角形ABC，使$AB=AC$；作AB的延长线BD、AC的延长线CE（公设I.2）。

求证：$\angle ABC$等于$\angle ACB$，$\angle CBD$等于$\angle BCE$。

令：在BD上任取一点F。在AE上截取线段AG等于AF，连接FC、GB（公设I.1）。

既然AF等于AG，AB等于AC，那么FA、AC两边就等于对应边GA、AB，且它们有一个公用角$\angle FAG$。

于是：FC等于GB，三角形AFC全等于三角形AGB，其余对应角亦相等，即$\angle ACF$等于$\angle ABG$，$\angle AFC$等于$\angle AGB$。

又，因为AF等于AG，AB等于AC，那么其余下的部分BF等于CG。

又可得FC等于GB。

所以：BF、FC两边等于对应边CG、GB；$\angle BFC$等于$\angle CGB$，BC为公共边，于是三角形BFC也全等于三角形CGB，其余对应角相等，即$\angle FBC$等于$\angle GCB$，$\angle BCF$等于$\angle CBG$。

又，因为$\angle ABG$被证明等于$\angle ACF$，$\angle CBG$等于$\angle BCF$，余下的$\angle ABC$等于$\angle ACB$；它们在三角形ABC的底边上，$\angle FBC$也就等于$\angle GCB$。

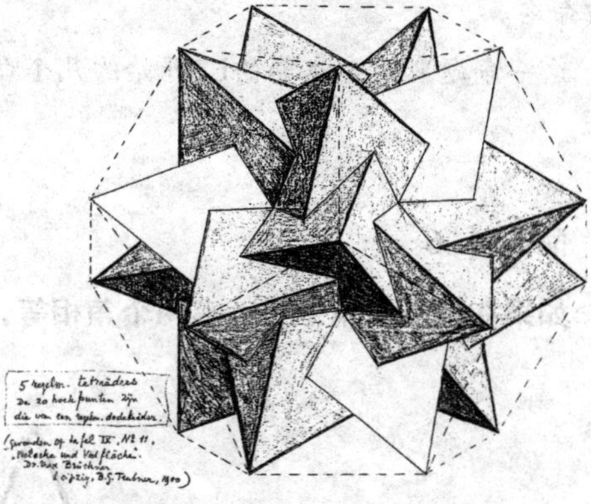

□ **四个规则多面体**

古希腊数学家很早就知道，只有五种可能的正多面体，即正四面体、正六面体、正八面体、正十二面体和正二十面体，并且这些正多面体只能由三种形状构成，即等边三角形、正方形和正五边形。由于柏拉图把这五种正多边形同他的宇宙构成论联系起来，因此又被称为柏拉图立体。这幅作品即由柏拉图立体中的四种均匀地交叉构成，埃舍尔用红、黄、白、黑四种颜色把它们描绘成半透明状使其得以辨认。

所以：等腰三角形的两底角相等，将腰延长，与底边形成的两个补角亦相等。

证完

注 解

这一命题有两个结论，一是内底$\angle ABC$和$\angle ACB$相等，二是外底$\angle FBC$和$\angle GCB$相等。从图上看，仿佛证明第二个结论是容易的，根据第一个结论，简单地从$\angle ABF$和$\angle ACG$中分别减去相等$\angle ABC$和$\angle ACB$即可。但是欧几里得不接受直角，即使他接受，也并未证明所有的直角皆相等。命题I.13其实是个足够的证明，因为它意味着$\angle ABC$与$\angle FBC$之和等于两个直角的和，同时$\angle ACB$与$\angle GCB$之和也等于两个直角的和，于是，二者之和相等，这便是所说的所有的直角皆相等。

不幸的是，这一论据是循环的，命题I.13依赖于命题I.11，命题I.11依赖于命题I.8，命题I.8依赖于命题I.7，而命题I.7则依赖于命题I.5。于是命题I.13不能应用在命题I.5的证明中。

这一命题被称为“庞斯命题”，也称为“驴桥”，这一命名到底是因为它的证明困难呢，还是在形式上有桥的特征？难以知道。在欧几里得的《原本》中，命题很少被命名。

这一命题应用在本卷的I.7开始的几个命题中，也高频率地用在卷2、3、4、6、13中。

命题I.6

如果在一个三角形里，有两个角相等，那么也有两条边相等。

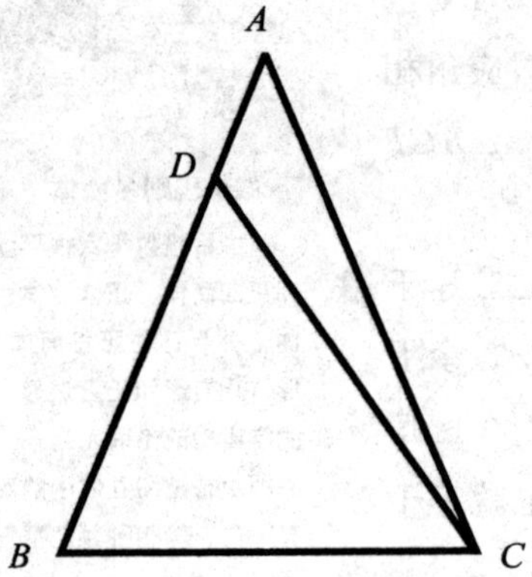

设：在三角形*ABC*中，∠*ACB*等于∠*ABC*。

求证：边*AB*等于边*AC*。

如果*AB*不等于*AC*，一条比另一条长，假定*AB*长于*AC*，在较长边上取一点*D*，使*DB*等于*AC*，连接*DC*。

既然*DB*等于*AC*，而*BC*是公共边，那么*DB*、*BC*的对应边*AC*、*CB*应相等；∠*DBC*就等于∠*ACB*；于是底边*DC*便等于底边*AB*，三角形*DBC*便全等于三角形*ACB*，小三角形全等于大三角形，这是不成立的。

因此*AB*不能不等于*AC*；所以*AB*等于*AC*。

所以：如果在一个三角形里，有两个角相等，那么也有两条边相等。

证完

注解

逆命题

这一命题是命题I.5的逆命题（部分的）。欧几里得在证明了命题后，接着证明逆命题，这一实践一直延续到今天。一个命题和它的逆命题，并不是逻辑上的相等，举例说“如果P，那么Q”是有效的，并不是“如果Q，那么P”就有效。欧几里得的这一例子出现在命题Ⅲ.5中，该命题陈述“如两个圆相交，那么它们没有相同的圆心”，逆命题是“两圆如没有相同的圆心，那么它们相交”，这当然是错误的。因为一个圆完全可以在另一个圆外或者圆内，它们自然也没有相同的圆心。

矛盾证法

这是使用矛盾证法的第一命题。在本命题中，为了证明AB等于AC，欧几里得假定它们不相等，由此引出矛盾结论。即三角形ACB等于它自身的一部分，即三角形DCB，于是与公理I.5的整体大于部分的定义形成矛盾。矛盾是三角形ACB既等于三角形DBC同时又不等于三角形DBC。

欧几里得常用矛盾法，使用此法，他并不为推断新的几何目标的存在，而是用来证明他已经证明的几何学目标的正确性。

这一命题在本卷中再也未被利用，但在卷2、3、4、6、13中被调用。

命题 I.7

过线段两端点引出两条线段交于一点，那么，在同一侧，不可能有相交于另一点的另两条线段，分别等于前两条线段，即每个交点到相同端点的线段相等。

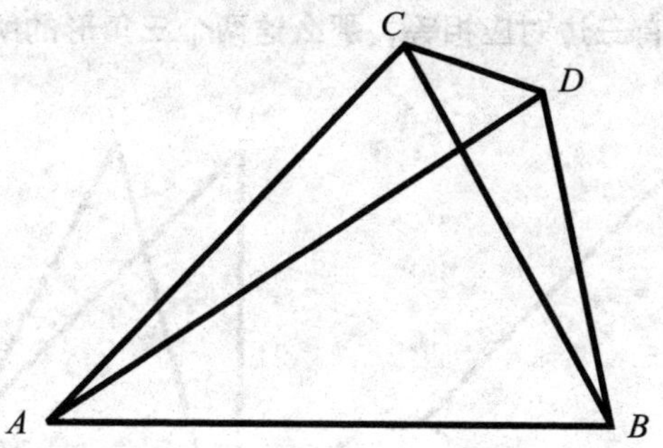

假设可能，过A、B两点作两条线段AC、CB，相交于C点。作另两条线段AD、DB，在AB同一边相交于D点。

如果与前两条分别对应，那么CA等于DA，并共有末端A；CB等于DB，共有一个末端B；连接CD。

那么，既然AC等于AD，$\angle ACD$便等于$\angle ADC$（公设I.5）；

于是：$\angle ADC$大于$\angle DCB$；且$\angle CDB$远远大于$\angle DCB$。

同样，既然CB等于DB，$\angle CDB$便等于$\angle DCB$；同样可证$\angle CDB$大于

$\angle DCB$。

所以：假设不能成立。

所以：过线段两端点引出两条线段交于一点，那么，在同一侧，不可能有相交于另一点的另两条线段，分别等于前两条线段，即每个交点到相同端点的线段相等。

证完

注 解

隐证

此句“$\angle ACD$等于$\angle ADC$，于是：$\angle ADC$大于$\angle DCB$，且$\angle CDB$远远大于$\angle DCB$”，应用了量的性质。

如果$x<y$，$y=z$，那么$x<z$。

这一性质并未出现在公理中。

本命题被利用在下一命题中。

命题 I.8

如果两个三角形有三边对应相等，那么这两个三角形的所有对应角亦相等。

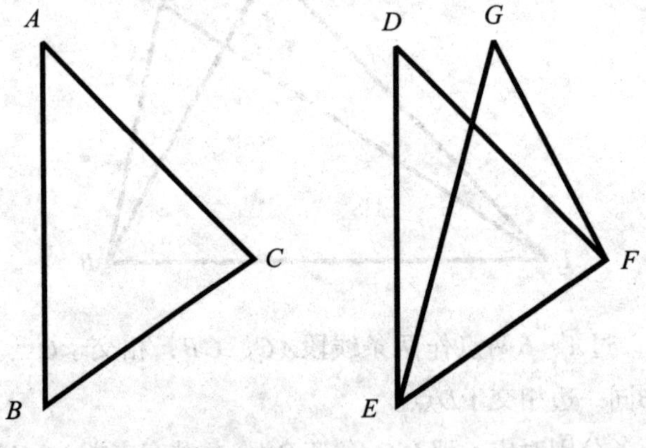

设：在三角形ABC、三角形DEF中，AB等于DE，AC等于DF，即AB是DE的对应边，AC是DF的对应边。BC等于EF。

求证：$\angle BAC$等于$\angle EDF$。

如果三角形ABC全等于三角形DEF，点B能替换点E，线段BC能替换EF，点C

与点F重合，因为BC等于EF。

那么BC与EF重合，BA、AC分别与ED、DF重合。

如果底边BC与底边EF重合，而BA、AC两边分别与ED、DF两边不重合，形成了新的两边如EG、GF，那么从一条线段的两个末端引出的两条线段相交于一点，同一线段的两个末端引出的另两条线段相交于另一点，两组对应的线段不能相等（命题I.7）。所以：假设不能成立。

所以：如果边BC等于边EF，边BA、AC分别不等于ED、DF不成立。

所以：$\angle BAC$与$\angle EDF$重合，并相等。

所以：如果两个三角形有三边对应相等，那么这两个三角形的所有对应角亦相等。

证完

注 解

这是三角形全等的第二个定理。

本命题被利用在本卷从下一命题开始的几个命题中，在卷3、4、11、13中也多次被利用。

命题 I.9

一个角可以切分成两个相等的角。

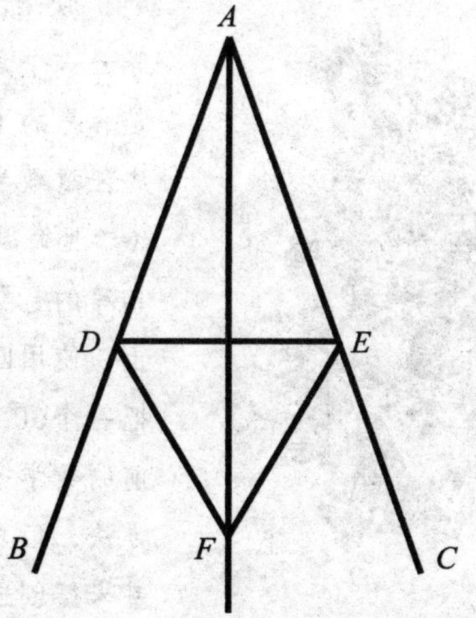

设：已知∠BAC，要求二等分这个角。

在AB边上任取一点D，在AC边上取一点E，使$AE=AD$（命题I.3），连接DE，以DE为一边作等边三角形DEF，连接AF。

求证：∠BAC被射线AF平分。

因为，AD等于AE，AF为公共边，那么：DA、AF分别对应EA、AF并相等。

边DF等于边EF；于是∠DAF等于∠EAF（命题I.8）。

所以：∠BAC被射线AF平分。

所以：一个角可以切分成两个相等的角。

证完

注 解

构图步骤

当用圆规和直尺构造这一图形时，要求作出三个圆和一个最后的切分线。其中一个圆以A点为圆心、AD为半径，以决定点E。另外的两个圆分别以D和E为圆心并以DE为公共半径。等边三角形在这里实际上是不需要的。

角的三等分

使用欧几里得的直尺和圆规，二等分一个角是容易的，二等分线段也是容易的（参见命题I.10），将线段分成任意数量的相等部分也不那么困难（参见命题I.9），但是将一个角分成相等的奇数部分，就不容易了。事实上，使用欧几里得的工具，就不可能把一个60°的角三等分。欧几里得之前的数学家们为此使用了各种各样的方法，但未成功；欧几里得以后的阿基米德创造了螺旋线，才能将角划分

□ **四面体小行星**

这颗小行星是一个正四面体，呈现在我们眼前的是它的其中两个表面。可以看到几乎每一寸土地都得到利用，上面密布了房屋、高塔、桥梁、台阶、花木、人工湖泊和小船；除了形状不同外，其余的情况和地球几乎毫无二致。在作此画时，埃舍尔将两幅草稿拼贴在一起，在面与面的接合处尽量画成直角，以反映四面体的棱线。埃舍尔从事物的数学特性中发掘美，创造出空前绝后的奇妙之作。

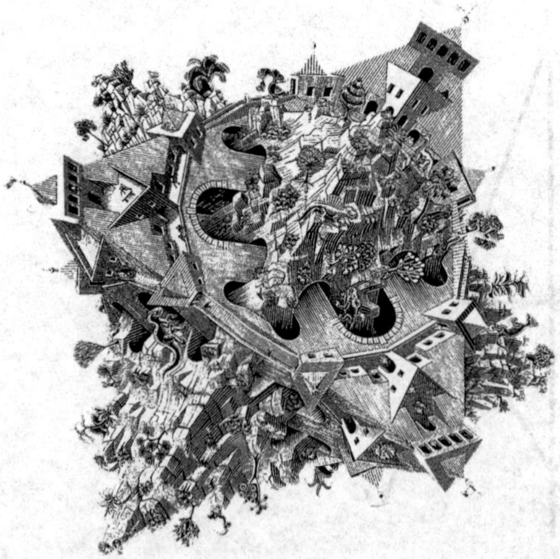

成任意部分，三等分角也就成为可能。人们相信使用欧几里得工具根本就不可能三等分角，但直到1833年，这一疑惑才被数学家旺泽尔所证明。

命题的应用

这一命题被利用在下一命题中，也用在卷4、6、13的数个命题中。

命题 I.10

一条线段可以被分成两条相等的线段。

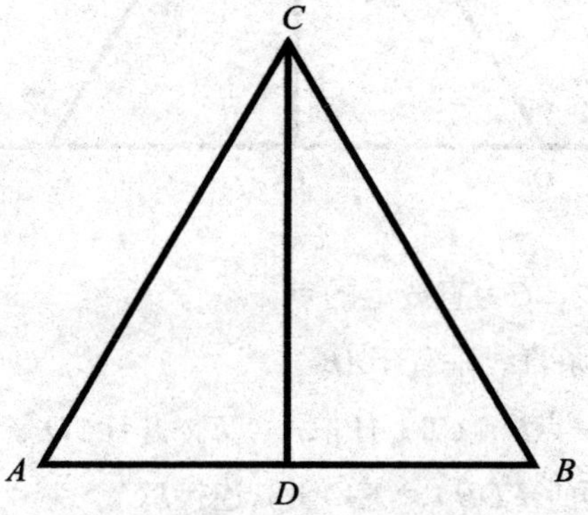

设：*AB*为一线段。

求作：平分为两条相等的线段。

作等边三角形*ABC*（命题I.1），使其∠*ACB*被*CD*线平分（命题I.9）。

那么：*D*点就是线段*AB*的平分点。

既然*AC*等于*CB*，*CD*是公共边， *AC*、*CD*两条边分别与*BC*、*CD*两条边对应相等，∠*ACD*等于∠*BCD*，于是，边*AD*等于边*BD*（命题I.4）。

所以：线段*AB*被*D*点平分。

所以：一条线段可以被分成两条相等的线段。

证完

注 解

本命题陈述将线段分成两个相等的部分。

它被利用在本卷的I.12、I.16、I.42中，也被利用在卷2、3、4、10、13的数个命题中。

命题 I.11

过一条直线上的一个点，可以作该直线的垂线。

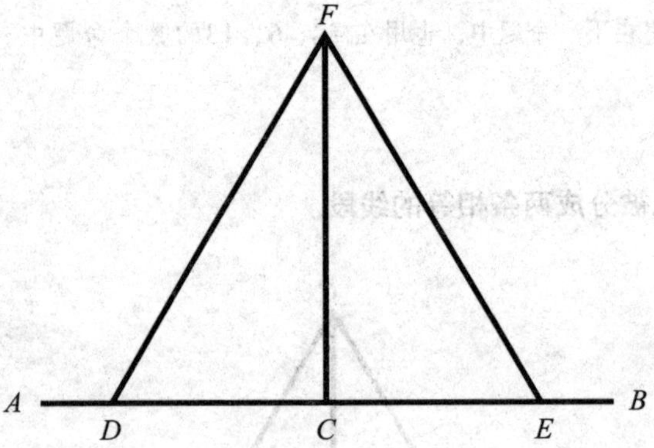

设：AB是已知直线，C为直线上的点。

求作：从C点作一条直线垂直于AB。

令：在AC上任取一点D，CB上任取一点E，并让CD等于CE（命题I.3）。

在DE上作等边三角形FDE（命题I.1）。连接FC。

那么我说：FC就是直线AB在C点上的垂线。

因为DC等于CE，CF是公共边，边DC、CF分别与边EC、CF对应且相等；底边DF与底边FE相等；故三角形DCF全等于三角形ECF（命题I.8），∠DCF与∠ECF互为邻角。

如果一条线段在另一条线段所形成的邻角相等，那么两角皆为直角（定义I.10）。所以：∠DCF、∠FCE皆为直角。

所以：线段CF垂直于线段AB，并在C点上平分。

所以：过一条直线上的一个点，可以作该直线的垂线。

证完

注 解

这一命题和下一命题陈述垂线，一个给定的（已知的）点向给定的线作垂线。在本命题中，给定的点在直线上，而在下一命题中，是不同的情形。

本命题被利用在本卷的I.13、I.46、I.48中，也用在卷2、3、4、6、11、12、13的数个命题中。

命题 I.12

经过直线外的一点可以向直线作垂线。

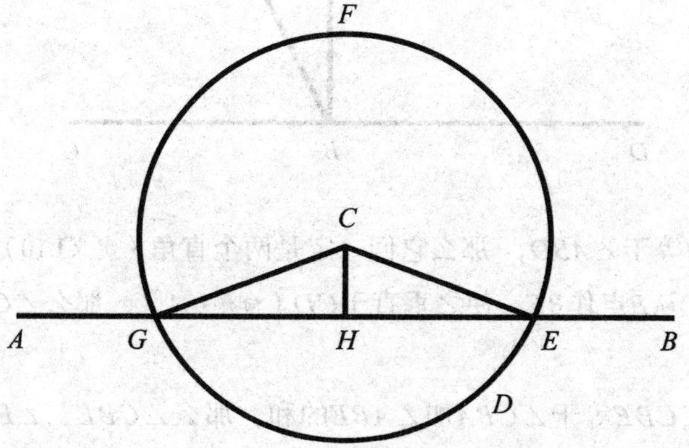

设：*AB*为已知直线，*C*点为给定的点。

求作：*C*点可以向*AB*作垂线。

在直线的另一边任取一点*D*，以*C*为圆心，*CD*为半径作圆*EFG*（公设I.3）。

*AB*与圆*C*交于*G*、*E*，作*GE*的中点*H*（命题I.10），连接*CG*、*CH*、*CE*（公设I.1）。

那么我说：*CH*便是*C*点向线段*AB*作的垂线。

因为：*GH*等于*HE*，*HC*是公共边，*GH*、*HC*分别等于对应边*EH*、*HC*；底边*CG*等于底边*CE*。

所以：∠*CHG*等于∠*EHC*（命题I.8），且它们为相邻角。

当一条线与另一条线相交形成邻角时，两角相等，皆为直角。这条线被称为另一条线的垂线（定义I.10）。

所以：*CH*是从*C*点向*AB*线引的垂线。

所以：经过直线外的一点可以向直线作垂线。

证完

命题 I.13

两条直线相交，邻角是两个直角或者相加等于180°。

设：在直线*CD*上的任意一条射线*BA*，形成∠*CBA*及∠*ABD*。

求证：∠*CBA*、∠*ABD*要么是两个直角，要么互补。

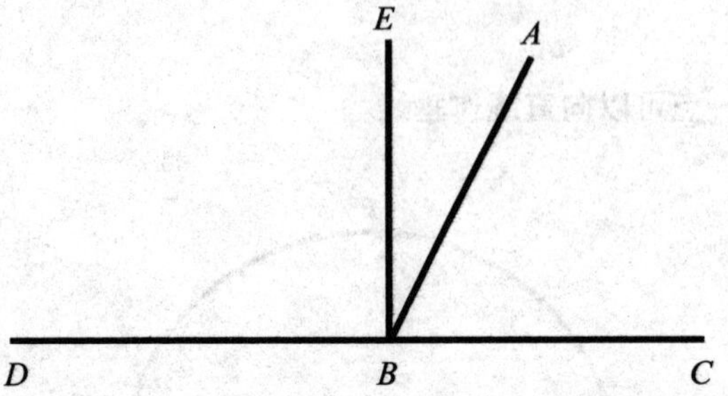

如果∠*CBA*等于∠*ABD*，那么它们一定是两个直角（定义I.10）。

如果不是，从*B*点作*BE*，使之垂直于*CD*（命题I.11），那么∠*CBE*、∠*EBD*是两个直角。

那么既然∠*CBE*等于∠*CBA*加∠*ABE*的和，那么∠*CBE*、∠*EBD*的和也等于∠*CBA*、∠*ABE*、∠*EBD*的和（公理I.2）。

又，既然∠*DBA*等于∠*DBE*、∠*EBA*的和。

那么：∠*DBA*、∠*ABC*的和等于∠*DBE*、∠*EBA*、∠*ABC*的和（公理I.2）。

同理可证：∠*CBE*、∠*EBD*的和也等于同样三个角的和，等于同量的量彼此相等（公理I.1）。

所以：∠*CBE*、∠*EBD*的和也等于∠*DBA*、∠*ABC*的和。

且∠*CBE*、∠*EBD*的和为两直角，所以∠*DBA*、∠*ABC*的和亦为180° 。

所以：两条直线相交，邻角是两个直角或者相加等于180° 。

证完

注 解

本命题讨论几何量的相加。

本命题被利用在以后的几个命题中，并应用在卷4和卷6。

命题 I.14

两条不在一边的射线过任意直线上的一点，所构成的邻角若等于两个直角的和（平角），那么这两条射线构成一条直线。

设：*AB*为任意射线，*B*是射线的端点，两条射线*BC*、*BD*不在一边，构成邻角∠*ABC*、∠*ABD*，其和为两个直角（平角）。

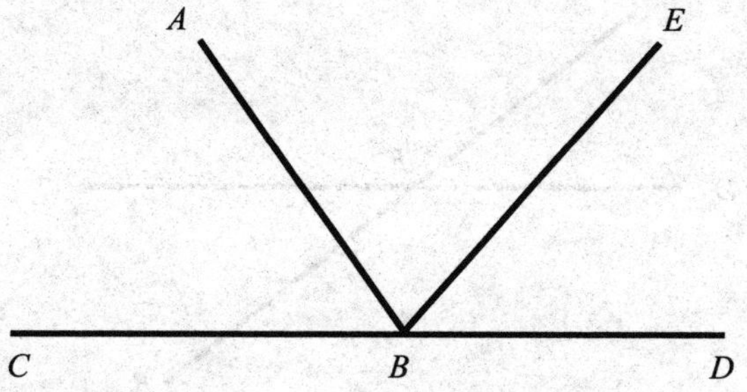

求证：*BD*与*CB*在同一条直线上。

假设：*BD*与*BC*不在同一直线上，而*BE*才与*CB*在同一直线上。

因为：射线*AB*位于直线*CBE*上。

那么：∠*ABC*、∠*ABE*的和就等于两个直角（命题I.13），而∠*ABC*、∠*ABD*的和也等于两个直角；于是∠*CBA*、∠*ABE*的和也就等于∠*CBA*、∠*ABD*的和（公设I.4及公理I.1）。

设：从各角中减去∠*CBA*。

那么：剩余∠*ABE*等于剩余∠*ABD*（公理I.3），小角等于大角。

所以：假设不能成立。*BE*与*CB*不在同一条直线上。

同理可证：除了*BD*以外，也没有别的线。

所以：*CB*与*BD*在同一直线上。

所以：两条不在一边的射线过任意直线上的一点，所构成的邻角若等于两个直角的和（平角），那么这两条射线构成一条直线。

证完

注 解

本命题是上一命题的逆命题。仅适用在平面几何中，如果*A*、*B*、*C*、*D*不在同一平面，那么*CBD*就不能为直线。

本命题被利用在本卷的I.45、I.47中，在卷6、11的几个命题中也有应用。

命题 I.15

两条直线相交，对顶角相等。

设：*AB*、*CD*两条直线相交于*E*点。

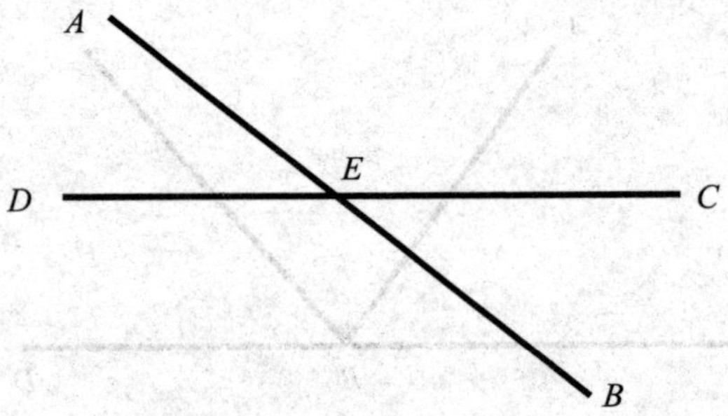

求证：∠*AEC*等于∠*DEB*，∠*CEB*等于∠*AED*。

因为：射线*AE*立在直线*CD*上，构成∠*CEA*、∠*AED*，∠*CEA*、∠*AED*的和等于两个直角（命题I.13）。

又，线段*DE*立在线段*AB*上，构成∠*AED*、∠*DEB*，∠*AED*、∠*DEB*的和等于两个直角（命题I.13）。又：∠*CEA*、∠*AED*的和也能证明出等于两个直角。

所以：∠*CEA*、∠*AED*的和等于∠*AED*、∠*DEB*的和（公设I.4、公理I.1）。

令：从各角中减去∠*AED*。

于是：剩余∠*CEA*等于剩余∠*BED*（公理I.3）。

同理可证：∠*CEB*、∠*DEA*也相等。

所以：两条直线相交，对顶角相等。

证完

推 论

此命题也表明：两条直线相交，在相交点形成的角等于四个直角的和（360°）。

注 解

虽然欧几里得并未定义“直角”，但其意义却明确地应用在本命题中。关于“推论”有这样一种说法：这可能是后人的插入。因为如果它是欧几里得所作，那么它应该被绑定在命题本身里，或者干脆成为另一命题。

本命题被利用在以后的几个命题中，并在II.10及IV.15中被利用。

命题 I.16

任意三角形，其任意一边的延长线所形成的外角大于任意不相邻的内角。

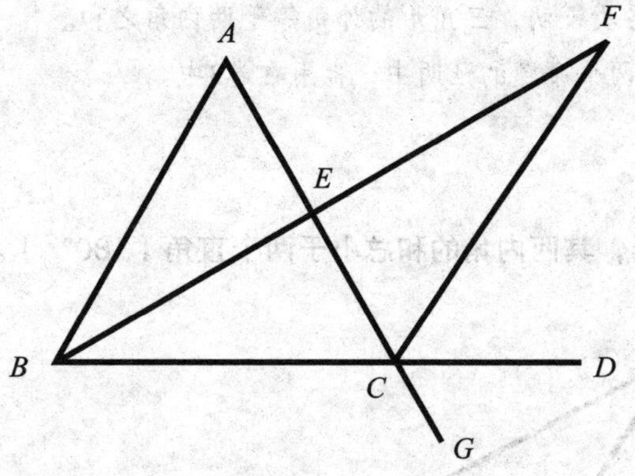

设：*ABC*为任意三角形，延长*BC*边至*D*。

求证：∠*ACD*大于∠*CBA*或∠*BAC*。

在*AC*上取*E*点，使之平分*AC*（命题I.10），连接*BE*，并延长至*F*；使*EF*等于*BE*（命题I.3），连接*FC*（公设I.1），延长*AC*至*G*（公设I.2）。

因为：*AE*等于*EC*，*BE*等于*EF*；*AE*、*EB*分别等于对应边*CE*、*EF*；∠*AEB*等于∠*FEC*，因为它们为对顶角（命题I.15）。

所以：边*AB*等于边*FC*，三角形*ABE*全等于三角形*CFE*（命题I.4），于是∠*BAE*等于∠*ECF*。

又，∠*ECD*大于∠*ECF*（公理I.5），于是∠*ACD* 大于∠*BAE*。

同理：如果*BC*被平分，可证∠*BCG*，也就是∠*ACD*也大于∠*ABC*（命题I.15）。

所以：任意三角形，其任意一边的延长线所形成的外角大于任意不相邻的内角。

证完

□ 雪花曲线

从一个等边三角形出发，将每条边三等分，然后在各边三等分后的中段向外作一个新的等边三角形，但要去掉与原三角形重合的部分，接着对这个新图形的每条边重复上述过程，如此不断继续下去，所得到的曲线就是雪花曲线，它实际上是一个无限逼近序列的曲线。雪花曲线具有令人惊异的性质：它的内部面积有限，但曲线本身长度无限。

注 解

在后面的命题I.32中，欧几里得调用平

行公设（公设I.5），再次证明，三角形的外角等于两内角之和。

本命题应用在下两个命题的证明中，也用在卷3中。

命题 I.17

任意一个三角形，其两内角的和总小于两个直角（180°）。

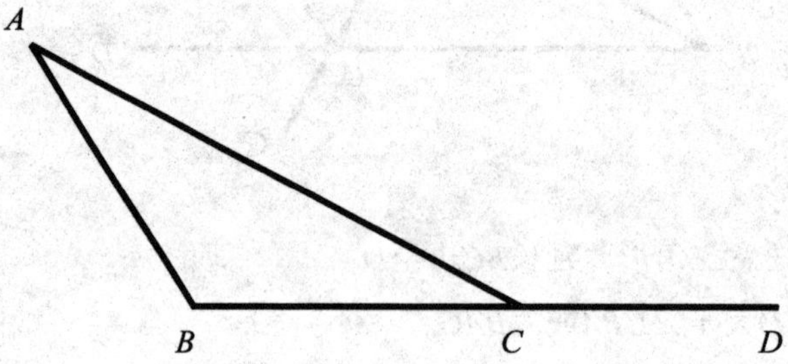

设：ABC为任意三角形。

求证：三角形ABC中任意两内角的和总小于两个直角（180°）。

令：延长BC至D（公设I.2）。

因为$\angle ACD$是三角形ABC的外角，那么：它大于内角$\angle ABC$（命题I.16）。

令：$\angle ACB$与各角相加。于是：$\angle ACD$、$\angle ACB$的和大于$\angle ABC$、$\angle BCA$的和。

可是$\angle ACD$、$\angle ACB$的和等于两个直角（命题I.13）。所以：$\angle ABC$、$\angle BCA$的和小于两个直角。

同理可证：$\angle BAC$、$\angle ACB$的和也小于两个直角，$\angle CAB$、$\angle ABC$亦同理。

所以：任意一个三角形，其两内角的和总小于两个直角（180°）。

证完

□ 古法七乘方图

构造一个数的三角形排列如下：顶上放1，下面放两个1，再下一行将两个1重复一遍，使得这一行的末尾也都是1，而第三行是1、2、1。每一次将两个数相加，得数放在下方，于是得出第四行1、3、3、1。这就是朱世杰在《四元宝鉴》中展示的帕斯卡三角形的模样，该书写于帕斯卡出生前三个世纪。

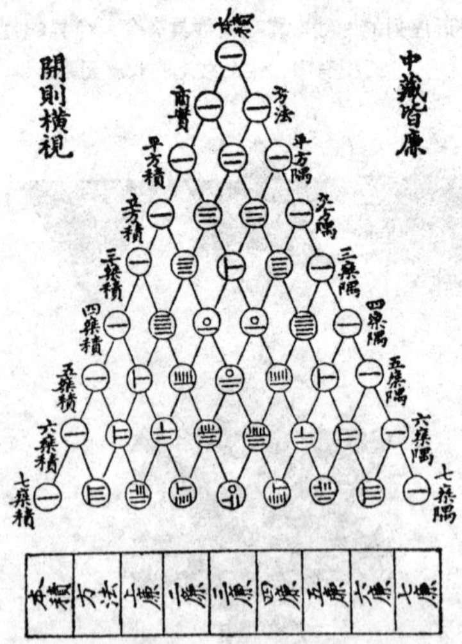

注 解

本命题陈述外角∠*ACD*大于内角∠*ABC*。如果每个角加上∠*ACB*，那么∠*ACD*与∠*ACB*之和大于∠*ABC*与∠*BCA*之和。

其量值关系为：

如果$x > y$，那么$x + z > y + z$。

这一关系式并未列入公理之中。这一命题在命题I.32 再次得以强调，命题I.32 陈述，在一个三角形中三个角之和等于两个直角。

本命题应用在Ⅲ.16中，也应用在卷3、6、11的一些命题中。

命题 I.18

在任何三角形中，大边一定对大角。

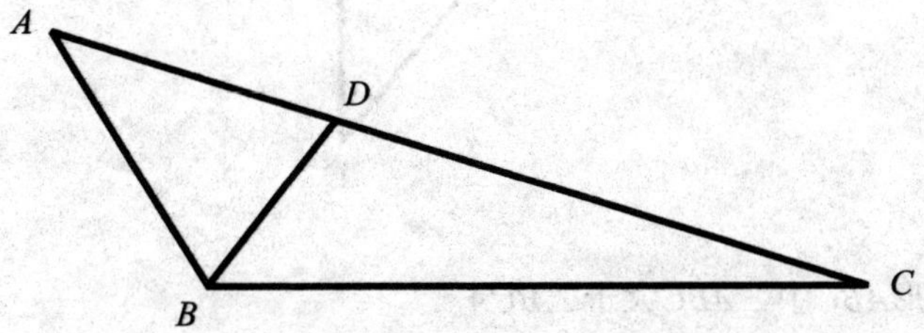

设：*ABC*为任意三角形，*AC*边大于*AB*边。

求证：∠*ABC*大于∠*BCA*。

因为：*AC*大于*AB*，作*AD*等于*AB*（命题I.3）。

连接*BD*。

于是：因为∠*ADB*是三角形*BCD*的一个外角。

那么：它大于内角∠*DCB*（命题I.16）。又：因为*AB*=*AD*，∠*ADB*等于∠*ABD*；所以∠*ABD*也大于∠*ACB*；所以∠*ABC*比∠*ACB*更大。

所以：在任何三角形中，大边一定对大角。

证完

注 解

从表面上看，命题I.18和命题I.19一样，但实际上却不然，本命题说的是“如果边*AC*>边*AB*，那么∠*ABC*>∠*BCA*”（但这并不表明在别的情况下，∠*ABC*不能更大），命题I.19陈述的是“如果$\angle ABC > \angle BCA$，那么边$AC >$边AB”。

本命题应用在下一命题中。

命题 I.19

在任何三角形中，大角总是对大边。

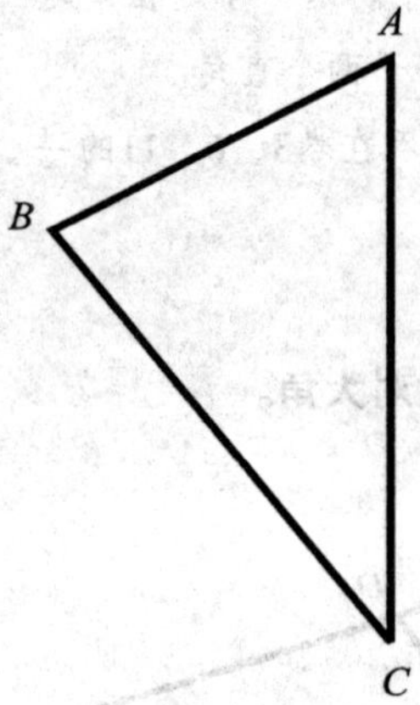

设：三角形ABC中$\angle ABC$大于$\angle BCA$。

求证：AC边也大于AB边。

假设不是，那么AC就小于或等于AB。

现在我们假设AC等于AB；那么$\angle ABC$就将会等于$\angle ACB$（命题I.5）。

但事实并非如此。于是AC不等于AB。

同理，AC不能小于AB，因为如果这样$\angle ABC$也就会小于$\angle ACB$（命题I.18）。

但事实也并非如此。所以：AC不小于AB。同时已被证明AC不小于AB。

所以：AC大于AB。

所以：在任何三角形中，大角总是对大边。

证完

注 解

这一命题是前一命题的伪装逆命题。

本命题应用在I.20、I.24中，也应用在卷3的部分命题中。

命题 I.20

在任何三角形中，任意两条边的和大于第三边。

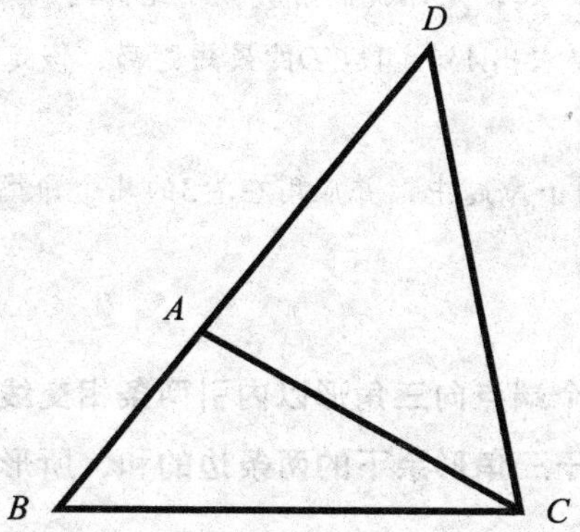

设：*ABC*为任意三角形。

求证：在三角形*ABC*中，任意两边的和大于剩余的一边。即*BA*、*AC*的和大于*BC*，*AB*、*BC*的和大于*AC*，*BC*、*CA*的和大于*AB*。

令：延长*BA*至*D*，使*DA*等于*CA*，连接*DC*。

既然*DA*等于*AC*，∠*ADC*等于∠*ACD*（命题I.5），那么：∠*BCD*大于∠*ADC*（公理I.5）。

又，在三角形*DCB*中，∠*BCD*大于∠*BDC*，大角对大边（命题I.19）。所以：*DB*大于*BC*。

又，*DA*等于*AC*；所以*BA*、*AC*的和大于*BC*。

同理：可以证明*AB*、*BC*的和也大于*AC*，*BC*、*CA*的和大于*AB*。

所以：在任何三角形中，任意两条边的和大于第三边。

证完

□ **宋刻《九章算术》书影**

《九章算术》约成书于公元前1世纪，其中有些数学内容可追溯到周代，《周礼》记载西周贵族子弟必学的六门课程中就有一门“九数”。刘徽称《九章算术》就是从“九数”发展而来。《九章算术》采用问题集的编纂方式，全书共246个问题，分为九章，依次为：方田、粟米、分、少广、商功、均输、盈不足、方程、勾股。

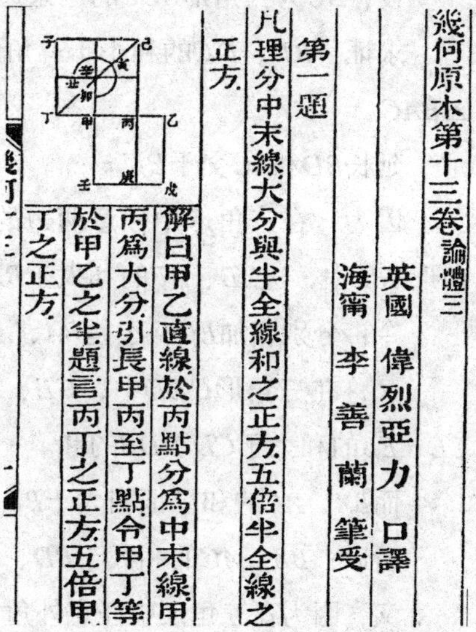
幾何原本第十三卷論體三
英國 偉烈亞力 口譯
海甯 李 善 蘭 筆受
第一題
凡理分中末線大分與半全線和之正方五倍半全線之
正方
解曰甲乙直線於丙點分爲中末線甲
丙爲大分引長甲丙至丁點令甲丁等
於甲乙之半題言丙丁之正方五倍甲
丁之正方

注 解

本命题为“三角形不等式”，部分的陈述表明：在两点间，最短的路径是线段。这一命题与命题I.15一起，允许我们解决最小距离的问题。假定两个点A和B位于线段CD的同一边，现在要求出A到线段CD的最短距离，假定为某个点P，然后再求出P到B的最小距离。

本命题应用在以下两个命题中，并应用在卷3的几个命题及命题XI.20中。

命题 I.21

以三角形一边的两个端点向三角形以内引两条相交线，那么交点到这两个端点的这两条线段的和小于三角形余下的两条边的和，所形成的角大于三角形同侧的内角。

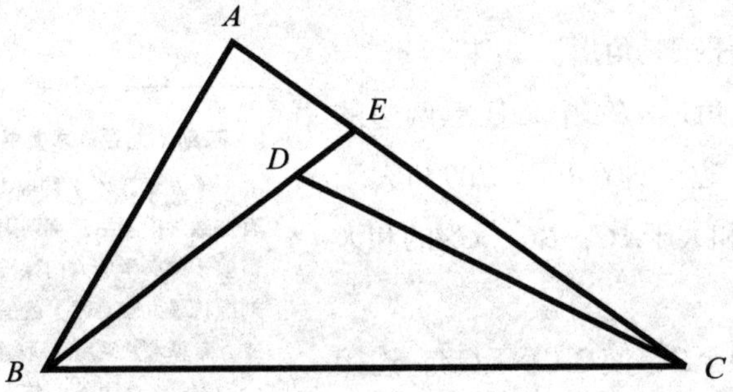

设：BC为三角形ABC的一条边，从端点B、C，作线段BD、DC。

求证：BD、DC的和小于三角形的另两条边BA、AC的和，所夹的$\angle BDC$大于$\angle BAC$。

延长BD和AC交于E点。

因为：在三角形中任意两边的和大于剩余的一条边（命题I.20），那么，在三角形ABE中，边AB、AE的和大于BE。

令：分别相加EC，于是BA、AC之和大于BE、EC之和。

又，在三角形CED中，CE、ED两边的和大于CD，令分别相加DB，于是，CE、EB的和大于CD、DB的和。

而BA、AC的和已证明大于BE、EC的和。

所以：BA、AC的和大于BD、DC的和。

又，因为在三角形中任意外角大于与它不相邻的任何一个内角。（命题I.16）。

于是：在三角形CDE中，外角$\angle BDC$大于$\angle CED$。

同理可证：在三角形ABE中，其外角$\angle CEB$大于$\angle BAC$。$\angle BDC$已被证明大于$\angle CEB$。

所以：$\angle BDC$大于$\angle BAC$。

所以：以三角形一边的两个端点向三角形以内引两条相交线，那么交点到这两个端点的这两条线段的和小于三角形余下的两条边的和，所形成的角大于三角形同侧的内角。

证完

注 解

在欧几里得以前，派帕尔斯及其他数学家已经注意到，在一个三角形中，如果直线不是从一条边的末点作出，那么所作直线之和可能大于余下的两边之和。事实上，其和可以大到三角形最长边的两倍。

本命题应用在命题Ⅲ.8中。

命题 I.22

用三条线段作三角形，那么这三条线段必须满足于任意两条的和大于第三条的条件。

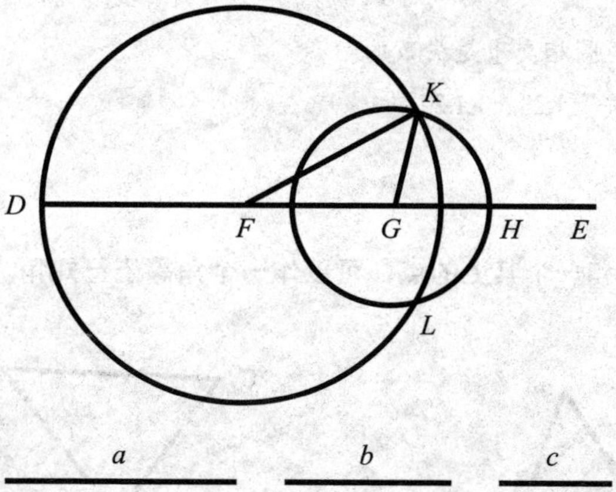

设：给定线段a、b、c，任意两条的和大于第三条，即a、b的和大于c，a、c的和大于b，b、c的和大于a。要求用a、b、c三条线段作一个三角形。

作直线DE，起于D，向E方向无限延长。

令：DF等于a，FG等于b，GH等于c（命题I.3）。

以F为圆心、FD为半径作圆DKL；又以G为圆心、GH为半径作圆KLH；连接KF、KG。

求证：三角形KFG的三条边等于a、b、c三条线段。

因为：F是DKL的圆心，故$FD=KF$，而FD等于a。所以：KF也就等于a。

又，因为G是圆LKH的圆心，故$GH=GK$。

所以：GH也就等于c。所以：KG也就等于c，FG也就等于b。

所以：三条线段KF、FG、GK也就等于a、b、c三条线段。

于是：三角形KFG是以a、b、c三条线段为边的三角形。

所以：用三条线段作三角形，那么这三条线段必须满足于任意两条的和大于第三条的条件。

证完

注 解

这一命题的限定语句“于是，任意两条直线之和应该大于余下的一条”引用了三角形不等式（命题I.20），这一条件是必要的，也能满足证明，但欧几里得对此的证明却是失败的。

这一命题事实上是本卷第一命题的归纳，第一命题表明，三条线段全等。同样，欧几里得证明两圆相交也是失败的。

本命题应用在命题I.23、XI.22中。

命题 I.23

给定一条直线和一个其上的点，可以作一个角等于已知角。

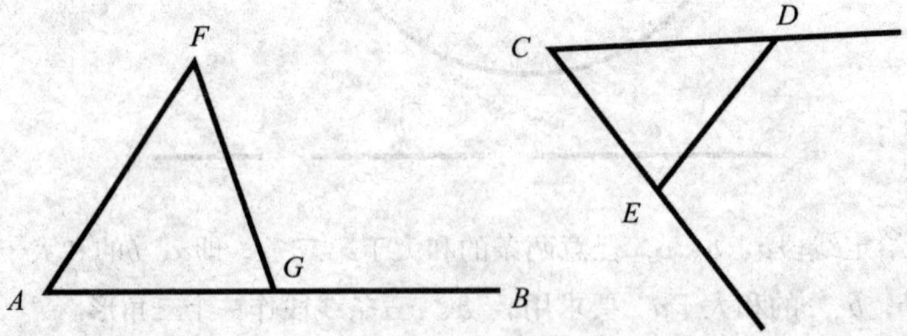

设：*AB*为已知直线，*A*为其上的一个给定点，∠*DCE*为给定的角。

求作：在直线*AB*的*A*点上作角，使之等于给定的∠*DCE*。

令：在直线*CD*、*CE*上各取一点*D*或*E*，连接*DE*，以*CD*、*DE*、*CE*三条相等线段作三角形*AFG*，使*CD*=*AF*，*CE*=*AG*，*DE*=*FG*（命题I.22）。

因为：*DC*、*CE*分别等于对应边*FA*、*AG*，底边*DE*等于底边*FG*，∠*DCE*等于∠*FAG*（命题I.8）。

于是：在给定的直线*AB*和点*A*上作∠*FAG*，该角也等于∠*DCE*。

所以：给定一条直线和一个其上的点，可以作一个角等于已知角。

证完

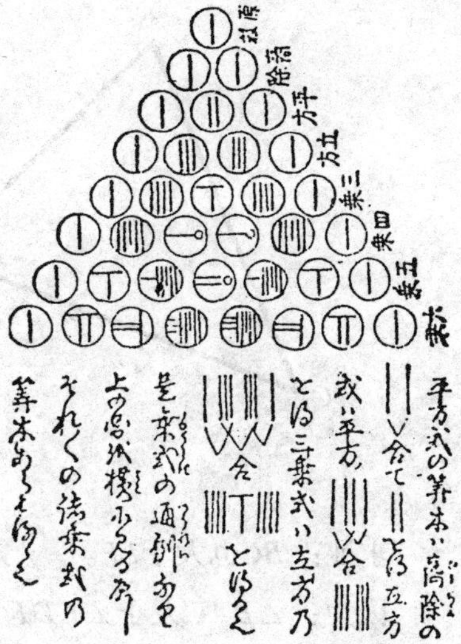

□ 贾宪三角

由二项系数构成的数学三角形因其有许多奇妙的性质而被广泛应用于各个领域，所以，在不同的年代，它被人们从不同的角度构造出来。这种算术三角形的构造方法是，先画1个方块，在下面紧接着画2个方块，再下面画3个……就像砌墙的砖一样。在最上面的方块中填上1，其余方块中的数等于它上面相邻方块中的数之和，这种构造最早明确地发表出来并得到承认的是中国北宋时期的贾宪和中亚细亚的凯拉吉，在中国这被称为“贾宪三角”。

注 解

在命题I.22中，三角形并未在线段的一端；在本命题中，三角形的顶点需要置放在线段的尾点*A*上。

本命题应用在下一命题中，在其后的数卷中也频繁出现，卷3、4、6、11也不时出现。三角形在同一平面的条件似乎是不必要的，因为在命题XI.31中就用来作不同的平面。

命题 I.24

两个三角形有两条对应边相等，其中一个三角形的对应的夹角大于另一个三角形的夹角，那么，这个三角形的第三边也大于另一个的第三边。

设：*ABC*、*DEF*为两个三角形，其中*AB*、*AC*分别等于对应边*DE*、*DF*，则*AB*等于*DE*，*AC*等于*DF*。令∠*A*大于∠*D*。

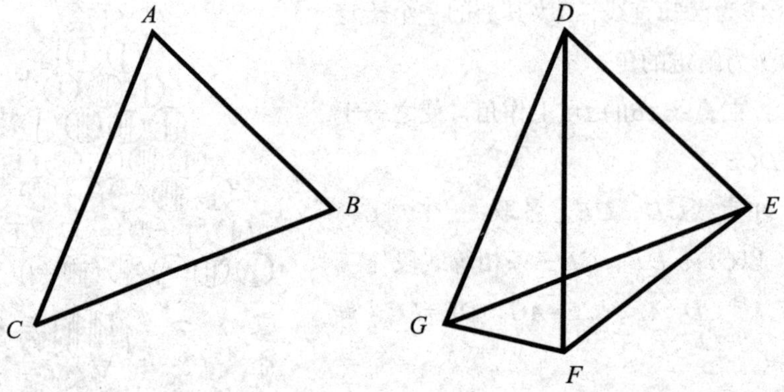

求证：BC也大于EF。

因为：$\angle BAC$大于$\angle EDF$，在DE线段的D点上作$\angle EDG$，使之等于$\angle BAC$（命题I.23）。

令：DG既等于AC又等于DF，连接EG、FG。

那么：AB等于DE，AC等于DG，BA、AC分别等于对应边ED、DG；$\angle BAC$等于$\angle EDG$。所以：BC等于EG（命题I.4）。

又，因为DF等于DG，$\angle DGF$也就等于$\angle DFG$（命题I.5）。所以：$\angle DFG$大于$\angle EGF$。

所以：$\angle EFG$大于$\angle EGF$。

因为：EFG是个包含有$\angle EFG$的三角形，且$\angle EFG$大于$\angle EGF$。较大的角所对应的边也较大（命题I.19），所以：边EG就大于EF。又：EG等于BC。

所以：BC也大于EF。

所以：两个三角形有两条对应边相等，其中一个三角形的对应的夹角大于另一个三角形的夹角，那么，这个三角形的第三边也大于另一个的第三边。

证完

注 解

本命题应用在下一命题中，同时也应用在卷3的少数命题以及命题XI.22中。

命题 I.25

三角形中如果有两条对应边相等，其中一个的第三边比另一个大，那么也同

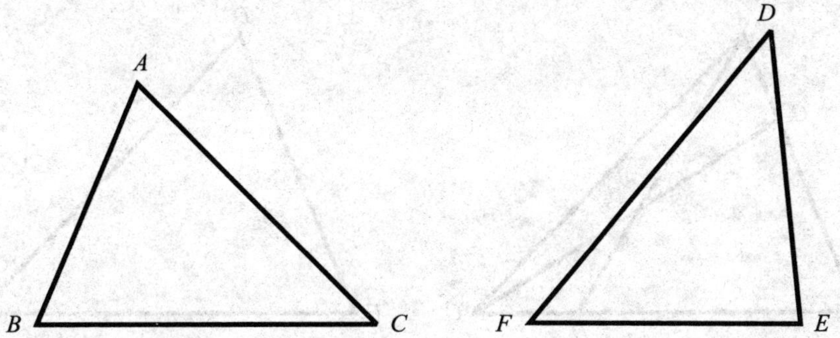

时有一个角比另一个大。

设：三角形ABC、三角形DEF有两条对应边相等，AB、AC分别等于DE、DF，AB对应DE，AC对应DF；令BC大于EF。

求证：$\angle BAC$也大于$\angle EDF$。

事实上，如果不是这样，则$\angle BAC$等于或者小于$\angle EDF$。

现在，先设$\angle BAC$等于$\angle EDF$；那么底边BC就会等于EF（命题I.4）；但事实不是这样。

所以：$\angle BAC$不等于$\angle EDF$。

又，设$\angle BAC$小于$\angle EDF$，于是：BC也就会小于EF（命题I.24）。但事实不是这样。

所以：$\angle BAC$不小于$\angle EDF$。又它们被证明为不相等。所以：$\angle BAC$大于$\angle EDF$。

所以：三角形中如果有两条对应边相等，其中一个的第三边比另一个大，那么也同时有一个角比另一个大。

证完

命题 I.26

两个三角形如有两个角和一条边对应相等，那么其余的对应边和角都相等。

设：三角形ABC、三角形DEF有两个角和一条边相等，$\angle ABC$、$\angle BCA$分别与$\angle DEF$、$\angle EFD$对应相等。一条对应边相等，即BC等于EF。

求证：其余的对应边和角都相等，即AB等于DE，AC等于DF，$\angle BAC$等于$\angle EDF$。

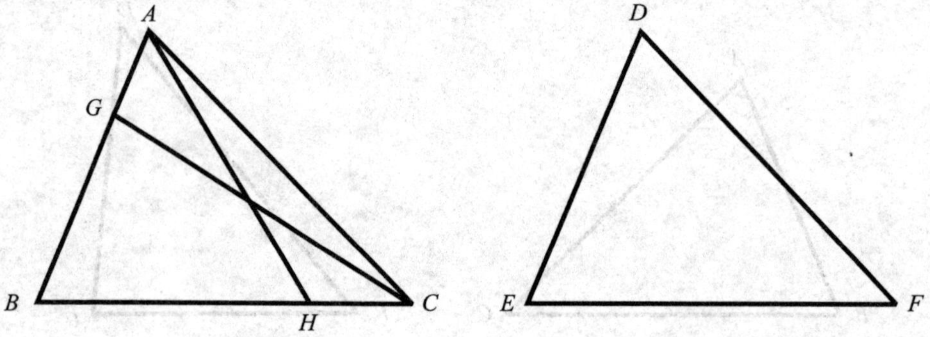

假设：AB不等于DE，其中一个比另一个大。假定AB大于DE，BG等于DE；连接GC。

那么，既然BG等于DE，BC等于EF，GB、BC分别等于对应的DE、EF；∠GBC等于∠DEF；于是：底边GC等于底边DF，三角形GBC全等于三角形DEF，剩余的角亦相等，即与等边对应的角相等（命题I.4）。

于是：∠GCB等于∠DFE，而∠DFE被假设等于∠BCA。

所以：∠BCG等于∠BCA，即大角等于小角，故不能成立。

所以：AB与DE是相等的。

又：BC也等于EF 。所以：AB、BC分别等于对应边DE、EF，∠ABC等于∠DEF。

所以：AC等于DF，∠BAC等于∠EDF（命题I.4）。

又，斜边相等角相等，如AB等于DE。求证：余下的边也对应相等，即AC等于DF，BC等于EF，余下的∠BAC等于余下的∠EDF。

假定：如果BC不等于EF，其中一个比另一个大。

设：BC更大，如果可能，使BH等于EF；连接AH。

那么，既然BH等于EF，AB等于DE，AB、BH于是分别等于对应边DE、EF，并包含相等的角，于是：AH便等于DF，三角形ABH便全等于三角形DEF，余下的对应边所对应的角便互相相等（命题I.4）。所以：∠BHA等于∠EFD。

而∠EFD等于∠BCA，所以：在三角形AHC中，外角∠BHA等于∠BCA。而这是不可能的（命题I.16）。所以：BC等于EF，而AB也等于DE。所以：AB、BC分别等于对应的DE、EF，并包含相等的角。

所以：底边AC等于底边DF，三角形ABC全等于三角形DEF，角∠BAC等于角

∠EDF（命题I.4）。

所以：两个三角形如有两个角和一条边对应相等，那么其余的对应边和角都相等。

证完

注 解

本命题是三角形全等定理的最后一个定理，命题I.4陈述了边—角—边相等，命题I.8陈述了边—边—边相等，本命题陈述边—两角相等定理。

本命题应用在命题I.34中，也用在卷3、4、11、12、13的部分命题中。

命题 I.27

如果一条直线与另两条直线相交，所形成的内错角相等，那么这两条直线平行。

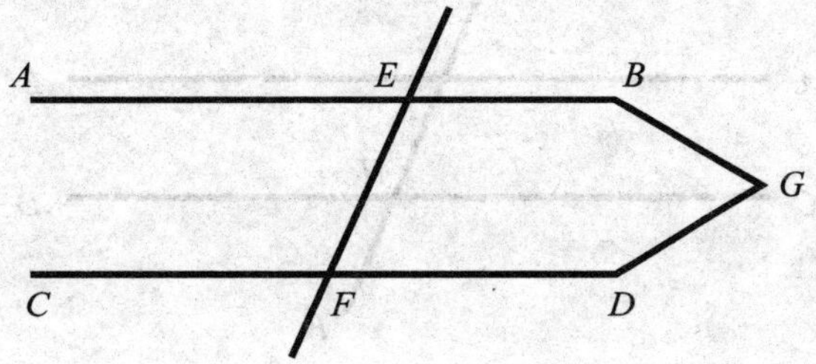

设：直线EF与直线AB、CD相交，形成内错角∠AEF、∠EFD相等。

求证：AB平行于CD。

假定：AB、CD是不平行的，那么它们一定在B、D的方向或A、C的方向相交。

假定：它们在B、D的方向相交于G点。

那么：在三角形GEF中，外角∠AEF等于角∠EFG。这是不可能的（命题I.16）。

所以：AB、CD在B、D方向的延长线不相交。

同理可证：在A、C方向上也不能相交。

而两条在两个方向上都不相交的直线是平行线（定义I.23）。

所以：AB平行于CD。

所以：如果一条直线与另两条直线相交，所形成的内错角相等，那么这两条直线平行。

证完

注 解

这里潜假设了在同一平面，如果所有的线不在一个平面内，术语“内错角”就失去了意义。

欧几里得忽略了另两种可能性，即线可以相交，即在A、D两个方向上，或者朝向B、C。

虽然这是平行线的第一命题，但并未应用公设I.5。

本命题中，平行线作出，在命题I.31中，使用了本命题来论证平行线的作出，本命题也应用在下一命题及命题I.33中。

命题 I.28

一条直线与两条直线相交，如果所形成的同位角相等，那么这两条直线是平行线；如果同旁内角互补，两条直线也平行。

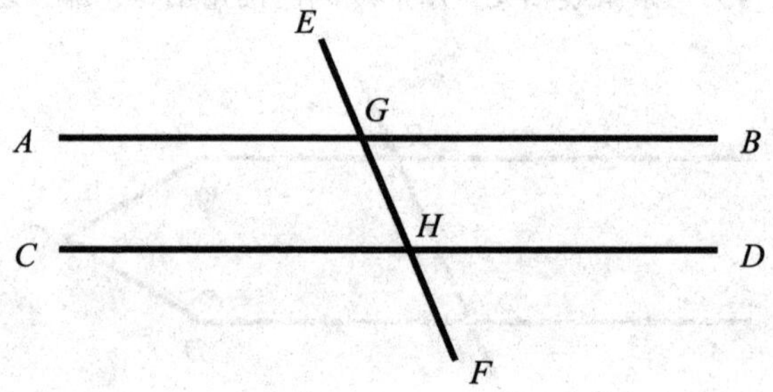

设：直线EF与直线AB、CD相交，所形成的$\angle EGB$等于$\angle GHD$，或者在同旁的内角$\angle BGH$、$\angle GHD$互补。

求证：AB与CD平行。

因为：$\angle EGB$等于$\angle GHD$，同时$\angle EGB$等于$\angle AGH$（命题I.15）。$\angle AGH$也等于$\angle GHD$，且它们是内错角，所以：AB平行于CD（命题I.27）。

又，因为$\angle BGH$、$\angle GHD$的和等于两个直角，$\angle AGH$、$\angle BGH$的和也等于两个直角（命题I.13），$\angle AGH$、$\angle BGH$的和等于$\angle BGH$、$\angle GHD$的和。

从各角中减去$\angle BGH$，于是：$\angle AGH$ 等于$\angle GHD$，且它们是内错角。

所以：AB平行于CD（命题I.27）。

所以：一条直线与两条直线相交，如果所形成的同位角相等，那么这两条直线是平行线；如果同旁内角互补，两条直线也平行。

证完

注 解

本命题陈述的是前一命题的两个次要变量。

本命题应用在命题IV.7、VI.4中，在卷11中也有两次应用。

命题 I.29

一条直线与两条平行线相交，所形成的内错角相等，同位角相等，同旁内角互补。

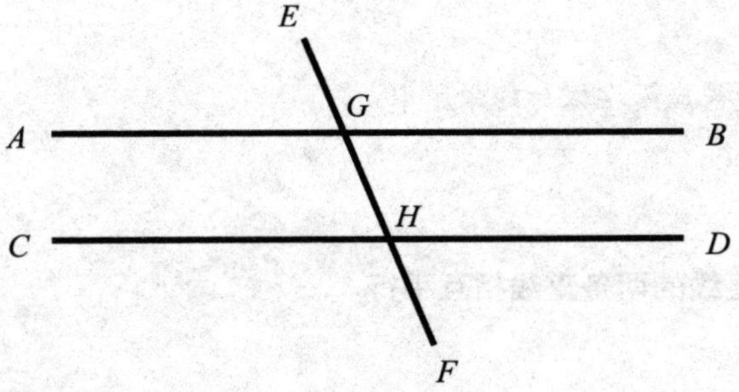

设：直线EF相交于平行线AB、CD。

求证：内错角$\angle AGH$与$\angle GHD$相等，同位角$\angle EGB$和$\angle GHD$相等，同旁内角$\angle BGH$和$\angle GHD$互补。

假设：$\angle AGH$不等于$\angle GHD$，其中一个较大，设$\angle AGH$是较大的角。用$\angle BGH$与各角相加，于是$\angle AGH$、$\angle BGH$的和大于$\angle BGH$、$\angle GHD$的和。

而$\angle AGH$、$\angle BGH$互补（命题I.13）。

所以：$\angle BGH$、$\angle GHD$的和小于两个直角的和。

而同平面内一条直线和另外两条直线相交，若在直线某一侧的两个内角之和小于二直角，则这两条直线经无限延长后在这一侧相交（公设I.5）。

所以：AB、CD如果延长便会相交，因为它们是假定平行的。所以：$\angle AGH$不能不等于$\angle GHD$，即它们相等。

又，$\angle AGH$等于$\angle EGB$（命题I.15），所以：$\angle EGB$等于$\angle GHD$（公理I.1）。

令：$\angle BGH$与各角相加。于是：$\angle EGB$、$\angle BGH$的和等于$\angle BGH$、$\angle GHD$的和（公理I.2）。

而$\angle EGB$、$\angle BGH$互补（命题I.13），所以：$\angle BGH$、$\angle GHD$ 互补。

所以：一条直线与两条平行线相交，所形成的内错角相等，同位角相等，同旁内角互补。

证完

注 解

本命题的陈述包含三个部分，其一是命题I.27的逆命题，另两个是命题I.28的逆命题。本命题假定了平面包含所有的三条直线。

本命题是依赖于平行公设的第一命题，但是在双曲线几何中，这一定理将失效。

本命题频繁地被应用在以后的命题中。

命题 I.30

平行于同一直线的两条直线相互平行。

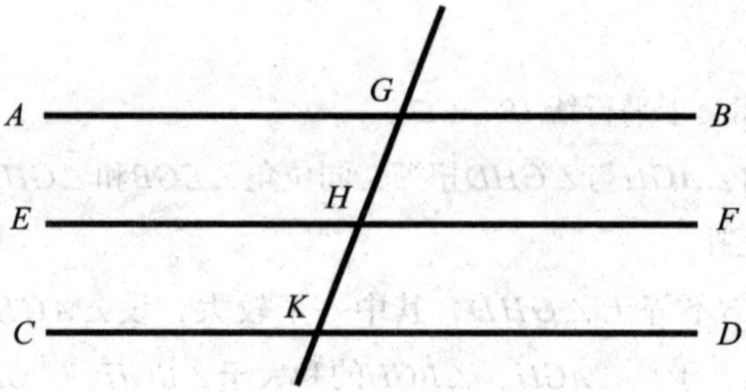

设：线段AB、CD平行于EF。

求证：AB也平行于CD。

令：直线GK与它们相交。因为：GK与平行线AB、EF相交，$\angle AGK$等于$\angle GHF$（命题I.29）。

又因为，直线GK和平行线EF、CD相交，$\angle GHF$等于$\angle GKD$（命题I.29）。

而$\angle AGK$也被证明等于$\angle GHF$，所以：$\angle AGK$也等于$\angle GKD$（公理I.1）。且它们是内错角，所以AB平行于CD。

所以：平行于同一直线的两条直线相互平行。

证完

注 解

本命题假设了三条线段位于同一平面内，命题XI.9则是三条线不在一个平面内。

现代综合几何学中，普勒菲尔公理代替了欧几里得的平行公设，该公理陈述，过已知点的一条已知直线至多有一条平行线。

欧几里得的《几何原本》是人类历史上最优美的科学著作之一。刺激我们兴趣的不是那些图形，而是概念——那些相互连接的概念，以及欧几里得所呈现的这些概念及它们的连接方式。《几何原本》的数学优雅，还在于它的简洁与清晰品性，使读者阅读容易、轻松。

对欧几里得批评最多的是平行公设，即I.5公设，其定义含混，没有简洁的品性。本命题也是简洁的，普勒菲尔公理则更为简洁，可以替代I.5公设。

本命题应用在命题I.45和命题IV.7中。

命题 I.31

通过直线外一点可以作一条直线的平行线。

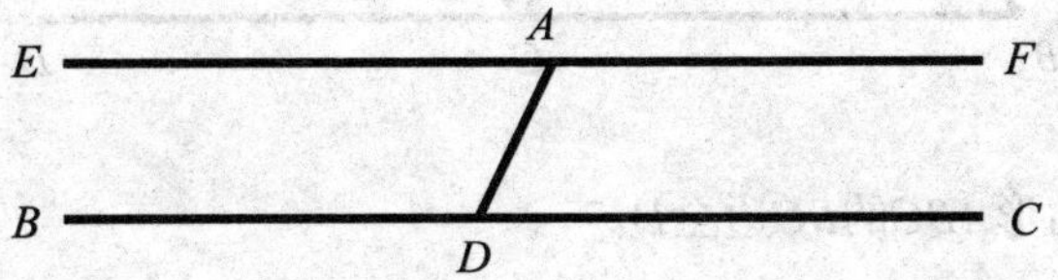

设：A为给定的点，BC为给定的直线。

求作：通过点A作一条平行于BC的平行线。

在BC上任取一点D，连接AD；在直线AD上，通过A点作角，使$\angle DAE$等于$\angle ADC$（命题I.23）；令线段AF延长与EA相连。

因为：直线AD与直线BC、EF相交形成的内错角$\angle EAD$、$\angle ADC$彼此相等；

所以：EAF平行于BC（命题I.27）。所以：通过给定的点A，作出了一条线段EAF，平行于BC。

所以：通过直线外一点可以作一条直线的平行线。

证完

注 解

所作的平行线EF是过A点的唯一平行线，如果还存在另外的平行线，那么一边上的内角或AD与BC构成的内角将小于两个直角，于是根据平行公设（I.5公设），它将与BC相交，这是矛盾的。

本命题高频率地出现在本卷从此命题开始的命题中，同时也高频率地出现在卷2、4、6、11、12、13中。

命题 I.32

延长三角形的任意一边所形成的外角，等于不相邻两个内角的和，三个内角的和等于180°。

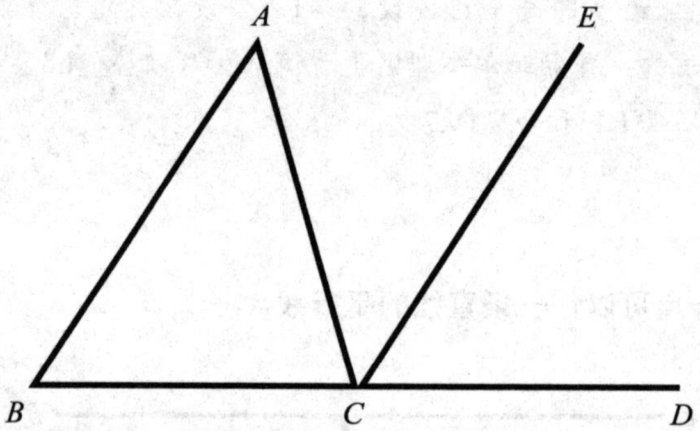

设：延长三角形ABC的BC边至D。

求证：外∠ACD等于两个内角∠CAB与∠ABC的和，且三个内角∠ABC、∠BCA、∠CAB的和等于180°。

令：通过C点作线段CE，使之平行于AB（命题I.31）。

因为：AB平行于CE，且与AC相交，形成内错角∠BAC、∠ACE，两角相等（命题I.29）。

又，因为AB平行于CE，线段BD与之相交，∠ECD等于同位角∠ABC（命题I.29）。

而∠ACE也能被证明等于∠BAC。所以：大角∠ACD等于两个内角∠BAC与∠ABC的和。

令∠ACB与各角相加，于是：∠ACD、∠ACB的和等于∠ABC、∠BCA、∠CAB的和。

而∠ACD、∠ACB的和等于180°（命题I.13）；

所以：∠ABC、∠BCA、∠CAB 的和也等于180°。

所以：延长三角形的任意一边所形成的外角，等于不相邻两个内角的和，三个内角的和等于180°。

证完

注 解

本命题虽然在本卷中再没有得以利用，但在卷2、3、4、6、11、12、13中却高频率地应用，而推论没有再被利用。

命题 I.33

一组对边平行且相等的四边形的另一组对边也平行且相等。

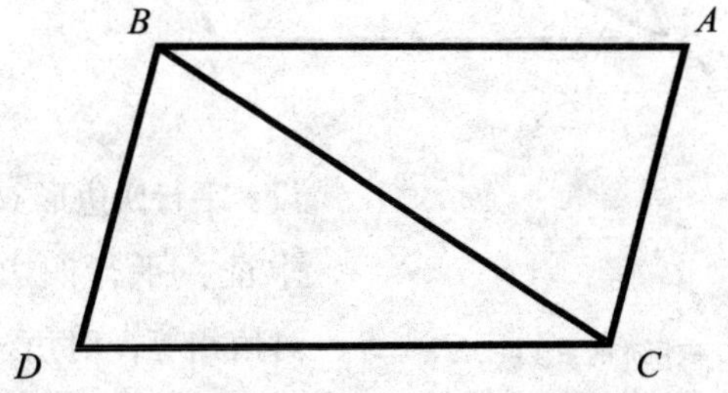

设：AB等于CD，并且平行，连接两条线段的端点AC、BD。

求证：AC与BD也相等并平行。

连接BC。因为：AB平行于CD；BC与它们相交形成的内错角$\angle ABC$、$\angle BCD$互等（命题I.29）。

因为AB等于CD，而BC是公共边，AB、BC两边等于DC、CB两边，$\angle ABC$等于$\angle BCD$，所以：底边AC等于底边BD，三角形ABC全等于三角形DCB，且各边所对应的角也相等（命题I.4）。所以：$\angle ACB$等于$\angle CBD$。

又，因为直线BC与两条直线AC、BD相交，所形成的内错角亦互相相等。

所以：AC平行于BD（命题I.27）。

所以：一组对边平行且相等的四边形的另一组对边也平行且相等。

证完

注 解

在这里应该加上“在同一方向”的限定语句，因为如果没有这个限定，AD和BC

可能在平行线的尾点相交。

本命题应用在命题I.36、I.45中，卷11～13也有部分应用。

命题 I.34

在平行四边形中，对边相等，对角相等，对角线平分该四边形。

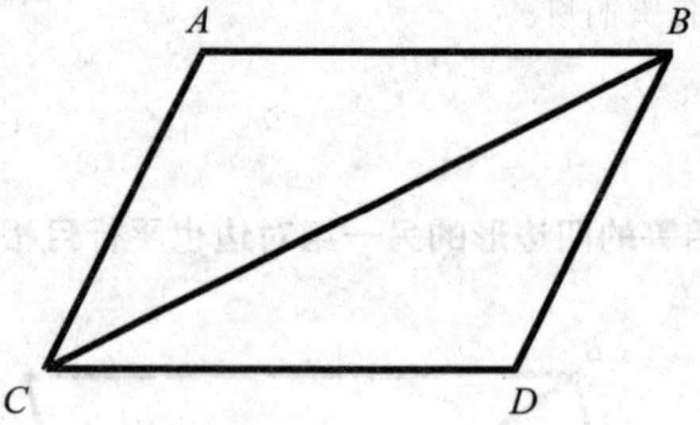

设：平行四边形ACDB，BC为对角线。

求证：平行四边形ACDB的对边相等，对角相等，对角线互相平分。

因为，AB平行于CD，线段BC与AB相交，形成的内错角∠ABC、∠BCD相等（命题I.29）。

又，因为AC平行于BD，线段BC与AC相交，形成的内错角∠ACB、∠CBD相等（命题I.29）。

所以：ABC、DCB是有∠ABC、∠ACB分别等于对应∠DCB、∠CBD的两个三角形。所以：余下的边与角对应相等（命题I.26）。

所以：AB等于CD，AC等于BD，且∠BAC等于∠CDB。

又，因为∠ABC等于∠BCD，∠CBD等于∠ACB，大∠ABD等于大∠ACD（公理2），∠BAC也能被证明等于∠CDB；

□ **《原子丽达》的研究**

从人类文明的发展史来看，在所有的曲线中，圆因其完美的外形最先赢得了人们对其神秘性的推崇。椭圆、抛物线和双曲线是人们在尚无解析工具的情况下就开始的一类圆锥曲线。达利所崇尚的就是归一的统摄与完整。在他的心目中，与圆有关的造型是绝对统一的象征。这幅画表现了一个传统又具有原子张力的世界，各种几何图形的巧妙搭配，使所有物体互不接触，但又相互吸引。

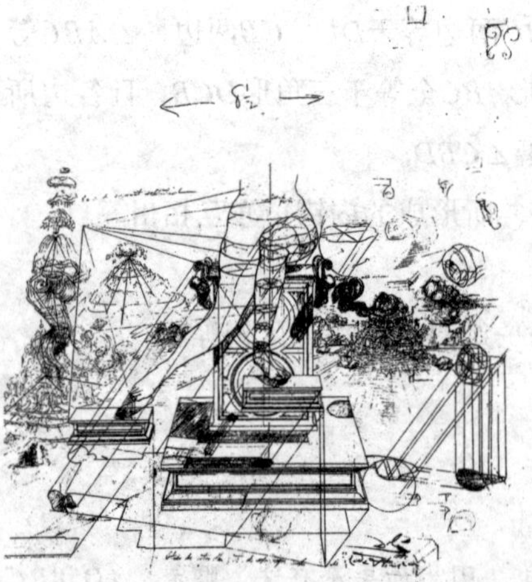

所以：平行四边形对应边与对应角相等。

另外求证：对角线平分。

因为：AB等于CD，BC是公共边，AB、BC分别等于对应边DC、CB，且$\angle ABC$等于$\angle BCD$。

所以：AC也等于DB；三角形ABC全等于三角形DCB（命题I.4）。所以：对角线BC平分平行四边形$ACDB$。（这里就该证明AD、BC互相平分）。

所以：在平行四边形中，对边相等，对角相等，对角线平分该四边形。

证完

注 解

普鲁克劳斯指出，“平行四边形”是欧几里得创造的，不过在希腊早期的数学中却并未出现过。

本命题应用在接下来的四个命题中，也应用在卷2、4、6、10、11、12中。

命题I.35

同底且在相同的二平行线之间的平行四边形面积相等。

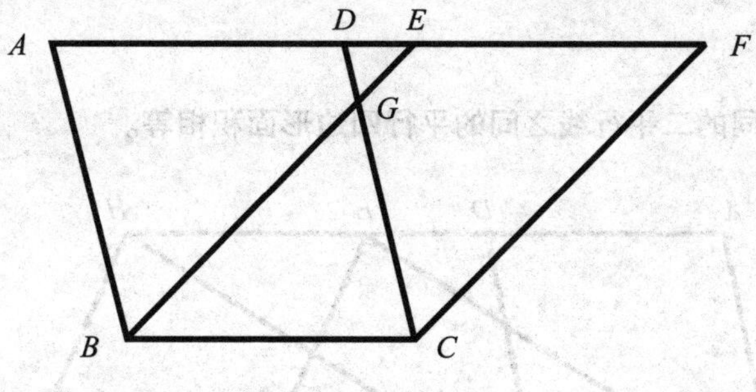

设：平行四边形$ABCD$、平行四边形$EBCF$有共同的底边BC且在两平行线AF、BC之间。

求证：平行四边形$ABCD$的面积等于平行四边形$EBCF$的面积。

因为：$ABCD$是平行四边形，所以AD等于BC（命题I.34）。

同理可得：EF等于BC。

所以：AD也就等于EF（公理I.1）。又，DE是共用边，所以：AE等于DF（公理I.2）。

而AB也等于DC（命题I.34），所以：EA、AB分别等于对应边FD、DC，$\angle FDC$等于

□ 结

埃舍尔的数学兴趣在这件作品中表现得尤为突出，除了数学家，普通人很难对这个结构产生兴趣，它被称为三叶纽结，是最简单的纽结形式。所有的纽结都是针对三维空间曲线，在二维平面上不可能打成一个真正的纽结，埃舍尔的做法是赋予这条曲线复杂的外形，然后在平面上用严格的透视法再现这个结构。

∠*EAB*，同位角相等（命题I.29）。所以：底边*EB*等于底边*FC*，三角形*EAB*全等于三角形*FDC*（命题I.4）。

令两三角形减去三角形*DGE*，于是，余下的梯形*ABGD*的面积等于余下的梯形*EGCF*的面积（公理I.3）。

令加上三角形*GBC*，所以：平行四边形*ABCD*的面积等于平行四边形*EBCF*的面积（公理I.2）。

所以：同底且在相同的二平行线之间的平行四边形面积相等。

证完

注 解

本命题应用在接下来的两个命题以及命题XI.31中。

命题 I.36

等底且在相同的二平行线之间的平行四边形面积相等。

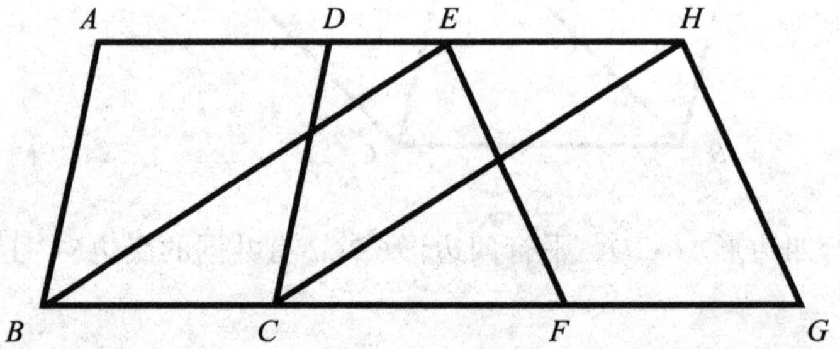

设：平行四边形*ABCD*、平行四边形*EFGH*的底边*BC*等于底边*FG*，并在同一线段上。*AH*平行于*BG*。

求证：平行四边形*ABCD*与平行四边形*EFGH*的面积相等。

连接*BE*、*CH*。因为：*BC*等于*FG*，同时*FG*等于*EH*、*BC*也等于*EH*（公理I.1）。

又，它们是平行的。

EB、*HC*与它们相连，而末端相连的线段对应相等并平行（命题I.33），所以：*EBCH*是平行四边形（命题I.34）。

因为*BC*是共用边，*BC*、*AH*在同一平行线上，所以平行四边形*EBCH*的面积等于平行四边形*ABCD*的面积（命题I.35）。

同理：平行四边形*EFGH*的面积等于平行四边形*EBCH*的面积（命题I.35）；

所以：平行四边形*ABCD*的面积也等于平行四边形*EFGH*的面积（公理I.1）。

所以：等底且在相同的二平行线之间的平行四边形面积相等。

证完

注 解

本命题是前一命题的归纳，事实上此二命题可以绑定为一个命题，在首先证明了它的特殊情况后，接着证明其通常情况。

本命题应用在命题I.38中，其他的一些证明应用在卷2、6和命题XI.29中。

命题 I.37

同底等高的三角形面积相等。

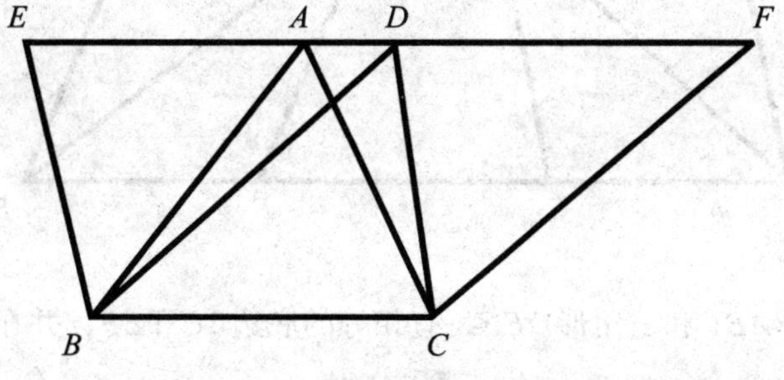

设：三角形*ABC*、三角形*DBC*有同底边*BC*，并有相同平行线段*AD*、*BC*。

求证：三角形*ABC*与三角形*DBC*面积相等。

令：在两个方向上延长*AD*至*E*和*F*，过*B*作*BE*平行于*CA*（命题I.31）。

过*C*作*CF*平行于*BD*。

因为图形*EBCA*、*DBCF*有共同的边*BC*及*EF*（命题I.35），所以：*EBCA*、*DBCF*是平行四边形，并相等。

因为AB是对角线，故：三角形ABC是平行四边形$EBCA$的一半（命题I.34）。

DC是对角线，故：三角形DBC是平行四边形$DBCF$的一半（命题I.34）。

（等量的一半相等）。

所以：三角形ABC的面积等于三角形DBC的面积。

所以：同底等高的三角形面积相等。

证完

注 解

本命题中三角形底边相同，在下一个命题中底边相等。证明是一样的，只是本命题依赖于命题I.35，而命题I.38则依赖于命题I.36，且是更为通用的情况。最后的结论有些疏漏，根据命题的证明，应该是两个量的两倍相等。

本命题应用在命题I.39、I.41、卷6中。

命题 I.38

等底等高的三角形面积相等。

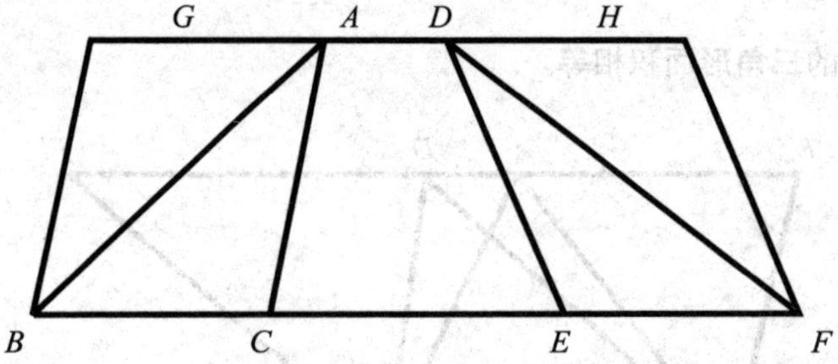

设：三角形ABC和三角形DEF，有相等的底边BC和EF，并在同一线段BF及AD上。

求证：三角形ABC的面积等于三角形DEF的面积。

令：在两个方向上延长AD至G和H；通过B作BG平行于CA（命题I.31）；通过F作FH平行于DE。

因为BC等于EF，且在同一线段BF、GH上（命题I.36），所以：图形$GBCA$、$DEFH$是平行四边形，且两者相等。

又，因为AB是对角线（命题I.34）。所以：三角形ABC是平行四边形$GBCA$的一半。

同理：DF是$DEFH$的对角线，所以三角形DEF是平行四边形$DEFH$的一半（命题I.34）。所以：三角形ABC的面积等于三角形DEF的面积。

所以：等底等高的三角形面积相等。

证完

注 解

本命题的结论是清晰的，根据命题I.36，底相等且在同一对平行线上的平行四边形相等，又根据命题I.34，三角形是平行四边形的一半，于是，三角形也相等。

本命题应用在命题I.40、I.42、VI.1中。

命题 I.39

有共同底边位于同侧面积相等的三角形的另两点的连线平行于底边。

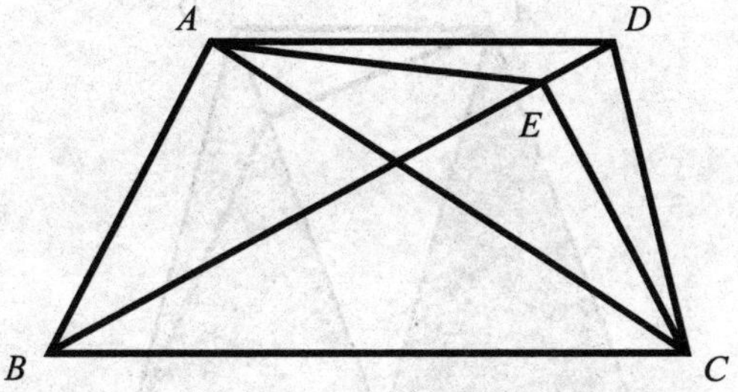

设：ABC、DBC是以BC为底边在BC同侧面积相等的三角形。

求证：它们在两平行线间。

连接AD，那么：AD平行于BC。

假定：AD不平行于BC，过A点作AE平行于BC（命题I.31）。

连接EC。

因为BC是共用边，它们同底等高（命题I.37），那么：三角形ABC的面积等于三角形EBC的面积。

而ABC的面积等于DBC的面积，所以：DBC的面积也等于EBC的面积（公理I.1），那么大等于小，这是不可能的。

所以：AE不是BC的平行线。

同理：能证明除*AD*以外的其他线段不是*BC*的平行线。

所以：*AD*是*BC*的平行线。

所以：有共同底边位于同侧面积相等的三角形的另两点的连线平行于底边。

证完

注 解

本命题的部分是命题I.37的逆命题，仅仅是部分，因为两个三角形*ABC*和三角形*DBC*有相同的边，即线段*BC*上的边。如果它们不是，那么*AD*将不能与*BC*平行，而是穿过其中点。

本命题应用在命题VI.2中。

命题 I.40

等底并在同一边的面积相等的三角形，顶点的连线与底边平行。

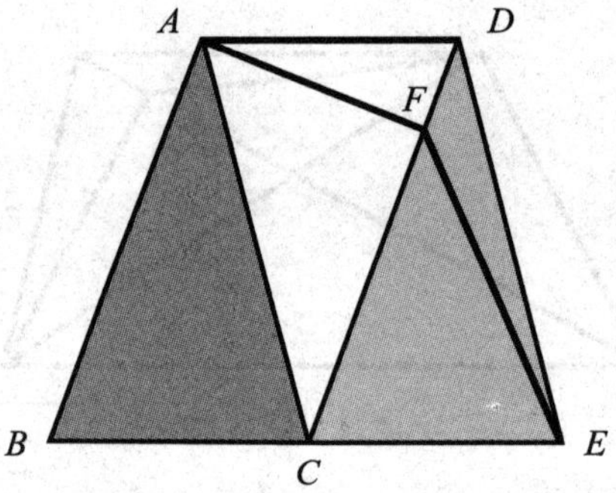

设：*ABC*、*CDE*是面积相等的三角形，并有相等底边*BC*和*CE*，且在同一侧。

求证：两三角形顶点的连线与底边平行。

连接*AD*，那么：*AD*平行于*BE*。

如果不是，令：过*A*作*AF*平行于*BE*（命题I. 31），再连接*FE*。

于是：三角形*ABC*等于三角形*FCE*的面积。因为，它们在相等底边*BC*、*CE*上，且在相同平行线*BE*、*AF*之间（命题I. 38）。

又，三角形*ABC*等于三角形*DCE*的面积，所以：三角形*DCE*也等于三角形*FCE*的面积，大等于小。这是不可能的。所以：*AF*不平行于*BE*。

类似地，可以证明，除了*AD*以外的任何线段也不可能平行于*BE*，所以：*AD*平行于BE。

所以：等底并在同一边的面积相等的三角形，顶点的连线与底边平行。

证完

注 解

本命题不同于本卷中的其他命题，在《原本》中再也没有被应用过。

□ 四柱式庭院

英国数学家罗素说过“数学不仅拥有真理，而且拥有至高无上的美”。他所说的是一种形式高度抽象的美，即逻辑形式与结构的完美。这种以简单结构以及逻辑形式完美为目标的追求，使数学成为人类艺术发展的文化激素。数学对艺术的影响遍及绘画、音乐、建筑、文学等各个方面，仅就建筑而言，就涉及对称、黄金分割、各种曲线和曲面等。图中的四柱式庭院就是一个简单却极富表现力的木制品，它展现了以数学为基础的构成要素。

命题 I.41

如果一个平行四边形与一个三角形同底边，并于同一顶点连线平行于底边，那么，平行四边形的面积是三角形的两倍。

设：平行四边形$ABCD$与三角形EBC有同底边BC，并在两平行线BC、AE之间。

求证：平行四边形$ABCD$的面积是三角形BEC的面积的两倍。

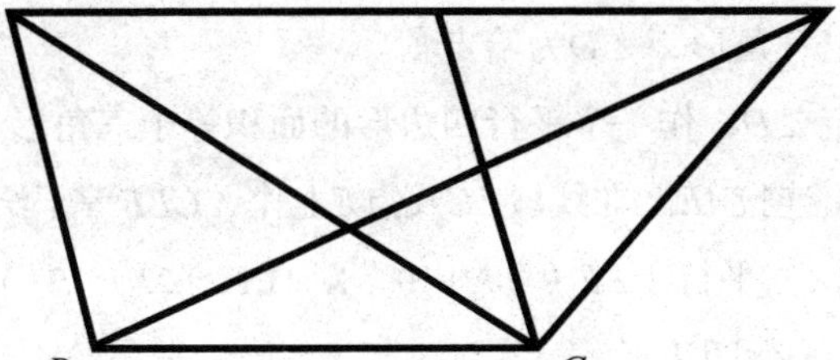

连接AC（公设I.1）。

于是：三角形ABC的面积等于三角形EBC的面积。因为，它们有同底边BC并BC平行于AE（命题I.37）。

又，平行四边形$ABCD$的面积是三角形ABC的面积的两倍，因为，对角线AC平分$ABCD$，于是：平行四边形$ABCD$的面积是三角形EBC的面积的两倍（命题I.34）。

所以：如果一个平行四边形与一个三角形同底边，并同一顶点连线平行于底边，那么平行四边形的面积是三角形的两倍。

证完

注 解

本命题的部分是对命题I.34的归纳，平行四边形的面积是其对角线与两边所围成的三角形的面积的两倍，可以陈述为，如果一个平行四边形与一个三角形同底，且在同一对平行线上，那么该平行四边形的面积是三角形面积的两倍。

本命题应用于下一命题及命题I.47、VI.1、X.38中。

命题 I.42

可以作一个平行四边形使其面积等于一个给定角的给定三角形的面积。

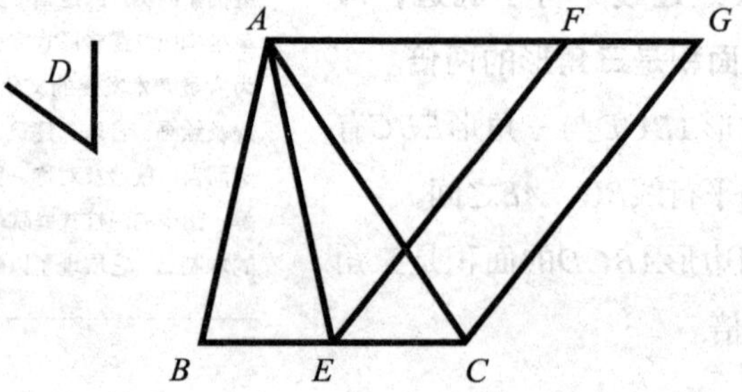

设：*ABC*为给定三角形，∠*D*为给定角。

求证：根据给定∠*D*，作一个平行四边形的面积等于三角形*ABC*的面积。

在*E*点平分*BC*，连接*AE*。在线段*EC*及点*E*上作∠*CEF*等于给定∠*D*。过*A*作*AG*平行于*EC*，再过*C*作*CG*平行于*EF*（命题I.10，公设I.1、I.23 、I.31）。

因此：*FECG*是平行四边形。

因为*BE*等于*EC*，所以：三角形*ABE*的面积也等于三角形*AEC*的面积。因为，它们在相等底边*BE*和*EC*上，并在相同二平行线*BC*、*AG*之间，所以：三角形*ABC*的面积是三角形*AEC*的面积的两倍（命题I.38）。

又，平行四边形*FECG*的面积也是三角形*AEC*的面积的两倍，因为两者有相等的底边，并顶点连线与底边平行，所以：平行四边形*FECG*的面积也等于三角形*ABC*的面积。

又，∠*CEF*等于给定∠*D*。

所以：平行四边形$FECG$被作出，等于给定的三角形ABC的面积，并且$\angle D$等于$\angle CEF$。

所以：可以作一个平行四边形使其面积等于一个给定角的给定三角形的面积。

证完

注 解

本命题应用在下面两个命题中。

命题 I.43

在任何平行四边形中，对角线上两边的平行四边形的补形面积相等。

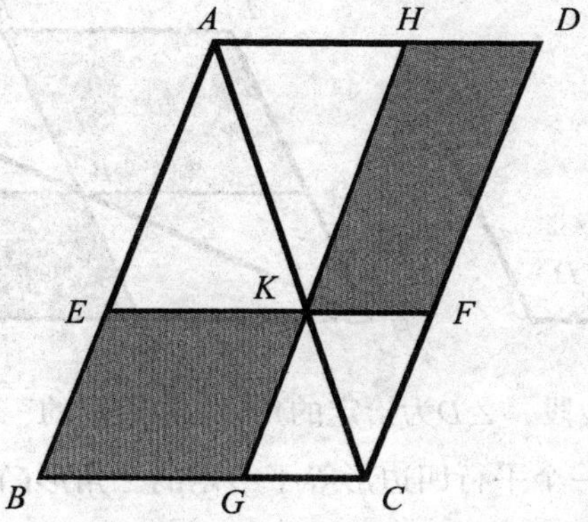

设：$ABCD$是平行四边形，且AC是对角线，作$AEKH$和$KGCF$两个平行四边形，$EBGK$和$HKFD$被称为补形。

求证：补形$EBGK$的面积等于补形$HKFD$的面积。

因为$ABCD$是平行四边形，AC是对角线，所以：三角形ABC的面积等于三角形ACD的面积（命题I.34）。

又，因为$AEKH$是一个平行四边形，且AK是其对角线，所以：三角形AEK的面积等于三角形AHK的面积。

同理，三角形KFC的面积等于三角形KGC的面积（命题I.34）。

现在，因为三角形AEK的面积等于三角形AHK的面积，且三角形KFC的面积等于三角形KGC的面积，所以：三角形AEK的面积与三角形KGC的面积相加等于三角形AHK的面积与KFC的面积相加。

又，整体三角形*ABC*的面积也等于整体三角形*ADC*的面积，所以：补形*EBGK*的面积等于补形*HKFD*的面积。

所以：在任何平行四边形中，对角线上两边的平行四边形的补形的面积相等。

证完

注 解

本命题应用在下一个命题中，也用在卷2、6的几个命题中。

命题 I.44

给定一条线段，给定一个角，可作一个平行四边形使其面积等于给定的三角形。

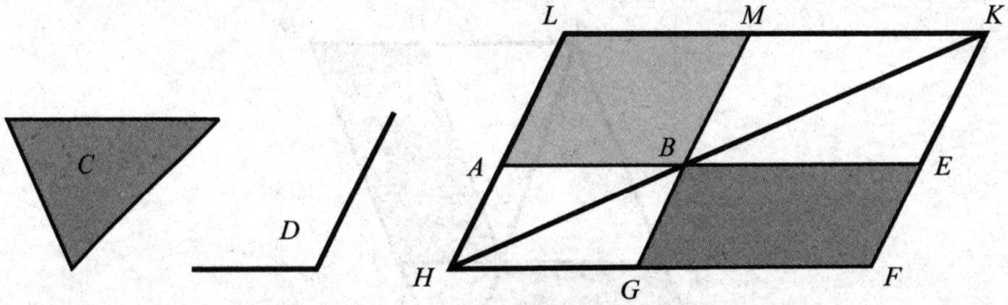

设：*AB*为给定的线段，∠*D*为给定的角，*C*为给定的三角形。

求作：在*AB*上作一个平行四边形等于给定的三角形*C*的面积，并使其一个内角等于给定的∠*D*。

设：要作的等于三角形*C*的平行四边形是*BEFG*，其中∠*EBG*等于∠*D*，移动线段*EB*，使之与*AB*重合（命题I.42）。

延长*FG*至*H*，过*A*作*AH*平行于*BG*，也平行于*EF*。连接*HB*（公设I.2、命题I.31、公设I.1）。

因为线段*HF*与*AH*和*EF*相交，所以：∠*AHF*和∠*HFE*之和等于两个直角。

所以：∠*BHG*和∠*GFE*之和小于两个直角。

且将直线无限延长后，在小于两直角的一侧相交，所以：当延长*HB*和*FE*时，它们将相交（命题I.29 、公设I.5）。

令：延长它们并相交于*K*，再过*K*作*KL*平行于*EA*或者*FH*。

延长*HA*和*GB*至点*L*、*M*（命题I.31）。

于是：*HLKF*是平行四边形，*HK*是它的对角线，且*AHGB*和*MBEK*是平行四边形，四边形*LABM*和*BGFE*是四边形*LHFK*上的补形。

所以：四边形$LABM$等于$BGFE$的面积（命题I.43）。

又，$BGFE$的面积等于三角形C的面积，所以：四边形$LABM$也等于C的面积（公理I.1）。

因为$\angle GBE$等于$\angle ABM$，同时，$\angle GBE$等于$\angle D$，所以：$\angle ABM$也等于$\angle D$（命题I.15）。

所以：用给定线段AB作出的平行四边形$LABM$的面积，等于给定的三角形C的面积，且其中$\angle ABM$等于$\angle D$。

所以：给定一条线段，给定一个角，可作一个平行四边形使其面积等于给定的三角形。

证完

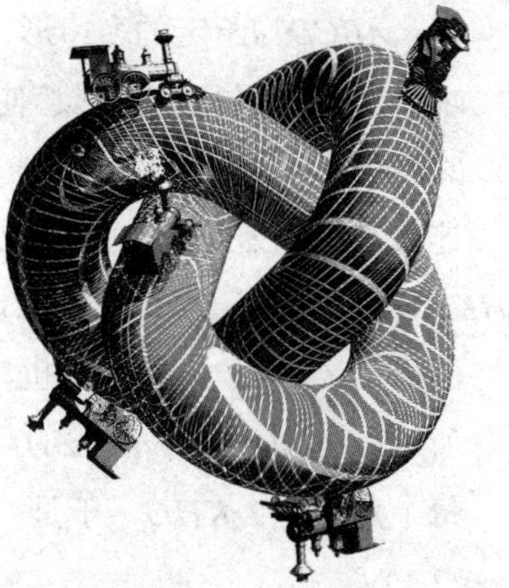

□ 时间和空间的形态

在牛顿的理论中，时间独立于其他万物而存在，它仿佛是在两个方向上都无限延伸的铁轨。1915年，爱因斯坦提出了一种崭新的数学模型：广义相对论。这个理论是时间和空间模型的基础。广义相对论把时间维和空间的三维合并形成时空，宇宙中物质和能量的分布引起时空弯曲和畸变，这个时空中的物体企图沿着直线运动，但时空是弯曲的，它们的轨迹显得被弯折了，这样，时间就有了形态。然而，它只能往一个方向前进。

注解

本命题的证明分为两步，第一步是利用命题I.42作平行四边形，使其角等于给定的三角形的某一角；第二步是调用命题I.43，改变其长度，使之等于合适的长度。

本命题除了应用在下一命题中以外，也用在命题VI.25中作一个图形，使之相似但不等于给定的直线图形。

命题 I.45

作一平行四边形使其内角等于一给定角，面积等于给定的多边形的面积。

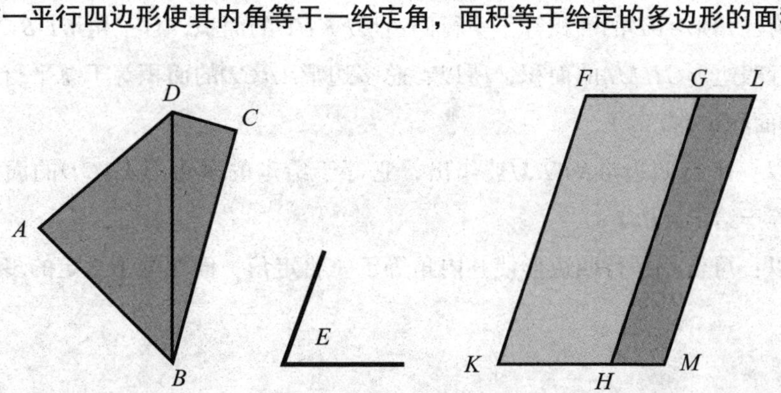

设：$ABCD$为给定的多边形，$\angle E$为给定的角。

求作：作一平行四边形，使其面积等于多边形$ABCD$的面积，并满足内角等于$\angle E$的条件。

连接DB，设要作的等于三角形ABD的面积的平行四边形是$FKHG$，其中$\angle HKF$等于$\angle E$（公设I.1，命题I.42、I.44）。

因为：$\angle E$等于$\angle HKF$，也等于$\angle GHM$。

所以：$\angle HKF$也等于$\angle GHM$（公理I.1）。

每个角加上$\angle KHG$，于是：$\angle FKH$与$\angle KHG$之和等于$\angle KHG$与$\angle GHM$之和（公理I.2）。

又，$\angle FKH$与$\angle KHG$之和等于两个直角的和，所以：$\angle KHG$与$\angle GHM$之和也等于两个直角（公理I.1）。

于是：用一条线段GH及它上面的一点H，不在它同侧的两线段KH、HM作成相邻的两角的和等于二直角（命题I.14）。

因为直线HG与平行线KM和FG相交，所以：两内错角$\angle MHG$与$\angle HGF$相等（命题I.29）。

$\angle HGL$与每个角相加，于是：$\angle MHG$与$\angle HGL$之和等于$\angle HGF$与$\angle HGL$之和（公理I.2）。

又，$\angle MHG$与$\angle HGL$之和等于两个直角，所以：$\angle HGF$与$\angle HGL$之和等于两个直角。所以：FG与GL在同一直线上（命题I.29、I.14）。

因为FK等于且平行于HG，而HG等于且平行于ML，所以：KF也等于且平行于ML。又，线段KM和FL连接了它们的端点，所以：KM与FL也相等且平行。

所以：$KFLM$是一个平行四边形（命题I.34、I.30、I.33）。

因为三角形ABD的面积等于平行四边形$FKHG$的面积，且三角形DBC的面积等于平行四边形$GHML$的面积，所以：总多边形$ABCD$的面积等于总平行四边形$KFLM$的面积（公理I.2）。

所以：平行四边形$KFLM$被作出，它等于给定的多边形$ABCD$的面积，且$\angle FKM$等于给定$\angle E$。

所以：可作一平行四边形使其内角等于一给定角，面积等于给定的多边形的面积。

证完

注 解

本命题很好地解决了什么是直线图形的面的问题。但什么是圆的面呢？在《原本》中未得到解决。

本命题应用在命题II.14、VI.25、XI.32中，在命题XI.32中，用来作不同平面。

命题 I.46

给出一条线段，可以作一个正方形。

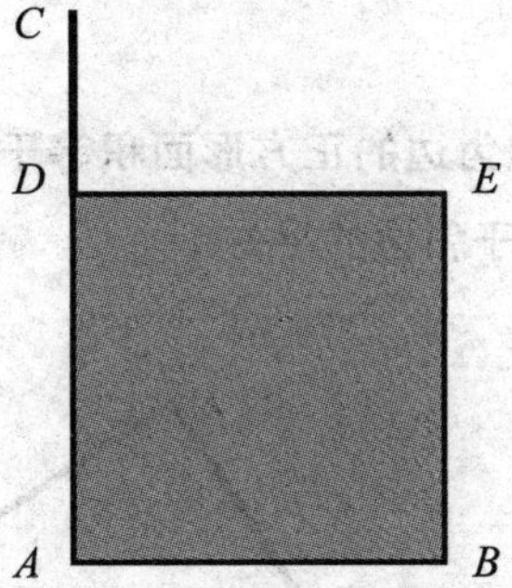

设：*AB*为给定的线段。

现在要求的是：在*AB*上作一个正方形。

过点*A*作*AC*垂直于*AB*，使*AD*等于*AB*，再过点*D*作*DE*平行于*AB*，过点*B*作*BE*平行于*AD*（命题I.11、I.3、I.31）。

于是：*ADEB*是平行四边形。

所以：*AB*等于*DE*，*AD*等于*BE*（命题I.34）。

又，*AB*等于*AD*，所以：四条线段*BA*、*AD*、*DE*、*EB*相互相等。所以：平行四边形*ADEB*是等边的。

求证：它也是直角形。

因为线段*AD*与平行线*AB*和*DE*相交，所以：$\angle BAD$与$\angle ADE$之和等于两个直角（命题I.29）。

又，$\angle BAD$是直角，所以：$\angle ADE$也是直角。

又，在平行四边形中，对边和对角相互相等，所以：对角$\angle ABE$和$\angle BED$也是直角。所以：*ADEB*是直角图形（命题I.34）。

又，它也被证明是等边的。

所以：给出一条线段，可以作一个正方形。

证完

注 解

本命题是第二个关于正多边形的，第一个是命题I.1的正三角形。正五、六和十五边形出现在卷4中。

本命题应用在下一命题中，在卷2、6、12、13中都有大量应用。

命题 I.47

在直角三角形中，以斜边为边的正方形面积等于以两直角边为边的正方形面积之和（两直角边的平方和等于斜边的平方）。

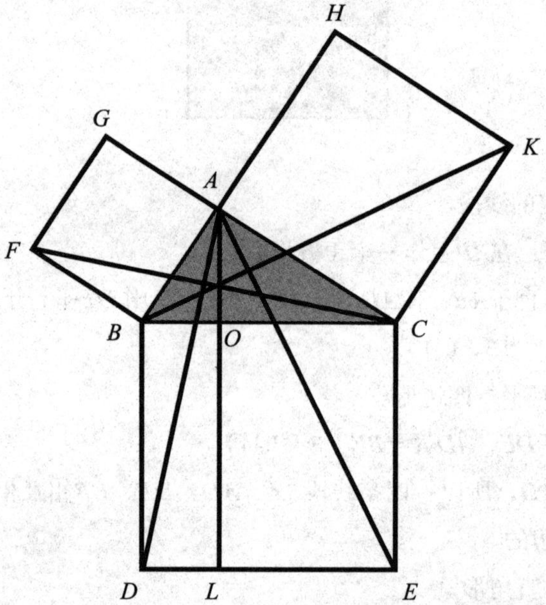

设：*ABC*是直角三角形，其中∠*BAC*是直角。

求证：*BC*为边的正方形面积等于以*BA*和*AC*为边的正方形面积之和。

作*BC*为边的正方形*BDEC*，且作*BA*和*AC*为边的正方形*BAGF*和*ACKH*。过*A*作*AL*平行于*BD*，也平行于*CE*，连接*AD*和*FC*（命题I.46 、I.31）。

因为∠*BAC*和∠*BAG*皆是直角，在一条直线*BA*上的一个点*A*有两条直线*AC*、

AG不在它的同一侧所成的两邻角的和等于两直角，于是CA与AG在同一直线上（定义I.22、命题I.14）。

同理，BA也与AH在一条直线上。

因为$\angle DBC$等于$\angle FBA$，它们是直角，每个角加上$\angle ABC$，于是：总$\angle DBA$等于总$\angle FBC$（定义I.22、公设I.4、公理I.2）。

因为DB等于BC，FB等于BA，边AB和BD分别等于边FB和BC，且$\angle ABD$等于$\angle FBC$，所以：底边AD等于底边FC，且三角形ABD的面积等于三角形FBC的面积（定义I.22 、命题I.4）。

现在，平行四边形$BDLO$的面积是三角形ABD的面积的两倍，因为，它们有同底边BD，且在相同平行线BD和AL之间。

又，正方形$GFBA$是三角形FBC的面积的两倍，因为它们有同底FB，且在相同平行线FB和GC之间（命题I.41）。

所以：平行四边形$BDLO$的面积也等于正方形$GFBA$的面积。

类似地，如果连接AE和BK，平行四边形$OLEC$的面积也能被证明等于正方形$ACKH$的面积。

所以：总正方形$BDEC$的面积，等于$FBAG$和$ACKH$两个正方形的面积之和（公理I.2）。

又，$BDEC$正方形是作在BC上的，且正方形$FBAG$和$ACKH$是作在BA和AC上的。

所以：BC为边的正方形的面积等于BA和AC为边的正方形的面积之和。

所以：在直角三角形中，以斜边为边的正方形的面积等于两直角边为边的正方形的面积之和。

证完

注 解

这就是著名的毕达哥拉斯定理（又名勾股定理）的证明。

本命题应用在下两个命题中，其逆命题用在第2卷命题II.9～II.14中，其余各卷中也有应用。

命题 I.48

在一个三角形中，如果以一边为边的正方形面积等于以另两边为边的正方形

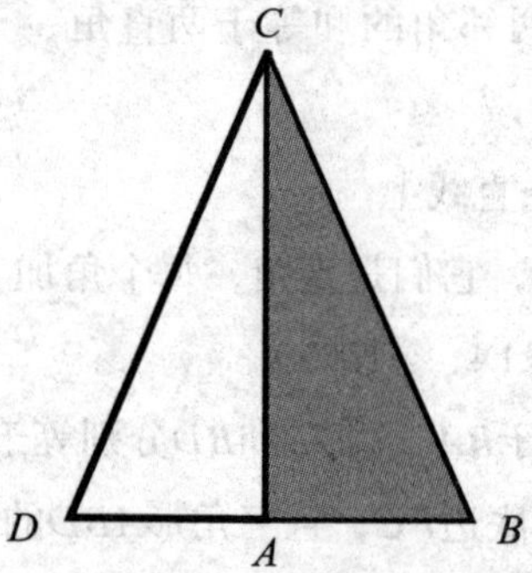

面积之和，那么，后两边的夹角是直角。

设：在三角形*ABC*中，*BC*为边的正方形等于*BA*和*AC*为边的正方形的面积之和。

求证：∠*BAC*是直角。

过*A*作*AD*垂直于*AC*，使*AD*等于*BA*，连接*DC*（命题I.11、I.3，公设I.1）。

因为*DA*等于*AB*，所以：*DA*为边的正方形的面积也等于*AB*为边的正方形的面积。

用*AC*为边的正方形的面积与每个相加，于是：*DA*和*AC*为边的正方形的面积之和等于*BA*和*AC*为边的正方形的面积之和（公理I.2）。

又，*DC*为边的正方形的面积等于*DA*和*AC*为边的正方形的面积之和，因为∠*DAC*是直角。且*BC*为边的正方形的面积等于*BA*和*AC*为边的正方形的面积之和，因为，这是假设。

所以：*DC*为边的正方形的面积等于*BC*为边的正方形的面积。于是：*DC*边也等于*BC*（命题I.47、公理I.1）。

因为*DA*等于*AB*，*AC*是公共边，*DA*和*AC*两边等于*BA*和*AC*两边，且*DC*边等于*BC*边，所以：∠*DAC*等于∠*BAC*。

而∠*DAC*是直角，所以：∠*BAC*也是直角（命题I.8）。

所以：在一个三角形中，如果以一边为边的正方形面积等于以另两边为边的正方形的面积之和，那么，后两边的夹角是直角。

证完

注 解

这一命题是前一命题的逆命题。

本命题应用在命题XI.35中。

第 2 卷

几何与代数

CHAPTER 2

公元前387年，柏拉图在雅典创立了哲学学园。他非常重视数学，在教学科目中开设了代数与几何课程。但他片面强调数学在训练思维中的作用，忽视其使用价值。他希望通过学习几何来培养逻辑思维能力，利用几何给人的强烈印象来将抽象的逻辑规律体现在具体的图形之中。他在学园门口立了一个牌子——“不懂几何者免进”。

该卷主要讨论的是毕达哥拉斯学派的几何代数学。

本卷提要

※命题Ⅱ.1，如果$y = y_1 + y_2 + \cdots + y_n$，那么$xy = xy_1 + xy_2 + \cdots + xy_n$，也可以用单一恒等式表示为：$x(y_1 + y_2 + \cdots + y_n) = xy_1 + xy_2 + \cdots + xy_n$。

※命题Ⅱ.2，如果$x = y + z$，那么$x^2 = xy + xz$，用等式表示这两个变量有多种方式，比如：$(y+z)^2 = (y+z)y + (y+z)z$，或者$x^2 = xy + x(x-y)$。

※命题Ⅱ.3，如果$x = y + z$，那么$xy = yz + y^2$，也可以表示为：$(y+z)y = yz + y^2$和$xy = y(x-y) + y^2$。

※命题Ⅱ.4，如果$x = y + z$，那么$x^2 = y^2 + z^2 + 2yz$。等式表示为：$(y+z)^2 = y^2 + z^2 + 2yz$。

※命题Ⅱ.5、Ⅱ.6，等式可表示为：$(y+z)(y-z) + z^2 = y^2$。

※命题Ⅱ.7，如果$x = y + z$，那么$x^2 + z^2 = 2xz + y^2$。等式可表示为：$x^2 + z^2 = 2xz + (x-z)^2$。

※命题Ⅱ.8，如果$x = y + z$，那么$4xy + z^2 = (x+y)^2$。等式表示为：$4xy + (x-y)^2 = (x+y)^2$。

※命题Ⅱ.9、Ⅱ.10，等式可表示为：$(y+z)^2 + (y-z)^2 = 2(y^2 + z^2)$。

※命题Ⅱ.12、Ⅱ.13，余弦定理的几何模型。

※命题Ⅱ.14，作一个正方形等于已知直线图形。完成从卷1开始的关于面的理论的建设。

定 义

Ⅱ.1 有一个直角的平行四边形称为矩形。

Ⅱ.2 在任何平行四边形中，以此形的对角线为对角线的小平行四边形与两个相应的补形构成的图形称为折尺形。

命题Ⅱ.1

两条线段，其中一条被截分成许多段，那么以这两条线段为边构成的矩形的面积等于各截线段与未截分的那条线段为边所构成的矩形面积的和。

设：a和BC为两条线段，BC被任意点D及E切割。

求证：a与BC的积等于a与BD、a与DE、a与EC之积的和。

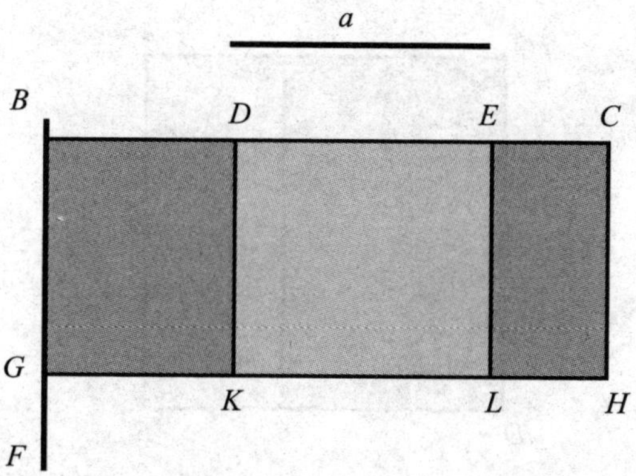

令：从B点引出BF线垂直于BC（命题I.11）；在BF线上选G点，使BG等于a（命题I.3）；

过G点引出GH线平行于BC（命题I.31）；通过D、E、C三点作DK、EL、CH平行于BG。

那么：矩形$BGHC$等于$BGKD$、$DKLE$、$ELHC$之和。

又因为BG等于a，矩形$BGHC$是GB、BC构成的矩形，所以：BH是线a与BC的积。

又因为BG等于a，$BGKD$包含GB、BD，所以：$BGKD$是线a与BD的积。

又因为GB等于a，GB等于DK（命题I.34），所以：矩形$DKLE$等于线a与DE的积。

同理：矩形$ELHC$等于线a与EC的积。

因此：a与BC的积等于a与BD、a与DE、a与EC之积的和。

所以：两条线段，其中一条被截分成许多段，那么以这两条线段为边构成的矩形的面积等于各截线段与未截分的那条线段为边所构成的矩形面积的和。

证完

命题II.2

一条线段被任意分成两部分，以这两部分与原线段为边所构成的矩形面积之和，等于以原线段为边所构成的正方形的面积。

设：线段AB被一任意点C所切割。

求证：AB、AC构成的矩形与AB、BC构成的矩形面积之和等于AB上的正方形面积。

令：过C点作CF平行于AD或BE。

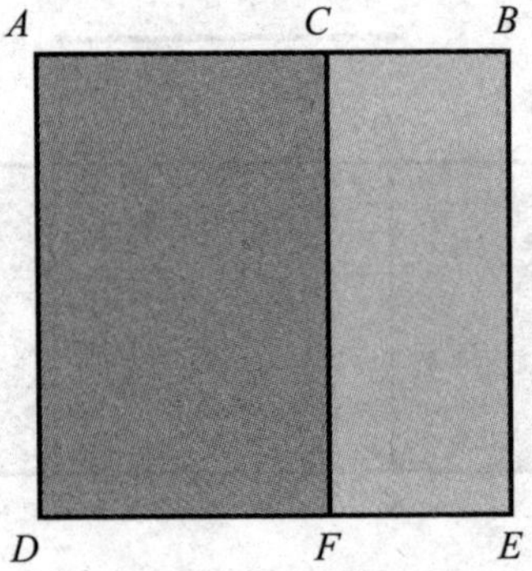

那么：AE等于AF加CE（命题I.46、I.31）。

既然AD等于AB，BE等于AB，那么：$ADEB$是AB上的正方形；$ADFC$是由AB、AC构成的矩形，$CFEB$是AB、BC构成的矩形（定义II.1）。

所以：AB、AC构成的矩形加AB、BC构成的矩形等于AB上的正方形。

所以：如果一条线段被任意分成两部分，以这两部分与原线段构成的矩形的面积之和，等于原线段所构成的正方形的面积。

证完

命题II. 3

如果一条线段被任意分成两段，那么该线段与两条小线段之一所构成的矩形，等于两条小线段所构成的矩形与前面小线段上的正方形的面积之和。

设：线段AB在C点被切割。

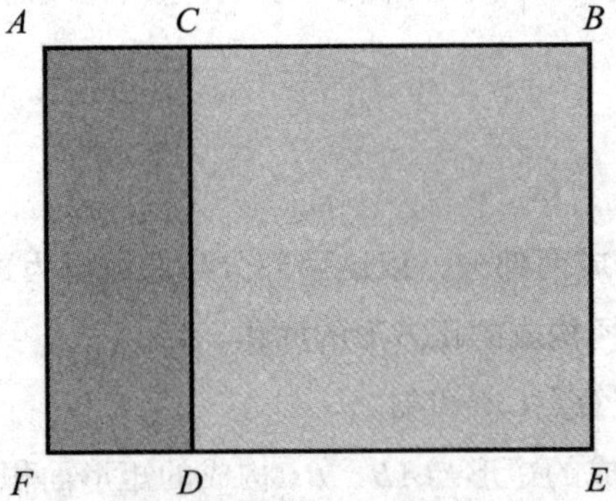

求证：AB、BC构成的矩形等于AC、CB构成的矩形与BC上的正方形相加。

令：以CB为边作正方形$CDEB$，延伸ED至F，通过A点作AF平行于CD或BE（命题I.46、I.31）。

那么：AE等于AD加CE。

因为：BE等于BC；AE是由AB、BE为边构成的；CD等于CB，DB是CB上的正方形。

所以：AE是AB、BC为边构成的矩形；AD是AC、CB为边构成的矩形。

所以：AB、BC所构成的矩形等于AC、BC构成的矩形与BC上的正方形之和。

所以：如果一条线段被任意分成两段，那么该线段与两条小线段之一所构成的矩形的面积，等于两条小线段所构成的矩形与前面小线段上的正方形的面积之和。

证完

命题II.4

如果一条线段被任意切分为二，以该线段为边的正方形的面积等于两条小线段上的正方形的面积之和再加上两条小线段所构成的矩形面积的两倍。

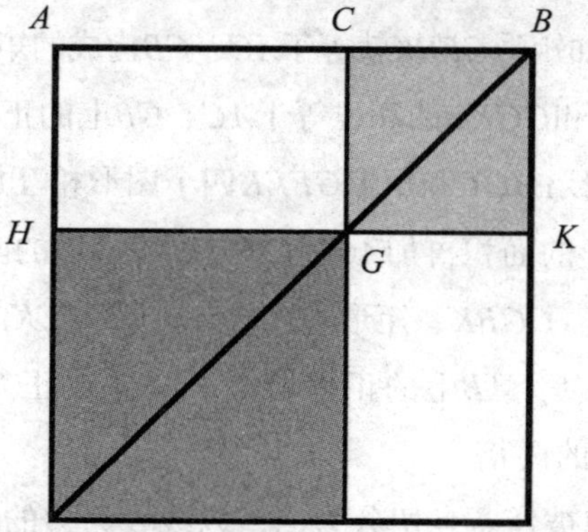

设：线段AB在C点被切割。

求证：AB上的正方形等于AC上的正方形加CB上的正方形再加AC、CB构成的矩形的两倍。

令：作AB上的正方形$ADEB$，连接BD，过C点作CF平行于AD或EB，过G点作HK使之平行于AB或DE（命题I.46、I.31）。

那么因为CF平行于AD，BD与它们相交，同位角∠CGB等于∠ADB（命题I.29），又因为BA也等于AD，因此：∠ADB等于∠ABD；

所以：∠CGB也等于∠GBC；

所以：BC边也等于CG边（命题I.5、I.6）；

而CB等于GK，CG等于KB；

所以：GK也等于KB；

所以：CGKB是菱形（命题I.34）。

进一步说：它们也是直角。

因为CG平行于BK，∠KBC加上∠GCB等于两个直角的和（命题I.29），而∠KBC为直角；所以：∠BCG也是直角。所以：对∠CGK、∠GKB也为直角（命题I.34）。

所以：CGKB为正方形，是以CB为边作出的。

同理可证：HDFG也是正方形，作在HG线上；也就是AC线上；

所以：正方形HDFG、CGKB分别就是AC上与CB上的正方形（命题I.34）；

那么现在，因为GC等于CB，故：矩形AHGC等于矩形GFEK，矩形AHGC是AC、CB构成的矩形；

所以：矩形GFEK也等于AC、CB构成的矩形。

所以：矩形AHGC加矩形GFEK就等于AC、CB构成的矩形的两倍（命题I.43）。

又，正方形HDFG和CGKB的和也等于AC、CB上的正方形的和，所以：正方形HDFG、CGKB、矩形AHGC和矩形GFEK四个图形相互加就等于AC上的正方形的面积加CB上的正方形的面积再加AC、CB构成的矩形的两倍。

又，正方形HDFG、CGBK、矩形AHGC与矩形GFEK的和等于ADEB， 也就是AB上的正方形，所以：AB上的正方形等于AC上的正方形加CB上的正方形再加AC、CB构成的矩形的两倍。

因此：若一条线段被任意点切分为二，以线段为边的正方形的面积等于两条小线段的正方形的面积之和，再加上两条小线段所构成的矩形的面积的两倍。

证完

命题II. 5

如果把一条线段先分成两条相等的线段，再分成两条不相等的线段，那么，不相等的两条线段构成的矩形，与以两个分点之间的距离形成的正方形的面积之

和，等于原线段一半上的正方形的面积。

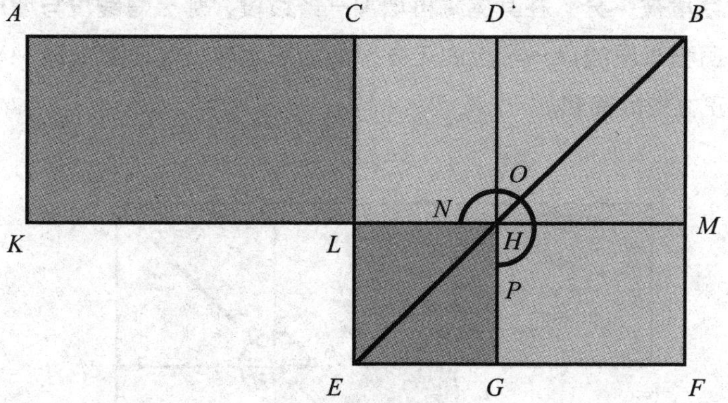

令：线段*AB*在*C*点被等分，在*D*点不被等分。

求证：*AD*线与*DB*线构成的矩形加上*CD*线为边的正方形的面积等于*CB*线为边的正方形的面积。

令：作*CB*上的正方形*CEFB*，连接*BE*，通过*D*点作*DG*平行于*CE*或*BF*，过*H*作*KM*平行于*AB*或*EF*，再过*A*点作*AK*平行于*CL*或*BM*（命题I.46、I.31）。

那么，因为矩形*CLHD*等于*HGFM*，令每个加上*DHMB*，于是：矩形*CLMB*等于*DGFB*（命题I.43）；

又因为矩形*CLMB*等于*AKLC*，而*AC*又等于*CB*，所以：矩形*AKLC*也等于*DGFB*。

令每个加上矩形*CLHD*，于是：面*AKHD*就等于折尺形*NOP*（命题I.36、定义II.2）。

又因为*DH*等于*DB*，于是：面*AKHD*是*AD*、*DB*构成的矩形。

所以：折尺形*NOP*也等于*AD*、*DB*构成的矩形。

又，*LEGH*等于*CD*上的正方形，将*LEGH*加在以上各边，于是：折尺形*NOP*加上*LEGH*等于*AD*、*DB*构成的矩形加上*CD*上的正方形。

又，折尺形*NOP*加*LEGH*等于*CB*上的正方形*CEFB*，所以：*AD*与*DB*上的矩形加上*CD*上的正方形等于*CB*上的正方形。

所以：如果把一条线段先分成两条相等的线段，再分成两条不相等的线段，那么，不相等的两条线段构成的矩形，与以两个分点之间的距离形成的正方形的面积之和，等于原线段一半上的正方形的面积。

证完

命题II. 6

若一条线段被平分，在其尾端再增加一条线段，那么总线段与增加线段所构成的矩形的面积与原线段一半上的正方形的面积之和，等于原线段一半加上增加线所构成的正方形的面积。

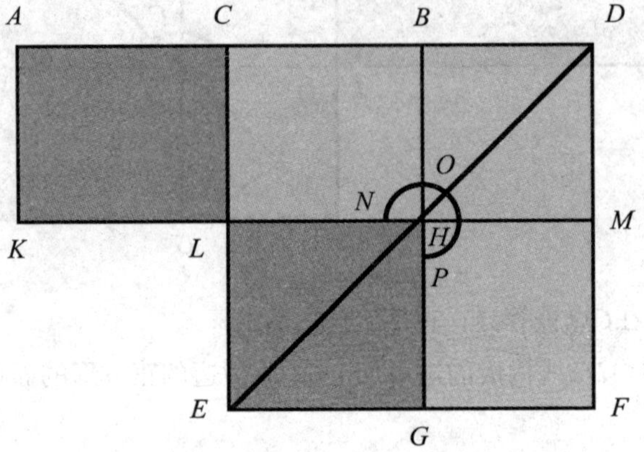

设：线段*AB*被*C*点平分，*BD*是附加的线段。

求证：*AD*、*DB*为边构成的矩形的面积加上*CB*为边构成的正方形的面积等于*CD*为边构成的正方形的面积。

令：以*CD*为边作正方形*CEFD*（命题I.46）。

连接*DE*，过*B*点作*BG*使之平行于*EC* 或者*DF*。

过*H*点作*KM*使之平行于*AB*或*EF*，再通过*A*点作*AK*使之平行于*CL*或*DM*（命题I.31），那么：既然*AC*等于*CB*，矩形*AKLC*也就等于矩形*CLHB*（命题I.36）；

而矩形*CLHB*等于*HGFM*（命题I.43），所以：矩形*AKLC*也等于矩形*HGFM*。

令*CM*加在各边，于是，整个*AM*等于折尺形*NOP*。又因为：*DM*等于*DB*，因此*AM* 是以*AD*、*DB*为边构成的矩形。

所以：折尺形*NOP*也等于*AD*、*DB*构成的矩形。

令：*BC*为边的正方形*LEGH*与每个相加加在以上各边。

那么：以*AD*、*DB*构成的矩形加*CB*上的正方形等于折尺形*NOP*加*LG*。

又，折尺形*NOP*加上*LEGH*又是*CD*上的正方形*CEFD*；

所以*AD*、*DB*构成的矩形加*CB*线为边的正方形等于以*CD*为边的正方形。

所以：若一条线段被平分，在其尾端再增加一条线段，那么总线段与增加线段所构成的矩形的面积与原线段一半上的正方形的面积，等于原线段一半加上增加线所构成的正方形的面积。

证完

命题II. 7

一条线段被任意的一点切分，以这条线段为边的正方形的面积和其中一条小线段上的正方形的面积之和，等于以总线与分线为边的矩形的面积的两倍与余下的小线段上的正方形的面积之和。

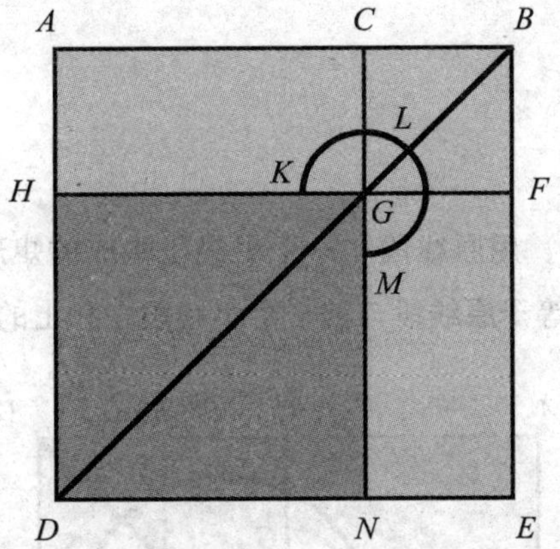

设：线段*AB*被任意点*C*所切分。

求证：以*AB*、*BC*线为边的正方形之和等于以*AB*、*BC*线为边的矩形的两倍与*CA*线为边的正方形之和。

令：作*AB*线为边的正方形*ADEB*（命题I. 46）；连接各点。

那么：由于矩形*AHGC*等于*GNEF*（命题I. 43）。

令正方形*CGFB*与各个相加，于是：整个矩形*AHFB*便等于整个矩形*CNEB*。所以：矩形*AHFB*、矩形*CNEB*的和是矩形*AHKB*的两倍。

又，矩形*AHFB*、矩形*CNEB*的和等于折尺形*KLM*加正方形*CGFB*。所以，折尺形*KLM*与正方形*CGKB*的和是矩形*AHFB*的两倍。

但是，以*AB*、*BC*线为边的矩形的两倍也等于矩形*AHFB*的两倍，因为*BF*等于*BC*，于是：折尺形*KLM*与正方形*CGFB*之和等于*AB*、*BC*为边的矩形的两倍。

令：*AC*线为边的正方形*HDNG*与每个相加。

于是，折尺形KLM与以CG、GN线为边的正方形之和等于以AB、BC为边的矩形的两倍与AC上的正方形之和。

又，折尺形KLM与正方形$CGFB$、$HDNG$之和等于$ADEB$与$CGFB$的和，它们是以AB、BC为边的正方形。

所以：正方形$ADEB$、$CGFB$之和等于AB、BC为边构成的矩形的两倍与以AC线为边的正方形的和。

所以：一条线段被任意的一点切分，以总线为边的正方形和以其中一条小线段为边的正方形的面积之和，等于总线与小线段构成的矩形的面积的两倍与余线上的正方形的面积之和。

证完

命题II. 8

任意两分一个线段，用原线段和一个小线段构成的矩形的四倍与另一小线段上的正方形面积的和，等于原线段与前一个小线段之和上的正方形的面积。

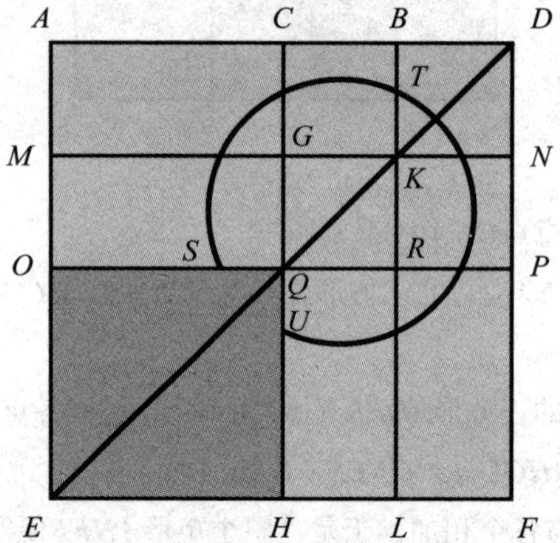

设：线段AB被任意一点C所切分。

求证：以AB与BC构成的矩形的四倍与AC线为边的正方形的和等于AB与BC之和上的正方形。

令：延长AB线至D，使BD等于CB；作AD为边的正方形$AEFD$，连接该图形的各点。

那么，因为CB等于BD，同时CB等于GK，BD等于KN，所以：GK也等于KN。

同理可证：QR也等于RP。

又，因为BC等于BD，GK等于KN，所以：CK也等于KD，GR也等于RN（命题I. 36）。

又，CK与RN皆为平行四边形CP的补形，故：CK等于RN（命题I.43）。所以：KD也等于GR；

所以：4个区DK、CK、GR、RN相互相等，所以其和是CK的四倍。

又，因为CB等于BD，同时BD等于BK（以及CG），CB等于GK（以及GQ），所以CG也等于GQ。

又，因为CG等于GQ，QR等于RP，故：AG也等于MQ，QL也等于RF（命题I.36）。

又，因为MQ与QL是平行四边形ML的补形，所以：MQ等于QL（命题I.43）。所以AG也等于RF。所以：四个区AG、MQ、QL、RF相互相等。所以：其和是AG的四倍。

又，四个区CK、KD、GR、RN也可以被证明是CK的四倍，所以：包含折尺形STU的八个区是AK的四倍。

又，因为BK等于BD，所以AK是AB、BD为边的矩形。所以：以AB、BD为边的矩形的四倍是AK的四倍。

又，折尺形STU也能被证明为AK的四倍，所以：以AB、BD为边的矩形的四倍等于折尺形STU。

令：OH（等于AC为边的正方形）与各个相加。于是：AK的四倍与以AC为边的正方形之和等于折尺形STU与OH之和。

又，折尺形STU与OH之和等于正方形$AEFD$（AD为边的正方形），所以：以AB、BD为边的矩形的四倍与以AC为边的正方形之和等于以AD为边的正方形。

又，BD等于BC，所以：AB、BC围成的矩形的四倍与AC上的正方形之和等于AD上的正方形——也是AB、BC之和上的正方形。

所以：任意两分一个线段，用原线段和一个小线段构成的矩形的四倍与另一小线段上的正方形面积的和，等于原线段与前一个小线段之和上的正方形的面积。

证完

命题II. 9

如果一条线段先后被分成相等和不相等的线段，那么，不相等线段上的各正方形的面积之和，等于原线段一半上的正方形与两个分点之间一段上正方形的面积之和的两倍。

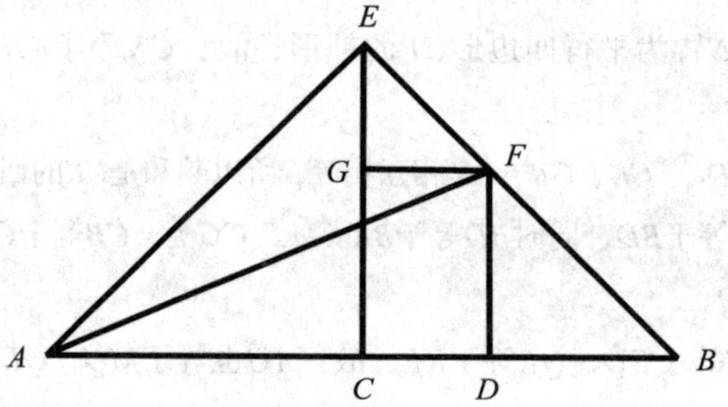

设：线段*AB*在*C*点等分，在*D*点不等分。

求证：以*AD*、*DB*为边的正方形面积之和是*AC*、*CD*上的正方形的面积之和的两倍。

从*C*点作*CE*与*AB*垂直，且使*CE*等于*AC*。连接*EA*和*EB*。过*D*点作*DF*平行于*EC*，再过*F*作*FG*平行于*AB*。连接*AF*（命题I.11、I.3 、I.31）。

因为：*AC*等于*CE*，∠*EAC*也等于∠*AEC*（命题I.5）。

又，因为在*C*点的角是直角，∠*EAC*、∠*AEC*之和等于一个直角（命题I.32）。且它们相等，所以：∠*CEA*和∠*CAE*各是一个直角的一半。

同理，∠*CEB*和∠*EBC*也皆是一个直角的一半。所以：∠*AEB*是直角。

又，因为∠*GEF*是一个直角的一半，且∠*EGF*是直角，它与∠*ECB*是同位角，其余角（这里并非现代数学中的互余的角，下同）∠*EFG*是一个直角的一半，所以：∠*GEF*等于∠*EFG*。于是：*EG*也等于*GF*（命题I.29、I.32、I.6）。

又，因为在*B*点的角是一个直角的一半，且∠*FDB*是直角，它也等于同位角∠*ECB*，其余∠*BFD*是一个直角的一半。

所以：在*B*点的角等于∠*DFB*。

于是：*FD*也等于*DB*（命题I.29、I.32、I.6）。

因为：*AC*等于*CE*，*AC*上的正方形的面积也等于*CE*上的正方形的面积。

所以：以*AC*、*CE*为边的正方形的面积之和是以*AC*为边的正方形的面积的两倍。

又，以EA为边的正方形的面积等于以AC、CE为边的正方形的面积之和，因为：$\angle ACE$是直角。

所以：以EA为边的正方形的面积是以AC为边的正方形的面积的两倍（命题I.47）。

又，因为：EG等于GF，以EG为边的正方形也等于GF为边的正方形。

所以：以EG、GF为边的正方形之和是以GF为边的正方形的两倍。

又，以EF为边的正方形的面积等于以EG、GF为边的正方形的面积之和。

所以：以EF为边的正方形的面积是以GF为边的正方形的面积的两倍（命题I.47）。

而，GF等于CD，所以：以EF为边的正方形的面积是以CD为边的正方形的面积的两倍（命题I.34）。

又，以EA为边的正方形的面积也是以AC为边的正方形的面积的两倍。

所以：以AE、EF为边的正方形的面积之和是以AC、CD为边的正方形的面积之和的两倍（命题I.47）。

且AF上的正方形等于AE、EF上的正方形之和，因为$\angle AEF$是直角。从而AF上的正方形是以AC、CD上的正方形的两倍。

又，以AD、DF为边的正方形的面积之和等于以AF为边的正方形的面积，因为：在D点的角是直角。所以：以AD、DF为边的正方形的面积之和是以AC、CD为边的正方形的面积之和的二倍（命题I.47）。

又，DF等于DB。所以：以AD、DB为边的正方形的面积之和是以AC、CD为边的正方形的面积之和的两倍。

所以：如果一条线段先后被分成相等和不相等的两段，那么，不相等线段为边的正方形的面积之和等于原线段上一半的正方形与两个分点之间一段上正方形的面积之和的两倍。

证完

命题II.10

在一条被二等分的线段的一端按原直线方向加上一条线段，那么，总线段上的正方形的面积与加线段上的正方形的面积之和，等于原线段一半为边的正方形

的面积与另一半加上加线段之和为边的正方形面积的和的两倍。

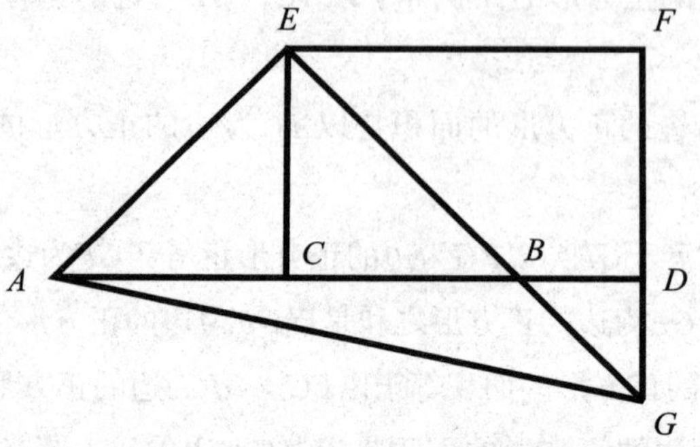

设：线段AB在C点被等分，线段BD是条加线。

求证：以AD、DB为边的正方形的面积之和是以AC、CD为边的正方形的面积之和的两倍。

从C点作CE垂直于AB，且等于AC，也等于CB。连接EA、EB。过E作EF平行于AD，过D作FD平行于CE（命题I.11、I.3、I.31）。

那么因为：线段EF相交于平行线EC和FD，$\angle CEF$、$\angle EFD$之和等于两个直角的和。

所以：$\angle FEB$、$\angle EFD$之和小于两个直角的和（命题I.29）。

又，从小于两个直角的角作的延长线必相交，所以：EB、FD，如果在B和D两个方向延长，它们将相交（公设I.5）。

令：延长EB、FD，并相交于G点，连接AG。

那么，因为：AC等于CE，$\angle EAC$也等于$\angle AEC$。在C点的角是直角。

所以：$\angle EAC$、$\angle AEC$是一个直角的一半（命题I.5、I.32）。

同理，$\angle CEB$、$\angle EBC$皆是直角的一半，所以：$\angle AEB$是直角。

又，因为：$\angle EBC$是直角的一半，$\angle DBG$也是直角的一半。又，$\angle BDG$也是直角，因为：它等于$\angle DCE$，它们是内错角。

所以：余角$\angle DGB$是直角的一半。所以：$\angle DGB$等于$\angle DBG$，所以：边BD也等于边GD（命题I.15、I.29、I.32、I.6）。

又，$\angle EGF$是直角的一半，且在F点的角是直角，因为：它等于在C点的对角。

所以：余角$\angle FEG$是直角的一半。$\angle EGF$等于$\angle FEG$，于是：边GF也等于边

EF（命题I.34、I.32、I.6）。

现在，因为：以EC为边的正方形的面积等于以CA为边的正方形的面积，以EC、CA为边的正方形面积之和是CA为边的正方形面积的两倍。

又，以EA为边的正方形的面积等于以EC、CA为边的正方形的面积之和。

所以：以EA为边的正方形面积是以AC为边的正方形的面积的两倍（命题I.47）。

又因为：FG等于EF，以FG为边的正方形面积也等于以FE为边的正方形的面积。

所以：以GF、FE为边的正方形面积之和是以EF为边的正方形面积的两倍。

又，以EG为边的正方形面积等于以GF、FE为边的正方形面积之和。

所以：以EG为边的正方形的面积是以EF为边的正方形面积的两倍（命题I.47）。

又，EF等于CD，所以：以EG为边的正方形的面积是以CD为边的正方形的面积的两倍。且以EA为边的正方形的面积也被证明是以AC为边的正方形的面积的两倍。

所以：以AE、EG为边的正方形的面积之和是以AC、CD为边的正方形的面积之和的两倍（命题I.34）。

又，以AG为边的正方形的面积等于以AE、EG为边的正方形的面积之和。

所以：AG上的正方形是以AC、CD为边的正方形的面积之和的两倍。

且以AD、DG为边的正方形的面积之和等于以AG为边的正方形的面积，所以：以AD、DG为边的正方形的面积之和等于以AC、CD为边的正方形的面积之和的两倍（命题I.47）。

又，DG等于DB；

所以：以AD、DB为边的正方形的面积之和等于以AC、CD为边的正方形面积之和的两倍。

所以：在一条被二等分的线段的一端按原直线方向加上一条线段，那么，总线段上的正方形的面积与加线段上的正方形的面积之和，等于原线段一半为边的正方形的面积与另一半加上加线段之和为边的正方形面积的和的两倍。

证完

命题II.11

可以切分已知线段，使它与一条小线段构成的矩形面积等于余下线段为边的正方形的面积。

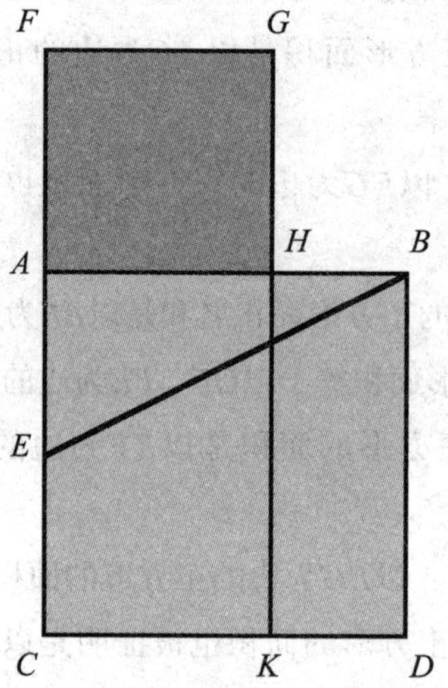

设：*AB*为给定线段。

求作：切分*AB*，使总线与其中小线段构成的矩形面积等于以余线面积为边的正方形的面积。

在*AB*上作正方形*ABDC*，在*E*点平分*AC*，连接*BE*。延长*CA*到*F*，使*EF*等于*BE*，在*AF*上作正方形*FAHG*，延长*GH*至*K*（命题I.46、I.10、I.3、I.46）。

那么：*AB*被*H*点所分，*AB*、*BH*构成的矩形面积等于*AH*为边的正方形的面积。

因为：线段*AC*在*E*点被平分，*FA*是它的加线，以*CF*、*FA*构成的矩形加上以*AE*为边的正方形的面积等于以*EF*为边的正方形的面积（命题II.6）。

又，*EF*等于*EB*。所以：以*CF*、*FA*构成的矩形面积加以*AE*为边的正方形的面积之和等于以*EB*为边的正方形的面积。

又，以*AB*、*AE*为边的正方形的面积之和等于以*EB*为边的正方形的面积，因为：在*A*点的角是直角。

所以：以*CF*、*FA*构成的矩形面积加以*AE*为边的正方形的面积等于以*BA*、*AE*为边的正方形的面积之和（命题I.47）。

令上面两方各减去以*AE*为边的正方形的面积。

于是：余下以*CF*、*FA*构成的矩形面积等于以*AB*为边的正方形的面积。

现在，以*CF*、*FA*构成的矩形是*FCKG*，因为，*AF*等于*FG*，且以*AB*为边的正方形是*AD*。所以：*FCKG*的面积等于*AD*的面积。

令上面两边减去*AK*，于是：余值*FH*等于*HD*。

又，*HCDB*是以*AB*、*BH*构成的矩形，因为，*AB*等于*BD*，且*FAHG*是*AH*为边的正方形。所以：*AB*、*BH*构成的矩形面积等于*HA*为边的正方形面积。

所以：给定线段*AB*在*H*点被切分，*AB*、*BH*构成的矩形等于*HA*为边的正方形的面积。

所以：可以切分已知线段，使它与一条小线段构成的矩形面积等于余下线段为边的正方形的面积。

证完

命题II.12

在钝角三角形中，钝角对边上的正方形的面积大于两锐角对边上的正方形的面积之和，其差为一个矩形的两倍，即由一锐角向对边的延长线作垂线，垂足到钝角之间一段与另一边所构成的矩形。

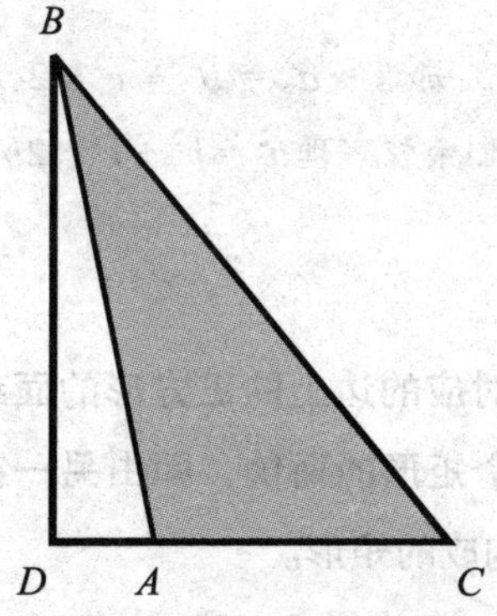

设：*ABC*为钝角三角形，∠*BAC*为钝角，从*B*点作*BD*垂直于*CA*，交延长线于*D*（命题I.12）。

求证：以*BC*为边的正方形的面积大于*BA*、*AC*为边的正方形的面积之和，其差为以*CA*与*AD*为边构成的矩形的两倍。

因为：线段CD被任意一点A切分，DC为边的正方形的面积等于CA、AD为边的正方形的面积加上CA、AD为边构成的矩形的两倍（命题II.4）。

令：以DB为边的正方形的面积与每个相加。于是：以CD、DB为边的正方形的面积之和等于以CA、AD、DB为边的正方形的面积之和加上以CA、AD为边的矩形的两倍。

又，以CB为边的正方形的面积等于以CD、DB为边的正方形的面积之和，因为，在D点的角是直角，以AB为边的正方形的面积等于以AD、DB为边的正方形的面积之和。

所以：以CB为边的正方形的面积等于以CA、AB为边的正方形的面积之和加上CA、AD为边构成的矩形的两倍。

于是：以CB为边的正方形的面积大于CA、AB为边的正方形的面积之和，其差为以CA、AD为边构成的矩形的两倍（命题I.47）。

所以：在钝角三角形中，钝角对边上的正方形的面积大于两锐角对边上的正方形的面积之和，其差为一个矩形的两倍，即由一锐角向对边的延长线作垂线，垂足到钝角之间一段与另一边所构成的矩形。

证完

注 解

如果三角形是钝角三角形，那么：$a^2 = b^2 + c^2 - 2ch$，这里，h为三角形的高，c为三角形的底边。近似于三角形余弦定理$a^2 = b^2 + c^2 - 2bc \times \cos A$。

命题II.13

锐角三角形中，锐角所对应的边上的正方形的面积小于夹锐角两边为边的正方形的面积之和，其差为一个矩形的两倍，即由另一锐角向对边作垂线，垂足到原锐角之间的一段与该边所构成的矩形。

设：ABC为锐角三角形，B角为锐角，过A点作AD垂直于BC（命题I.12）。

求证：以AC为边的正方形的面积小于以CB、BA为边的正方形的面积之和，其差为CB、BD构成的矩形的两倍。

因为：CB被任意一点D所切分，以CB、BD为边的正方形的面积之和等于以CB、BD为边的矩形的两倍加上DC上的一个正方形（命题II.7）。

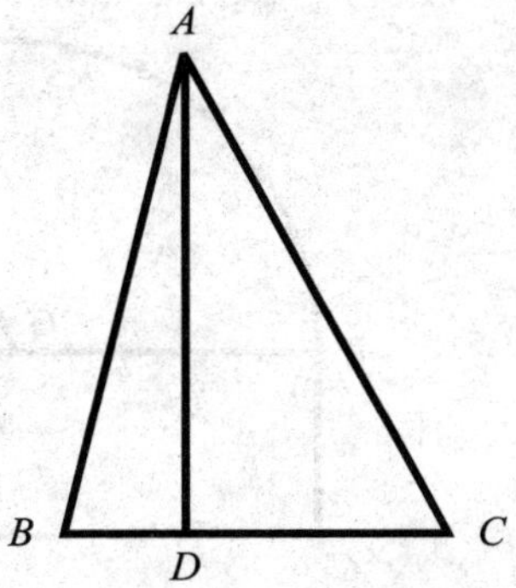

令以上每个加上以AD为边的正方形的面积，于是：分别以CB、BD、DA为边的正方形的面积之和等于以CB、BD为边的矩形的两倍加上AD、DC为边的正方形的面积之和。

又，以AB为边的正方形的面积等于分别以BD、DA为边的正方形的面积之和，因为：在D点的角是直角，且以AC为边的正方形的面积等于分别以AD、DC为边的正方形的面积之和。

所以：分别以CB、BA为边的正方形的面积之和等于以AC为边的正方形的面积加上以CB、BD为边的矩形的两倍。所以：以AC为边的正方形的面积小于分别以CB、BA为边的正方形的面积之和，其差为以CB、BD为边的矩形的两倍（命题I.47）。

所以：在锐角三角形中，锐角所对应的边上的正方形的面积小于夹锐角两边为边的正方形的面积之和，其差为一个矩形的面积的两倍，即由另一锐角向对边作垂线，垂足到原锐角之间的一段与该边所构成的矩形。

证完

命题II.14

根据一个多边形，可以作一个与它面积相等的正方形。

设：A为给定的多边形。

现在要求的是：作一个正方形，其面积等于给定的多边形A的面积。

令：作矩形BCDE，使之等于图形A的面积（命题I.45）。

如果BE等于ED，那么该正方形BD满足于A。如果不是，而是BE和ED中，其中有一条直线比另一条线长，假定BE是较长的线；延长BE至F，使EF等于ED；在BF上

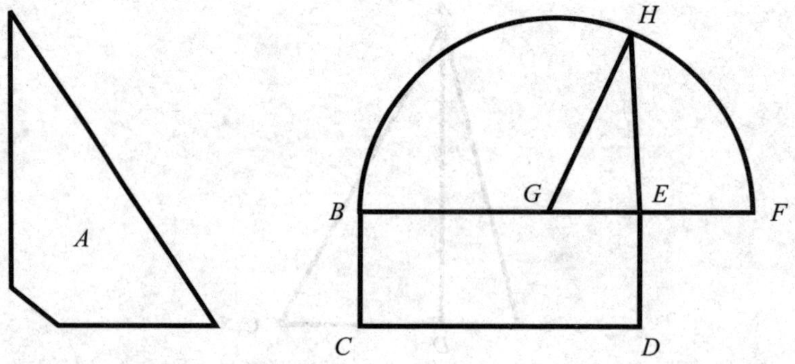

取其平分点G，以G为圆心、GB或GF为半径作半圆BHF；延长DE至H，连接GH。

那么：既然直线BF在G点上被平分，E点则为非平分点，以BE、EF为边的矩形与以EG为边的正方形的面积之和等于以GF为边的正方形的面积（命题II.5）；而GF等于GH。

所以：BE、EF为边构成的矩形与以EG为边的正方形的面积之和等于以GH为边的正方形面积。

而分别以HE、EG为边的正方形的面积的和等于以GH为边的正方形面积，所以，BE、EF为边构成的矩形与以EG为边的正方形的面积之和等于分别以HE、EG为边构成的正方形的面积之和（命题I.47）。

令：分别减去以EG为边的正方形的面积。

那么：余下的包含有BE、EF为边的矩形的面积也等于以HE为边的正方形的面积。

又，因为EF等于ED，于是：以BF、EF为边的矩形的面积等于$BCDE$的面积，平行四边形$BCDE$的面积等于以HE为边的正方形的面积。而$BCDE$的面积等于多边形A的面积，于是：多边形A的面积也就等于以EH为边的正方形的面积。

于是：以EH为边，其大小等于多边形A的面积的正方形被作出。

所以：根据一个多边形，可以作一个与它面积相等的正方形。

证完

第 3 卷

圆与角

CHAPTER 3

中国《九章算术》第一章圆田31题：“今有圆田，周三十步，径十步。问为田几何？”这里需求的是田的面积。在这里，既给出了直径，又给出了圆周长，圆周率π=3，和《圣经·旧约》里记载的所罗门建造宫殿时“又铸了一个铜海，样式是圆的，高五肘，径十肘，围三十肘”中的一样。中国《周髀算经》里，记述公元前1100年周公与商高的谈话，商高曰：“数之法出于圆方。”对于这句话，中国的赵爽在公元前222年，也就是秦始皇统一中国的前一年，挥笔注曰：“圆径一而周三。”

本卷阐述圆、弦、割线、切线、圆心角、圆周角的一些定理。

本卷提要

※命题Ⅲ.1，如何找到一个圆的圆心。

※命题Ⅲ.17，如何作出一个圆的切线。

※命题Ⅲ.20、Ⅲ.21、Ⅲ.22，圆内的角。

※命题Ⅲ.31，泰勒斯理论，半圆内的直角、锐角与钝角理论。

※命题Ⅲ.35，在圆内过一个点作出两弦，那么其中一弦的两个截面之乘积等于另一弦的两个截面之乘积。

※命题Ⅲ.3、Ⅲ.37，从圆外一点向圆分别作切线和交线，那么切线所构成的正方形等于交线与其圆外线的乘积，反之亦然。

定 义

定义Ⅲ.1 等圆，就是直径或半径相等的圆。

定义Ⅲ.2 直线与圆相切，就是直线与圆有且只有一个公共点。

定义Ⅲ.3 两圆相切，就是两圆有且只有一个公共点。

定义Ⅲ.4 圆心到圆内弦的垂线段相等，称这些弦有相等的弦心距。

定义Ⅲ.5 当垂线段较长时，称该弦有较大的弦心距。

定义Ⅲ.6 弓形是由一条弦和一段弧构成的图形。

定义Ⅲ.7 弓形的角是由弧所对的弦和这段圆弧所夹的角。

定义Ⅲ.8 在弓形弧上取一点，连接该点与弧的两端点的二直线所夹的角称为弓形角。

定义Ⅲ.9 当夹角的二直线截出一段圆弧时，该角被称为张于弧上的角。

定义Ⅲ.10 由顶点在圆心角的两边和该两边所截一段圆弧所构成的图形，称为扇形。

定义Ⅲ.11 包含相等角的弓形称为相似弓形。

命题Ⅲ.1

给定一个圆可以找到它的圆心。

设：*ABC*为给定的圆。

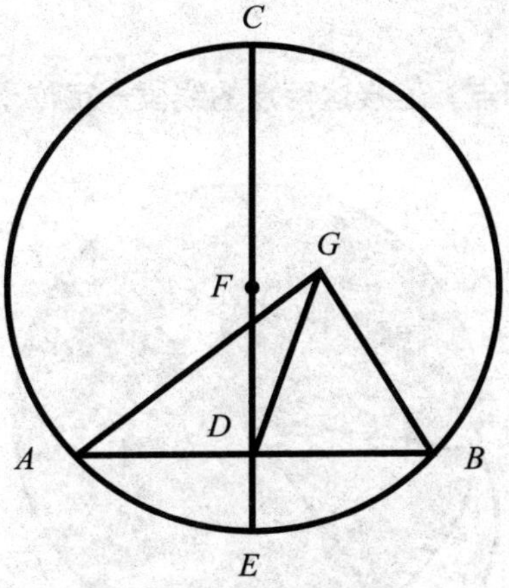

现在要求找到ABC的圆心。

令：在圆内任作一条弦AB，作D平分AB。作DC，使之垂直于AB，延长DC至E，在CE上找到该线的平分点F（命题I.10、I.11）。

求证：F 是圆ABC的圆心。

假设不是这样，而假定圆心是G，连接GA、GD、GB；

那么因为：AD等于DB，DG为共用，那么，AD、DG分别等于对应的BD、DG。

由于GA、GB皆为半径，所以：GA等于GB。所以：$\angle ADG$等于$\angle GDB$（定义I.15 、I.8）。

但是，当一条直线和另一条直线所成的邻角彼此相等时，它们每一个都是直角。所以，$\angle GDB$是直角。

又因为$\angle FDB$也是直角，所以：$\angle FDB$等于$\angle GDB$。大等于小。这是不可能的 。

所以：点G不是圆ABC的圆心。

同样，也可以证明，除了F以外的任何点皆不是圆心。

所以：F是圆ABC的圆心。

所以：给定一个圆可以找到它的圆心。

证完

推 论

以上的证明表明：如果一个圆中的一条弦垂直平分圆中的另一条弦，那么圆心一定位于这条弦上。

命题Ⅲ.2

如果在圆周上任取两点，连接这两点的线段一定位于该圆内。

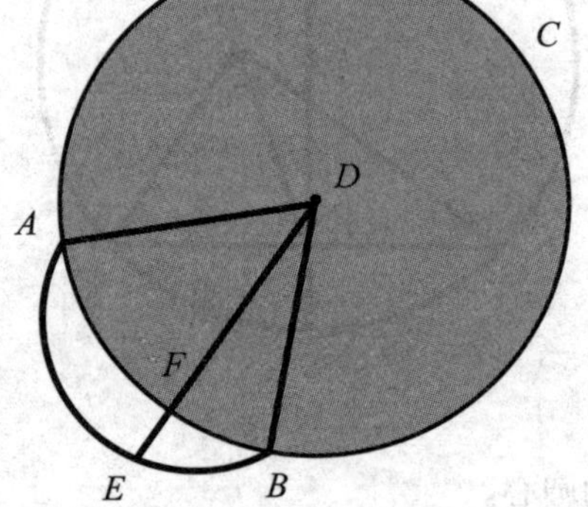

设：*ABC*为给定的圆，圆周上的任意两点为*A*和*B*。

求证：连接*AB*，这条线段一定位于该圆内。

假定不是如此，而是落在圆外如*AEB*，确定圆*ABC*的圆心*D*，连接*DA*、*DB*，连接*DFE*（命题Ⅲ.1）。

那么因为*DA*等于*DB*，∠*DAE*也就等于∠*DBE*（定义I.15、I.5）；

又因为延长三角形*DAE*的一边*AEB*，所以：∠*DEB*就大于∠*DAE*（命题I.16）。但是，∠*DAE*等于∠*DBE*，所以：∠*DEB*大于∠*DBE*，且大角对大边。

从而，*DB*大于*DE*，但*DB*等于*DF*，所以*DF*大于*DE*。小的大于大的，这是不可能的。

所以：*AB*的连线不在圆外。

同样可以证明它也不在圆周上。

所以：*AB*线只能在圆内。

所以：如果在圆周上任取两点，连接这两点的线段一定位于该圆内。

证完

注 解

这一命题的图形相当奇怪，但又是必要的。因为这一命题涉及一种假设的情形，要证明这种假设情形是不可能的。在这一图形中，*AEB*被假设为是圆外的一条直线。在本卷的其他几个命题中，也有类似的不可能图形出现。

欧几里得留下AB不能位于圆周上的情况给读者自己去证明，其实证明它并不难。

这一命题应用在下一命题中。

命题Ⅲ.3

平分非直径的弦的直径垂直于这条弦；反之，垂直于弦的直径平分这条弦。

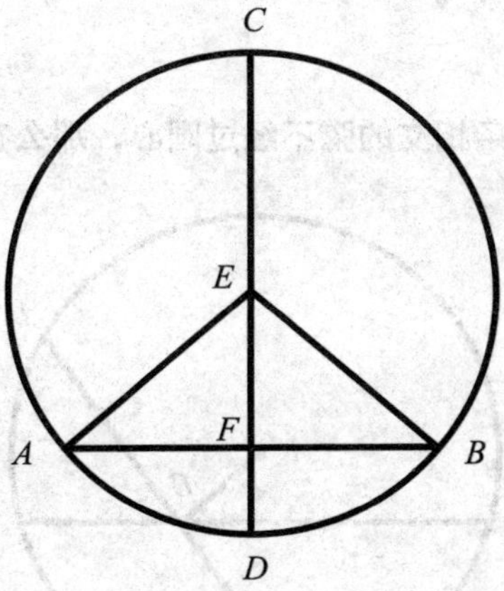

设：CD是通过圆ABC圆心的直径，平分不过圆心的弦AB于F点。

求证：CD垂直于AB。

令：找到圆ABC的圆心E，连接EA、EB（命题Ⅲ.1）。

那么因为AF等于FB，而FE为公共边，两边相等，且第三边EA等于第三边EB，所以：∠AFE等于∠BFE（定义I.15、I.8）。

又因为一条直线与另一条直线相交，所形成的邻角相等时，每个角皆为直角，所以：∠AFE、BFE皆为直角（定义I.10）。

所以：过圆心的线CD与不过圆心的线AB相交成直角。

又设：CD和AB垂直。

那么：CD二等分AB，即AF等于FB。即为平分线。

因为EA等于EB，那么：∠EAF也等于∠EBF（命题I.5）。又因为直角∠AFE等于直角∠BFE，所以：EAF与EBF是有两个角和一条边相等的三角形，EF为公共边，即相等角的对边。所以：它们的余边也就相等（命题I.26）。所以：AF等于FB。

所以：如果一条过圆心的弦与另一条不过圆心的弦相交形成直角，那么它也必然是平分线。

证完

注 解

比较这一命题与命题Ⅲ.1的推论。

这一命题应用在下一命题中，也用在命题XII.16及其他命题中。

命题Ⅲ.4

在一个圆里，如果两条相交的弦不经过圆心，那么它们也不能互相平分。

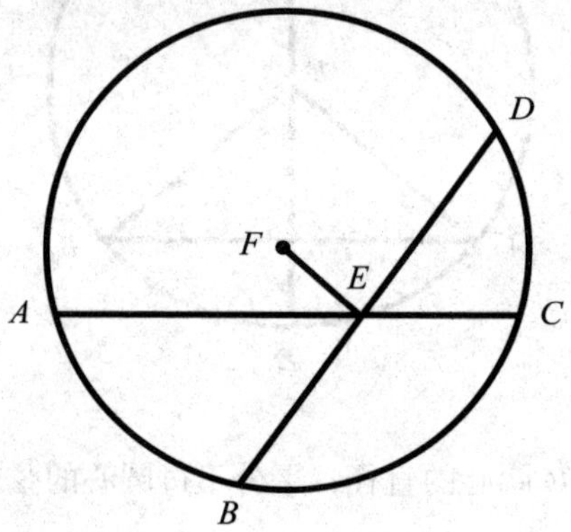

设：*ABCD*为圆，两条弦为*AC*、*BD*，皆不经过圆心，彼此相交于*E*点。

求证：它们不相互平分。

因为，如果可能，假设它们相互平分，那么：*AE*就等于*EC*，且*BE*等于*ED*。

令圆心为*F*，连接*FE*（命题Ⅲ.1）。

又因为过圆心的弦*FE*平分不过圆心的弦*AC*，并构成直角，所以：∠*FEA*为直角。

又因为弦*FE*平分弦*BD*，它们也形成直角，即∠*FEB*为直角，而∠*FEA*被证明也为直角，所以：∠*FEA*也等于∠*FEB*。于是：小等于大。这是不可能的（命题Ⅲ.3）。

所以：*AC*、*BD*不能相互平分。

所以：在一个圆里，如果两条相交的弦不经过圆心，那么它们也不能相互平分。

证完

注 解

这一陈述的逆否命题是，如果两条弦相互平分，那么它们相交于圆心。

这一命题在《原本》中未被再利用。

命题Ⅲ.5

如果两圆相交，那么它们不能有相同的圆心。

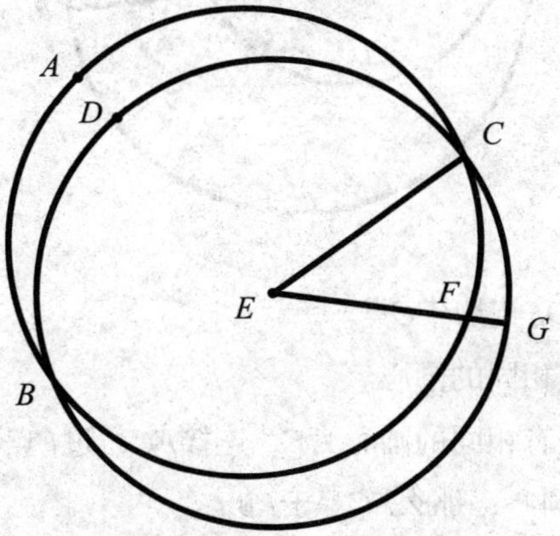

设：圆ABC、圆CDG相交于B、C点。

求证：它们不能有相同的圆心。

假定它们有相同的圆心为E，连接EC，任意连一条线EFG。

那么因为E为圆ABC的圆心，于是：EC就等于EF。又因为：E为圆CDG的圆心，那么EC就等于EG（定义I.15）。而EC已被证明也等于EF，所以：EF也等于EG。于是：小等于大。这是不可能的。

所以：点E不是圆ABC、圆CDG的圆心。

所以：两相交圆不能有相同的圆心。

证完

注 解

注意，这一证明实际上表现了如果两个圆相交，那么它们不可能有相同的圆心，这也涉及下一道命题的两圆相切。

这一命题应用在命题Ⅲ.10中，以陈述圆不能相交于两个点以上。

命题Ⅲ.6

如果两圆相切，它们不能有相同的圆心。

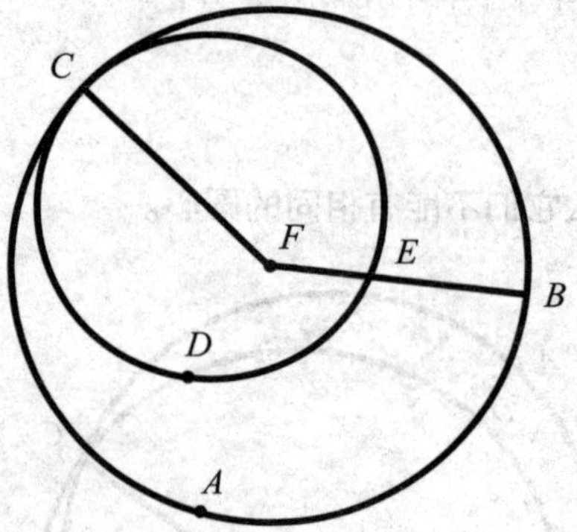

设：圆ABC、圆CDE相切于C点。

求证：它们不能有相同的圆心。

假定可能，设它们有相同的圆心为F，连接FC，过F点作任意一线FEB。

因为F是圆ABC的圆心，那么FC等于FB。

又因为F是圆CDE的圆心，那么FC等于FE（定义I.15）；而FC被证明等于FB。所以FE也等于FB。于是小等于大。这是不可能的。

所以：F不是圆ABC、圆CDE的圆心。

所以：两圆相切不能有相同的圆心。

证完

注 解

这一命题同于前一命题，两种情况用一种陈述，相交圆不能同圆心；反之，同心圆不能相交。

这一命题未在本书的其余地方被利用。

命题Ⅲ.7

连接直径上的非圆心的一点和圆上任一点所得的线段中，最长的是圆心所在的线段，且在其余线段中，靠近圆心的线段较远离的长；这一点到圆上有两条线段相等，它们各在最短线段的一边，同一直径上余下的一段最短。

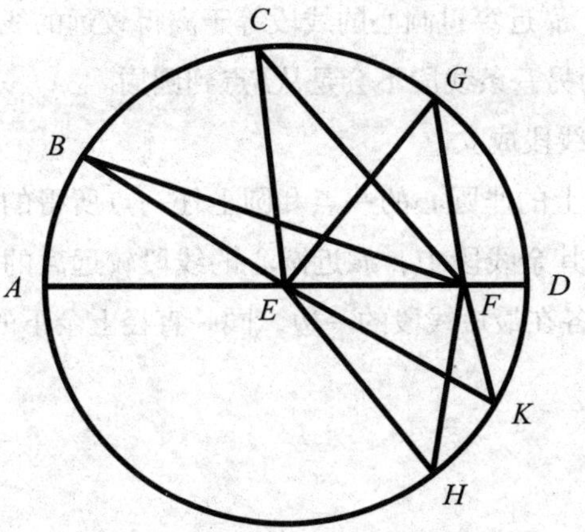

设：圆$ABCD$，AD为直径，F为直径上的非圆心的一个点，E为圆心，从F点引线段FB、FC、FG。

求证：FA为最长，FD最短，FB大于FC，FC又大于FG。

连接BE、CE和GE。

因为：在任意三角形中两条边的和大于第三边。所以：EB与EF的和大于BF（命题I.20）。

又，AE等于EB，所以：AF大于BF。又因为BE等于CE，而FE是公共边，所以：BE与EF的和等于CE与EF的和。

又，$\angle BEF$也大于$\angle CEF$，所以：边BF也大于边CF（命题I.24）。同理：CF也大于GF。

又因为：GF与FE的和也大于EG，EG等于ED，GF与FE的和也大于ED（定义I.20）。

令，从每个中减去EF，于是：其余数GF也大于其余数FD。所以：FA最大，FD最小，FB大于FC，而FC大于FG。

进一步说：从F点到圆周的线段中只有两条相等，它们分别位于FD的两侧。

令：在直线EF的E点上作$\angle FEH$，使之等于$\angle GEF$，连接FH（命题I.23）。

那么因为：GE等于EH，而EF是公共边，GE、EF两边等于HE、EF两边。

又，$\angle GEF$等于$\angle HEF$，所以：边FG等于边FH（命题I.4）。

进一步说：另一条等于FG的直线不会从F点落到圆周上。

假如可能，假如这条线FK成立。那么，因为FK等于FG，又，FH等于FG，

*FK*也等于*FH*，于是：靠近穿过圆心的线段等于离得较远的线段。这是不可能的。

所以：等于*GF*的另一条线段不会是从*F*点到圆周。

因此：只有一条线段成立。

所以：连接直径上的非圆心的一点和圆上任一点所得的线段中，最长的是圆心所在的线段，且在其余线段中，靠近圆心的线段较远离的长；这一点到圆上有两条线段相等，它们各在最短线段的一边，同一直径上余下的一段最短。

证完

注 解

这一命题的陈述有些令人费解，涉及从圆内的一点*F*到圆周上的一点的距离。点*F*被假定不是圆心。如果直径*AD*过*F*，那么*A*点上的某一个点是在圆周上离*F*点最远，且另一点*D*为最近。由于一个点从*A*到*D*在圆周上旅行，它向*F*点靠近。这一陈述的最后部分是，如果*G*是圆周上的一点，那么，有另外一个点*H*是在圆周上，它与*F*的距离相等（当然*G*既不是*A*也不是*D*，这只是一种假定）。

注意：这一命题的陈述是含混的。短语"靠近过圆心的线段"到底是什么意思？它是指角吗？于是*FB*比*FC*更靠近*FA*，因为，∠*BFA*小于∠*CFA*。如果是这样，证明的过程就有细节的疏漏，∠*BEF*大于∠*CEF*，然而却没有证明。德•摩根曾插入多种证明方式来弥补过这一逻辑漏洞。

这一命题在《原本》中的其他地方再未被利用过。

命题Ⅲ.8

圆外的一点向圆引线段，其中的一条穿过圆心，其余是任意线。那么在凹圆弧上的连线中，穿过圆心的线段最长，其余的线段中，离这条线段越近则越长；在与圆凸面的连线中，该点与直径之间的线段最短，其余的线段离这条线段越近则越短；且从这一点到圆周上的连线中，只有两条线段相等，它们分别位于最短的线段两侧。

设：*ABC*为圆，*D*为圆外的一点，从*D*点连接*DA*、*DE*、*DF*、*DC*，使*DA*穿过圆心。

求证：在凹圆弧*AEFC*各点与*D*构成的线段中，穿过圆心的*DA*线段最长，*DE*大于*DF*，*DF*大于*DC*；在凸圆弧*HLKG*各点与*D*构成的线段中*DG*最短，越靠近*DG*的线段越短。即*DK*小于*DL*，*DL*小于*DH*。

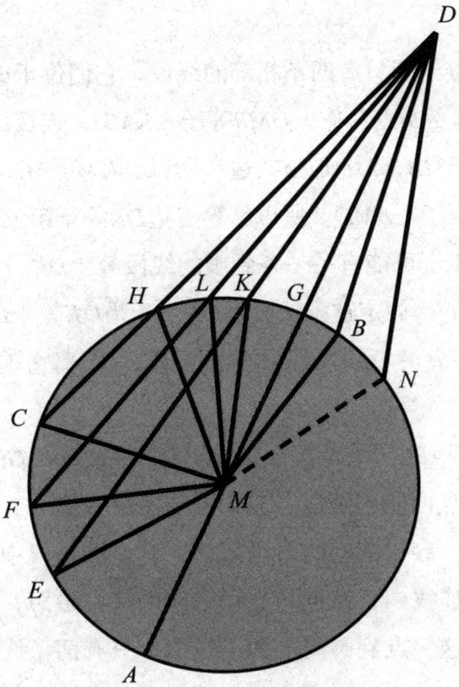

令：圆ABC的圆心为M，连接ME、MF、MC、MK、ML和MH（命题Ⅲ.1）。

那么因为：AM等于EM，令它们各边加上MD。

于是：AD等于EM与MD的和。

又因为EM与MD的和大于ED，所以：AD也大于ED（命题I.20）。

又因为ME等于MF，MD又是公共边，所以：EM与MD的和等于FM与MD的和。

又因为∠EMD大于∠FMD，所以：第三边ED大于第三边FD（命题I.24）。同样，我们可以证明FD大于CD。所以：DA就为最大，DE大于DF，而DF大于DC。

又因为MK与KD的和大于MD，而MG等于MK，于是，余数KD大于余数GD。所以：GD小于KD（命题I.20）。

又因为：在MD上的三角形MLD，两条线段MK、KD交于三角形内。

所以：MK、KD的和小于ML、LD的和。

又，MK等于ML。

所以：余数DK小于余数DL（命题I.21）。

同样，我们可以这么认为，DL也小于DH。所以：DG为最小，DK小于DL，DL

小于DH。

进一步说：从D点到圆只有两条相等的线段，它们位于DG线的两侧。

令：在线段MD上的M点，作$\angle DMB$等于$\angle KMD$，连接DB（命题I.23）。

那么因为MK等于MB，MD是公共边。所以：KM、MD两边等于对应的BM、MD两边，且$\angle KMD$等于$\angle BMD$。所以：第三边DK等于第三边DB（命题I.4）。

进一步说：从D点不可能有另一条到圆的线段等于DK。

假设：这是可能的。假定这条线段是DN，于是DK等于DN。DK等于DB，DB也等于DN，即是说，离最短线段DG越近的线段等于离它越远的线段，这是不可能的；

所以：从D点到圆ABC没有第二条线能够位于最短的DG的一侧。

所以：圆外的一点向圆引线段，其中的一条穿过圆心，其余是任意线。那么在凹圆弧上的连线中，穿过圆心的线段最长，其余的线段中，离这条线段越近则越长；在与圆凸面的连线中，该点与直径之间的线段最短，其余的线段离这条线段越近则越短；且从这一点到圆周上的连线中，只有两条线段相等，它们分别位于最短的线段两侧。

证完

注解

这一命题的陈述比前一命题更加复杂。这一命题处理从圆外的某一点D到圆周上的距离。如果直径AG的延长线过D，那么，它的一个终点G是在圆周上并最接近D，且另一点A是最远的一点。因为一个点从A到D沿圆周旅行，尽量靠近D。欧几里得认为圆周分为两个部分，凸起的部分是靠D点近的，同时凹的部分是圆的边较远的部分。最后的陈述是，如果K是圆周上的一个点，那么圆周上有一个正确的点B到D的距离相等（当然K既不是G也不是A，这只是一种假定）。

注意：这一命题的证明同前一命题一样，也有一个逻辑漏洞。后来的许多数学家补充过该漏洞。

这一命题在《原本》中的其他地方再没有被利用过。

命题Ⅲ.9

如果自圆内一点作出的到圆上的线段有两条以上相等，那么该点即圆心。

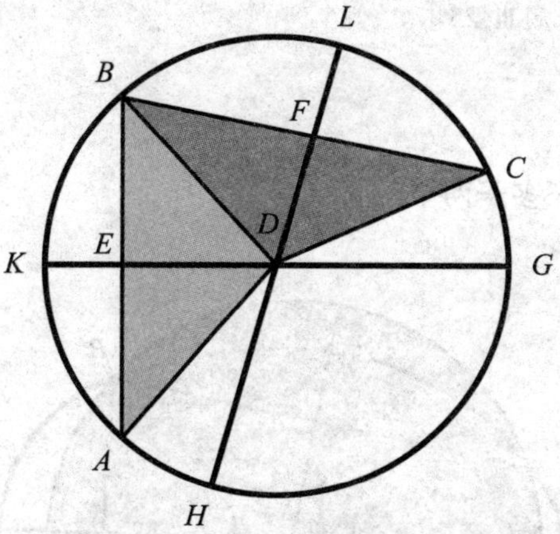

设：D点在圆ABC内，从点D引出的到圆上的两条以上的相等线段为DA、DB和DC。

求证：D点即为圆ABC的圆心。

令：连接AB、BC，并在E、F点平分两条线，连接ED、FD，并延长至G、K、H和L（命题I.10）。

因为AE等于EB，而ED为公共边，那么：AE和ED就等于BE和ED。又，第三边DA等于第三边DB，所以，三角形AED全等于三角形BED（命题I.8）。

所以：$\angle AED$与$\angle BED$皆为直角。所以：GK平分AB为相等的两部分且为直角。

又，如果圆中的一条线切分另一条线为相等的两部分并构成直角，那么，圆心一定落在这条切割线上。

所以：圆心一定在GK线上（定义Ⅲ.1）。同理，圆ABC的圆心是在HL上。

又因为线段GK和HL没有共同的点，只有D点，所以：点D即为圆ABC的圆心。

所以：如果自圆内一点作出的到圆上的线段有两条以上相等，那么该点即圆心。

证完

注 解

这一命题的陈述，被命题Ⅲ.7所覆盖。

这一命题应用在命题Ⅲ.25中。

命题Ⅲ.10

两圆相交，交点不多于两个。

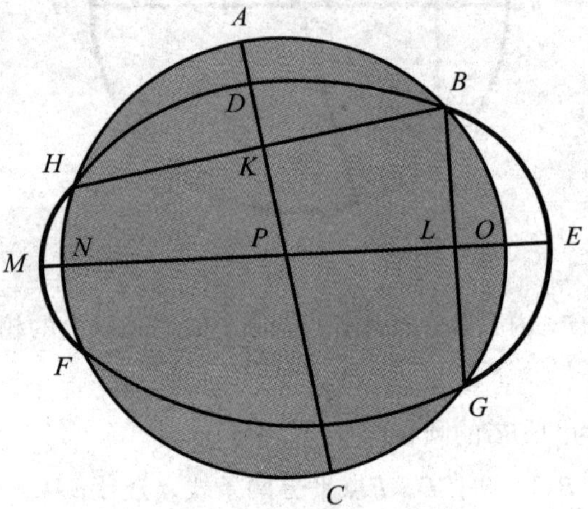

设：假如可能，圆*ABC*与圆*DEF*相交，交点超出两个，即为*B*、*G*、*F*和*H*。

令：连接*BH*、*BG*，并在*K*、*L*点分别平分两线。从*K*、*L*点作*KC*、*LM*，使之分别垂直于*BH*、*GB*，并经过*A*、*E*点（命题I.10、I.11）。

因为在圆*ABC*中弦*AC*平分了*BH*并构成直角，所以：圆*ABC*的圆心在*AC*上。

又因为：在同一圆*ABC*里，弦*NO*平分弦*BG*为相等的两半并构成直角。所以圆*ABC*的圆心在*NO*上（定义Ⅲ.1）。

但已经证明它也在*AC*上，而弦*AC*与*NO*除了*P*点外没有相交的点。所以：点*P*也是圆*ABC*的圆心。

同样：我们可以证明*P*点也是圆*DEF*的圆心。于是两个相交的圆*ABC*、圆*DEF*也有相同的圆心*P*，这是不可能的（命题Ⅲ.5）。

所以：两圆相交，其交点不能超出两个。

证完

注解

这是另一个不可能的图形。曲线被设想成圆的圆周，这是不可能作出的。虽然欧几里得命名了圆上的四个点，但实际上只有三个点*B*、*G*、*H*在证明中被利用。

这一证明实际是证明两个圆不能相交于两个以上的点，这里的“相交”不是相切。

赫斯评论道，平分*BG*、*BH*的线段并未证明是相交的，事实上，它们是，因为圆*ABC*的圆心被证明在它们二者上面。

这一命题应用在命题Ⅲ.24中。

命题Ⅲ.11

两圆内切，连心线的延长线过切点。

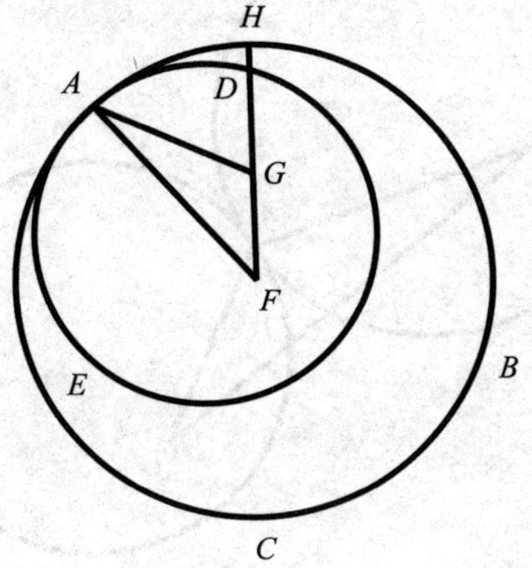

设：两圆*ABC*和圆*ADE*相切于*A*点，*F*为圆*ABC*的圆心，*G*为圆*ADE*的圆心（命题Ⅲ.1）。

求证：从*G*到*F*的连线的延长线将落在*A*点上。

假设不是这样，如果这是可能的，设连线为*FGH*，且连接*AG*、*AF*。

因为：*AG*、*GF*的和大于*FA*，即是说大于*FH*。

令：以上各边减去*FG*，那么，余下的*AG*大于余下的*GH*（命题I.20）。

但是*AG*等于*GD*。

故*GD*也大于*GH*，于是小大于大，这是不可能的。

所以：从*F*到*G*的连线不落在圆外。所以：落在两圆的切点*A*上。

所以：如两圆内切，其圆心已知，那么连接两圆心的直线，通过两圆的切点。

证完

注 解

这一证明的各种结论，依赖于图形，却并未依赖于严格的推理逻辑。盖玛等数学家补充过该命题证明过程的漏洞。

这一命题应用在命题Ⅲ.13中。

命题Ⅲ.12

两圆外切，连心线过切点。

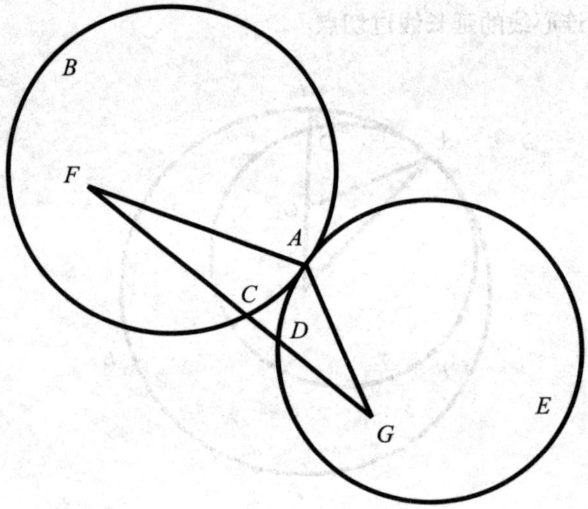

设：两圆*ABC*、圆*ADE*外切于点*A*上，*F*为圆*ABC*的圆心，*G*为圆*ADE*的圆心（命题Ⅲ.1）。

求证：直线*FG*必定经过切点*A*。

假设不是，如果可能，让它穿过如*FCDG*，连接*AF*、*AG*。

那么，因为*F*点为圆*ABC*的圆心，所以：*FA*等于*FC*。

又，因为*G*点是圆*ADE*的圆心，所以：*GA*等于*GD*。

而*FA*也已经证明出等于*FC*，于是：*FA*加*AG*等于*FC*加*GD*。

所以：*FG*大于*FA*加*AG*，但它也小于*FA*加*AG*，这是不可能的（I.20）。

所以：从*F*点引直线至*G*不能不经过切点*A*。

所以：如果两圆外切，那么连接两圆心的直线必定过切点。

证完

注解

显然，这一命题是后人加在欧几里得《原本》上的，有可能是海伦所加，也有可能是后来的其他编著者或评论者所加。

这一命题没有在《原本》中的其他地方被利用。

命题Ⅲ.13

两圆相切，只有一个切点。

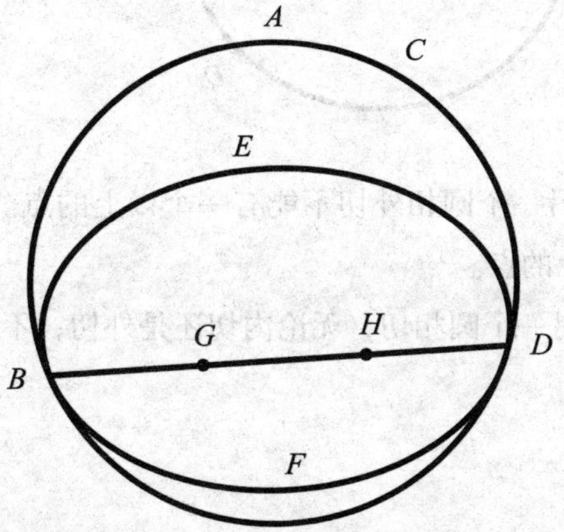

假设：两圆相切不止一个切点，设圆*ABDC*与圆*EBFD*首先内切于两个点。令切点为*D*、*B*点，连接圆*ABDC*的圆心*G*和圆*EBFD*的圆心*H*（命题Ⅲ.1）。

那么：连接*G*、*H*点的直线经过*B*、*D*点（命题Ⅲ.11）；且假定为*BGHD*。

那么因为：点*G*是圆*ABDC*的圆心，而*BG*等于*GD*。于是*BG*大于*HD*，于是，*BH*就比*HD*大得多；

又因为：*H*点是圆*EBFD*的圆心，*BH*等于*HD*，但同时又被证明*BH*比*HD*大得多，这是不可能的。

所以：内切圆不能有两个以上的切点。

要进一步说：这一命题也适合于外切圆。

假设两圆外切不止一个切点，设圆*ACK*与圆*ADC*相切有一个以上的切点，设为*A*、*C*点，连接*AC*，那么因为无论是圆*ADC*还是圆*ACK*，*A*、*C*为任意的两点，连接该两点的直线必然落在每个圆的内部，但是它应该落在圆*ADC*之内又落在圆*ACK*之外，这是荒谬的（命题Ⅲ.2、定义Ⅲ.3）。

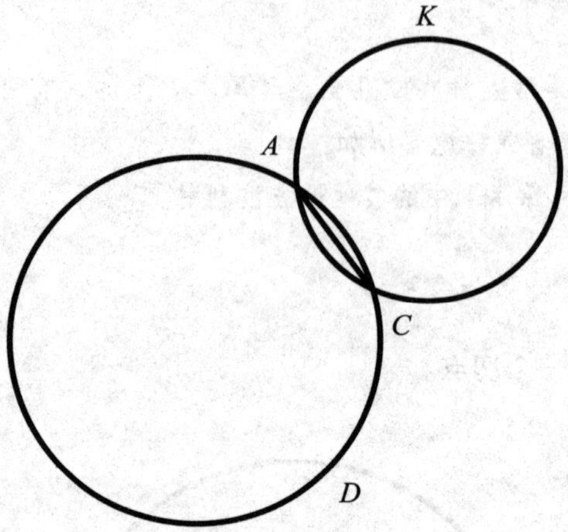

所以：一个圆与另一个圆相外切不能有一个以上的点。同样，已证明两圆内切，也不能有一个以上的点。

所以：一个圆与另一个圆相切，无论内切还是外切，不能有一个以上切点。

证完

注 解

这是第二个不可能图形。有三条曲线连接A和C。并没有假定两个圆相交，而只是相切于两个点A和C，线段AC应在两个圆内而不是一个圆内。

这一命题的证明也有逻辑裂缝，如上两个命题的证明过程一样。

本命题再未在《原本》中的其他地方被利用。

命题Ⅲ.14

同圆内，相等弦的弦心距相等，相等的弦心距对应的弦相等。

设：AB、CD为圆$ABDC$内的相等弦。

求证：AB、CD到圆心的距离相等。

令：E为圆$ABDC$的圆心，从E作EF、EG，分别垂直于AB、CD，连接AE、EC（命题Ⅲ.1、I.12）。

因为：线段EF经过圆心，平分一条未经过圆心的弦AB，并构成直角。所以：AF等于FB。所以：AB是AF的两倍（命题Ⅲ.3）。

同理可证：CD亦是CG的两倍，而AB等于CD。于是：AF也等于CG。

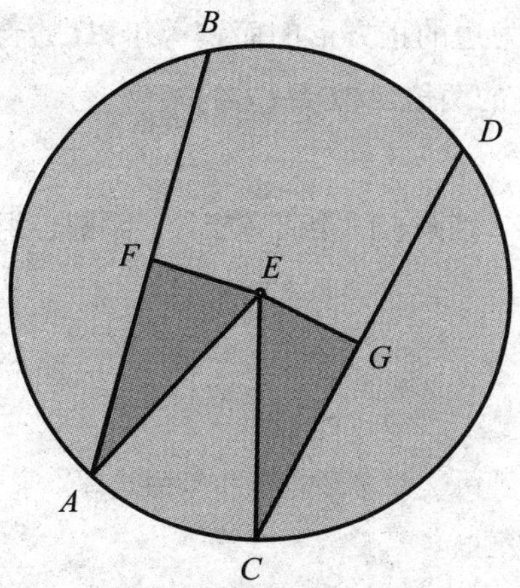

又因为AE等于EC，那么以AE为边的正方形的面积也等于以EC为边的正方形的面积。

于是：分别以AF、EF为边的正方形的面积之和等于以AE为边的正方形的面积。又，因为在F点的角为直角，于是：分别以EG、GC为边的正方形的面积之和等于以EC为边的正方形的面积。因为在G点的角为直角，所以：分别以AF、FE为边的正方形的面积之和等于分别以CG、GE为边的正方形的面积之和，以AF为边的正方形面积等于以CG为边的正方形的面积，因为：AF等于CG。

所以：余下的以FE为边的正方形的面积等于以EG为边的正方形的面积。

所以：EF等于EG（命题I.47）。

又，当弦心距相等时，这些弦叫作等弦心距的弦，所以：AB、CD的弦心距相等。

另，设：AB、CD有等弦心距，即EF等于EG。

那么：AB也等于CD。

同前理，可以证明AB是AF的两倍，CD是CG的两倍。因为AE等于CE，以AE为边的正方形的面积等于以CE为边的正方形的面积。

分别以EF、FA为边的正方形的面积之和等于以AE为边的正方形的面积，分别以EG、GC为边的正方形的面积之和等于以CE为边的正方形的面积（命题I.47）。

所以：分别以EF、FA为边的正方形的面积之和等于分别以EG、GC为边的正方形的面积之和，其中因为EF等于EG，故以EF为边的正方形的面积等于以EG为边的正方形的面积。

所以：余下的以AF为边的正方形的面积等于以CG为边的正方形的面积。所以：AF等于CG，AB是AF的两倍，CD是CG的两倍。

所以：AB等于CD。

所以：圆内的相等弦，到圆心的距离亦相等；到圆心距离相等的弦彼此相等。

证完

注解

注意：欧几里得证明了两次三角形边角相等的定理。

这一命题用在下一命题中。

命题Ⅲ.15

圆内越靠近圆心的弦越长，直径是最长的弦。

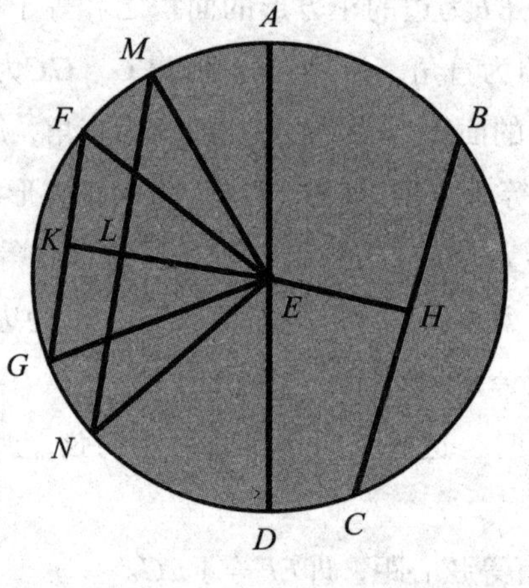

设：圆为$ABCD$，AD是其直径，E为圆心，作弦BC靠近圆心，弦FG为较远弦。

求证：AD最长，且BC大于FG。

令：从圆心E作EH、EK，使之分别垂直于BC、FG（命题I.12）。

因为BC靠近圆心，FG离圆心较远，所以：EK大于EH（定义Ⅲ.5）。

令：EL等于EH，过L作LM垂直于EK，并经过点N；再连接ME、EN和EF、EG（命题I.3、I.11）。

因为EH等于EL，所以：BC也等于MN（命题I.3、I.11）。

又，因为*AE*等于*EM*，*ED*等于*EN*，所以：*AD*等于*ME*、*EN*之和。

又，因为*ME*、*EN*之和大于*MN*，*MN*等于*BC*，所以：*AD*便大于*BC*（命题I.20）。

又，因为*ME*、*EN*两边等于*FE*、*EG*两边，∠*MEN*大于∠*FEG*，所以：第三边*MN*大于第三边*FG*（命题I.24）。

而*MN*又被证明等于*BC*，所以：直径*AD*为最大，*BC*大于*FG*。

所以：圆内弦直径最长，越靠近圆心的弦越长。

证完

注 解

这一命题在《几何原本》中的其他地方再未被利用。

命题Ⅲ.16

从圆的直径的端点作垂直于直径的直线。该直线落在圆外；且在该线与圆周之间不可能插入第二条直线；且半圆角大于任何锐角；而余下的角小于任何锐角。

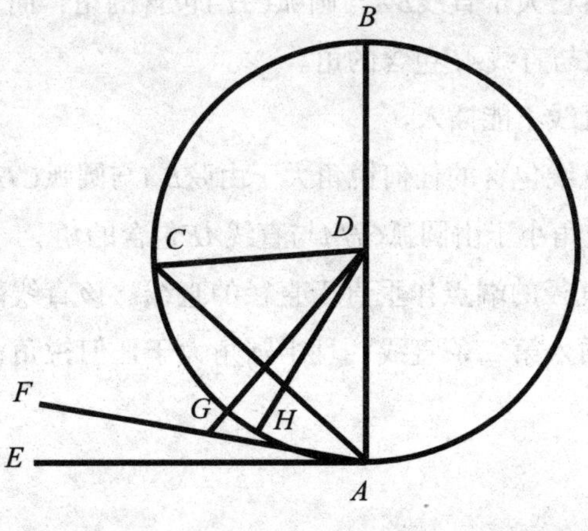

设：圆为*ABC*，*D*为圆心，*AB*为直径。

求证：从*A*点作垂直于*AB*的直线一定落在圆外。

如果可能，假定落在圆内如*CA*，连接*DC*。

因为：*DA*等于*DC*，∠*DAC*也等于∠*ACD*（命题I.5）。

而∠*DAC*是直角，于是∠*ACD*也是直角；于是在三角形*ACD*中，∠*DAC*、

$\angle ACD$之和等于180°，这是不可能的（命题I.17）；

所以：从A点引出的垂直于AB的线不落在圆内。

同样，可以证明不能落在圆周上，所以它只能落在圆外。

设：该直线为AE。

进一步说：在直线AE与圆弧CHA之间不可能存在第二条线。

假设它们之间存在第二条直线，假定它为FA，从D点作DG垂直于FA（命题I.12）。

因为：AGD为直角，而$\angle DAG$小于直角，所以AD大于DG（命题I.17、I.19）。

又，DA等于DH，于是：DH大于DG，于是小大于大，这是不可能的。

所以：在这个平面上，不可能在该直线与圆周之间再引出另一条直线。

进一步说：直径AB与圆弧CHA所包含的半圆角大于任何锐角，其余角即CHA与AE包含的角小于任意锐角。

因为，如果有某一直线角大于由直线BA与圆弧CHA包含的角，而且某一直线角小于由圆弧CHA与直线AE所包含的角。

那么，在平面内，在圆弧CHA与直线AE之间可以插入直线包含这样一个角，是由直线包含的，而它大于直线BA与圆弧CHA包含的角，而且直线包含的其他的角皆小于由圆弧CHA与直线AE包含的角。

但是，这样的直线不能插入。

所以：没有由直线包含的任何锐角大于由弦BA与圆弧CHA包含的角；也没有由直线包含的任何锐角小于由圆弧CHA与直线AE包含的角。

所以：从圆的直径的端点作垂直于直径的直线。该直线落在圆外；且在该线与圆周之间不可能插入第二条直线；且半圆角大于任何锐角；而余下的角小于任何锐角。

证完

推 论

由此可得，由圆的直径的端点作与它成直角的直线与此圆相切。

注 解

这一命题应用在命题Ⅳ.4中，也应用在卷4的其他命题中。推论应用在本卷的命题

Ⅲ.33、Ⅲ.37中，也应用在卷4的其他命题及命题XII.16中。

命题Ⅲ.17

过圆外一点可以作圆的切线。

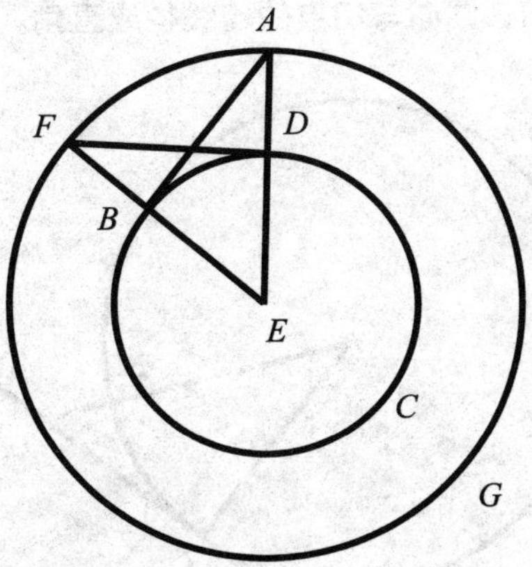

设：*A*为给定的点，*BCD*为给定的圆。

要求从*A*点向圆*BCD*作切线。

设：*E*为圆心。连接*AE*，以*E*为圆心、*EA*为半径作圆*AFG*，从*D*点作*DF*垂直于*EA*，连接*EF*、*AB*（命题Ⅲ.1、I.11）。

那么：*AB*是从点*A*向圆*BCD*作的切线。

因为*E*为圆*BCD*、圆*AFG*的圆心，所以：*EA*等于*EF*，*ED*等于*EB*。所以：*AE*、*EB*分别等于*FE*、*ED*，且它们在*E*点上有共同的角。

所以：第三边*DF*等于*AB*，三角形*DEF*全等于三角形*BEA*，余角等于余角。所以：∠*EDF*等于∠*EBA*（命题I.4）。

而∠*EDF*为直角，所以：∠*EBA*也是直角。

现在*EB*是半径，由圆的直径的端点所作直线和直径成直角，则直线切于圆。

所以：*AB*与圆*BCD*相切（命题Ⅲ.16）。

所以：从给定的点*A*，能作*AB*与圆*BCD*相切。

所以：过圆外一点可以作圆的切线。

证完

注 解

这一命题应用在命题Ⅲ.34、XII.2中。

命题Ⅲ.18

如果一条线与圆相切，圆心与切点的连线构成直角。

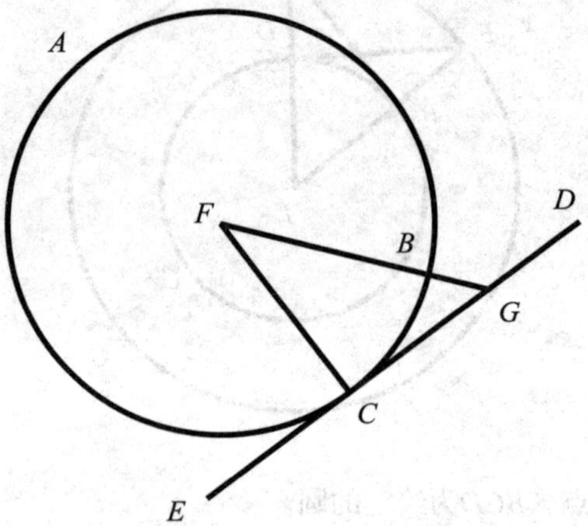

设：直线DE与圆ABC相切于C点，F为圆心，连接FC（命题Ⅲ.1）。

求证：FC垂直于DE。

假设不垂直，设从F点作FG垂直于DE（命题I.12）；

因为$\angle FGC$是直角，$\angle FCG$是锐角，大角对大边，所以：FC大于FG（命题I.17、I.19）。

又，FC等于FB。所以：FB也大于FG，于是小大于大，这是不可能的。所以：FG不垂直于DE。

同样：我们可以证明除了FC以外，不可能有直线垂直于DE；所以：FC垂直于DE。

所以：如果一条线与圆相切，圆心与切点的连线构成直角。

证完

注 解

这一命题应用在本卷及卷4的几个命题中。

命题Ⅲ.19

一条直线与圆相切，在切点上与该直线垂直的直线，一定经过圆心。

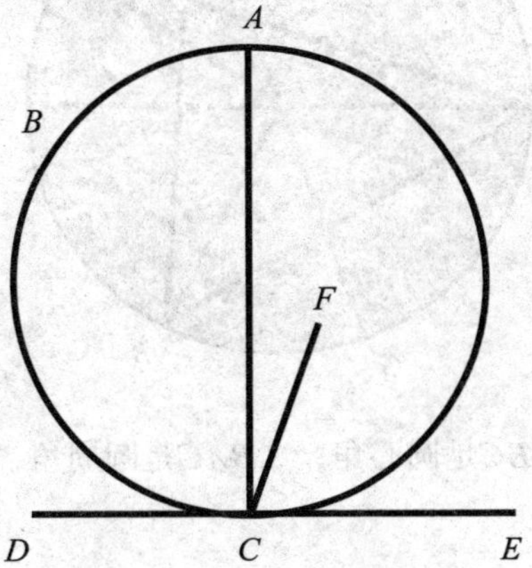

设：直线DE与圆ABC相切于C点，从C点作CA，使之垂直于DE（命题I.11）。

求证：圆心一定在AC线上。

假设圆心不在AC线上，如果可能，设F为圆心，连接CF。

因为：直线DE与圆ABC相切，又FC是从圆心向切点引出的直线，FC垂直于DE。

那么：$\angle FCE$是直角（命题Ⅲ.18）。

又，$\angle ACE$也是直角。于是：$\angle FCE$等于$\angle ACE$，于是小角等于大角，这是不可能的。

所以：F不是圆ABC的圆心。

同样，我们可以证明除了AC上的点以外的任何点不可能是圆心。

所以：一条直线与圆相切，在切点上与该直线垂直的直线，一定经过圆心。

证完

注 解

这一命题应用在命题Ⅲ.32中。

命题Ⅲ.20

在一个圆中，同弧所对的圆心角等于圆周角的两倍。

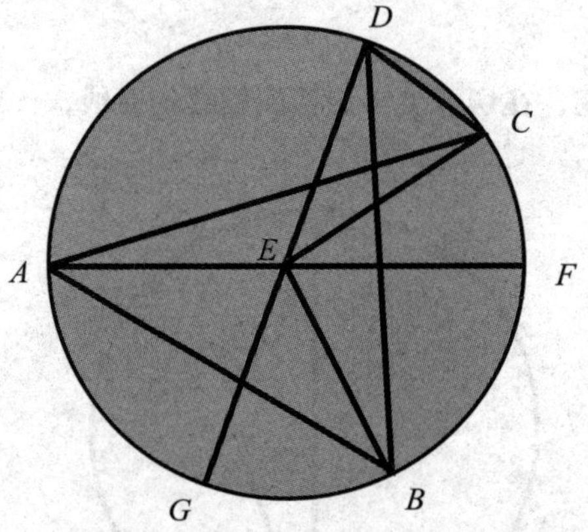

设：圆为ABC，$\angle BEC$是圆心角，$\angle BAC$是圆周角，它们有共同的以BC为底的弧。

求证：$\angle BEC$是$\angle BAC$的两倍。

令：连接AE，并延长至F。

因为EA等于EB，$\angle EAB$也等于$\angle EBA$，所以：$\angle EAB$、$\angle EBA$的和是$\angle EAB$的两倍（命题I.5）。

又，$\angle BEF$等于$\angle EAB$与$\angle EBA$之和，所以：$\angle BEF$也等于$\angle EAB$的两倍（命题I.32）。

同理，$\angle FEC$也等于$\angle EAC$的两倍。

所以：$\angle BEC$是$\angle BAC$的两倍。

又，令另一条直线移动位置，构成另一个$\angle BDC$，连接DE并延长至G。

同样，能证明$\angle GEC$是$\angle EDC$的两倍，其中$\angle GEB$是$\angle EDB$的两倍。所以：余角$\angle BEC$是$\angle BDC$的两倍。

所以：在一个圆中，同弧所对的圆心角是圆周角的两倍。

证完

注 解

这一命题应用在下一命题中，也应用在命题Ⅲ.27、VI.33中。

命题Ⅲ.21

在同一个圆中，同弧所对的圆周角相等。

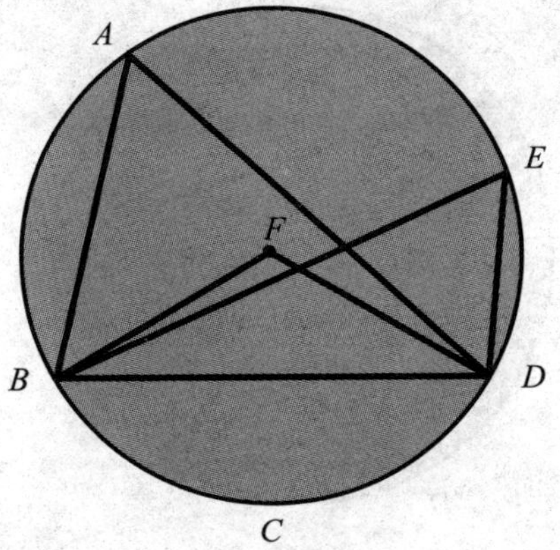

设：*ABCD*为圆，∠*BAD*和∠*BED*有相同的弧。

求证：∠*BAD*等于∠*BED*。

令：*F*为圆*ABCD*的圆心，连接*BF*、*FD*（命题Ⅲ.1）。

因为∠*BFD*的顶点是在圆心上，∠*BAD*的顶点是在圆周上，且它们有相同的弧*BCD*，所以：∠*BFD*是∠*BAD*的两倍（命题Ⅲ.20）。

同理，∠*BFD*也是∠*BED*的两倍，所以：∠*BAD*等于∠*BED*。

所以：在同一个圆中，同弧所对的圆周角相等。

证完

注 解

这一命题应用在下一命题中。

命题Ⅲ.22

圆内接四边形对角互补。

设：*ABCD*为圆，作圆内接四边形*ABCD*。

求证：对角之和为180°。

令：连接*AC*、*BD*。

因为在任何三角形中，三个内角的和等于180°，所以：三角形*ABC*中的∠*CAB*、∠*ABC*和∠*BCA*之和为180°（命题Ⅰ.32）。

又，因为∠*CAB*与∠*BDC*有共同的弧*BADC*，所以：∠*CAB*等于∠*BDC*；∠*ACB*与∠*ADB*有共同的弧*ADCB*，所以：∠*ACB*等于∠*ADB*。

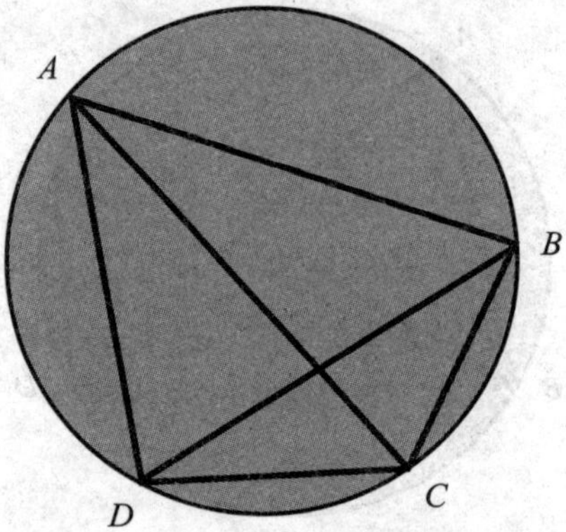

所以：大角∠*ADC*等于∠*BAC*与∠*ACB*之和（命题Ⅲ.21）。

令：∠*ABC*与每个角相加。于是：∠*ABC*、∠*BAC*、∠*ACB*之和等于∠*ABC*、∠*ADC*之和；

又，∠*ABC*、∠*BAC*、∠*ACB*之和等于180°。所以：∠*ABC*、∠*ADC*之和等于180°。

同样可以证明∠*BAD*、∠*DCB*之和也等于180°。

所以：圆内接四边形的对角互补。

证完

注 解

这一命题应用在命题Ⅲ.32中。

命题Ⅲ.23

在同一条线段的同一侧，不可能作两个相似但不相等的弓形。

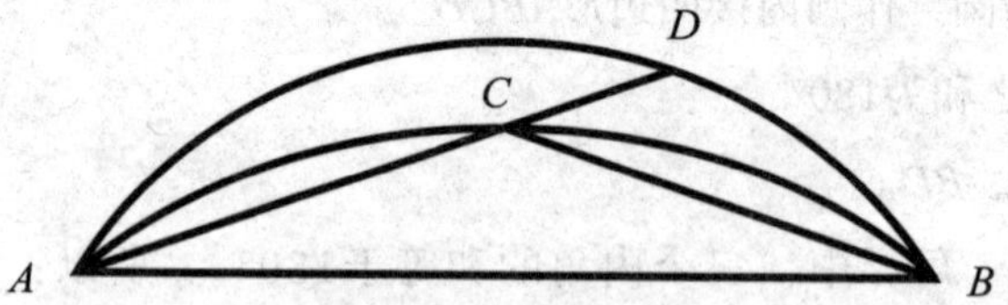

假设可能，设在同一线段*AB*的同一侧作相似且不相等的弓形*ACB*、弓形*ADB*，作*ACD*与两弓形相交，连接*CB*、*DB*。

那么因为：弓形ACB相似于弓形ADB，而圆的相似弓形有相同的角。

所以：$\angle ACB$等于$\angle ADB$，即是外角等于内角，这是不可能的（定义Ⅲ.11，命题Ⅰ.16）。

所以：在同一条线段的同一侧，不可能作两个相似但不相等的弓形。

证完

注解

这一命题应用在下一命题中。

命题Ⅲ.24

相等的弦上的相似弓形全等。

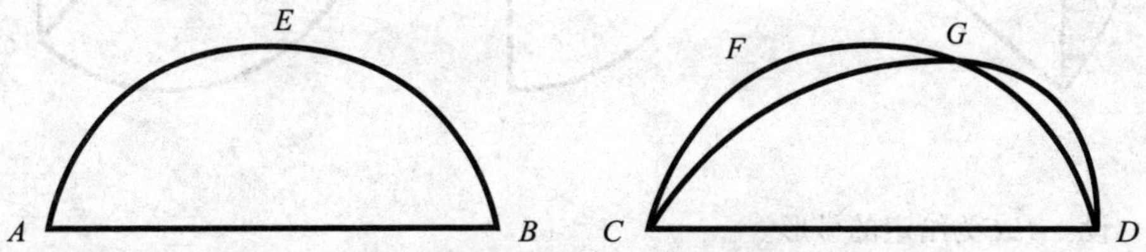

设：AEB、CFD为作在相等线段AB、CD上的两个相似弓形。

求证：弓形AEB全等于弓形CFD。

因为，如果弓形AEB移动到CFD，且A点放置在C点，线段AB在线段CD上，那么，点B就与点D重合。因为AB等于CD，AB又与CD重合，弓形AEB也就与弓形CFD重合。

因为：如果线段AB与CD相重合，而弓形AEB与弓形CFD不相重合，那么它或者落于其内，或者落于其外，或者落在CGD的位置，则两圆相交形成两个以上的交点。这是不可能的（命题Ⅲ.23、Ⅲ.10）。

所以：如果线段AB重叠在CD上，那么弓形AEB就不能不与CFD重合。

所以：它们全等。

所以：相等弦上的相似的弓形全等。

证完

注 解

这里的证明应用了叠合的方法，在命题I.4、I.8中也使用了此方法。

命题Ⅲ.25

已知弓形，可以作出它的补圆。

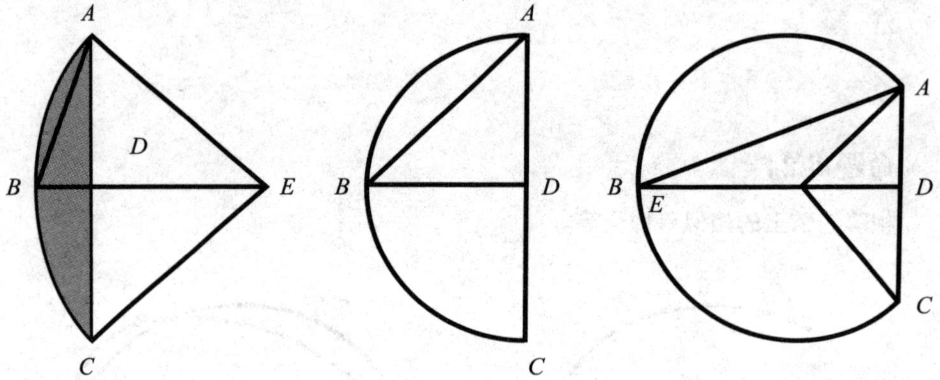

设：*ABC*为给定的弓形。

现在要求的是作出弓形*ABC*的补圆。

令：在*D*点上平分*AC*，从*D*点作*DB*垂直于*AC*。连接*AB*（命题I.10、I.11）。

于是∠*ABD*大于或者等于或者小于∠*BAD*。

首先，设∠*ABD*大于∠*BAD*。在线段*BA*上作∠*BAE*，使之过*A*，并等于∠*ABD*，延长*BD*至*E*，连接*EC*（命题I.23）。

因为：∠*ABE*等于∠*BAE*，线段*EB*也等于*EA*（命题I.6）。

又，因为：*AD*等于*DC*，而*DE*是共同边，*AD*、*DE*分别等于对应边*CD*、*DE*，∠*ADE*等于∠*CDE*，皆为直角。

所以：第三边*AE*等于第三边*CE*

□ 公元前8000年的几何纹

几何纹是由点、线、面根据一定位置比例和运动规律构成一维、二维或三维的造型空间。史前时代的几何纹一般都经历了从点开始，随后出现直线和曲线的演变过程，它的演变表明了人类由具象的表面去观察世界发展到了由抽象的内在观念去认识宇宙的本质。

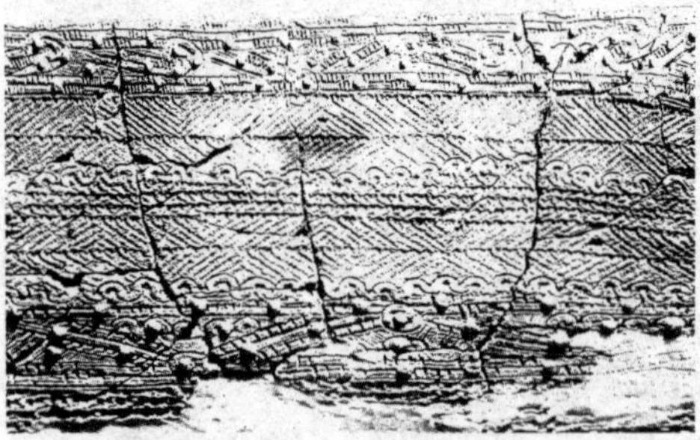

（命题I.4）。

又，AE也可以证明等于BE，BE也等于CE，所以：三条线段AE、EB和EC彼此相等。

所以：以E为圆心和线段AE、EB及EC之一为半径作圆，可以经过其余的点且得到补圆（命题Ⅲ.9）。

所以：给定一个弓形，可以作出补圆。

又很明显的，弓形ABC小于半圆，因为圆心E在它的外面。

同样，即使$\angle ABD$等于$\angle BAD$，AD等于BD或DC，三条线段DA、DB和DC将彼此相等，D将为整圆的圆心，弓形ABC将为半圆。

又，如果$\angle ABD$小于$\angle BAD$，如果在线段BA及点A上作角等于$\angle ABD$，那么圆心将落在弓形ABC的DB上，弓形ABC将明显大于半圆（命题I.23）。

所以：给定一个弓形，可以作出它的补圆。

证完

注 解

这一命题在《原本》中没有再被利用。

命题Ⅲ.26

在相等圆内，相等的圆周角或圆心角所对的弧相等。

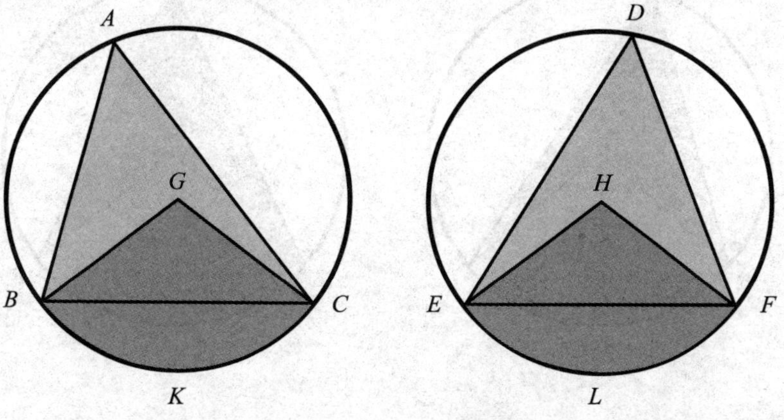

设：ABC、DEF为相等圆，在其内作相等圆心角和圆周角，即圆心角$\angle BGC$、

∠*EHF*，圆周角∠*BAC*、∠*EDF*。

求证：圆周角∠*BKC*等于圆周角∠*ELF*。

令：连接*BC*、*EF*。

既然圆*ABC*等于圆*DEF*，那么半径相等。

所以：线段*BG*、*GC*就等于线段*EH*、*HF*，在*G*点的角等于在*H*点的角。所以：第三边*BC*等于第三边*EF*（命题I.4）。

又，因为在*A*点的角等于在*D*点的角，所以：弓形*BAC*相似于弓形*EDF*，它们立于相等线段上（命题I.4）。

因为，在相等线段上的相似弓形彼此相等，所以，弓形*BAC*等于弓形*EDF*。

又，因为，整圆*ABC*也等于整圆*DEF*，所以，余弧*BKC*等于余弧*ELF*。

所以：在相等圆内，相等的圆周角或圆心角所对的弧相等。

证完

注 解

这一命题应用在命题Ⅲ.28、Ⅳ.11、Ⅳ.15、XⅢ.10中。

命题Ⅲ.27

在相等圆中，相等的弧所对的圆周角相等，所对的圆心角相等。

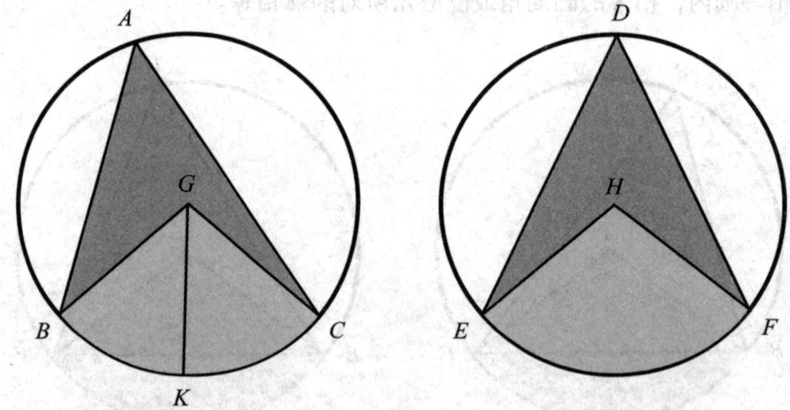

设：圆*ABC*等于圆*DEF*，其弧*BC*等于弧*EF*，∠*BGC*、∠*EHF*是分别以圆心*G*、*H*作出的角，∠*BAC*、∠*EDF*是圆周上的角。

求证：∠*BGC*等于∠*EHF*，且∠*BAC*等于∠*EDF*。

假设：如果∠*BGC*不等于∠*EHF*，其中一个较大。令，∠*BGC*为较大的角。在线段*BG*上和*G*点作∠*BGK*等于∠*EHF*（命题I.23）。

因为当角在圆心处时，等弧上的角相等，所以：圆弧*BK*等于圆弧*EF*（命题I.26）。

又，因为弧*EF*等于弧*BC*，所以：弧*BK*也等于弧*BC*，那么小等于大，这是不可能的。

所以：∠*BGC*不能不等于∠*EHF*。

所以：它们相等。

又，*A*点上的角是∠*BGC*的一半，且*D*点上的角是∠*EHF*的一半，所以：*A*点上的角也等于*D*点上的角（命题Ⅲ.20）。

所以：在等圆中，相等的弧所对的圆周角相等，所对的圆心角相等。

证完

注 解

这一命题应用在卷3、4、6的几个命题中。

命题Ⅲ.28

在相等圆中，等弦截出相等的弧，优弧等于优弧，劣弧等于劣弧。

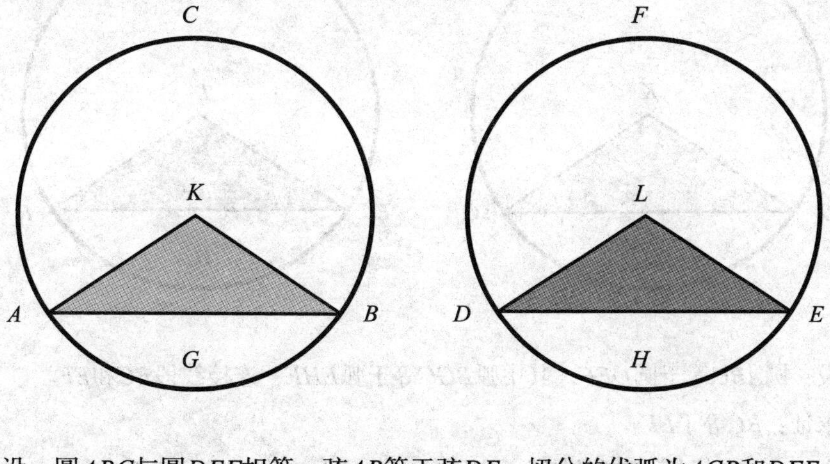

设：圆*ABC*与圆*DEF*相等，弦*AB*等于弦*DE*，切分的优弧为*ACB*和*DFE*，劣弧为*AGB*和*DHE*。

求证：优弧ACB等于优弧DFE，劣弧AGB等于劣弧DHE。

令：K、L分别为两圆的圆心，连接AK、KB、DL和LE（命题Ⅲ.1）。

因为圆相等，那么半径相等，所以：AK、KB分别等于DL、LE，且第三边AB等于第三边DE。所以：$\angle AKB$等于$\angle DLE$（命题I.8）。

又，因为当它们是圆心角时，它们所对的弧相等，所以：弧AGB等于弧DHE（命题Ⅲ.26）。

又：圆ABC也等于圆DEF。

所以：弧ACB也等于弧DFE。

所以：在相等圆中，等弦截出相等的弧，优弧等于优弧，劣弧等于劣弧。

证完

注 解

这一命题应用在命题Ⅲ.30、XⅢ.18中。

命题Ⅲ.29

在相等圆中，相等的弧所对的弦相等。

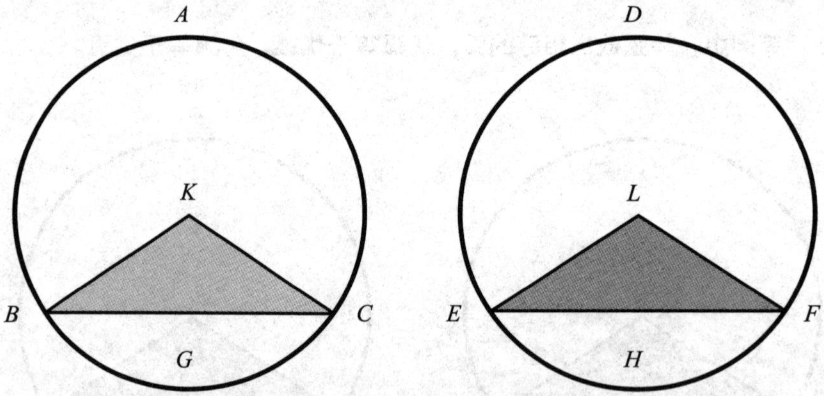

设：圆ABC等于圆DEF，其中弧BGC等于弧EHF，连接线段BC和EF。

求证：BC等于EF。

令：K、L分别为两圆的圆心，连接BK、KC、EL和LF（命题Ⅲ.1）。

因为弧BGC等于弧EHF，那么：$\angle BKC$也等于$\angle ELF$（命题Ⅲ.27）。

又，因为圆ABC等于圆DEF，那么半径相等，所以：BK、KC分别等于EL、LF，它们的夹角也相等，所以：第三边BC等于第三边EF（命题I.4）。

所以：在相等圆中，相等的弧所对的弦相等。

证完

注 解

这一命题应用在命题Ⅳ.11、Ⅳ.15中。

命题Ⅲ.30

一段弧可以被平分。

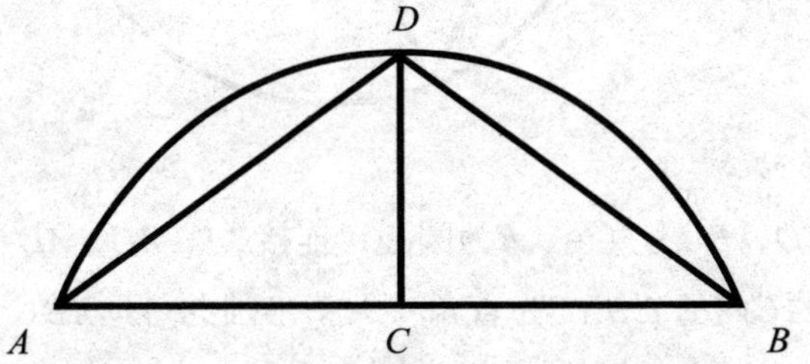

设：ADB为给定的弧。

求作：切分成相等的两半。

令：连接AB，并在C点上平分。从C点作CD垂直于AB，连接AD、DB（命题I.10、I.11）。

那么因为：AC等于CB，而CD是公共边，AC、CD分别等于BC、CD，且$\angle ACD$等于$\angle BCD$，因为皆为直角。

所以：第三边AD等于第三边DB（命题I.4）。

又，相等弦切分相等弧，劣弧与劣弧对应相等，圆弧AD、DB皆小于半圆。

所以：弧AD等于弧DB（命题Ⅲ.28）。所以：给定的圆被D点平分。

所以：一段弧可以被平分。

证完

注 解

这一命题应用在命题Ⅳ.16中。

命题Ⅲ.31

在一个圆中，直径或半圆所对的圆周角为直角；较大弓形上的角为锐角，较小弓形上的角为钝角；优弧所对的圆周角为钝角，劣弧所对的圆周角为锐角。

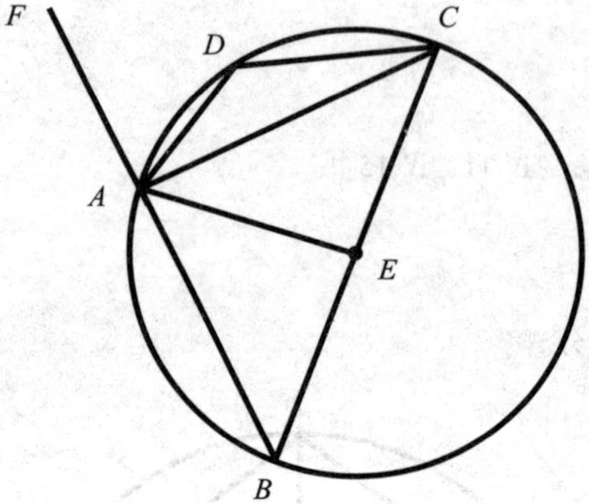

设：圆为*ABCD*，*BC*为直径，*E*为圆心，连接*BA*、*AC*、*AD*和*DC*。

求证：半圆*BAC*内的∠*BAC*为直角；大于半圆的弓形*ABC*上的∠*ABC*小于直角；小于半圆的弓形*ADC*上的∠*ADC*大于直角。

令：连接*AE*，延长*BA*至*F*。那么，因为*BE*等于*EA*，所以：∠*ABE*也等于∠*BAE*。

又，因为*CE*等于*EA*，所以：∠*ACE*也等于∠*CAE*。所以：大∠*BAC*等于∠*ABC*、∠*ACB*之和（命题I.5）。

又，∠*FAC*是三角形*ABC*的外角，所以：也等于∠*ABC*与∠*ACB*之和。

所以：∠*BAC*也等于∠*FAC*。所以：两个皆为直角。

所以：在半圆*BAC*上的∠*BAC*为直角（命题I.32）。

进一步：因为在三角形*ABC*中，∠*ABC*、∠*BAC*之和小于180°，而∠*BAC*是直角。所以：∠*ABC*小于直角。所以：它是大于半圆的弓形*ABC*内的角（命题I.17）。

再进一步：因为*ABCD*是圆内接四边形，其对角之和等于180°，同时∠*ABC*小于直角。所以：∠*ADC*大于直角。且，它是小于半圆的弓形*ADC*上的角（命题Ⅲ.22）。

进一步说：较大的弓形角，即由弧*ABC*与弦*AC*所构成的角大于直角，较小的弓形角即由弧*ADC*与弦*AC*所构成的角小于直角。

这同时表明：*BA*与*AC*构成的角为直角。由弧*ABC*与直线*AC*构成的角大于直角。

又因为：弦*AC*、*AF*构成的角为直角。

所以：CA与圆弧ADC构成的角小于直角。

所以：在一个圆中，直径或半圆所对的圆周角为直角；较大弓形上的角为锐角，较小弓形上的角为钝角；优弧所对的圆周角为钝角，劣弧所对的圆周角为锐角。

证完

注 解

这一命题应用在命题Ⅲ.32中，并在卷4、6、11、12、13中皆有应用，也用在卷10中。

命题Ⅲ.32

弦切角等于所夹弧所对应的圆周角。

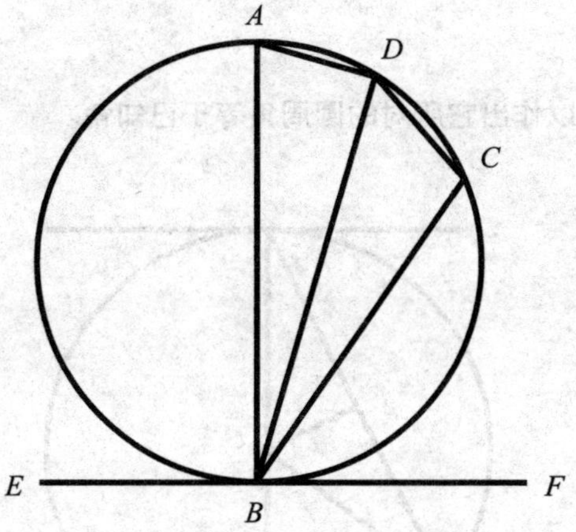

设：直线EF切圆$ABCD$于B点，从切点B作圆的弦BD。

求证：弦BD与切线EF构成的角等于它们所夹的弧所对的圆周角，即$\angle FBD$等于弓形上的$\angle BAD$；而$\angle EBD$等于弓形上的$\angle DCB$。

令：从B点作BA垂直于EF，在圆弧BD上任取一点C，连接AD、DC和CB（命题Ⅰ.11）。

因为：直线EF与圆$ABCD$相切于B点，BA是切点上引出的弦，并垂直于切线，那么圆$ABCD$的圆心一定在BA线上（命题Ⅲ.19）。

所以：BA是圆$ABCD$的直径。所以：$\angle ADB$是半圆上的角，因此为直角（命题Ⅲ.31）。所以：$\angle BAD$、$\angle ABD$之和等于一个直角（命题Ⅰ.32）。

又，因为$\angle ABF$也是直角，所以：$\angle ABF$等于$\angle BAD$与$\angle ABD$之和。

令以上每个角减去∠*ABD*，于是：余角∠*DBF*等于∠*BAD*。而它在相对的弓形上。

又，因为*ABCD*是圆内接四边形，所以：对角之和等于180°（命题Ⅲ.22）。

又，因为∠*DBF*、∠*DBE*之和也等于180°，所以：∠*DBF*与∠*DBE*之和等于∠*BAD*与∠*BCD*之和，其中∠*BAD*已被证明等于∠*DBF*。

所以：∠*DBE*等于弓形*DCB*上的∠*DCB*。

所以：弦切角等于所夹弧所对应的圆周角。

证完

注 解

这一命题应用在下两个命题中，也用在卷4的一命题中。

命题Ⅲ.33

给定一条弦，可以作出它所对的圆周角等于已知角。

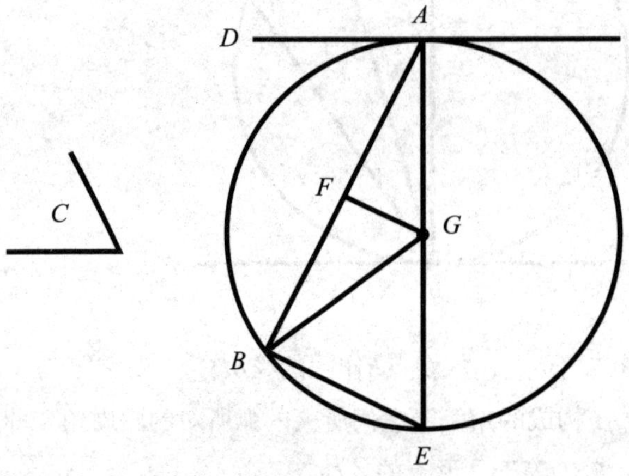

设：*AB*为给定的线段，∠*C*为指定的角。

求作：在线段*AB*上作出弓形使其角等于∠*C*。∠*C*可以是锐角、钝角和直角。

先假设它为锐角。在直线*AB*上的点*A*上作∠*BAD*等于∠*C*。于是：∠*BAD*也是锐角（命题Ⅰ.23）。

作*AE*垂直于*DA*，在*F*点上平分*AB*，从*F*点作*FG*垂直于*AB*，连接*GB*（命题Ⅰ.10、Ⅰ.12）。

因为AF等于FB，而FG是公共边，AF、FG分别等于BF、FG，且$\angle AFG$等于$\angle BFG$，所以：第三边AG等于第三边BG（命题I.4）。

所以：以G为圆心和GA为半径作圆ABE，连接EB，因为AD是A点延长线，过直径AE的尾点，作AD垂直于AE。所以：AD是圆ABE的切线（命题Ⅲ.16推论）。

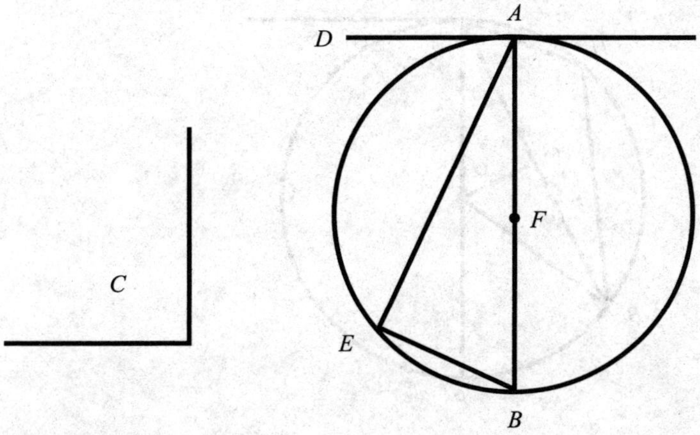

既然：AD是圆ABE的切线，在切点A上作线段AB经过圆ABE；$\angle DAB$等于相对弓形上的$\angle AEB$（命题Ⅲ.32）。

又，$\angle DAB$等于$\angle C$，所以：$\angle C$也等于$\angle AEB$。

所以：在给定的线段AB上作出包含$\angle AEB$的弓形AEB，它等于$\angle C$。

进一步，假定$\angle C$为直角，在线段AB上作出弓形使它所含的角等于$\angle C$。

设：作$\angle BAD$，使之等于$\angle C$，F为AB的平分点，以F为圆心，FA或FB为半径作圆AEB（命题I.23，I.10）。

于是：直线AD切于圆ABE，因为AD垂直于AB（命题Ⅲ.16推论）。

又，$\angle BAD$等于弓形AEB上的角，因为后者也是直角，是半圆上的角（命题Ⅲ.31）。

又，$\angle BAD$也等于$\angle C$。所以：$\angle AEB$也等于$\angle C$。所以：在AB上作出了包含等于$\angle C$的弓形AEB。

进一步，假定$\angle C$为钝角。

在线段AB的A点上作$\angle BAD$等于$\angle C$，作AE垂直于AD，F点平分线段AB，作FG垂直于AB，连接GB（命题I.23、I.11、I.12）。

那么因为：AF等于FB，FG是公共边，AF、FG分别等于BF、FG，$\angle AFG$等于

∠*BFG*。

所以：第三边*AG*等于第三边*BG*（命题I.4）。

所以：以*G*为圆心，*GA*为半径的圆作出来了，它也经过*B*，即*AEB*。

因为*AD*与线段*AE*在尾点构成直角，所以：*AD*是圆*AEB*的切线（命题Ⅲ.16 推论）。

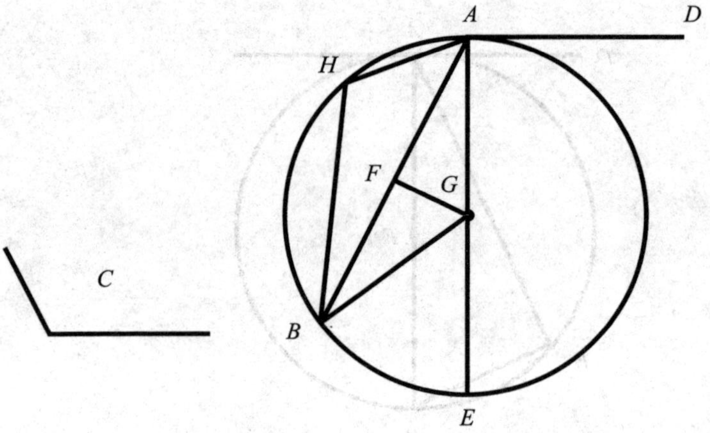

又，*AB*过切点*A*经过圆。所以：∠*BAD*等于作在相对弓形*AHB*上的角（命题Ⅲ.32）。

又，∠*BAD*等于∠*C*。所以：弓形*AHB*上的角也等于∠*C*。

所以：在给定线段*AB*上，弓形*AHB*作出，其上的角等于∠*C*。

所以：给定一条弦，可以作出它所对的圆周角等于已知角。

证完

注 解

这一命题在《原本》的其他地方未再被利用。

命题Ⅲ.34

从一个给定的圆中，可以作出一段弧，使它所包含的圆周角等于已知角。

设：*ABC*为给定的圆，∠*D*为给定的角。

求作：从圆*ABC*中切割出一个弓形，使它包含的圆周角等于给定的∠*D*。

令：作*EF*，使之与圆*ABC*相切于*B*点，在直线*FB*的*B*点作∠*FBC*等于∠*D*（命题Ⅲ.17、I.23）。

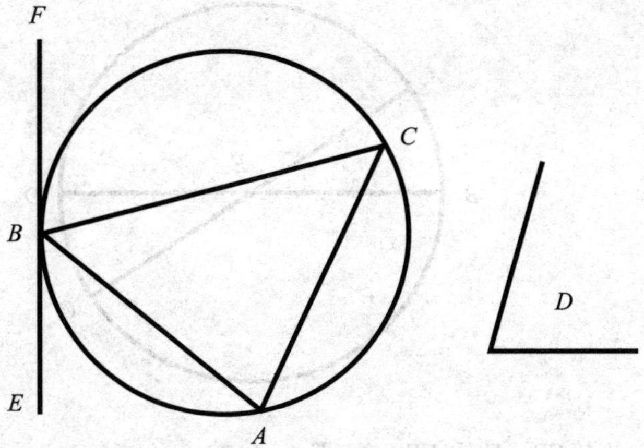

因为：直线EF与圆ABC相切，BC是从切点B引出的经过圆的弦。

那么，因为直线EF切于圆ABC，且由切点B作弦BC，∠FBC等于在相对弓形BAC上的∠BAC。

所以：∠FBC等于弓形的弦切角∠BAC（命题Ⅲ.32）。

又因为∠FBC等于∠D。

所以：弓形BAC上的角等于D角。

所以：从一个给定的圆中，可以作出一段弧，使它所包含的圆周角等于已知角。

证完

注 解

这一命题在《原本》的其他地方未再被利用。

命题Ⅲ.35

圆中两弦相交，一弦分成的两段构成的矩形的面积等于另一弦分成两段构成的矩形的面积。

设：在圆ABCD中，两条弦AC、BD交于E点。

求证：AE、EC构成的矩形的面积等于DE、EB构成的矩形的面积。

如果AC、BD穿过圆心，那么E便是圆ABCD的圆心，这表明，AE、EC、DE和EB相等，AE、EC构成的矩形的面积也就等于DE、EB构成的矩形的面积。

假定：AC、DB不是穿过圆心的线，设F为圆心，从F点作FG、FH分别垂直于

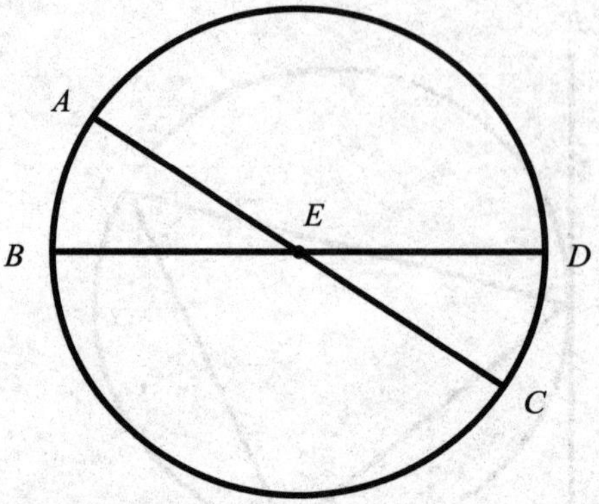

AC、DB，连接FB、FC和FE（命题Ⅲ.1、I.12）。

那么因为：穿过圆心的线段GF切分不穿过圆心的线段AC形成直角。

所以：它也平分该线段。所以：AG等于GC（Ⅲ.3）。

因为：线段AC在G点被二等分和E点不等分，那么以AE、EC为边构成的矩形的面积加以EG为边的正方形的面积便等于GC为边的正方形的面积（命题II.5）。

加上以GF为边的正方形的面积，于是：以AE、EC构成的矩形面积加上分别以GE、GF为边的正方形的面积就等于分别以CG、GF为边的正方形的面积之和。而以FE为边的正方形的面积等于分别以EG、GF为边的正方形的面积之和，以FC为边的正方形的面积又等于分别以CG、GF为边的正方形的面积之和。

所以：AE、EC构成的矩形的面积加以FE为边的正方形的面积等于以FC为边的正方形的面积（命题I.47）。

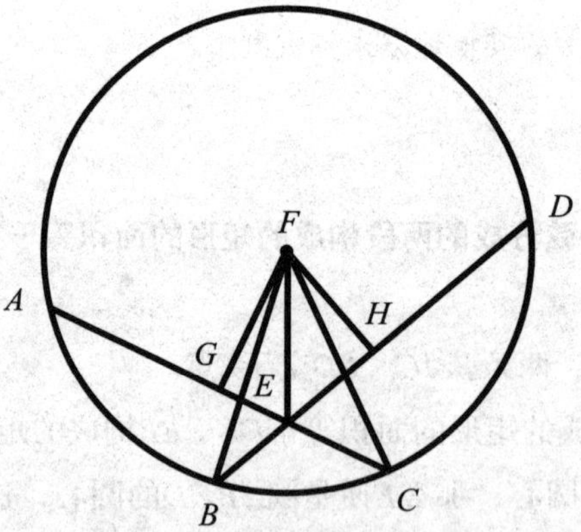

又，FC等于FB，所以：AE、EC构成的矩形的面积加以EF为边的正方形的面

积等于以FB为边的正方形的面积。

同理，DE、EB构成的矩形的面积加以FE为边的正方形的面积，等于以FB为边的正方形的面积。

而AE、EC构成的矩形的面积加以FE为边的正方形的面积也已被证明等于以FB为边的正方形的面积。

所以：AE、EC构成的矩形的面积加以FE为边的正方形的面积，等于DE、EB构成的矩形的面积加上以FE为边的正方形的面积。

令：每个减去以FE为边的正方形的面积。

于是：余下的AE、EC构成的矩形的面积等于DE、EB构成的矩形的面积。

所以：圆中两弦相交，一弦分成的两段构成的矩形的面积等于另一弦分成两段构成的矩形的面积。

证完

注 解

这一命题或许应该成为一个比率：$AE:EB=DE:EC$。

这一命题在《原本》的其他地方未再被利用。

命题Ⅲ.36

如果圆外的一点向圆引两条直线，一条与圆相切，一条穿过圆，那么被圆截得的线段与该点到凸圆之间的线段为边构成的矩形的面积等于以该点向圆引的切

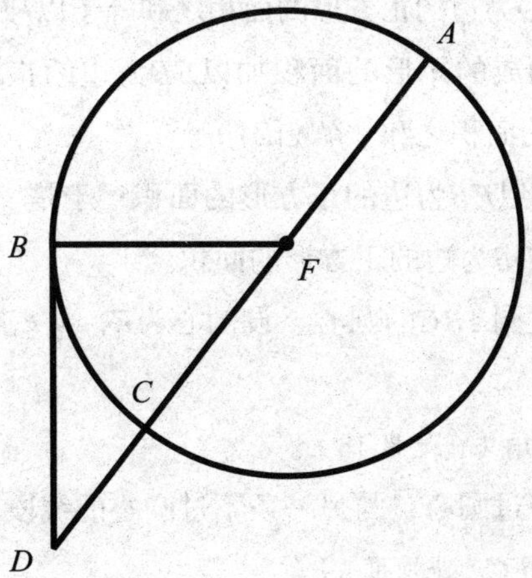

线所构成的正方形的面积。

设：*D*为圆*ABC*外的一点，从*D*点向圆*ABC*引两条线段*DCA*、*DB*，使*DCA*穿过圆，*DB*与圆相切。

求证：*AD*、*DC*构成的矩形的面积等于以*DB*为边的正方形的面积。

*DCA*要么穿过圆心，要么不穿过圆心。

先令其穿过圆心，假定*F*为圆*ABC*的圆心，连接*FB*，于是：∠*FBD*为直角（命题Ⅲ.18）。

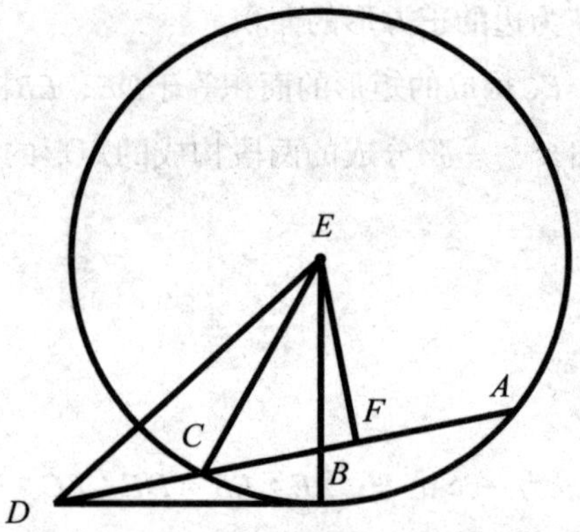

又，因为*AC*在*F*点被平分，*CD*是其加线，所以：*AD*、*DC*构成的矩形的面积加以*FC*为边的正方形的面积等于以*FD*为边的正方形的面积（命题II.6）。

又，因为*FC*等于*FB*，所以：*AD*、*DC*构成的矩形的面积加以*FB*为边的正方形的面积等于以*FD*为边的正方形的面积。

又，分别以*FB*、*BD*为边的正方形的面积之和等于以*FD*为边的正方形的面积。

所以：*AD*、*DC*构成的矩形的面积加以*FB*为边的正方形的面积等于分别以*FB*、*BD*为边的正方形的面积之和（命题I.47）。

令：以上每个减去以*FB*为边的正方形的面积；于是：余下的*AD*、*DC*构成的矩形的面积等于以切线*DB*为边的正方形的面积。

再令：*DCA*不穿过圆*ABC*的圆心，设圆心为*E*，从*E*点作*EF*垂直于*AC*，连接*EB*、*EC*、*ED*（命题Ⅲ.1）。

于是：∠*EBD*是直角（命题Ⅲ.18）。

又因为：线段*EF*穿过圆心，与另一条不过圆心的线段*AC*形成直角，那么也平分该线。所以：*AF*等于*FC*（命题Ⅲ.3）。

因为线段AC在F点被平分，CD是其增加线。所以：AD、DC构成的矩形的面积加上以FC为边的正方形的面积就等于以FD为边的正方形的面积（命题II.6）。

令：以上每个加上以FE为边的正方形的面积。

于是：AD、DC构成的矩形的面积加上以CF、FE为边的正方形的面积等于以FD与FE为边的正方形的面积之和。

又，以EC为边的正方形的面积等于分别以CF、FE构成的正方形的面积之和，因为$\angle EFC$是直角，且以ED为边的正方形的面积等于分别以DF、FE为边的正方形的面积之和。

所以：AD、DC构成的矩形的面积加上以EC为边的正方形的面积等于以ED为边的正方形的面积（命题I.47）。

又，EC等于EB。所以：AD、DC构成的矩形的面积加上以EB为边的正方形的面积等于以ED为边的正方形的面积。

又，分别以EB、BD为边的正方形的面积之和等于以ED为边的正方形的面积，因为$\angle EBD$是直角。所以：AD、DC构成的矩形的面积加上以EB为边的正方形的面积，等于分别以EB、BD为边的正方形的面积之和（命题I.47）。

令：以上每个减去以EB为边的正方形的面积。

于是：余下的AD、DC构成的矩形等于以DB为边的正方形的面积。

所以：如果圆外的一点向圆引两条直线，一条与圆相切，一条穿过圆，那么被圆截得的线段与该点到凸圆之间的线段为边构成的矩形的面积等于以该点向圆引的切线所构成的正方形的面积。

证完

命题Ⅲ.37

如果圆外的一点向圆引两条线段，一条与圆周相交，一条落在圆上，如果截圆的线段的全部与该点到凸弧之间圆外的线段构成矩形面积等于以落在圆上的线段为边的正方形的面积，那么落在圆上的直线为圆的切线。

设：D为圆ABC外的一点，从D点向圆引两条线段DCA、DB，使DCA穿过圆，DB与圆周的一点相交，使AD、DC构成的矩形的面积等于以DB为边的正方形的面积。

求证：DB是圆ABC的切线。

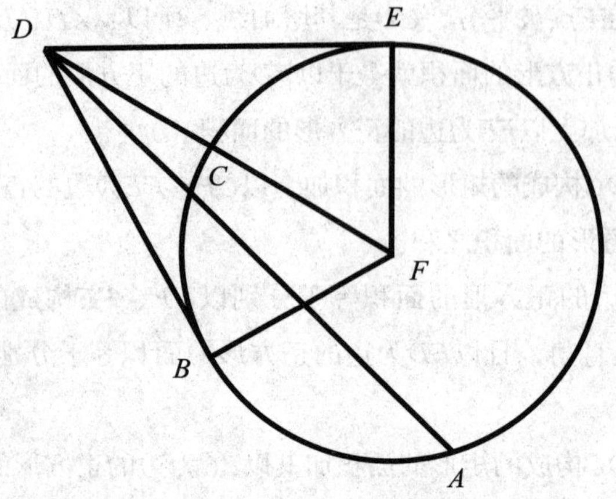

令：作DE与圆ABC相切，以F为圆心，连接FE、FB和FD（命题Ⅲ.17、Ⅲ.1）。

于是：$\angle FED$是直角（命题Ⅲ.18）。

因为：DE与圆ABC相切，DCA过圆。那么：AD、DC构成的矩形面积等于以DE为边的正方形面积（命题Ⅲ.36）。

又，AD、DC构成的矩形的面积也等于以DB为边的正方形的面积。所以：以DE为边的正方形的面积等于以DB为边的正方形的面积。所以：DE等于DB。

又，FE等于FB，所以：DE、EF分别等于DB、BF，而FD为三角形共用的底。所以：$\angle DEF$等于$\angle DBF$（命题I.8）。

又，$\angle DEF$是直角，所以：$\angle DBF$也为直角。

又，FB为半径，与圆的半径形成直角的线段，在其尾点与圆相切，所以，DB是圆的切线（命题Ⅲ.16推论）。

同样，圆心在AC上也可以证明出来。

所以：如果圆外的一点向圆引两条线段，一条与圆周相交，一条落在圆上，如果截圆的线段的全部与该点到凸弧之间圆外的线段构成矩形面积等于以落在圆上的线段为边的正方形的面积，那么落在圆上的直线为圆的切线。

证完

注 解

这一命题应用在命题Ⅳ.10中。

第 4 卷
圆与正多边形

CHAPTER 4

对于本书第1卷所述的“三大问题”，历代数学家费尽周折，直到1637年，笛卡儿创建了解析几何以后，尺规作图才有了准则。1882年，林德曼证明了π的超越性，即π不可能为任何整系数多项式的根，三大问题之一的“化圆为方的不可能性”才得到确立。1895年，德国克莱因总结了前人的研究，在《几何三大问题》一书中，给出了三大问题不可能用尺规作图的简明证法，彻底解决了两千多年以来一直悬而未决的问题。

本卷讨论了已知圆的某些内接和外切正多边形的尺规作图问题。

本卷提要

本卷的命题主要为作圆的内接和外切图形，作直线图形的内切圆和外接圆。

仅有两个命题例外：命题Ⅳ.1在圆内作一条适宜的线段，命题Ⅳ.10在正五边形内作一特殊的三角形。

图形	作圆的内接图形	作圆的外切图形	在直线图形内作圆	作图形的外接圆
三角形	命题Ⅳ.2	命题Ⅳ.3	命题Ⅳ.4	命题Ⅳ.5
正方形	命题Ⅳ.6	命题Ⅳ.7	命题Ⅳ.8	命题Ⅳ.9
正五边形	命题Ⅳ.11	命题Ⅳ.12	命题Ⅳ.13	命题Ⅳ.14
正六边形	命题Ⅳ.15	命题Ⅳ.15 及其推论	命题Ⅳ.15 及其推论	命题Ⅳ.15 及其推论
正十五边形	命题Ⅳ.16	命题Ⅳ.16 及其推论	命题Ⅳ.16 及其推论	命题Ⅳ.16 及其推论

定义

定义Ⅳ.1 当一个多边形上的顶点分别位于另一多边形的边时，该图形被称为内接于另一图形。

定义Ⅳ.2 类似地，当一个多边形的各边分别经过另一个多边形的各顶点时，被称为前图形外接于后图形。

定义Ⅳ.3 当一个多边形的各角的顶点都在一个圆周上时，称该图形内接于圆。

定义Ⅳ.4 当一个多边形的各边都切于一个圆时，称该多边形外切于圆。

定义Ⅳ.5 类似地，当圆与一个多边形各边都相切时，称该圆内切于此多边形。

定义Ⅳ.6 当一个圆经过一个多边形的每个顶点时，称该圆外接于该多边形。

定义Ⅳ.7 当一条线段的两个端点位于圆周上时，称该线段为圆的弦。

命题Ⅳ.1

可作一条圆内的弦，使之等于给定的小于直径的线段。

设：ABC为给定的圆，d为给定的小于圆ABC直径的线段。

求作：在圆ABC内作一条弦，使之等于线段d。

令：作圆ABC的直径BC。

如果BC等于d，那么此线段就不必再作，因为圆的直径BC等于d。

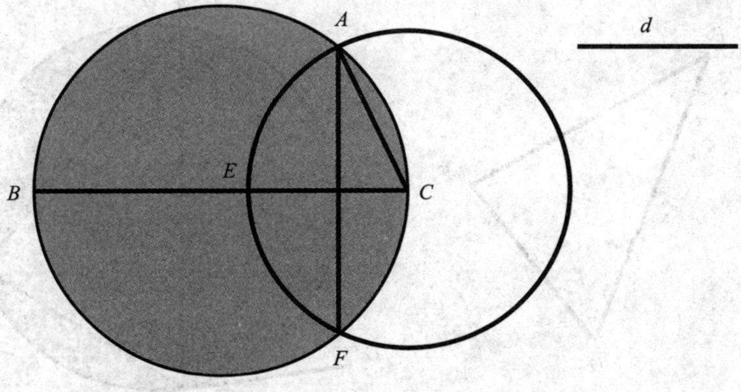

如果BC大于d，取CE等于d，以C为圆心，CE为半径作圆EAF，连接CA（命题I.3）。

那么：因为C点是圆EAF的圆心，那么CA等于CE。

又，CE等于d，所以：d也等于CA。

所以：CA是给定的圆ABC的弦，并等于d（定义Ⅳ.7）。

所以：可作一条圆内的弦，使之等于给定的小于直径的线段。

证完

注 解

在现代初等几何中，线段、直线、射线若用一个字母表示应为小写字母，点都用大写字母表示。为了方便读者，特将原书中的相关大写字母作相应调整（把表示线段、直线、射线的单个大写字母改为小写）。

假定适应于圆的线段小于圆的直径是必要的，然而欧几里得没有给予充分证明。事实上只需证明两圆交于一个点即点A即可。这一逻辑漏洞在《原本》的前几卷中也有出现，比如在命题I.1、I.22中。

这一命题应用在命题Ⅳ.10、Ⅳ.16中，也偶尔用在卷5、6、7之中。

命题Ⅳ.2

给定一个三角形，可作圆内接相似三角形。

设：ABC为给定的圆，DEF为给定的三角形。

求作：在圆ABC内作一个与三角形DEF相似的三角形。

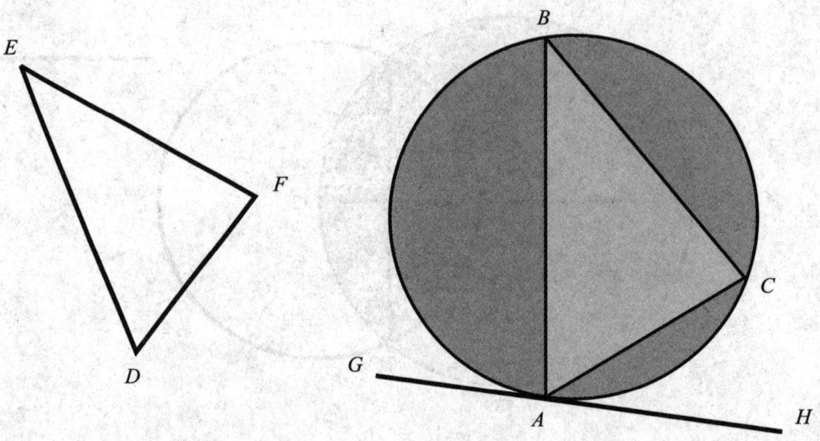

令：作GH与圆ABC相切于A点；作弦AC，使$\angle HAC$等于$\angle DEF$，再作$\angle GAB$，使之等于$\angle DFE$。连接BC（命题III.16、I.23）。

因为：直线AH与圆ABC相切，在切点A上有线段AC穿过圆。

所以：$\angle HAC$等于圆周角$\angle ABC$（命题III.32）。

又，$\angle HAC$等于$\angle DEF$。所以：$\angle ABC$也等于$\angle DEF$。同样原因，$\angle ACB$也等于$\angle DFE$。所以：$\angle BAC$也等于$\angle EDF$（命题I.32）。

所以：给定一个三角形，可在圆内作一个相似三角形（定义Ⅳ.2）。

证完

注 解

这一命题应用在命题Ⅳ.11、Ⅳ.16、XIII.13中。

命题Ⅳ.3

给定一个圆和一个三角形，可以作这个圆外切的三角形与给定三角形相似。

设：ABC为给定的圆，DEF为给定的三角形。

求作：圆ABC的外切三角形，并与三角形DEF相似。

在EF的两个方向上延长，分别至G点和H点。设K为圆ABC的圆心，作任意半径KB。作$\angle BKA$等于$\angle DEG$，$\angle BKC$等于$\angle DFH$。过点A、B、C作圆ABC的切线，使之相交于M、N、L（命题III.1）。

因为：LM、MN和NL与圆ABC分别相切于A、B、C点。又，KA、KB和KC是

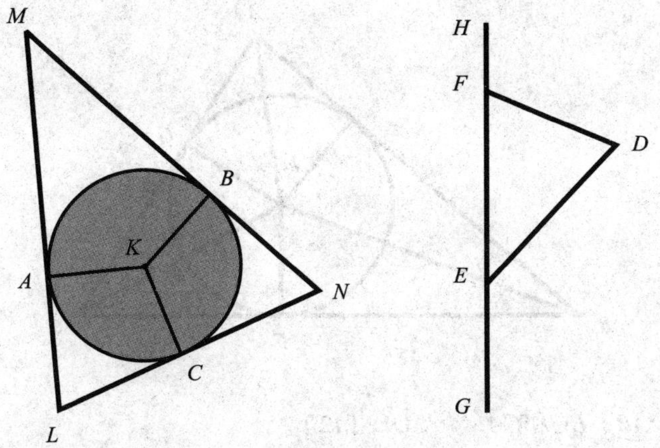

从圆心K分别到A、B、C点的连线。

所以：A、B、C点上的角皆为直角（命题III.18）。

又因为：四边形AMBK四个角的和等于360°，∠KAM、∠KBM是直角。

所以：其余角∠AKB、∠AMB之和等于180°。

而∠DEG与∠DEF之和也等于180°。所以：∠AKB、∠AMB之和等于∠DEG与∠DEF之和。其中∠AKB等于∠DEG。所以：∠AMB等于∠DEF（命题I.13）。

同样，也可以证明∠LNB也等于∠DEF。所以：∠MLN等于∠EDF（I.32）。

所以：三角形LMN与三角形DEF是相似三角形，且外切于圆ABC（定义Ⅳ.4）。

所以：给定一个圆和一个三角形，可以作这个圆外切的三角形与给定三角形相似。

证完

注 解

这一命题没有被利用于《几何原本》中的其他地方，但与前一命题构成一对。

命题Ⅳ.4

给定一个三角形可以作一个内切圆。

设：ABC为给定的三角形。

求作：三角形ABC的内切圆。

令：BD、CD分别平分∠ABC、∠ACB，并相交于D点，从D点作DE、DF和

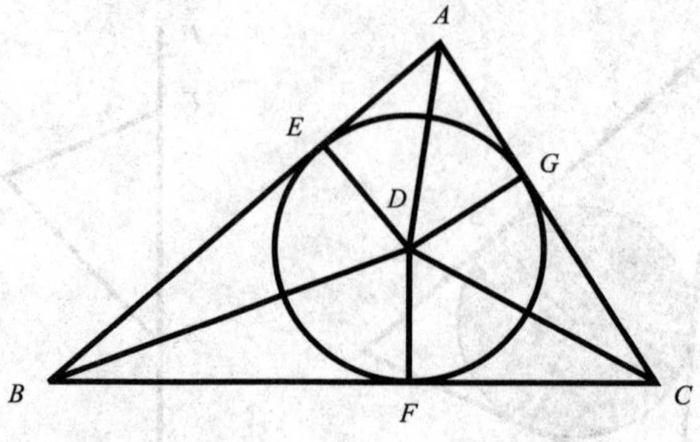

DG分别垂直于AB、BC和CA（命题I.9、I.12）。

因为：∠ABD等于∠CBD，直角∠BED也等于直角∠BFD，三角形EBD和三角形FBD有两对角和一条边对应相等，对应边BD为公共边。

所以：它们的余边彼此相等。所以：DE等于DF（命题I.26）。同理，DG也等于DF。

所以：三条线段DE、DF和DG也彼此相等。

所以：以D为圆心，以DE、DF或DG中的任意一条线为半径的圆也经过余下的点，并与线段AB、BC或CA相切，因为在E、F和G点的角是直角。

假如圆不切于这些直线，而与它们相交，那么从尾点引出的垂直于直径的直线必然有一部分经过圆内，这是荒谬的。

所以：以D为圆心，分别以线段DE、DF和DG为半径作的圆不能与线段AB、BC和AC相交，只能相切，所以圆内切于三角形ABC（命题III.16、定义V.5）。

令其为FGE。

于是：三角形ABC的内切圆EFG作了出来。

所以：给定一个三角形可以作一个内切圆。

证完

注 解

补充出证明的漏洞是容易的，角等分线BD和CD不相交。

海伦公式

亚历山大时代的海伦是希腊非常重要的一名数学家，他在其他著作里评论过

《几何原本》，但这些作品后来都失传了。1896年，他的著作《共制》被发现，他在书中陈述道：一个三角形的面积是$s(s-a)(s-b)(s-c)$的平方根，这里$a=BC$，$b=AC$，$c=AB$，皆为三角形的边，s是周长的一半$(a+b+c)/2$。这一公式被后人称为“海伦公式”。阿基米德或许知道这一公式，但没有确定的证据。海伦完成了这个公式的证明。这里，我们来看看内切圆的前面部分。

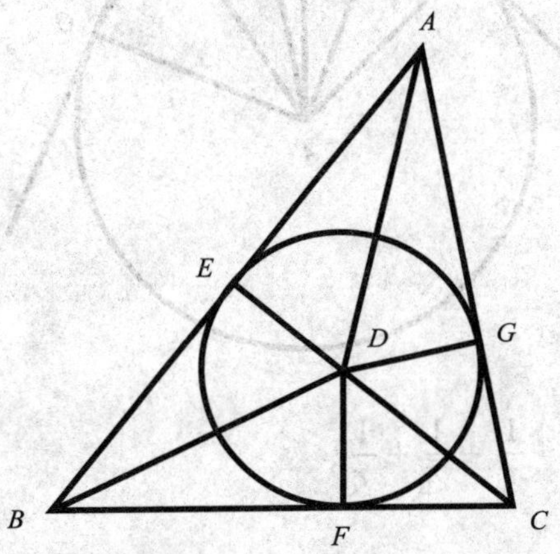

设：D是三角形ABC的内切圆的圆心，DE、DF、DG垂直于边（如欧几里得的证明）。这三条线段是圆的半径，长度为r。

三角形ABD有第三边AB和高r。所以，它的面积是$r\cdot AB/2$。

同样，三角形BCD的面积是$r\cdot BC/2$，三角形CDA的面积是$r\cdot CA/2$，把它们加在一起，可以发现三角形ABC的面积是$r(AB+BC+CA)/2$。

所以：三角形ABC面积$=rs$。

这是个有趣的结论。

现在不管海伦的证明，来看看外切圆。

设：A'是A点的内角等分线上的外切圆圆心。从A'引垂线$A'E'$、$A'F'$、$A'G'$，垂直于三角形的边。它们是外切圆的半径r_A。

三角形ABA'、有第三边AB和高$A'E'$，所以，它的面积是$r_A\cdot AB/2$。

同样，三角形BCA'的面积是$r_A\cdot BC/2$，三角形CAA'的面积是$r_A\cdot AC/2$。

三角形ABC的面积是三角形ABA'与ACA'之和减去三角形BCA'的差。

所以，它的面积是$r_A(AB+AC-BC)/2$，即$r_A(s-a)$。

所以：三角形ABC的面积$=rs=r_A(s-a)=r_B(s-b)=r_C(s-c)$。

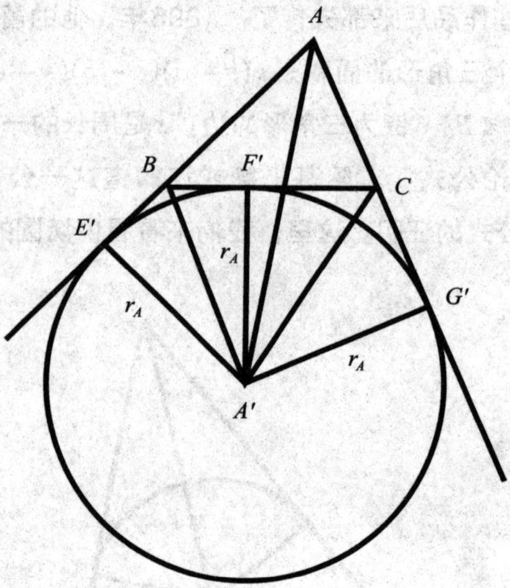

也可以表示为：$\frac{1}{r}=\frac{1}{r_{\mathrm{A}}}+\frac{1}{r_{\mathrm{B}}}+\frac{1}{r_{\mathrm{C}}}$。

证完

命题Ⅳ.5

给定一个三角形，可以作它的外接圆。

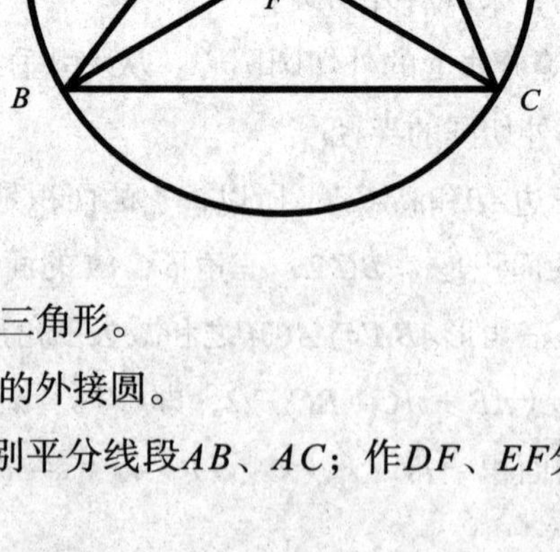

设：*ABC*为给定的三角形。

求作：三角形*ABC*的外接圆。

令：作点*D*、*E*分别平分线段*AB*、*AC*；作*DF*、*EF*分别垂直于*AB*、*AC*并相

交于F。那么它们相交于三角形ABC内，或在线段BC上，或在BC外（命题I.10、I.11）。

首先：设它们交于三角形ABC内的F点。连接FB、FC和FA。

那么因为AD等于DB，而DF是共同边，并有直角。

所以：第三边AF等于第三边FB（命题I.4）。

同样我们可以证明CF等于AF。所以：FB也等于FC。

所以：三条线段FA、FB和FC也彼此相等。

所以：以F为圆心，以FA、FB或FC中之一为半径的圆被作出，并过余下的点。并且外接于三角形ABC。

再：假设DF和EF的交点F在BC上。连接AF。

那么同样可以证明出点F是三角形ABC的外接圆的圆心。

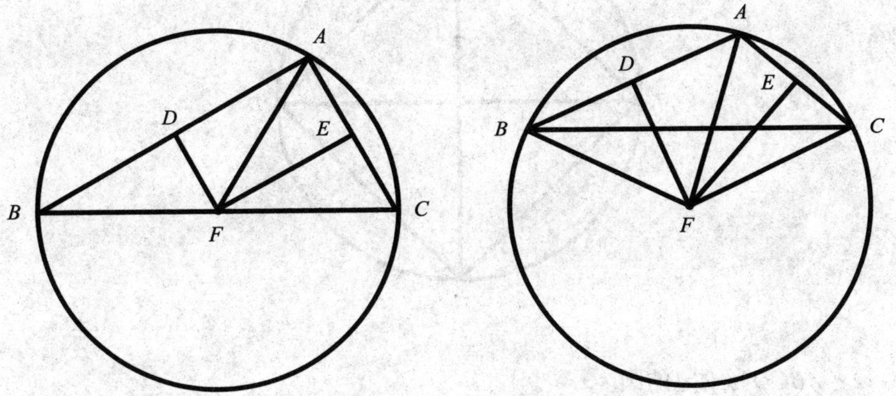

再：假设DF、EF相交于三角形ABC外一点F，连接AF、BF和CF。

因为AD等于DB，而DF是共同边，并有直角；所以：第三边AF等于第三边BF（命题I.4）。

同样，可以证明出CF也等于AF。BF也等于FC。

所以：以F为圆心，以线段FA、FB或FC中之一为半径画圆，也经过余下的点。这就是外接于三角形ABC的圆（定义Ⅳ.6）。

所以：给定一个三角形，可以作它的外接圆。

证完

注 解

三角形外接圆直径的正弦法则：

$$2r=\frac{BC}{\sin A}=\frac{CA}{\sin B}=\frac{AB}{\sin C}$$

r为外接圆的半径。

这一命题应用在命题Ⅳ.10、XI.23中。

命题Ⅳ.6

给定一个圆可以作一个内接正方形。

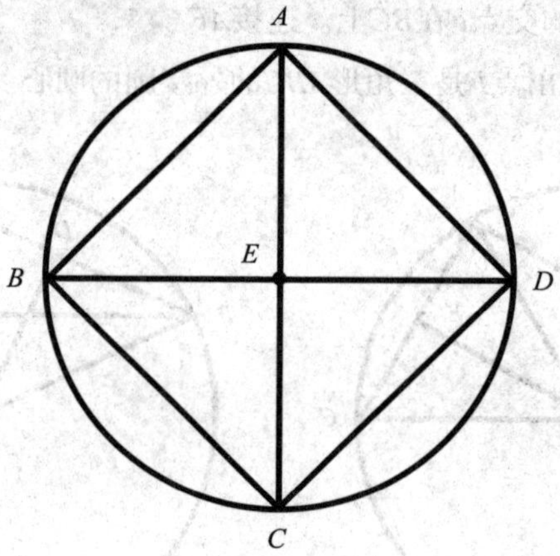

设：*ABCD*为给定的圆。

求作：圆*ABCD*的内接正方形。

令：作圆*ABCD*的两条直径*AC*、*BD*，并相互垂直，连接*AB*、*BC*、*CD*和*DA*（命题III.1、III.11）。

因为*E*为圆心，所以：*BE*等于*ED*。*EA*是公共边，并形成直角，所以：第三边*AB*等于第三边*AD*（命题I.4）。

同样原因，线段*BC*、*CD*也等于线段*AB*、*AD*。所以：四边形*ABCD*是等边的。

进一步说：它们是直角。

因为直线*BD*是圆*ABCD*的直径，所以：*BAD*是半圆。所以：∠*BAD*是直角（命题III.31）。

同样原因：∠*ABC*、∠*BCD*和∠*CDA*也是直角。

所以：四边形$ABCD$是直角的。

又，也已经证明是等边的。它是正方形，并内接于圆$ABCD$。

所以：给定一个圆可以作一个内接正方形。

证完

注 解

这一命题应用在卷12从XII.2开始的几个命题中。

命题Ⅳ.7

给定一个圆可作一个外切正方形。

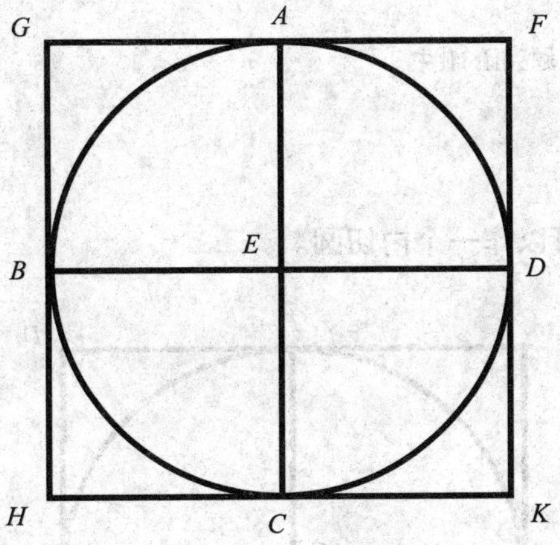

设：给定的圆为$ABCD$。

现在要求的是：作圆$ABCD$的外切正方形。

令：作圆$ABCD$的两条直径AC和BD，并相互垂直。过A、B、C、D各点作FG、GH、HK和KF与圆相切（命题III.1、III.11，推论II.16）。

那么因为：FG与圆$ABCD$相切，EA是从圆心E到切点A的连线。

所以：A点的角为直角（命题III.18）。同样原因：B点和C点、D点的角也是直角。

那么因为$\angle AEB$是直角，$\angle EBG$也是直角。所以：GH平行于AC（命题I.28）。

同样原因，AC也平行于FK，所以：GH也平行于FK（命题I.30）。

同样，可以证明出线段GF、HK也平行于BED。

于是：GK、GC、AK、FB和BK也是平行四边形。所以：GF等于HK，GH也

等于*FK*（命题I.34）。

又因为：*AC*等于*BD*，*AC*也等于线段*GH*、*FK*，而*BD*等于*GF*、*HK*。

所以：四边形*FGHK*是等边的（命题I.34）。

进一步说明：它们也是直角。

因为*GBEA*是平行四边形，∠*AEB*是直角。所以：∠*AGB*也是直角（命题I.34）。

同样，也可以证明出在*H*、*K*和*F*点上的角为直角。所以：*FGHK*是矩形。

而它又被证明是等边的，所以：它是正方形。且外切于圆*ABCD*。

所以：给定一个圆可作它的外切正方形。

证完

注 解

这一命题应用在命题XII.10中。

命题IV.8

给定一个正方形可以作一个内切圆。

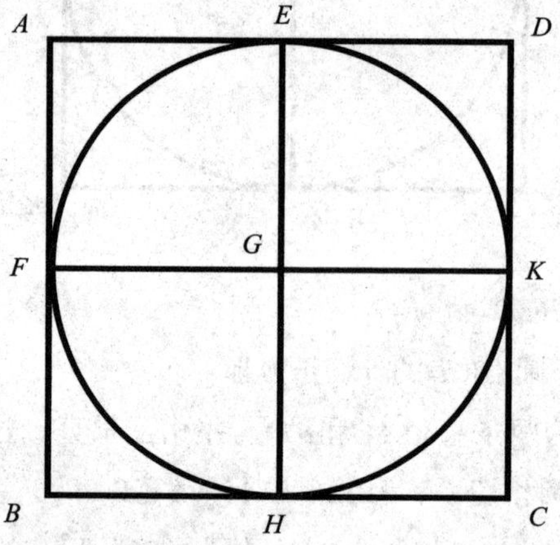

设：*ABCD*为给定的正方形。

求作：正方形*ABCD*的内切圆。

令：平分*AD*、*AB*，平分点分别为*E*和*F*。过*E*点作*EH*平行于*AB*或*CD*；过*F*点作*FK*平行于*AD*或*BC*。那么*AK*、*KB*、*AH*、*HD*、*AG*、*GC*、*BG*和*GD*都是平行四边形，其对边相等（命题I.10、I.31、I.34）。

那么因为AD等于AB，AE是AD的一半，AF是AB的一半。所以：AE等于AF。所以：对边也相等。所以：FG等于GE。

同样，也能证明出线段GH、GK分别等于FG、GE。

所以：四条线段GE、GF、GH和GK相等。

所以：以G为圆心，分别以GE、GF、GH和GK之一为半径的圆经过余下的点。并与线段AB、BC、CD和DA相切，因为在E、F、H和K点上的角为直角。

假如圆与AB、BC、CD和DA相切，则从尾点与直径形成直角的线段将落在圆内，这被证明是荒谬的。

所以：以G为圆心，分别以GE、GF、GH和GK之一为半径的圆不可能与直线AB、BC、CD和DA相交（命题III.16）。

所以：这个圆与它们相切，并作在正方形$ABCD$内。

所以：给定一个正方形可以作一个内切圆。

证完

命题Ⅳ.9

给定一个正方形可以作一个外接圆。

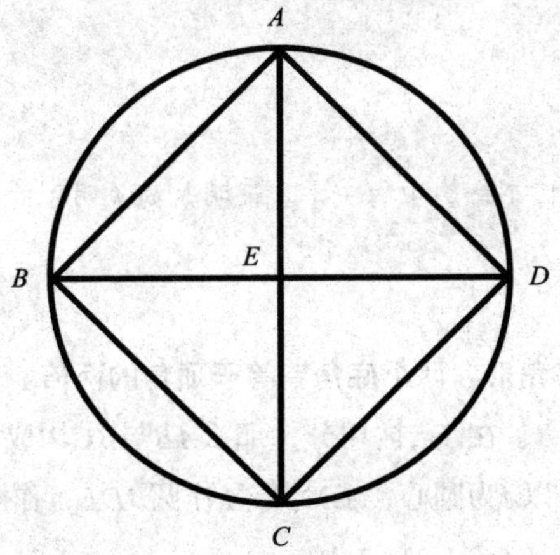

设：$ABCD$为给定的正方形。

求作：正方形$ABCD$的外接圆。

令：连接AC、BD，使其相交于E点。

那么，因为DA等于AB，AC是公共边，所以：DA、AC分别等于AB、AC，底

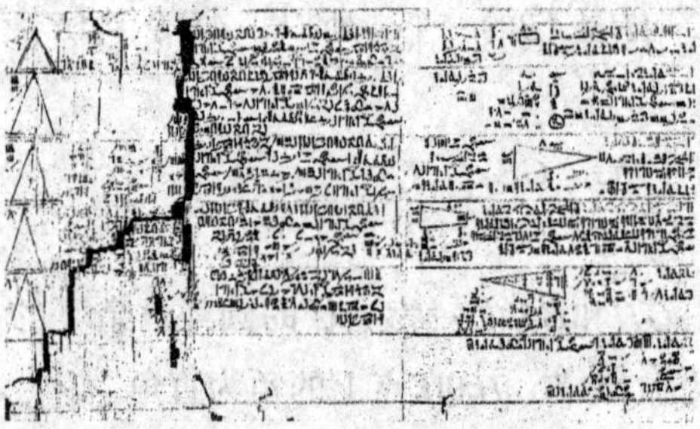

□ 习题

对于延续了长达4000年的文明社会来说，埃及只给人们留下了很少的宝贵数学史料。古希腊人普遍承认他们的数学，特别是几何学源于埃及，可给人们印象最深的不是埃及和古希腊数学的相似之处，而是二者在风格上、深度上以及由此可以推测的理解上的巨大差异。图为公元前1650年的埃及纸莎草抄本，它是一份约公元前1849—前1801年古老纸莎草抄本的副本，上面满是学生习题，正如现代学生的学校作业一样。

DC等于底BC。

所以：∠DAC等于∠BAC（命题I.8）。

所以：∠BAD被AC线平分。同样，可以证明∠ABC、∠BCD和∠CDA分别被线AC、BD平分。

因为∠DAB等于∠ABC，∠EAB是∠DAB的一半，∠EBA是∠ABC的一半，所以：∠EAB也等于∠EBA。

所以：EA边也等于EB边（命题I.6）。

同理，线段EA、EB也等于线段EC、ED。

所以：四条线段EA、EB、EC和ED彼此相等。

所以：以E为圆心，以EA、EB、EC或ED之一为半径的圆经过余下的点，并外接于正方形ABCD。

所以：给定一个正方形可以作它的外接圆。

证完

注 解

这是圆与正方形的四个命题中的一个。证明是简单明了的。

命题Ⅳ.10

可以作一个等腰三角形，两个底角皆等于顶角的两倍。

设：取任意线段AB，在C点被切分，那么AB与BC构成的矩形的面积等于CA为边的正方形的面积。以A为圆心，AB为半径作圆BDE，作圆内线段BD等于AC，AC不大于圆BDE的直径（命题II.11、V.1）。

令：连接AD、DC，在三角形ACD上作外接圆ACD（命题Ⅳ.5）。

那么因为：AB、BC构成的矩形的面积等于以AC为边的正方形，又AC等于BD。所以：AB、BC构成的矩形面积等于BD上的正方形面积。

又因为B点为圆ACD外的一点，从B点有两条线段BA、BD与圆ACD相遇，其

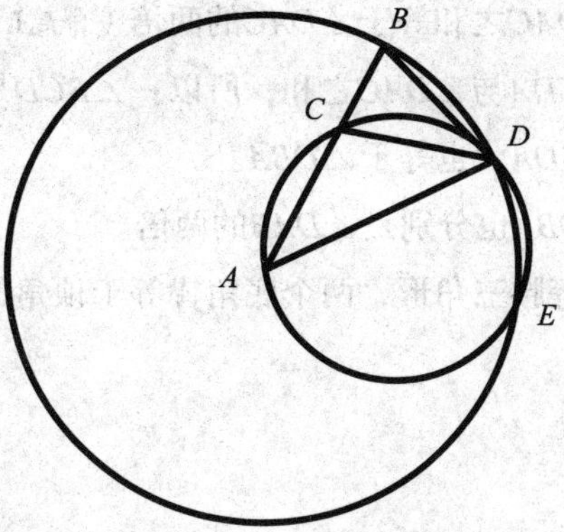

中的一条穿过圆，另一条则落在圆上，又AB、BC构成的矩形的面积等于BD上的正方形的面积。所以：BD与圆ACD相切（命题II.37）。

因为：BD与之相切，DC是从D点延伸的穿过圆的线。所以：$\angle BDC$等于相对弓形上的$\angle DAC$（命题III.32）。

因为$\angle BDC$等于$\angle DAC$，令每个角加$\angle CDA$，于是：大角$\angle BDA$等于$\angle CDA$与$\angle DAC$的和。

又，外角$\angle BCD$等于$\angle CDA$与$\angle DAC$之和，所以：$\angle BDA$也等于$\angle BCD$（命题I.32）。

又，$\angle BDA$等于$\angle CBD$，因为AD也等于AB，所以：$\angle DBA$也等于$\angle BCD$（命题I.5）。

所以：$\angle BDA$、$\angle DBA$和$\angle BCD$彼此相等。

又因为$\angle DBC$等于$\angle BCD$。所以：边BD也等于边DC（命题I.6）。

又，BD等于CA，所以：CA也等于CD。所以：$\angle CDA$也等于$\angle DAC$。

□ **毕达哥拉斯定理**

在阿拉伯帝国的历史上，包括后来的伊儿汗国和更晚的帖木儿帝国，都曾先后出现过许多数学家。他们为阿拉伯数学的形成与发展作出了重大贡献。巴格达智慧宫的学者们掀起的著名的翻译运动，将古希腊的天文数学经典以及印度、中国的天算著作翻译成阿拉伯文，加上他们自身的创造，使得阿拉伯数学在算术与代数几何及三角领域取得了光辉的成就。图为阿拉伯教科书所讨论的毕达哥拉斯定理，其证明沿袭了欧几里得的“风车磨房”图表的几何证明手法。

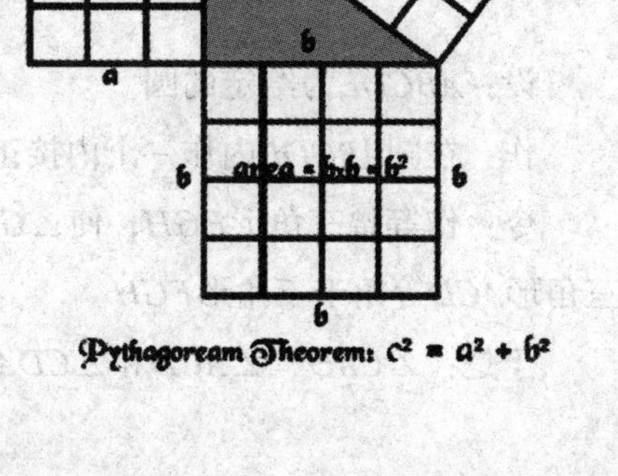

所以：∠*CDA*与∠*DAC*之和等于∠*DAC*的两倍（命题I.5）。

又，∠*BCD*等于∠*CDA*与∠*DAC*之和，所以：∠*BCD*是∠*CAD*的两倍。

又，∠*BCD*等于∠*BDA*，也等于∠*DBA*。

所以：∠*BDA*、∠*DBA*也分别是∠*DAB*的两倍。

所以：可以作一个等腰三角形，两个底角皆等于顶角的两倍。

证完

注 解

这一命题的目的是作一个36°—72°—72°的等腰三角形*ABD*，实际上是在给定的*AB*上作出，当*AB*被*C*点所切割时，第三边等于*AB*的较大的部分，因此，$AB \cdot BC = AC^2$这一切割在命题II.11中已证明。

这一命题应用在下一命题中，以作圆的内接正五边形。

命题IV.11

在一个圆里，可以作一个内接正五边形。

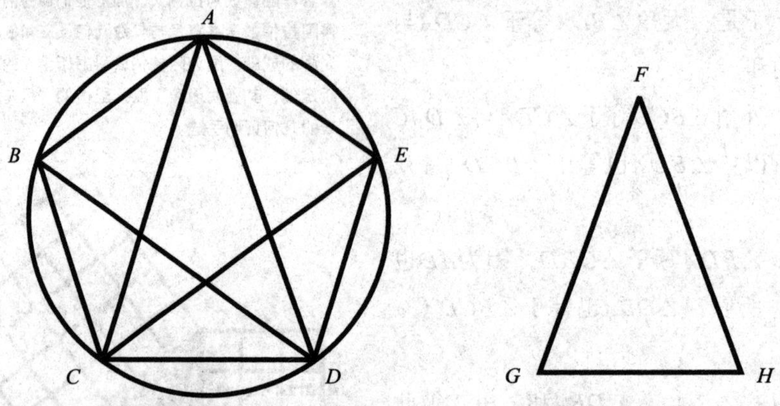

设：*ABCDE*为给定的圆。

作：在圆*ABCDE*内作一个内接正五边形。

令：作等腰三角形*FGH*，使∠*G*、∠*H*分别等于∠*F*的两倍。在圆*ABCDE*内作三角形*ACD*等角于三角形*FGH*。

于是：∠*CAD*、∠*ACD*和∠*CDA*分别等于∠*F*、∠*G*、∠*H*。

所以：∠ACD、∠CDA也分别等于∠CAD的两倍（命题Ⅳ.10、V.2）。

分别作平分线CE、DB平分∠ACD、∠CDA，连接AB、BC、DE和EA（命题I.9）。

因为：∠ACD、∠CDA是∠CAD的两倍，并被CE、DB平分。所以：五个角∠DAC、∠ACE、∠ECD、∠CDB和∠BDA彼此相等。

又，等角所对的弧相等。

所以：五段弧AB、BC、CD、DE和EA彼此相等（命题III.26）。

又，等弧所对的弦相等；所以：五条弦AB、BC、CD、DE和EA彼此相等。

所以：五边形$ABCDE$是等边的（命题III.29）。

进一步说：它们是等角的。

因为弧AB等于弧DE，令每个加上弧BCD，于是：大弧$ABCD$等于大弧$EDCB$。

在弧$ABCD$上有∠AED，在弧$EDCB$上有∠BAE，所以：∠BAE也等于∠AED（命题III.27）。

同理，∠ABC、∠BCD和∠CDE也等于∠BAE、∠AED。

所以：五边形$ABCDE$是等角的。

又已经证明出它是等边的。所以：在一个圆里，可以作一个内接正五边形。

证完

命题Ⅳ.12

给定一个圆，可以作它的外切正五边形。

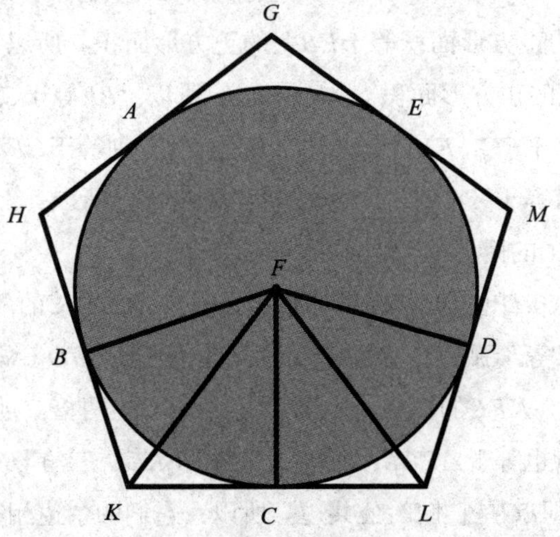

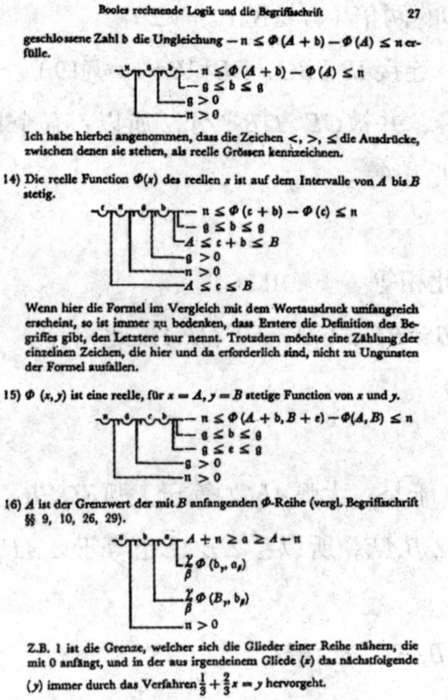

Booles rechnende Logik und die Begriffsschrift 27

geschlossene Zahl b die Ungleichung $-\mathfrak{n} \leq \Phi(A+\mathfrak{b}) - \Phi(A) \leq \mathfrak{n}$ erfülle.

Ich habe hierbei angenommen, dass die Zeichen <, >, ≤ die Ausdrücke, zwischen denen sie stehen, als reelle Grössen kennzeichnen.

14) Die reelle Function $\Phi(x)$ des reellen x ist auf dem Intervalle von A bis B stetig.

Wenn hier die Formel im Vergleich mit dem Wortausdruck umfangreich erscheint, so ist immer zu bedenken, dass Erstere die Definition des Begriffes gibt, den Letztere nur nennt. Trotzdem möchte eine Zählung der einzelnen Zeichen, die hier und da erforderlich sind, nicht zu Ungunsten der Formel ausfallen.

15) $\Phi(x, y)$ ist eine reelle, für $x = A$, $y = B$ stetige Function von x und y.

16) A ist der Grenzwert der mit B anfangenden Φ-Reihe (vergl. Begriffsschrift §§ 9, 10, 26, 29).

Z.B. 1 ist die Grenze, welcher sich die Glieder einer Reihe nähern, die mit 0 anfängt, und in der aus irgendeinem Gliede (x) das nächstfolgende (y) immer durch das Verfahren $\frac{1}{3} + \frac{2}{3}x = y$ hervorgeht.

□ 《概念文字》插图

1879年，德国科学家、逻辑学家和哲学家戈特罗伯·弗雷格（1825—1925年）出版了一部题为《概念文字》的小册子，在逻辑史上首先完成逻辑系统的公理化，把数学中的函数概念引入逻辑演算，将量词用于约束变元，创建了量词理论。

设：*ABCDE*为定圆。

求作：圆*ABCDE*的外切正五边形。

令*A*、*B*、*C*、*D*和*E*为五边形的五个顶点，那么：圆弧*AB*、*BC*、*CD*、*DE*和*EA*彼此相等。过*A*、*B*、*C*、*D*和*E*作*GH*、*HK*、*KL*、*LM*和*MG*，使之与圆相切，*F*为圆*ABCDE*的圆心。连接*FB*、*FK*、*FC*、*FL*和*FD*（命题II.16、II.1）。

那么因为：线段*KL*与圆*ABCDE*相切于*C*点，*FC*是圆心*F*与切点*C*的连线。

所以：*FC*垂直于*KL*。

所以：*C*点上的所有角是直角（命题III.18）。

同样理由，*B*点和*D*点上的角也为直角。

又因为∠*FCK*是直角，所以：*FK*上的正方形面积等于*FC*、*CK*上的正方形面积之和（命题I.47）。同样，*FK*上的正方形面积也等于*FB*、*BK*上的正方形面积之和。

所以：*FC*、*CK*上的正方形面积之和等于*FB*、*BK*上的正方形面积之和。

其中，*FC*上的正方形面积等于*FB*上的正方形面积。所以：余下的*CK*上的正方形面积等于*BK*上的正方形面积（命题I.47）。所以：*BK*等于*CK*。

又，因为*FB*等于*FC*，*FK*是公共边，*BF*、*FK*分别等于*CF*、*FK*，底*BK*等于底*CK*。所以：∠*BFK*等于∠*KFC*，∠*BKF*等于∠*FKC*。所以：∠*BFC*是∠*KFC*的两倍，∠*BKC*是∠*FKC*的两倍（命题I.8）。

同样理由，∠*CFD*也是∠*CFL*的两倍，∠*DLC*是∠*FLC*的两倍。

那么因为弧*BC*等于弧*CD*，所以：∠*BFC*也等于∠*CFD*（命题III.27）。

又，∠*BFC*是∠*KFC*的两倍，∠*DFC*是∠*LFC*的两倍。所以：∠*KFC*也等于∠*LFC*。又，∠*FCK*也等于∠*FCL*，所以：三角形*FKC*、三角形*FLC*中，有两对角和一条边对应相等，即*FC*是它们的公共边。所以：它们的余边相等，余角也相等。

所以：线段KC等于线段CL，$\angle FKC$等于$\angle FLC$（命题I.26）。

又因为KC等于CL，所以：KL是KC的两倍。同理可证，HK是BK的两倍。

而BK等于KC，所以：HK也等于KL。

同理，线段HG、GM和ML也能被证明等于线段HK、KL。

所以：五边形$GHKLM$是等边的。

以下进一步说明它是等角的。

因为：$\angle FKC$等于$\angle FLC$，$\angle HKL$被证明是$\angle FKC$的两倍，$\angle KLM$是$\angle FLC$的两倍。所以：$\angle HKL$也等于$\angle KLM$。

同理，$\angle KHG$、$\angle HGM$和$\angle GML$也能被证明出等于$\angle HKL$、$\angle KLM$。

所以：五个角$\angle GHK$、$\angle HKL$、$\angle KLM$、$\angle LMG$和$\angle MGH$彼此相等。

所以：五边形$GHKLM$是等角的。

同时也证明出它是等边的，并作在圆$ABCDE$上。

所以：给定一个圆，可以作它的外切正五边形。

证完

命题Ⅳ.13

可以作正五边形的内切圆。

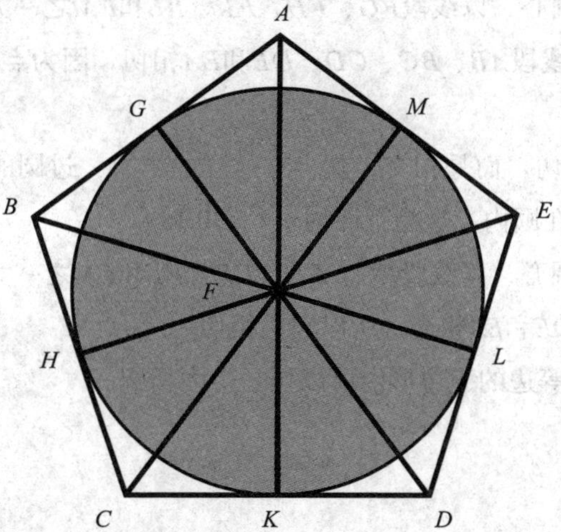

设：$ABCDE$为给定的等角等边的五边形。

求：五边形$ABCDE$内作一个内切圆。

令：分别作线段CF、DF平分$\angle BCD$、$\angle CDE$，CF、DF相交于点F，连接FB、FA和FE（命题I.9）。

那么，因为：BC等于CD，CF是公共边，BC、CF分别等于DC、CF，$\angle BCF$等于$\angle DCF$。

所以：底BF等于底DF，三角形BCF全等于三角形DCF，其余角等于其余角（命题I.4）。

所以：$\angle CBF$等于$\angle CDF$。

又，因为$\angle CDE$是$\angle CDF$的两倍，$\angle CDE$等于$\angle ABC$，同时$\angle CDF$等于$\angle CBF$，所以：$\angle CBA$也等于$\angle CBF$的两倍。

所以：$\angle ABF$等于$\angle FBC$。所以：$\angle ABC$被线段BF平分。

同样，可以证明出$\angle BAE$、$\angle AED$分别被线段FA、FE平分。

现在从F点作FG、FH、FK、FL和FM分别垂直于AB、BC、CD、DE和EA（命题I.12）。则$\angle HCF$等于$\angle KCF$，直角$\angle FHC$也等于直角$\angle FKC$。FHC、FKC是有两个角和一条边对应相等的两个三角形，即FC为公共边。

所以：它们的余边相等。所以：垂线FH等于垂线FK（命题I.26）。同样，也可以证明出线段FL、FM和FG也等于线段FH、FK。

所以：五条线段FG、FH、FK、FL和FM相互相等。

所以：以F为圆心，以线段FG、FH、FK、FL和FM之一为半径作出的圆，经过余下的点，并与线段AB、BC、CD、DE和EA相切，因为点G、H、K、L和M上的角是直角。

如果它们不相切，而是相交，就会有这样的结果：过圆的直径的端点与直径成直角的直线将落在圆内，这是荒谬的（命题III.16）。

所以：以F为圆心，以线段FG、FH、FK、FL和FM之一为半径的圆不能与线段AB、BC、CD、DE和EA相交，所以它们相切。

所以：在等角等边的五边形内可以作一个内切圆。

证完

命题Ⅳ.14

可以作一个正五边形的外接圆。

设：$ABCDE$为给定的正五边形。

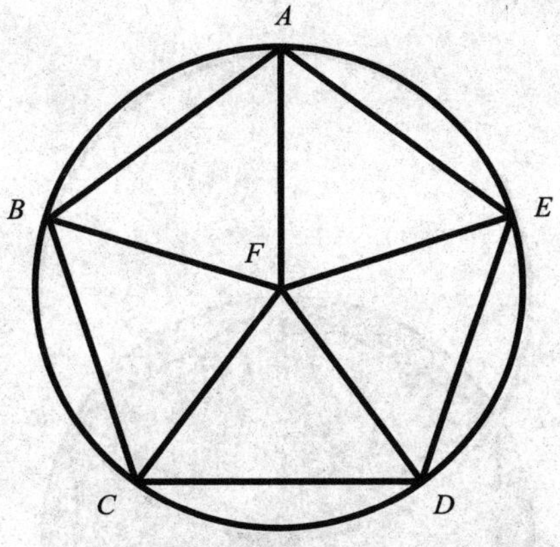

求作：正五边形的外接圆。

令：作线段CF、DF分别平分∠BCD、∠CDE。过二线段的交点F连接线段FB、FA和FE（命题I.9）。

可以证明∠CBA、∠BAE和∠AED同样分别被FB、FA和FE所平分。

因为∠BCD等于∠CDE，而∠FCD是∠BCD的一半，∠CDF是∠CDE的一半，所以：∠FCD也等于∠CDF。所以：边FC也等于边FD（命题I.6）。

同样，可以证明每条线段FB、FA和FE也等于FC、FD。

所以：五条线段FA、FB、FC、FD和FE彼此相等。

所以：以F为圆心，以FA、FB、FC、FD和FE之一为半径的圆被作出，并经过其余的点，而且是外接的。这个外接圆是ABCDE。

所以：可以作正五边形的外接圆。

证完

注 解

这一命题应用在命题XIII.8、XIII.18中。

命题Ⅳ.15

在给定的圆内，可以作内接正六边形。

设：ABCDEF为给定的圆。

求：圆ABCDEF内作一个内接正六边形。

令：作圆ABCDEF的直径AD，G为圆心，以DG为半径作圆EGCH。连接EG、

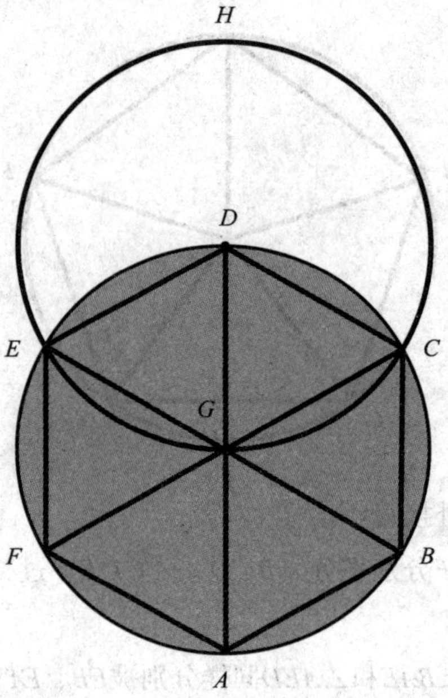

CG，并延伸至B、F，连接AB、BC、CD、DE、EF和FA（命题II.1）。

那么：ABCDEF是正六边形。

因为G为圆ABCDEF的圆心，所以GE等于GD。

又因为D为圆EGCH的圆心，所以：DE等于DG。而GE已被证明等于GD，所以GE也等于ED。所以：三角形EGD是等边三角形。所以：它的三个角∠EGD、∠GDE和∠DEG彼此相等。这是因为等腰三角形中底角相等（命题I.5）。

又因为：三角形的三内角的和等于180°。所以：∠EGD是60°（命题I.32）。

同样，∠DGC也能被证明是60°。又因为线段CG与EB构成的邻角∠EGC和∠CGB之和等于180°，所以：∠CGB也等于60°（命题I.13）。

所以：∠EGD、∠DGC和∠CGB彼此相等，它们的对顶角∠BGA、∠AGF和∠FGE彼此相等（命题I.15）。

所以：六个角∠EGD、∠DGC、∠CGB、∠BGA、∠AGF和∠FGE彼此相等。

又，相等的角作在相等的弧上，所以：六段弧AB、BC、CD、DE、EF和FA彼此相等（命题III.26）。

又，因为等弧所对的弦相等，所以：六条线段彼此相等。

所以：六边形ABCDEF是等边的（命题III.29）。

以下进一步说明，它们的角也相等。

因为：弧FA等于弧ED。令弧$ABCD$与每个相加，于是：弧$FABCD$等于弧$EDCBA$。

又，$\angle FED$作在弧$FABCD$上，$\angle AFE$作在弧$EDCBA$上，所以：$\angle AFE$等于$\angle DEF$（命题III.27）。

同样，可以证明六边形$ABCDEF$其余的角也等于$\angle AFE$、$\angle FED$。

所以：六边形$ABCDEF$是等角的。

又，六边形$ABCDEF$也是等边的，并内接于圆$ABCDEF$。

所以：在给定的圆内，可以作内接正六边形。

证完

推 论

这一命题表明，六边形的边等于圆的半径。如果过圆的分点，作该圆的切线，就得到圆的一个等边且等角的外切六边形。同样，给定一个正六边形，也可以作它的内切圆和外接圆。

注 解

推论应用在卷13从XIII.9开始的几个命题中。

命题IV.16

给定一个圆，可作一个内接正十五边形。

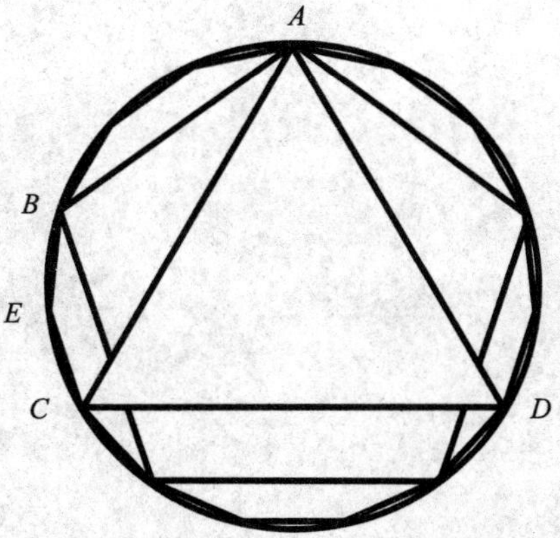

设：*ABCD*为给定的圆。

求：圆*ABCD*内作一个内接正十五边形。

令：*AC*为圆*ABCD*内等边三角形的一边，*AB*为等边五边形的一边。

于是：在圆*ABCD*内就有相等的十五条线段，其中，在圆弧*ABC*上有五条，该圆弧为圆的三分之一，在圆弧*AB*上有三条，该圆弧为圆的五分之一。

所以：在余下的*BC*上有两条相等的弧（命题Ⅳ.2、Ⅳ.11）。

在*E*点平分*BC*。于是：圆弧*BE*、*EC*各为圆*ABCD*的十五分之一（命题III.30）。

如果我们连接*BE*、*EC*，且在圆*ABCD*内切出等于它们的线段，就可以作出内接于圆的正十五边形（命题Ⅳ.1）。

证完

推 论

同五边形的情况一样，如果过圆上的分点作圆的切线，就可以作出圆的外切正十五边形。

进一步，类似于五边形的情况，我们可以同时作出正十五边形的内接圆与外切圆。

第 5 卷
比 例

CHAPTER 5

维纳斯、雅典娜雕像的下半身与全身之比是0.618。人体天生自然美的比例也符合0.618。人们把这个比值叫作“黄金分割”。中国《九章算术》中，“粟米”“衰分”“均输”三章专讲比率，包括了现在的正比例、反比例、复比例、连锁比例、分配比例等形形色色的比例问题。人们认为，欧多克索斯是本卷“比例论”的思想源头。在此基础之上，欧几里得为比例论建立了完整的理论体系。

本卷对欧多克索斯的比例理论作了精彩的解释，被认为是最重要的数学杰作之一。

本卷提要

本卷叙述欧多克索斯的比率及比率的抽象理论。

※定义V.3，比例的性质及其定义。

※定义V.5、V.6，比例的定义。

※定义V.9，比率平方的定义。

命题V.1，量之和的乘积分配：$m（x_1+x_2+\cdots+xn）=m x_1+m x_2+\cdots+m x_n$。

命题V.2，数之和的乘积分配：$（m+n）x = mx+nx$。

命题V.3，乘积的联合：$m（nx）=（mn）x$。

命题V.5，量之差的乘积分配：$m（x-y） = mx-my$。

命题V.6，数之差的量乘积分配：$（m-n）x=mx-nx$。

以下的命题发展了比率及比例理论，从它们的基础的特性，到较高级的属性。

命题V.4，如果$w:x=y:z$，那么，$mw:mx=ny:nz$。

命题V.7及其推论，比率中的相等替换。如果$x = y$，那么$x:z = y:z$且$z:x = z:y$；如果$w:x=y:z$,那么$x:w=z:y$。

命题V.8，如果$x<y$，那么$x:z<y:z$，但$z:x>z:y$。

命题V.9，如果$x:z=y:z$，那么$x=y$；同时，如果$z:x=z:y$，那么$x=y$。

命题V.10，如果$x:z<y:z$，那么$x<y$。但如果$z:x<z:y$，那么$x>y$。

命题V.11，相等比率的传递性。如果$u:v = w:x$ 且$w:x = y:z$，那么$u:v = y:z$。

命题V.12，如果$x_1:y_1=x_2:y_2=\cdots=x_n:y_n$，那么这些比率也等于其和的比率：$（x_1+x_2+\cdots+x_n）:（y_1+y_2+\cdots+y_n）$。

命题V.13，比率不等式中的相等比率的替换。如果$u:v = w:x$且 $w:x > y:z$, 那么$u:v>y:z$。

命题V.14，如果$w:x=y:z$且$w>y$，那么$x>z$。

命题V.15，$x:y=nx:ny$。

命题V.16，更迭比例。如果$w:x=y:z$，那么$w:y=x:z$。

命题V.17、V.18，合比与分比及其逆命题。如果$（w+x）:x=（y+z）:z$，那么 $w:x=y:z$；如果$w:x=y:z$，那么$（w+x）:x=（y+z）:z$。

命题V.19及推论，如果$（w+x）:（y+z）=w:y$，那么，$（w+x）:（y+z）=x:z$；如果$（u+v）:（x+y）=v:y$，那么$（u+v）:（x+y）=u:x$。

命题V.22，等比。如果$x_1 : x_2 = y_1 : y_2$，$x_2 : x_3 = y_2 : y_3$，…，及$x_{n-1} : x_n = y_{n-1} : y_n$，那么$x_1 : x_n = y_1 : y_n$。

命题V.23，混比。如果$u : v = y : z$且$v : w = x : y$，那么$u : w = x : z$。

命题V.24，如果$u : v = w : x$且$y : v = z : x$，那么$(u + y) : v = (w + z) : x$。

命题V.25，如果$w : x = y : z$，w是四个量中最大的量，z是最小的量，那么$w + z > x + y$。

第5卷的逻辑结构

第5卷是比和比例的基础，与前面各卷无关。第6卷包含平面几何的比，其证明依赖于第5卷中的结论。同时，在第5卷中的无理线和立体几何、第11卷至第13卷关于比的讨论也依赖于第5卷。第7卷至第9卷的数论不直接依赖于本卷，因为，数的比有不同的定义。

然而，尽管欧几里得小心谨慎地证明他使用的比的结论，但还是有一些疏漏，比如比例的三分法则。在对定义V.4 ~V.7的注解中，对此有所描述。

在卷5的部分命题要求处理定义V.4。

定 义

V.1 当一个较小量能测尽较大量时，小量被称为大量的部分。

V.2 当一个较大量能被较小量测尽时，我们称大量为小量的倍数量。

V.3 同类的量之间的大小关系叫作“比”。

V.4 当一个量数倍以后能大于另一个量，则说两个量有一个比。

V.5 有四个量，第一个量比第二个量等于第三个量比第四个量，那么，第一、第三量或者第二、第四量同时扩大相同的倍量，两个比依然相等。

V.6 有相同比的四个量称为成比例的量。

V.7 在四个量之间，第一、三个量取相同的倍数，且第二、四个量取另一相同倍数，若第一个的倍量大于第二个的倍量，且第三个的倍量不大于第四个的倍量，那么，第一个量与第二个量的比大于第三个量与第四个量的比。

V.8 一个比例至少有三个项。

V.9 当三个量成比例时，那么，第一个量与第三个量的比是第一个量与第二个量的二次比。

V.10 当四个量成连续比例时，第一量与第四量的比称为第一量与第二量的三次比。无论量的多少，依此类推。

V.11 在成比例的四个量中，前项与前项、后项与后项称为对应量。

V.12 前项比前项等于后项比后项称为更比。

V.13 把更比的后项作前项，前项作后项称为逆比。

V.14 前项与后项的和比后项称为合比。

V.15 前项与后项的差比后项称为分比。

V.16 前项比前项与后项的差称为交换比。

V.17 有一些量，又有一些与它们个数相等的量，若在各组每取二量作成相同的比例，则第一组量中首量比尾量等于第二组中首量比尾量，这称为首末比。或者说，这是抽取中间项，保留两头的项。

V.18 调动比例是，有三个量，又有另外与它们个数相等的三个量，在第一组量中，前项比后项等于第二组量中的前项比后项，这时，第一组量中的后项比第三项等于第二组中的第三项比前项。

注 解

比及比例论

本卷是比及比例理论。一个比为两个量的大小关系。本卷叙述比例理论，为第6卷的几何比例的命题打下基础。命题VI.1是一个阐释何为几何比例的很好实例，该命题叙述在等高的三角形中，高与底边成比例，即两个三角形中的高之比等于它们相应的底边之比。举一个简单的例子，当一条底边是另一条底边的两倍时，它对应的三角形也是对应边的两倍，那么这一比是2∶1，这是很好理解的。那么，任何一个比皆是两个数的比也是很好理解的。线之比等于数之比，比如$A:B=8:5$，有两种解释，一是有一条较短的线A是8cm，那么B=5cm。这一解释出现在卷7的定义中。第二种解释是$5A=8B$。如果$A:B$是一个数的比，那么，A和B是可公约的，即两者都可以被一个公约数所测尽。

但是，许多线段是不可公约的。如果一个正方形的边是A，对角线是B，那么，A和B是不可公约的；$A:B$就不是一个数之比。这一事实由毕达哥拉斯发现。

命题V.1

如果有任意多个量，其分别是同样多个数的同倍量，那么，无论这个倍数是多少，前者的和也是后者的和的同倍量。

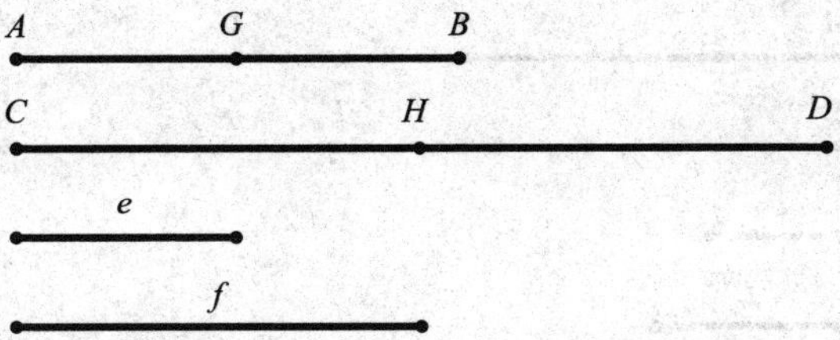

设：*AB*和*CD*的量分别是*e*和*f*的同倍量（定义V.2）。

求证：*AB*和*CD*之和是*e*和*f*之和的倍数。

因为，*AB*是*e*的倍量，*CD*是*f*的倍量，其倍数相等，那么，在*AB*中有多少个等于*e*的量，在*CD*中也有同样多个等于*f*的量。

分割*AB*为*AG*和*GB*，使之等于*e*；并分割*CD*为*CH*和*HD*，使之等于*f*。

那么：*AG*与*GB*的个数等于*CH*与*HD*之个数。

又，因为*AG*等于*e*，*CH*等于*f*，所以：*AG*与*CH*之和等于*e*与*f*之和。

同理：*GB*等于*e*，*GB*与*HD*之和等于*e*与*f*之和。

所以：在*AB*中有多少个等于*e*的量，在*AB*与*CD*之和中也有多少个量等于*e*与*f*之和。

所以：*AB*与*CD*之和等于*e*与*f*之和的倍数。

所以：如果有任意多个量，分别是同样多个数的同倍量，那么，无论这个倍数是多少，前者的和也是后者的和的同倍量。

证完

注 解

在现代数学中，这一命题陈述了乘法分配律：

$m（x_1+x_2+\cdots+x_n）=mx_1+mx_2+\cdots+mx_n$。

这里m为一个量，所有x_i为一个同类的量。

命题V.2

如果第一个量是第二个量的倍量，第三个量是第四个量的倍量，其倍量相等；第五个量也是第二个量的倍量，第六个量是第四个量的倍量，那么，第一个量与第五个量之和也等于第二个量的倍数，第三个量与第六个量之和是第四个量的倍数，其倍数也相等。

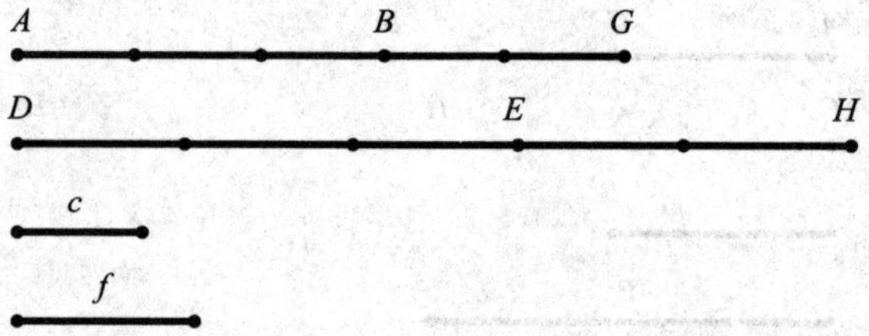

设：第一个量AB的量值是第二个量c的相同倍数，第三个量DE是第四个量f的相同倍数，第五个量BG是第个二量c的相同倍数，第六个量EH是第四个量f的相同倍数（定义V.2）。

求证：第一与第五之和AG便是第二个量c的相同倍数，第三与第六之和DH是第四个量f的相同倍数。

因为AB是c的相同倍数，DE是f的相同倍数。

所以：在AB里面有多少等于c的量值，在DE里面有同样多等于f的量值。

同理：在BG里面有多少等于c的量值，在EH里面有同样多等于f的量值。

所以：在整个AG里面有多少等于c的量值，在整个DH里面有同样多等于f的量值。所以：AG是c的相同倍数，DH是f的相同倍数。

所以：如果第一个量是第二个量的倍量，第三个量是第四个量的倍量，其倍量相等；第五个量也是第二个量的倍量，第六个量是第四个量的倍量，那么，第一个量与第五个量之和也等于第二个量的倍数，第三个量与第六个量之和是第四个量的倍数，其倍数也相等。

证完

注 解

这一命题简单陈述了等倍量之和相等。如果mc与mf是c和f的等倍量，那么nc和nf也是c和f的等倍量。则$mc + nc$以及$mf + nf$也是c和f的等倍量。这一证明依赖于分配律，即：

$(m + n)\ c = mc + nc$。

这一命题应用在另三个命题的证明中，它们是命题V.3、V.6、V.17。

命题V.3

如果第一个量是第二个量的倍量，第三个量是第四个量的相同倍数；如果第

一量和第三量也是等倍数，那么这两个量分别是第二个量及第四个量的倍量，并且这两个倍数相等。

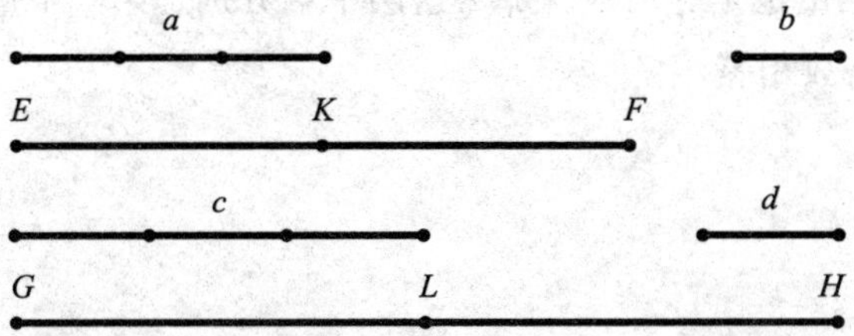

设：第一个量a的数量值是第二个量b的相同倍数，第三个量c是第四个量d的相同倍数，EF是a的等倍数，GH是c的等倍数（定义V.2）；

求证：EF是b的相同倍数，GH是d的相同倍数。

因为EF是a的相同倍数，GH是c的相同倍数。

所以：在EF中有多少个a的相同的量值，在GH中有同样多个c的相同量值。

另：将EF分为EK和KF，使其量值等于a。将GH分为GL和LH，使其量值等于c。

那么EK与KF的量值数等于GL与LH的量值数。

又因为，a是b的相同倍数，c是d的相同倍数，这时EK等于a，GL等于c，故EK是b的相同倍数，GL是d的相同倍数。

同理，KF是b的相同倍数，LH是d的相同倍数。

那么第一个量EK是第二个量b的相同倍数，第三个量GL是第四个量d的相同倍数，第五个量KF是第二个量b的相同倍数，第六个量LH是第四个量d的相同倍数。

所以：第一个量与第五个量之和EF是第二个量b的倍数，第三个量与第六个量之

□ 欧洲的“算术三角”

在帕斯卡之前，欧洲知道“帕斯卡三角”的大有人在。根据现有资料，最早发表的“算术三角”是德国人阿皮安努斯（1495—1552年），他在1527年出版的算术书中就有$n=9$的算术三角形图，后来朔伊贝尔（1494—1570年）在他的《算术》中也记有算术三角形（图上），还有塔尔塔利亚（1499—1557年）在他的《数的度量通论》中也记载了此类算术三角形（图下）。

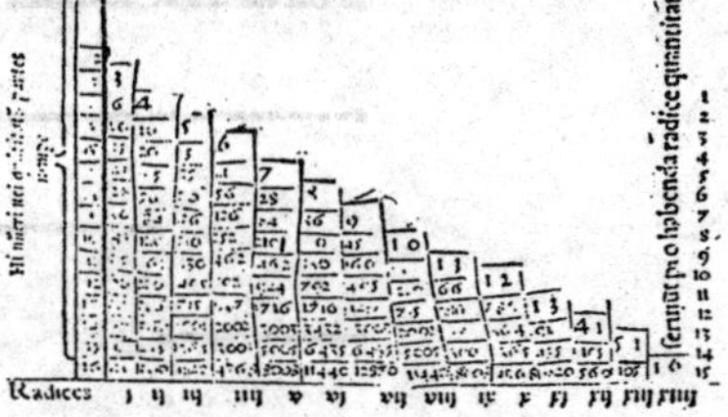

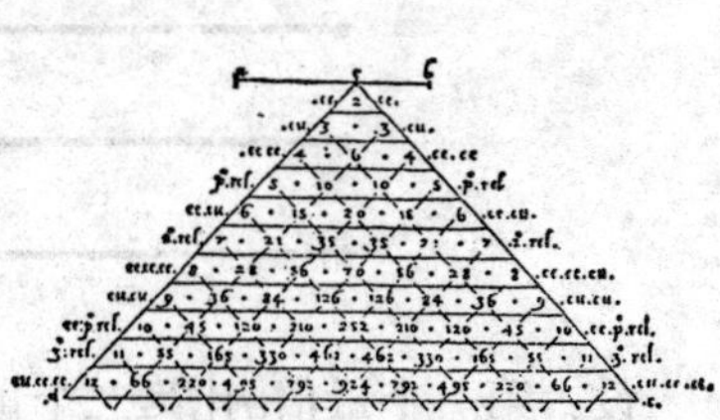

和GH是第四个量d的倍数（命题V.2）。

所以：如果第一个量是第二个量的倍量，第三个量是第四个量的相同倍数；如果第一量和第三量也是等倍数，那么这两个量分别是第二个量及第四个量的倍量，并且这两个倍数相等。

证完

注 解

这一命题说等倍量相等。即如果w 和x 是y 和z的等倍量，u和v 是w和x的等倍量，那么，u和v是y和z的等倍量。证明依赖于乘法的欧几里得算法，即：$m(ny)=(mn)y$。在欧几里得的证明中，n是3，m是2。

如同在上一命题中，量并不总需要是同一个类。

虽然这一命题实际上并不是陈述比例，但仍然可以解释为比例，对a和c是b和d的等倍量的假设，可以解释为比例$a:b=c:d$，且ma和mc是b和d的等倍量的这一结论也可以解释为一个比例，即$ma:b=mc:d$。在这一解释下，这一比例成为下一命题中证明普遍情形的特殊情况。

命题V.4

如果第一个量比第二个量与第三个量比第四个量的比相同，那么第一个量比第三个量的倍量与第二个量比第四个量的倍量相同。

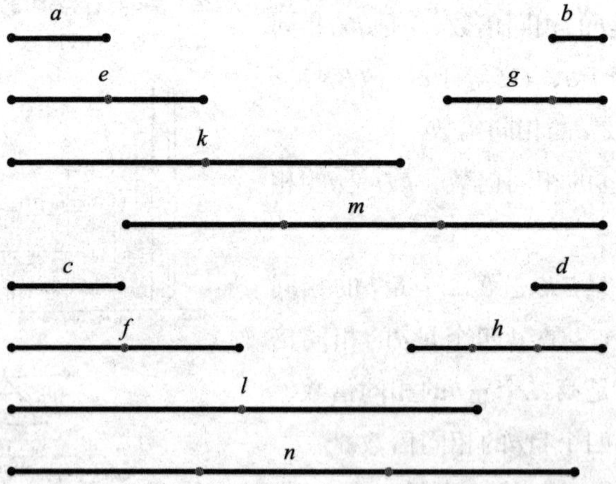

设：第一个量值a比第二个量值b与第三个量值c比第四个量值d有相同的比，e

和f分别是a和c的等倍数，g和h分别是b和d的等倍数。

求证：e比g等于f比h。

令：k为e的等倍量，l为f的等倍量，m为g的等倍量，n为h的等倍量。

因为e为a的等倍量，f为c的等倍量，k为e的等倍量，l为f的等倍量。所以：k是a的倍数，l是c的倍数。

同理，m是b的倍数，n是d的倍数（命题V.3）。

又，因为a比b等于c比d，k和l是a和c的等倍量，m和n是b和d的等倍量，所以：如果m大于k，那么n大于l。

如果相等则也相等，如果小于则也小于（定义V.5）。

又，k和l是e和f的等倍量，m和n是g和h的等倍量。

所以：e比g等于f比h（定义V.5）。

所以：如果第一个量比第二个量与第三个量比第四个量的比相同，那么第一个量比第三个量的倍量与第二个量比第四个量的倍量相同。

证完

注 解

注意，欧几里得应用定义证明两个比例pa：（qb）与pc：（qd）是相同的（这里，a和b是一个类的量，c和d是另一个类的量，但p和q是数）。我们给出$a:b=c:d$，这意味着对于任何数m和n来说，如果$ma>=<nb$，那么$mc>=<nd$。

对于任何数p和q来说，我们必须证明pa：（qb）$=pc$：（qd），这即是说，我们必须证明对任何数m和n来说，如果$mpa>=<nqb$，那么$mpc>=<nqd$。

但这只是给出关系的特殊形式：

如果$ma>=<nb$，那么$mc>=<nd$。

这一命题应用在命题V.22中。

命题V.5

如果一个量值是另一个量值的倍量，另一个量减去的部分是第一个量减去的部分的倍量，其倍数相等。则余下的量值仍然是相同的倍数，其总量值也是相同的倍数。

设：量值AB是量值CD的相同倍数，减去的部分AE是减去的部分CF的相同倍数。

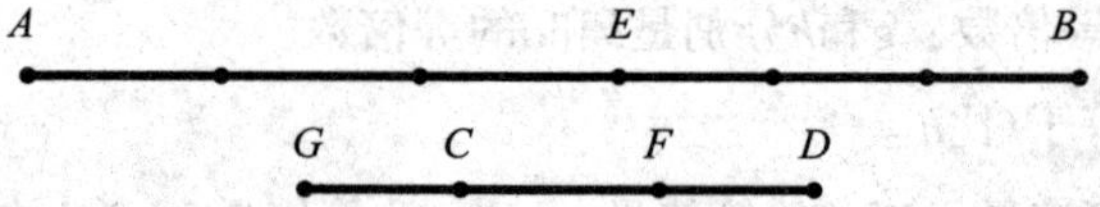

求证：余下的部分EB也是余下的部分FD的相同倍数，总和AB也是总和CD的倍数。

令：作CG，以使EB是CG的倍数，AE是CF的倍数。

那么因为AE是CF的相同倍数，EB是GC的相同倍数。

所以：AE是CF的相同倍数，AB是GF的相同倍数（命题V.1）。

假定：AE是CF的相同倍数，AB是CD的相同倍数。

于是：AB是量值GF和CD的相同倍数，所以：GF等于CD。

从每个中减去CF，于是：余下的GC等于余下的FD。

又因为：AE是CF的相同倍数，EB是GC的相同倍数，GC等于DF。

所以：AE是CF的相同倍数，EB是FD的相同倍数。

假设：AE是CF的相同倍数，AB是CD的相同倍数。

于是：余下的EB是余下的FD的相同倍数，AB是CD的相同倍数。

所以：如果一个量值是另一个量值的倍量，另一个量减去的部分是第一个量减去的部分的倍量，其倍数相等。则余下的量值仍然是相同的倍数，其总量值也是相同的倍数。

证完

注 解

这一命题类似于命题V.1，它陈述量相减的分布数的乘法，$m(x-y)=mx-my$。

注意，在这一命题中，所有量必须是同一类。

证明的开头部分就涉及部分量，作CG，使EB是CG的相同倍数，AE是CF的相同倍数。于是，便有如下例子，AE是CF的三分之一，CG是EB的三分之一，而这一结构并不适合所有类型的量，特别是在角与弓形中。

这一命题在《几何原本》的其他地方再未被利用。

命题V.6

如果两个量是另两个量的同倍量，从前两个量中减去后两个量的任意同倍

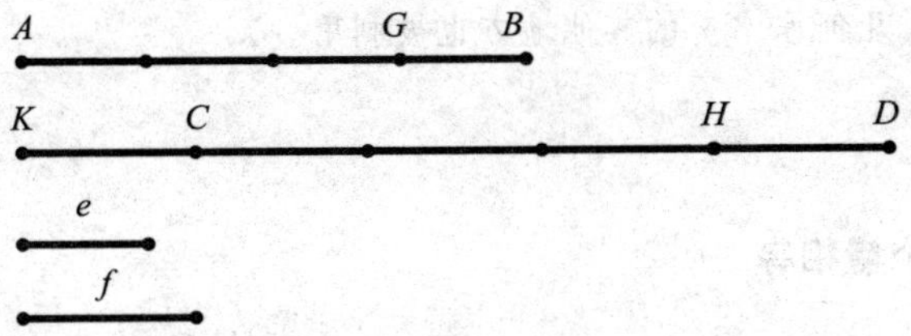

量，那么余量或者与后两个量相等，或者是它们的等倍数。

设：两个量*AB*和*CD*是两个量*e*和*f*的同倍量，从中减去*e*的同倍量*AG*和*f*的同倍量*CH*。

求证：余量*GB*和*HD*也等于*e*和*f*，或者是它们的同倍量。

首先，令*GB*等于*e*。

那么：*HD*也等于*f*。

作*CK*等于*f*。

因为*AG*是*e*的相同倍数，*CH*是*f*的相同倍数，同时*GB*等于*e*，*KC*等于*f*，所以：*AB*是*e*的相同倍数，*KH*是*f*的相同倍数（命题V.2）。

又，因假设*AB*是*e*的相同倍数，*CD*是*f*的相同倍数，于是：*KH*是*f*的相同倍数，*CD*是*f*的相同倍数。

既然*KH*和*CD*都是*f*的相同倍数，那么：*KH*等于*CD*。

令从每个量中减去*CH*，于是：余量*KC*等于余量*HD*。

而*f*等于*KC*，于是：*HD*也等于*f*。

于是，如果*GB*等于*e*，那么：*HD*也等于*f*。

同样，可以证明出如果*GB*是*e*的倍数，*HD*也是*f*的相同倍数。

所以：如果两个量是另两个量的同倍量，从前两个量中减去后两个量的任意同倍量，那么余量或者与后两个量相等，或者是它们的等倍数。

证完

注 解

这一命题陈述了如果*ma*和*mb*是*a*和*b*的等倍量，*na*和*nb*也是等倍量，那么它们的差$ma-na$和$mb-nb$是更多的等倍量，类似于命题V.2的相加。

它的证明依赖于分配性，即量的乘法分配律：$(m-n)a = ma-na$。欧几里得将4作*m*，3作*n*。但他并不将1视为一个数。

这一命题在《几何原本》的其他地方也被利用。

命题V.7

等量比同一个量相等。

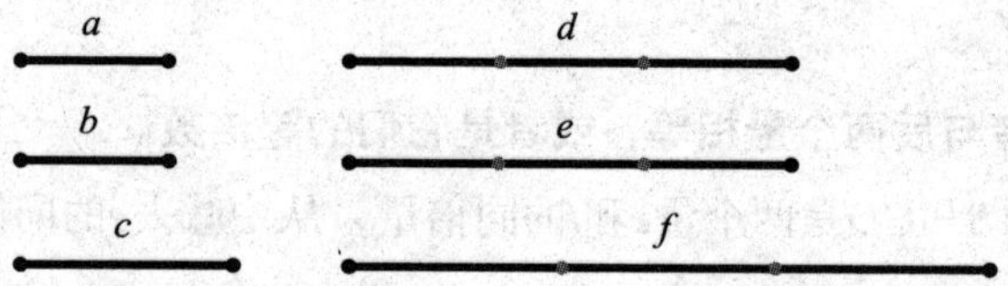

设：a与b等量，c为任意量。

求证：a、b与c的比相等；反之，c与a、b的比相等。

作等量a、b的等倍量d、e，c的任意倍数f。

那么因为：d是a的等倍量，e是b的等倍量，且a等于b。

所以：d等于e。而f是另一个任意量。

如果d大于f，那么e也大于f；

如果相等，那么后者也相等，如果小于，那么后者也小于。

又，d和e是a和b的等倍量，同时f是c的任意倍数。

所以：a比c等于b比c（定义V.5）。

进一步说明：c与a、b的比相等。

在同一结构中， 也可以同样证明d等于e，f是另一个量，如果f大于d，那么也就大于e，如果相等，也就等于后者，如果小于，那么也小于后者。

又，f是c的倍数，同时d和e是a和b的任意等倍量。

所以：c比a等于c比b（定义V.5）。

所以：等量比同一个量相等。

证完

推 论

这一命题表明，如果任意量成比例，那么它们也成逆比。

注 解

这一命题说，如果$a = b$，那么$a : c = b : c$，$c : a = c : b$。命题是显明的，逆命

题在命题V.9中给出。

推论是不合适的。这一推论实际上与命题无关。因为命题要求的所有量是同类量，而推论则不是。但这一推论却是正确的，它根据定义V.5而来。

比例的这一基础特性经常使用在涉及比例的命题中，在卷5从V.10开始的命题中几次使用，大量使用是在卷6中，以后的几卷中也不时使用。

命题V.8

两个不等量与同一个量的比值中，较大的量比值也较大；一个量与两个不等量的比值中，小的量比值为大。

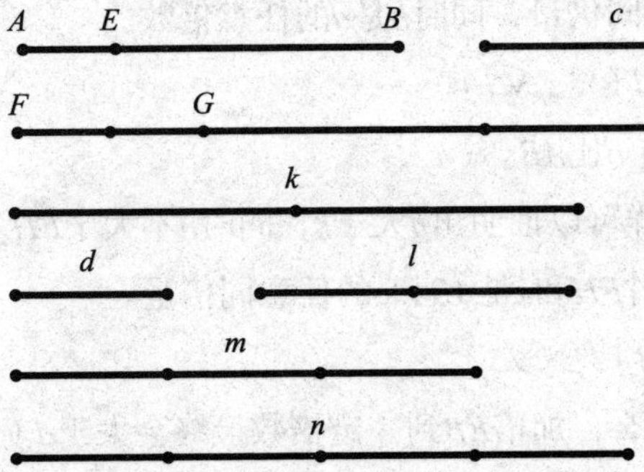

设：*AB*和*c*是不等量，*AB*大于*c*，*d*是一个任意量。

求证：*AB*比*d*大于*c*比*d*，*d*比*c*大于*d*比*AB*。

因为：*AB*大于*c*，作*EB*等于*c*。

那么：对*AE*和*EB*中较小的量加倍至一定次数时将大于*d*（定义V.4）。

首先：令*AE*小于*EB*，*AE*加倍，*FG*是*AE*的倍量，并大于*d*。作*GH*，使之为*EB*的相等倍数量，作*k*为*c*的相等倍数量，*FG*为*AE*的相等倍数量。

令*l*为*d*的两倍，*m*为其三倍，如此连续增加倍数，直到*d*加倍到首次大于*k*。令其为*n*，*n*为*d*的四倍，它的一倍大于*k*（定义V.4）。

因为：*k*小于*n*，所以：*k*不小于*m*。

因为：*FG*是*AE*的相同倍数，*GH*是*EB*的相同倍数。

所以：*FG*是*AE*的相同倍数，*FH*是*AB*的相同倍数（命题V.1）。

又，*FG*是*AE*的相同倍数，*k*是*c*的相同倍数。

所以：*FH*是*AB*的相同倍数，*k*是*c*的相同倍数。

所以：FH和k是AB和c的同倍量。

又因为：GH是EB的相同倍数，k是c的相同倍数，EB是c的相同倍数。

所以：GH等于k。

而k不小于m，所以：GH也不小于m。

又，FG大于d，所以：FH大于d与m之和。

又，d与m之和等于n，由于m是d的三倍，m与d之和是d的四倍，同时n也是d的四倍。

所以：m与d之和等于n。

又，FH大于m与d之和，所以：FH大于n，同时k不大于n。

又，FH与k是AB和c的同倍量，同时n是d的任意倍数。

所以：AB比d大于c比d（定义V.7）。

进一步说明，d比c大于d比AB。

在这同一结构中，同样可以证明出n大于k，同时n不大于FH。

又，n是d的倍数，同时FH和k是AB和c的任意同倍量。

所以：d比c大于d比AB（定义V.7）。

再：令AE大于EB。那么，加倍EB到一定倍数最终会大于d（定义V.4）。

令加倍后的GH是EB的倍数，并大于d。

令：FG是AE的相同倍数量，k是c的相同倍数量，GH是EB的相同倍数量。

那么同样也可以证明出FH和k是AB和c的等倍量。

又，同样，令n是d的一倍量，并大于FG。

所以：FG也不小于m（定义V.4）。

又，GH大于d，所以：FH大于d与m之和，即n。

那么：k不大于n，FG亦如是，FG大于GH，即大于k，不大于n。

所以：两个不等量与同一个量的比值中，较大的量比值也较大；一个量与两个不等量的比值中，小的量比值为大。

证完

命题V.9

两个量与一个量有同样的比值，则这两个量相等；同一量与n个量的比相同，则这些量相等。

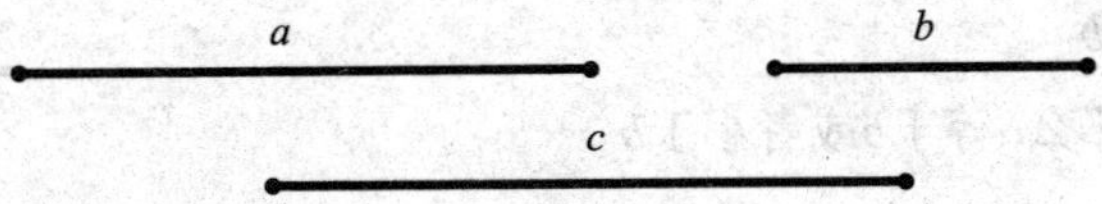

设：a、b与c有相同的比值。

求证：a等于b。

否则，每个量a和b将不会有与c相等的比值。

但是它们有，所以a等于b（命题V.8）。

再设：c与a、b有相同的比值。

那么：a等于b。

否则，c将不会与a和b量有相等的比值。

但它们已知成相同的比值，所以a等于b（命题V.8）。

所以：两个量与一个量有同样的比值，那么这两个量相等。

证完

注 解

这一命题是命题V.7 的逆命题，有两种陈述方式：

如果 $a:c=b:c$，那么 $a=b$。

如果$c:a=c:b$，那么$a=b$。

除前一命题外，证明依赖于三分比例法则，$a:b<a:c$ 和$a:b=a:c$ 不能同时发生。虽然欧几里得并没有证明它，它根据定义V.5和定义V.7而来。

这一命题依赖于将定义V.4 作为一个对照公理来应用，因为当a 是$c+y$，且b是$c+2y$ 时，这一公理不成立。这里y 是与c相关的无穷小的数。

这一命题偶尔应用在卷6、7、10、11、12以推断几何量相等。

命题V.10

一些量比一个量，比值大的为大。一个量比一些量，比值大的为小。

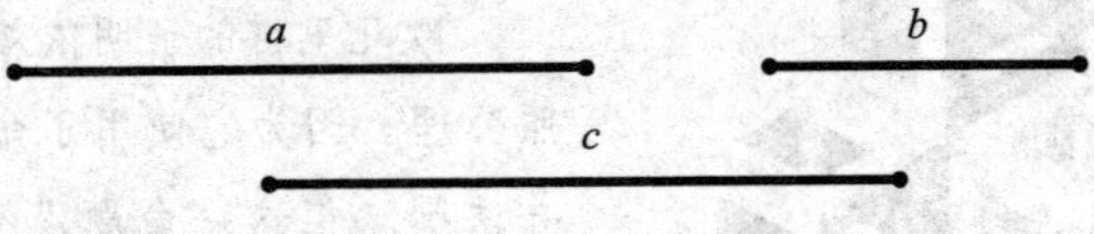

设：a比c大于b比c。

求证：a大于b。

假如不是，那么a等于b或者小于b。

因为：a等于b，由于在此一情况下，a、b比c有相同的比值。

但事实不是这样，所以：a不等于b（命题V.7）。

又，a也不小于b，因为这一情况下，a与c的比值将小于b与c的比值。

但事实不是这样，所以：a不小于b（命题V.8）。

同时也可以证明a不等于b，所以：a必然大于b。

再设：c与b的比值大于c与a的比值。

那么可说：b小于a。

假如不是，那么就会等于或者大于。

设b等于a，因为在这一情况下就会有c与a同c与b的比值相等。

但事实不是这样，所以：a不等于b（命题V.7），也不是b大于a。

因为：这样，c比b小于c比a，但是，已知不是这样，所以，b不大于a。但，已经证明了一个不等于另一个，所以：b小于a。

所以：一些量比一个量，比值大的为大。一个量比一些量，比值大的为小。

证完

□ 六面形方砖

和音乐一样，达·芬奇认为：数学和几何“包含了宇宙的一切”。从年轻时起，达·芬奇就本能地把这些主题运用在作品中。构成他的展现三维空间和丰富表现力而进行研究的主要元件，是人物面孔、手势、几何结构、心境和生命力。图中布达佩斯的伊帕姆维泽蒂博物馆收藏的六面形方砖，应用了达·芬奇画的具有视觉效果的几何图案。

注 解

这一命题是命题V.8的逆命题，有两种陈述方式：

如果$a:c>b:c$，那么$a>b$。

如果$c:b>c:a$，那么$b<a$。

部分比例三分法则应用在本命题中，最多有三种情况，$a:c<b:c$、$a:c=b:c$、$a:c>b:c$。

欧几里得的证明依赖于定义V.4作为对照公理。因为它使用了命题V.8和比例的三分法则。但这一命题没有对照公理也能够得以证明。

假定$a:c>b:c$，那么有数m、n，$na>mc$，nb不大于mc。

所以$na>nb$。所以$a>b$。

于是$a:c>b:c$，这意味着$a>b$。

这一命题应用在卷5从命题V.14开始的几个命题中。

命题V.11

凡与同一个比相同的比，彼此相同。

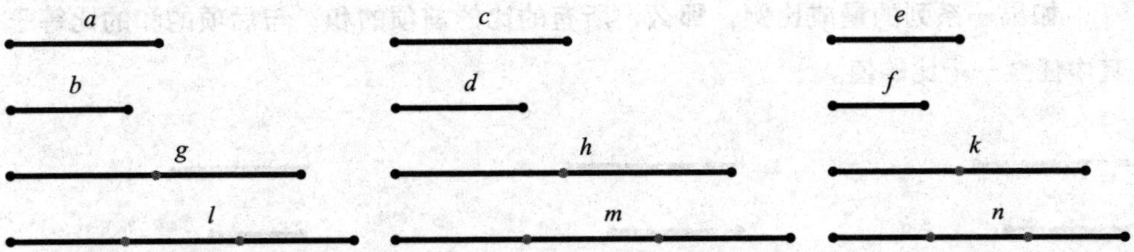

设：a比b等于c比d，c比d等于e比f。

求证：a比b等于e比f。

作a、c、e的等倍量g、h、k，再作b、d、f的任意等倍量l、m和n。

那么因为a比b等于c比d，a和c是g和h的等倍量，b和d是l和m的任意等倍量。

所以：如果g大于l，那么h也就大于m。

如果相等，那么后者也就相等；如果小于，那么后者也就小于（定义V.5）。

又因为：c比d等于e比f，c和e是h和k的等倍量，d和f是m和n的任意等倍量。

所以：如果h大于m，那么k也就大于n；如果等于，那么后者也相等；如果小于，那么后者也小于。

但是，如果h大于m，g也就大于l；如果等于，那么后者也相等；如果小于，那么后者也就小于。

所以进一步说：如果g大于l，那么k也就大于n；如果等于，那么后者也相等；如果小于，那么后者也小于（定义V.5）。

又，g和k是a和e的等倍量，同时l和n是b和f的另一个任意等倍量。

所以：a比b等于e比f（定义V.5）。

所以：凡与同一个比相同的比，彼此相同。

证完

注 解

这一命题表述了比相等的传递关系。这一命题（自反性和均匀性）后，表述“两个比相等”的证明直接沿用了定义。很奇异的是，欧几里得认为这需要被证明。

a和b是一类量，c和d是另一类，e和f是再一类量，这一命题频繁地应用在涉及比的命题中。

命题V.12

如果一系列的量成比例，那么，所有的比的前项的和，与后项的和的比等于其中任意一个比的值。

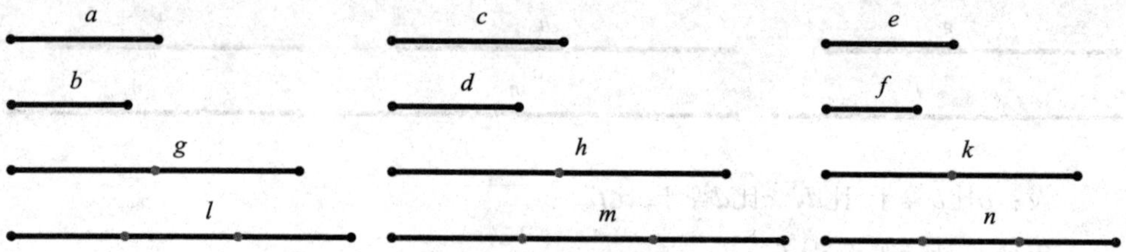

设：a、b、c、d、e、f为比例量，a比b等于c比d，也等于e比f。

求证：a比b等于a、c、e之和比b、d、f之和。

作a、c、e的等倍量g、h、k，再作b、d和f的等倍量l、m和n。

那么因为：a比b等于c比d，也等于e比f，a、c、e是g、h和k的等倍量，b、d、f是l、m、n的任意等倍量。

所以：如果g大于l，那么h也大于m，k也大于n。

如果相等，那么后者也相等；如果小于，那么后者也小于。

所以：再进一步，如果g大于l，那么g、h、k之和大于l、m、n之和；如果等于，那么后者也相等；如果小于，那么后者也小于（定义V.5）。

那么：g和g、h、k之和是a和a、c、e之和的等倍量。

因为如果任何量是另一个相同量的相同倍数，那么这些量的和是后者的和的倍数（命题V.1）。

同样原因：l与l、m、n之和也是b与b、d、f之和的同倍数。

所以：a比b等于a、c、e之和比b、d、f之和（定义V.5）。

所以：如果一系列的量成比例，那么，所有的比的前项的和，与后项的和的比等于其中任意一个比的值。

证完

注 解

代数表达可为：如果$x_1:y_1=x_2:y_2=\cdots=x_n:y_n$，那么这些比的每一个也等于（$x_1+x_2+\cdots+x_n$）：（$y_1+y_2+\cdots+y_n$）。

这一命题应用在V.15中，也应用在卷6、10、12的一些命题中。

命题V.13

如果第一个量比第二个量等于第三个量比第四个量，第三个量比第四个量大于第五个量比第六个量，那么第一个量与第二个量的比也大于第五个量比第六个量。

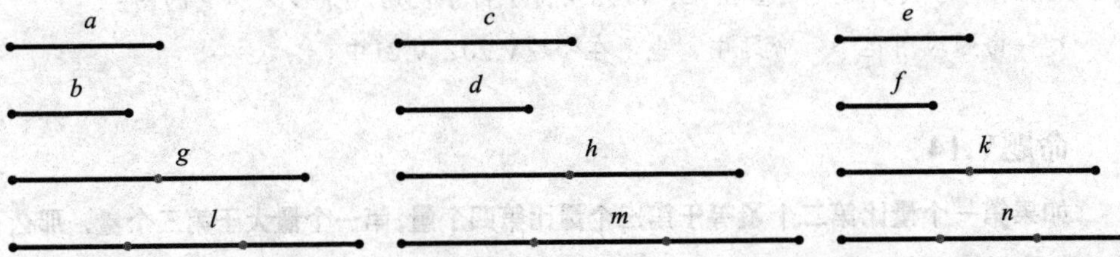

设：第一个量a比第二个量b与第三个量c比第四个量d的比相同，第三个量c与第四个量d的比大于第五个量e与第六个量f的比。

求证：第一个量a与第二个量b的比也大于第五个量e与第六个量f的比。

因为：c、e以及d、f为等倍量，c的倍数大于d的倍数，同时e的倍数不大于f的倍数。

如是，令：g和h为c和e的等倍量，k和l是d和f的任意等倍量。

于是：g大于k，而h不大于l，g为c的任意倍数。

令：m也是a的倍数，k为d的任意倍数，n也为b的倍数（定义V.7）。

既然a比b等于c比d，a和c是m和g的倍数，b和d是n和k的任意等倍量。

所以：如果m大于n，那么g也大于k；如果等于，那么后者也等于；如果小于，那么后者也小于（定义V.5）。

而g大于k，所以：m也大于n。

而h不大于l，m和h是a 和e的等倍数，n和l是b和f的任意等倍数。

所以：a比b大于e比f（定义V.7）。

所以：如果第一个量比第二个量等于第三个量比第四个量，第三个量比第四个量大于第五个量比第六个量，那么第一个量与第二个量的比也大于第五个量比第六个量。

证完

注解

如果两个比相等，并且其中一个大于第三个，那么另一个也大于第三个。代数表达为，如果$a:b=c:d$，$c:d>e:f$，那么$a:b>e:f$。量可能是三种不同的类，即a和b为一类，c和d为第二类，e和f为第三类。

由于传递性，如果$a:b>c:d$，$c:d>e:f$，那么$a:b>e:f$。证明是不困难的，但没有符号代数还是有些困难，欧几里得不得不使用20条线来作它的图。

这一命题应用在下一命题中，也用在命题V.20、V.21中。

命题V.14

如果第一个量比第二个量等于第三个量比第四个量，第一个量大于第三个量，那么第二个量也大于第四个量；如果相等，那么后者亦相等；如果小于，那么后者亦小于。

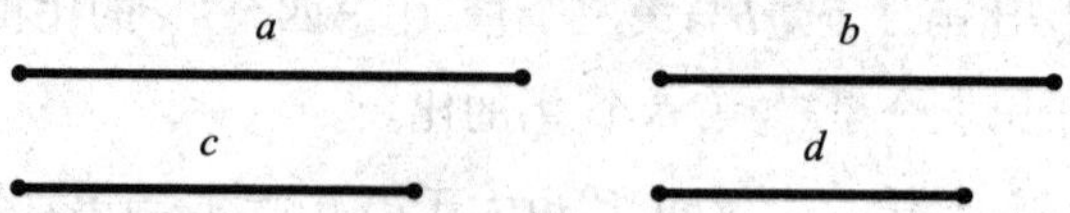

设：第一个量a比第二个量b等于第三个量c比第四个量d，并且a大于c。

求证：b也大于d。

因为：a大于c，b是任意一个等倍量。

所以：a比b大于c比b（命题V.8）。

而，a比b等于c比d，所以：c比d大于c比b（命题V.13）。

又，由于有相同比的更小。

所以：d小于b，即：b大于d（命题V.10）。

同样可以证明，如果a等于c，那么b等于d。

又，如果a小于c，那么b小于d。

所以：如果第一个量比第二个量等于第三个量比第四个量，第一个量大于第三个量，那么第二个量也大于第四个量；如果相等，那么后者亦相等；如果小于，那么后者亦小于。

证完

注 解

这一命题应用在命题V.6中，也应用在卷Ⅴ、Ⅵ、Ⅹ、Ⅻ、XⅢ的一些命题中。

命题V.15

部分与一部分的比按相应的顺序与它同倍量的比相同。

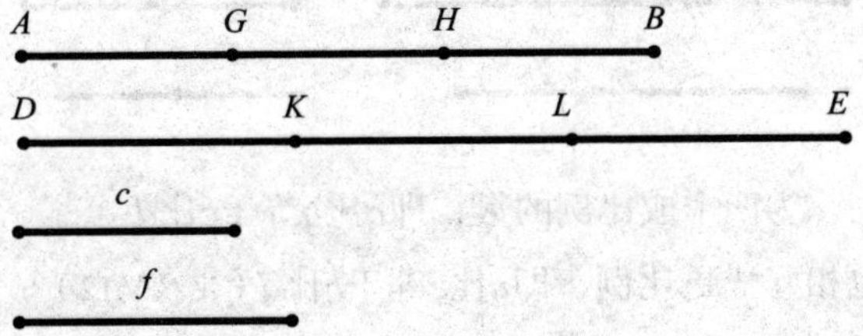

设：*AB*是*c*的倍数，*DE*是*f*的倍数，且倍数相同。

求证：*c*比*f*等于*AB*比*DE*。

因为既然：*AB*是*c*的倍数，*DE*是*f*的倍数，且倍数相同，那么*AB*中有多少个*c*的量，同样*DE*中有多少个*f*的量。

将*AB*分为等量*AG*、*GH*和*HB*，使之等于*c*，将*DE*分为等量*DK*、*KL*和*LE*，使之等于*f*。

那么系列量*AG*、*GH*和*HB*与系列量*DK*、*KL*和*LE*的个数相等。

又因为*AG*、*GH*和*HB*相互相等，*DK*、*KL*和*LE*也相互相等。

所以：*AG*比*DK*等于*GH*比*KL*，等于*HB*比*LE*（命题V.7）。

所以：前项与后项之比等于前项之和与后项之和的比。

所以：*AG*比*DK*等于*AB*比*DE*（命题V.12）。

又，*AG*等于*c*，*DK*等于*f*。

所以：*c*比*f*等于*AB*比*DE*。

所以：部分与一部分的比按相应的顺序与它同倍量的比相同。

证完

注 解

这一命题用代数式陈述为，如果n是任意数，c和f是同类的任意量，那么$c:f=nc:(nf)$。这一命题应用在下一个命题中，也应用在卷5、6、13中。

命题V.16

如果四个量成比例，那么它们的更比例也成立。

设：a、b、c、d为四个成比例的量，即a比b等于c比d。

求证：它们也相互成更比例，即a比c等于b比d（定义V.12）。

令：作a和b的等倍量e和f，再作c和d的任意等倍量g和h。

那么因为：e是a的相等倍数，f是b的相等倍数，部分的比等于整体的等倍量。

所以：a比b等于e比f（命题V.15）。

而a比b等于c比d，所以：c比d也等于e比f（命题V.11）。

又因为：g和h是c和d的等倍量，所以：c比d等于g比h（命题V.15）。

而：c比d等于e比f。

所以：e比f也等于g比h（命题V.11）。

又，如果四个量成比例，而第一个大于第三个。

那么第二个也大于第四个；如果相等，那么后者也相等；如果小于，那么后者也小于（命题V.14）。

所以：如果e大于g，那么f也大于h；如果等于，那么后者也等于；如果小于，那么后者也小于。

e和f是a和b的等倍量，g和h是c和d的等倍量。

所以：a比c等于b比d（定义V.5）。

所以：如果四个量成比例，那么它们的更比例也成立。

证完

注 解

四个量a、b、c、d 必须是同一个类。如果a、b与c、d是不同的类，那么$a:c$和$b:d$就不是交替比，而是混合比。古希腊几何学家不接受混合比的概念，但现代物理及机械领域内，混合比却是通常使用的，最典型的例子是速度与时间和距离的公式。

这一命题要求应用定义V.4作为对照公理。

这一命题应用在命题V.19中，并频繁使用在卷6、10、11、12中。

命题V.17

如果几个量成合比例，那么它们也成分比例。

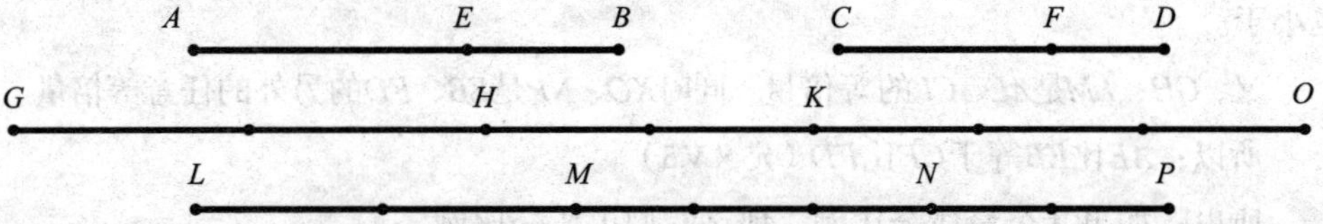

设：*AB*、*BE*、*CD*和*DF*成合比例，即*AB*比*BE*等于*CD*比*DF*（定义V.14）。

求证：它们分开也成比例，即*AE*比*EB*等于*CF*比*FD*（定义V.15）。

作：*AE*、*EB*、*CF*和*FD*的等倍量*GH*、*HK*、*LM*和*MN*，再作*EB*、*FD*的任意等倍量*KO*、*NP*。

那么因为：*GH*是*AE*的相等倍数，*HK*是*EB*的相等倍数。

所以：*GH*是*AE*的相等倍数，*GK*是*AB*的相等倍数（命题V.1）。

而*GH*是*AE*的相等倍数，*LM*是*CF*的相等倍数。

于是：*GK*是*AB*的相等倍数，*LM*是*CF*的相等倍数。

又因为：*LM*是*CF*的相等倍数，*MN*是*FD*的相等倍数。

所以：*LM*是*CF*的相等倍数，*LN*是*CD*的相等倍数（命题V.1）。

又，*LM*是*CF*的相等倍数，*GK*是*AB*的相等倍数。

所以：*GK*是*AB*的相等倍数，*LN*是*CD*的相等倍数。

所以：*GK*和*LN*是*AB*和*CD*的等倍量。

又因为：*HK*是*EB*的倍数，*MN*是*FD*的倍数，*KO*也是*EB*的倍数，*NP*是*FD*的倍数，且倍数相等。

所以：*HO*之和也是*EB*的倍数，*MP*是*FD*的倍数，且倍数相等（命题V.2）。

又因为：*AB*比*BE*等于*CD*比*DF*，*AB*、*CD*是*GK*、*LN*的等倍量，*EB*和*FD*是*HO*

和MP的等倍量。

所以：如果GK大于HO，那么LN也大于MP；如果等于，那么后者也等于；如果小于，那么后者也小于。

令：GK大于HO，从每个中减去HK，于是：GH也大于KO。

但是，如果GK大于HO，那么LN也大于MP。

所以：LN也大于MP。

又，如果从每个中减去MN，那么，LM也大于NP。

所以：如果GH大于KO，那么LM也大于NP。

同理，可以证明，如果GH等于KO，那么LM也等于NP；如果小于，那么后者也小于。

又，GH、LM是AE、CF的等倍量，同时KO、NP是EB、FD的另外的任意等倍量。

所以：AE比EB等于CF比FD（定义V.5）。

所以：如果几个量成合比例，那么它们也成分比例。

证完

注 解

这一命题说，如果（$w+x$）∶x=（$y+z$）∶z，那么w∶x=y∶z。w和x两个量为同一类，y和z两个量为另一类。

逆命题在下一命题中给出。

这一命题应用在下两个命题中，作为一对命题。

命题V.18

如果分开的量成比例，那么它们也成合比例。

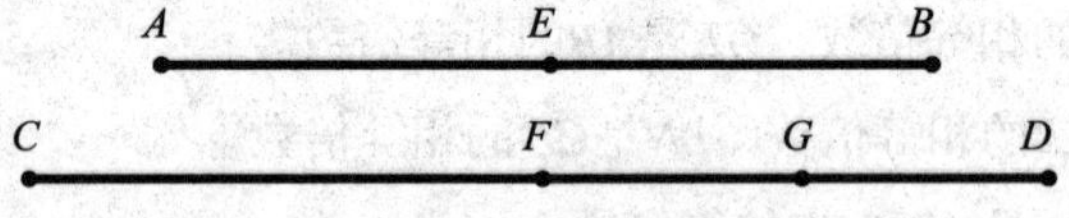

设：AE和EB，CF和FD是分别成比例的量。

所以：AE比EB等于CF比FD（定义V.15）。

求证：它们也成合比例，即AB比BE等于CD比DF（定义V.14）。

假如：CD比DF不等于AB比BE，那么AB比BE或者大于CD比DF，或者小于。

首先，令其比小于DG。

那么因为AB比BE等于CD比DG，它们成合比例。

所以：它们分开也成比例。所以：AE比EB等于CG比GD（命题V.17）。

又，假设AE比EB等于CF比FD，于是：CG比GD等于CF比FD（命题V.11）。

但第一个量CG大于第三个量CF，所以：第二个量GD也大于第四个量FD（命题V.14）。

但它又小于，这是不可能的。

所以：AB比BE不小于CD比DF。

同样也可以证明，其比也不大于，所以是DF自身。

所以：如果分开的量成比例，那么它们也成合比例。

证完

注 解

这一命题是上一命题的逆命题。它说，如果$w:x=y:z$，那么$(w+x):x=(y+z):z$。如同在上一命题中一样，w和x两个量是一类，同时，y和z是另一类。

命题的开始，我们可以这样解释：

如果$CD:DF$等于$AB:BE$，那么$AB:BE=CD:DG$，这里DG是某个大于或者小于DF的量。

已经给出另三个量，第四个量DG被假定出来。这里第四个量能否作出还有待证明。这只是一种假设。这就是证明的结构。

这一假定的第四个比例的存在方法引起了矛盾。这一证明方法也用在卷12中，用来证明面和体积的不同比例。举例说，在命题XII.2中，圆与直径上的正方形之比，欧几里得在卷5和卷12中发展了这一方法。

问题是：第四个比例真的存在吗？

这一命题应用在命题V.24中，也应用在卷6、10、12、13中。

命题V.19

如果总量比总量等于分量比分量，那么其余量之比也等于总量之比。

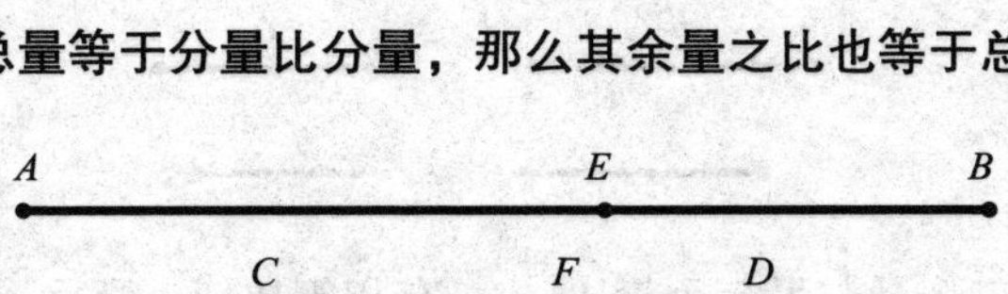

设：总量AB比总量CD，等于分量AE比分量CF。

求证：余量EB比余量FD等于总量AB比总量CD。

因为AB比CD等于AE比CF，所以：BA比AE等于DC比CF（命题V.16）。

又，因为连续成比例的量，分开也成比例，即BE比EA等于DF比FC，BE比DF等于EA比FC（命题V.17、V.16）。

假设：AE比CF等于总量AB比CD。

那么：余量EB比余量FD等于总量AB比总量CD（命题V.11）。

所以：如果总量比总量等于分量比分量，那么其余量之比也等于总量之比。

证完

推 论

如果量成合比例，那么它们的转换也成比例（定义V.16）。

注 解

这一命题说，如果（$u+v$）：（$x+y$）等于$v:y$，那么它也等于$u:x$。

换比、分比在定义V.14中作了总结。

在这一命题中的量必须是同类量，但在推论中的量却是两个不同类的量，所以推论是不合适的。或许应接在上一命题之后，这意味着该命题是它的前两个命题的倒置。

这一命题应用在命题V.25中，也用在卷10的其他几个命题中。推论在卷6和卷13中分别使用了一次。

命题V.20

如果有两组量，每组三个，各组中各取一个对应的量，所形成的比相同。如果首末项第一量大于第三量，则第四量也大于第六量；如果前二者相等，后二者也相等；如果小于，后二者也小于。

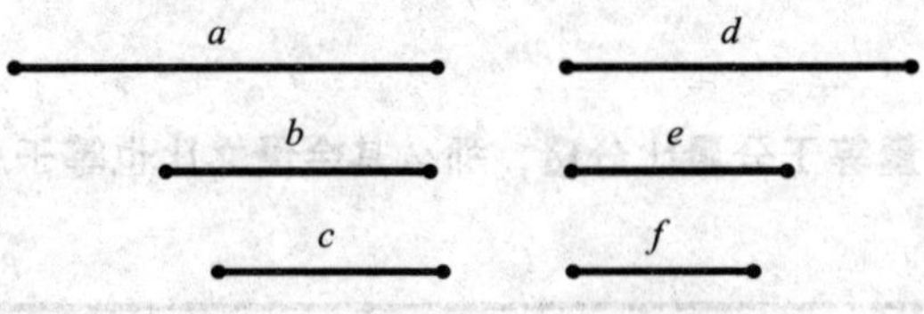

设：a、b、c三个量与另三个量d、e、f有相等比值，那么，a比b等于d比e，b

比c等于e比f。

又设：a大于c。

求证：d也大于f。如果a等于c，那么后者也相等；如果小于c，那么后者也小于。

因为a大于c，b是另一个等量，大的量比小的量有更大的比。

所以：a比b大于c比b（命题V.8）。

而：a比b等于d比e，又c比b等于f比e。

所以：d比e大于f比e（命题V.7、V.13）。

而：有相同比的量，大比的更大。

所以：d大于f（命题V.10）。

同样，可以证明：如果a等于c，那么d也等于f；如果小于，那么后者也小于。

所以：如果有两组量，每组三个，各组中各取一个对应的量，所形成的比相同。如果首末项第一量大于第三量，则第四量也大于第六量；如果前二者相等，后二者也相等；如果小于，后二者也小于。

证完

注 解

这一命题是为命题V.22做的准备，证明是简洁的。

命题V.21

如果三个量对应比另三个量，比值相同，而且它们是调动比，那么，如果第一量大于第三量，那么第四量也大于第六量；如果相等，那么后者也相等；如果小于，那么后者也小于。

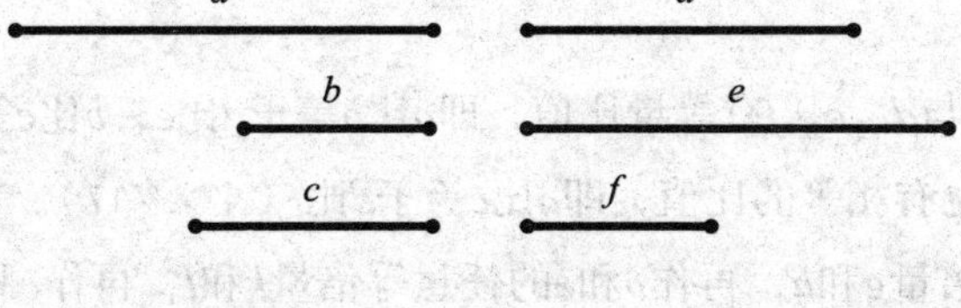

设：d、e、f三个量是a、b、c三个量的倍数，两两比相等，并且是调动比，那么a比b等于e比f，b比c等于d比e（定义V.18）。

a大于c，不等于c。

那么：d也大于f，如果a等于c，那么后者也相等；如果小于，那么后者也小于。

因为a大于c，b是另一个等量，那么：a比b的比值大于c比b（命题V.8）。

又，a比b等于e比f，相反，c比b等于e比d。

所以：e比f大于e比d（命题V.7、V.13）。

又，对同一比，比大的较小。

所以：f小于d，所以：d大于f（命题V.10）。

同样，可以证明：如果a等于c，那么d也等于f；如果小于c，那么d也小于f。

所以：如果三个量对应比另三个量，比值相同，而且它们是调动比，那么，如果第一量大于第三量，那么第四量也大于第六量；如果相等，那么后者也相等；如果小于，那么后者也小于。

注 解

这一命题是为命题V.23做的准备，本命题及命题V.23皆依赖于将定义V.4 作为类似公理。

命题V.22

如果有任意个量，又有个数与它们相同的一些量，各组中每取两个都有相同的比。则它们成首末比。

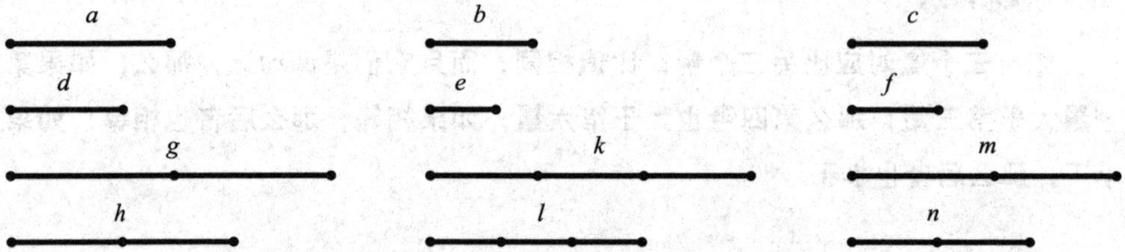

设：a、b、c与d、e、f有等量比值，即a比b等于d比e，b比c等于e比f。

那么：它们也有相等的比值，即a比c等于d比f（定义V.17）。

作a和d的等倍量g和h，再作b和e的任意等倍量k和l，再作c和f的任意等倍量m和n。

那么因为a比b等于d比e，g和h分别是a和d的等倍量，k和l分别是b和e的任意等倍量。

所以：g比k等于h比l（命题V.4）。

同样原因，k比m也等于l比n，那么因为三个量g、k和m与另三个量h、l和n有相同的比值，所以，有首末比。

如果g大于m，h也就大于n；如果等于，那么后者也相等；如果小于，那么后者也小于（命题V.20）。

又，g和h分别是a和d的等倍量，m和n分别是c和f的任意等倍量。

所以：a比c等于d比f（定义V.5）。

证完

命题V.23

如果有三个量对应比另三个量，比值相同，则它们组成调动比例，也成首末比。

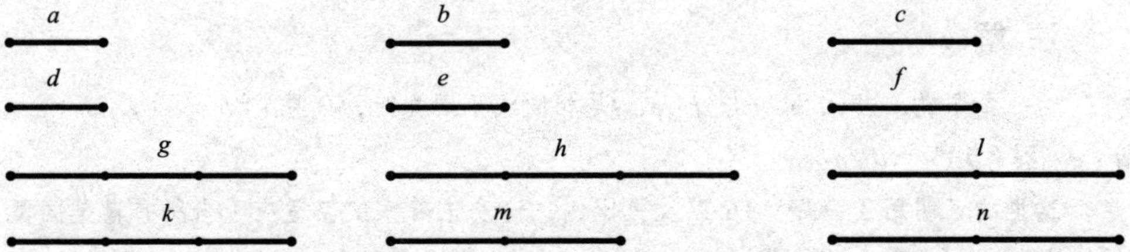

设：三个量为a、b、c，另三个量为d、e、f，它们一一对应，成相等比例。设它们组成调动比例，那么a比b等于e比f，b比c等于d比e（定义V.18）。

那么：a比c等于d比f。

分别作a、b、d的等倍量g、h和k，再分别作c、e、f的等倍量l、m和n。

那么因为g、h分别是a、b的等倍量，部分与整体有相等的比，所以：a比b等于g比h（命题V.15）。

因为同样理由，e比f等于m比n，a比b等于e比f。

所以：g比h等于m比n（命题V.11）。

再因为b比c等于d比e，则更比例为：b比d也等于c比e（命题V.16）。

又因为h、k分别是b、d的等倍量，由于部分与部分有相等的比，所以：b比d等于h比k（命题V.15）。

而b比d等于c比e，所以：h比k也等于c比e（命题V.11）。

又，因为l、m是c、e的相等倍数，所以：c比e等于l比m（命题V.15）。

又，c比e等于h比k，所以：h比k也等于l比m。

且更比例为：h比l等于k比m（命题V.11、V.16）。

又，也可以证明：g比h等于m比n。

既然因为：三个量g、h、l与另三个量k、m、n对应成比例，并构成调动比。

所以：是首末比，如果g大于l，那么k也大于n；如果相等，那么后者也相等；如果小于，那么后者也小于（命题V.21）。

又，g和k是a和d的等倍量，l和n是c和f的等倍量。

所以：a比c等于d比f（定义V.5）。

所以：如果有三个量对应比另三个量，比值相同，则它们组成调动比例，也成首末比。

证完

注 解

这一命题说，当a、b、c与 d、e、f是相同或不同类时，如果$a:b=e:f$，$b:c=d:e$，那么$a:c=d:f$。

这里的证明用了命题V.16 以及更比例，这意味着，仅仅适应于当所有量是同类量的情况。这一证明是笨拙的。

以下是证明的总结：

假定$a:b=e:f$，$b:c=d:e$。

证明：$a:c=d:f$。

设：n和m是两个任意数，根据命题V.15，$a:b=na:(nb)$，且$e:f=me:(mf)$。

所以，根据命题V.11，$na:(nb)=me:(mf)$。

因为$b:c=d:e$，得$b:d=c:e$（但要求所有量是同类量）。同理，$nb:(nd)=b:d=c:e=mc:(me)$。

所以，由更比例可得，$nb:(mc)=nd:(me)$。

再用命题V.21的比例$nb:(mc)=nd:(me)$以及$na:(nb)=me:(mf)$，得：

$na>=<mc$ 则 $nd>=<mf$。

所以：$a:c=d:f$。

虽然上一命题的比例首末比不依赖于定义V.4为类似公理，但这一命题却是一个使用无穷小的反比例是：$a=c=e$，$b=e=(a+y)$，$f=(a+2y)$。这里，y是与a

相关的无穷小的数。

命题V.24

如果第一个量与第二个量的比等于第三个量与第四个量的比，第五个量比第二个量等于第六个量比第四个量，那么第一个量与第五个量之和比第二个量等于第三个量与第六个量之和比第四个量。

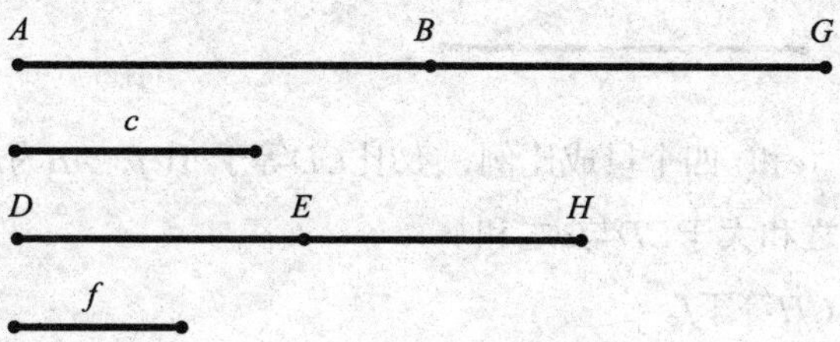

设：第一个量AB与第二个量c的比等于第三个量DE与第四个量f的比值，第五个量BG与第二个量c的比等于第六个量EH与第四个量f的比。

那么：第一个量与第五个量之和AG比c的值等于第三个量与第六个量之和DH比f的值。

因为：BG比c等于EH比f，相反，c比BG等于f比EH（命题V.7）。

那么因为AB比c等于DE比f，c比BG等于f比EH。

所以，首末比为：AB比BG等于DE比EH（命题V.22）。

这些量成分比例，也成合比例，所以，AG比GB等于DH比HE（命题V.18）。

又，BG比c也等于EH比f，所以：首末比为：AG比c等于DH比f（命题V.22）。

所以：如果第一个量与第二个量的比等于第三个量与第四个量的比，第五个量比第二个量等于第六个量比第四个量，那么第一个量与第五个量之和比第二个量等于第三个量与第六个量之和比第四个量。

证完

注 解

这一命题说，如果$u:v=w:x$，$y:v=z:x$，那么$(u+y):v=(w+z):x$。

这一命题的陈述使用了比例前项，将之倒用，也适合于后项。

这一命题应用在命题VI.31中。

命题V.25

如果四个量成比例，那么最大量和最小量之和大于其余两个量之和。

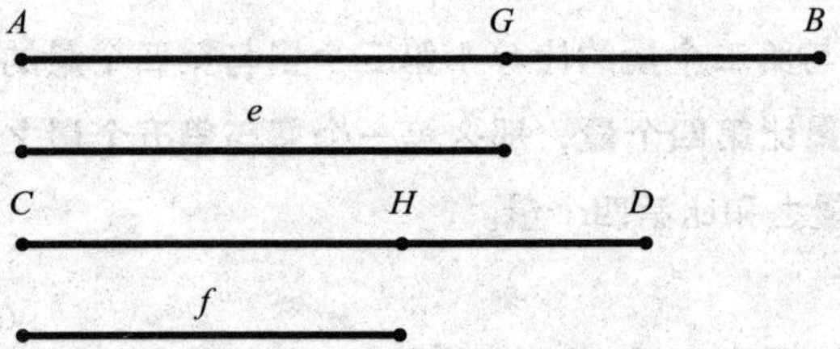

设：AB、CD、e和f四个量成比例，AB比CD等于e比f，AB为最大，f为最小。

求证：AB与f之和大于CD与e之和。

作AG等于e，CH等于f。

因为AB比CD等于e比f，又，e等于AG，f等于CH。

所以：AB比CD等于AG比CH（命题V.7、V.11）。

又因为：总量AB比总量CD，等于部分AG比部分CH。

所以：余量GB比余量HD也等于总量AB比总量CD（命题V.19）。

又因为：AG等于e，CH等于f。

所以：AG与f之和等于CH与e之和。

所以：如果四个量成比例，那么最大量和最小量之和大于余下的两个量之和。

证完

注解

这一命题表述：如果$w:x=y:z$，w是四个量中的最大量，z是最小量，那么$w+z>x+y$（该四个量必须是同类量）。

这一命题没有在《几何原本》中再加以利用。

这一命题依赖于定义V.4作为类似公理，无穷小的一个反例是：当y是与x相关的无穷小的数时，比例是（$x+5y$）：（$x+2y$）=（$x+4y$）：x。

第 6 卷
相似

CHAPTER 6

世界上是否存在完全相同的两片树叶，先不去管它，但是，在几何概念中，很多图形或事物是可以相等或相似的。你无法否认边长为4的两个正方形的相等性，你也无法拒绝一切正多边形、圆、正多面体、球体等各自的相似性。事物之间的相似性，是人们进行归纳推理的基础，是事物得以存在的重要属性之一。

本卷主要阐述了比例的属性。

本卷提要

命题VI.1是本卷的基础，它和命题VI.33直接使用了卷5中的定义，命题VI.1构建线段与支线图形，命题VI.33构建角与圆周。其余命题使用了在卷5中发展起来的比例属性，但并未使用这些命题的定义建任何新的比例。

定 义

VI.1 在多边形中，若对应角相等且夹角的边成比例，则称它们是相似多边形。

VI.2 在两个多边形中，夹角的两边若成如下比例：第一形的一边比第二形的一边等于第二形的另外一边比第一形的另外一边，则称两个多边形为逆相似图形。

VI.3 把某线段一分为二，当整体线段比大线段等于大线段比小线段（大线段的平方等于整体线段乘以小线段）时，则称此线段被分为中外比。

VI.4 一个图形中，顶点到对边的垂线段称为图形的高。

命题VI.1

等高的三角形或平行四边形的面积比等于它们的底的比。

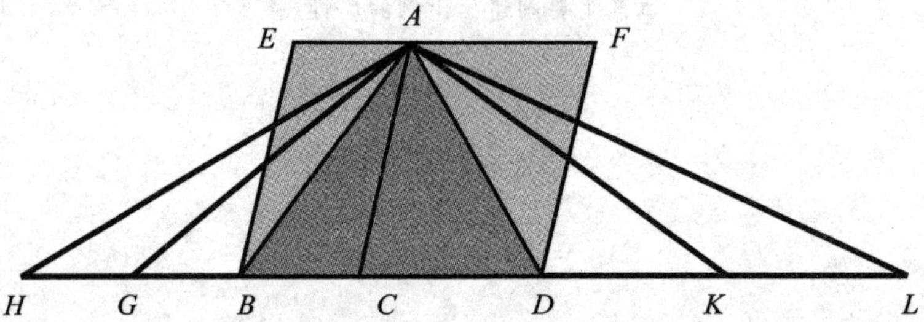

设：三角形为*ACB*和*ACD*，平行四边形为*EBCA*和*ACDF*，它们皆在同一高度下。

求证：第三边*CB*比第三边*CD*等于三角形*ACB*与三角形*ACD*的面积的比，且等于平行四边形*EBCA*的面积比平行四边形*ACDF*的面积。

令：延长*BD*的两端至*H*和*L*，使*BG*和*GH*等于*CB*，*DK*和*KL*等于*CD*，连接*AG*、*AH*、*AK*和*AL*（命题I.3）。

那么，因为*CB*、*BG*和*GH*相互相等，所以：三角形*ACB*、三角形*ABG*和三角形AGH的面积也相互相等（命题I.38）。

所以：CH是CB的倍数，三角形ACH的面积也是三角形ACB的面积的倍数。

同理，CL是CD的倍数，三角形ACL的面积也是三角形ACD的面积的倍数。

又，如果CH等于CL，那么三角形ACH的面积也等于三角形ACL的面积；如果CH大于CL，那么三角形ACH的面积也就大于三角形ACL的面积；同样，如果CH小于CL，那么三角形ACH的面积也相应小于三角形ACL的面积（命题I.38）。

于是：就有四个量，即CB和CD，三角形ACB和三角形ACD。取定了底CB和三角形ACB的底的等倍量，即底CH和三角形ACH。另外，对底CD和三角形ADC的任意量，即底CL和三角形ACL。

又可以证明，如果底CH大于底CL，那么三角形ACH的面积也大于三角形ACL的面积；如果等于，那么后者也等于；如果小于，那么后者也小于，所以底CB比底CD等于三角形ACB与三角形ACD的面积的比（定义V.5）。

再因为：平行四边形$EBCA$的面积是三角形ACB的面积的两倍，平行四边形$ACDF$的面积是三角形ACD的面积的两倍，又：部分与部分有相等的比值。

所以：三角形ACB的面积比三角形ACD的面积等于平行四边形$EBCA$的面积比平行四边形$ACDF$的面积（命题I.41、V.15）。

那么：证明出了CB比CD等于三角形ACB与三角形ACD的面积的比，且三角形ACB的面积比三角形ACD的面积等于平行四边形$EBCA$的面积比平行四边形$ACDF$的面积。

所以：CB比CD也等于平行四边形$EBCA$的面积比平行四边形$ACDF$的面积（命题V.11）。

所以：三角形和平行四边形如果在同一高度下，那么它们的面积的比等于它们底的比。

证完

注 解

这一命题的更好陈述或许是，同一高度的三角形没有共同的底，平行四边形与三角形没有共同的底和边。这是因为在相同平行线上等底的三角形的面积相等（命题I.36），在相同平行线上等底的平行四边形的面积相等（命题I.35），而相等在比例中可以代替（命题V.7），欧几里得的简化是充分的。

这一命题的目的是证明三个比，即线段CB比CD，三角形ACB的面积比三角形ACD的面积，平行四边形CE的面积比平行四边形CF的面积这三个比是相等的，即：

CB：CD = ACB的面积：ACD的面积 = CE的面积：CF的面积。

证明的第一步是证明CB：CD = ACB的面积：ACD的面积。根据定义V.5，即是说任意m和n有：

$mBC >=< nCD$ 及 $mS_{\triangle ABC} >=< nS_{\triangle ACD}$。

在欧几里得证明中，m和n是3。现在mBC等于线段CH，nCD等于线段CL，m倍ABC的面积等于三角形ACH的面积，而n倍ACD的面积等于三角形ACL的面积。所以证明为：

$CH >=< CL$ 且 ACH的面积 $>=<$ ACL 的面积。

这又缘于命题I.38，于是证明的第一步完成。

第二步容易一些，因为平行四边形面积是三角形面积的两倍，它们也有相同的比。

本命题频繁地应用在本卷其余命题中，也应用在卷11、12中。

命题VI.2

如果一条直线平行于三角形的一条边，那么它所截得的边成比例；如果三角形的边被截成比例，那么通过两点的直线平行于三角形的第三边。

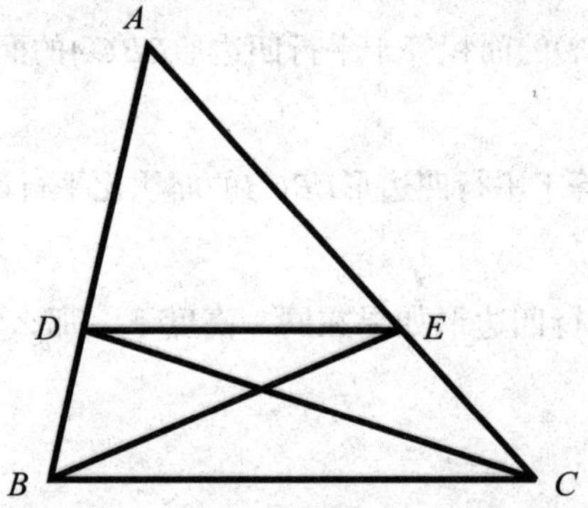

设：在三角形ABC中，DE平行于BC。

求证：BD比AD等于CE比AE。

连接BE和CD。

于是：三角形BDE的面积等于三角形CDE的面积，因为它们在同一边DE上，且有同一平行线DE和BC（命题I.37）。

又，ADE是另一个三角形。

又，等于相等比值的量相等。

所以：三角形BDE的面积比三角形ADE的面积等于三角形CDE的面积比三角形ADE的面积（命题V.7）。

又，三角形BDE的面积比三角形ADE的面积等于BD比AD，因为：从E到AB，在同一高度下的平行四边形的面积的比值等于其底的比值（命题VI.1）。

同样理由：三角形CDE的面积比三角形ADE的面积等于CE比AE。

所以：BD比AD也等于CE比AE（命题V.11）。

再令：三角形ABC的边AB和AC被分成比例，BD比AD等于CE比AE，连接DE；

那么：DE平行于BC。

在这同一结构中，因为BD比AD等于CE比AE，而BD比AD等于三角形BDE的面积比三角形ADE的面积。

又，CE比AE等于三角形CDE的面积比三角形ADE的面积。

所以：三角形BDE与三角形ADE的面积的比等于三角形CDE与三角形ADE的面积的比（命题VI.1、V.11）。

所以：三角形BDE的面积等于三角形CDE的面积。

又，它们有共同的边DE（命题V.9）。

又，在同一第三边上面积相等的三角形有相同的平行线（命题I.39）。

所以：DE平行于BC。

所以：如果一条直线平行于三角形的一条边，那么它所截得的边成比例；如果三角形的边被截得的边成比例，那么通过截面两点的直线平行于三角形的第三边。

证完

注 解

本命题频繁应用在本卷其余命题中，也用在卷11、12中。

命题VI.3

如果三角形的一个角的平分线，截对边得到的两条线段的比等于夹这个角的两边的比；如果三角形一边被分成两段的比等于其余两边的比，那么连接分点与

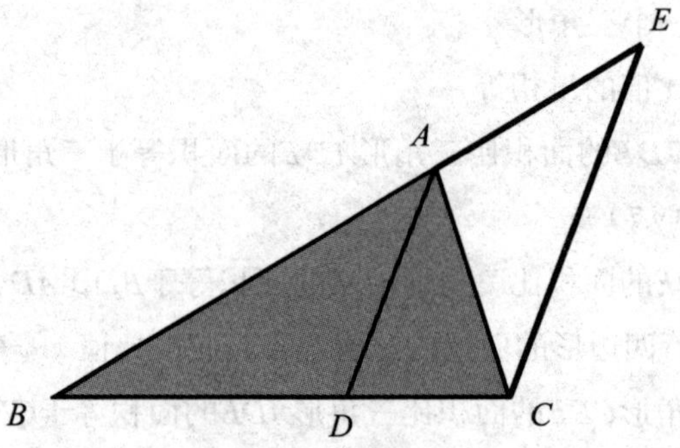

顶点的直线平分这一边所对的角。

设：*ABC*为三角形，直线*AD*平分∠*BAC*。

那么：*DB*比*DC*等于*AB*比*AC*。

令：过*C*作*CE*，使之平行于*DA*，延长*BA*，与*CE*相交于*E*（命题I.31）。

那么因为：直线*AC*落在平行线*AD*和*EC*上，那么∠*ACE*等于∠*CAD*（命题I.29）。又，∠*CAD*等于∠*BAD*，那么∠*BAD*也等于∠*ACE*。

又因为：直线*BAE*落在平行线*AD*和*EC*上，∠*BAD*等于∠*AEC*（命题I.29）。

又，∠*ACE*也被证明等于∠*BAD*。所以：∠*ACE*也等于∠*AEC*。

所以：边*AE*也等于边*AC*（命题I.6）。

又，因为*AD*平行于*EC*，所以：*DB*比*DC*与*AB*比*AE*相等（命题VI.2）。

又，*AE*等于*AC*，所以：*DB*比*DC*等于*AB*比*AC*（命题V.7）。

再设：*AB*比*AC*等于*DB*比*DC*，连接*AD*。那么：直线*AD*平分∠*BAC*。

在这同一图形中，因为：*DB*比*DC*等于*AB*比*AC*。

又，*DB*比*DC*等于*AB*比*AE*，因为*AD*平行于*EC*。所以：*AB*比*AC*也等于*AB*比*AE*（命题VI.2、V.11）。

所以：*AC*等于*AE*，∠*AEC*也等于∠*ACE*（命题V.9、I.5）。

又，∠*AEC*等于∠*BAD*，∠*ACE*等于内错角∠*CAD*。所以：∠*BAD*也等于∠*CAD*（命题I.29）。所以：直线*AD*平分∠*BAC*。

所以：如果三角形的一个角的平分线，截对边得到的两条线段的比等于夹这个角的两边的比；如果三角形一边被分成两段的比等于其余两边的比，那么连接分点与顶点的直线平分这一边所对的角。

证完

注 解

本命题在《几何原本》中未得以再利用。

命题VI.4

在相似三角形中，等角所对的边对应成比例，等角所对的边是对应边。

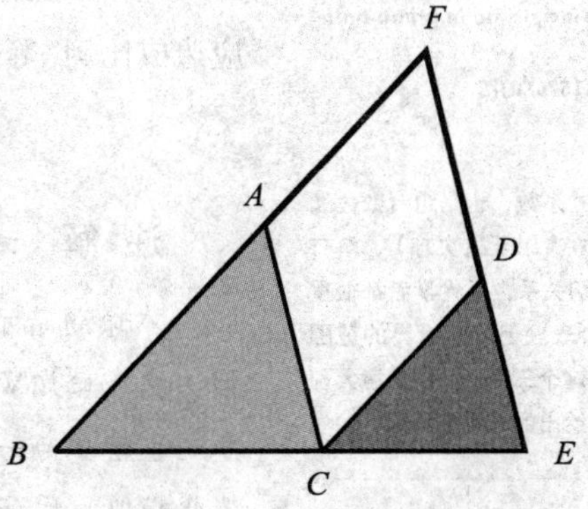

设：*ABC*和*DCE*为相似三角形，∠*ABC*等于∠*DCE*，∠*BAC*等于∠*CDE*，∠*ACB*等于∠*CED*。

那么，在三角形*ABC*和三角形*DEC*中，相等角所对的边成比例。

令：*CE*放置在直线*BC*上。

那么，因为，∠*ABC*与∠*ACB*之和小于180°，∠*ACB*等于∠*DEC*，所以：∠*ABC*与∠*DEC*之和小于180°。所以：*BA*与*ED*如果延长，那么将相交。

令其相交于*F*（命题I.17）。

因为∠*DCE*等于∠*ABC*，*DC*平行于*FB*。又因为：∠*ACB*等于∠*DEC*，*AC*平行于*FE*（命题I.28）。

所以：*FACD*是平行四边形。所以：*FA*等于*DC*，*AC*等于*FD*（命题I.34）。

又，因为*AC*平行于三角形*FBE*的边*FE*，所以：*BA*比*AF*等于*BC*比*CE*（命题VI.2）。

又*AF*等于*CD*，所以，*BA*比*CD*等于*BC*比*CE*。

又，由更比，*AB*比*BC*等于*DC*比*CE*。

又，*CD*平行于*BF*，所以，*BC*比*CE*等于*FD*比*DE*。

又，*FD*等于*AC*，所以：*BC*比*CE*等于*AC*比*DE*。又，由更比，*BC*比*CE*等于

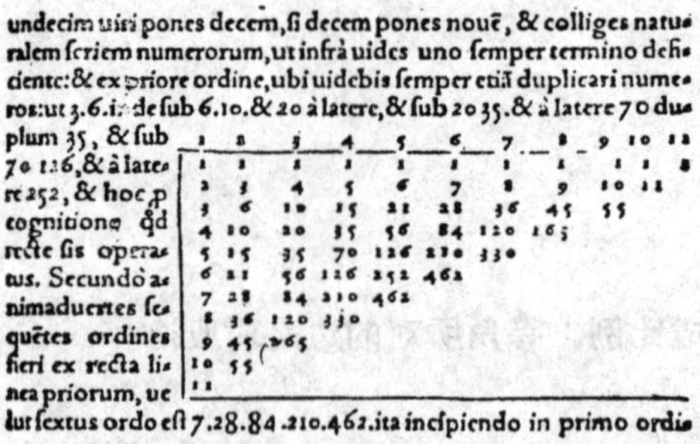
undecim uiri pones decem, si decem pones nouē, & colliges naturalem seriem numerorum, ut infrà uides uno semper termino deficiente: & ex priore ordine, ubi uidebis semper etiā duplicari numeros: ut 3.6. in de sub 6.10. & 20 à latere, & sub 20 35. & à latere 70 duplum 35, & sub 70 126, & à latere 252, & hoc p cognitione qd recte sis operatus. Secundò animaduertes sequētes ordines fieri ex recta linea priorum, ue lut sextus ordo est 7.28.84.210.462. ita incipiendo in primo ordi

1	2	3	4	5	6	7	8	9	10	11
1	1	1	1	1	1	1	1	1	1	1
2	3	4	5	6	7	8	9	10	11	
3	6	10	15	21	28	36	45	55		
4	10	20	35	56	84	120	165			
5	15	35	70	126	210	330				
6	21	56	126	252	462					
7	28	84	210	462						
8	36	120	330							
9	45	165								
10	55									
11										

卡尔达诺（1570）的图

□ 应用广泛的算术三角

算术三角中的数是二项展开式系数，也是组合数，又是行数。它和开方（开平方、开立方以至高次方）、解方程、组合数学、概率论等都有密切关系，历代学者都很重视，并从不同的角度来造出这个表。但就全世界的范围来看，东方各国比欧洲更早知道这个三角形。图为意大利学者卡尔达诺（1501—1576年）给出的算术三角图。

*AC*比*DE*。

因为，*AB*比*BC*等于*DC*比*CE*，且*BC*比*CA*等于*CE*比*ED*。

所以：由首末比可得，*BA*比*CA*等于*CD*比*ED*（命题V.7、V.16）。

所以：在相似三角形中，等角的对应边成比例，等角所对的边是对应边。

证完

注 解

本命题暗示等角三角形是相似三角形。这在命题VI.8已有详细的证明。本命题也暗示与一个三角形相似的三角形彼此相似。后一陈述见于命题VI.21。

本命题及逆命题频繁地使用在本卷其余的命题及卷10~13的命题中。

命题VI.5

如果两个三角形的三边对应边成比例，那么对应角相等。

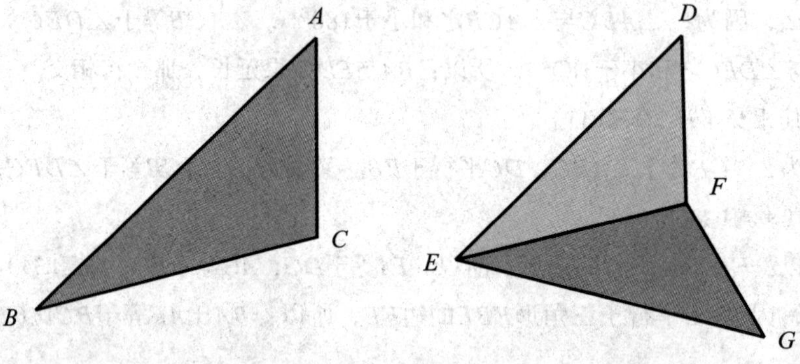

设：三角形*ABC*与三角形*DEF*中：*AB*比*BC*等于*DE*比*EF*，*BC*比*CA*等于*EF*比*FD*，*BA*比*AC*等于*ED*比*DF*。

那么：三角形*ABC*与三角形*DEF*是相似三角形，即∠*ABC*等于∠*DEF*，∠*BCA*等于∠*EFD*，∠*BAC*等于∠*EDF*。

因为，在直线*EF*上的点*E*、*F*处作∠*FEG*等于∠*CBA*，∠*EFG*等于∠*BCA*。

于是：∠*A*等于∠*G*（命题I.23、I.32）。

所以：三角形*ABC*与三角形*GEF*是相似三角形。所以：在三角形*ABC*和三角形*GEF*中，角的对应边成比例。

所以：*AB*比*BC*等于*GE*比*EF*（命题VI.4）。

因为*AB*比*BC*等于*DE*比*EF*，于是：*DE*比*EF*等于*GE*比*EF*（命题V.11）。

所以：*DE*、*GE*与*EF*有相等的比值。所以：*DE*等于*GE*（命题V.9）。

同样原因：*DF*也等于*GF*。

那么，因为*DE*等于*GE*，*EF*为公共边，*DE*和*EF*分别等于*GE*和*EF*，*DF*等于*GF*，所以：∠*DEF*等于∠*GEF*。

三角形*DEF*等于三角形*GEF*，余下的角等于其余的角，即相等边的对应角（命题I.8、I.4）。

所以∠*DFE*也等于∠*GFE*，∠*EDF*等于∠*EGF*。

又，因为∠*DEF*等于∠*GEF*，∠*GEF*等于∠*ABC*。所以：∠*ABC*等于∠*DEF*。

同样理由：∠*ACB*也等于∠*DFE*，∠*A*等于∠*D*，所以：三角形*ABC*与三角形*DEF*是相似三角形。

所以：如果两个三角形边成比例，那么对应角相等。

证完

注 解

显然，本命题是前一命题的逆命题，现在，关于相似三角形有了两种描述，一为等角三角形相似，二为对应边成比例的三角形相似。

本命题应用在命题XII.12的证明中。

命题VI.6

如果两个三角形有一个角相等，夹等角的两边对应成比例，那么，两三角形为相似三角形，余下的角也对应相等。

设：*ABC*和*DEF*两个三角形中∠*BAC*等于∠*EDF*，夹等角的两边成比例，*BA*比*AC*等于*ED*比*DF*。

求证：三角形*ABC*与三角形*DEF*为相似三角形，∠*ABC*等于∠*DEF*，∠*ACB*等

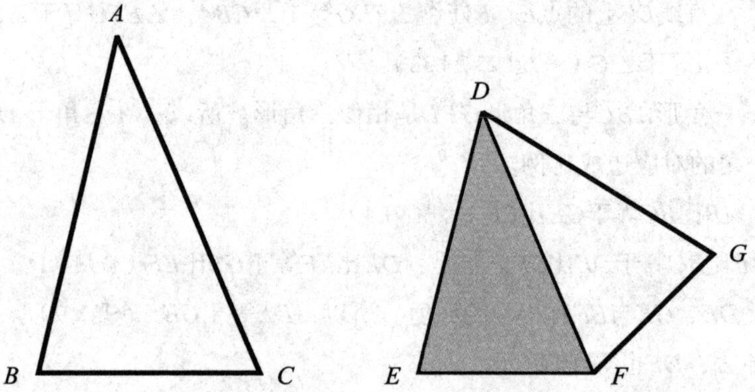

于∠*DFE*。

在边*DF*和点*D*及*F*上建∠*FDG*，使之等于∠*BAC*，或者∠*EDF*；

作∠*DFG*等于∠*ACB*（命题I.23）。

所以：*B*点上的角等于*G*点上的角。

所以：三角形*ABC*与三角形*DGF*是相似三角形（命题I.32）。

所以：*BA*比*AC*等于*GD*比*DF*（命题VI.4）。

因为：*BA*比*AC*也等于*ED*比*DF*，那么：*ED*比*DF*也等于*GD*比*DF*（命题V.11）。

所以：*ED*等于*GD*。

*DF*是公共边，所以：*ED*和*DF*分别等于*GD*和*DF*，且∠*EDF*等于∠*GDF*。

所以：*EF*也等于*GF*，三角形*DEF*也全等于三角形*DGF*，对应边所对的角相等（命题V.9、I.4）。所以：∠*DFG*等于∠*DFE*，∠*DGF*等于∠*DEF*。

又，∠*DFG*等于∠*ACB*，所以：∠*ACB*也等于∠*DFE*。又，假设∠*BAC*也等于∠*EDF*，那么在*B*点的角也等于在*E*点的角。

所以：三角形*ABC*与三角形*DEF*是相似三角形（命题I.32）。

所以：如果两个三角形有一个角相等，夹等角的两边成比例，那么，两三角形为相似三角形，余下的角也对应相等。

证完

注 解

本命题陈述了边—角—边相似定理。

本命题应用在命题VI.20、VI.32、XII.1的证明中，在命题XII.12的证明中也出现过几次。

命题VI.7

如果两个三角形有一个角对应相等，其夹另外两个角的对应边成比例，剩余的那两个角皆小于或者皆不小于直角，那么这两个三角形是相似三角形，对应角所对的边成比例。

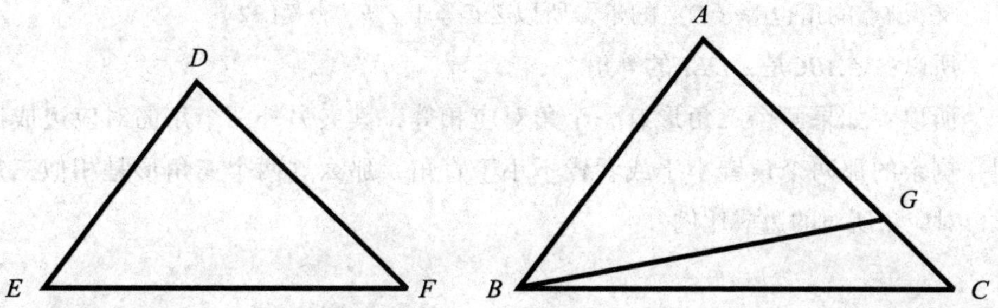

设：三角形ABC和三角形DEF有一个角相等，$\angle BAC$等于$\angle EDF$，夹另外$\angle ABC$与$\angle DEF$的对应边成比例，即AB比BC等于DE比EF。剩余的$\angle C$和$\angle F$小于一个直角。

求证：三角形ABC与三角形DEF为相似三角形，即$\angle C$等于$\angle F$。

如果$\angle ABC$不等于$\angle DEF$，那么其中一个必大于另一个。

如果$\angle ABC$为大，作$\angle ABG$，使之等于$\angle DEF$（命题I.23）。

那么，因为$\angle A$等于$\angle D$，$\angle ABG$等于$\angle DEF$，所以：$\angle AGB$等于$\angle DFE$（命题I.32）。所以：AB比BG等于DE比EF（命题VI.4）。

因为：DE比EF等于AB比BC，于是AB比BC同AB比BG有相等比值。

所以：BC等于BG。所以：在C点的角也等于$\angle BGC$（命题V.11、V.9、I.5）。

又假设C角小于直角，于是：$\angle BGC$也小于直角。

所以：它的邻角$\angle AGB$大于直角（命题I.13）。

而它又被证明等于$\angle F$，所以：$\angle F$也大于一个直角，而它已被假设小于直角，这是荒谬的。所以：$\angle ABC$等于$\angle DEF$。

又，$\angle A$也等于$\angle D$，所以：$\angle C$等于$\angle F$（命题I.32）。

所以：三角形ABC与三角形DEF是相似三角形。

再令：假设∠C和∠F不小于直角。

那么：在这种情况下，三角形ABC也与三角形DEF呈等角关系。

在这同一结构下，同样可以证明BC等于BG，于是：∠C也等于∠BGC（命题I.5）。

又，∠C不小于直角，那么∠BGC也不小于直角。

于是：在三角形BGC中，有两个三角形之和不小于180°，这是不可能的（命题I.17）。所以：再一次说明，三角形ABC也不能不等于三角形DEF。所以：它们相等。

又，A点的角也等于D点的角，所以∠C等于∠F（命题I.32）。

所以：∠ABC是∠DEF的等角。

所以：如果两个三角形有一个角对应相等，其夹另外两个角的对应边成比例，剩余的那两个角皆小于或者皆不小于直角，那么这两个三角形是相似三角形，对应角所对的边成比例。

证完

命题VI.8

如果在一个直角三角形中，斜边上的高分得的两三角形相似，并且都与原三角形相似。

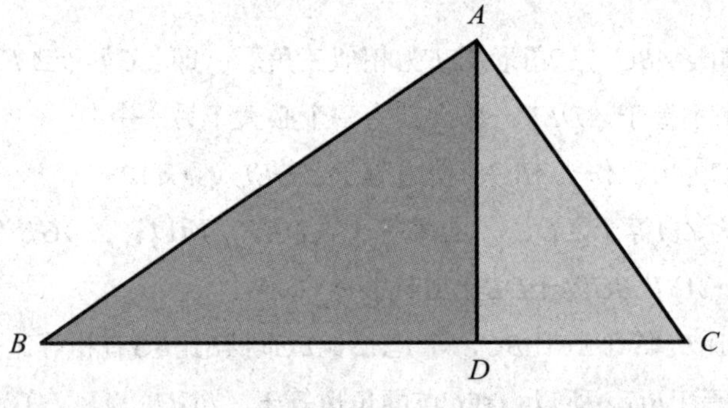

设：ABC为直角三角形，∠BAC为直角，AD是从A点向BD边引出的垂线。

求证：三角形DBA和三角形DAC相似于大三角形ABC，且，它们相互相似。

因为∠BAC等于∠BDA，因为皆为直角，∠B是三角形ABC和三角形DBA的公共角，所以：∠ACB等于∠DAB。

所以：三角形ABC与三角形DBA相似（命题I.32）。

所以：在三角形ABC与三角形DBA中直角的对应边BC比BA，等于∠C所对的边AB比$\angle BAD$所对的边BD，也等于AC比DA（命题VI.4）。

所以：三角形ABC与三角形DBA相似，其等角对应的边也成逆比例。

同一状况下，也可以证明出三角形DAC也相似于三角形ABC。

所以：三角形DBA和三角形DAC皆相似于大三角形ABC。

求证：三角形DBA和三角形DAC也彼此相似。

因为：直角$\angle BDA$等于直角$\angle ADC$，此外，$\angle DAB$也被证明等于在C点的角。

所以：在B点的角也等于$\angle DAC$。

所以：三角形DBA与三角形ADC是相似三角形（命题I.32）。

所以：在三角形DBA和三角形DAC中，BD比AD也等于AD比CD，也等于BA比AC。

所以：三角形DBA相似于三角形DAC（命题VI.4、定义VI.1）。

所以： 如果在一个直角三角形中，有一条垂直于斜边的垂线，那么被垂线切分的三角形与大三角形相似，并彼此相似。

证完

推 论

这一命题也表明，如果在一个直角三角形中，从直角点作一条垂直于斜边的垂线，那么，这条垂线是斜边上两条分得的线段的比例中项。

命题VI.9

一条线段上可以切分一段定长线段。

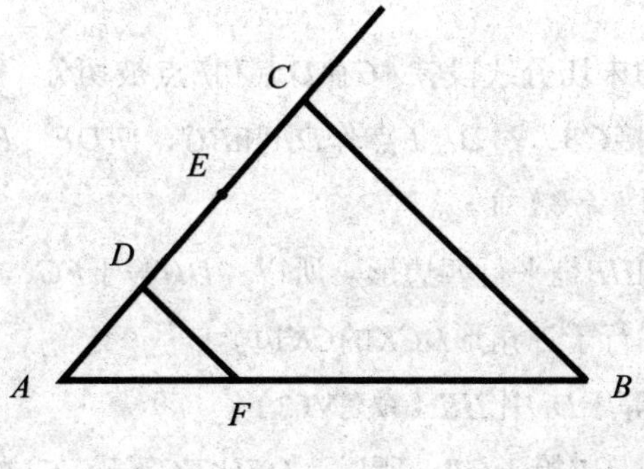

设：AB为给定的线段。

作：从AB中切分一段等于定长。

设：分成的比为1比3。

过A点作射线AC，使之与AB形成一定的角。在AC上取点D、E、C，使DE和EC等于AD（命题I.3）。

连接CB，过D点作DF，使之平行于CB（命题I.31）。

那么因为：DF平行于三角形ABC的一边CB。

所以：有这样的比例，AD比DC等于AF比FB（命题VI.2）。

而DC是AD的两倍，所以：FB也是AF的两倍。所以：AB是AF的三倍。

所以：从给定的线段AB中切分出了AF与AB的比为1比3。

所以：一条线段上可以切分一段定长线段。

证完

命题VI.10

可以切分一条未切分的线段，使其相似于已知的切分线段。

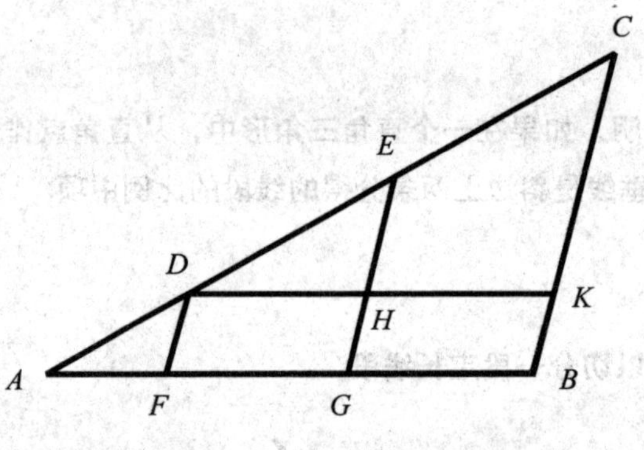

设：AB为给定的未切分线段，AC在D点和E点被切分，置放它们的位置，使之形成一定的角。连接CB，过D、E点作DF和EG，使DF、EG平行于CB。过D作DHK，使之平行于AB（命题I.31）。

那么：图形FH和HB是平行四边形。所以：DH等于FG，HK等于GB。

因为：线段EH平行于三角形DCK的CK边。

所以：DE比EC等于DH比HK（命题VI.2）。

又，DH等于FG，HK等于GB。所以：DE比EC等于FG比GB（命题V.7）。

又因为：DF平行于三角形AEG的EG边。

所以：*AD*比*DE*等于*AF*比*FG*（命题VI.2）。

又，可以证明出*DE*比*EC*等于*FG*比*GB*。

所以：*DE*比*EC*等于*FG*比*GB*，*AD*比*DE*等于*AF*比*FG*。

所以：给定的未切分线*AB*被切分出相似于给定的切分线*AC*。

证完

注 解

从某个意义上看，本命题是上一命题VI.9的归纳。

本命题在《几何原本》中再未利用，但是它是几何学的重要基本命题之一。

命题VI.11

给定两条线段，可以找到第三条与它们成比例的线段。

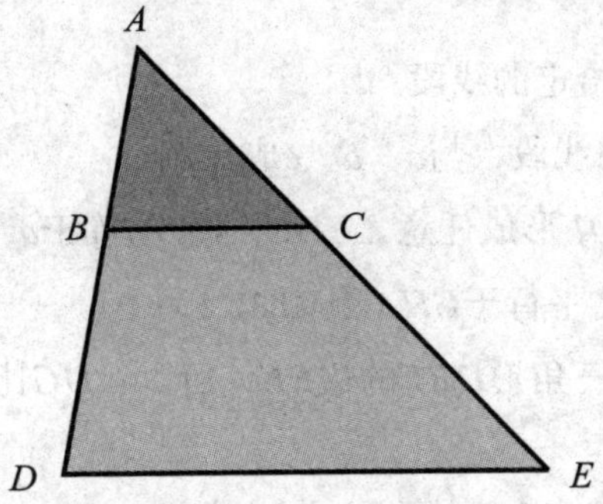

设：*AB*和*AC*是给定的两条线段，置放它们的位置，使之形成一定的角。

求作：找出一条线，使之与*AB*和*AC*成比例。

延长它们至*D*和*E*，使*BD*等于*AC*。连接*BC*，过*D*点作*DE*，使之平行于*BC*（命题I.3）。

那么因为：*BC*平行三角形*ADE*的边*DE*。

所以，*AB*比*BD*等于*AC*比*CE*（命题VI.2）。

又，*BD*等于*AC*，所以：*AB*比*AC*等于*AC*比*CE*（命题V.7）。

所以：第三条线*CE*与给定的两条线*AB*和*AC*成比例。

所以：给定两条线段，可以找到第三条与它们成比例的线段。

证完

注 解

本命题应用在命题VI.19、VI.22中，在卷10中也有应用。

命题VI.12

给定三条线段，可以为它们找到成比例的第四条线段。

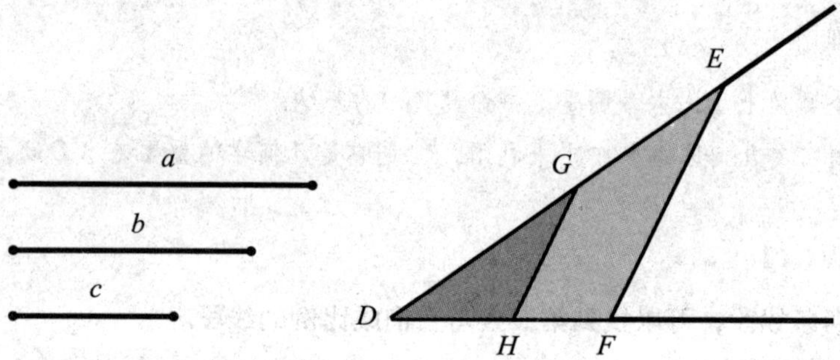

设：a、b、c是三条给定的线段。

现在要求找出第四条线段，与a、b、c成比例。

令：两条线段DE和DF形成任意$\angle EDF$，使DG等于a，GE等于b，DH等于c。连接GH，过E作EF，使之平行于GH（命题I.3、I.31）。

那么因为GH平行于三角形DEF的边EF，所以：DG比GE等于DH比HF（命题VI.2）。

又DG等于a，GE等于b，DH等于c。

所以：a比b等于c比HF（命题V.7）。

所以：第四条线HF被找出，它与给定的三条线段a、b、c成比例。

所以：给定三条线段，可以为它们找到成比例的第四条线段。

证完

注 解

前一命题是这一命题的特殊情况。

16世纪，笛卡儿与费马创造了坐标几何——X、Y平面坐标系，曲线的两个变量便可以得到确定。这使得几何相等的问题可以很方便地用代数方法来解决。笛卡儿曾经兴趣盎然地用几何的方法去解决《几何原本》中的代数问题，他曾将卷2全部转换为代数公式。

本命题应用在命题VI.22、VI.23的证明中，也应用在卷10中。

命题VI.13

给定两条线段，可以找到它们的比例中项。

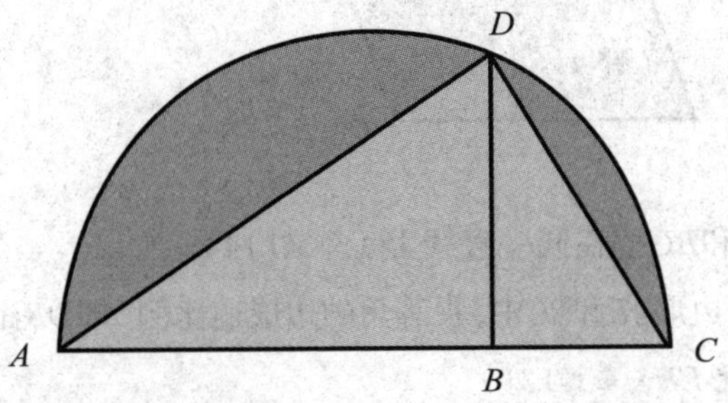

设：*AB*和*BC*是给定的两条线段。

求作：为*AB*和*BC*找出一个比例中项。

令：将*AB*、*BC*两条线段置于一条线上，成*AC*，在*AC*上作半圆*ADC*。过*B*点作垂线*BD*，交圆周于*D*。连接*AD*和*DC*（命题I.11）。

因为∠*ADC*是半圆内的一个角，所以：该角是直角（命题III.31）。

又，因为在直角三角形*ADC*中，*BD*是第三边上的垂线，所以：*BD*是线段*AB*和*BC*之间的比例中项（命题VI.8、推论）。

所以：给定的两条直线*AB*和*BC*的比例中项*BD*被找到。

所以：给定两条线段，可以找到它们的比例中项。

证完

注 解

本命题应用在命题VI.25、X.27、X.28的证明中。

命题VI.14

在面积相等并等角的平行四边形中，夹等角的边对应成逆比例；等角平行四边形中，若夹等角的边成逆比例则它们的面积相等。

设：*AB*和*BC*是相等并等角的平行四边形，在*B*点处角相等，*DB*和*BE*在同一

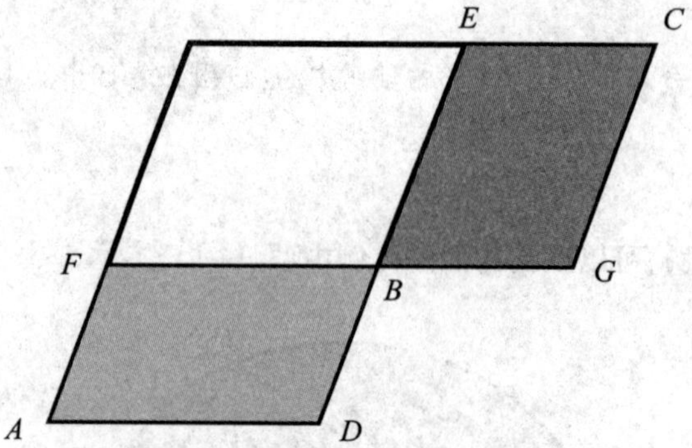

直线上，所以：*FB*和*BG*也在同一直线上（命题I.14）。

求证：在平行四边形*AB*和*BC*中，夹等角的边成逆比例，即*DB*比*BE*等于*BG*比*BF*。

完成平行四边形*FE*（命题I.31）。

那么因为平行四边形*AB*的面积等于平行四边形*BC*的面积，而*FE*是另一个平行四边形的面积。

所以：*AB*比*FE*等于*BC*比*FE*（命题V.7）。

又，*AB*比*FE*等于*DB*比*BE*，*BC*比*FE*等于*BG*比*BF*。

所以：*DB*比*BE*等于*BG*比*BF*（命题VI.1、V.11）。

所以：在平行四边形*AB*和*BC*中，夹等角的边成逆比例。

再：*DB*比*BE*等于*BG*比*BF*。

那么：平行四边形*AB*等于平行四边形*BC*。

因为*DB*比*BE*等于*BG*比*BF*，同时*DB*比*BE*等于平行四边形*AB*比平行四边形*FE*。

又，*BG*比*BF*等于平行四边形*BC*比平行四边形*FE*，所以：*AB*比*FE*也等于*BC*比*FE*（命题VI.1、V.11）。

所以：平行四边形*AB*的面积等于平行四边形*BC*的面积（命题V.9）。

所以：在面积相等并等角的平行四边形中，夹等角的边对应成逆比例；等角平行四边形中，若夹等角的边成逆比例则它们的面积相等。

证完

注 解

本命题应用在命题VI.16、VI.30、X.22中。

命题VI.15

在面积相等的三角形中，有一对角相等。那么，等角对应的边成逆比例；有角对应相等，相等角的对应边成逆比例的三角形的面积相等。

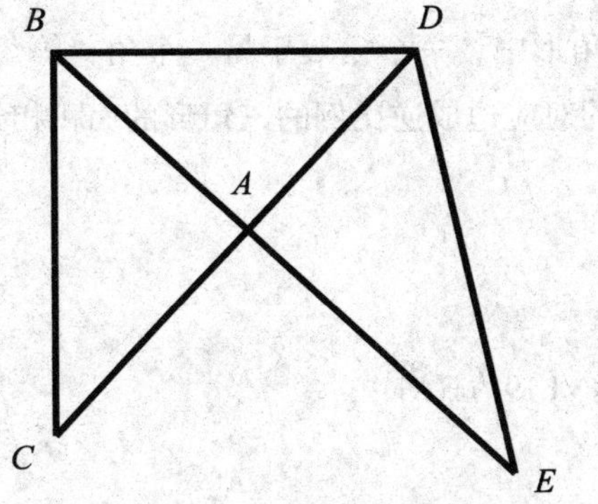

设：三角形*ABC*和三角形*AED*中，∠*BAC*等于∠*DAE*。

求证：在三角形*ABC*和三角形*AED*中，构成等角的边成逆比例，即*CA*比*AD*等于*EA*比*AB*。

令*CA*和*AD*在同一线上，于是：*EA*也与*AB*在同一线上（命题I.14）。

连接*BD*。

那么因为：三角形*ABC*的面积等于三角形*ADE*的面积。

又，*ABD*是另一个三角形。

所以：三角形*ABC*的面积比三角形*ABD*的面积等于三角形*ADE*的面积比三角形*ABD*的面积（命题V.7）。

又，三角形*ABC*的面积比三角形*ABD*的面积等于*AC*比*AD*，三角形*ADE*的面积比三角形*ABD*的面积等于*AE*比*AB*（命题VI.1）。

所以：*AC*比*AD*等于*AE*比*AB*（命题V.11）。

所以：在三角形*ABC*和三角形*ADE*中，夹等角的边成逆比例。

再设：三角形*ABC*和三角形*ADE*的边对应成比例，即*AE*比*AB*等于*CA*比*AD*。

求证：三角形*ABC*的面积等于三角形*ADE*的面积。

如果再连接*BD*，因为：*AC*比*AD*等于*AE*比*AB*，*AC*比*AD*等于三角形*ABC*的面积比三角形*ABD*的面积。

又，*AE*比*AB*等于三角形*ADE*的面积比三角形*ABD*的面积。

所以：三角形ABC的面积比三角形ABD的面积等于三角形ADE的面积比三角形ABD的面积（命题VI.1、V.11）。

所以：三角形ABC、三角形ADE与三角形ABD的面积有相同的比值。

所以：三角形ABC的面积等于三角形ADE的面积（命题V.9）。

所以：在相等三角形中，一个角等于另一个角，等角对应的边成逆比例；有角对应相等，相应角的对应边成逆比例的三角形的面积相等。

证完

注 解

本命题应用在命题VI.19的证明中。

命题VI.16

如果四条线段成比例，那么两内项的积等于两外项的积；反之，如果两外项的积等于两内项的积，那么四条线段成逆比例。

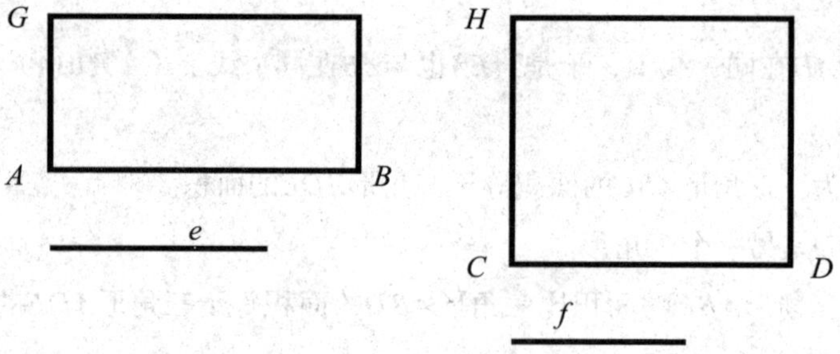

设：四条线AB、CD、e和f成比例，即AB比CD等于e比f。

求证：以AB与f为边的矩形的面积等于以CD与e为边的矩形的面积。

从A点和C点作AG和CH，分别与AB和CD形成直角，使AG等于f，CH等于e（命题I.11、I.3）。

完成平行四边形BG和DH（命题I.31）。

那么因为：AB比CD等于e比f，同时e等于CH，f等于AG。

所以：AB比CD等于CH比AG（命题V.7）。

所以：在平行四边形BG和DH中，等角的边成逆比例。

又，等角的边成逆比例的等角平行四边形的面积相等，平行四边形BG的面积等于平行四边形DH的面积（命题VI.14）。

又，BG是AB和f为边的矩形的面积，因为AG等于f。

又：DH是CD和e为边的矩形的面积，因为e等于CH。

所以：AB和f为边的矩形的面积等于CD和e为边的矩形的面积。

那么我说：四条直线成比例，即AB比CD等于e比f。

在这同一图形中，因为AB和f为边的矩形的面积，等于CD和e为边的矩形的面积。

因为AG等于f，CD和e为边的矩形的面积是DH，因为CH等于e，所以BG等于DH。

又，它们是等角的。在相等并等角的平行四边形中，等角对应的边成逆比例（命题VI.14）。所以：AB比CD等于CH比AG（命题V.7）。

又，CH等于e，AG等于f。所以：AB比CD等于e比f。

所以：如果四条线段成比例，那么两内项的积等于两外项的积；反之，如果两外项的积等于两内项的积，那么四条线段成逆比例。

证完

注 解

本命题是命题VI.14的特殊情况，其实几乎不需要这样啰唆的证明。

本命题不时地应用在卷10、13中。

命题VI.17

如果三条线段成比例，那么以前项与末项为边的矩形的面积等于以中项为边的正方形的面积；相反，如果以前项与末项为边的矩形的面积等于以中项为边的正方形的面积，那么这三条线段成比例。

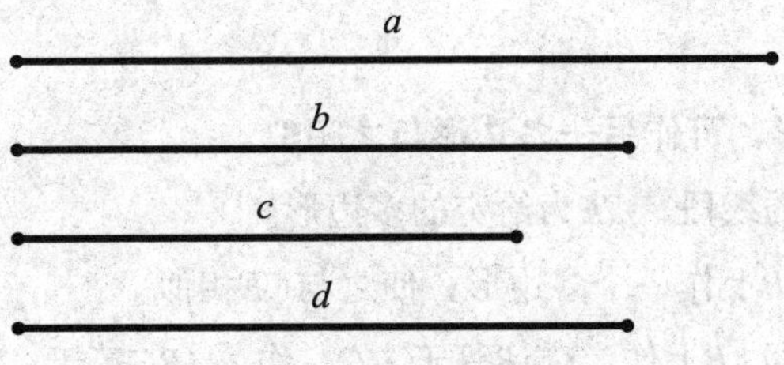

设：三条线段a、b和c成比例，a比b等于b比c。

求证：以a与c为边的矩形的面积等于以b为边的正方形的面积。

作d，使之等于b（命题I.3）。

那么因为：a比b等于b比c，而b等于d。

所以：a比b等于d比c（命题V.7、V.11）。

又，如果四条线段成比例，两内项的积等于两外项的积（命题VI.16）。

所以：以a与c为边的矩形的面积等于以b与d为边的矩形的面积。

而以b与d为边的矩形的面积等于以b为边的正方形的面积，因为b等于d。

所以：以a与c为边的矩形的面积等于以b为边的正方形的面积。

再设：以a与c为边的矩形的面积等于以b为边的正方形的面积。

那么：a比b等于b比c。

在这同一图形中，因为以a和c为边的矩形的面积等于以b为边的正方形的面积，同时以b为边的正方形的面积是以b和d为边的矩形的面积，因为b等于d。

所以：以a与c为边的矩形的面积等于以b与d为边的矩形的面积。

又：两外项的积等于两内项的积，那么四条线段成比例（命题VI.16）。

所以：a比b等于d比c。

而b等于d，所以：a比b等于b比c。

所以：如果三条线段成比例，那么前项与末项为边的矩形的面积等于中项为边的正方形的面积；相反，如果前项与末项为边的矩形的面积等于中项为边的正方形的面积，那么这三条线段成比例。

证完

注 解

显然，这是前一命题的逆命题，本命题在卷10、13中非常频繁地被应用。

命题VI.18

给定一个多边形，可作另一多边形与之相似。

设：AB为给定的线段，CE为给定的多边形。

求作：在线段AB上作一个多边形，使之与CE相似。

连接DF，在线段AB上作$\angle GAB$等于$\angle C$，作$\angle ABG$等于$\angle CDF$（命题I.23）。

于是：$\angle CFD$等于$\angle AGB$。

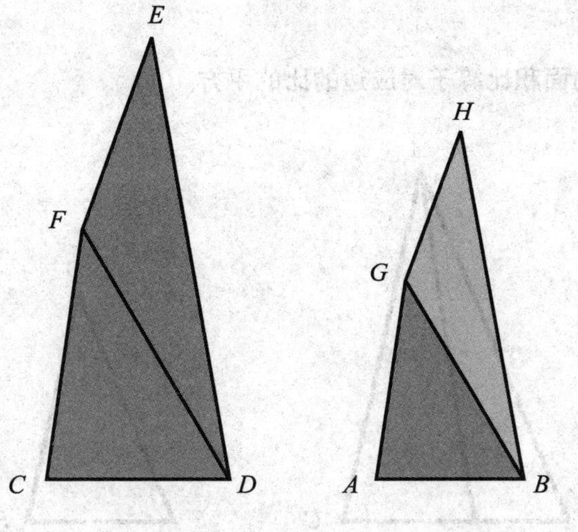

所以：三角形*FCD*与三角形*GAB*是相似三角形（命题I.32）。

所以：*FD*比*GB*等于*FC*比*GA*，又等于*CD*比*AB*（命题VI.4、V.16）。

又，在线段*BG*和点*B*、*G*上作∠*BGH*，使之等于∠*DFE*，作∠*GBH*等于∠*FDE*（命题I.23）。

于是，∠*E*等于∠*H*，所以：三角形*FDE*与三角形*GBH*是相似三角形。

所以：*FD*比*GB*等于*FE*比*GH*，且等于*ED*比*HB*（命题I.32、VI.4、V.16）。

而已证明*FD*比*GB*等于*FC*比*GA*，且等于*CD*比*AB*。

所以：*FC*比*AG*等于*CD*比*AB*，且等于*FE*比*GH*，又等于*ED*比*HB*（命题V.11）。

又因为：∠*CFD*等于∠*AGB*，又，∠*DFE*等于∠*BGH*。

所以：大∠*CFE*等于大∠*AGH*。

同样原因：∠*CDE*也等于∠*ABH*。∠*C*也等于∠*A*，∠*E*等于∠*H*。

所以：*AH*与*CE*是等角的，且等角的边成比例。

所以：多边形*AH*相似于多边形*CE*（定义VI.1）。

所以：给定一个多边形，可作另一多边形与之相似。

证完

注 解

本命题应用在命题VI.22、VI.25、VI.28中，其推论应用在命题XII.17中。

命题VI.19

相似三角形的面积比等于对应边的比的平方。

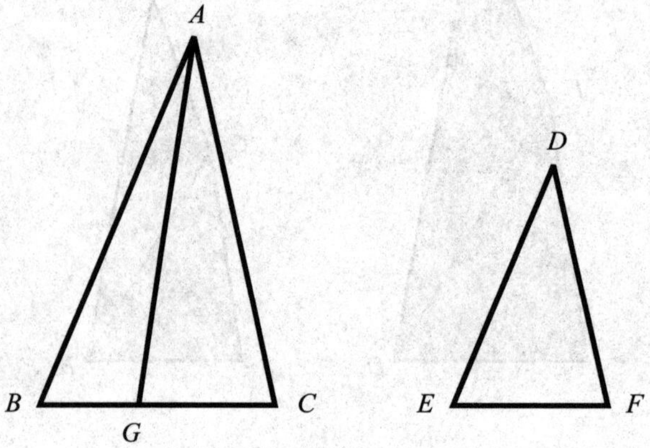

设：*ABC*和*DEF*为两个相似三角形，∠*B*等于∠*E*，*AB*比*BC*等于*DE*比*EF*，*BC*与*EF*是对应边（定义V.11）。

求证：三角形*ABC*与三角形*DEF*的面积比等于*BC*与*EF*的比的平方（命题V.11）。

作第三个比例*BG*对应*BC*和*EF*，那么*BC*比*EF*等于*EF*比*BG*，连接*AG*（命题VI.11）。

因为*AB*比*BC*等于*DE*比*EF*。

所以：*AB*比*DE*等于*BC*比*EF*（命题V.16）。

又，*BC*比*EF*等于*EF*比*BG*。

所以：*AB*比*DE*等于*EF*比*BG*（命题V.11）。

所以：三角形*ABG*和三角形*DEF*的边成逆比例。

又，有一相等角的边成逆比例的三角形是相等三角形。

所以三角形*ABG*等于三角形*DEF*（命题VI.15）。

那么因为*BC*比*EF*等于*EF*比*BG*，又，如果三条线段成比例，第一条与第三条的比等于第一条与第二条的二次比，所以：*BC*与*BG*等于*BC*与*EF*的二次比（定义V.9）。

又，*BC*比*BG*等于三角形*ABC*的面积比三角形*ABG*的面积。

所以：三角形*ABC*与三角形*ABG*的面积比是*BC*与*EF*的比的平方（命题VI.1、V.11）。

又，三角形*ABC*的面积等于三角形*DEF*的面积。

所以：三角形*ABC*的面积比三角形*DEF*的面积是*BC*比*EF*的平方（命题V.7）。

所以：相似三角形面积比等于对应边的比的平方。

证完

注 解

本命题应用在下一命题的证明中，推论应用在命题VI.22、VI.31、X.6的证明中。

推 论

这一命题表明，如果三条线段成比例，那么第一条线段比第三条线段的比值等于第一条线段所作的多边形的面积比第二条线段所作的相似多边形的面积的比值。

代数表示为：如果 $\frac{a}{b}=\frac{b}{c}$**，那么** $\frac{a}{c}=\frac{a^2}{b^2}$ 。

命题VI.20

将两个相似多边形分成同样多相似三角形，其对应三角形面积比值与总体面积的比值相等；两个多边形的面积的比值是对应边比值的平方。

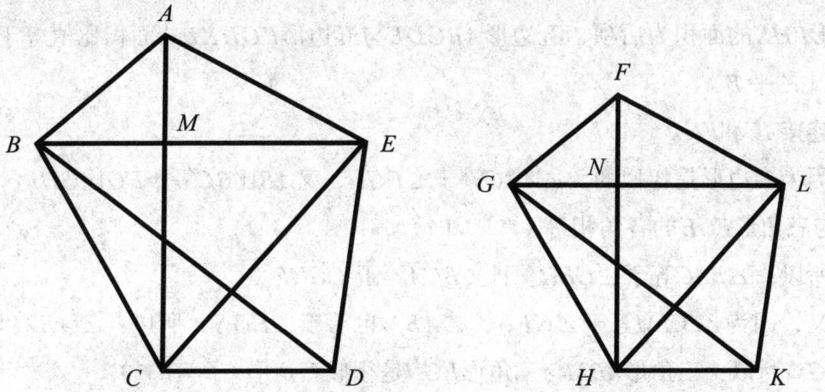

设：*ABCDE*和*FGHKL*为相似五边形，*AB*对应*FG*。

求证：五边形*ABCDE*和*FGHKL*可分成同样多个相似三角形，并与整体的五边形有相同的比值；五边形*ABCDE*与*FGHKL*的面积的比等于*AB*与*FG*的比的平方。

连接*BE*、*CE*、*GL*和*HL*。

那么因为：五边形ABCDE相似于五边形FGHKL。

于是：∠BAE等于∠GFL，AB比AE等于GF比FL（定义VI.1）。

那么因为：三角形ABE和三角形FGL是两个有等角且等角对应边成比例的三角形。

于是：三角形ABE与三角形FGL的各个角对应相等，另外它们也是相似三角形。

所以：∠ABE等于∠FGL（命题VI.6、VI.4，定义VI.1）。

又，大角∠ABC也等于∠FGH，因为它们相似，所以：∠EBC等于∠LGH。

又因为：三角形ABE和三角形FGL相似，BE比AB等于GL比GF。

又因为两五边形相似，AB比BC等于FG比GH。

所以：BE比BC等于GL比GH，即等角∠EBC和∠LGH的对应边成比例。

所以：三角形EBC与三角形LGH是相似三角形。所以：三角形EBC也相似于三角形LGH（命题V.22、VI.6、VI.4，定义VI.1）。

同理，三角形ECD也相似于三角形LHK。

所以：相似多边形ABCDE和FGHKL被分成同样个数的三角形。

求证：对应三角形的比值等于多边形的比值。即这种情况下三角形成比例，三角形ABC、三角形EBC和三角形ECD的面积为前项，三角形FGL、三角形LGH和三角形LHK的面积为后项，五边形ABCDE与五边形FGHKL的面积比值等于AB与FG的比的平方。

连接AC和FH。

因为多边形是相似的，∠ABC等于∠FGH，又AB比BC等于FG比GH。三角形ABC与三角形FGH的各角相等（命题VI.6）。

所以：∠BAC等于∠GFH。且∠BCA等于∠GHF。

又，因为∠BAM等于∠GFN，∠ABM也等于∠FGN，所以：∠ABM也等于∠FNG。所以：三角形ABM与三角形FGN是相似三角形（命题I.32）。

同样，可以证明三角形BMC与三角形GNH也是相似三角形。

所以：AM比MB等于FN比NG，BM比MC等于GN比NH。

于是又由首末比，AM比MC等于FN比NH（命题V.22）。

又，AM比MC等于三角形ABM比三角形MBC，又等于三角形AME比三角形EMC，因为它们有共同的第三边（命题VI.1）。

所以：前项之一比后项之一等于所有前项的和比所有后项的和。

所以：三角形AMB比三角形BMC等于三角形ABE比三角形CBE（命题V.12）。

又，三角形AMB比三角形BMC等于AM比MC，所以AM比MC等于三角形ABE比三角形EBC（命题V.11）。

同理，FN比NH也等于三角形FGL比三角形GLH。

又，AM比MC等于FN比NH。

所以：三角形ABE的面积比三角形BEC的面积等于三角形FGL的面积比三角形GLH的面积，又由更比，三角形ABE的面积比三角形FGL的面积等于三角形BEC的面积比三角形GLH的面积（命题V.11、V.16）。

同样可以证明出，如果连接BD和GK，那么三角形BEC的面积比三角形LGH的面积等于三角形ECD的面积比三角形LHK的面积。

又因为：三角形ABE的面积比三角形FGL的面积等于三角形EBC的面积比三角形LGH的面积，且等于三角形ECD的面积比三角形LHK的面积。

所以：前项之一与后项之一的比等于所有前项之和比所有后项之和。

所以：三角形ABE的面积比三角形FGL的面积等于五边形$ABCDE$的面积比五边形$FGHKL$的面积（命题V.12）。

又，三角形ABE的面积与三角形FGL的面积的比等于边AB与FG的比的平方，因为相似三角形面积比等于对应边的比的平方（命题VI.19）。

所以：五边形$ABCDE$的面积与五边形$FGHKL$的面积的比等于其对应边AB与FG的平方比（命题V.11）。

所以：将两个相似多边形分成同样多相似三角形，其对应三角形面积比值与总体面积的比值相等；两个多边形的面积的比值是对应边比值的平方。

证完

推 论

同样也可以证明，在四边形中，四边形的面积的比值是对应边的平方比，在三角形中，三角形的面积的比是对应边的平方的比。进一步，在多边形中，对应图形的面积的比是对应边的平方的比。

注 解

本命题和它的推论不时地应用在卷10、12、13中。

命题VI.21

与同一个多边形相似的两个多边形也相似。

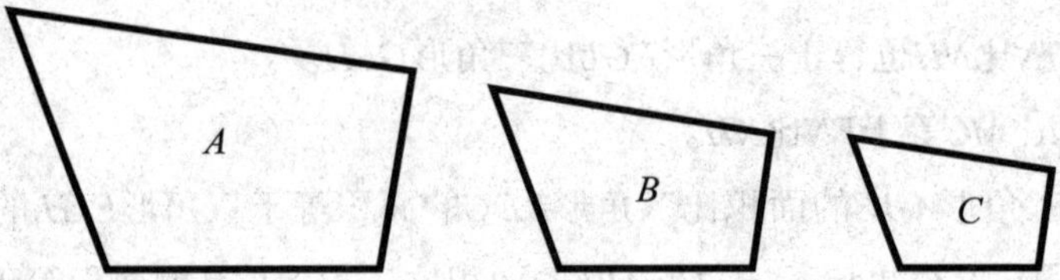

设：多边形A和B相似于C。

求证：A与B也相似。

因为A相似于C，对应角相等，对应边成比例（定义VI.1）。

又因为：B相似于C，对应角相等，对应边成比例。

所以：A和C对应角相等，对应边成比例。

所以：A相似于B（命题V.11）。

所以：与同一个多边形相似的两个多边形也相似。

证完

注 解

本命题应用在命题VI.8、VI.24、VI.28、VI.29的证明中。

命题VI.22

如果四条线段成比例，那么在四条线上作出的有相似位置的相似多边形的面积也成比例；如果在四条线段上的相似图形的面积成比例，那么该四条线段也成比例。

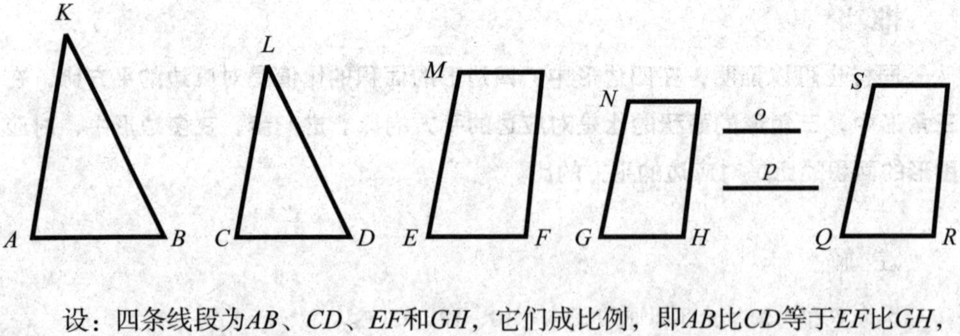

设：四条线段为AB、CD、EF和GH，它们成比例，即AB比CD等于EF比GH，

在线段AB和CD上分别作多边形KAB、LCD，在EF和GH上分别作多边形MF和NH。

求证：多边形KAB的面积比多边形LCD的面积等于MF的面积比NH的面积。

作第三比例项o和p，使o与AB、CD成比例，p与EF和GH成比例（命题VI.11）。

那么因为AB比CD等于EF比GH，所以：CD比o等于GH比p。

所以：由首末比，AB比o等于EF比p（命题V.11、V.22）。

又，AB比o等于多边形KAB比多边形LCD，EF比p等于MF比NH，所以：多边形KAB比多边形LCD也等于MF比NH（命题VI.19及推论、V.11）。

再一步，令：多边形KAB比多边形LCD等于MF比NH。

那么：AB比CD等于EF比GH，因为假如：AB比CD不等于EF比GH。

设：EF比QR等于AB比CD。作多边形SR，使之相似于NH和MF（命题VI.12、VI.18）。

所以：AB比CD等于EF比QR。

作AB和CD上相似位置的相似图形KAB和LCD，及作在EF和QR上的MF和SR。

所以：多边形KAB比多边形LCD等于MF比SR。

又，假设，多边形KAB比多边形LCD等于MF比NH。

于是MF比SR也等于MF比NH（命题V.11）。

所以：MF与多边形NH和SR有相等的比。

所以：NH等于SR（命题V.9）。

又，因为相似，所以：GH等于QR。

那么因为AB比CD等于EF比QR，同时QR等于GH。

所以：AB比CD等于EF比GH。

所以：如果四条线段成比例，那么在四条线上作出的有相似位置的相似多边形的面积也成比例；如果在四条线段上的相似图形的面积成比例，那么该四条线段也成比例。

证完

注 解

在证明的最后部分，出现了一个错误步骤，即GH等于QR是错误的，该步之前，我们已获得NH与SR相似且相等，其证明并不困难。

本命题应用于卷10、卷12的几个命题的证明中。

命题VI.23

各角都相等的平行四边形的面积的比等于它们边的复比。

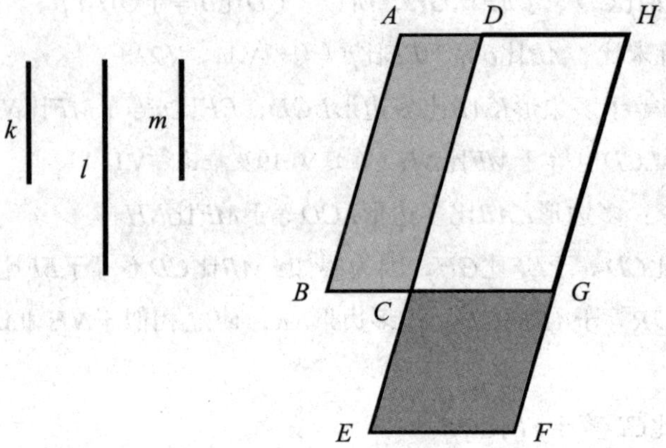

设：平行四边形*ABCD*和平行四边形*CEFG*是等角的平行四边形，∠*BCD*等于∠*ECG*。

求证：平行四边形*ABCD*与平行四边形*CEFG*面积的比值，是其边的复合比值。

令它们置放成一定的位置，*BC*与*CG*在同一线上，那么*DC*也与*CE*在同一线上（命题I.14）。

完成平行四边形*DCGH*，设线段*k*、*l*、*m*，使它符合*BC*比*CG*等于*k*比*l*，且*DC*比*CE*等于*l*比*m*（命题I.31、VI.12）。

那么：*k*比*l*及*l*比*m*的比值是边与边的比，即*BC*比*CG*与*DC*比*CE*。

所以：*k*比*m*的比值也是边与边的复比。

那么：因为*BC*比*CG*等于平行四边形*ABCD*比平行四边形*CDHG*，*BC*比*CG*等于*k*比*l*。

所以：*k*比*l*等于*AC*比*CH*（命题VI.1、V.11）。

又因为：*DC*比*CE*等于平行四边形*CGHD*比平行四边形*CGEF*，*DC*比*CE*等于*l*比*m*。

所以：*l*比*m*等于平行四边形*CGHD*比平行四边形*CGEF*（命题VI.1、V.11）。

那么因为：也可以证明*k*比*l*等于平行四边形*ABCD*比平行四边形*CGHD*。

l比m等于平行四边形$CGHD$比平行四边形$CEFG$。

所以：不包括相等，k比m等于平行四边形$ABCD$比平行四边形$CGEF$（命题V.22）。

又，k比m的比值是边的比值的复比。

所以：平行四边形$ABCD$与平行四边形$CEFG$的比值也等于边的比值的复比。

所以：等角的平行四边形面积的比值是边的比值的复比。

证完

注 解

本命题是长方形面积公式的归纳，即一个长方形的面积是其长与宽的乘积。

本命题虽然是面积的基本比例，但事实上在《几何原本》中再未被利用。

命题VI.24

在任意平行四边形中，有共线对角线且有平行的对应边的平行四边形相似于整个四边形，并且彼此相似。

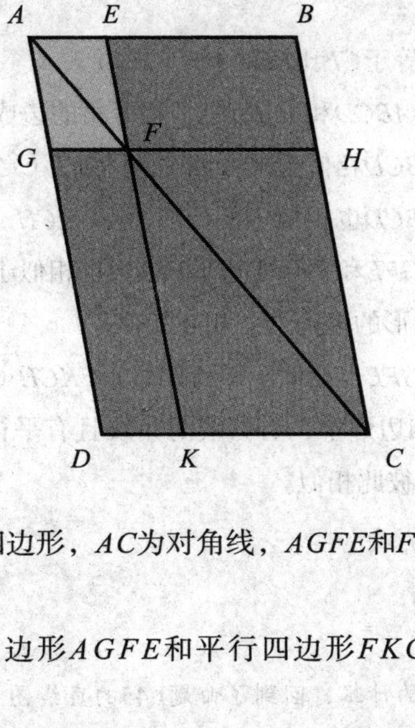

设：$ABCD$为平行四边形，AC为对角线，$AGFE$和$FKCH$是$ADCB$中的平行四边形。

求证：每个平行四边形$AGFE$和平行四边形$FKCH$相似于大平行四边形$ABCD$，并彼此相似。

因为：EF平行于三角形ABC的边BC，成比例地，BE比EA等于CF比FA（命题

VI.2）。

又因为：FG平行于三角形ACD的边CD。

所以：CF比FA等于DG比GA（命题VI.2）。

可以证明：CF比FA等于BE比EA。

所以：BE比EA等于DG比GA。

所以：得到合比，BA比AE等于DA比AG。

又由更比，BA比AD等于EA比AG（命题V.18、V.16）。

所以：在平行四边形ABCD和平行四边形AGFE中，公共∠BAD的边成比例。

又因为：GF平行于DC，∠AFG等于∠ACD，又∠DAC是两个三角形ADC和三角形AGF的公共角。

所以：三角形ADC与三角形AGF相似（命题I.29）。

同理：三角形ACB与三角形AFE等角。

又，大平行四边形ABCD与平行四边形AGFE是等角的。

所以：AD比DC等于AG比GF，DC比CA等于GF比FA，AC比CB等于AF比FE，CB比BA等于FE比EA，又因为可以证明DC比GA等于GF比FA，AC比CB等于AF比FE。

由首末比，DC比CB等于GF比FE（命题V.220）。

所以：在平行四边形ABCD和AGFE中，相等角的边成比例。

所以：平行四边形ABCD相似于平行四边形AGFE（定义VI.1）。

同理：平行四边形ABCD也相似于平行四边形FKCH。

所以：平行四边形AGFE和平行四边形FKCH也相似于平行四边形ABCD。

又：相似于另一多边形的多边形，相互相似。

所以：平行四边形AGFE也相似于平行四边形FKCH（命题VI.21）。

所以：在任意平行四边形中，有共线对角线且有平行的对应边的平行四边形相似于整个四边形，并且彼此相似。

证完

注 解

欧几里得用这一命题的计算，回到了命题I.45的直线图形的面的应用。

命题VI.25

可以作一个多边形相似于给定的一个多边形，并等于另一个给定的图形的面积。

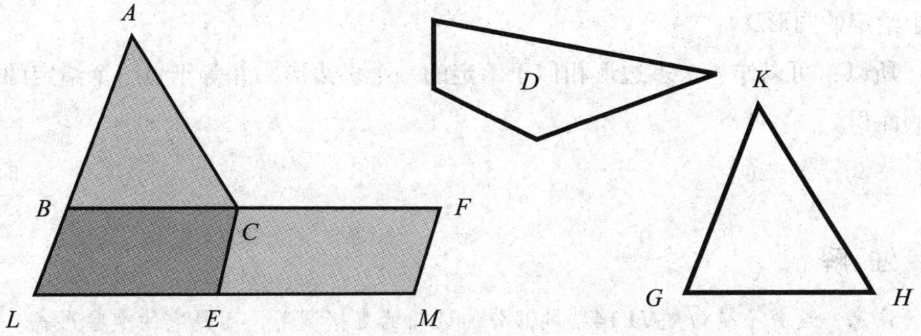

设：ABC为给定的多边形，作另一多边形D。

作一图形相似于ABC，并面积等于D。

用BC作平行四边形BE，使BE的面积等于三角形ABC的面积。

用CE作平行四边形CM，使它的面积等于D的面积，∠FCE等于∠CBL（命题I.44、I.45）。

那么：BC和CF在同一线上，LE和EM也在同一线上。

作GH使之成为BC、CF比例中项，作三角形KGH，使之相似于三角形ABC（命题VI.13、VI.18）。

那么因为：BC比GH等于GH比CF。

那么第一条比第三条等于第一条所作多边形比第二条所作相似的面积的多边形。

所以：BC比CF等于三角形ABC的面积比三角形KGH的面积（命题V.19、推论）。

又，BC比CF等于平行四边形BE的面积比平行四边形EF的面积（命题VI.1）。

所以：三角形ABC的面积比三角形KGH的面积等于平行四边形BE的面积比平行四边形EF的面积。

所以，由更比，三角形ABC的面积比平行四边形BE的面积等于三角形KGH的面积比平行四边形EF的面积（命题V.11、V.16）。

又，三角形ABC的面积等于平行四边形BE的面积。

所以：三角形KGH的面积也等于平行四边形EF的面积。

又，平行四边形EF的面积等于D的面积。

所以：三角形*KGH*的面积也等于*D*的面积（命题V.14）。

又，三角形*KGH*也相似于三角形*ABC*。

所以：这一多边形*KGH*被作出，它相似于给定的多边形*ABC*，并面积等于另一个给定的图形*D*。

所以：可以作一个多边形相似于给定的一个多边形，并等于另一个给定的图形的面积。

证完

注 解

注意，这并不是命题VI.14结尾部分的证明的直接调用，而是它的交替形式。本命题解决了一个相似问题，传说，这一问题是毕达哥拉斯解决过的。本命题应用在命题VI.28、VI.29的证明中。

命题VI.26

如果从平行四边形中取一个与原平行四边形相似、位置相似并有同一角的平行四边形，那么它们的对角线在同一线上。

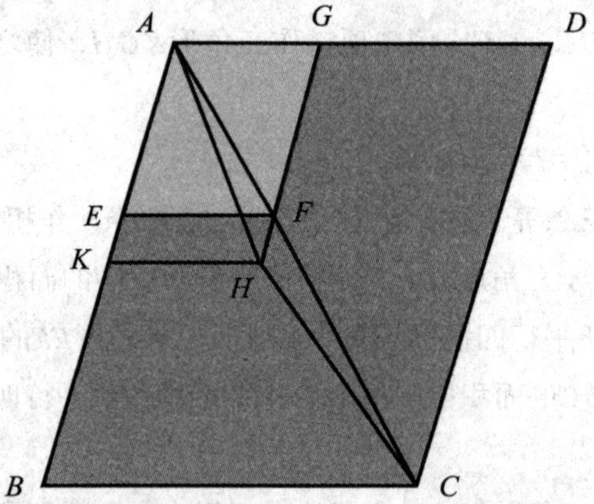

从一个平行四边形*ABCD*中取一个与它相似并有一个公共角∠*DAB*的平行四边形*AF*。

求证：*AF*的对角线在*ABCD*的对角线上。

假设不是，作*AHC*为*ABCD*对角线，延长*GF*至*H*，过*H*作*HK*，使之平行于*AD*

或*BC*（命题I.31）。

那么因为：*ABCD*与*AKHG*在同一对角线上。

所以：*DA*比*AB*等于*GA*比*AK*（命题VI.24）。

又因为：*ABCD*和*AEFG*相似。所以：*DA*比*AB*等于*GA*比*AE*。

所以：*GA*比*AK*等于*GA*比*AE*（定义VI.1、命题V.11）。

所以：*GA*比*AK*与*GA*比*AE*相等。

所以：*AE*等于*AK*，即小等于大，这是不可能的（命题V.9）。

所以：*ABCD*不可能不与*AEFG*在同一对角线上。

所以：平行四边形*ABCD*的对角线在*AF*上。

所以：如果从平行四边形中取一个与原平行四边形相似、位置相似并有同一角的平行四边形，那么它们的对角线在同一线上。

证完

注 解

本命题是命题VI.24的逆命题。

本命题应用在下三个命题的证明中，在卷10的部分命题中也有一些应用。

命题VI.27

位置在同一线段上的所有平行四边形，它们是取掉了与在原线段一半上的平行四边形相似且有相似位置的图形。那么，它们中以作在原线段一半上的平行四边形最大且它相似于取掉的图形。

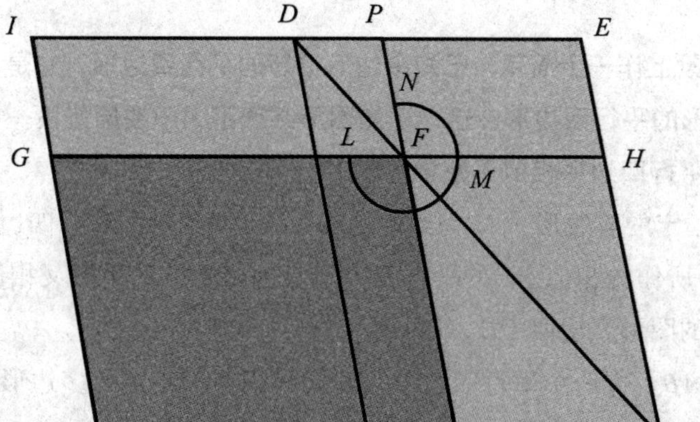

设：*AB*为线段，在*C*点被平分，平行四边形*ACDI*和平行四边形*CBED*被作在线段*AB*的平分线上。*CBED*被取掉。

那么：在适应于等于线段*AB*的平行四边形中，以取掉相似且有相似位置平行四边形*BEDK*的平行四边形*AKDI*最大。

设：平行四边形*AKFG*适应于线段*AB*。

那么：平行四边形*AKDI*大于平行四边形*AKFG*，因为平行四边形*BEDK*与平行四边形*BHFK*相似，它们在同一对角线上（命题VI.26）。

作对角线*DB*。那么因为：*CF*等于*FE*，*FB*是公共边。

所以：*CH*等于*KE*（命题I.43）。

又，*CH*等于*CG*，因为*AC*也等于*CB*（命题I.36）。所以：*CG*也等于*KE*。

令，*CF*与各边相加，那么*AF*等于折尺形*LMN*。

所以：平行四边形*BEDK*，大于平行四边形*AKFG*。

所以：位置在同一线段上的所有平行四边形，它们是取掉了与在原线段一半上的平行四边形相似且有相似位置的图形。那么，它们中以作在原线段一半上的平行四边形最大且它相似于取掉的图形。

证完

注 解

本命题阐明了命题VI.28的局限性，在命题VI.28中，作一个平行四边形，使之等于给定的直线图形，本命题暗示，如果直线图形太大，是不可能作出的。

命题VI.28

在已知线段上作一个面积与已知多边形相等的平行四边形，它是由取掉了相似于某个已知图形的平行四边形：这个已知图形必须不大于在原线段一半上的平行四边形并且这个平行四边形相似于取掉的图形。

设：*C*为给定的多边形，*AB*为给定的线段，*D*为给定的平行四边形，*C*不大于线段*AB*的一半所作的相似于*D*的平行四边形。这个平行四边形又相似于取掉的图形，这个取掉的图形又相似于*D*。

求作：在*AB*上作一个平行四边形，使之面积等于给定的多边形*C*的面积，并且这个平行四边形也是取掉相似于*D*的平行四边形而成的。

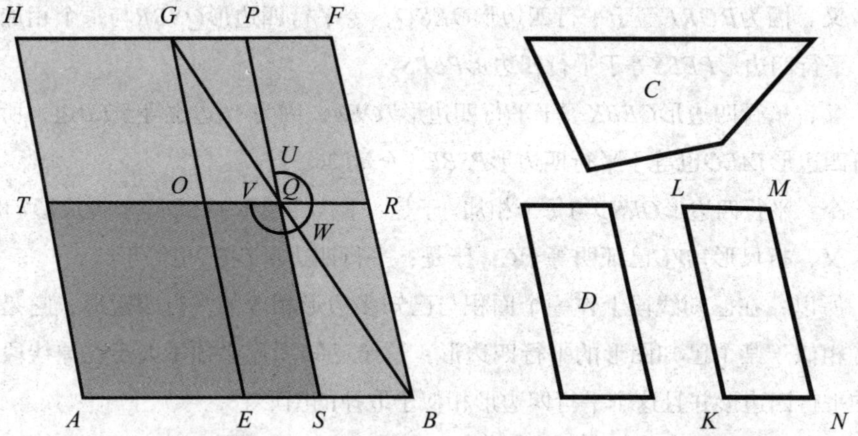

令：在E点上平分线段AB，在EB边上作$EBFG$相似于D且有相似位置，完成平行四边形AG（命题I.9、I.18）。

假如：平行四边形$AEGH$等于C，就完成了作图。设平行四边形$AEGH$是补形。因为，在已知线段AB上有平行四边形$AEGH$，它等于已知图形C，并且它是取掉相似于D的平行四边形$BFGE$而成的。

又，如果不是，令平行四边形$HAEG$大于C。

因为平行四边形$HAEG$等于平行四边形$GEBF$，所以：GB也大于C。

作$KLMN$等于平行四边形$GEBF$减去C，并相似于D（命题VI.25）。

又，D相似于平行四边形$GFBE$，所以：KM也相似于平行四边形$GFBE$。

再令：KL对应于GE，LM对应于GF。

那么，因为平行四边形$GFBE$等于C和平行四边形$LMNK$之和，所以：平行四边形$GFBE$大于平行四边形$LMNK$。

所以：GE也大于KL，GF大于LM，作GO等于KL，GP等于LM。完成平行四边形$OGPQ$。

于是：它相似于平行四边形$LMNK$，所以：平行四边形$GOQP$也相似于平行四边形$GEBF$，所以：GQ与GB有同一对角线（命题VI.21、I.26）。

令：GQB为其对角线，完成图形。

那么因为：平行四边形$GFBE$等于C和$LMNK$之和，在它们中，平行四边形$GOQP$等于平行四边形$LMNK$。

于是：余值折尺形UWV等于余值C。

又，因为$PQRF$等于平行四边形$OESQ$，令平行四边形$QSBR$与每个相加，于是：平行四边形$PFBS$等于平行四边形$PEBS$。

又，平行四边形$OEBK$等于平行四边形$TOEA$，因为AE边也等于EB边，所以：平行四边形$TAEO$也等于平行四边形$PSBF$（命题I.36）。

令：平行四边形$OESQ$与每个相加。于是：平行四边形$TASQ$等于折尺形VWU。

又，折尺形VWU已证明等于C，于是：平行四边形$TASQ$也等于C。

所以：在已知线段上作一个面积与已知多边形相等的平行四边形，它是由取掉了相似于某个已知图形的平行四边形：这个已知图形必须不大于在原线段一半上的平行四边形并且这个平行四边形相似于取掉的图形。

证完

注 解

命题VI.28用代数来陈述这一命题，更容易理解。设a代表已知的量AB，c代表已知的量C，x和y代表未知量SB和SA，那么，这一命题即是找出x和y，于是，它们之和是a，积是c，根据单一变量x，本命题解决的是二次方程$ax-x^2=c$，下一命题处理相似二次方程$ax+x^2=c$。

本命题应用在命题X.33、X.34中。

命题VI.29

在已知线段上，作一个平行四边形，等于给定的多边形的面积，并在这线段

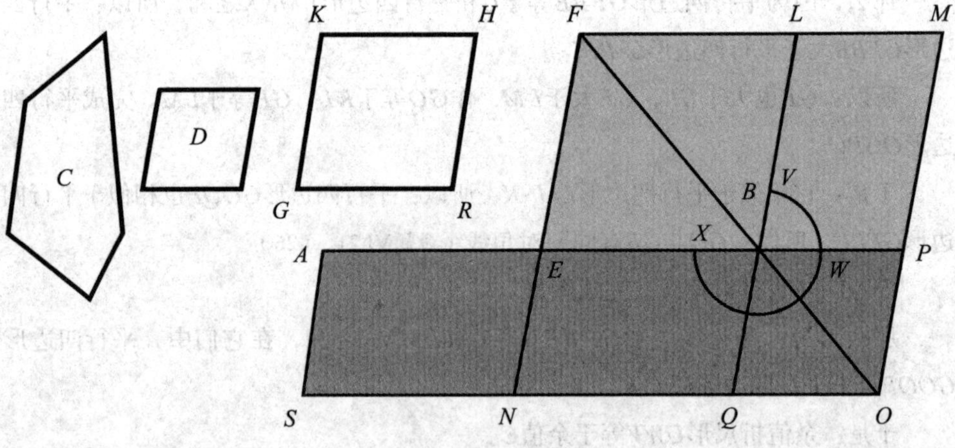

的延长线部分有一个平行四边形，相似于给定的平行四边形。

设：*C*为给定的多边形，*AB*为给定的线段，平行四边形*D*相似于*AB*延长线上的平行四边形。

求作：在*AB*上作一个平行四边形，等于多边形*C*的面积，延长线上的图形，相似于平行四边形*D*。

令：在*E*点平分*AB*，在*EB*上作平行四边形*BF*，使之相似于*D*。又作*GH*，使之等于平行四边形*BLFE*与*C*之和，并相似于*D*（命题VI.25）。

令：*KH*对应于*FL*，*KG*对应于*FE*。

那么，因为平行四边形*KHRG*大于平行四边形*FLBE*，所以：*KH*也大于*FL*，*KG*大于*FE*。

作*FL*和*FE*，使*FLM*等于*KH*，*FEN*等于*KG*。

完成平行四边形*MONF*。故，平行四边形*MONF*等于且相似于平行四边形*GRHK*。但平行四边形*GRHK*相似于平行四边形*EBLF*，那么：平行四边形*MONF*也相似于平行四边形*EBLF*。

所以：平行四边形*EBLF*与平行四边形*MONF*有共同的对角线（命题VI.21、VI.26）。

作对角线*FO*，完成多边形。

因为：平行四边形*GRHK*等于平行四边形*FEBL*与*C*之和，同时，平行四边形*GRHK*等于平行四边形*MONF*。

所以：平行四边形*MONF*也等于平行四边形*FEBL*与*C*之和。

令：以上各边减去平行四边形*EBLF*。于是：余值，即折尺形*XWV*等于*C*的面积。

那么，因为*AE*等于*EB*，于是：*AN*等于*NB*，也等于*LP*（命题I.36、I.43）。

令：以上各边加上平行四边形*ENOP*。于是整个平行四边形*ASOP*等于折尺形*VWX*。

又，折尺形*VWX*等于*C*，于是平行四边形*ASOP*也等于*C*。

所以：平行四边形*ASOP*等于给定的多边形*C*的面积，并且在延长线上的平行四边形*BQOP*，相似于平行四边形*D*，因为*BQOP*也相似于平行四边形*EBLF*（命题VI.24）。

所以：在已知线段上，作一个平行四边形，等于给定的多边形的面积，并在这线段的延长线部分有一个平行四边形，相似于给定的平行四边形。

证完

注 解

如同前一命题一样，我们将其转化为代数表达，更加容易理解。设a代表已知量AB，x代表未知量BP，那么要求的是x，所以（$a+x$）$x=c$，换句话说，是二次方程$ax+x^2=c$。

本命题运用在下一命题中。

命题VI.30

分线段成中外比。

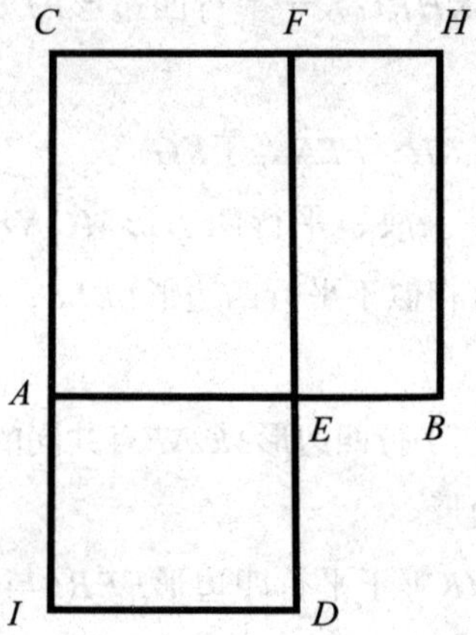

设：AB为给定的线段。

求作：切分AB成中外比。

令：在线段AB上作正方形$ABHC$，在CA及其延长线上作平行四边形$CIDF$，使其面积等于四边形$CABH$。并且延长线上的图形AD相似于四边形$CABH$（命题I.46、VI.29）。

那么，因为四边形$CABH$为正方形，所以：四边形$AIDE$也是正方形。

又，因为平行四边形$BHCA$等于平行四边形$CIDF$，令各边减去平行四边形$CAEF$，于是：余值平行四边形$FEBH$等于余值平行四边形$AIDE$。

又，它们相互等角，所以：在平行四边形$BHFE$和平行四边形$AIDE$中，等角的边成逆比例。

所以：FE比ED等于AE比EB（命题VI.14）。

又：FE等于AB，ED等于AE。

所以：AB比AE等于AE比EB（命题V.7）。

又，AB大于AE，所以：AE也大于EB。

所以：AB在E点被切分为中外比，AE是较大的线段（定义VI.3）。

所以：分线段成中外比。

证完

注 解

本命题切分一条线段成A、B两段，使$(A+B):B=B:A$。

本命题应用在命题XIII.17中，以作一个正十二面体的五边形面。

命题VI.31

在直角三角形中，斜边上的多边形面积等于直角边上的相似图形面积之和。

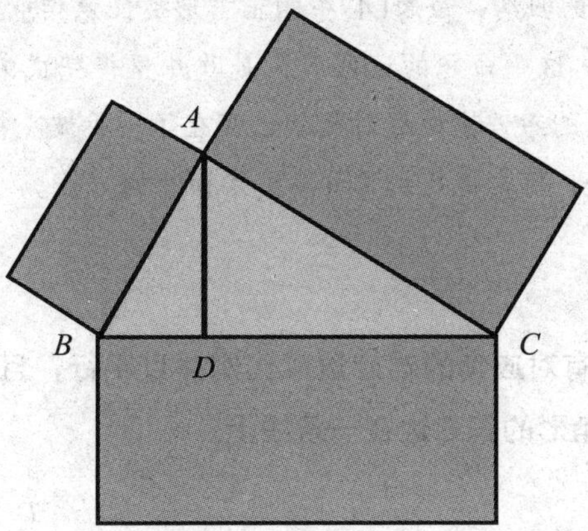

设：ABC为直角三角形，$\angle BAC$是直角。

那么BC上的多边形面积等于BA和AC上的与之相似的图形面积之和。

作垂线AD（命题I.12）。

那么因为：在直角三角形ABC中，AD是从直角点A向BC作的垂线。

所以：三角形DBA和三角形DAC是同一垂线的相邻三角形，那么彼此相似，并相似于大三角形ABC（命题VI.8）。

又，因为三角形ABC相似于三角形DBA，所以：BC比BA等于BA比BD（定义VI.1）。

又，因为三条线段成比例，第一条比第三条等于第一条直线上的多边形比第二条线上作的与前者的有相似位置的相似图形（命题VI.19、推论）。

所以：BC比BD等于BC上的多边形比BA上的相似多边形。

同样原因：BC比CD等于BC上的图形比CA上的图形。

所以：进一步，BC比BD与DC之和等于BC上的图形比BA与AC上的相似图形面积之和（命题V.24）。

又，BC等于BD与DC之和。

所以：BC上的多边形等于BA和AC上的相似图形之和。

所以：在直角三角形中，斜边上的多边形面积等于直角边上的相似图形面积之和。

证完

注 解

本命题是命题I.47的归纳，命题I.47中的正方形被任意相似直线图形所替代。

普努克劳斯认为，这一命题的证明或许是欧几里得完成的，但是其结论是早在欧几里得以前一个世纪的希波克拉底时代就已存在了。希波克拉底曾研究过圆的面积问题，他没能得以解决，但是他找到了解决弓形面积的方法。

命题VI.32

如果两个三角形有对应角的对应边成比例并且平行，且两对应边有一个共同的端点，那么两个三角形的第三边在一条线上。

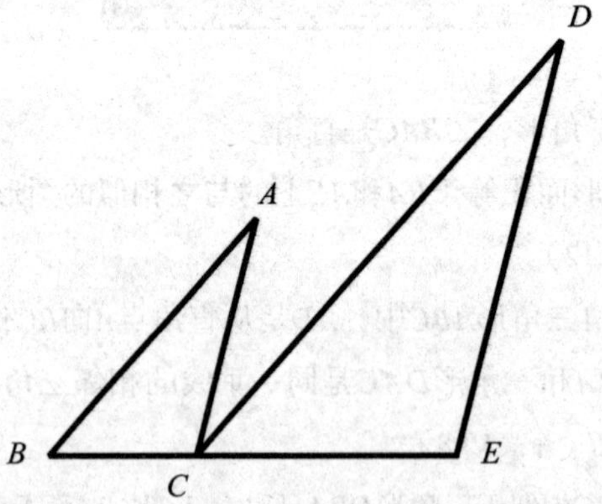

设：ABC和DCE为两个三角形，有两条边对应成比例，AB、AC与DC、DE成

比例，AB比AC等于DC比DE，AB平行于DC，AC平行于DE。

求证：BC与CE在同一直线上。

因为：AB平行于DC，而AC落在它们上。所以：内错角∠BAC与∠ACD相等（命题I.29）。

同样原因：∠CDE也等于∠ACD，所以：∠BAC等于∠CDE。

又，因为ABC和DCE是有一个角相等的三角形，∠A等于∠D，相等角对应的边成比例，于是：AB比AC等于DC比DE。

所以：三角形ABC与三角形DCE是相似三角形，所以：∠ABC等于∠DCE（命题VI.6）。

又，∠ACD也可以证明出等于∠BAC，所以：∠ACE也等于∠ABC与∠BAC之和。

令，两边加上∠ACB，于是：∠ACE与∠ACB之和等于∠BAC与∠ACB、∠CBA之和。

又，∠BAC、∠ABC、∠ACB之和等于180°。所以：∠ACE与∠ACB之和也等于180°（命题I.32）。

所以：在直线AC和点C上，两条线段BC和CE不在同一边，构成邻角∠ACE和∠ACB，等于180°。所以：BC与CE在同一直线上（命题I.14）。

所以：如果两个三角形有对应角的对应边成比例并且平行，且两对应边有一个共同的端点，那么两个三角形的第三边在一条线上。

证完

注 解

本命题的对应边，被假设在同一个方向上，但这并未作明确陈述。

本命题应用在命题XIII.17的证明中，这一命题是在一个球体中作一个正十二面体。

命题VI.33

在等圆中，圆心角或圆周角的比等于它们所对的弧的比。

设：ABC和DEF是相等圆，∠BGC与∠EHF是分别作在圆心G和圆心H上的两个角，∠BAC与∠EDF是分别作在弧上的角。

求证：弧BC比弧EF等于∠BGC比∠EHF，且等于∠BAC比∠EDF。

作连续弧CK与弧KL，使之等于弧BC，作连续弧FM、弧MN，使之等于弧

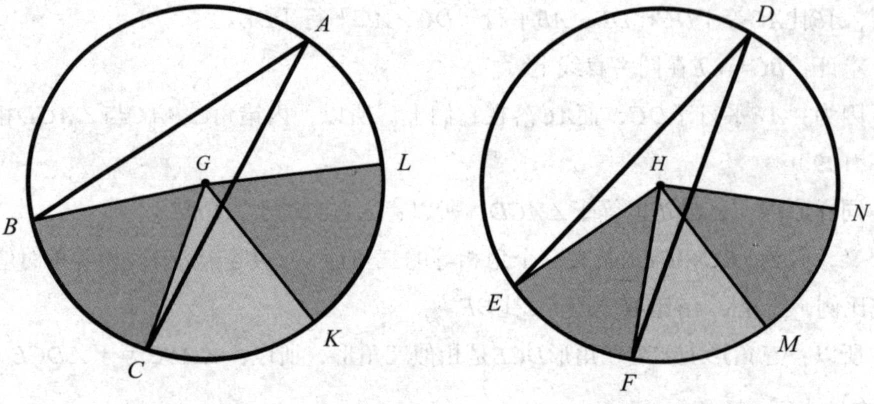

EF，连接*GK*和*GL*、*HM*、*HN*。

因为弧*BC*、弧*CK*、弧*KL*相互相等，那么：∠*BGC*、∠*CGK*、∠*KGL*也相互相等。

所以：弧*BL*是弧*BC*的几倍，∠*BGL*也是∠*BGC*的几倍（命题III.27）。

同样原因：弧*NE*是弧*EF*的几倍，∠*NHE*也是∠*EHF*的几倍。

如果弧*BL*等于弧*EN*，那么∠*BGL*也等于∠*EHN*；如果弧*BL*大于弧*EN*，那么∠*BGL*也大于∠*EHN*；如果小于，那么后者也小于（命题III.27）。

所以，有四个量：两个弧*BC*与*EF*和两个角∠*BGC*与∠*EHF*形成。其中，弧*BC*与∠*BGC*为等倍量，即弧*BL*和∠*BGL*是等倍量。弧*EF*与∠*EHF*为等倍量，即弧*EN*和∠*EHN*是等倍量。

也可以证明，如果弧*BL*大于弧*EN*，那么∠*BGL*也大于∠*EHN*；如果等于，后者也等于；如果小于，后者也小于。

所以：弧*BC*比弧*EF*等于∠*BGC*比∠*EHF*（定义V.5）。

又，∠*BGC*比∠*BAC*等于∠*EHF*比∠*EDF*，因为它们分别为两倍（命题V.15、III.20）。

所以：弧*BC*比弧*EF*等于∠*BGC*比∠*EHF*，等于∠*BAC*比∠*EDF*。

所以：在等圆中，圆心角或圆周角的比等于它们所对的弧的比。

证完

注 解

本命题有很大的独立性，是作角与所切圆周之间的比例。

本命题应用在卷13的命题XIII.8开始的三个命题中。

第7卷
数论（一）

CHAPTER 7

古希腊泰勒斯根据土地测量创立了演绎几何学。毕达哥拉斯及其学派把数的抽象观念提到突出地位，以使算术成为可能，并把数视为世界的基石。他们揭开了古希腊美学思想发展的序幕，首先将数学与美学相结合，开始了美与数理学科联姻的潮流。德谟克里特发展了这一思想。毕达哥拉斯学派认为，世界构成于数量关系，数是整个自然的本原。

本卷讨论的是初等数论。

本卷提要

※定义VII.11，质数的定义。

※命题VII.12，找最大公约数的欧几里得算法。

※命题VII.16，数的几个基本性质。如，数的乘法的交换律，$mn = nm$。

※命题VII.29，如果质数不能除尽一个数，那么它们是互质数。

※命题VII.34，建最小公倍数。

定义

VII.1 一个单位是一切事物凭借它存在的基础，被称为一。

VII.2 一个数是由许多单位合成的。

VII.3 当一个数测尽较大数的时候，这个数是较大数的较小的部分。

VII.4 当一个数测不尽较大数的时候，这个较小的数为一个较大的数的几部分。

VII.5 若一个较大数能被一个较小数测尽（整除），那么它是较小数的倍数。

VII.6 能分成相等的两部分的数称为偶数。

VII.7 不能分成相等的两部分的数称为奇数。或者说与一个偶数相差一个单位的数称为奇数。

VII.8 偶倍偶数是用一个偶数量它得偶数。

VII.9 偶倍奇数是用一个偶数量它得奇数。

VII.10 奇倍奇数是用一个奇数量它得奇数。

VII.11 只能为一个单位量测尽的数是质数。

VII.12 只能被作为公约的一个单位量所测尽（整除）的几个数称为互质数。

VII.13 能被某数所测尽的数称为合数。

VII.14 互为合数的数是能被作为公约的某数所测尽的几个数。

VII.15 一个数乘一个数，即是被乘数自身相加多少次得到的某数，这个次数是另一数中单位的个数。

VII.16 两个数相乘得出的数称为面，其两边就是相乘的两数。

VII.17 三数相乘的数为体，其三边就是相乘的三数。

VII.18 平方数是两相等数相乘所得的数，或者是由两相等数组成的数。

VII.19 立方数是两相等数相乘再乘此等数所得的数，或者是由三相等数组成的数。

VII.20 当第一数是第二数的某倍、某一部分或某几部分，与第三数是第四数的某倍、某一部分或某几部分相同，称这四个数是成比例的。

VII.21 两相似面以及两相似体数是它们的边成比例。

VII.22 完全数是等于它自身所有部分的和。

注解

第7卷是后面三卷数论的开始，它始于22个定义。尤其重要的定义是单位、数、部分、倍数、偶数、奇数、质数、互质数、比例、完全数、最大公约数（公因子）、最小公约数的定义。

命题VII.1

设有不等两数，从大数中连续减去小数直到余数小于小数，再从小数中连续减去余数直到小于余数，这样一直下去，如果余数测不尽其前一个数，直到最后的余数为一个单位，那么该二数互质。

设：两个不等数*AB*和*CD*，连续从大数中减去小数直到小于小数，再从小数中连续减去余数直到小于余数，这样一直下去，余数总是不能测尽前一个数，直到最后的余数为一个单位。

求证：*AB*和*CD*互质，即只有一个单位能测尽*AB*和*CD*。

如果：*AB*和*CD*不互质，那么总有某个数测尽它们。令其为*e*。

令：*CD*测量*AB*得*BF*，余下*FA*小于*CD*。

令：*AF*测量*CD*得*DG*，余下*GC*小于*AF*。

令：*GC*测量*AF*得*FH*，余下单位量*HA*。

那么，因为*e*测尽*CD*，*CD*测尽*BF*，所以：*e*也测尽*BF*。

而它也测尽总量*AB*，所以：它测尽余值*AF*。

而AF测尽DG，所以e也测尽DG。且它也测尽总量DC，所以：它也测尽余值CG。

又，CG测尽FH，所以：e也测尽FH。且它也测尽总量FA，所以：它测尽余值，即单位AH，但它是一个数，这是不可能的。

所以：没有数能测尽AB和CD。所以：AB和CD互质（定义VII.12）。

所以：当两个不等数，从大数中连续减去小数直到余数小于小数，再从小数中连续减去余数直到小于余数，这样一直下去，如果余数测不尽其前一个数，直到最后的余数为一个单位，那么该二数互质。

证完

注解

现代数学术语已经不沿用欧几里得的术语了，"测得、测尽"两个词，已用"除、除尽"代替。概念a/b，是b分之a的缩写。这一命题假定1是辗转相除法的结果。这一算法称为欧几里得算法。开始于两个数，从较大数中重复减去较小的数。

如果初始的两个数是a_1（在证明中的AB）和a_2（CD），其中a_1大于a_2。那么首先，从a_1中反复减去a_2直到余值a_3小于a_2。代数式可以这样表达：

$a_1 = m_1 a_2 + a_3$。

这里的m_1是从a_1中减去a_2的次数。

然后，从a_2中反复减去a_3，其余值为a_4。代数表达式为：

$a_2 = m_2 a_3 + a_4$。

根据这一命题的假设，当余值为1时，代数式为：

$a_{n-1} = m_{n-1} a_{n+1} + 1$。

在欧几里得的证明中，a_n是a_5，即AH，结论为a_1和a_2是互质数。证明是不困难的。如果b分别被c和d除尽（测尽），那么，b也就能除尽它们的差$c-d$，所以，如果某个数b能分别除尽a_1和a_2。那么，它也就能除尽余值a_3。又，它能除尽a_2和a_3，它也就能除尽a_4。并依此类推，直到最后b除尽最后一个余数1。

因为没有数可以除尽1（这里的数是指大于1的数），没有数可以除尽a_1和a_2。所以a_1和a_2是互质数。

命题VII.2

给定两个不互质的数，可以找到它们的最大公约数。

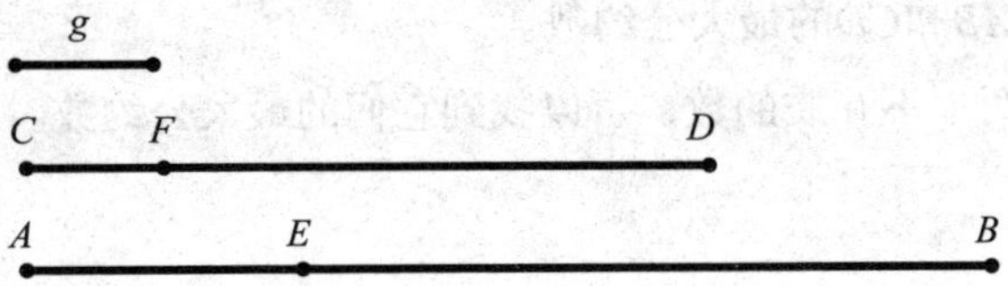

设：*AB*和*CD*为给定的两个不互质的数（素数）。

现在要求的是：找到*AB*和*CD*的最大公约数。

如果*CD*能测尽*AB*，因为它也自测尽，那么：*CD*是*CD*和*AB*的公约数。又，这也表明它是最大的，因为：没有大于*CD*测尽*CD*的数。

又，如果*CD*测不尽*AB*，那么：就用余数去量*CD*，如果量不尽，又用后边的余数去量前边的余数，直到后边的余数测尽前边的余数。

这最后的余数不是一个单位，否则*AB*和*CD*互质（定义VII.12 、命题VII.1）。这与假设相矛盾。

所以：某数可以测尽它的前面数的余数。

令：*CD*测*AB*得*BE*，余下*EA*小于*CD*。令：*EA*测*CD*得*DF*，余下*FC*小于*EA*。设*CF*测尽*AE*。

那么，因为*CF*测尽*AE*，*AE*测尽*DF*，所以：*CF*也测尽*DF*。

而它又测尽它自身，所以：它也测尽整个*CD*。

又，*CD*测尽*BE*，所以*CF*也测尽*BE*，它又同时测尽*EA*，所以：它测尽整个*BA*。

又，它也测尽*CD*，所以*CF*测尽*AB*、*CD*。

所以：*CF*是*AB*、*CD*的一个公约数。

以下进一步说明：它也是最大的。

如果*CF*不是*AB*和*CD*的最大公约数，那么必有一个大于*CF*的某数将测尽数*AB*和*CD*。设这个数为*g*。

那么，因为*g*测尽*CD*，*CD*测尽*BE*，所以：*g*也测尽*BE*。又，它也测尽整个*BA*，所以：它测尽余值*AE*。

又，*AE*测尽*DF*，所以：*g*也测尽*DF*。

同时它测尽整个*DC*，所以：它也测尽余值*CF*。即较大的测尽较小的，这是不可能的。

所以：没有大于*CF*测尽*AB*和*CD*的数。

所以：CF为AB和CD的最大公约数。

所以：给定两个不互质的数，可以找到它们的最大公约数。

证完

注 解

本命题及其推论应用在下面两个命题中。本命题非常类似命题X.3，甚至其图形及推论也十分近似。只是使用的术语有所不同，命题X.3处理的量多余数。

推 论

这一命题表明：如果一个数测尽两个数，那么这个数也测尽它们最大的公约数。

注 解

在这一命题中，再次使用欧几里得算法，求两个不互质的数的最大公约数。m和n两个数的最大公约数，是可以同时除尽两个数的数，通常表示为：$GCD(m, n)$。大数反复减小数，直到余数小于小数。比如要求884 和3009这两个数的最大公约数，首先，从3009中反复减去884，直到余数小于884，将得到相等的余数。当减3次后，得到余数357。现在，再从884中反复减去357直到余数小于357。可得余数170。再从357中反复减去170得余数17。最后停止。因为17可以被170除尽。于是我们找出了$GCD(884, 3009)$等于17。

$a_1 = m_1 a_2 + a_3$

$a_2 = m_2 a_3 + a_4$

…

$a_{n-1} = m_{n-1} a_n + a_{n+1}$

（在欧几里得的证明中，a_1是AB，a_2是CD，a_3是AE，而$a_4 = a_{n+1}$是CF。）

在第一部分的证明里，因为a_{n+1}除尽a_n，它也除尽a_{n-1}，…，a_2和a_1。所以：a_{n+1}是a_2和a_1两个数的最大公约数。在最后一个部分的证明里，显示如果任意数d同时除尽两个数a_2和a_1，那么它也能除尽a_3，…，a_n和a_{n+1}。所以，a_{n+1}是最大公约数。最后的推论中表明，任何公约数可除尽最大公约数。

命题VII.3

给定三个不互质的数，可以找到它们的最大公约数。

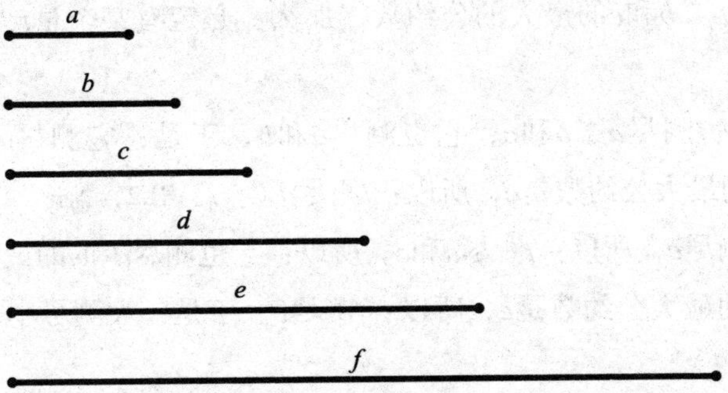

设：a、b和c为给定的不互质的素数。

现在要求的是：为a、b和c找出一个最大的公约数。

作a和b两个数的最大公约数d，那么：d要么测尽c，要么测不尽c（命题VII.2）。

首先令d测尽c。

而d能测尽a和b，所以：d测尽a、b和c。所以：d是a、b和c的公约数。

那么：它也是最大的公约数。

如果d不是a、b和c的最大公约数，那么，必有数如e为最大公约数，大于d，测尽数a、b和c。

那么，因为e测尽a、b和c，于是：它测尽a和b。所以：它也测尽a和b的最大公约数。而a和b的最大公约数是d，所以：e测尽d，即大测尽小，这是不可能的（命题VII.2、推论）。

所以：没有大于d的数可以测尽a、b和c。所以：d是a、b和c的最大公约数。

再设：d测不尽c。

那么：首先，c和d不互质。

因为a、b和c不是互质的素数，那么：有某个数测尽它们。

因为：可以测尽a、b和c的数，也可以测尽a和b，可以测尽d，d是a和b的最大公约数。又，也可以测尽c，所以：某个数可以测尽d和c。所以：d和c不是互质数（命题VII.2，推论）。

作它们的最大公约数e（命题VII.2）。

那么因为e测尽d，d测尽a和b，所以：e也测尽a和b。

而它也测尽c，所以：e测尽a、b和c。所以：e是a、b和c的公约数。

那么：它是最大的公约数。

如果e不是a、b和c的最大的公约数，那么：必定有某个量f，它大于e，能测尽a、b和c。

那么，因为f测尽a、b和c，它也测尽a和b，于是：它测尽a和b的最大公约数。又，a和b的最大公约数是d，所以：f测尽d（命题VII.2，推论）。

又，它也测尽c，所以：f测尽d和c。所以：它也测尽d和c的最大公约数。

又，d和c的最大公约数是e，所以：f测尽e。于是：大测尽小，这是不可能的（命题VII.2，推论）。

所以：没有大于e的数字可以测尽a、b和c。所以：e是a、b和c的最大公约数。

所以：给定三个不互质的数，可以找到它们的最大公约数。

证完

注 解

本命题同于命题X.4。且应用在命题VII.33中。

命题VII.4

较小数是较大数的一部分或是几部分。

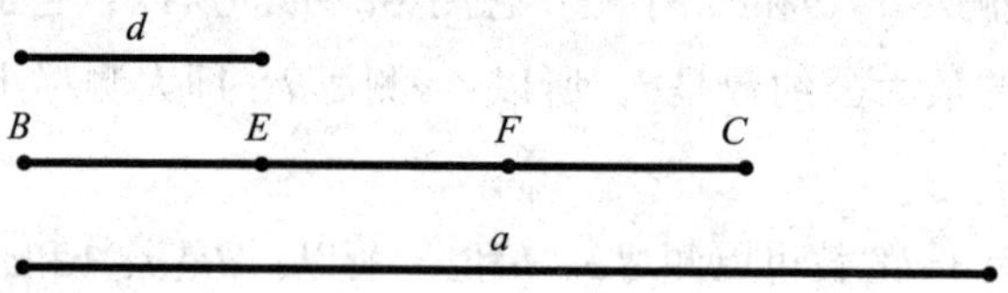

设：a和BC是两个数，BC较小。

求证：BC是a的一部分或多部分。

a和BC要么是互质数，要么不是。

首先，令a和BC是互质数，那么，如果BC被分成多个单位，在BC中的每个单位是a的某一部分，所以：BC是a的多部分（定义VII.4）。

再令：a和BC不是互质数，那么BC或者测尽或者测不尽a。

如果BC测尽a，那么BC是a的一部分。

而如果不是，作a和BC的最大公约数d，分BC的诸数等于d，即BE、EF和FC（定义VII.3、命题VII.2）。

那么因为d测尽a，所以：d是a的一个部分。

又，d等于BE、EF和FC各量。所以：BE、EF和FC各量也是a的一部分。所以：BC是a的一部分。

所以：较小数是较大数的一部分或是几部分。

证完

注 解

本命题应用在命题VII.20中。

命题VII.5

如果一小数是一大数的一部分，另一小数是另一大数的同样的部分，那么，两小数之和也是两大数之和的一部分，且与小数是大数的部分相同。

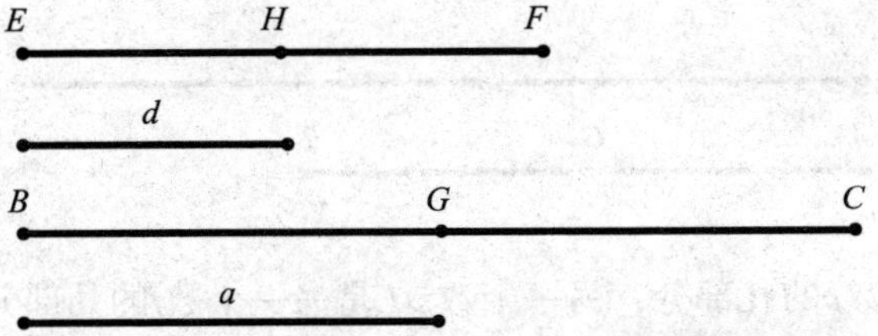

设：a是BC的一部分，数d是另一数EF的部分，其比值与前者相等。

求证：a与d之和也是EF与BC之和的一部分。

因为：a无论是BC的怎样一部分，d也总是EF的相同部分。

所以：在EF上的d的数量等于在BC上的a的数量。

将BC分为等于a的数，即BG和GC；将EF分为等于d的数，即EH和HF。

那么BG和GC的倍数等于EH和HF的倍数。

又，因为BG等于a，EH等于d，所以：BG与EH之和也等于a与d之和。

同理，GC与HF之和等于a与d之和。

所以：在BC中有多少个等于a的数，则在BC、EF之和中也就有同样多少个等于a、d之和的数。

所以：如果一小数是一大数的一部分，另一小数是另一大数的同样的部分，那么，两小数之和也是两大数之和的一部分，且与小数是大数的部分相同。

证完

注解

如果$a = b/n$，且$d = e/n$，那么 $a + d = (b + e)/n$。

更简洁的公式为:

$b/n + e/n = (b + e)/n$。

本命题应用在接下来的7个命题的5个中。

命题VII.6

如果一小数是一大数的几部分，另一小数是另一大数的相同部分，那么小数之和也是大数之和的相同部分。

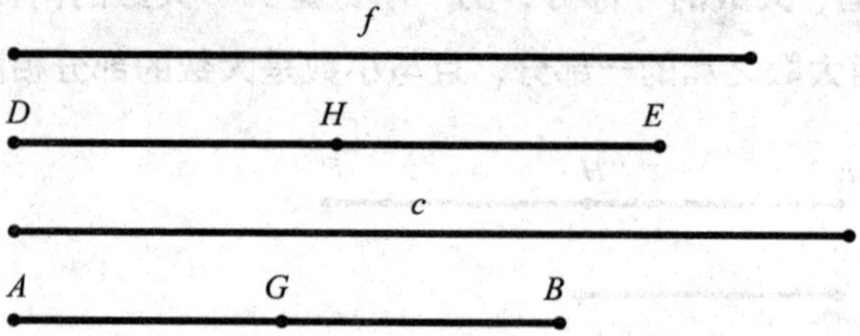

设：数AB是数c的几部分，另一个数DE是另一个数f的几部分，其比值与前者相等。

求证：AB与DE之和也是c与f之和的部分。

因为：无论AB是c的怎样的几部分，DE也是f的同样的几部分。所以在AB中有c的多少个一部分，那么在DE中就有f的多少个一部分。

分AB为c的几个一部分，即AG和GB；分DE为f的几个一部分，即DH和HE，那么，AG和GB的倍数量等于DH和HE的倍数量。

又因为DH是f的部分，等于AG是c的部分。

所以：AG与DH之和c与f之和相等于AG与c的部分。

同理：GB与HE之和是c与f之和的相同部分，等于GB是c的部分（命题VII.5）。

所以：AB与DE之和是c与f之和的相等部分，等于AB是c的部分。

所以：如果一小数是一大数的几部分，另一小数是另一大数的相同部分，那么小数之和也是大数之和的相同部分。

证完

注 解

这一命题述及分数的乘法，用代数表示即为：

如果$a=(m/n)b$，$d=(m/n)e$，那么$a+d=(m/n)(b+e)$。

也可以表示为如下方程式：

$(m/n)b+(m/n)e=(m/n)(b+e)$。

本命题调用了命题VII.9。

命题VII.7

如果一小数是一大数的一部分，小数的减数是大数的减数相同部分。那么，其余也是大数的余数的相同部分。

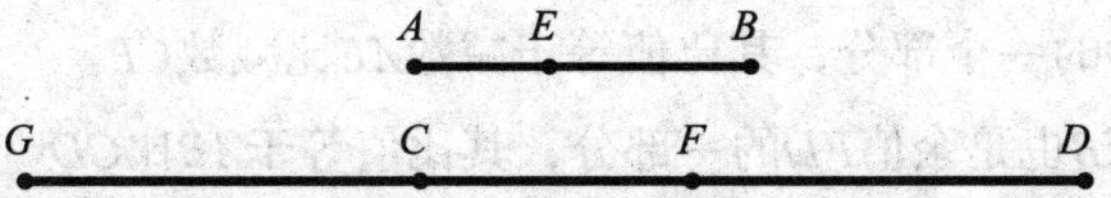

设：*AB*是*CD*的部分，这一部分与减数*AE*是减数*CF*的一部分相同。

求证：余值*EB*是*FD*的部分，等于*AB*是*CD*的部分。

*EB*是*CG*的一部分，等于*AE*是*CF*的部分。那么因为*EB*是*CG*的一部分，*AB*是*GF*的一部分，等于*AE*比*CF*（命题VII.5）。

又，假设*AB*是*CD*的一部分，等于*AE*比*CF*，于是：*AB*是*CD*的一部分，也是*GF*的一部分。所以：*GF*等于*CD*。

令：从每个中减去*CF*。那么余值*GC*等于余值*FD*。

那么，因为*EB*是*GC*的部分，等于*AE*是*CF*的部分，而*GC*等于*FD*，所以：*EB*是*FD*的部分，等于*AE*是*CF*的部分。

而*AB*是*CD*的部分，等于*AE*是*CF*的部分，所以：余值*EB*是*FD*的部分，总值*AB*是*CD*的部分。

所以：如果一小数是一大数的一部分，小数的减数是大数的减数的相同部分。那么，其余也是大数的余数的相同部分。

证完

注 解

这一命题用代数式表达为：

如果$a=b/n$，$d=e/n$，那么$a-d=(b-e)/n$。

本命题应用在下一命题中，也用在命题VII.11中。

命题VII.8

如果一个数是一个数的多个部分，其值与其差之比相等，那么余值也是余值的多个部分，其值等于总值比总值。

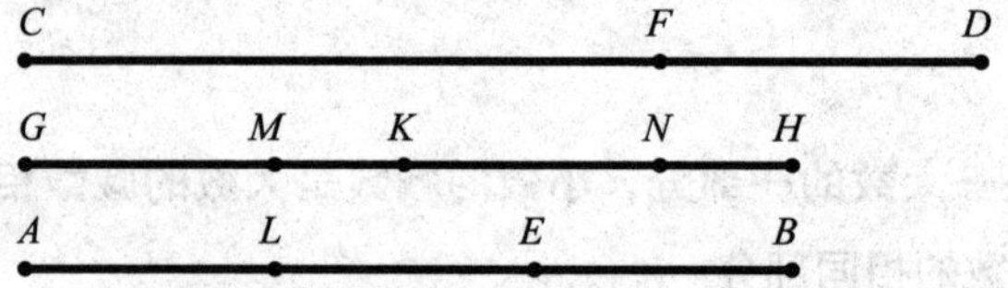

设：AB是CD的一个部分，其比值等于减数AE比减数CF。

求证：余值EB也是余值FD的一部分，其比值等于AB比CD。

作GH等于AB。

所以：AE是CF的一部分，其比值等于GH比CD。

将GH分成CD的多个一部分，即GK和KH；将AE分成CF的多个一部分，即AL和LE。那么GK和KH的个数等于AL和LE的个数。

那么因为AL是CF的部分，其比值等于GK比CD，而CD大于CF，所以：GK也大于AL。

作GM等于AL。

那么因为：GK是CD的一部分，其比值等于GM比CF。

所以：余值MK是FD的一部分，其比值等于总值GK比总值CD（命题VII.7）。

又，因为EL是CF的一部分，其值等于KH比CD，而CD大于CF，于是：HK也大于EL。

作KN等于EL。

所以：KN是CF的一部分，其值等于KH比CD。

所以：值NH是余值FD的一部分，其值等于总数KH比总数CD。

但是，已证余数MK是余数FD的一部分，与整个数GK是整个数CD的一部分相同，所以MK、NH之和是DF的几部分与整个数HG是整个数CD的几部分相同。

又，MK与NH之和等于EB，HG等于BA，所以：余值EB是余值FD的多个部分，其值等于总值AB比总值CD。

所以：如果一个数是一个数的多个部分，其值与其差之比相等，那么余值也是余值的多个部分，其值等于总值比总值。

证完

注 解

这一命题的代数式表示：如果$a=(m/n)b$，$d=(m/n)e$，那么$a+d=(m/n)(b+e)$。

如果一个数是一个部分数与另一个数的积，另一个数也是这个部分数与再一个数的积，那么，这两个数的和是这个部分数与另一个数与再一个数之和的积。

本命题应用在命题VII.11中。

命题VII.9

如果第一数是第二数的一部分，第三数是第四数的同样的一部分，交换后，无论第一数是第三数的怎样的部分，第二数也是第四数的同样部分。

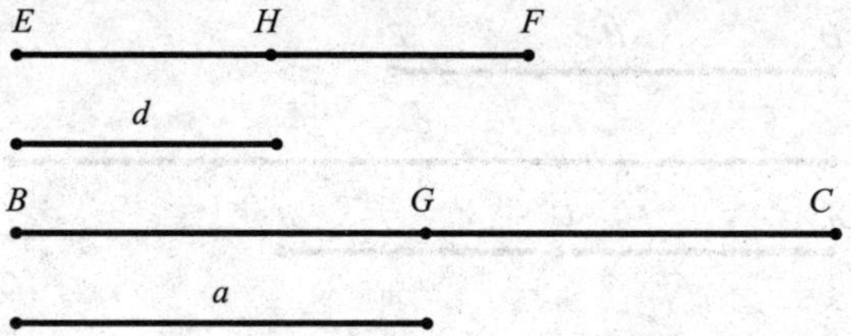

设：a量为BC量的一个部分，d量为EF量的一个部分并与前者的比值相等。

那么：BC是EF的一个部分或多个部分，等于a与d的比值。

因为d是EF的部分，等于a与BC的比值，所以：在BC中有多个a也等于在EF中有多个d。

在BC上切分一个量等于a，即BG和GC；在EF上切分一个量等于d，即EH等于HF。那么GB与GC的个数等于EH与HF的个数。

那么，因为BG与GC相等，EH与HF相等，同时BG与GC的倍数等于EH与HF的倍数，所以GC是HF的一个或多个部分，其比值等于BG比EH。

所以：BC之和是EF之和的一个或多个部分，等于BG是EH的一个或者多个部分（命题VII.5、VII.6）。

又，BG等于a，EH等于d。

所以：BC是EF的一个或者多个部分，其比值等于a比d。

所以：如果第一数是第二数的一部分，第三数是第四数的同样的一部分，交换后，无论第一数是第三数的怎样的部分，第二数也是第四数的同样部分。

证完

注 解

这一命题用代数式表达：如果$a=b/n$，$d=e/n$，$a=(m/n)d$，那么$b=(m/n)e$。

本命题应用在下一命题中。

命题VII.10

如果第一数是第二数的几部分，且第三数是第四数的同样的几部分，则交换后，无论第一数是第三数的怎样的几部分，那么第二数也是第四数同样的几部分。

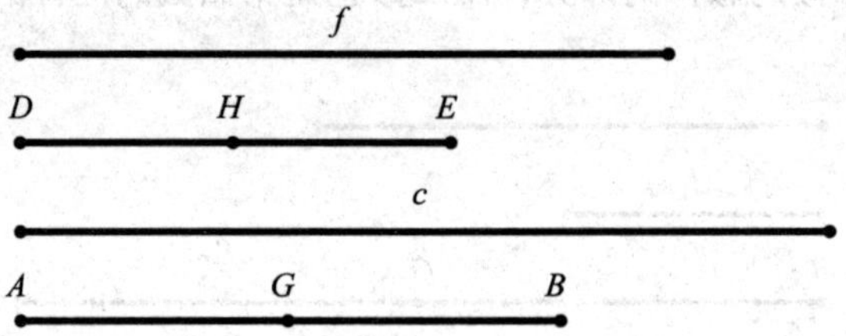

设：数AB是c的多个部分，另一个数DE是f的同样多个部分。

求证：c是f的多个部分，其值等于AB比DE。

因为：DE是f的多个部分，其值等于AB比c。

所以：f是DE的多个部分，等于c是AB的部分。

将AB分为c的多个部分，即AG和GB，将DE分为f的多个部分，即DH和EH。那么，AG和GB的个数等于DH和HE。

那么因为：DH是f的一个部分，其值等于AG比c。

所以：交换后，c是f的一个部分或多个部分，其值等于AG比DH（命题VII.9）。

出于同样原因：c是f的一个部分或多个部分，其值等于GB比HE。

所以：再一步，c是f的一个部分或多个部分，其值等于AB比DE（命题VII.9、

VII.5、VII.6）。

所以：如果第一数是第二数的几部分，且第三数是第四数的同样的几部分，则交换后，无论第一数是第三数的怎样的几部分，那么第二数也是第四数同样的几部分。

证完

注 解

在这一命题中，欧几里得陈述：如果$a=(m/n)b$，且$d=(m/n)e$，又如果$a=(p/q)d$，那么$b=(p/q)e$。

本命题应用在命题VII.13中。

命题VII.11

如果总数比总数等于总数中的减数比总数中的减数，那么余值之比也等于总数之比。

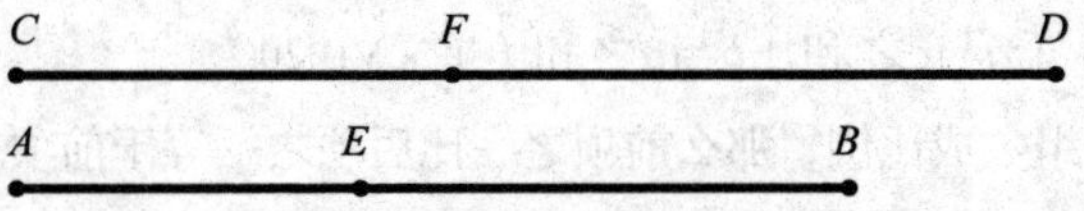

设：总值AB比总值CD等于减数AE比减数CF。

求证：其余值EB比余值FD等于总值AB比总值CD。

因为AB比CD等于AE比CF，所以：AE是CF的一个部分，其比值等于AB比CD。

所以：余值EB是FD的一个部分或多个部分，比值等于AB比CD（定义VII.20，命题VII.7、VII.8）。

所以：EB比FD等于AB比CD（定义VII.20）。

所以：如果总数比总数等于总数中的减数比总数中的减数，那么余值之比也等于总数之比。

证完

注 解

这一命题的类似代数式可以表示为：如果$a:c=e:f$，那么$(a-e):(c-f)=a:c$。

本命题应用在命题IX.35中。

命题VII.12

如果一组数成比例，那么前项之一比后项之一等于前项之和比后项之和。

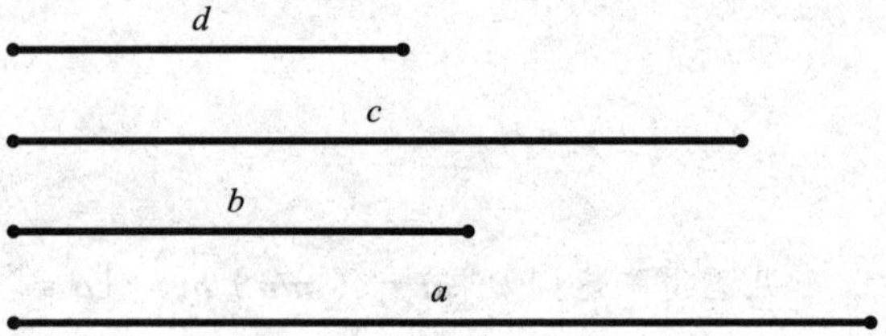

设：a、b、c、d为一组成比例的数，a比b等于c比d。

求证：a比b等于a与c之和比b与d之和。

因为a比b等于c比d，所以：a是b的一部分或多个部分，其值等于c比d。

所以：a与c之和是b与d之和的一部分或多个部分，其比值等于a比b（定义VII.20，命题VII.5、VII.6）。

所以：a比b等于a与c之和比b与d之和（定义VII.20）。

所以：如果一组数成比例，那么前项之一比后项之一等于前项之和比后项之和。

证完

注 解

这一命题的代数式可以表达为：如果$x_1 : y_1 = x_2 : y_2 = \cdots = x_n : y_n$，那么这些比值的每一个也等于比值（$x_1 + x_2 + \cdots + x_n$）：（$y_1 + y_2 + \cdots + y_n$）。

本命题应用在命题VII.15、VII.20、IX.35中。

命题VII.13

如果四个数成比例，那么它们的更比例也成立。

设：四个数a、b、c、d成比例，a比b等于c比d。

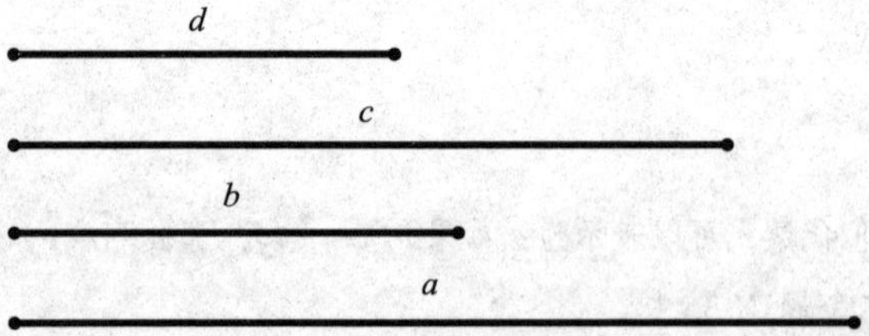

求证：它们也交替成比例，即：a比c等于b比d。

因为：a比b等于c比d。

所以：a是b的一部分或多个部分，其值等于c比d（定义VII.20）。

所以：交换后，a是c的一个部分或多个部分，其值等于b比d（命题VII.10）。

所以：a比c等于b比d（定义VII.20）。

所以：如果四个数成比例，那么它们的更比例也成立。

证完

注 解

这一命题的代数式可以表示为：如果$a:b=c:d$，那么$a:c=b:d$。

从下一命题开始，本命题频繁地应用在卷7、9的命题中。

命题VII.14

如果一组数，有另一组数与它们个数相等，且每两个的比值相等，那么它们首末之比也相等。

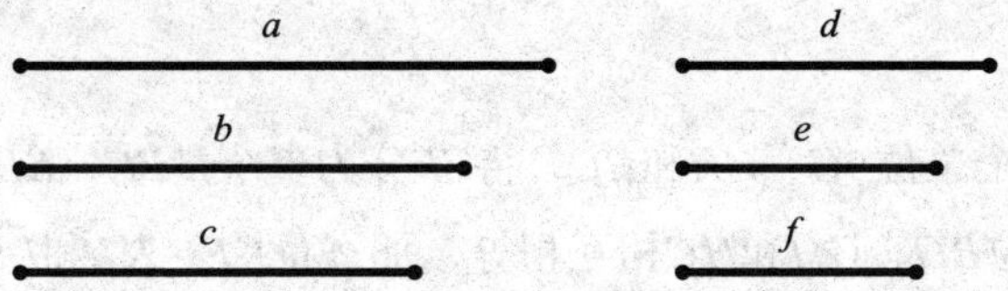

设：a、b、c为一组数，d、e、f为另一组与它们个数相等，两两比值相等，即a比b等于d比e，b比c等于e比f。

那么：a比c等于d比f。

因为a比b等于d比e，所以由更比，a比d等于b比e。

因为：b比c等于e比f，所以由更比，b比e等于c比f。

而b比e等于a比d，所以：a比d等于c比f（命题VII.13）。

所以，由更比，a比c等于d比f（命题VII.13、V.11）。

所以：如果一组数，有另一组数与它们个数相等，每两个的比值相等，那么它们首末之比也相等。

证完

注 解

这一命题的代数式可以表示为：

如果$x_1:x_2=y_1:y_2$，$x_2:x_3=y_2:y_3$，…，$x_{n-1}:x_n=y_{n-1}:y_n$，那么$x_1:x_n=y_1:y_n$。

从命题VIII.1开始，本命题不时地应用于卷8、9的命题中。

命题VII.15

如果一个单位测尽任意一个数，与一个数测尽另一个任意数的次数相等，那么交换后，该单位测尽第三个数与第二个数测尽第四个数的次数相等。

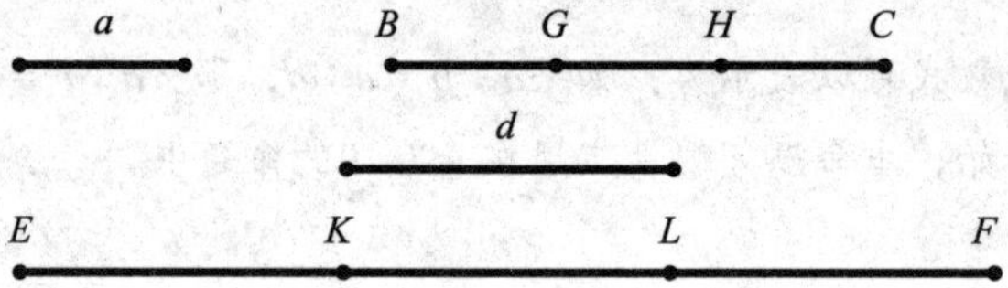

设：单位a测尽任意数BC，与另一个数d测尽另一个任意数EF的次数相等。

求证：交换后，该单位测尽d与BC测尽EF的次数也相等。

因为单位a测尽BC与d测尽EF的次数相等，所以：在EF中有多个量等于d在BC中的单位量。

将BC分为多个单位BG、GH和HC，将EF分为多个量EK、KL和LF。

又，因为单位BG、GH和HC相互相等，那么量KE、KL和LF也相互相等，同时BG、GH和HC的个数等于EK、KL和LF的个数。

所以：单位BG比EK等于单位GH比KL，且等于HC比LF。

所以前项之一比后项之一等于前项之和比后项之和，所以：单位BG比EK等于BC比EF（命题VII.12）。

又，单位BG等于单位a，又：量EK等于量d。所以：单位a比量d等于BC比EF。

所以：单位a测尽量d与BC测尽EF有相等的次数。

所以：如果一个单位测尽任意一个数，与一个数测尽另一个任意数的次数相等，那么交换后，该单位测尽第三个数与第二个数测尽第四个数的次数相等。

证完

命题VII.16

如果两个数的相互倍数构成另两个数，那么这两个数相等。

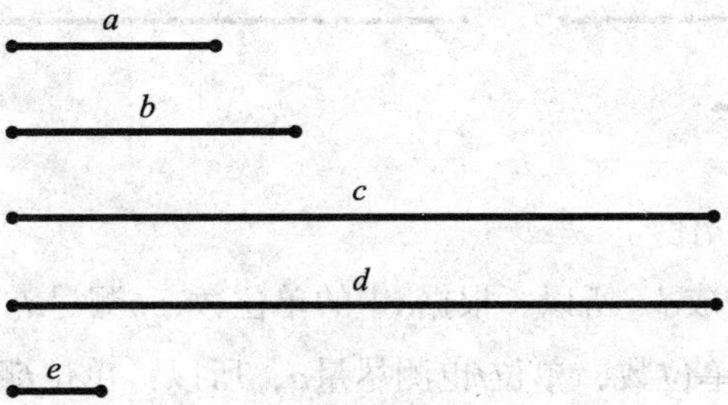

设：a和b两个数，a乘b等于c，b乘a等于d。

求证：c等于d。

因为a乘b构成c，所以：按照a中的单位数，b用a次测尽c。

又，根据在其中的单位，单位e也测尽a，所以：单位e测尽a与b测尽c的次数相等。

所以，由更比，单位e测尽b与a测尽c的次数相等（命题VII.15）。

又，因为b乘a构成d，所以：根据b中的单位，a用b次测尽d；而同样根据在其中的单位，单位e也测尽b。

所以：单位e测尽b与a测尽d的次数相等。

又，单位e测尽b与a测尽c的次数相等，所以：a测尽c和d有相等次数。

所以：c等于d。

所以：如果两个数的相互倍数构成另两个数，那么这两个数相等。

证完

注 解

这一命题更明白地阐述上一命题，即乘法的交换律性质，$ab = ba$。在命题VII.18中也有应用。

本命题应用在卷7中。

命题VII.17

如果一个数被另两个数相乘构成新的数，那么新数的比值等于两个数的比值。

设：量a被两个数b和c相乘，构成新量d和e。

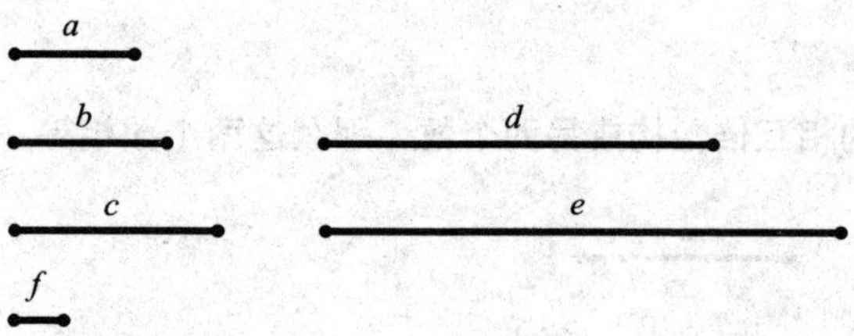

求证：b比c等于d比e。

因为a与b相乘构成d，所以：根据a中的单位数，b测尽d。

又，根据a中的单位数，单位f也测尽量a，所以：单位f测尽a与b测尽c有相等的次数。

所以：单位f比量a等于b比d（命题VII.20）。

同样原因：f比a等于c比e，所以b比d等于c比e（命题VII.20、V.11）。

所以，由更比，b比c等于d比e（命题VII.13）。

所以：如果一个数被另两个数相乘，新数的比值等于两个数的比值。

证完

注 解

这一命题的代数表达式为：$b:c = ab（ac）$。

从下一命题开始，本命题高频率地应用在卷7～9的命题中。

命题VII.18

如果两个量乘以任意一个量构成新的量，那么两个量的比值等于两个新量的比值。

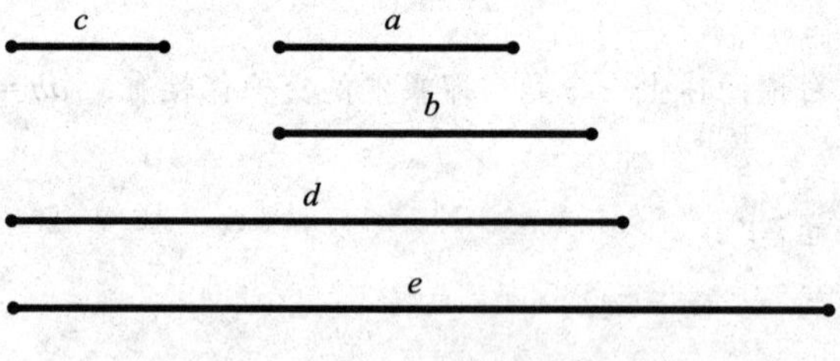

设：两个数a和b，被任意数c相乘，构成新数d和e。

求证：a比b等于d比e。

因为a乘c构成d，所以：c乘a构成d。同样：c乘b构成e（命题VII.16）。

所以：量c乘以两个量a和b构成d和e。

所以：a比b等于d比e（命题VII.17）。

所以：如果两个量乘以任意一个量构成新的量，那么两个量的比值等于两个新量的比值。

证完

注 解

这一命题也可以表示为：$b : c = ab : (ac)$。

本命题应用在下一命题中，也不时地应用在卷8中。

命题VII.19

如果四个量成比例，那么第一个量与第四个量相乘，等于第二个量与第三个量相乘；反之，如果第一个量与第四个量相乘等于第二个量与第三个量相乘，那么这四个量成比例。

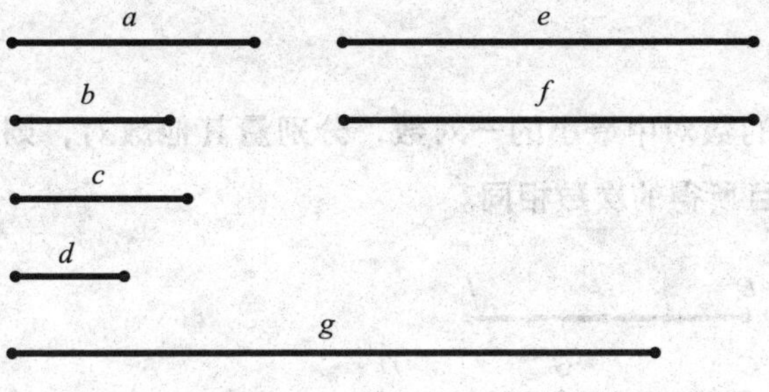

设：a、b、c和d是四个成比例的量，a比b等于c比d，a乘d构成e，b乘c构成f。

求证：e等于f。

设：a乘c构成g。

那么，因为a乘c构成g，且a乘d构成e，所以：量a乘两个量c和d构成g和e。

所以：c比d等于g比e。

又，c比d等于a比b，所以：a比b等于g比e（命题VII.17）。

又因为：a乘c构成g，进一步，b乘c构成f。

所以：两个量a和b乘某个量c构成g和f。所以：a比b等于g比f（命题VII.18）。

又进一步，a比b等于g比e，所以：g比e等于g比f。所以：g与e和f的比值相等。所以：e等于f（命题V.11）。

再设e等于f。

那么：a比b等于c比d。在这同一结构中，因为e等于f，那么g比e等于g比f（命题V.7）。

又，g比e等于c比d，g比f等于a比b。

所以：a比b等于c比d（命题VII.17、II.18）。

所以：如果四个量成比例，那么第一个量与第四个量相乘，等于第二个量与第三个量相乘；反之，如果第一个量与第四个量相乘等于第二个量与第三个量相乘，那么这四个量成比例。

证完

注 解

这一命题用代数式可以表示为：如果$a : b = c : d$，则$ad = bc$。

从命题VII.24开始，本命题频繁地使用在卷7、9的命题中。

命题VII.20

用有相同比的数对中最小的一对数，分别量其他数对，则大的测尽大的，小的测尽小的，且所得的次数相同。

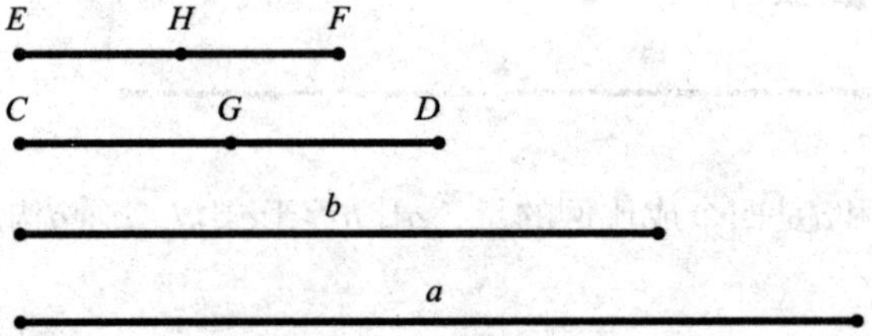

设：CD和EF是最小的一对数，与a和b有相等的比值。

求证：CD测尽a与EF测尽b有相同的次数。

CD不是a的多个部分。那么EF也是b的部分，与CD比a的比值相等（命题VII.13、定义II.20）。

所以：在EF中有多个b的部分，等于在CD中有a的多个部分。

将CD分为a的多个部分，即CG和GD，将EF分为b的多个部分，即EH和HF。

于是：CG和GD的个数等于HE和HF的个数。

那么，因为量CG和GD相互相等，量EH和HF也相互相等。同时，CG和GD的个数等于EH和HF的个数。

所以：CG比EH等于GD比HF。因为前项之一比后项等于前项之和比后项之和，所以：CG比EH等于CD比EF（命题VII.12）。

所以：CG和EH与CD和EF有相等比值，小于它们，这是不可能的，因为假定CD和EF是最小的量，与它们有相等的比值。

所以：CD不是a的多个部分，所以：它只能是a的一个部分（命题II.4）。

又，EF是b的一个部分，其比值等于CD比a。

所以：CD测尽a与EF测尽b有相等次数（命题VII.13、定义II.20）。

所以：用有相同比的数对中最小的一对数，分别量其他数对，则大的测尽大的，小的测尽小的，且所得的次数相同。

证完

命题VII.21

互质的两数是与它们有同比的数对中最小的数。

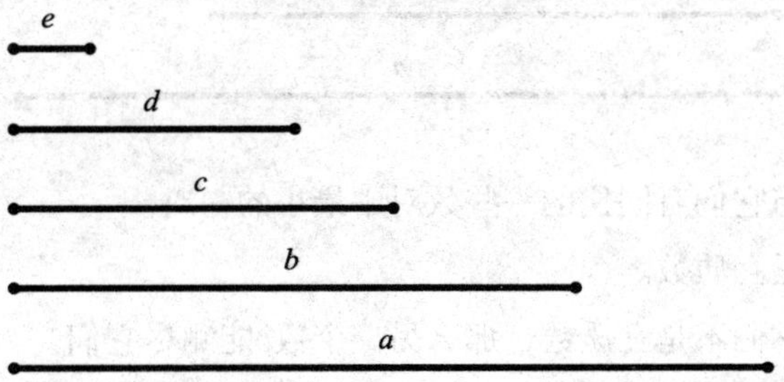

设：a和b为互质数。

求证：a和b是与它们有相等比值的数对中的最小数。

令：假如不是，在a和b的相等比值中将有比a和b更小的数，假定为c和d。那么因为，有相等比值的最小一对数，分别测尽相等比值的数对，所得的次数相同，即前项测尽前项与后项测尽后项的次数相同。所以：c测尽a与d测尽b有相同次数（VII.20）。

令：e中有多个单位，等于c测尽a的次数。那么d也测尽b，根据在e中的单位。

既然根据在e中的单位，c测尽a，所以根据在c中的单位，e也测尽a。

同样原因：根据在d中的单位，e也测尽b（命题VII.16）。

所以：e测尽a和b，它们是互质数，这是不可能的（定义VII.12）。

所以：没有数小于a和b且与a和b有相等比值数的数对。

所以：互质的两数是与它们有同比的数对中最小的数。

证完

注 解

从命题VII.24开始，本命题被频繁地应用在卷7～9的命题中。

命题VII.22

有相等比值的数对中，最小的一对是互质数。

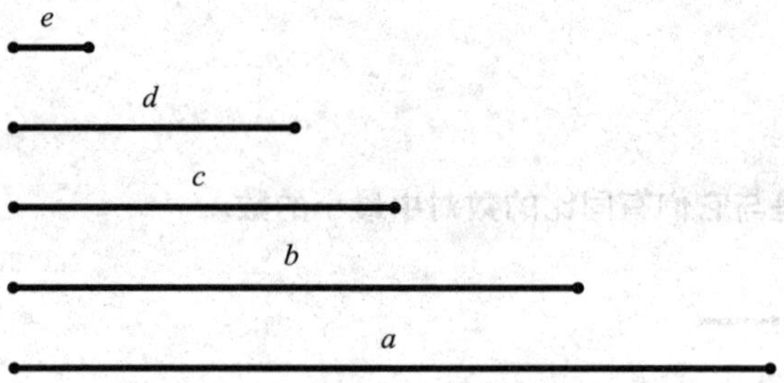

设：a和b是与它们有同比的一些数对中最小的一对。

求证：a和b是互质数。

假设不是，它们不是互质数，那么另一个数c能测尽它们。

令：在d中有多个单位，等于c测尽a的次数。在e中有多个单位，等于c测尽b的次数。

因为根据在d中的单位数，c测尽a，所以：c乘d得a。同理：c乘e得b（定义VII.15）。

于是，c乘两数d、e各得a、b，所以：d比e等于a比b（命题VII.17）。

所以：d和e与a和b有相等的比值，并小于它们，这是不可能的。

所以：没有数测尽a和b。

所以：a和b是互质数。

所以：有相等比值的数对中，最小的一对是互质数。

证完

注 解

本命题应用在命题VIII.2、VIII.3、IX.15中。

命题VII.23

如果两个数是互质数，那么测尽它们中之一的任何数与另一数是互质数。

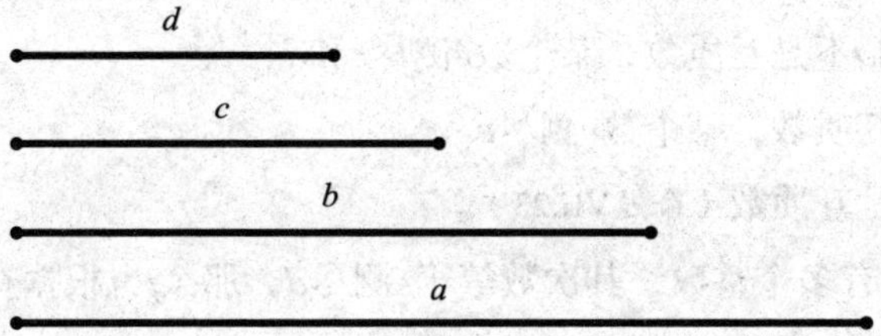

设：a和b是两个互质数，任意数c测尽a。

求证：c和b也是互质数。

令：假如c和b不是互质数，那么某个数d测尽c和b。

因为d测尽c，又c测尽a，所以d也测尽a。而它也测尽b，所以：d测尽a和b，这是不可能的（定义VII.12）。

所以：没有数可以测尽c和b。

所以：c和b是互质数。

所以：如果两个数是互质数，那么测尽它们中之一的任何数与另一数是互质数。

证完

注 解

本命题应用在下一命题的证明中。

命题VII.24

如果两个数是某数的互质数，那么它们的乘积也与该数是互质数。

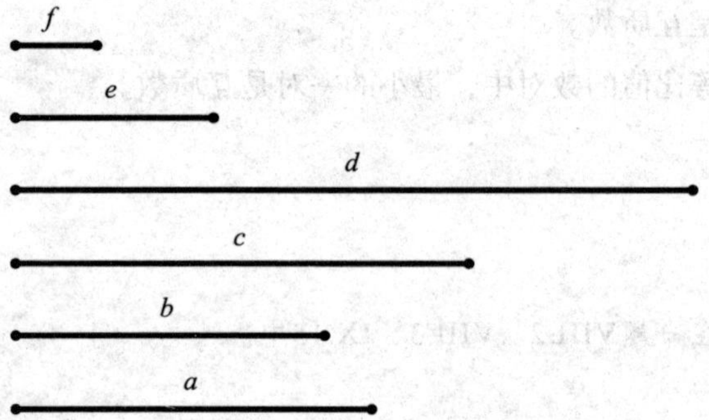

设：两个数a和b分别与c构成互质数，a乘以b构成d。

求证：c和d也是互质数。

令：假设c和d不是互质数，某个数e测尽c和d。

因为c和a是互质数，某个数e测尽c。

所以：a和e是互质数（命题VII.23）。

再令：在f中有多个整数，其次数等于e测尽d，那么f也根据在e中的单位测尽d（命题VII.16）。

所以：e乘以f构成d。同时a乘以b 也构成d。

所以：e和f的乘积等于a和b的乘积（定义VII.15）。

又，如果两外项的乘积等于两内项的乘积，那么这四个数成比例，所以：e比a等于b比f（命题VII.19）。

又，a和b是互质数，而互质的两数也是与它们有共同比的数对中的最小数。

因为有相同比的数对中最小的一对数，其大、小两数分别测尽具有同比的大、小两数，所得的次数相等，即前项测尽前项和后项测尽后项；所以：e测尽b（命题VII.21、VII.20）。

又，它也测尽c，所以：e测尽b和c，它们是互质数。这是不可能的（定义VII.12）。

所以：没有数测尽c和d。所以：c和d是互质数。

所以：如果两个数是任意数的互质数，那么它们的乘积也与该数是互质数。

证完

命题VII.25

如果两个数是互质数，那么其中一个与它自己的乘积与余下的一个是互质数。

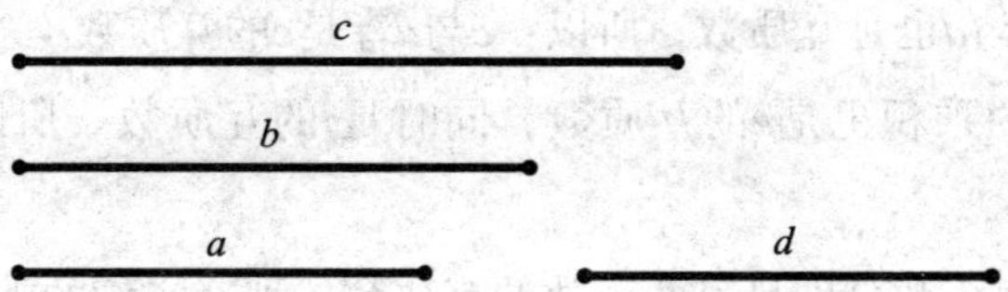

设：a和b两个数是互质数，a自乘构成c。

求证：b和c是互质数。

作：d等于a。

因为a和b是互质数，且a等于d，那么：d和b也是互质数。所以：数d和a皆是b的互质数。所以：d和a的乘积也是b的互质数（命题VII.24）。

又，d和a的乘积是数c，所以：c和b是互质数。

所以：如果两个数是互质数，那么其中一个与它自己的乘积与余下的一个是互质数。

证完

注 解

这一命题是前一命题的特殊情况，在命题VII.27、IX.15中有应用。

本命题是前一命题的特殊情况。应用在命题VII.27、IX.1中。

命题VII.26

如果两个数分别是另两个数的互质数，那么它们的乘积也是互质数。

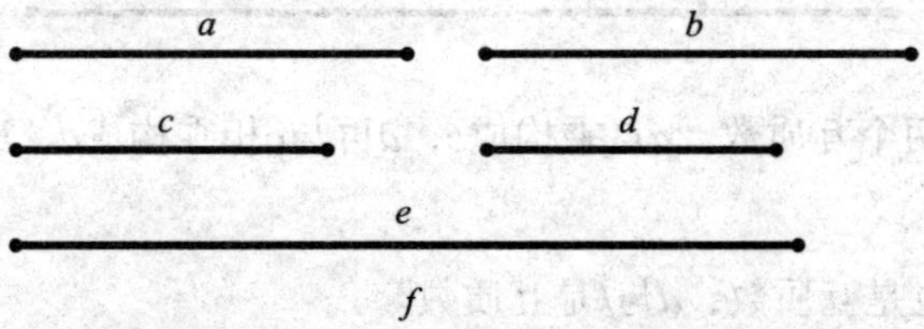

设：两个数a和b与c和d为互质数，a乘b形成e，c乘d形成f。

求证：e与f也为互质数。

因为a和b皆与c为互质数，所以：a与b的乘积也与c构成互质数。而a与b的乘积是e，所以：e与c是互质数。

同样原因，e与d也是互质数，所以：c与d皆是e的互质数（命题VII.24）。

所以：c与d的乘积也是e的互质数，同时是f的互质数。所以：e和f是互质数（命题VII.24）。

所以：如果两个数分别是另两个数的互质数，那么它们的乘积也是互质数。

证完

注 解

这一命题利用了命题VII.24 两次。如果a和b同是c和d的互质数，那么它们的乘积ab也互质。因为，c和d皆与ab互质，所以也与它们的乘积cd互质。

本命题应用在下一命题的证明中。

命题VII.27

如果两个数是互质数，每个数自乘构成一个数，那么其乘积是互质数；如果原始数与乘积相乘构成一个数，那么后者也是互质数。

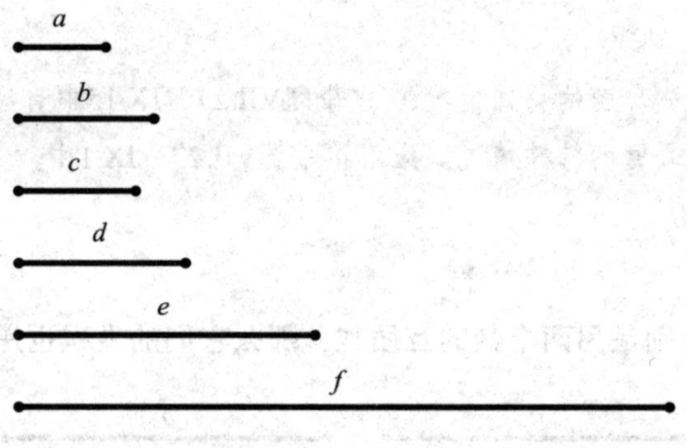

设：a和b是两个互质数，a自乘构成c，a再与c相乘构成d，b自乘构成e，b与e相乘构成f。

求证：c与e也是互质数，d与f是互质数。

因为a、b互质，且a自乘得c，所以：c、b互质。

因为c和b是互质数，b自乘构成e，所以：c与e是互质数（命题VII.25）。

又，因为a与b是互质数，b自乘构成e，所以：a与e是互质数。

因为a和b两个数分别是b和e两个数的质数，所以：a与c的乘积是b与e的乘积的互质数，而a与c的乘积是d，b与e的乘积是f（命题VII.26）。

所以：d与f是互质数。

所以：如果两个数是互质数，每个自乘构成一个数，那么其乘积是互质数；如果原始数与乘积相乘构成一个数，那么后者也是互质数。

证完

注 解

这一命题陈述如果两个数是互质数，那么，它们的乘方也是互质数。显然这是指正方形和正方体是互质数，这一命题应用在命题VIII.2中，任意乘方都需要互质数。这一命题的证明利用了上两个命题。假定a和b是互质数，于是两次应用命题VII.25。我们便可得a^2和b^2是互质数。

这一命题应用在命题VIII.2 、VIII.3中。

命题VII.28

如果两个数是互质数，那么其和与它们也是互质数；又，如果两个数的和分别与两个数为互质数，那么两个原始数也是互质数。

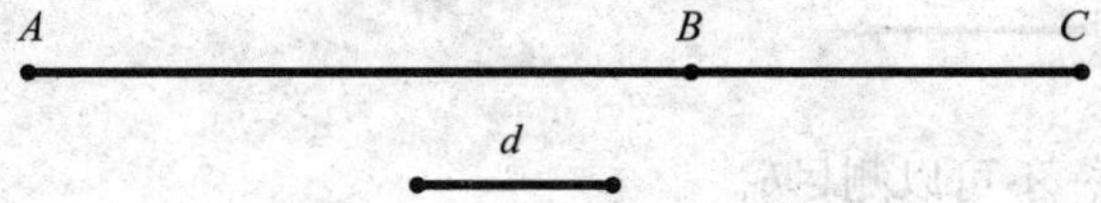

设：两个互质数AB和BC相加。

求证：它们的和AC与AB和BC也构成互质数。

假定：AC和AB不是互质数，那么数d测尽AC和AB。

因为：d测尽AC和AB，那么它也测尽余值BC，同时也测尽AB。

所以：d测尽互质数AB和BC，这是不可能的（定义VII.12）。

所以：没有数字可以测尽AC和AB，所以：AC和AB是互质数。

同样原因，AC和BC也是互质数。

所以：AC分别是AB和BC的互质数。

下一步，令：AC和AB是互质数。

求证：AB和BC也是互质数。

假定AB和BC不是互质数，那么定有某个数d测尽AB和BC。

因为d分别测尽AB和BC，那么：它也测尽整个AC，但它也测尽AB。

所以：d测尽互质数AC和AB，这是不可能的（定义VII.12）。

所以：没有数可以测尽AB和BC。

所以：AB和BC是互质数。

所以：如果两个数互质，那么其和与它们也是互质数；又，如果两个数的和分别与两个数互质，那么两个原始数也是互质数。

证完

注 解

这一命题应用在命题IX.15中。

命题VII.29

如果任意一个质数，不可测尽另一个质数，那么它们为互质数。

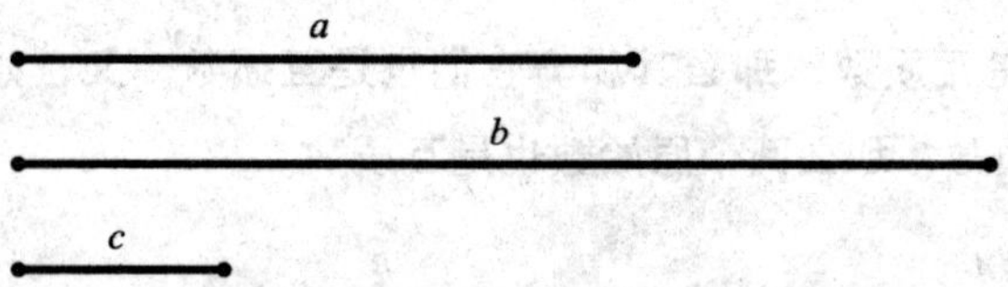

设：a为质数，不可以测尽b，

求证：b和a是互质数。

如果a和b不互质，那么定有某个数c测尽它们。

因为c测尽b，而a测不尽b，所以：c不等于a。

那么，因为c测尽b和a，于是，它也测尽质数a。虽然它不等于a，这是不可能的。

所以：没有数可以测尽b和a。

所以：a和b为互质数。

所以：如果任意一个质数，不可测尽另一个质数，那么它们为互质数。

证完

注 解

这一命题应用在下一命题及命题IX.12和IX.36中。

命题VII.30

如果两个数相乘得另一个数，一个质数测尽该乘积，那么它也必测尽原始数中的一个。

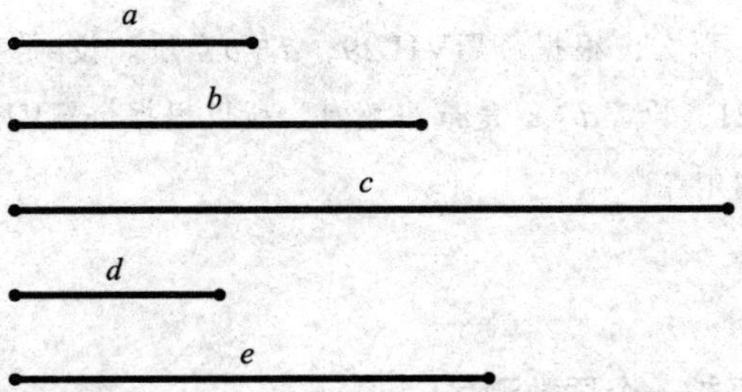

设：两个数a和b相乘得c，任意质数d测尽c。

求证：d也测尽a和b中的任意一个。

假定它测不尽。

d为质数，于是：a和d是互质数（命题VII.29）。

令：在e中有多个单位等于d测尽c的次数。

因为d测尽c，根据在e中的整数，于是：d与e相乘得c（定义VII.15）。

进一步，a与b相乘也得c，于是d与e的乘积等于a与b的乘积。

所以：d比a等于b比e（命题VII.19）。

又d与a是互质数，而互质的二数是具有相同比的数对中最小的一对，且它的大小两数分别测尽具有同比的大小两数，所得的次数相同，且前项测尽前项，后项测尽后项。

所以：d测尽b（命题VII.21、VII.20）。

同理，也可以证明，如果d测不尽b，那么它将测尽a，于是：d测尽a或b中的一个。

所以：如果两个数相乘得另一个数，一个质数测尽该乘积，那么它也测尽原始数中的一个。

证完

注解

这一命题陈述的是：如果p是一个质数，那么只要p能除尽两个数的乘积，那么它也能除尽其中的一个数。这实际上是质数的性质，即没有合数能具有这一性质，比如c为一个合数，c可以除尽它们的乘积，但不能除尽两个因素中的任意一个。

假定质数d除尽乘积ab。

这个证明形式是有趣的，欧几里得陈述如果d除不尽a，那么，d也除不尽b，类似地，如果d除不尽b，那么d也除不尽a。所以它两个都除不尽。

假定d除不尽a，那么，根据命题VII.29，d与a互质。设e是数ab/d；那么$d:a=b:e$。根据命题VII.21，比率$d:a$是最小数对，所以根据命题VII.20，d除尽b。这一命题应用在命题IX.14中。

命题VII.31

任意一个合数可被一个质数测尽。

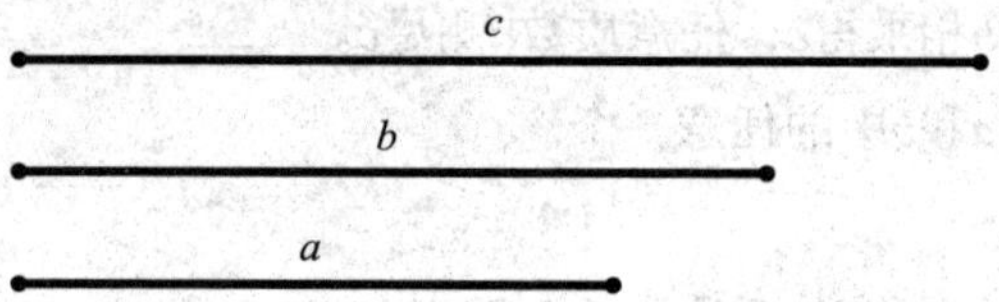

设：a为合数。

求证：a被某个质数所测尽。

因为：a是非质数，于是某个数b测尽它（定义VII.13）。

如果b是质数，那么命题成立（定义VII.13）。

如果b是非质数，某个数测尽它。令：c测尽它（定义VII.11、VII.13）。

那么，因为c测尽b，b又测尽a，所以：c也测尽a。

如果c是质数，那么成立；但如果它是非质数，有某个数测尽它。

于是，如果继续这样推理，那么某个质数将会被发现，它可以在它之前测尽该数，也测尽a。

如果没有被发现，那么，数的无穷序列测尽a，每一个小于另一个，这在数理上是不可能的。

所以：某个质数将被发现，它可以测尽它之前的一个，也测尽a。

所以：任意一个合数可被一个质数所测尽。

证完

注 解

欧几里得没有解释不可能有某个数除尽前一个数的无穷序列，他只简单地说那是不可能的。这一命题应用在下一命题及命题IX.13 和IX.20中。

命题VII.32

任何一个数，要么是质数，要么能被某质数测尽。

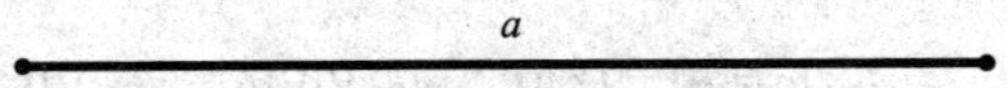

设：a为这个数。

求证：a要么是质数，要么能被某个质数所测尽。

如果a是质数，那么这一命题成立。

而如果它是非质数，那么某个质数将测尽它（命题VII.31）。

所以：任何一个数，要么是质数，要么能被某质数所测尽。

证完

注 解

因为有前一命题，实际上这一命题没有必要。

命题VII.33

已知几个数，可以找到与它们比值相等的最小数对。

设：a、b和c是给定的数，可以任意给出更多。

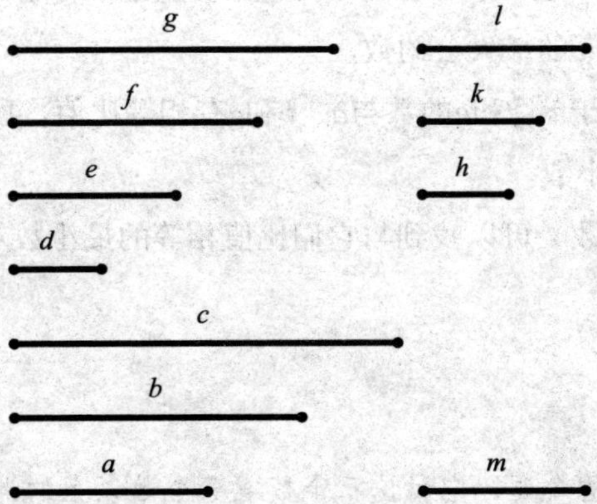

现在要求的是：找出与a、b、c同比值的最小数。

a、b、c要么是质数，要么不是。

如果a、b、c是互质数，那么它们就是与它们有相等比值的最小数对（命题VII.21）。

如果不是，令：d为a、b和c的最大公约数，且d分别测a、b、c多少次就分别设在e、f、g中多少个单位（命题VII.3）。

于是：根据在d的单位，e、f和g分别测尽a、b和c。所以：e、f和g测尽a、b和c有相同的次数。

所以：e、f和g与a、b和c有相等比值（命题VII.16、定义VII.20）。

以下进一步说明：它们是最小比值。

如果e、f和g不是a、b和c的最小比值，那么：还存在与a、b、c成比值的小于e、f和g的数，令其为h、k和l。

于是：h测尽a与k和l分别测尽b和c的比值相等。

令：在m中有多个单位，等于h测尽a的次数。

所以：依照m中的单位数，k、l分别测尽b、c。

又，因为依照m中的单位数，h测尽a。

同理，m也测尽a。

分别根据在k和l中的单位，m也测尽b和c。

于是：m测尽a、b和c。

因为根据在m中的单位，h测尽a，于是：h与m相乘得a。同理：e与d相乘得a（定义VII.15）。

所以：e和d的乘积等于h和m的乘积。所以：e比h等于m比d（命题VII.19）。

而e大于h，于是：m也大于d，且测尽a、b和c。这是不可能的，这一假设不成立。

所以：d是a、b和c的最大公约数。

所以：不存在小于e、f和g的数与a、b和c有相等比值。所以：e、f和g是与a、b和c有相等比值的最小数。

所以：已知几个数，可以找到与它们比值相等的最小数对。

证完

注解

这是一个不平常的命题，它讨论三个数或三个数以上的混合比例及比率问题，即$a:b:c=e:f:g$。欧几里得认为这一命题成立，因为e、f、g可以分别测尽a、b、c有相等的次数d，根据命题的定义，即$a:e=b:f=c:g$。

这一命题应用在下一命题以及从命题VIII.6开始的几个命题中。

命题VII.34

给定两个数，能找出它们能测尽的数中的最小数。

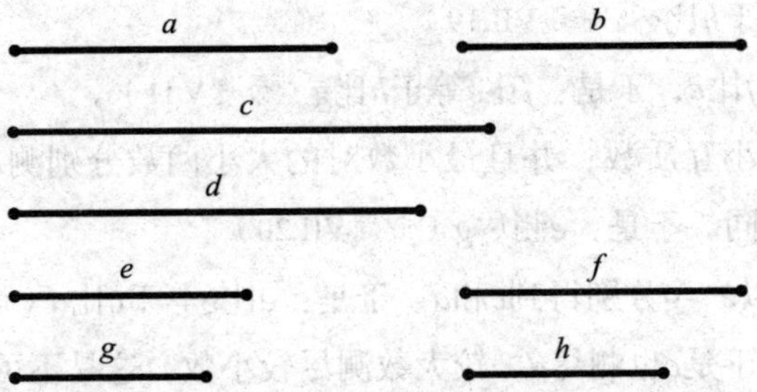

设：a和b是两个给定的数。

现在要求的是：找出它们能测尽的数中的最小数。

a和b要么是互质数，要么不是。

首先，令其为互质数，a与b相乘得c。

那么b与a相乘得c，于是：a和b测尽c。

以下进一步说明：该数是能被a、b测尽的最小数。

如果不是最小，那么：a和b将测尽某个数d小于c。

令：在e中有多个单位，等于a测尽d的次数。在f中有多个单位，其次数等于b测尽d的次数。

那么：a乘e得d，b乘f得d。

所以：a与e的乘积等于b与f的乘积。所以：a比b等于f比e（定义VII.15、命题VII.19）。

又，a和b是互质数，互质数是同比数对中最小的一对，所以：b测尽e等于后项测尽后项（命题VII.21、VII.20）。

又因为：a乘b、e得c、d，所以：b比e等于c比d。

而b测尽e，所以：c也测尽d。大者测尽小者，这是不可能的（命题VII.17）。

所以：a和b测不尽小于c的任何数。所以：c是a、b可测尽的最小数。

进一步，令：a和b不是互质数，f和e是与a和b有相等比值的最小数。

于是：a和e相乘等于b和f相乘（命题VII.33、VII.19）。

a与e相乘构成c，那么：b与f相乘构成c。所以：a和b测尽c。

以下进一步说明：它们也是可测尽的最小数。

如果不是，那么a和b测尽某个数d小于c。

令：在g中有多个单位，等于a测尽d的次数，在h中有多个单位，等于b测尽d的次数。那么：a乘以g构成d，b乘以h构成d。于是：a与g的乘积等于b与h的乘积。于是：a比b等于h比g（命题VII.19）。

又，a比b等于f比e，于是：f比e等于h比g（命题V.11）。

又，f和e是最小互质数，并且最小数对的大小两数分别测尽具有同比的大小两数，所得次数相同。于是：e测尽g（命题VII.20）。

又，因为a乘以e、g分别得到c和d，于是：e比g等于c比d（命题VII.17）。

又，e测尽g，于是c也测尽d。较大数测尽较小数，这是不可能的。

所以：a和b测不尽小于c的任何数。

所以：c是a和b可测尽的最小数。

所以：给定两个数，能找出它们能测尽的数中的最小数。

证完

注 解

这一命题应用在命题VII.36 、VIII.4中。

命题VII.35

如果两个数能测尽某数，那么被它们测尽的最小数也能测尽这个数。

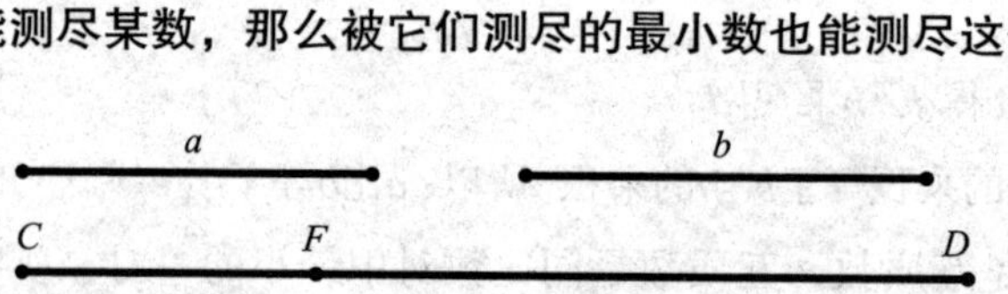

设：两个数a和b测尽一个任意数CD，e是它们测尽的最小数。

求证：e也测尽CD。

假如e测不尽CD。

如果e测不尽CD，得DF，余CF小于它自身。

那么，因为a和b测尽e，e测尽DF，于是：a和b也测尽DF。

但它们也测尽整个CD。于是：它们能测尽小于e的余值CF。这是不可能的。

所以：e不可能测不尽CD。

所以：它测尽CD。

所以：如果两个数测尽某数，那么被它们测尽的最小数也测尽这个数。

证完

注 解

假定：a和b除尽c。设e是最小公约数。假设：e除不尽c。那么：从c中反复减去e得$c=ke+f$。这里余值f小于e，且k是某数。因为：a和b皆除尽c和e，它们也除尽f，并使f为一个小于公约数e的公约数，这是矛盾的。所以：最小的公约数也除尽c。

这一命题应用在下一个命题及命题VIII.4中。

命题VII.36

给定三个数，可以找到被它们测尽的最小数。

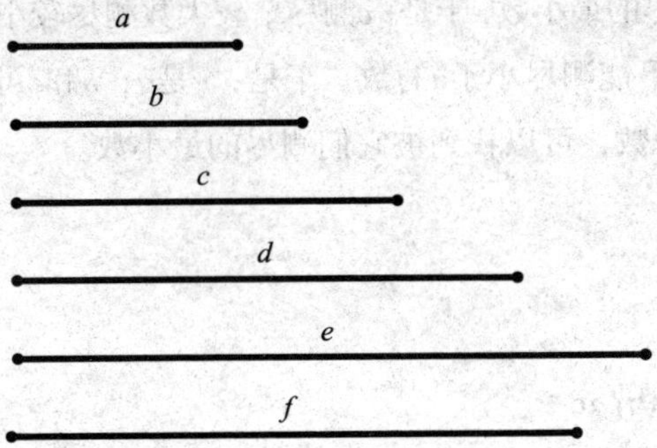

设：a、b和c为给定的数。

现在要求的是：找出被这三个数测尽的最小数。

令：d为a和b两个数测尽的最小数（命题VII.34）。

那么：c或者测尽d，或者不。

首先，令c测尽d。

由于a和b也测尽d，于是a、b和c测尽d。

以下进一步说明：它也是被测尽数中的最小数。

如果不是，a、b和c测尽某个小于d的数e。

因为a、b和c测尽e，于是：a、b测尽e。于是：a和b测尽的最小数也测尽e（命题VII.35）。

又，d是a和b测尽的最小数，于是：d测尽e，大测尽小，这是不可能的。

所以：d是a、b和c测尽的最小数。

下一步，设c测不尽d。

令：e为c和d测尽的最小数（命题VII.34）。

那么，因为a和b测尽d，d测尽e，于是：a和b也测尽e。

又，c也测尽e，于是：a、b和c也测尽e。

以下进一步说明它也是最小数。

假如不是，a、b和c测尽某个小于e的数f。

因为a、b和c测尽f，于是a和b测尽f，于是：a和b所测尽的最小数也测尽f。而d是a和b测尽的最小数，于是：d测尽f。

又，c也测尽f，于是：d和c测尽f。

于是：d和c测尽的最小数也测尽f（命题VII.35）。

又，e是c和d测尽的最小数，于是：e测尽f，较大数测尽较小数，这是不可能的。

所以：a、b和c不能测尽小于e的数。于是：e是a、b和c可测尽的最小数。

所以：给定三个数，可以找到被它们测尽的最小数。

证完

注 解

这一命题应用在VII.39中。

命题VII.37

如果一个数被某数所测尽，那么被测数中有一个部分，与这个数有同样的名称。

设：数a被数b测尽。

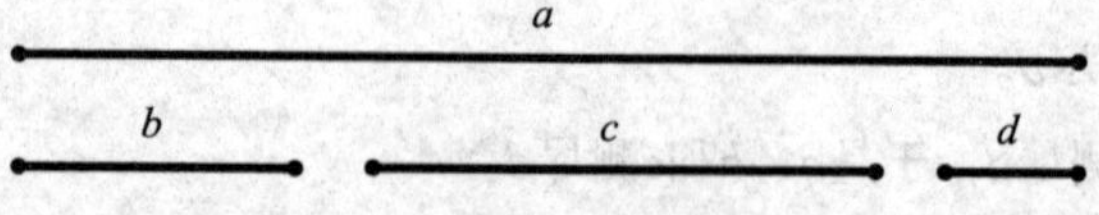

求证：在a中有一个部分是b。

令：b测尽a有多少次，就在c中设多少个单位。

因为：依照c中的单位数，b测尽a。

同理，d测尽c。

所以：整数d测尽数c与b测尽a有相等次数。

所以：交换后，整数d测尽数b与c测尽a有相等次数。

所以：无论单位d是b的怎样的一部分，c也是a的同样的一部分。

而单位d是数b的部分，与那一部分有相同的名称，所以：c也是a的部分，与之有相同的名称。所以：a与b的一部分有同样名称（命题VII.15）。

所以：如果一个数被某数所测尽，那么被测数中有一个部分，与这个数有同样的名称。

证完

注解

本命题应用在命题VII.39的证明中。

命题VII.38

一个数，无论有怎样的一部分，它将被与该部分同名的数所测尽。

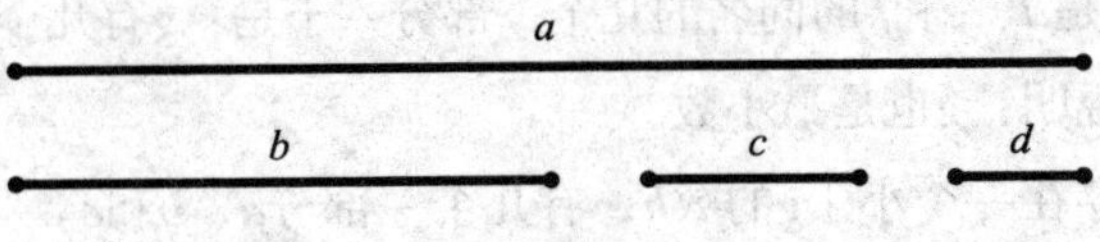

设：数a有一部分b，又设c是与一部分b同名的一个数。

求证：c测尽a。

因为：b是a的一部分，被称为与c同名，单位d也是c的一部分。

于是：a中的部分b是单位c中的单位d的相同部分。于是：单位d测尽c与b测尽a有相等的次数。

所以：交换后，单位d测尽数b与c测尽a有相等的次数。所以：c测尽a（命题VII.15）。

所以：一个数，无论有怎样的一部分，它将被与该一部分同名的数所测尽。

证完

注 解

本命题应用在下一命题的证明中。

命题VII.39

求已知的几个一部分的最小数。

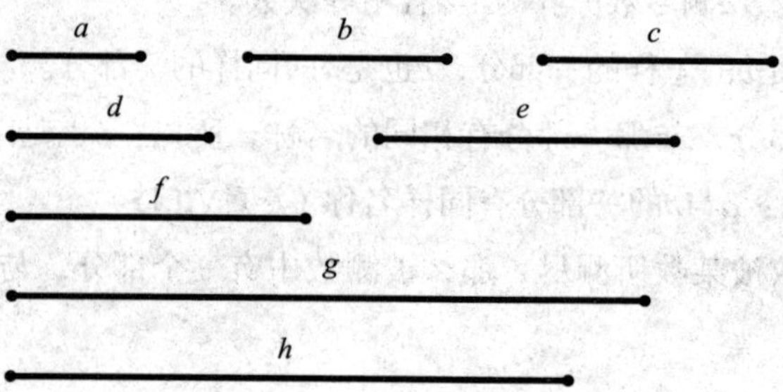

设：a、b和c是给定的几个一部分。

现在要求的是：找到a、b和c的最小数。

令：d、e、f是称为与几个一部分a、b、c同名的数，且一个数，无论有怎样的一部分，它将被与该一部分同名的数所测尽。设取g是被d、e、f测尽的最小数（命题VII.36）。

于是：g有部分与d、e和f的部分同名（命题VII.37）。

又，a、b和c是d、e和f的同名的几个一部分，于是：g有几个一部分a、b、c。

以下进一步说明：g也是最小数。

假如不是，存在一个小于g的数h，有几个一部分a、b和c。

因为h有a、b和c的部分，所以：h被与a、b和c的部分同名的数测尽。

又，d、e和f与a、b和c的部分同名，所以：h被d、e和f所测尽（命题VII.38）。

又，h小于g，这是不可能的。

所以：没有小于g的数有a、b和c的部分。

所以：a、b和c的最小数找到。

证完

第 8 卷
数论（二）

CHAPTER 8

公元前3世纪初叶，秦始皇“扫六合，吞八荒”统一了中国。当年，为了便于管理调度人数众多的军队，秦王运用了一种特殊的记数方法，人称“秦王暗点兵”：“秦兵列队，每列百人则余一人，九九人则余二人，百零一人则不足二人。问秦兵几何？”1966年，中国陈景润证明了“哥德巴赫猜想”之一：“一个大偶数可以表示为一个素数和一个不超过两个素数的乘积之和”。这一证明把数论研究推向了一个顶峰，在国际数学界也引起了强烈反响。

本卷继续讨论初等数论，给出了求两个或多个整数的最大公因子的“欧几里得算法”。

本卷提要

※命题VIII.2、VIII.4，找出成连续比的数。

※命题VIII.22，正方形和立方体的诸比例关系。如三个数成连比，第一个数是个平方数，那么第三个数也一定是平方数。

命题VIII.1

有几个数成连续比例，且两外项互质，那么这些数是与它们有相等比的数组中最小的数组。

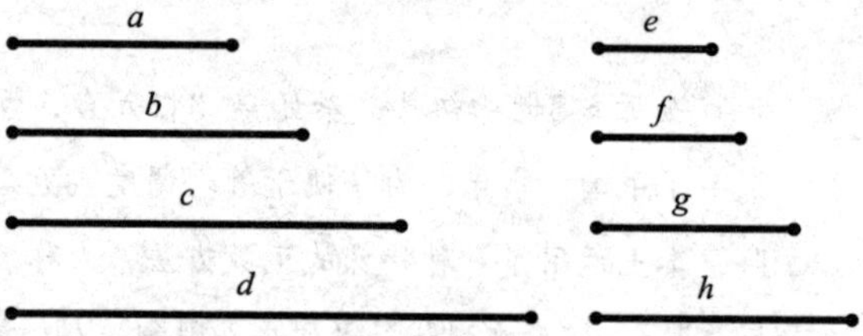

设：任意数a、b、c和d成连续比例，其外项a和d为互质数。

求证：a、b、c和d是与它们有相等比的数组中最小的数组。

假定不是，令：e、f、g和h小于a、b、c和d，并与它们有相等比。

那么因为：a、b、c和d与e、f、g和h有相等比，且a、b、c、d的个数等于e、f、g、h的个数，由首末比，a比d等于e比h（命题VII.14）。

又，a与d为互质数，互质数也是与它们有相等比的数中最小的，该一最小数测尽与它们有相等比的数，并有相同的次数，大测尽大，小测尽小。即前项测尽前项，后项测尽后项，并次数相等。

于是：a测尽e，大测尽小，这是不可能的（命题VII.21、VII.20）。

所以：小于a、b、c和d的数e、f、g和h与它们没有相等比。

所以：a、b、c和d是与它们有相等比的最小数组。

所以：有几个数成连续比例，且两外项互质，那么这些数是与它们有相等比的数组中最小的数组。

证完

注 解

欧几里得并没有定义连比例，这一命题可以用如下公式表示：

$a_1：a_2 = a_2：a_3 = a_3：a_4 = \cdots = a_{n-1}：a_n$。

例如：1250：750 = 750：450 = 450：270 = 270：162

它们每个的比都是相同的5：3。

用现代数学描述方法即为：a_1，a_2，a_3，…，a_{n-1}，a_n是等比级数或等比序列，每个连续对的比是连续的。大量的等比级数出现在卷8、9中，等比级数之和出现在命题IX.35中。

这一命题应用在下一命题及命题VIII.9中，相反的命题则应用在命题VIII.3中。

命题VIII.2

根据规定的个数，可以求出连比例的且有已知比的最小数组。

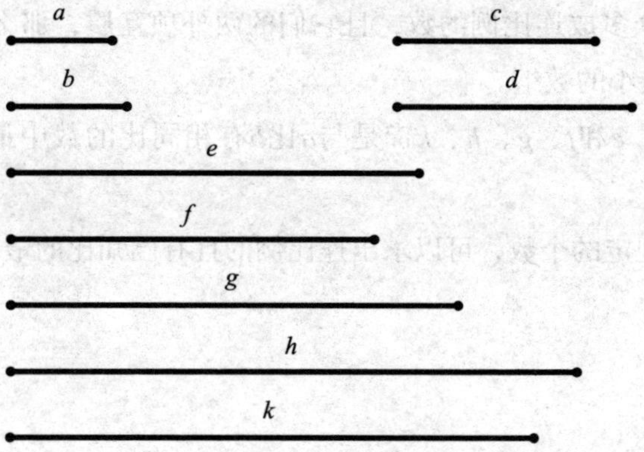

设：a比b是给定的有已知比最小的数对。

求：按规定的数目求出成连比例的最小数组，其比等于a比b。

设：指定数目为四，a自乘得c，a乘以b得d，b自乘得e。

设a乘以c、d和e分别得f、g和h，b乘以e得k。

那么，因为a自乘得c，且a乘以b得d，所以：a比b等于c比d（命题VII.17）。

又，因为a乘以b得d，且b自乘得e，所以：a和b分别乘以b得d和e。

所以：a比b等于d比e，而a比b等于c比d。于是：c比d等于d比e（命题VII.18）。

又，因为a乘以c和d分别得f和g，于是：c比d等于f比g（命题VII.17）。

而c比d等于a比b，于是a比b等于f比g。

又因为：a乘以d、e得g、h，于是d比e等于g比h。

而d比e等于a比b，于是a比b等于g比h（命题VII.17）。

又，因为a、b乘以e得h、k，所以：a比b等于h比k。

而a比b等于f比g，又等于g比h，所以：f比g等于g比h，又等于h比k（命题VII.18）。

所以：c、d、e和f、g、h、k皆成连比例，并其比与a比b相等。

以下进一步说明：它们是已知比的最小数。

因为a和b是与它们有同比的最小数，有同比的最小数是互质数，所以：a和b是互质数（命题VII.22）。

又，数a和b分别自乘得到c和e；a、b分别乘以c、e得f、k，于是：c、e和f、k皆为互质数（命题VII.27）。

又，如果有众多成连比例的数，且它们的两外项互质，那么这些数是与它们有相同比的数中最小的数组。

所以：c、d、e和f、g、h、k皆是与a比b有相同比的数中最小的数组（命题VIII.1）。

所以：根据规定的个数，可以求出连比例的且有已知比的最小数组。

证完

推 论

这一命题也表明，如果三个成连比的数是与它们有同比的数中的最小数，那么它们的两外项是平方数；如果是四个成连比的数，那么外项是立方数。

注 解

这一命题是在连续比例中给定一个连续比建造n个数，在连续比例中，最低项给定一个连续比，如果$a:b$是最低项，那么成连比的数是：a_{n-1}，$a_{n-2}b$，$a_{n-3}b_2$，…，ab_{n-2}，b_{n-1}。

例如：从24，23 • 3，22•32，2•33，34的序列中，成连比的五个数的最低项是2∶3，即序列是16，24，36，54，81。

因为a 和b 是互质数，命题VII.27暗示末项a_{n-1} 和b_{n-1} 是互质数。这一结论也从前一命题VIII.1中得来。

这一命题及推论应用在从下一命题开始的几个命题中，也在下一卷的命题IX.15中出现。

命题VIII.3

如果成连比例的数是诸个数中与它们有相同比的最小者，那么它们的外项是互质数。

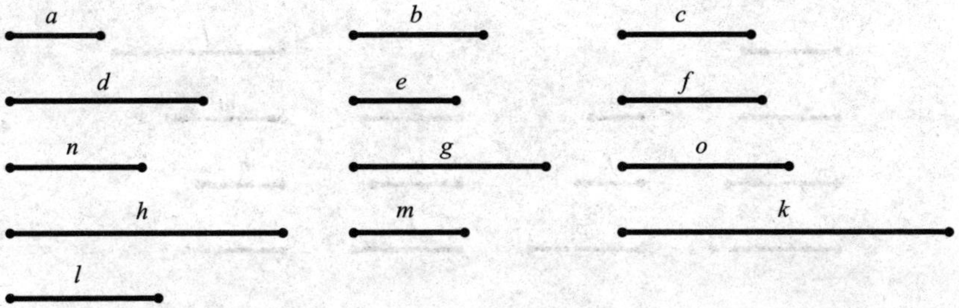

设：a、b、c、d是成比例的数，且是与它们有相同比的数中最小的。

求证：它们的外项a和d是互质数。

作两个数e和f，使其为与a、b、c、d有相同比的最小数，然后取另三个数g、h和k与它们有共同性质：e自乘得g，e乘以f得h，f自乘得k。以此类推，直至个数等于a、b、c、d的个数。令其为l、m、n、o（命题VII.33、VIII.2）。

因为e和f是与它们有相同比的最小数，于是：它们是互质数。

又，因为数e和f自乘分别得数g和k，e、f乘以g、k分别得l和o。

于是：g和k与l和o是互质数（命题VII.22、VIII.2及其推论、VII.27）。

又，a、b、c、d是与它们有相同比的数中最小数，同时l、m、n、o是与a、b、c、d有相同比的数中最小数，且a、b、c、d的个数等于l、m、n、o的个数。

于是：数a、b、c、d分别等于l、m、n、o。

所以：a等于l，d等于o。

又，l和o是互质数，于是：a和d也是互质数。

所以：如果成连比的数是诸个数中与它们有相同比的最小者，那么它们的外项是互质数。

证完

注 解

这一命题是VIII.1的逆命题，如果有恒比的连比是最小公约数，那么，它的末项是互质的。这一命题应用在命题VIII.6、VIII.8、VIII.21中。

命题VIII.4

已知由最小数给出的几个比，求出成连比例的几个数，它们是有已知比中的最小数组。

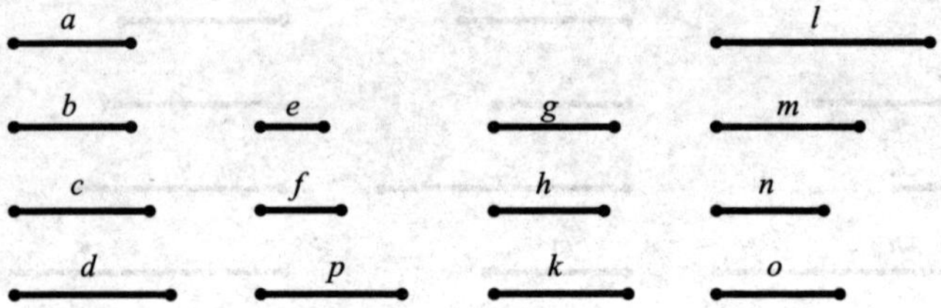

设：给出的最小比数是a比b、c比d、e比f。

现在要求的是：求出成连比例的最小数组，使得它们的比是a比b、c比d和e比f。

作g，使它为b、c测尽的最小数（命题VII.34）。

令：a测尽h的次数等于b测尽g的次数、d测尽k的次数等于c测尽g的次数。

现在，e要么测尽k，要么测不尽。

首先，令其测尽，f测尽l的次数等于e测尽k的次数。

那么，因为a测尽h的次数等于b测尽g的次数，所以：a比b等于h比g（定义VII.20、命题VII.13）。

同理，c比d等于g比k，e比f等于k比l。

所以：h、g、k和l是依a比b、c比d和e比f成连续比例的数组。

以下进一步说明：它们也是有这个性质的最小数组。

如果h、g、k和l仅仅是依a比b、c比d和e比f成连比，而不是最小的数组，那么，设这个最小数组为n、o、m、p。

那么，因为a比b等于n比o，同时a和b是最小数组，而有相同比的一对最小数分别测尽其他数组，大的测尽大的，小的测尽小的，并有相同次数。即前项测尽前项，后项测尽后项，其次数相同。所以：b测尽o（命题VII.20）。

同理，c也测尽o。所以：b和c测尽o。

所以：被b、c测尽的最小数也测尽o（命题VII.35）。

但g是被b、c测尽的最小数，所以：g测尽o，大测尽小。这是不可能的。

所以：没有数小于h、g、k和l的数组能依a比b、c比d和e比f成连续比例。

下一步，令e测不尽k。

作m，使其为被e和k所测尽的最小数。

又，h和g测尽n和o的次数等于k测尽m的次数，f测尽p的次数等于e测尽m的次数。

因为h测尽n的次数等于g测尽o的次数，所以：h比g等于n比o。

而h比g等于a比b，所以：a比b等于n比o。同理，c比d等于o比m（命题VII.13）。

又，因为e测尽m的次数等于f 测尽p的次数，于是：e比f等于m比p。

于是：n、o、m和p是依a比b、c比d、e比f成连续比例的数组（命题VII.13、定义VII.20）。

以下进一步说明：它们也是依a比b、c比d和e比f成连续比例的最小数组。

如果不是，那又依照a比b、c比d、e比f成连续比的数组小于n、o、m和p。令其为q、r、s和t。

那么，因为q比r等于a比b，同时a比b是最小数，最小数测尽与它们有相同比的数有相同的次数，前项测尽前项与后项测尽后项的次数相同。

于是：b测尽r。同理，c也测尽r。所以：b和c测尽r（命题VII.20）。

所以：被b和c测尽的最小数也测尽r。而g是被b和c测尽的最小数，所以：g测尽r（命题VII.35）。

又，g比r等于k比s，所以：k也测尽s（命题VII.13）。

而e也测尽s，所以：e和k测尽s。

所以：被e和k测尽的最小数也测尽s。而m是被e和k测尽的最小数，所以m测尽s，大测尽小，这是不可能的（命题VII.35）。

所以：没有依照a比b、c比d和e比f 成连续比的数组小于n、o、m和p。

所以：n、o、m、p是依照a比b、c比d以及e比f 成连续比例的最小数组。

所以：已知由最小数给出的几个比，求出成连比例的几个数，它们是有已知比中的最小数组。

证完

注 解

这一命题是对命题VIII.2的归纳，对连续比陈述更为普遍的概念。在命题中，我们认识到连续比不一定有恒比，这或许可以称为连续比。比如连续比5：10：20有一个恒比1：2，但如果是连续比5：10：30就没有恒比了，首先的是一个1：2，然后第二个则是1：3。注意，连比5：10：30不是给定比的最小数，因为1：2：6 等比1：2和1：3。

这里的问题是根据指定的比建最小的连续比。

本命题应用在下一命题中，也用在命题X.12中。

命题VIII.5

平面数的相互比，是它们的边比的平方比。

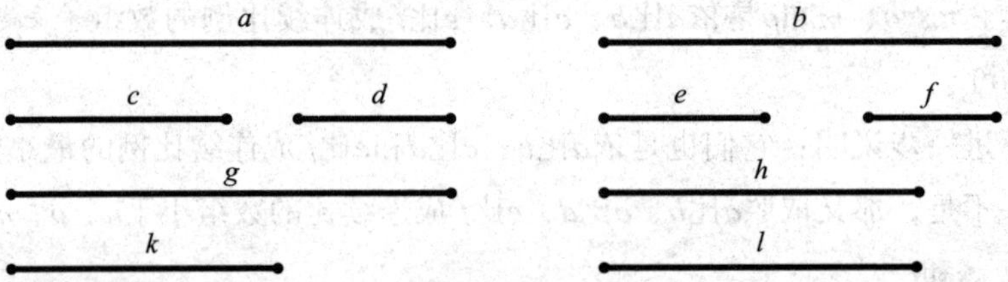

设：a和b是平面数，c和d是a的边，e和f是b的边。

求证：a与b的比等于边比的平方比。

c比e和d比f是给定的比，作最小数组g、h和k，使它们依c比e、d比f成连续比，于是：c比e等于g比h，d比f等于h比k（命题VIII.4）。

用d乘以e得l。

那么，因为d乘以c得a，d乘以e得l，于是：c比e等于a比l。

而c比e等于g比h，于是：g比h等于a比l（命题VII.17）。

又，因为e乘以d得l，e乘以f得b，所以：d比f等于l比b。

而d比f等于h比k，所以：h比k等于l比b（命题VII.17）。

又，已证得g比h等于a比l，所以：由首末比，g比k等于a比b（命题VII.14）。

而g比k的比是边比的平方比，所以：a比b的比也是边比的平方比。

所以：平面数的相互比，是它们的边比的平方比。

证完

命题VIII.6

有任意多的连续比例数，如果第一个数量不尽第二个数，那么任何一个数也量不尽其他的任何数。

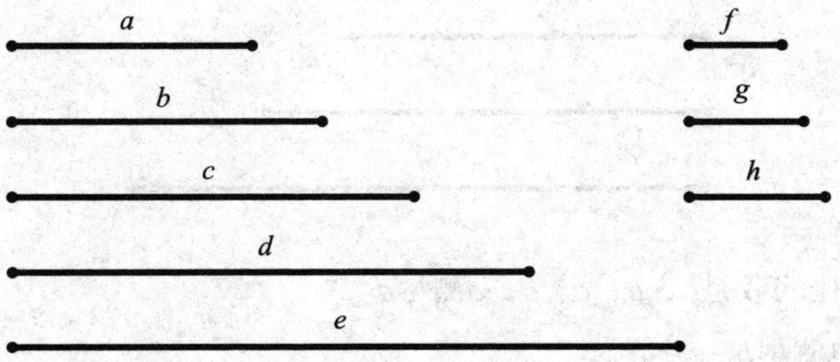

设：a、b、c、d和e是成连续比例的数，a量不尽b。

求证：任何一个数也量不尽任何一个其他数。

显而易见，a、b、c、d和e相互测不尽，因为a量不尽b。

以下进一步说明：任何一个数也量不尽任何一个其他数。

如果可能，a能测尽c，于是无论有几个a、b、c，就能取多少个数f、g、h，令它们是与a、b、c有相同比中的最小数组（命题VII.33）。

因为f、g和h与a、b、c有相同比，且a、b、c的个数等于f、g、h的个数。

所以：由首末比，a比c等于f比h（命题VII.14）。

又，因为a比b等于f比g，同时a量不尽b，所以：f也量不尽g。所以：f不是一个单位，因为一个单位可以测尽任何数（定义VII.20）。

那么，现在f和h是互质数，f比h等于a比c，所以：a也测不尽c（命题VIII.3）。

类似地，我们也能证明任何一个数测不尽其他数。

所以：有任意多的连续比例数，如果第一个数量不尽第二个数，那么任何一个数也量不尽其他的任何数。

证完

注 解

本命题作为后面命题的推理。

命题VIII.7

在一组成连比的数中，如果第一个数测尽末尾的数，那么它也测尽第二个数。

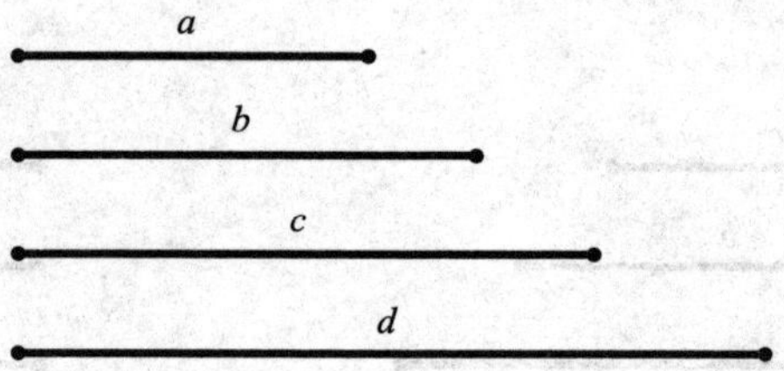

设：成连比的数是a、b、c、d，a测尽d。

求证：a也测尽b。

如果a测不尽b，任何一个数也测不尽其他数。

但a测尽d，所以a也测尽b（命题VIII.6）。

所以：在一组成连比的数中，如果第一个数测尽末尾的数，那么它也测尽第二个数。

证完

注 解

本命题应用在命题VIII.14、VIII.15中。

命题VIII.8

如果在两数之间插入几个与它们成连比的数，那么，无论插入它们中的数有多少，在与原来的两数有同比的两数之间也能插入多少个成连比的数。

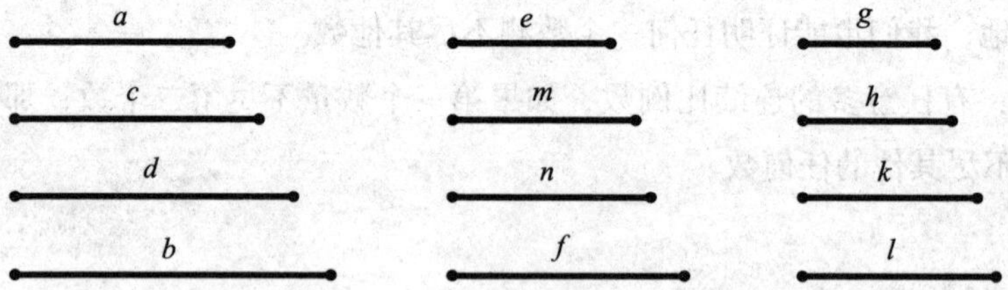

设：a、b两数，c和d插进它们中间成连比，e比f等于a比b。

求证：在a、b间插入多少个成比例的数，也就能在e、f之间插入同样多的成连比的数。

因为有多少个数a、b、c、d，就取多少个数g、h、k、l，使其为与a、c、d、b有同比的数组中最小的数组。于是：它们的两端g、l是互质数（命题VII.33、VIII.3）。

现在因为a、c、d、b与g、h、k、l有同比，且数a、c、d、b的个数等于g、h、k、l的个数，所以，由首尾比，a比b等于g比l（命题VII.14）。

而a比b等于e比f，于是：g比l等于e比f。而g、l互质，互质的数组是同比中的最小数组。且有相同比的数中最小的一对，分别测尽其他各数对，大的测尽大的，小的测尽小的，有相同次数。即前项测尽前项与后项测尽后项的次数相同（命题VII.21、VII.20）。

所以，g量e与l量f的次数相同。

进一步，g测尽e有多少次，就设h、k分别测尽m、n也有多少次，所以：g、h、k、l测尽e、m、n、f有同样的次数。

所以：g、h、k、l与e、m、n、f有相同的比（定义VII.20）。

而g、h、k、l与a、c、d、b有相同的比，所以，a、c、d、b也与e、m、n、f有相同的比。a、c、d、b成连比，所以：e、m、n、f也成连比。

所以：在a、b之间插入多少个与它们成连比的数，那么，也能在e、f之间插入多少个成连比的数。

所以：如果在两数之间插入几个与它们成连比的数，那么，无论插入它们中的数有多少，在与原来的两数有同比的两数之间也能插入多少个成连比的数。

证完

注 解

虽然这一命题未在卷8中再被利用，但它应用在卷9开始的六个命题中。

命题VIII.9

如果两个数互质，且插入它们之间的一些数成连比。那么这样一些成比例的数无论有多少个，在互质两数的每一个数和单位之间同样有多少个成连比的数。

设：a和b是两个互质数，c和d是插入其间的两个成连比的数，单位为e。

求证：在a、b之间成连比例的数有多少个，则在数a、b之间的每一个与单位e之间成连比的数同样有多少个。

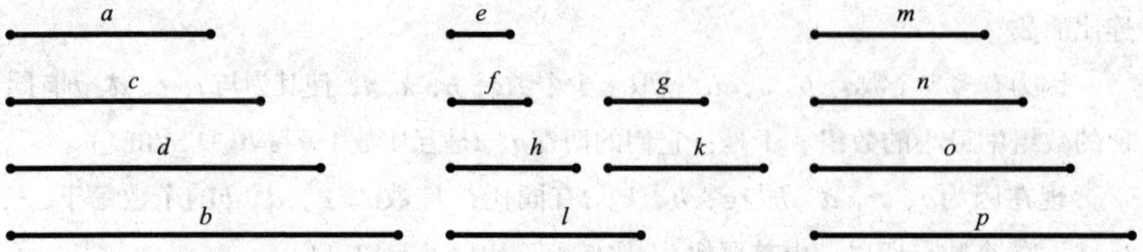

作两个数f和g，使其为与a、c、d、b有相同比的最小数组，再取同样性质的三个数h、k、l。依次类推，直至它们的个数等于a、c、d、b的个数，令其为m、n、o、p（命题VIII.2）。

那么现在表明：f自乘得h，f乘以h得m，同时g自乘得l，g 乘以l得p（命题VIII.2及其推论）。

又因为：m、n、o、p是与f、g有相同比的最小数组，a、c、d、b也是与f、g有相同比的最小数组。

同时，m、n、o和p的个数等于a、c、d、b的个数，所以：m、n、o、p分别等于a、c、d、b。所以：m等于a，p等于b（命题VIII.1）。

那么，因为f自乘得h，所以：依照在f中的单位数，f测尽h。

而按照f中的单位数，e也测尽f，所以：单位e测尽f与f测尽h有相等的次数。

所以：单位e比f等于f比h（命题VII.20）。

又，因为f乘以h得m，所以：依照在f中的单位数，h测尽m。

而根据f中的单位数，单位e也测尽数f，所以：单位e测尽f的次数等于h测尽m的次数。

所以：单位e比f等于h比m。

又因为：单位e比f等于f比h。

又已经证得单位e比f等于f比h，且等于h比m。

而m等于a，所以：单位e比f等于f比h，且等于h比a。

同样，单位e比g等于g比l，且等于l比b。

所以：插在a、b之间有多少个成连比的数，那么插在a、b每一个与单位e之间成连比的数也有多少个。

所以：如果两个数互质，且插入它们之间的一些数成连比。那么这样一些成比例的数无论有多少个，在互质两数的每一个数和单位之间同样有多少个成连比的数。

证完

命题VIII.10

如果插在两个数中的每一个与一个单位之间一些数成连比，那么无论插入它们中间的数有多少，与插入这两个数之间的也有同样多的成连比的数。

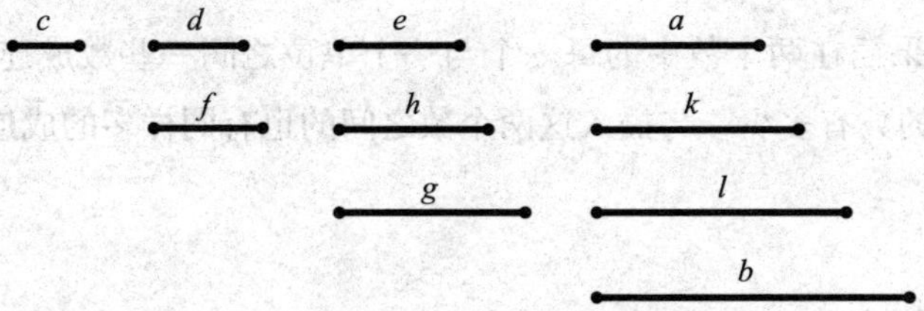

设：数*d*、*e*与*f*、*g*分别插入两个数*a*、*b*与单位*c*之间并构成连续比例。

求证：插入*a*、*b*之间成连续比例的数量与*a*、*b*与单位*c*之间成连续比例的个数相等。

令：*d*乘以*f*得*h*，数 *d*、*f*分别乘以*h*得*k*、*l*。

那么，因为单位*c*比数*d*等于*d*比*e*，所以：单位*c*测尽数*d*与*d*测尽*e*有相同的次数。

而根据*d*中的单位数，*c*测尽数*d*，所以：根据*d*中的单位数，数*d*也测尽*e*，所以：*d*自乘得*e*（定义VII.20）。

又，因为*c*比*d*等于*e*比*a*，所以：单位*c*测尽*d*与*e*测尽*a*有相同的次数。

而根据在*d*中的单位数，单位*c*测尽数*d*，所以：根据在*d*中的单位数，*e*也测尽*a*。所以：*d*乘以*e*得*a*。

同理，*f*自乘得*g*，*f*乘以*g*得*b*。

又，因为*d*自乘得*e*，*d*乘以*f*得*h*，所以：*d*比*f*等于*e*比*h*（命题VII.17）。

同样，*d*比*f*等于*h*比*g*，所以：*e*比*h*等于*h*比*g*（命题VII.18）。

又，因为*d*乘以*e*、*h*分别得*a*、*k*，所以：*e*比*h*等于*a*比*k*。而*e*比*h*等于*d*比*f*，所以：*d*比*f*等于*a*比*k*（命题VII.17）。

又，因为数*d*、*f*分别乘以*h*得*k*和*l*，所以：*d*比*f*等于*k*比*l*。而*d*比*f*等于*a*比*k*，所以：*a*比*k*等于*k*比*l*。

进一步，因为*f*乘以数*h*和*g*分别得*l*和*b*，所以：*h*比*g*等于*l*比*b*（命题VII.18、VII.17）。

而*h*比*g*等于*d*比*f*，所以：*d*比*f*等于*l*比*b*。

前面已经证明d比f等于a比k，且等于k比l，所以：a比k等于k比l，且等于l比b，所以：a、k、l、b成连续比例。

所以：在a、b分别与单位c之间成连比的数的个数，等于a、b之间的成连比的个数。

所以：如果插在两个数中的每一个与一个单位之间一些数成连比，那么无论插入它们中间的数有多少，与插入这两个数之间的也有同样多的成连比的数。

证完

命题VIII.11

在两个平方数之间存在一个比例中项数，两平方数之比，等于它们的边与边的二次比。

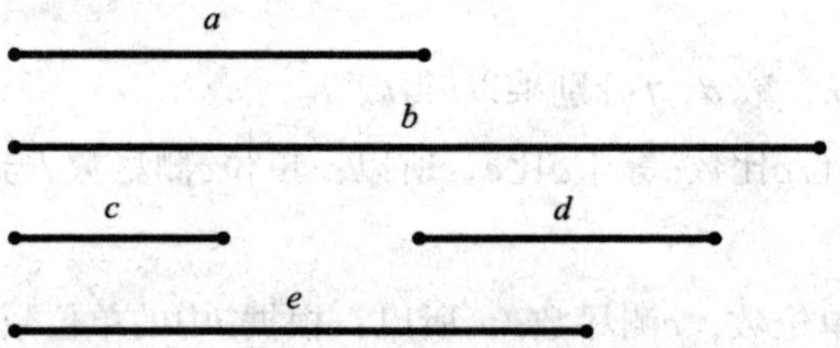

设：a和b是两个平方数，c是a的边，d是b的边。

求证：在a和b之间有一个比例中项数，且a比b等于c与d的比的平方。

令：c乘以d得e。

那么，因为a是平方数，c是它的边，所以：c自乘得a。同理，d自乘得b。

因为c乘以数c、d分别得a、e，于是：c比d等于a比e（命题VII.17）。

同理：c比d等于e比b。所以：a比e等于e比b。所以：在a、b之间有一个比例中项（命题VII.18）。

那么进一步说：a比b等于c比d的平方。

因为a、e、b是成比例的数，所以：a比b等于a比e的平方（定义V.9）。

而a比e等于c比d，所以：a比b等于c比d的平方。

所以：在两个平方数之间存在一个比例中项数，两平方数之比，等于它们的边与边的二次比。

证完

注 解

本命题应用在命题VIII.14、VIII.15、X.9中。

命题VIII.12

在两个立方数之间，有两个比例中项数，且两个立方数之比等于它们的边的三次比。

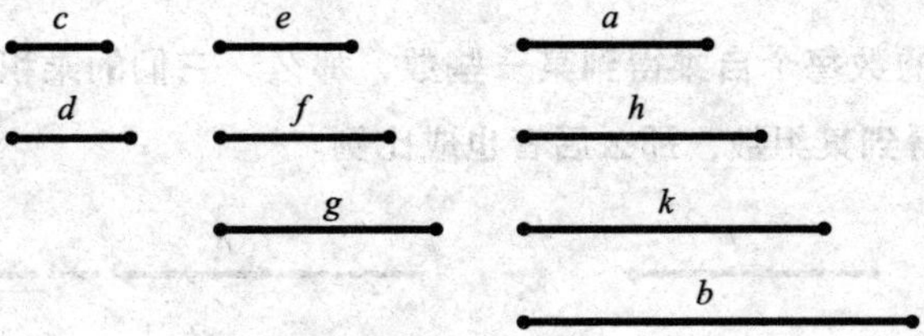

设：a和b是两个立方数，c为a的边，d为b的边。

求证：在a、b之间有两个比例中项，且a比b等于c比d的立方。

令：c自乘得e，c乘以d得f；d自乘得g，c、d乘以f分别得h、k。

那么，因为a是立方数，c是它的边，c自乘得e，所以：c自乘得e，c乘以e得a。

同样原因，d自乘得g，d乘以g得b。

又，因为c乘以c、d分别得e、f，所以：c比d等于e比f。同理，c比d也等于f比g，因为c乘以e和f分别得a和h，所以：e比f等于a比h。

而e比f等于c比d，所以：c比d等于a比h（命题VII.17、VII.18）。

又，因为数c、d乘以f分别得h、k，所以：c比d等于h比k。因为d乘以f、g分别得k、b，所以：f比g等于k比b（命题VII.18、VII.17）。

又，f比g等于c比d，所以：c比d等于a比h，且等于h比k，再等于k比b。

所以：h和k是a、b之间的两个比例中项。

以下进一步说明：a比b等于c比b的三次比。

因为a、h、k和b是四个成比例的数，所以：a比b等于a比h的三次比（定义V.10）。

又，a比h等于c比d，所以：a比b也是c比d的三次比。

所以：在两个立方数之间，有两个比例中项数，且两个立方数之比等于它们的边的三次比。

证完

注 解

本命题应用在命题VIII.15中。

命题VIII.13

如果成连比的数每个自乘得到某一些数，那么，它们的乘积也成比例；如果原始数乘以乘积得到某组数，那么后者也成比例。

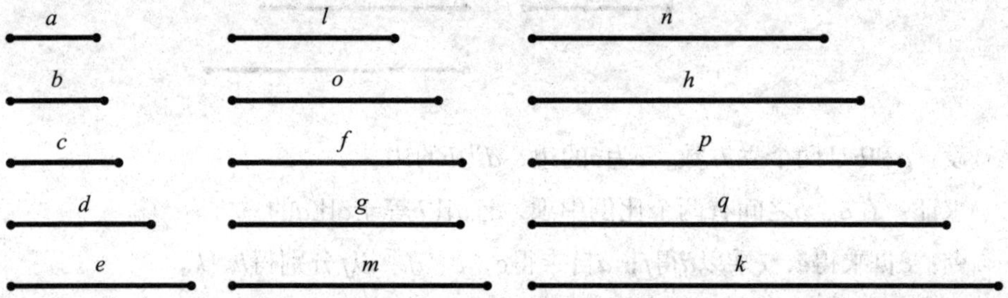

设：a、b、c是成连比的数，a比b等于b比c；a、b、c各自乘，分别得到d、e、f，再a、b、c分别乘以d、e、f，得到g、h、k。

求证：d、e、f和g、h、k分别成连续比例。

设a乘以b得l，a、b分别乘以l得m、n。b乘以c得o，b、c分别乘以o得p、q。

于是，类同前面所述，我们能证明d、l、e和g、m、n和h依照a比b的比也成连比，进一步，e、o和f以及h、p、q和k也依照b比c的比成连比。

那么，a比b等于b比c，所以：d、l、e与e、o、f有相同比，进一步，g、m、n、h与h、p、q、k有相同比。

d、l、e的个数等于e、o、f的个数，g、m、n、h的个数等于h、p、q、k的个数，所以：根据首末比，d比e等于e比f，g比h等于h比k（命题VII.14）。

所以：如果成连比的数每个自乘得到某一些数，那么，它们的乘积也成比例；如果原始数乘以乘积得到某组数，那么后者也成比例。

证完

命题VIII.14

如果一个平方数测尽另一个平方数，那么它们的一个边也测尽另一个边；同时，如果两平方数的一个边测尽另一个边，那么其中一个平方数也测尽另一个平方数。

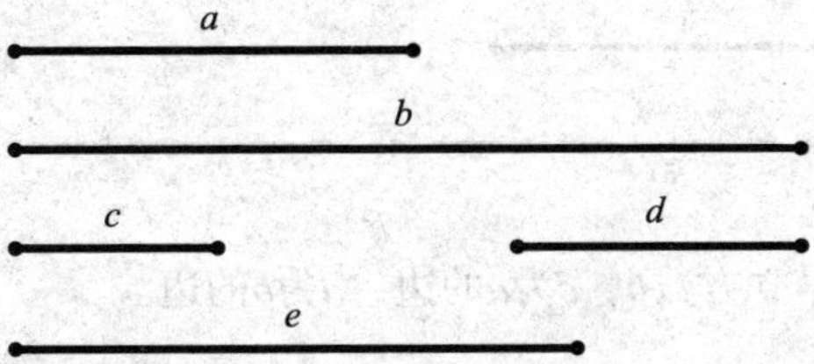

设：a和b是平方数，c和d分别是它们的边，a测尽b。

求证：c也测尽d。

设：c乘以d得e。那么，a、e、b依照c与d的比成连比例（命题VIII.11）。

又，因为a、e、b成连比，a测尽b，所以：a也测尽e。而a比e等于c比d，所以：c测尽d（命题VIII.7、定义VII.20）。

下一步，令c测尽d。

求证：a也测尽b。

在同一结构中，我们能用类似的方法证明a、e、b是依照c与d的比成连比，且因为c比d等于a比e，c测尽d，所以：a也测尽e（定义VII.20）。

又，a、e、b是连续比，所以：a也测尽b。

所以：如果一个平方数测尽另一个平方数，那么它们的一个边也测尽另一个边；同时，如果两平方数的一个边测尽另一个边，那么其中一个平方数也测尽另一个平方数。

证完

注 解

本命题是命题VIII.16的对换命题。

命题VIII.15

如果一个立方数测尽另一个立方数，那么它们的边也能测尽；如果两个立方数的边能测尽，那么该两立方数也能测尽。

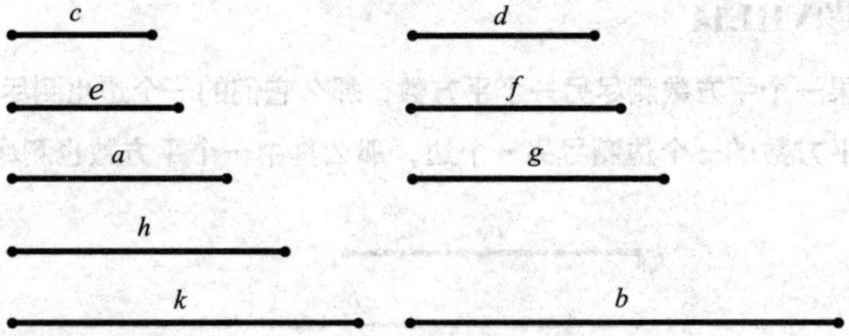

设：立方数a测尽立方数b，c为a的边，d为b的边。

求证：c测尽d。

令：c自乘得e，d自乘得g，c乘以d得f，c、d乘以f分别得h和k。

显然，e、f、g和a、h、k、b是依照c与d的比成连比例的，又因为a、h、k、b成连比，a测尽b，所以：它也测尽h（命题VIII.11、VIII.12、VIII.7）。

又，a比h等于c比d，所以：c也测尽d（定义VII.20）。

下一步，令：c测尽d。

那么：a也测尽b。

在同一结构中，我们也能类似地证明a、h、k、b是依照c与d之比构成的连比。

又，因为c测尽d，c比d等于a比h，所以：a也测尽h。

所以：a也测尽b（定义VII.20）。

所以：如果一个立方数测尽另一个立方数，那么它们的边也能测尽；如果两个立方数的边能测尽，那么该两立方数也能测尽。

证完

注解

本命题是命题VIII.17的对换命题。

□ **螺旋**

人类在不同的历史时代、社会文化和哲学观念背景下，以不同的材料和表现技法，在不同的功能目的驱使下，创造出无数具有螺旋纹或螺旋构造的艺术作品。综观艺术领域中螺旋纹样的创作，展现在眼前的是一幅历史悠久、形式丰富和内容庞大的史诗般的画面。人类对螺旋纹的反复创作和表现不仅仅是因为它的迷人造型，更因为人类从螺旋构造中感悟到了物质与精神之间的内在哲理。

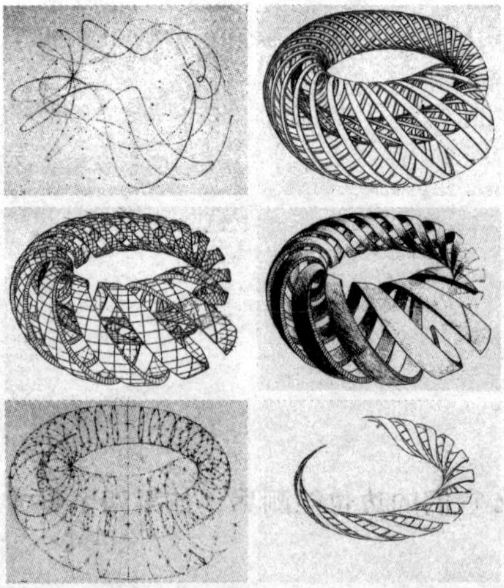

命题VIII.16

如果一个平方数量不尽另一个平方数，那么它们的边也不能测尽；如果一个平方数的边量不尽另一个平方数的边，那么该平方数也不能测尽另一平方数。

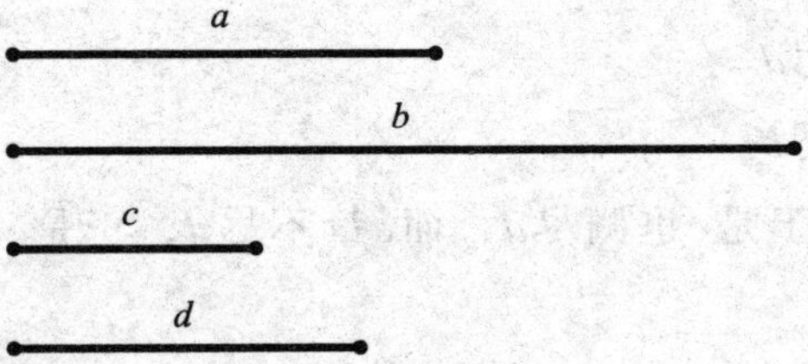

设：a、b为平方数，c和d分别为它们的边，a量不尽b。

求证：c也量不尽d。

假定c测尽d，a也测尽b。

而a量不尽b，于是：c也量不尽d（命题VIII.14）。

又设c量不尽d，则可证a也量不尽b。

如果a测尽b，于是：c也测尽d。

但是c量不尽d，所以：a也量不尽b。

所以：如果一个平方数量不尽另一个平方数，那么它们的边也不能测尽；如果一个平方数的边量不尽另一个平方数的边，那么该平方数也不能测尽另一平方数。

证完

注 解

本命题是命题VIII.14的简单对换命题。

命题VIII.17

如果一个立方数量不尽另一个立方数，那么它们的边也不能测尽另一立方数的边；如果一个立方数的边不能测尽，那么该立方数也不能测尽另一个立方数。

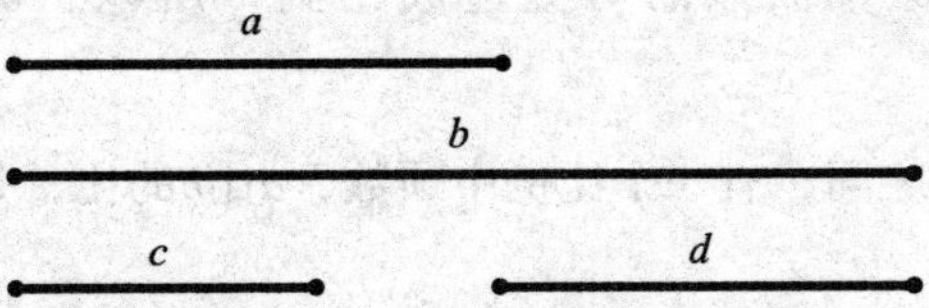

设：立方数a量不尽立方数b，c为a的边，d为b的边。

求证：c量不尽d。

因为：c测尽d，于是：a也测尽b。而a量不尽b，所以：c也量不尽d（命题VIII.15）。

下一步，c量不尽d。

求证：a也量不尽b。

假定a测尽b，于是c也测尽d，而c量不尽d，于是：a也量不尽b（命题VIII.15）。

所以：如果一个立方数量不尽另一个立方数，那么它们的边也不能测尽另一立方数的边；如果一个立方数的边不能测尽，那么该立方数也不能测尽另一立方数。

证完

注 解

本命题是命题VIII.15的简单对换命题。

命题VIII.18

在两个相似平面数之间有一个比例中项，则两个平面数的比是相应边的比的二次方。

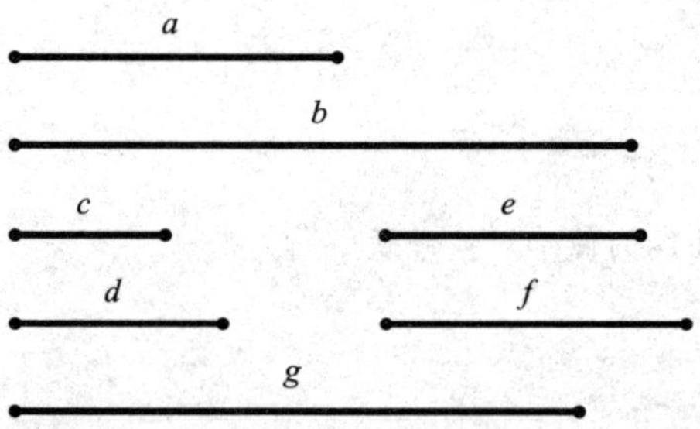

设：a和b是两个相似平面数，c、d是a的两边，e、f是b的两边。

那么因为：相似平面数的对应边成比例，所以：c比d等于e比f（定义VII.21）。

进一步，在a、b之间，有一个比例中项数，a比b的比，是对应边c比e或者d比f比的二次方。

那么，因为c比d等于e比f，于是：由更比，c比e等于d比f（命题VII.13）。

又，因为a是平面数，c和d是它们的边，所以：d乘以c得a。同理，e乘以f得b。

设d乘以e得g，于是，因为d乘以c得a，d乘以e得g，于是：c比e等于a比g（命题VII.17）。

又，c比e等于d比f，所以：d比f等于a比g。

因为e乘以d得g，e乘以f得b。

d比f等于g比b。同时，d比f等于a比g，所以，a比g等于g比b。

所以：a、g、b成连续比。

所以：在a、b之间，有一个比例中项。

进一步说，a比b也是对应边的二次比，等于c比e或者d比f的二次比。

因为：a、g、b成连续比，a比b等于a比g的二次比。且a比g等于c比e，也等于d比f。

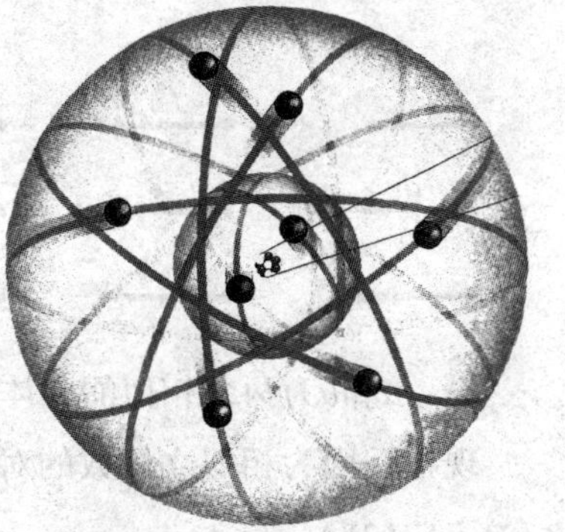

□ 原子构图

1945年8月6日，人类打开了黑暗的原子世界，原子的种种奥秘势将魂萦梦绕于20世纪。但“原子”成为哲学家们所关心的最神秘的东西已有两千年之久。在古希腊哲学家德谟克里特眼里，原子是构成事物而又自身不变的物质元素或微粒。万物的本原是原子和虚空，德谟克里特所说的原子是一种最小的、不可见的、不能再分的物质微粒。虚空是原子的运动场所，也是实在的存在。原子在虚空中急剧零乱地依直线运动。由于原子的大小、形态、次序和位置不同，原子彼此的碰撞结合成世界万物。原子并不是被人或神创造出来的，它是永恒的，不生不灭，不可破坏的。

所以，a比b等于c比e或d比f的二次比（定义V.9）。

所以：在两个相似平面数之间有一个比例中项，则两个平面数的比是相应边的比的二次方。

证完

注解

本命题应用在本卷下一命题开始的几个命题中，也用在卷9开始的两个命题中。命题VIII.20中有本命题的部分逆命题。

命题VIII.19

在两个相似的立体数之间，有两个比例中项数，且两个立体数之间的比等于它们对应边的三次比。

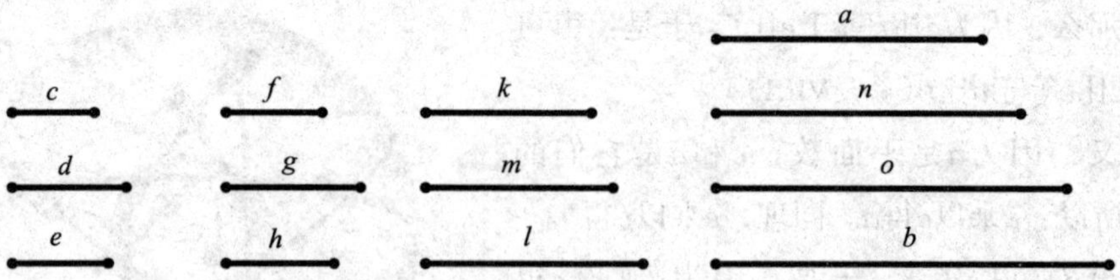

设：a和b为两个相似的立体数，c、d、e为a的边，f、g、h为b的边。

现在，因为相似立体数的对应边成比例，所以：c比d等于f比g，d比e等于g比h（定义VII.21）。

求证：在a、b之间必有两个比例中项，且a比b是c比f、d比g或者e比h的三次比。

令：c乘以d得k，f乘以g得l。

那么，因为c、d与f、g有相同比，而k是c和d的乘积，l是f和g的乘积，k和l是相似平面数，所以：在k和l之间有一个比例中项m（定义VII.21、命题VIII.18）。

所以：m是d和f的乘积，在前述的命题中已被证明（命题VIII.18）。

现在，因为，d乘以c得k，d乘以f得m，所以：c比f等于k比m。

而k比m也等于m比l，所以：k、m、l是依照c与f的比成连比（命题VII.17）。

又，因为c比d等于f比g，所以，由更比，c比f等于d比g。同理，d比g等于e比h（命题VII.13）。

所以：k、m、l是依照c比f构成连续比例，其比等于d比g，也等于e比h。

再一步，令：e、h乘以m分别得n、o。

那么，因为a是一个立体数，而c、d、e是它们的边，所以：e乘以c、d之乘积得a。

而c、d之积是k。

所以：e乘以k得a。

同理，h乘以l也得b。

现在，因为e乘以k得a，e乘以m得n，所以：k比m等于a比n（命题VII.17）。

而k比m等于c比f，也等于d比g，再等于e比h，所以：c比f等于d比g，等于e比h，再等于a比n。

又，因为e、h乘以m分别得n、o，所以：e比h等于n比o（命题VII.18）。

而e比h等于c比f，等于d比g，所以：c比f等于d比g，等于e比h，等于a比n，再等于n比o。

又，因为h乘以m得o，h乘以l得b，所以：m比l等于o比b。

而m比l等于c比f，等于d比g，再等于e比h。

所以：c比f等于d比g，再等于e比h，也等于o比b，等于a比n，再等于n比o（命题VII.17）。

所以：a、n、o、b成连比，其比是前面所述的边的比。

那么：a比b也是对应边的三次比，即c比f，或者d比g，或者e比h的三次方。

因为，a、n、o、b是四个连比数，所以，a比b是a比n的三次方。而已经证明a比n等于c比f，也等于d比g，再等于e比h（定义V.10）。

所以：a比b是其对应边的比的三次方，即c比f，或d比g，或e比h的三次方。

所以：在两个相似的立体数之间，有两个比例中项数，且两个立体数之间的比等于它们对应边的三次比。

证完

注 解

本命题应用在卷8、9的几个命题中。命题VIII.21是本命题的部分逆命题。

命题VIII.20

如果一个比例中项落在两个数之间，那么，该两数是相似平面数。

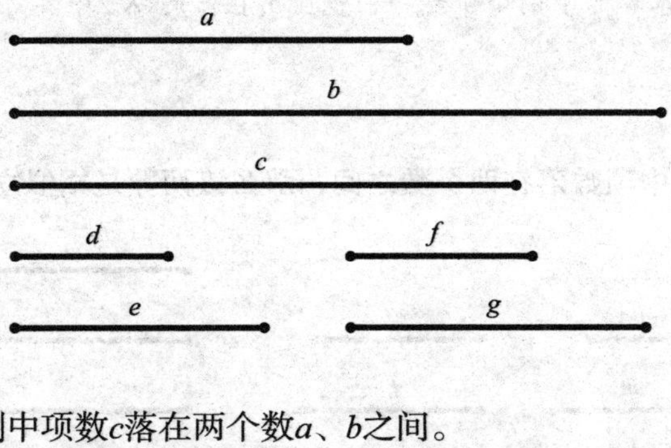

设：一个比例中项数c落在两个数a、b之间。

求证：a、b是相似平面数。

令：作d和e，使之为与a与b的比相等的最小数对，那么d测尽a与e测尽c有相同的次数（命题VII.33、VII.20）。

再令：在f中的单位数，与d测尽a的次数相同。那么，f乘以d得a，所以：a

是平面数，且d和f是它的边。

又，因为d、e是与c、b同比中的最小数对，所以：d测尽c的次数等于e测尽b的次数（命题VII.20）。

再令g中的单位数，等于e测尽b的次数，那么：根据g中的单位数，e测尽b。所以：g乘以e得b。

所以：b是平面数，e、g是它的边。

所以：a和b是平面数。

以下进一步说明：它们是相似的。

因为f乘以d得a，f乘以e得c，所以：d比e等于a比c，也等于c比b（命题VII.17）。

又，因为e乘以f、g分别得c、b，所以：f比g等于c比b。

而c比b等于d比e，所以：d比e等于f比g，由更比，d比f等于e比g（命题VII.17、VII.13）。

所以：a和b是相似平面数，因为它们的边是成比例的。

所以：如果一个比例中项落在两个数之间，那么，该两数是相似平面数。

证完

注 解

本命题应用在本卷的下两个命题中，也应用在命题IX.2中。

命题VIII.21

如果两个比例中项数落在两个数之间，那么该两数是相似立体数。

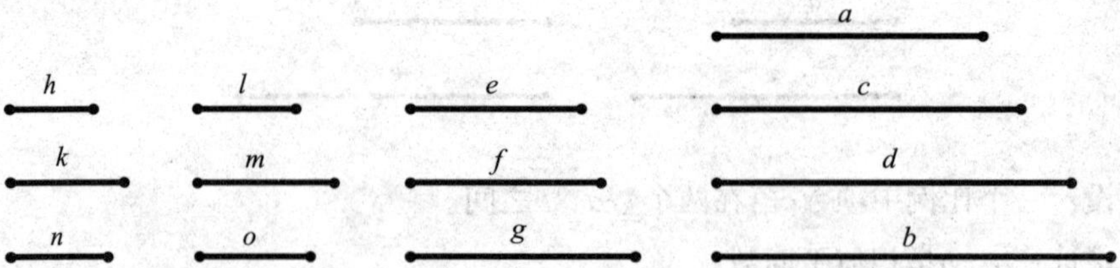

设：两个比例中项数为c和d，它们落在数a和b之间。

求证：a、b两数是相似立体数。

令：作三个数e、f、g使其为与a、c、d有相等比的最小数对。那么：它们的首尾项e、g是互质数（命题VII.33、VIII.2、VIII.3）。

现在，因为一个比例中项数f落在e和g之间，所以：e和g是相似平面数（命题VIII.20）。

那么，再令h、k为e的边，l、m为g的边。

于是：从前述命题得到，e、f和g是连比，其比等于h比l，也等于k比m。

现在，因为e、f和g是与a、c、d有相等比的最小数对，数e、f、g的个数等于数a、c、d的个数，于是，由首末比得，e比g等于a比d（命题VII.14）。

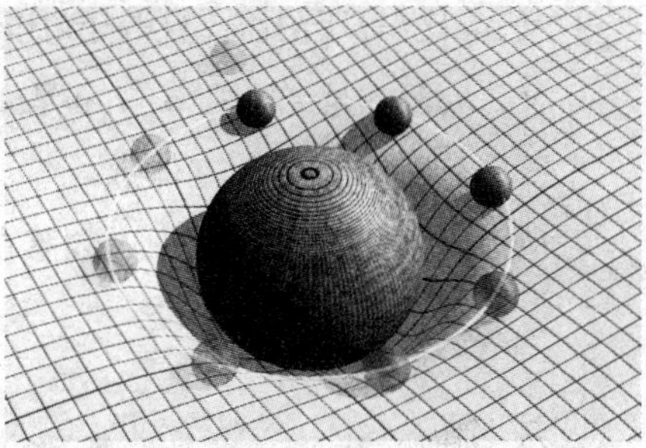

□ 橡皮膜比喻

对时间的运动受引力场的影响作一个比喻。想象一张橡皮膜，中心的大球代表一个大质量物体，譬如太阳。球的质量使它邻近的膜弯曲，其弯曲率使在膜上滚动的滚球轨迹弯折并且围绕大球转动，就和在一个恒星的引力场中的行星能围绕着它公转一样。在与大量实验相符合的相对论中，时间和空间难分难解地相互纠缠，广义相对论使空间和时间弯曲，把它们从被动事件发生的背景改变成发生事件的动力参与者。

又，e和g是互质数，互质数是同比中的最小数对，且有相同比的数中最小数对能分别测尽其他数对，大的测尽大的，小的测尽小的，即前项测尽前项，后项测尽后项，并测得相等的次数。

所以：e测尽a与g测尽d有相等次数（命题VII.21、VII.20）。

令：在n中的单位数，等于e测尽a的次数。

那么：n乘以e得a。而e是h和k的乘积，所以：n乘以h和k的乘积得a。

所以：a是立体数，且h、k、n是它的边。

又，因为e、f、g是与c、d、b有相同比的最小数组，所以：e测尽c与g测尽b有相等次数。

再令：o中的单位数，等于e测尽c的次数。那么：根据o中的单位数，g测尽b。所以：o乘以g得b。

而g是l和m的乘积，所以：o乘以l和m的乘积得b。

所以：b是立体数，且l、m、o是它的边。

所以：a和b是立体数。

那么，它们也是相似的。

因为n、o分别乘以e得a、c，所以：n比o等于a比c，等于e比f（命题VII.18）。

又，e比f等于h比l，且等于k比m，所以：h比l等于k比m，且等于n比o。

又，h、k、n是a的边，o、l、m是b的边。

所以：a和b是相似立体数。

所以：如果两个比例中项数落在两个数之间，那么该两数是相似立体数。

证完

注 解

本命题应用在命题VIII.23中。

命题VIII.22

如果三个数成连比，第一个数是平方数，那么第三个数也是平方数。

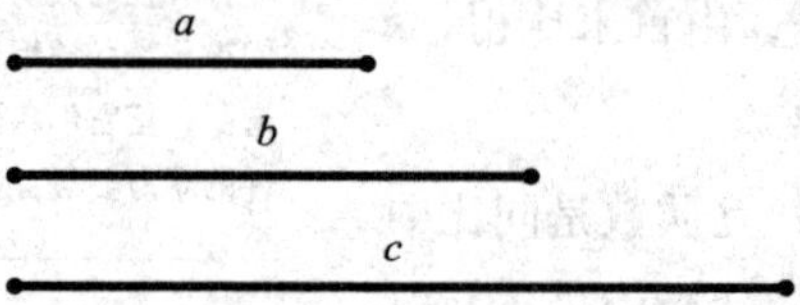

设：a、b、c三个数成连比，第一个数a是平方数。

求证：第三个数c也是平方数。

因为在a、c之间有一个比例中项数b，所以：a和c是相似平面数。

而a是平方数，所以：c也是平方数（命题VIII.20）。

所以：如果三个数成连比，第一个数是平方数，那么第三个数也是平方数。

证完

注 解

从命题VIII.24开始，本命题应用在本卷和下卷的几个命题中。

命题VIII.23

如果四个数成连比，第一个数是立方数，那么第四个数也是立方数。

设：a、b、c、d四个数是连比数，a是立方数。

求证：d也是立方数。

因为在a、d之间有两个比例中项数b和c，所以：a和d是相似立体数。

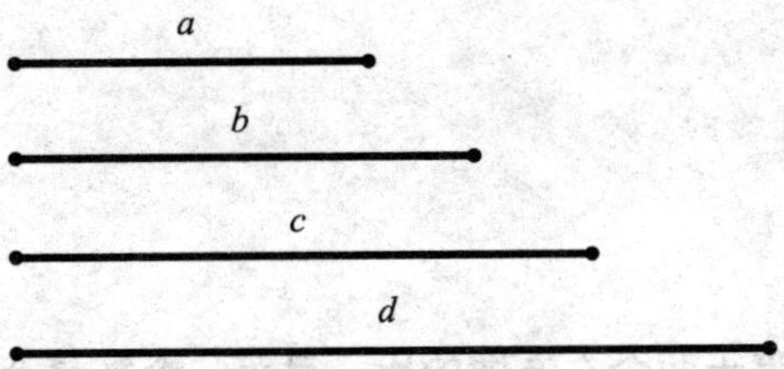

而a是立方数，所以：d也是立方数（命题VIII.21）。

所以：如果四个数成连比，第一个数是立方数，那么第四个数也是立方数。

证完

注 解

从命题VIII.25开始，本命题应用在本卷和下卷的几个命题中。

命题VIII.24

如果两个数的比等于两个平方数的比，且第一个数是平方数，那么第二个数也是平方数。

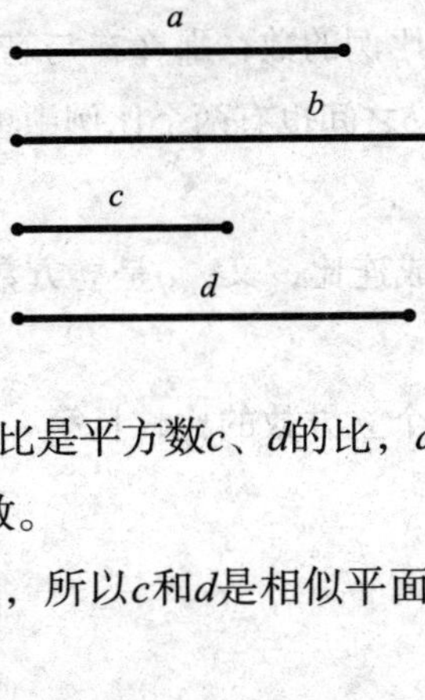

设：a、b两个数的比是平方数c、d的比，a是平方数。

求证：b也是平方数。

因为c和d是平方数，所以c和d是相似平面数，所以：在c、d之间有一个比例中项数（命题VIII.18）。

又，c比d等于a比b，所以：在a、b之间也有比例中项数。

又，a是平方数，所以：b也是平方数（命题VIII.18、VIII.22）。

所以：如果两个数的比等于一个平方数比另一个平方数，且第一个数是平方数，那么第二个数也是平方数。

证完

注 解

本命题的证明是直接的。

命题VIII.25

如果两个数的比等于两个立方数的比，且第一个数是个立方数，那么第二个数也是立方数。

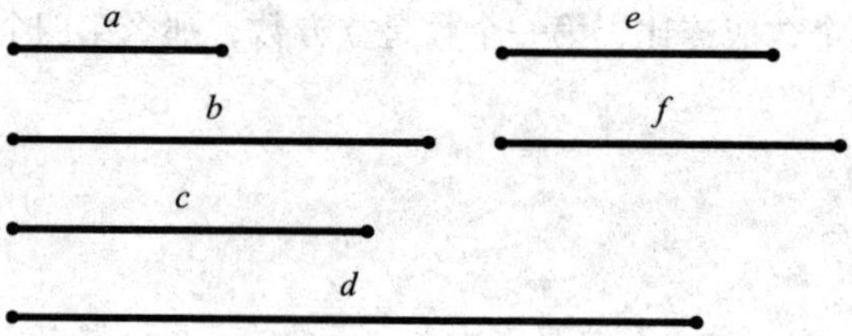

设：a、b两个数的比是两个立方数的比，且第一个数是个立方数。

求证：b也是立方数。

因为c和d是立方数，c和d是相似的立体数，所以：在c和d之间就有两个比例中项（命题VIII.19）。

又，在c、d之间有多少个成连比例的数，那么在与它们有相同比的数之间也有多少个成连比例的数，所以在a、b之间也有两个比例中项（命题VIII.8）。

设它们是e、f。

那么，因为四个数a、e、f、b成连比，又，a是立方数，所以：b也是立方数（命题VIII.23）。

所以：如果两个数的比等于两个立方数的比，且第一个数是个立方数，那么第二个数也是立方数。

证完

注 解

本命题应用在命题IX.10中。

命题VIII.26

相似平面数之比等于平方数之比。

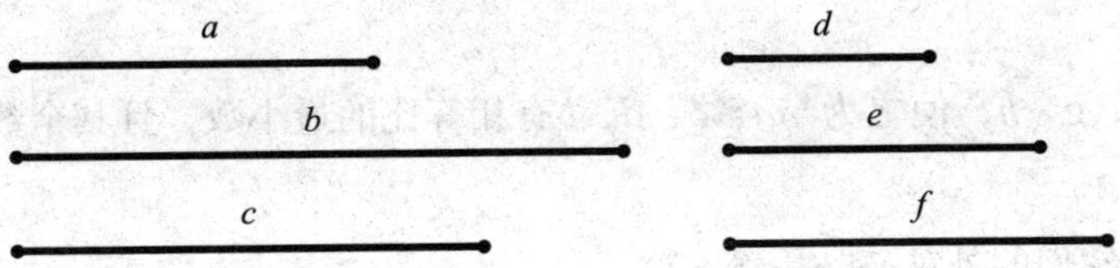

设：a和b是相似的平面数。

求证：a比b是平方数比平方数。

因为a和b是相似的平面数，所以：一个比例中项数c将落在a、b之间（命题VIII.18）。

作a、e、f，使其为与a、c、b有相等比的最小数对（命题VII.33、VIII.2）。

于是：它们的首末两项d和f是平方数。又因为d比f等于a比b，d和f是平方数。

所以：a比b是一个平方数比一个平方数（命题VIII.2及其推论）。

所以：相似平面数之比等于平方数之比。

证完

注 解

本命题应用在命题IX.10、X.9中。

命题VIII.27

相似的立体数相比等于立方数相比。

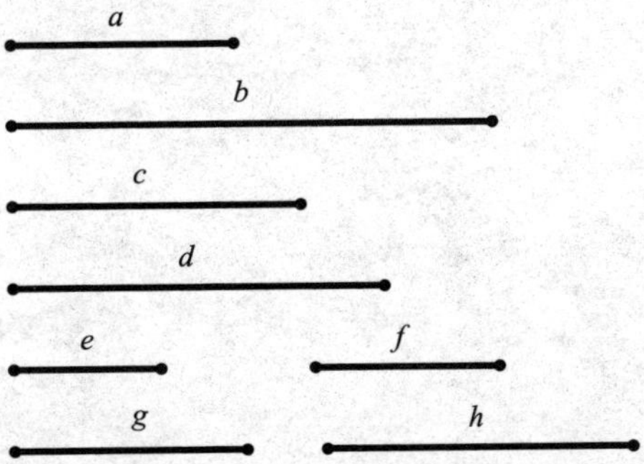

设：a和b代表某相似的立体数。

求证：a比b是立方数比立方数。

因为a和b是相似的立体数，所以：两个比例中项数c和d将落在a、b之间（命题VIII.19）。

作e、f、g、h，使之为与a、c、d、b有相等比的最小数，且其个数相等（命题VII.33、VIII.2）。

所以：它们的外项e和h是立方数。

而e比h等于a比b，所以：a比b的比也是立方数与立方数的比（命题VIII.2及其推论）。

所以：相似的立体数相比等于立方数相比。

证完

注 解

本命题是关于平面数的比例，类似于前一命题。

第9卷

数论（三）

CHAPTER 9

数决定了万物的比例关系，和谐就是这一关系的外在表现。世界万物尽管各不相同，但它们只要相互保持一种数的比例关系，达到平衡，就会呈现和谐状态，即使像无限与有限、奇与偶、一与多、右与左、阴性与阳性、静与动、直线与曲线、明与暗、善与恶等一些对立者，仍会相互契合、相互谐调而达和谐统一。

本卷涉及比例、几何级数，给出了许多关于数论的重要定理。

本卷提要

※命题IX.14，没有质数能除尽另一些质数的乘积。这是算术的一个基础理论。

※命题IX.20，存在无穷多个质数。

※命题IX.23，奇数相加其和亦为奇数。

※命题IX.35，怎么得到等比级数之和。

※命题IX.36，关于完全数。

命题IX.1

如果两个相似的平面数相乘得出某一个数，那么这个乘积是平方数。

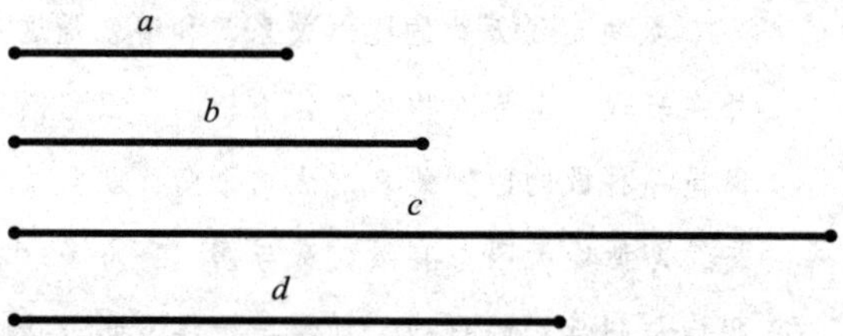

设：a和b是两个相似的平面数，a与b相乘得c。

求证：c是个平方数。

设a自乘得d，那么d是平方数。

因为a自乘得d，且a乘以b得c，所以：a比b等于d比c（命题VII.17）。

又，因为a和b是相似平面数，所以：一个比例中项落在a、b之间（命题VIII.18）。

如果在两个数之间有多少个成连续比例的数，那么在有相同比的数之间也有同样多个成连比的数，于是：在d和c之间也有一个比例中项。

又，d是平方数，所以：c也是平方数（命题VIII.22）。

所以：如果两个相似的平面数相乘得出某一个数，那么这个乘积是平方数。

证完

注 解

这是第9卷的第一命题，实际上也是第8卷比例的继续。

假定两个平面数$a=18$，$b=8$，根据命题VIII.18，它们中就有一个比例中项，即12，这一比例中项的平方数是它们的乘积，$ab=144$。

不清楚为什么不使用更简单的结论来证明，即比例中项的平方数是它们的乘积，而要用更复杂的。

设：a 和b 是给定的两个平面数。那么，它们中就有一个比例中项（命题VIII.18）。又，因为$a:b=a^2:(ab)$，所以：在a^2 和ab中也就有一个比例中项（命题VIII.1）。但因为：a^2 是一个平方数，所以：ab 也是一个平方数（命题VIII.22）。于是：原始相似平面是一个平方数。

这一命题应用在命题X.29中。命题IX.2 是本命题的逆命题。

命题IX.2

如果两个数相乘得一个平方数，那么这两个数也是相似平方数。

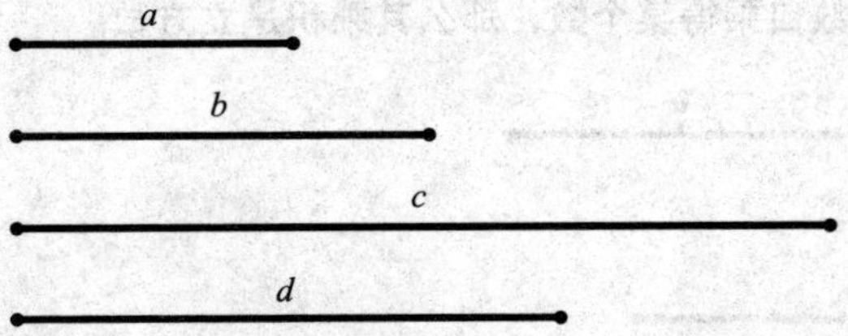

设：a、b两个数，a乘以b得平方数c。

求证：a和b也是相似平方数。

令：a自乘得d，那么d是平方数（命题VII.17）。

因a自乘得d，a乘b得c，所以a比b等于d比c。

又，因为d是平方数，而c也是平方数，所以：d和c是相似平面数。

所以：一个比例中项数落在d、c之间。

又，d比c等于a比b，所以：一个比例中项数也落在了a、b之间（命题VIII.20）。

而，如果一个比例中项数落在两个数之间，那么它们是相似平面数，所以：a和b是相似平面数（命题VIII.20）。

所以：如果两个数相乘得一个平方数，那么这两个数也是相似平面数。

证完

注 解

本命题是前一命题的逆命题。

假定平方数$20^2 = 400$。这一数可以分解为两个数的乘积，比如$a = 50$，$b = 8$。这两个数有一个比例中项，即20，于是根据命题VIII.20，它们是相似平面数（8可视为2乘以4，50可视为5乘以10）。

设：a和b两个数的乘积ab是一个平方数，那么，a^2和ab也是平方数。这意味着它们是相似平面数。根据命题VIII.8，它们有一个比例中项，a^2：（ab）= a：b，所以：a和 b之间也有一个比例中项（命题VIII.8）。所以：a和b是相似平面图形（命题VIII.20）。

当乘积 ab是一个平方数，即e^2，那么：a和b的比例中项是e。

命题IX.3

如果一个立方数自乘得某个数，那么其乘积是立方数。

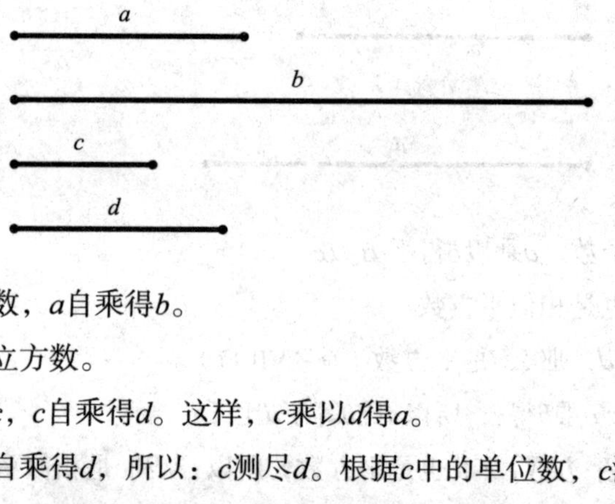

设：a为立方数，a自乘得b。

求证：b也是立方数。

令：作a的边c，c自乘得d。这样，c乘以d得a。

那么，因为c自乘得d，所以：c测尽d。根据c中的单位数，c测尽d。进一步，按照c中的单位数，该单位也测尽c。所以：该单位比c等于c比d（定义VII.20）。

又，因为c乘以d得a，于是：根据c中的单位数，d测尽a。同样，该单位也测尽c，所以：该单位比c等于d比a。

而该单位比c等于c比d，所以：该单位比c等于c比d，也等于d比a。

所以：在该单位与a之间，有两个比例中项c和d，并成连续比例。

又，因为a自乘得b，于是：根据a中的单位数，a测尽b。同样，该单位也测尽a。所以：该单位比a等于a比b（定义VII.20）。

又，在该单位与a之间，有两个成连比的比例中项，所以：有两个比例中项落在a、b之间（命题VIII.8）。

又，如果两个比例中项落在两个数之间，而第一个数是立方数，那么第二个数也是立方数。而a是立方数，所以：b也是立方数（命题VIII.23）。

所以：如果一个立方数自乘得某个数，那么其乘积是立方数。

证完

注 解

用代数式表达为：$(c^3)^2=(c^2)^3$。

这一命题应用在下两个命题及命题 IX.9中。

命题IX.4

如果一个立方数乘以另一个立方数得某数，那么该乘积也是立方数。

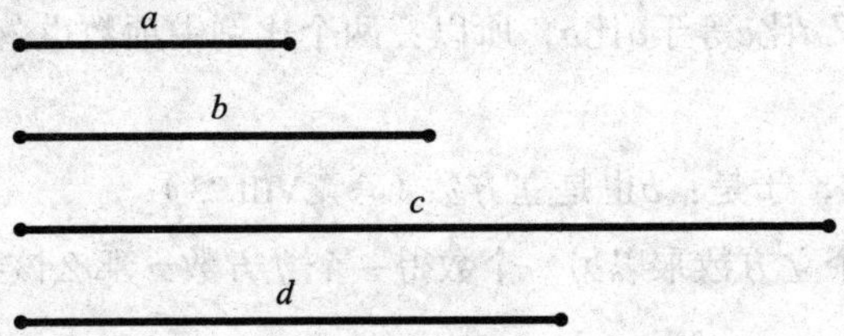

设：a是一个立方数，a乘以另一个立方数b得c。

求证：c也是立方数。

令：a自乘得d，那么d是一个立方数（命题IX.3）。

因为：a自乘得d，且a乘以b得c，于是：a比b等于d比c。

又，因为a和b是立方数，于是：a和b是相似立体数。于是：两个比例中项数落在a和b之间。于是：两个比例中项数也落在d和c之间（命题VII.17、VIII.19、VIII.8）。

已知d是立方数，于是：c也是立方数（命题VIII.23）。

所以：如果一个立方数乘以另一个立方数得某数，那么该乘积也是立方数。

证完

注 解

当然：$m^3n^3=(mn)^3$。

命题IX.5

如果一个立方数乘以另一个数得一个立方数，那么该乘数也是立方数。

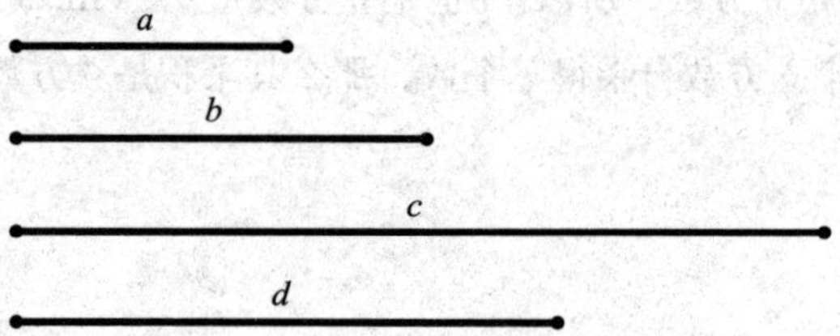

设：立方数a乘另一个数b得立方数c。

求证：b也是个立方数。

令：a自乘得d，那么d是个立方数（命题IX.3）。

那么，因为a自乘得d，且a乘以b得c，于是：a比b等于d比c（命题VII.17）。

又，因为d和c是立方数，于是：它们也是相似立体数。所以：两个比例中项数落在d和c之间。又d比c等于a比b，所以：两个比例中项数也落在a、b之间（命题VIII.19、VIII.8）。

又，a是立方数，于是：b也是立方数（命题VIII.23）。

所以：如果一个立方数乘以另一个数得一个立方数，那么该乘数也是立方数。

证完

注 解

这一命题是前一命题的逆命题，当$ab = c$，a是个立方数时，前一命题说，如果b是个立方数，那么c也是。这一命题则说，如果c是个立方数，那么b也是。

命题IX.6

如果一个数自乘得一个立方数，那么它本身也是立方数。

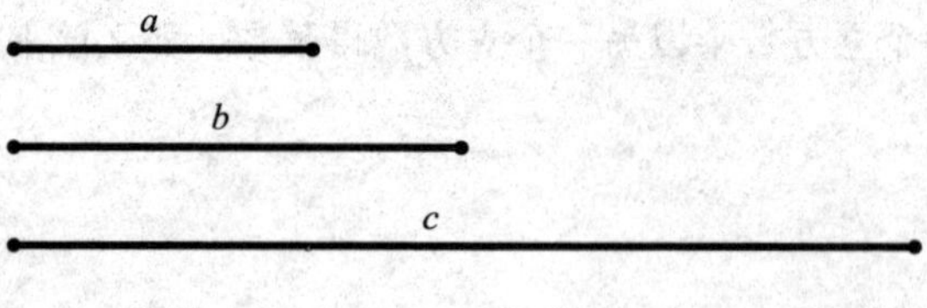

设：a自乘得到立方数b。

那么：a也是立方数。

令：a乘以b得c。那么因为a自乘得b，且a乘以b得c，于是：c是立方数。

又，因为a自乘得b，于是：根据a中的单位数，a测尽b。

同理：a的单位也测尽a。于是：该单位比a等于a比b。

又，因为a乘以b得c，于是：根据a中的单位数，b测尽c（定义VII.20）。

又，根据在它中的单位数，该单位也测尽a。

所以：该单位比a等于b比c。而该单位比a等于a比b，于是：a比b等于b比c（命题VII.20）。

又，因为b和c是立方数，于是：它们是相似立方数。

所以：在b、c间有两个比例中项数，而b比c等于a比b。所以：在a、b间也有两个比例中项数（命题VIII.19、VIII.8）。

已知，b是立方数，所以：a也是立方数（命题VIII.23）。

所以：如果一个数自乘得一个立方数，那么它本身也是立方数。

证完

注 解

假定：a^2是个立方数，因为a^3也是个立方数，所以在它们中有一个比例中项（命题VIII.19）。但我们有比例$a : a^2 = a^2 : a^3$，所以它们也是a和a^2的两个比例中项（命题VIII.8）。又因为a^2是个立方数，所以a也就是一个立方数（命题VIII.23）。这一命题应用在命题IX.10中。

命题IX.7

如果一个合数乘以任意数得某个数，那么该乘积是立方数。

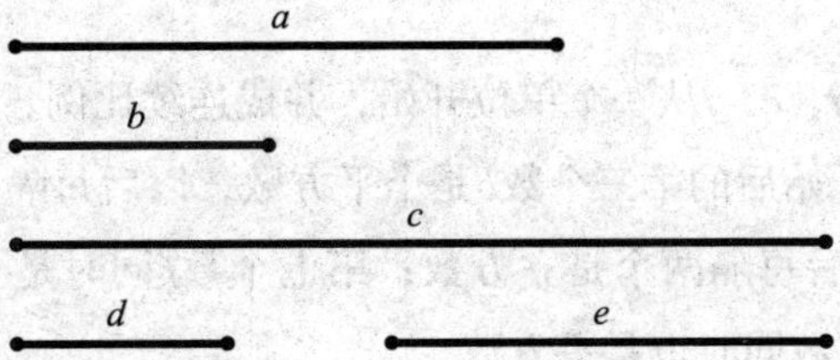

设：合数a乘以任意数b得c。

求证：c是个立方数。

因为a是合数，它被某个数d测尽，令d测尽a的次数为e，也就是说，d相加e次得a，或者说，按照e的单位数，d测尽a（定义VII.13）。

因为d用e次测尽a，所以：e乘以d得a。所以，a是d、e的积。

又，因为a乘以b得c，而a是d、e的乘积，于是：d、e的乘积乘以b得c（定义VII.15）。

所以：c是立方数，而d、e、b是它的边。

所以：如果一个合数乘以任意数得某个数，那么该乘积是立方数。

证完

注解

最低有两个因子的数是平面数；最低有三个因子的数是立方数。

命题IX.8

如果一个成连续比例的数列开始于一个单位，那么从单位起的第三个是平方数，且以后每隔一个就是平方数；第四个是立方数，以后每隔两个是立方数；第七个是立方数同时也是平方数，以后每隔五个是立方数同时也是平方数。

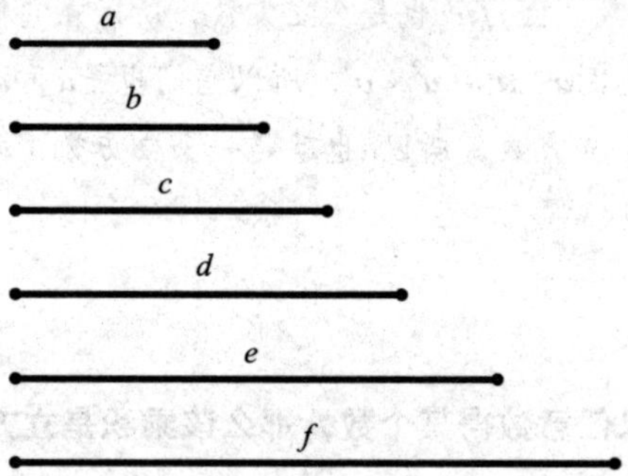

设：a、b、c、d、e、f从一个单位开始，并成连续比例。

求证：从单位开始后的第三个数b是个平方数，以后每隔一个为平方数；第四个数c是立方数，以后每隔两个是立方数；第七个数f同时是立方数也是平方数，以后每隔五个是立方数同时也是平方数。

因为该单位比a等于a比b，于是：该单位测尽数a与a测尽b有相同的次数。依照a中的单位数，单位测尽a。同理：a也测尽b（定义VII.20）。

所以：a自乘得b。所以：b是平方数。

又因为b、c、d是连比数，而b是平方数，于是：d也是平方数，同理，f也是平方数（命题VIII.22）。

类似地，也可以证明，每隔一个数为平方数。

以下进一步说明：从单位开始后的第四个数c，是立方数，并且以后每隔两个都是立方数。

因为单位比a等于b比c，于是：单位测尽数a的次数等于b测尽c。

根据a中的单位数，单位测尽a。同理：b也测尽c。所以：a乘以b得c。那么，因为a自乘得b，a乘以b得c，所以：c是立方数。

那么，因为c、d、e、f是成连比例，而c是立方数，于是：f也是立方数。

同时它已经被证明是平方数，于是：从单位开始后的第七个数既是立方数也是平方数。同理，也可以证明其后每隔五个数既是立方数也是平方数（命题VIII.23）。

所以：如果一个成连续比例的数列开始于一个单位，那么从单位起的第三个是平方数，且以后每隔一个就是平方数；第四个是立方数，以后每隔两个是立方数；第七个是立方数同时也是平方数，以后每隔五个是立方数同时也是平方数。

证完

注 解

在以下连比中：

1、a、a^2、a^3、a^4、a^5、a^6、a^7等，

每隔二个：a^2、a^4、a^6、a^8等是一个平方数；

每隔三个：a^3、a^6、a^9、a^{12}等是一个立方数；

每隔六个：a^6、a^{12}、a^{18}、a^{24}等既是一个平方数也是一个立方数。

这一命题应用在下五个命题中。

命题IX.9

从一个单位开始的数列成连续比例，如果接在单位后的数是平方数，那么其余的数也是平方数；如果接在单位后的数是立方数，那么其余的数也是立方数。

设：a、b、c、d、e、f是从一个单位开始的成连续比例的数，a是紧接在单位

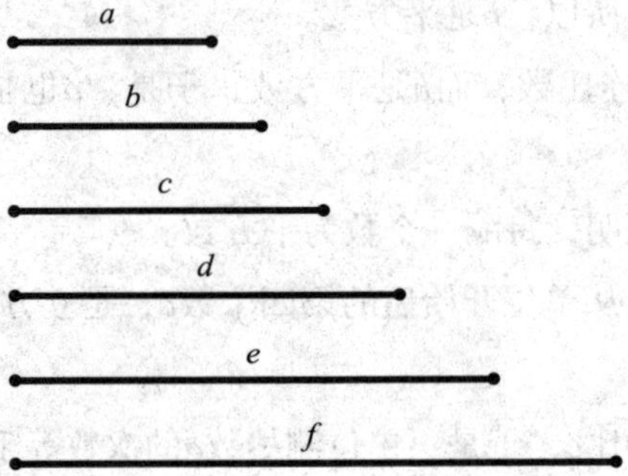

后的数，是一个平方数。

求证：其余的数皆为平方数。

因为：可以证明从单位开始后的第三个数b是平方数，并每隔一个也为平方数（命题IX.8）。

那么：其余的数皆为平方数。

因为a、b、c成连比，而a是平方数，于是：c也是平方数。

又，因为b、c、d成连比，而b是平方数，于是：d也是平方数。类似地，我们也能证明其余各数也为平方数（命题VIII.22）。

再一步，设a为立方数。

那么：其余的数也皆为立方数。

□ **蜘蛛的路径**

正方体上有一只蜘蛛，它要沿着正方体的每一边爬行，并且每一边来回走两趟，但不走两次相同的路线。如将正立方体展示在平面上，聪明的蜘蛛便从正立方体的底边"1"开始出发一直到"24"结束。

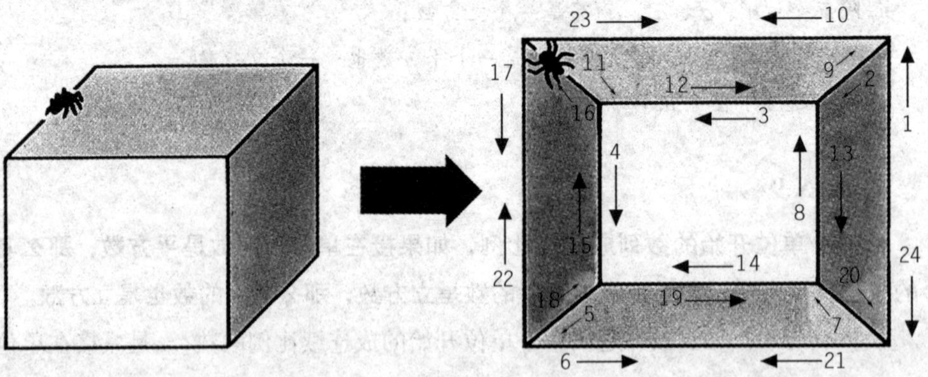

因为已经证明了从单位开始后的第四个数c是立方数，并每隔两个皆为立方数（命题IX.8）。

那么：其余各数皆为立方数。

因为单位比a等于a比b，所以：单位测尽a与a测尽b有相等的次数。根据a的单位数，单位测尽a。同理，a也测尽b。于是：a自乘得b。

又，a是立方数，而且，如果立方数自乘得某个数，那么其乘积也是立方数，于是：b也是立方数（命题VIII.23）。

同理，e也是立方数。同理，所有余下的数皆是立方数。

所以：从一个单位开始的数列成连续比例，如果接在单位后的数是平方数，那么其余的数也是平方数；如果接在单位后的数是立方数，那么其余的数也是立方数。

证完

注 解

这一命题说，如果一个数是一个平方数，那么该数的幂也是平方数，立方数也一样。以下的命题是这一命题的逆命题。

命题IX.10

从单位开始的数列成连续比例，如果单位后的数不是平方数，那么除了单位后面的第三个数以及每隔一个数以后的数外的其余各数皆不是平方数；又，如果单位后面的数不是立方数，那么除了从单位起第四个数以及每隔两个数以后的数

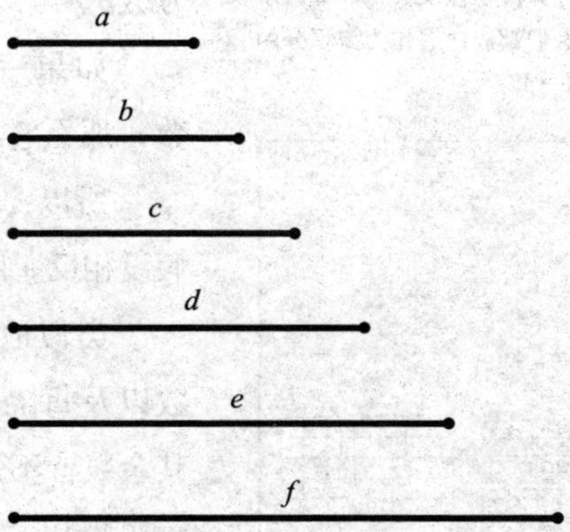

以外，其余各数皆不是立方数。

设：a、b、c、d、e、f是从一个单位开始的成连比的数列，单位后面的数a不是平方数。

求证：除了第三个数以及每隔一个数以后的数外，皆不是平方数。

假如可能，令c是平方数，但b也是平方数，于是：b比c等于一个平方数比一个平方数（命题IX.8）。

又，b比c等于a比b，于是：a比b是一个平方数比一个平方数。于是：a和b是相似平面数（命题VIII.26）。

而b是平方数，于是：a也是平方数，这与假设相反。

于是：c不是平方数。

同理，可以证明除了第三个数以及每隔一个数以后的数外没有平方数。

再，令：a不是立方数。

那么：除了第四个数以及每隔两个数以后的数外皆不是立方数。

假如可能，令d为立方数。

那么：c也是立方数，因为它是从单位开始的第四个数。又，c比d等于b比c，于是：b比c是一个立方数比一个立方数的比值。于是：b也是立方数（命题IX.8、VIII.25）。

又因为：单位比a等于a比b，根据a中的单位数，单位测尽a。同理：a也测尽b。于是：a自乘得立方数b。

如果一个数自乘得一个立方数，那么它自己也是个立方数。

所以：a也是一个立方数。这与假设相反。所以：d不是立方数。

类似地，可以证明除了第四个数以及每隔两个数以后的数以外的其余数皆不是立方数（命题IX.6）。

所以：从单位开始的数列成连

□ **无穷小微积分**

近代微积分的酝酿主要发生于17世纪上半叶。该时期所有的科学大师都在致力于寻求解决微积分学的新的数学工具，特别是描述运动与变化的无穷小算法。1666年10月，牛顿发表了《流数简论》，这是历史上第一篇系统的微积分文献。《流数简论》反映了牛顿微积分的运动背景。他从确定面积的变化率入手，通过反微分计算面积以及面积计算与求切线问题的互逆位，而以往数学家们都以曲线作为微积分的主要对象。图为《流数简论》中的一页。

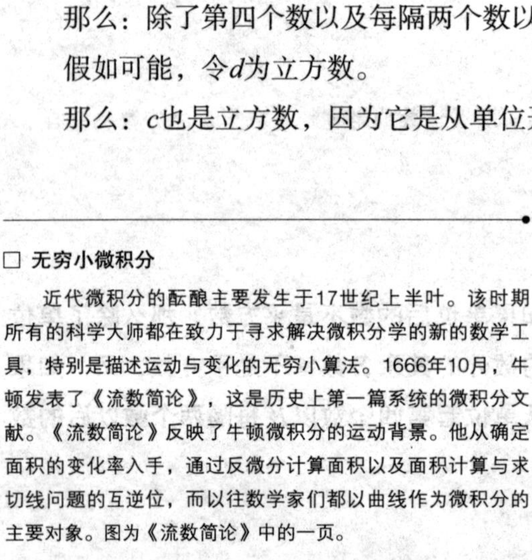

续比例，如果单位后的数不是平方数，那么除了单位后面的第三个数以及每隔一个数以后的数外的其余各数皆不是平方数。

又，如果单位后面的数不是立方数，那么除了从单位起第四个数以及每隔两个数以后的数以外，其余各数皆不是立方数。

证完

注 解

这一命题是前一命题的逆命题。

命题IX.11

如果从单位开始的数列成连比，那么较小数测尽较大数，得到的是数列中的某一个数。

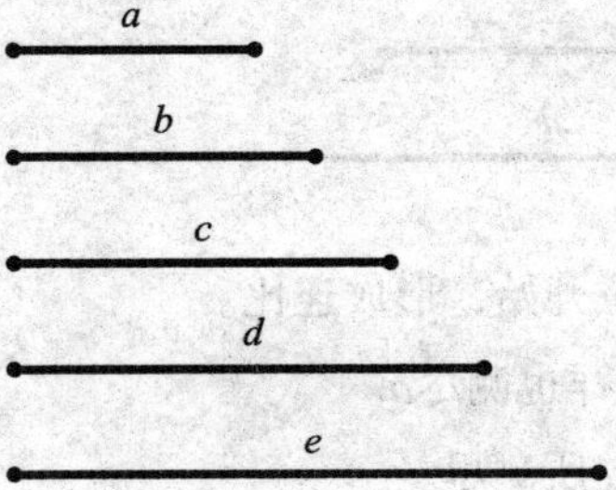

设：b、c、d、e是从单位a开始的连比数。

求证：用b、c、d、e的最小数b测尽e，得到c或d。

因为单位a比b等于d比e，于是：单位a测尽b与d测尽e有相等次数。于是：由更比，该单位a测尽d与b测尽e的次数相等（命题VII.15）。

又，根据a中的单位数，单位a测尽d。同理，b也测尽e。于是：较小的数b测尽较大的数e，得到给定成比例的数中的一个数d（命题VII.15）。

所以：如果从单位开始的数列成连比，那么较小数测尽较大数，得到的是数列中的某一个数。

证完

推 论

这一命题也表明：由单位开始的成连续比例的数列中的任意一数测尽它以后

的某个数得到一个数，比数是被测尽数以前的某一数。

注 解

这一命题及其推论说，a^k除以a^n等于a^{k-n}。

推论应用于下一个命题中。

命题IX.12

如果从单位开始的任意多的数形成连比，那么无论有几个质数测尽最后一个数，该质数也测尽单位之后的那个数。

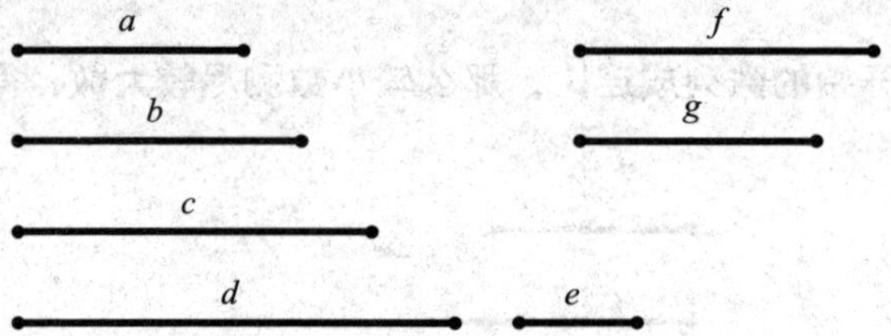

设：a、b、c、d从单位开始，形成连比。

求证：测尽d的质数同样也测尽a。

令：d被任意一个质数e所测尽。

求证：e同样也测尽a。

假定不是。

因为e是质数，而任何质数是与它量不尽的数互质的，所以：e和a是互质数。又，因为e测尽d，令e用f次测尽d，于是：e乘以f得d（命题VII.29）。

又，因为a测尽d，根据在c中的单位数，所以：a乘以c得d（命题VII.29）。

再，e乘以f得d，于是：a与c的乘积等于e与f的乘积（命题IX.11及其推论）。

于是：a比e等于f比c。而a和e是互质数，互质数是最小的。又有相同比的数中最小的，以同样的次数测尽那些数，即前项测尽前项，后项测尽后项。所以：e测尽c，令其测尽的次数为g（命题VII.19、VII.21、VII.20）。

所以：e乘以g得c。

再，由前述的理论，a乘以b得c。所以：a和b的乘积等于e和g的乘积（命题IX.11及其推论）。

所以：a比e等于g比b。而a和e是互质数，互质数是最小的。又有相同比的数中最小的，以同样的次数测尽那些数，即前项测尽前项，后项测尽后项。所以：e测尽b。令其测尽的数为h，于是：e乘以h得b（命题VII.19、VII.21、VII.20）。

又，a自乘得b，于是：e和h的乘积等于a的平方。于是：e比a等于a比h（命题IX.8、VII.19）。

而a和e是互质数，质数是最小的。又有相同比的数中最小的，以同样的次数测尽那些数，即前项测尽前项，后项测尽后项。于是：e测尽a，即前项测尽前项。但是，e又测不尽a，这是不可能的（命题VII.21、VII.20）。

所以：e和a不是互质数。所以：它们是互为合数。而互为合数可被某数测尽（定义VII.14）。

又，因为e是被假设成的质数，而一个质数不会被它以外的任何数所测尽，所以：e测尽a、e，所以：e测尽a。

而，它也测尽d，所以：e测尽a、d。同样，也可以证明，无论有几个质数能测尽d，这些质数也就能测尽a。

所以：如果从单位开始的任意多的数形成连比，那么无论有几个质数测尽最后一个数，该质数也测尽单位之后的那个数。

证完

注 解

这一命题说，如果质数p除尽a的乘方a^k，那么它也除尽a。

假定一个质数p除尽a的乘积ak。假定p除不尽a。那么p与a是互质数（命题VII.29）。从这一命题（a^k/p）：$a^{k-1}=a:p$中我们可以看出，比例（a^k/p）：a^{k-1}可以化简为最小数组$a:p$（命题VII.21）。所以：p能除尽a^{k-1}（命题VII.2x0）。

重复应用化简步骤直到p能除尽a，便实现了目标。

这一命题应用于下一命题中。

命题IX.13

如果从单位开始的几个数成连续比例，紧接单位的是质数，那么除了这些成比例的数以外，任何数都不能测尽其中最大的数。

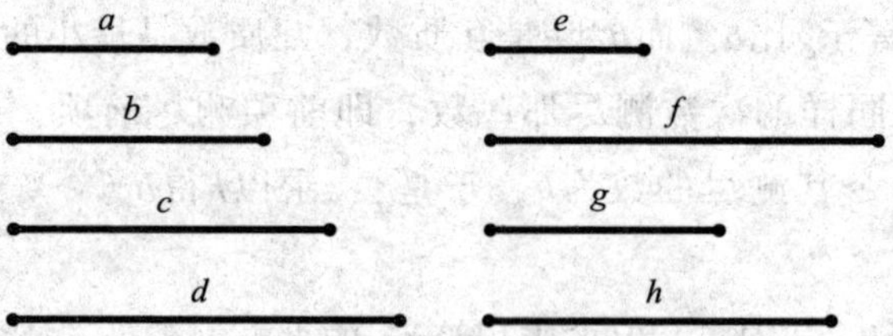

设：a、b、c、d是从单位开始的成连续比例的数，a是紧接于单位的质数。

求证：它们中最大数d，不可能被除了a、b或c以外的任何数所测尽。

假定可能，设其被e所测尽，e不等于a、b、c中的任何一个。

那么，e不是质数，因为如果e是质数并测尽d，那么它也可以测尽a。a为质数，然而它不等于a。这是不可能的。

所以：e不是质数，它是合数（命题IX.12）。

又，任何合数皆可以被某个质数测尽，所以：e被某个质数所测尽（命题VII.31）。

以下进一步说明：它只能被a所测尽，其他任何数皆不可能。

如果e被其他数所测尽，而e测尽d，那么其他数测尽d，于是：它也测尽质数a。然而它不等于a。这显然是不可能的，于是：质数a测尽e（命题IX.12）。

又因为：e测尽d，设其测尽d得f。

那么：f不等于a、b、c中的任何一个数。

假如f等于a、b、c中的其中一个，并测尽d得e。那么a、b、c中的一个也测尽d得e。

而a、b、c中的一个测尽d得a、b、c中的一个。于是：e也等于a、b、c中的一个。这与假设矛盾（命题IX.11）。

所以：f不等于a、b、c中的一个。

类似地，可以证明出，f被a所测尽；f不是质数。

假如f是质数，并测尽d，那么它也测尽质数a。然而它不等于a。这是不可能的。所以：f不是质数。所以：f是合数（命题IX.12）。

又，任何合数可以被某一个质数所测尽。所以：f被某个质数所测尽（命题VII.31）。

以下进一步说明：它只能被a所测尽，而不是其他质数。

因为，如果有别的质数测尽f，而f测尽d，那么别的质数也测尽d。于是：

它也测尽质数a，然而它不同于a。这是不可能的。所以：只有质数a测尽f（命题IX.12）。

又因为e测尽d得f，所以e乘以f得d。但，更有a乘以c也得d。于是：a和c的乘积等于e和f的乘积（命题IX.11）。

所以，a比e等于f比c（命题VII.19）。

而a测尽e，于是：f也测尽c。

令f测尽c得g。

类似地，能证明出g不等于a、b中的任何一个，并被a测尽。又，因为f测尽c得g，于是：f乘以g得c。

又，a乘以b得c，于是：a、b的乘积等于f、g的乘积。所以，a比f等于g比b（命题IX.11、VII.19）。

又，a测尽f，于是：g也测尽b，令其测尽b得h。

类似地，那么，也能证明出h不等于a。

那么，因为g测尽b得h，于是：g乘以h得b。而a自乘得到b。于是：h和g的乘积等于a的平方（命题IX.8）。

所以：h比a等于a比g。而a测尽g。所以：h也测尽质数a，然而h不等于a，这是荒谬的（命题VII.19）。

所以：最大数d除了被数a、b或c测尽以外，不可能被其他数所测尽。

所以：如果从单位开始的几个数成连续比例，紧接单位的是质数，那么除了这些成比例的数以外，任何数都不能测尽其中最大的数。

证完

注 解

这一命题说，仅能除尽一个质数的乘方的数是该质数的较小幂。

这一证明过程包含化简步骤，同前一个命题一样。假定一个数e可以除尽一个质数p的乘方p^k，但e不等于p的任何较低幂。

首先要注意的是，e不可能是质数，因为，它除尽p就不可能是质数（命题IX.12）。

那么e是一个合数，于是，某个质数q能除尽e（命题VII.31）。那么q也能除尽p^k，这意味着q能除尽p。所以，能除尽e的仅有质数是p。

下面的证明是反复化简乘方k。意味着e不是1，它可以被p除尽，设g是e/p。那么，g 能除尽p^{k-1}，但并不是p的任何较低的乘方。于是，系统的论据可以应用，继续如此，直到某个数能除尽p，但不是1或者p。这是矛盾的。所以，仅能除尽一个质数的乘方的数是该质数的较小幂。

这一命题应用在命题IX.32、IX.36中。

命题IX.14

如果一个数是被质数能测尽的最小数，那么除了原来测尽它的数以外，任何别的质数不可能测尽它。

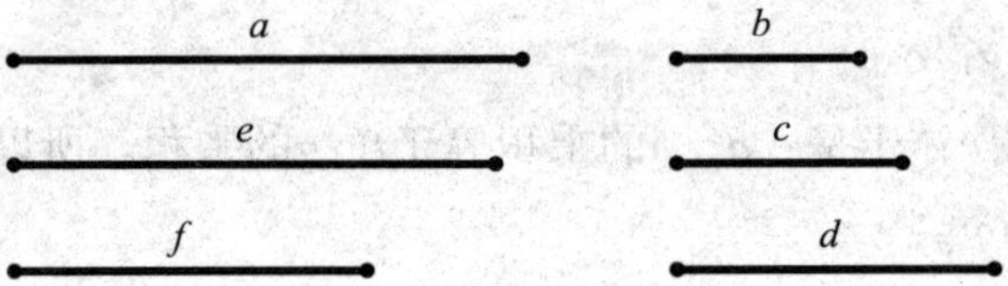

设：数a是被质数b、c、d所测尽的最小数。

求证：a只能被b、c或d所测尽，而不可能被别的质数所测尽。

假如可能，设其被质数e所测尽，再设e不等于b、c、d中的任何一个。

那么因为：e测尽a，设e测尽a得f。于是：e乘以f得a。而a被质数b、c、d所测尽。

但是，如果两个数相乘得另一个数，一个质数可以测尽该乘积，那么该质数也可以测尽原始乘数中的一个。

于是：b、c、d中的每个数测尽e或f中的一个（命题VII.30）。

又，它们测不尽e，因为e是质数，且不等于b、c、d中的任何一个。

于是：它们测尽f，而f小于a。这是不可能的，因为a被假设为被b、c、d所测尽的最小数。

所以：除了b、c、d以外，没有质数可以测尽a。

所以：如果一个数是被质数能测尽的最小数，那么除了原来测尽它的数以外，任何别的质数不可能测尽它。

证完

注 解

这一命题陈述了一组质数的最小公倍数是不能被另外的质数除尽的。最小公倍数事实上是那些质数的乘积，但这一点并没有提及。

证明是清晰的，依赖于命题VII.30，即如果一个质数除尽一个乘积，那么它也除尽某个乘数。

命题IX.15

如果三个数成连比，且是与它们有同样比值的最小数组，那么其中任意两数的和与其余一数互质。

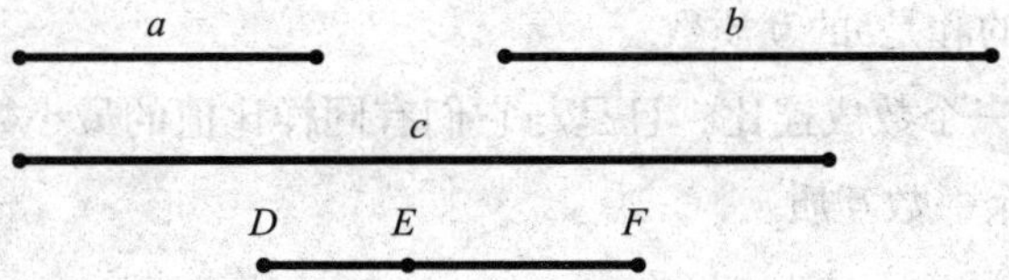

设：a、b、c三个数成连比，并是与它们有同样比值的数组中的最小的数组。

那么：a、b、c中任意两数的和与余下的数互质，即a加b之和是c的互质数，b加c是a的互质数，a加c是b的互质数。

令：作DE和EF两数，使其为与a、b、c有同比值的最小数（命题VIII.2）。

那么：DE自乘得a，再乘以EF得b，又，EF自乘得c（命题VIII.2）。

那么，因为DE和EF是最小数，于是：它们是互质数。但是，如果两个数是互质数，那么它们的和也是每个数的互质数，于是：DF是DE、EF的互质数（命题VII.22、VII.28）。

又，DE也是EF的互质数，所以：DF、DE是EF的互质数。

而，如果两个数与任意一数互质，那么它们的乘积也是该数的互质数，于是：DF和DE的乘积是EF的互质数。于是：FD和DE的乘积也是EF平方的互质数（命题VII.24、VII.25）。

但是，FD和DE的乘积是DE的平方加DE与EF的乘积的和，所以：DE的平方与DE、EF的乘积之和是EF平方的互质数（命题II.3）。

又，DE的平方是a，DE、EF的乘积是b，EF的平方是c。于是：a与b之和是c的互质数。

类似地，也能证明出b、c之和是a的互质数。

再证明：a与c之和也是b的互质数。

因为DF分别是DE、EF的互质数，于是：DE的平方也是DE、EF之积的互质数（命题VII.24、VII.25）。

又，DE、EF的平方之和加DE、EF乘积的两倍等于DF的平方，于是：DE、EF的平方之和加DE、EF乘积的两倍是DE、EF乘积的互质数（命题II.4）。

于是：DE、EF的平方与DE、EF的乘积的二倍之和是DE、EF的乘积的互质数。

所以：DE、EF的平方是DE、EF乘积的互质数。

又，DE的平方是a，DE和EF的乘积是b，EF的平方是c。

所以：a、c的和是b的互质数。

所以：如果三个数成连比，且是与它们有同样比值的最小数组，那么其中任意两数的和与其余一数互质。

证完

注 解

设a、b、c是三个成连比的数，那么根据命题VIII.2，它们的排列是：

$a = d^2$，$b = de$，$c = e^2$，

这里d和e是互质数，于是它们的和$d + e$，与d、e互质（命题VII.28）。

现在，因为d、$d + e$与e互质，所以，它们的乘积$d^2 + de$也与e互质（命题VII.24），所以也与e^2互质（命题VII.25）。于是，$a + b$与c互质。

同样，$b + c$与a互质。

又，因为$d + e$与d、e皆是互质的，所以它的平方数（$d + e$）^{2}与乘积de也是互质的（命题VII.24、VII.25）。即是$d^2 + e^2 + 2de$与de互质。减去$2de$可以推断$d^2 + e^2$与de是互质的。于是b与$a + c$是互质的。

命题IX.16

如果两个数是互质数，第一个数比第二个数不等于第二个与任何另外的数相比。

设：两个数a和b是互质数。

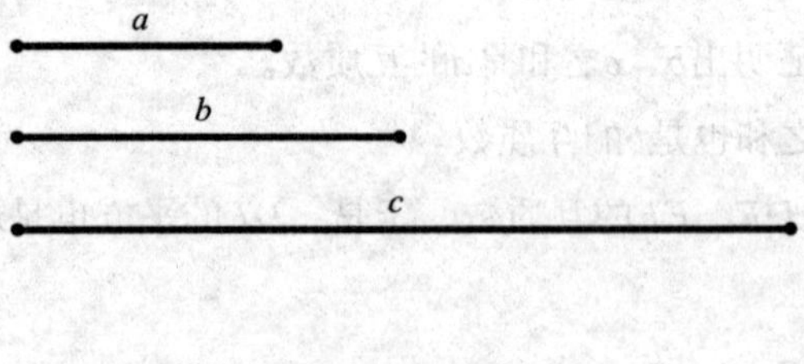

求证：a比b不等于b比任何另外的数。

假如可能，a比b等于b比c。

那么因为：a和b互质，互质的数也是最小数，且最小的数测尽与它们有相同比值的数的次数相等，前项测尽前项且后项测尽后项（命题VII.21、VII.20）。

所以，a测尽b。

又，它又测尽自身，于是：a测尽互质数a、b。这是荒谬的。

所以：a比b不等于b比c。

所以：如果两个数是互质数，第一个数比第二个数不等于第二个与任何另外的数相比。

证完

注 解

设：a和b是互质数，那么比率$a:b$是最小数对。假定比率等于$b:c$，那么比率$a:b$的前项a，可以除尽比率$b:c$的前项，即b。但是a除不尽b，因为它们是互质数。

这一命题应用在命题IX.18中。

命题IX.17

如果有成连续比的数组，它们的两端互质，那么第一个比第二个不等于最后一个比任何另外一个数。

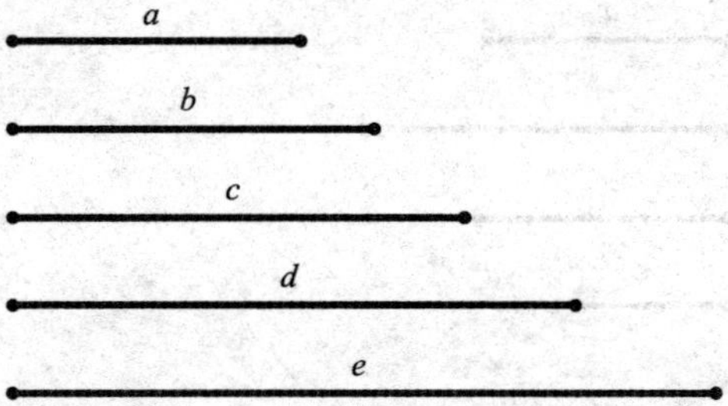

设：a、b、c、d是成连比的数，它们的两端a、d互质。

求证：a比b 不等于d比任何一个别的数。

假设，a比b等于d比e，那么：由更比得，a比d等于b比e（命题VII.13）。

而，a和d是互质数，互质数是最小的数组，最小的数组测尽与它们有同比值的数组有相等的次数，前项测尽前项，后项测尽后项。于是：a测尽b。且a比b等于b比c，于是：b也测尽c。于是：a也测尽c（命题VII.21、VII.20）。

又，因为b比c等于c比d，而b测尽c，所以：c也测尽d。

而a测尽c，于是：a也测尽d。而它又自测尽，于是：a测尽质数a、d。这是不可能的。

所以：a比b不等于d比任何别的数。

所以：如果有成连续比的数组，它们的两端互质，那么第一个比第二个不等于最后一个比任何另外一个数。

证完

注解

这一命题归纳了前一命题，它说，在连比中最小数对不可能扩展。

假定一个连比有最小数对，第一项a与末项d互质，并有比率$a:b$。假设它能扩展到e，于是$a:b=d:e$。交替地，$a:d=b:e$。因为第一比率$a:d$是最小数对，所以a能除尽b。于是每个项能除尽跟进的项。因此a除尽d。但这是不可能的。因为a和d是互质数，所以连比不可能扩展。

命题IX.18

给定两个数，考察它们是否能求出第三个比例数。

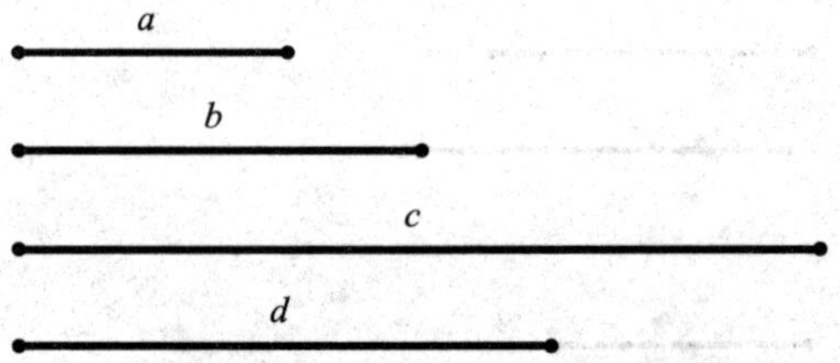

设：a和b是给定的两个数，现在要求的是考察找出第三个比例数是否可能。

因为：a和b要么是互质数，要么不是。如果它们是互质数，则找出它们中的第三个比例数是不可能的（命题IX.16）。

再令：a和b不是互质数，b自乘得c，那么：a要么测尽c，要么测不尽它。

首先，令a测尽c得d，于是：a乘以d得c。又，b自乘得c，于是：a和d的乘积等于b的平方。

于是：a比b等于b比d，于是：第三个比例数d在a、b之间被发现出来（命题VII.19）。

再，令a测不尽c。

求证：在a、b之间不可能找出第三个比例数。

假如可能，令d是那个第三比例数，那么：a和d的乘积等于b的平方。而b的平方是c，于是：a和d的乘积等于c。

于是：a乘以d得c。于是：a测尽c得d。

而根据假设，a测不尽c，这是荒谬的。

所以：当a测不尽c时，数对a、b不可能找出第三个比例数。

注 解

第三个比例数d比a和b必然满足于$a:b=b:d$。于是d必满足于b^2/a。于是当第三个比例数a能除尽b^2时生成第三个比例。这一结论欧几里得在本命题中发现。

命题IX.19

给定三个数，考察它们是否能找到第四个成比例的数。

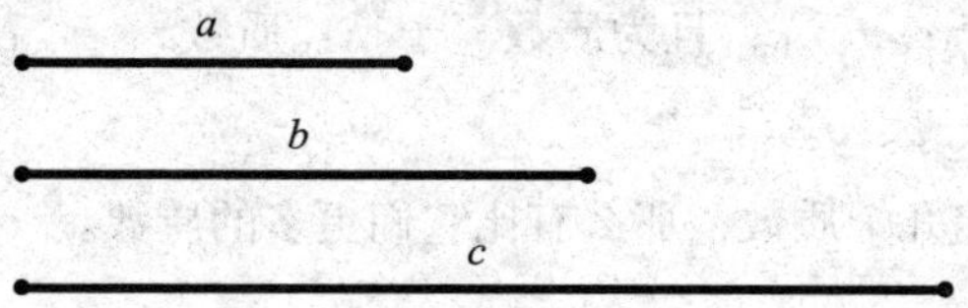

设：a、b、c是给定的三个数，现在要求考察是否能找到它们的第四个比例。

（这一命题的希腊原文已被损坏。）

注 解

第四个比例数d比a、b和c必然满足于$a:b=c:d$。于是d必将满足于bc/a。于是当a能除尽bc时生成第四个比例数。

命题IX.20

预先给定几个质数，那么有比它们更多的质数。

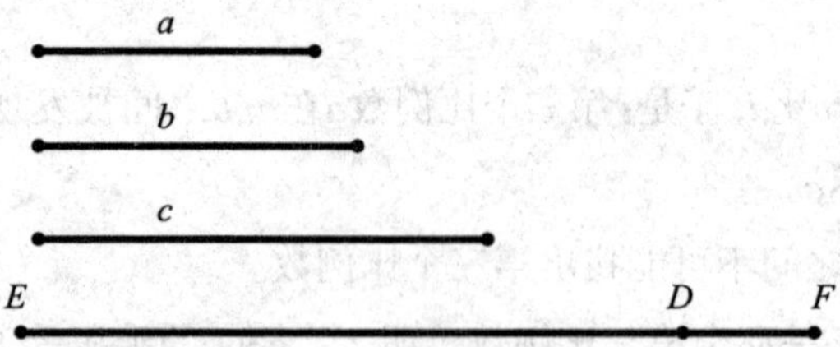

设：a、b、c是预先给定的质数。

求证：有比a、b、c更多的质数存在。

令：作最小数DE，使它被a、b、c所测尽，在DE上增加单位DF。

那么：EF要么是质数，要么不是。

首先，令其为质数。那么：质数a、b、c和EF被发现出来，多于质数a、b、c。

再令：EF不为质数。那么它被另外的质数所测尽，令其被g所测尽（命题VII.31）。

那么需要证明：g不等于a、b、c。

假设g等于a、b、c之一。

那么，因为a、b、c测尽DE，于是：g也测尽DE，而它也测尽EF。于是：g便是测尽其余值的数，即单位DF，这是荒谬的。

所以：g不等于a、b、c，且为质数。于是：质数a、b、c和g被发现出来，多于预先给定的质数a、b、c。

所以：预先给定几个质数，那么有比它们更多的质数。

证完

注 解

假定有一些有限的质数，设m是它们的最小公约数。

假设数$m+1$。它不能是质数，因为它大于所有质数。

所以它是质数，根据命题VII.31，每个质数g能除尽它。但g不可能是任何质数，因为它们都能除尽m且不能除尽$m+1$。

所以，质数是有限的结论导致矛盾；所以，质数是不可能有限的。

命题IX.21

偶数相加，其和也为偶数。

设：众偶数为AB、BC、CD、DE，将它们加到一起。

求证：其和AE是偶数。

因为AB、BC、CD、DE中每一个都是偶数，那么：每个都可以被平分。所以：其和AE也可以被平分。而可以分成两个相等部分的数是偶数。所以：AE是偶数（定义VII.6）。

所以：偶数相加，其和也为偶数。

证完

注解

从这一命题开始，欧几里得开始研究偶数和奇数。从本命题开始直到命题IX.34结束。这些命题的陈述可能是《原本》最古老的部分，可以回溯到毕达哥拉斯时代。除了命题IX.31以外，其余命题的证明不依赖于别的命题。命题IX.31讨论质数，之所以插入这里是因为它涉及奇数。

这一命题的证明暗示数相加与顺序无关的原则，比如，a和b两个偶数相加，首先a分成两个相等的部分$a=c+c$，b也分成两个相等的部分$b=d+d$，所以：

$$a+b=(c+c)+(d+d)。$$

为了得到$a+b$可以分成两个相等的部分，我们需要：

$$a+b=(c+d)+(c+d)。$$

这里，每一项有不同的顺序。但是顺序却不起作用。这是欧几里得的一个暗中假设。

现代数学处理相加数有两个方式，其一是交换性，顺序的任意交换不影响相加的结果：

$$a+b=b+a。$$

其二是联合性，联合性更为精妙，当处理$a+b+c$三个数相加时，仍然存在选择哪两个数首先相加，既可以选择$a+b$得d，然后$d+c$

□ **地球周长**

亚历山大学派的优秀代表厄拉多塞（约前284—前192年）是第一个测量地球周长的人，其所用方法之简单和测量结果之准确令人惊叹。在S点，夏至日中午的阳光直射地面，因为太阳此刻正位于天顶。在A点，一座方尖碑的影子说明太阳与天顶的角度为7° 左右，即周长的1/50。这个角度代表了两处间的纬度之差，而两点间的丈量距离为180米。

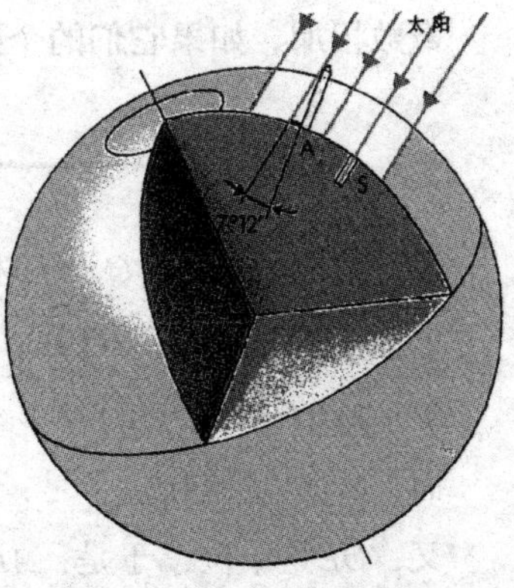

得最后结果，也可以首先选择$b+c$得e，而后$a+e$得最后的结果。但结果相等。以下等式两边的括号可以移动：

$(a+b)+c=a+(b+c)$。

这一命题应用在下两个命题及命题IX.28中。

命题IX.22

奇数相加，如果它们的个数是偶数，那么其和为偶数。

设：AB、BC、CD、DE是奇数，把它们加在一起。

那么：其和AE为偶数。

因为：AB、BC、CD、DE是奇数，如果从它们每个中减去一个单位，那么余下的每一个数是偶数。于是：它们的和是偶数。而单位的个数是偶数个，所以：其和AE也是偶数（定义VII.7、命题IX.21）。

所以：奇数相加，如果它们的个数是偶数，那么其和为偶数。

证完

注解

这一命题的证明缺乏正确性。

本命题应用于下一命题中。

命题IX.23

奇数相加，如果它们的个数是奇数，那么其和也为奇数。

设：把奇数AB、BC、CD相加，它们的个数是奇数。

求证：其和AD也是奇数。

令：从CD中减去单位DE。那么：差CE是偶数（定义VII.7）。

而，CA也是偶数，于是：和AE也是偶数（命题IX.22、IX.21）。

又，DE是单位，于是：AD是奇数（定义VII.7）。

所以：奇数相加，如果它们的个数是奇数，那么其和也为奇数。

证完

注 解

这一命题应用于命题IX.29和IX.30中。

命题IX.24

如果偶数减去偶数，那么差是偶数。

设：从偶数*AB*中减去偶数*BC*。

求证：差*CA*是偶数。

因为*AB*是偶数，于是：它可以被平分。同理，*BC*也可以被平分为两个部分。于是：余值*CA*也可以被平分为两个部分，且*CA*是偶数（定义VII.6）。

所以：偶数减去偶数，那么差是偶数。

证完

注 解

这一命题应用于下五个关于比例的前四个命题中。

命题IX.25

如果从一个偶数中减去一个奇数，那么差是奇数。

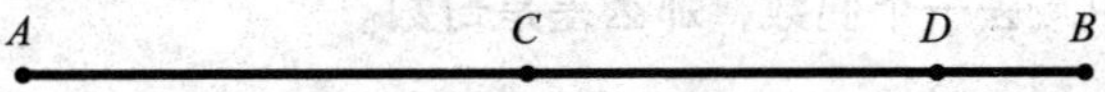

设：从偶数*AB*中去奇数*BC*。

求证：差*CA*是奇数。

令：从*BC*中减去单位*CD*。于是：*DB*是偶数（定义VII.7）。

而，*AB*也是偶数，于是：差*AD*也是偶数。而*CD*是一个单位，于是：*CA*是奇数（命题IX.24 、定义VII.7）。

所以：如果从一个偶数中减去一个奇数，那么差是奇数。

证完

注 解

这一命题是第二个研究偶数和奇数相互相减的命题（共四个）。

命题IX.26

如果奇数减去一个奇数，那么，差是偶数。

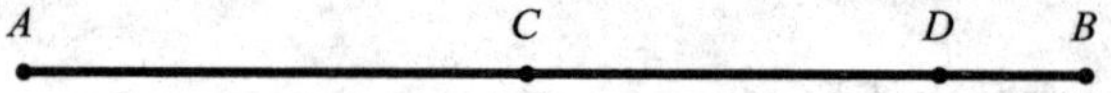

设：从奇数AB中减去一个奇数BC。

求证：差CA是偶数。

因为AB是奇数，减去单位BD，那么：差AD是偶数。同理，CD也是偶数，于是：差CA也是偶数（定义VII.7、命题IX.24）。

所以：如果从奇数中减去一个奇数，那么，差是偶数。

证完

注 解

这一命题应用在命题IX.29中。

命题IX.27

如果从奇数中减去一个偶数，那么差是奇数。

设：从奇数AB中减去偶数BC。

求证：差CA是奇数。

令：AB减去单位AD。于是：DB是偶数（定义VII.7）。

又，BC也是偶数。

于是：余值CD是偶数。于是：CA是奇数（命题IX.24、定义VII.7）。

所以：如果从一个奇数中减去一个偶数，那么差是奇数。

证完

注 解

这是四个研究偶数和奇数相互相减的最后一道命题。

命题IX.28

如果一个奇数与一个偶数相乘，那么其乘积是偶数。

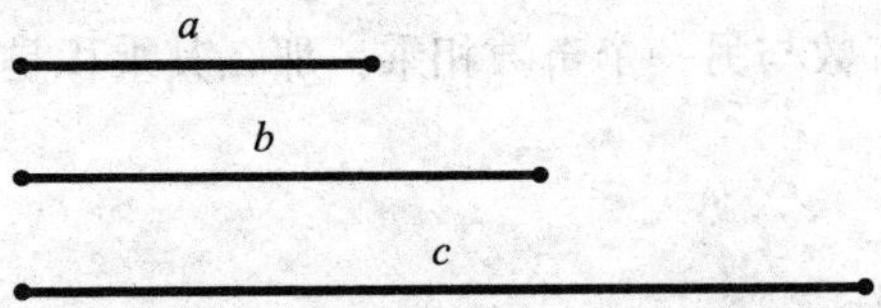

设：奇数a与偶数b相乘得c。

求证：c是偶数。

因为a乘以b得c，于是：在a中有多少个单位，c也就由多少个等于b的数相加而成（定义VII.15）。而b是偶数，于是：c是偶数之和。

而，如果偶数相加，和也是偶数，于是：c是偶数（命题IX.21）。

所以：如果一个奇数与一个偶数相乘，那么其乘积是偶数。

证完

注 解

这一命题是研究偶数和奇数相乘的两道命题的第一个，是第三道命题，两个偶数的乘积被遗漏。

在这一定理的证明中，假定a是奇数是没有用的。这一命题或许该这样陈述：任意一数乘以偶数，其乘积是偶数。

这一命题应用在命题IX.31中。

命题IX.29

如果一个奇数与另一个奇数相乘，那么其乘积是奇数。

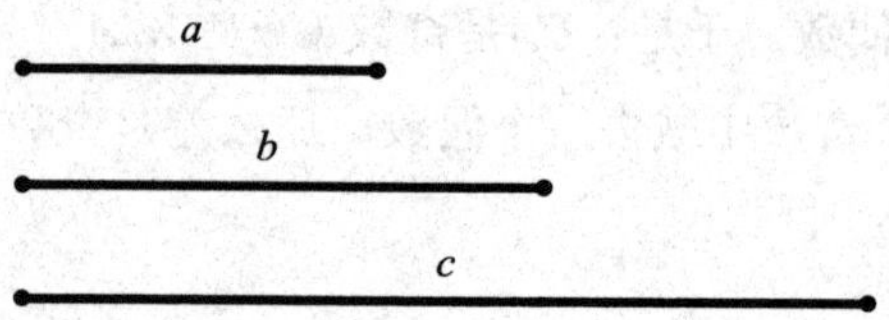

设：奇数a乘以奇数b得c。

求证：c是奇数。

因为a乘以b得c，那么：a中有多少个单位，c就由多少个等于b的数相加而成。又，a、b的每一个皆为奇数，那么：c是由奇数相加而成的，其相加的个数也是奇数。于是：c是奇数（定义VII.15、命题IX.23）。

所以，如果一个奇数与另一个奇数相乘，那么其乘积是奇数。

证完

注 解

完成这一命题，偶数和奇数的加、减、乘的研究也完成了。尚余下几个关于偶数和奇数的命题。

命题IX.30

如果一个奇数测尽另一个偶数，那么它也测尽它的一半。

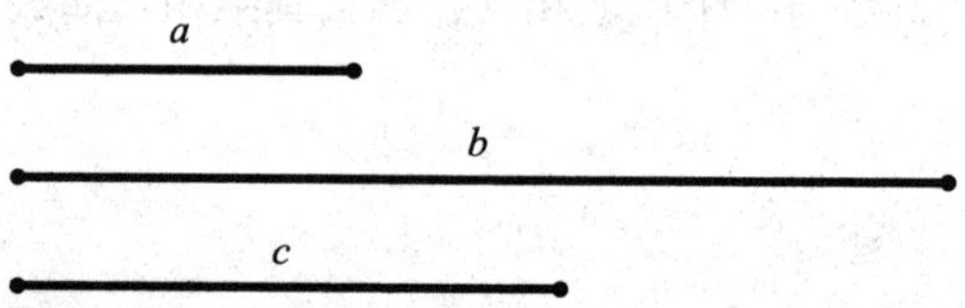

设：奇数a测尽偶数b。

求证：它也测尽b的一半。

因为：a测尽b，设a测尽b得c。

那么：c不是奇数。

假设c是奇数。那么，因为a测尽b得c，于是：a乘以c得b。于是：b是由奇数相加而成的，且其相加的个数为奇数。

所以：b是奇数，这是荒谬的，因为已经假设它是偶数。所以：c不是奇数，c

是偶数（命题IX.23）。

所以：a测尽b为偶数次数。同理，它也测尽它的一半。

所以：如果一个奇数测尽另一个偶数，那么它也测尽它的一半。

证完

注 解

这一命题应用在下一命题中。

命题IX.31

如果一个奇数与某数互质，那么该数也与某数的两倍互质。

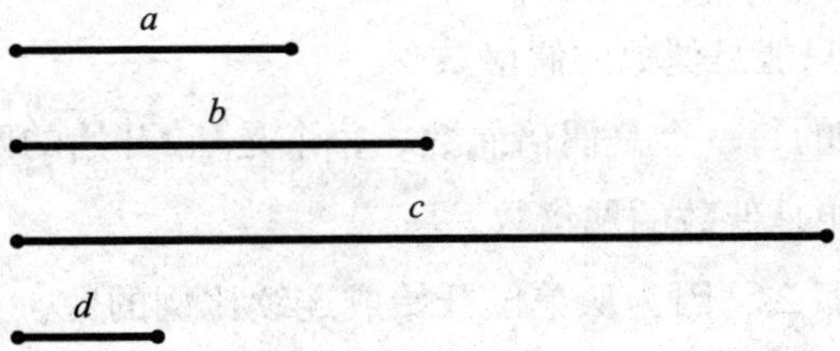

设：奇数a与数b互质，c为b的两倍。

求证：a与c也互质。

假设，它们不是互质数，那么：某个数测尽它们。

令：数d测尽它们。

因为a是奇数，于是：d也是奇数。又因为：奇数d测尽c，而c是偶数，于是：d也测尽c的一半（命题IX.28、IX.30）。

而，b是c的一半，于是：d测尽b，而它也测尽a。于是：d测尽互质数a和b。这是不可能的。

所以：a不能不与c互质。所以：a和c是互质数。

所以：如果一个奇数与某数互质，那么该数也与某数的两倍互质。

证完

注 解

这一命题可以归纳为“如果两个数与任意一个数互质，那么它们的乘积与它也互质”。这是VII.24的命题。

命题IX.32

从2开始连续两倍起来的数列，它们中的每一个，只能是偶倍偶数。

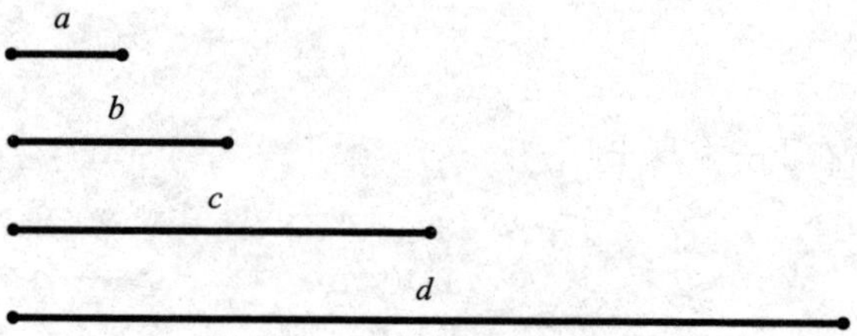

设：b、c、d是从a为2开始连续两倍起来的数列。

求证：b、c、d只能是偶数的偶倍数。

因为：b、c、d的每一个是偶倍偶数，每个是从2开始的两倍数。

那么：它也只能是偶数的偶倍数。

设一个单位。那么，因为从单位开始成连续比例的数，且数a是紧接单位后的质数，那么：d是a、b、c、d的最大数，它就不会被除了a、b、c以外的任何数所测尽。而a、b、c中的每个数皆为偶数，于是：d只能是偶倍偶数（命题IX.13、VII.8）。

类似地，也能证明出b和c也是偶数的偶倍数。

所以：从2开始连续两倍起来的数列，它们中的每一个，只能是偶倍偶数。

证完

注 解

偶数的偶倍数只能是2的乘积，如4，8，16，32等。

这一命题的替代证法用了命题IX.30，只是步骤更简洁。

命题IX.33

如果一个数的一半是奇数，那么它只能是偶倍奇数。

设：a的一半是奇数。

求证：a仅是偶倍奇数。

很明显，它是偶倍奇数，因为它的一半是奇数，此奇数测尽原数是一个偶次数（定义VII.9）。

以下进一步说明：它只能是奇数的偶数倍。

如果它也是偶倍偶数，那么它被一个偶数所测尽，并得到一个偶数。于是：它的一半也被一个偶数所测尽。然而它是奇数，这是荒谬的（定义VII.8）。

所以：a是偶倍奇数。

所以：如果一个数的一半是奇数，那么它只能是偶倍奇数。

证完

注 解

说一个数是偶倍奇数仅仅是指它是奇数的偶倍数，而不是偶数的偶倍数。这一命题可以这样陈述：这类数是奇数的两倍。

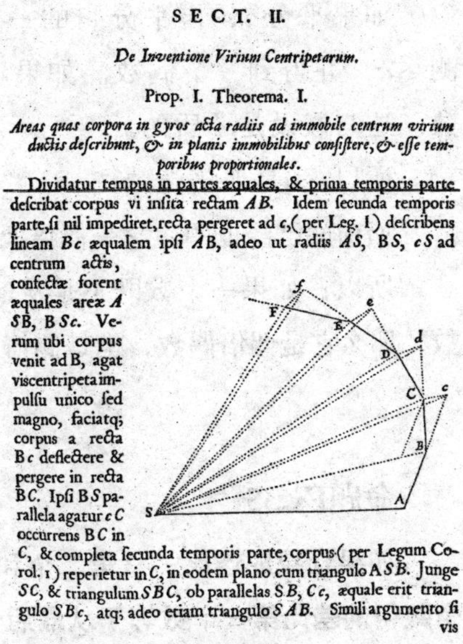
SECT. II.

De Inventione Virium Centripetarum.

Prop. I. Theorema. I.

Areas quas corpora in gyros acta radiis ad immobile centrum virium ductis describunt, & in planis immobilibus consistere, & esse temporibus proportionales.

Dividatur tempus in partes æquales, & prima temporis parte describat corpus vi insita rectam *AB*. Idem secunda temporis parte, si nil impediret, recta pergeret ad *c*, (per Leg. I) describens lineam *Bc* æqualem ipsi *A*B, adeo ut radiis *AS*, B*S*, *cS* ad centrum actis, confectæ forent æquales areæ *A* *S*B, B*Sc*. Verum ubi corpus venit ad B, agat vis centripeta impulsu unico sed magno, faciatq; corpus a recta B*c* deflectere & pergere in recta B*C*. Ipsi B*S* parallela agatur *c C* occurrens B*C* in *C*, & completa secunda temporis parte, corpus (per Legum Corol. 1) reperietur in *C*, in eodem plano cum triangulo A*SB*. Junge *SC*, & triangulum *SBC*, ob parallelas S*B*, *Cc*, æquale erit triangulo *SBc*, atq; adeo etiam triangulo *SAB*. Simili argumento si vis

□ **微积分的第一本著作**

在《自然哲学的数学原理》的题为“量的初始比和最终比的方法”中，牛顿给出了微分和积分的几何说明。作为微积分的第一本著作，牛顿通过几何证明直接给出了一般结果而没有经过严格的代数证明。牛顿并不是第一个研究微积分的人，但他却是第一个确立了微积分坚实框架的人。在这一体系下，微分与积分是可逆转的，而且他利用无穷级数扩展了可处理函数的范围。图为《自然哲学的数学原理》卷1，命题1，定理1。该定理表示了从某一固定点出发的质点在向心力影响下的轨迹。牛顿证明了这样的质点所扫过的面积与质点花费的时间成正比，从而推广了开普勒的第二定律。

命题IX.34

如果一个数既不是从2开始的连续两倍起来的数，它的一半也不是奇数，那么它是偶倍偶数，也是偶倍奇数。

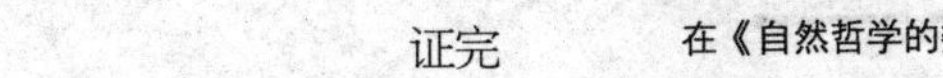

设：偶数a既不是从2开始的偶倍数，它的一半也不是奇数。

求证：a既是偶倍偶数，也是偶倍奇数。

显然，a是偶数的偶倍数，因为它的一半不是奇数（定义VII.8）。

以下进一步说明：它也是奇数的偶倍数。

如果平分a，再平分它的一半，继续这样做下去，将得到某些奇数，它测尽a，并得到一个偶数。如果不是这样，将得到2，而a将是从2开始的两倍数。这与假设是矛盾的。

所以：a是偶倍奇数。

而前面已经证明，它是偶倍偶数。所以：a既是偶数的偶倍数也是偶倍奇数。

所以：如果一个数既不是从2开始的连续两倍起来的数，它的一半也不是奇数，那么它是偶倍偶数，也是偶倍奇数。

证完

命题IX.35

如果众数成连比，从第二个和最后一个中减去等于第一个的数，那么从第二个数得的差比第一个数等于从最后一个数得的差比最后一个数以前各项之和。

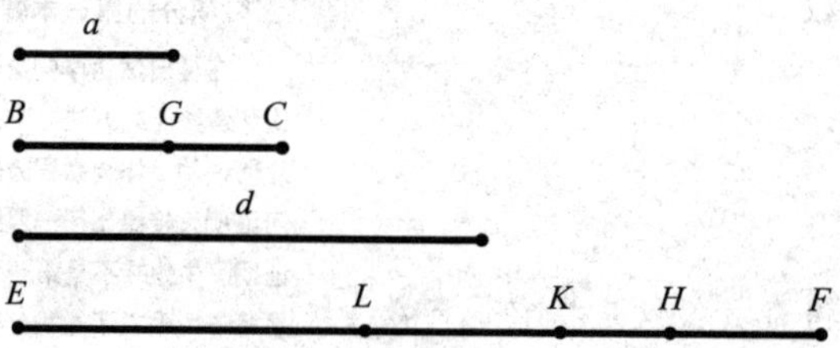

设：a、BC、d、EF是从最小数a开始的成连比的数列，从BC、EF中减去等于a的数BG、FH。

求证：GC比a等于EH比a、BC、d之和。

令：作FK等于BC，FL等于d。

那么因为FK等于BC，其中FH等于BG，于是：差HK等于GC。

又，因为EF比d等于d比BC，再等于BC比a，同时d等于FL，BC等于FK，而a等于FH，于是：EF比FL等于LF比FK，再等于FK比FH。由分比得，EL比LF等于LK比FK，再等于KH比FH（命题VII.11、VII.13）。

因为前项之一比后项之一等于前项之和比后项之和，所以：KH比FH等于EL、LK、KH之和比LF、FK、HF之和（命题VII.12）。

又，KH等于CG，FH等于a，又，LF、FK、HF之和等于d、BC、a之和，所以：CG比a等于EH比d、BC、a之和。

所以：从第二个数得到的差比第一个数等于从最后一个数得到的差比最后一个数以前各数之和。

所以：如果众数成连比，从第二个和最后一个中减去等于第一个的数，那么从第二个数得的差比第一个数等于从最后一个数得的差比最后一个数以前各项之和。

证完

注 解

这一命题说，如果一个序列数a_1、a_2、a_3、$\cdots a_n$、a_{n+1}成比例：

$a_1 : a_2 = a_2 : a_3 = \cdots = a_n : a_{n+1}$，

那么：

$(a_2 - a_1) : a_1 = (a_{n+1} - a_1) : (a_1 + a_2 + \cdots + a_n)$。

这一结论给出了处理多项式相加的方法，如下的命题如：

$a_1 + a_2 + \cdots + a_n = a_1 \dfrac{a_{n+1} - a_1}{a_2 - a_1}$，

如果用a表示第一项，用r表示比率，那么这也给出了一个常见的公式：

$a + ar + ar^2 + \cdots + ar^{n-1} = a\dfrac{r^n - 1}{r - 1}$。

这一证明解释为代数概念为：

$a = a_1$，　　$BG = FH = a_1$，

$BC = a_2$，　　$GC = a_2 - a_1$，

$\cdots$　　$EH = a_{n+1} - a_1$，

$d = a_n$，

$EF = a_{n+1}$。

对于每一个命题来说，首先：

$a_{n+1} : a_n = a_n : a_{n-1}$，

根据命题VII.11分别可得：

$(a_{n+1} - a_n) : (a_n - a_{n-1}) = a_n : a_{n-1}$，

那么由更比：

$(a_{n+1} - a_n) : a_n = (a_n - a_{n-1}) : a_{n-1}$。

于是得出结论：

$(a_{n+1} - a_n) : a_n = (a_n - a_{n-1}) : a_{n-1} = \cdots = (a_2 - a_1) : a_1$。

又据命题VII.12，前项之和比后项之和比率相等，所以：

$(a_{n+1}-a_n+a_n-a_{n-1}+\cdots+a_2-a_1):(a_n+a_{n-1}+\cdots+a_2+a_1)=(a_2-a_1):a_1$。

而$a_{n+1}-a_n+a_n-a_{n-1}+\cdots+a_2-a_1=a_{n+1}-a_1$，

于是得出：

$(a_{n+1}-a_1):(a_n+a_{n-1}+\cdots+a_2+a_1)=(a_2-a_1):a_1$。

这一命题应用在下一命题中。

命题IX.36

如果从单位开始的几个数成续两倍比，且所有数的和形成质数，又，其和与最后一个数相乘得到某个数，那么，该乘积是个完全数。

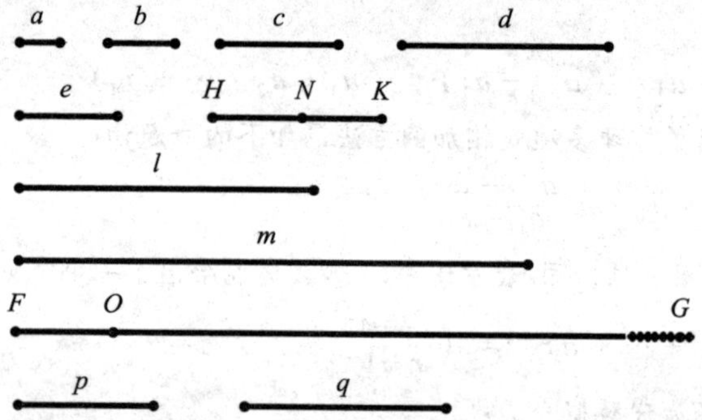

设：a、b、c、d是一个比值为2的连比，所有数的和是质数，e为其和，e乘以d得FG。

求证：FG是完全数。

因为无论a、b、c、d有多少个，那么：就设同样多个数e、HK、l、m。

于是：由首末比得，a比d等于e比m。于是：e、d的乘积等于a、m的乘积。而e和d的乘积是FG，于是：a、m的乘积是FG（命题VII.14、VII.19）。

于是：a乘以m得FG。于是：根据a中的单位数，m测尽FG。而a是2，所以：FG是m的两倍。

而m、l、HK、e是连续比值为2的数，于是：e、HK、l、m、FG是两倍比例的连比数。

令：从HK和最后一个数FG中减去等于第一个e的数HN和FO。那么：第二个的差数比第一个数等于最后一个差数比它之前的数之和。所以：NK比e等于OG比m、l、KH、e之和（命题IX.35）。

又，NK等于e，于是：OG也等于m、l、HK、e之和。而FO也等于e，且e等于a、b、c、d与单位之和，所以，FG等于e、HK、l、m与a、b、c、d以及单位之和。且被它们所测尽。

以下进一步说明：FG不被除了a、b、c、d、e、HK、l、m和单位以外的任何数所测尽。

假定可能，令某个数p测尽FG，且p不等于a、b、c、d、e、HK、l、m中的任何数。

设p测尽FG的次数等于在q中的单位数，于是：q乘以p得FG。

而e乘以d得FG，于是：e比q等于p比d（命题VII.19）。

又，因为a、b、c、d是从单位开始的连续比例数，那么：d不能被除了a、b、c以外的任何数所测尽（命题IX.13）。

又，假设，p不等于a、b、c，那么p测不尽d。而p比d等于e比q，于是：e也测不尽q（定义VII.20）。

又，e是质数，而任意质数与它测不尽的数是互质数。所以：e与q是互质数（定义VII.29）。

又，互质数也是最小数组，而最小数组测尽与它们有相等比值的数组的次数相等，前项测尽前项，后项测尽后项，而e比q等于p比d，所以：e测尽p的次数等于q测尽d的次数（命题VII.21、VII.20）。

又，d不被除了a、b、c以外的任何数所测尽，所以：q等于a、b、c中的一个，令其与b相同。

而，无论b、c、d有多少个数，设e、HK、l与它个数相等。

又，因为e、HK、l与b、c、d有相等的比值，于是，由首末比得，b比d等于e比l（命题VII.14）。

所以：b与l的乘积等于d与e的乘积。而d与e的乘积等于q与p的乘积，所以：q与p的乘积也等于b与l的乘积（命题VII.19）。

所以：q比b等于l比p。而q等于b。所以：l也等于p。这是不可能的。因为p已假设为不等于被设定的任何数（命题VII.19）。

所以：除了a、b、c、d、e、HK、l、m和单位外，任何数都不可能测尽FG。

又，FG已经被证明等于a、b、c、d、e、HK、l、m和单位之和，一个完全数是等于它自己的所有部分的和。所以：FG是完全数（定义VII.22）。

所以：如果从单位开始的几个数成连续两倍比，且所有数的和形成质数，又，其和与最后一个数相乘得到某个数，那么，该乘积是个完全数。

证完

注 解

假定从1开始的2的多次幂之和是一个质数，设p是2的乘积数，s是它们的和，s为质数。

$s = 1 + 2 + 2^2 + \cdots + 2^{p-1}$。

2的最后乘积是2^{p-1}，因为其和是从1开始的，它是2^0。

在欧几里得的证明中，a代表2，b代表2^2，c代表2^3，而d被假定为2的最后乘积，于是，它代表2^{p-1}。又，e代表它们的和s，FG是e和d的乘积。所以它代表$s \cdot 2^{p-1}$，我们用n来表示：

$n = s \cdot 2^{p-1}$。

目标是证明n是一个完全数。

在证明的第一步，欧几里得发现每个n的约数可以加到n，这就出现两个序列：

1，2，2^2，…，2^{p-1}和s，$2s$，2^2s，…，$2^{n-2}s$。

在他的证明中，后者表示为e、HK、l和最后的m。

很明显，它们的每一个皆是n的约数，其后欧几里得证明它们是n的唯一约数。用前面的命题IX.35，欧几里得发现连比之和$s + 2s + 2^{2s} + \cdots + 2^{n-2}s$，是$2^{n-1}s - s$。而$s$是$1 + 2 + 2^2 + \cdots + 2^{p-1}$之和，因此：

$n = 2^{n-1}s = 1 + 2 + 2^2 + \cdots + 2^{p-1} + s + 2s + 2^2s + \cdots + 2^{n-2}s$。

于是，n是约数之和。

现在，余下的仅是证明它们是n的唯一约数，如果n是它的全部约数之和，那么它是完全数。

接下来的证明有些困难，依靠命题IX.13，这一命题暗示了2^{p-1}的唯一因子是2的乘积，所以2^{p-1}的所有因子被找到。这里是否为欧几里得的原版本，还存在着疑问。假定n个因子如ab，a不是如上所述的n的约数。在欧几里得的证明中，p代表a，q代表b。

因为a除尽$s2^{p-1}$，但除不尽2的乘积，s是质数，所以s除尽a。于是b必然是2的乘积。而a必然是2的乘积乘以s。而所有的2的乘积乘以s是上述的约数。所以，上述序列包含所有约数。

第 10 卷
无理量

CHAPTER 10

公元前500年，古希腊毕达哥拉斯学派的弟子希勃索斯发现一个惊人的事实：一个正方形的对角线与其一边的长度是不可公约的，比如，若正方形边长是1，则对角线的长度不是一个有理数。这一不可公约性与毕达哥拉斯学派“万物皆为数”（指有理数）的哲理大相径庭，以至于引起了该学派领导者的惊恐和恼怒。希勃索斯也因此遭到百般折磨，终被沉舟身亡。不可公约的本质是什么，长期以来众说纷纭。15世纪，意大利达·芬奇称之为“无理的数”。

本卷讨论无理量，即不可公约的线段。这是很难读懂的一卷。

本卷提要

※定义X.1，可公约量的定义。

※命题X.1，竭尽性原则。

※命题X.2，一个不可公约量的描述。

※命题X.9，正方形可公约与长度可公约的性质与关系问题。

※命题X.12， 公约性的传递。

※命题X.29引理1，找出两个平方数，它们的和也是个平方数。

定义(一)

定义X.1 能被同一量测尽的量称可公约量，而不能被同一量测尽的量称为不可公约量。

定义X.2 当一些以线段为边的正方形能被同一个面测尽时，这些线段被称为正方可公约。当一些线段上的正方形不能被同一面测尽时，这些线段被称为正方不可公约。

定义X.3 由以上定义可证，给定一条线段，那么该线段的直线分别存在无穷个可公约线与不可公约线，一些是其长不可公约，一些是其正方不可公约。给定的线段被称为有理线段。凡可公约线段，无论是长可公约还是正方可公约都称为有理线段；不可以公约的称为无理线段。

定义X.4 给定线段上的正方形称为有理的。可公约此面积的称为有理的；不可公约的称为无理的。凡构成无理面的线段称为无理线段，即其面为正方形时指的是它们的边，当面为其他直线图形时，则指其与其面相等的正方形的边。

□ **勾股圆方图**

“勾股各自乘，并而开方除之”，这是勾股定理在中国的最早记载。最早提出勾股定理的是公元前六七世纪一个叫陈子的人，他大约和毕达哥拉斯同时代或更早。当时陈子认为地是平的，他从太阳向地平面作垂线，垂足叫作日下点，太阳、日下点、观测点三者构成一个直角三角形。从观测点到日下为勾，日下点至太阳的距离为股，勾、股各自乘，相加后开方，就可得到观测点到太阳的距离。后赵君卿在《周髀》一书中给予了定理的证明。图中就是赵君卿《勾股圆方图》的注。

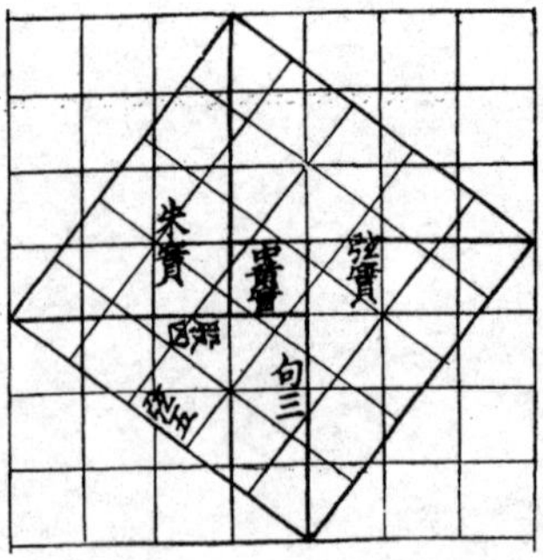

注解

定义X.1

两个同类量a和b，如果有另一个同类量c同时是二者的倍数，那么两个量是可公约的。这即是说，有数m和n，该二数呈$nc=a$，$mc=b$。参考定义V.5关于相等比例的定义（同时也是命题）。如果两个量不可公约，那么它们被称为不可公约数。

命题X.2到X.8以及其后的其他几个命题处理可公约量和不可公约量。特别在命题X.5和X.6中，陈述了如果两个量的比率是两个数的比率，那么这两个量是可公约的。举例说，如果$nc=a$，$mc=b$，那么量的比率$a:b$同于数之比即$n:m$。反之，如果$a:b=n:m$，那么a的$1/n$等于b的$1/m$。

数的比率在现代数学中称为有理数，同时另一种比率称为无理数。不幸的是，欧几里得在定义X.3中定义“有理的”和“无理的”不同于现代数学。

定义X.2

注意这一定义仅仅适用于线段，即是说仅线段方可说成是“正方可公约”的，当然，可公约线段也是正方可公约的，但正方可公约的线却不一定是可公约的线。换个词语说是“仅正方可公约”。这一现象的著名例子是正方形的边a和对角线b。它们是正方可公约的，因为以b为边长的正方形是以a为边长的正方形的两倍（根据命题I.47），但它们是不可公约的线段。用现代术语表述，例如2的平方根不是有理数。

定义X.3

这一定义的证明在命题X.10 中涉及，这一命题涉及仅正方可公约且长不可公约的线段。

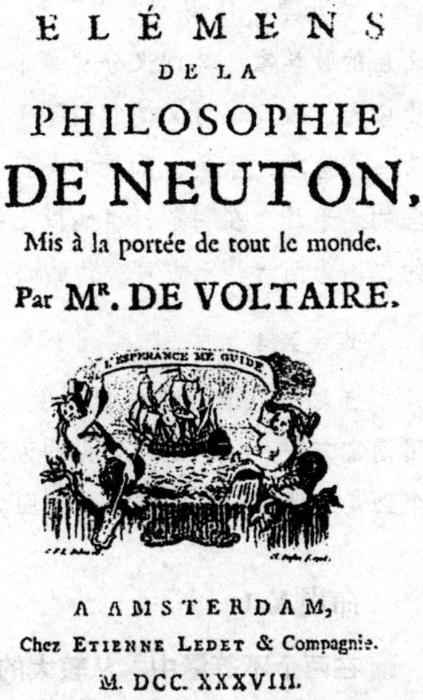

□ 拉格朗日的《分析力学》

18世纪的数学家们创立的分析力学的最终成就是拉格朗日方程。拉格朗日的分析力学是由分析的方法推出包括固体力学和流体力学在内的所有力学。他发明的变分法正是分析力学的重要工具。1788年，《分析力学》正式出版，拉格朗日在书中提出了著名的拉格朗日方程。由虚功原理和达朗贝尔原理可以得到所谓的“力学普遍方程”。在此基础上，拉格朗日进一步引进了广义坐标、广义速度和广义力，将力学普遍方程改造成适用于几乎一切力学系统的拉格朗日方程。

欧几里得使用“有理”和“无理”这个词不同于现代数学，也不同于他之前和之后的数学家。其词义分别等于“可公约”和“不可公约”两个词。但是当应用在线段中时，欧几里得又使它们等于正方可公约和正方不可公约。首先，一条线段被选择为一个标准，于是，如果它是正方可公约的，另一条线段被称为有理线，相反则是无理的。于是，在一条标准线段上的正方形的对角线是有理的，即使它与标准线不可公约，因为两者是正方可公约的。

定义X.4

虽然欧几里得在线段上使用不寻常的“有理线段”说法，但在处理面时，却使用通常方法。根据欧几里得的说法，如果一个面与一个标准的正方形可公约，那么这个面是有理面，反之则是无理面。

命题X.1

在两个不等量中，从较大的量中减去一个大于它的一半的量，再从余量中减去大于该余量一半的量，依次减下去，那么必得到一个余量，其值小于较小的量。

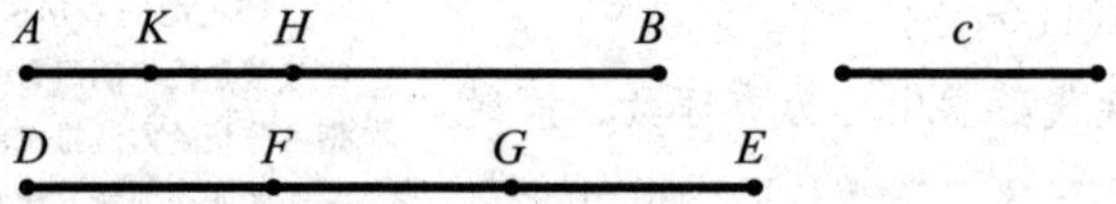

设：*AB*和*c*是两个不等量，*AB*较大。

求证：从*AB*中减去大于自己一半的量，再从其余量中减去大于余量一半的量，依次减下去，那么最后将得到一个余量小于*c*。

因为*c*的若干倍总可以大于*AB*（参考定义V.4）。

设*DE*是*c*的若干倍。

将*DE*分成等于*c*的部分*DF*、*FG*、*GE*。从*AB*中减去*BH*，*BH*大于它的一半，再从*AH*减去大于自己的一半的*HK*，依次减下去，直至分*AB*的个数等于分*DE*的个数。

然后，被分得的*AK*、*KH*、*HB*的个数等于*DF*、*FG*、*GE*的个数。

那么，因为*DE*大于*AB*，又从*DE*中减去小于它一半的*EG*，再从*AB*中减去大于它一半的*BH*，于是：其余值*GD*大于余值*HA*。

又因为*GD*大于*HA*，从*GD*中减去它的一半*GF*，再从*HA*中减去大于它的一半*HK*，于是余值*DF*大于余值*AK*。

又，DF等于c，于是：AK小于c。

所以：量AB的余量AK小于原来较小的量c。

所以：在两个不等量中，从较大的量中减去一个大于它的一半的量，再从余量中减去大于该余量一半的量，依次减下去，那么必得到一个余量，其值小于较小的量。

类似地可以证明，如果从大量中累减所余之半，命题也成立。

证完

注 解

证明从两个量c和AB开始，声明c中的某个量大于AB。定义V.4 对于这一陈述并未定义。欧几里得在命题III.16中证明一个弓形角小于任何直线角，且认为如果量c是一个弓形角，量AB是一个直线角，那么，没有c的量大于AB。但是，他没有限定这一命题仅仅为某些特殊类型的量。

这一命题是卷12穷举法的基础，并未用在卷10中的其余命题之中。其实，放在卷12的开始部分更为合适。这一方法应用在涉及圆的面和立体的体积的命题中。特别应用在命题XII.2、XII.5、XII.10、XII.11、XII.12和 XII.16中。

命题X.2

如果从两个不等量中连续大量减小量，直到余量小于小量，再从小量中减去余量，直到小于余量，依次下去，当所余的量不能测尽它前面的量时，则该二量不可公约。

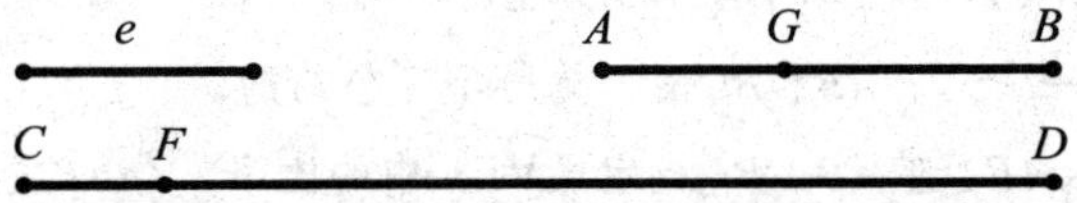

设：有两个不等量为AB、CD，AB较小，连续从较大的量中减去较小的量，直到余量小于小量，再从小量中减去余量，直到小于余量，依次下去，直到所余的量不能测尽它前面的量。

求证：AB和CD是不可公约量。

假定它们是可公约的，那么就有某个量可以测尽它们，令其为e。

令：AB测尽FD，余CF，并小于AB；CF测尽BG，余AG，小于CF；依次下

去，直到其余量小于e。

假设这已作出，余量AG小于e。

那么，因为e测尽AB，同时AB测尽DF，于是：e也测尽FD，而它也测尽整个CD。于是：e也测尽CF。而CF测尽BG。于是：e也测尽BG。

但它也测尽整个AB，于是：它也测尽余量AG，则大测尽小。这是不可能的。

所以：没有量可以测量AB和CD。所以：量AB和CD是不可公约的（定义X.1）。

所以：如果从两个不等量中连续大量减小量，直到余量小于小量，再从小量中减去余量，直到小于余量，依次下去，当所余的量不能测尽它前面的量时，则该二量不可公约。

证完

注 解

欧几里得运算法，首先应用在命题VII.1中，在本命题中再次应用。从大量中反减小量。命题VII.1涉及互质数。它相似于这一命题，但它的结论是不同的。

下面是一个不可公约量的例子。

设：在命题IV.10中，有36°—72°—72°的三角形ABC。这个三角形应用在下一命题IV.11中以作正五边形。当边AC减去底边BC，余量是相似三角形BCD的底边CD。同样，当新三角形的底边CD从它的边BD中减除，其余量DE也是另一个较小的相似三角形CDE的边。

于是：当我们从AB和BC开始的线，形成无限序列的连续比：

$AB:BC = BC:CD = CD:DE = DE:EF = \cdots$

所以：根据这一命题，AB和BC两个量是不可公约的。

在C点切分线段AB，使$AB:BC$成定义VI.3 中的比率，分AB成中外比。现代数学把这一比率叫做“黄金比率”。

这一命题应用在下一命题中。

命题X.3

给定两个可公约量，可以找到它们的最大公约量。

设：给定的两个可公约量为AB、CD，AB较小。

现在要求的是，找出AB和CD的最大公约量。

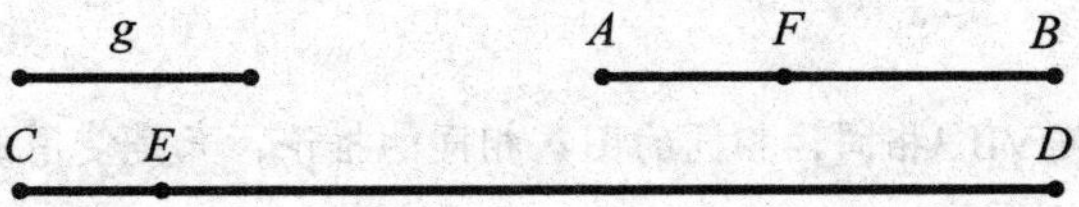

*AB*要么测尽*CD*，要么测不尽。

如果*AB*测尽*CD*，且测尽它自己，那么*AB*就是*AB*和*CD*的公约量，这也表明，它是最大的，因为一个比*AB*更大的量不能测尽*AB*。

再令*AB*测不尽*CD*。

因为，如果连续从大量中减去小量直到余量小于小量，再从小量中连续减去余量直到小于余量，这样一直下去，则总有一个余量测尽它前面的一个。因为*AB*和*CD*是不可公约量（命题X.2）。

令：*AB*测尽*CD*，余下*EC*小于*AB*；*EC*测尽*AB*，余下*AF*小于*CE*；*AF*测尽*CE*。

那么，因为*AF*测尽*CE*，同时*CE*测尽*FB*，于是：*AF*也测尽*FB*。而它也测尽它自己。于是：*AF*也测尽整个*AB*。而*AB*测尽*DE*，于是：*AF*也测尽*DE*，而它也测尽*CE*，于是它也测尽整个*CD*。

所以：*AF*是*AB*和*CD*的公约量。

以下进一步说明：它也是最大的。

如果不是，那么总有一个量大于*AF*，并可以测尽*AB*和*CD*，设其为*g*。那么因为*g*测尽*AB*，同时*AB*测尽*ED*，于是：*g*也测尽*ED*。

而它也测尽整个*CD*，于是：*g*测尽余量*CE*，而*CE*测尽*FB*，于是：*g*也测尽*FB*。

而它也测尽整个*AB*，于是：它测尽余量*AF*，于是：大测尽小，这是不可能的。

所以：没有量大于*AF*，并可以测尽*AB*、*CD*。

所以：*AF*是*AB*和*CD*的最大公约量。

所以：我们求出了两个可公约量*AB*和*CD*的最大公约量。

证完

推 论

由此可得，如果一个量能测尽两个量，它也能测尽它们的最大公约量。

注 解

这一命题与命题VII.3相同，相同的图，相同的推论，只是使用的术语略为不同。

这一命题和推论应用在下一个命题中。

命题X.4

给定三个可公约量，能找到它们的最大公约量。

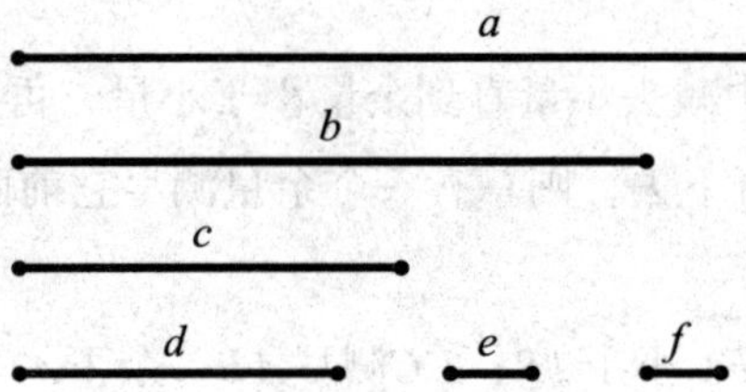

设：a、b、c是三个给定的可以公约的量。

求：找出a、b、c的最大公约量。

令：a、b的最大公约量为d（命题X.3）。

那么：d要么测尽c，要么测不尽。

首先，令其测尽。

那么因为d测尽c，同时它也测尽a和b，于是：d是a、b、c的一个公约量。很显明，它也是最大的，因为，大于d的量不能测尽a和b。

再一步，令其测不尽c。

那么：首先，c和d是可公约量。

因为a、b、c是可公约量，有某个量可以测尽它们，当然，它也能测尽a和b，于是：它也能测尽a和b的最大公约量，即d（命题X.3及其推论）。

又，它也测尽c，于是：所述的量测尽c和d，于是：c和d是可公约量。

现在，设c、d最大公约量已经得到，设为e（命题X.3）。

因为e测尽d，同时d测尽a和b，于是：e也测尽a和b，而它也测尽c，于是：e测尽a、b、c，于是：e是a、b、c的公约量。

以下进一步说明：它也是最大的。

因为，假如可能，令某个量f大于e，并测尽a、b、c。

那么因为：f测尽a、b、c，它也测尽a和b，于是：f也测尽a、b的最大的公约量（命题X.3及其推论）。

而a、b、c的最大公约量是d，所以f测尽d。

而f也测尽c，所以：f测尽c和d。所以：f也测尽c和d的最大公约量。而那是e，所以：f测尽e，大测尽小，这是不可能的（命题X.3及其推论）。

所以：没有量大于e，可以测尽a、b、c。所以：e是a、b、c的最大公约量，如果d测不尽c，则e是a、b、c的最大公约量；而d测尽c，那么d便是最大的公约量。

所以：给定三个可公约量，能找到它们的最大公约量。

证完

推 论

这一命题也显明，如果一个量测尽三个量，那么它也测尽它们的最大公约量。

注 解

这一命题同于命题VII.3。

命题X.5

两个可公约量的比同于一个数与另一个数的比。

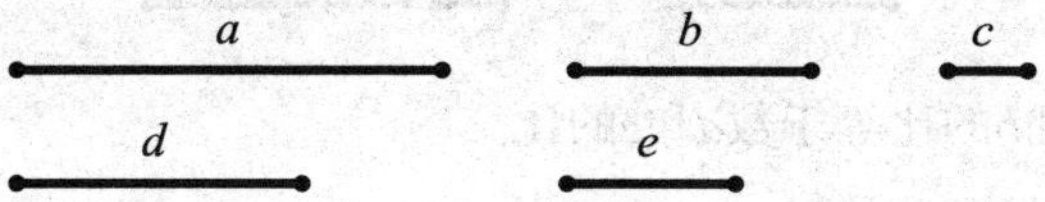

设：a和b是两个可公约量。

求证：a与b的比值是两个数的比值。

因为：a和b是可公约量，某个量c可以测尽它们。

令：c测尽a的次数等于在d中的单位数，且等于c测尽b的次数等于在e中的单位数。

因为：根据d中的单位数，c测尽a。同理，该单位也测尽d。于是：该单位测尽d的次数等于c测尽a的次数。

所以：c比a同于该单位比d。所以：由反比例，a比c同于d比该单位（定义VII.20、命题V.7及其推论）。

又因为：根据e中的单位数，c测尽b。同理，该单位也测尽e，所以：该单位测尽e的次数同于c测尽b的次数。所以：c比b同于该单位比e。

而已经证明，a比c同于d比该单位，所以：由首末比得，a比b同于数d比e（命题V.22）。

所以：可公约量a和b的相互比等于数d与e的相互比。

所以：两个可公约量的比同于一个数与另一个数的比。

证完

注 解

如果$a = mc$，$b = nc$，那么$a : b = m : n$。

这一命题用在X.8中，是对换命题。下一命题是这一命题的逆命题。

命题X.6

如果两个量的比是两个数的比，那么该量是可公约量。

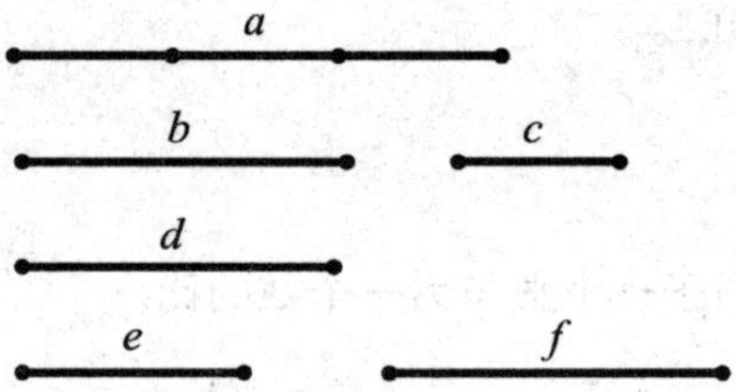

设：两个量a和b的比等于数d和e的比。

求证：量a和b是可公约量。

令：分a成若干相等部分，使其等于d中的单位数；c等于它们中的一个，f为若干个等于c的量，等于e中的单位量。

因为在a中有若干个c，等于d中的单位数，所以：无论单位是d的怎样的一部分，那么c也是a的怎样的一部分。所以：c比a同于该单位比d（定义VII.20）。

而该单位测尽d，于是：c也测尽a。又因为c比a同于该单位比d。所以：由反比，a比c同于数d比该单位（命题V.7及其推论）。

又，因为在f中有若干量等于c同于e中的单位量，所以：c比f同于该单位比e（定义VII.20）。

而已经证明，a比c同于d比该单位，所以：由首末比得，a比f同于d比e（命题

V.22）。

而d比e同于a比b，所以：a比b也等于a比f（命题V.11）。

所以：a比b与a比f的比值相等。所以：b等于f（命题V.9）。

而c测尽f，所以：c也测尽b。且也测尽a，所以：c测尽a和b。

所以：a与b可以公约。

所以：如果两个量的比是两个数的比，那么该量是可公约量。

证完

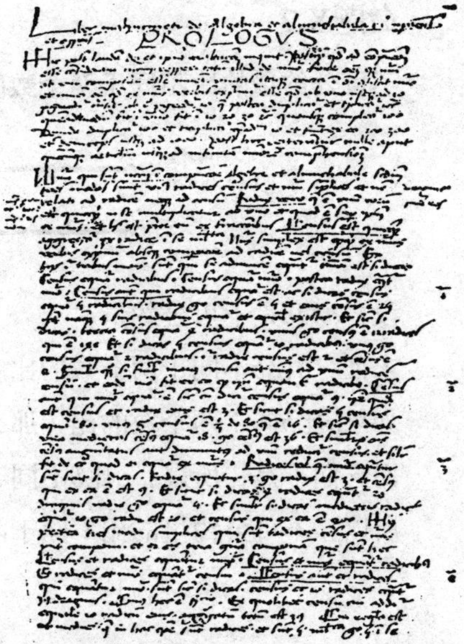

□ 花剌子米的《代数学》

"代数学"一词来自阿拉伯数学家花剌子米著作的书名。《代数学》全名是《还原与对消计算概要》。代数学是算术的发展，它的特点是引进了未知数，并对未知数加以运算，根据问题的条件列出方程，然后解方程求出未知数的值。另外，在代数中既然要对未知数加以运算，就必须用符号把它表示出来，那么未知数、符号、方程就是代数的基本特征。

推论

这一命题表明，如果有两个数如d、e和一条线段a，那么可以作一条线段f，使a比f同于d比e。

又，如果取a、f的比例中项b，那么a比f等于a上的正方形比b上的正方形，即第一线段比第三线段同于第一线段上的直线图形比第二条线段上与之相似的图形（命题V.19及其推论）。

又，a比f同于d比e，于是：d比e等于在a上的直线图形比在b上的直线图形。

证完

注解

如果$a:b=m:n$，那么，假定c等于a/m，可以推出$a=mc$及$b=nc$。

这一命题假定量是可分的。然而并不是所有的量都是可分的。比如一个60°的角，按照欧几里得的分法，就不能被三等分。

这一命题从本卷的下一个命题开始频繁使用。也用在命题XIII.6中。推论也频繁使用在本卷从X.10开始的命题中。

命题X.7

不可公约量的比不同于两个数的比。

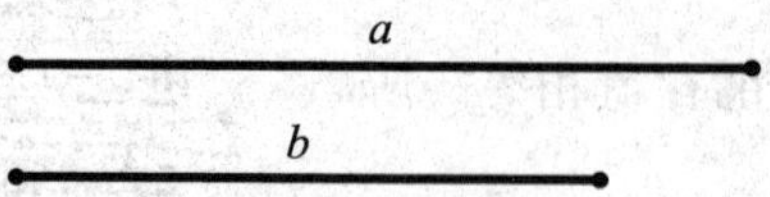

设：a和b是不可公约量。

求证：a比b不同于两个数的比。

如果a比b同于两个数的比，那么a与b是可公约量（命题X.6）。

而它们不是，所以：a比b不同于两个数的比。

所以：不可公约量的比不同于两个数的比。

证完

注 解

这一命题是上一命题的对换命题。应用在命题X.11中。

命题X.8

如果两个量的比不等于两个数的比，那么该量是不可公约量。

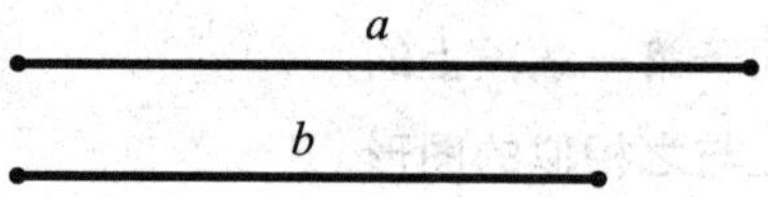

设：a和b两个量的比不同于两个数的比。

求证：a和b是不可公约量。

因为，如果它们是可公约量，那么a比b是两个数之比（命题X.5）。

而它不是，所以：a和b是不可公约量。

所以：如果两个量的比不等于两个数的比，那么该量是不可公约量。

证完

注 解

这一命题是命题X.5的对换命题。在命题X.11中被频繁利用。

命题X.9

两条可公约量的线段上的正方形之比是两个平方数的比；如两正方形之比同于两个平方数之比，那么其边是可公约量。两条不可公约的线段上的正方形之比，不同于两个平方数之比；如两正方形之比不同于两平方数之比，那么其边是不可公约量。

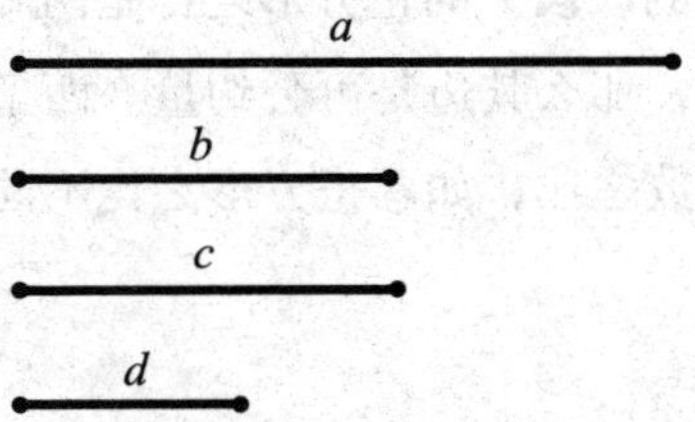

设：a和b是在长度上可公约的两线段。

求证：a上的正方形比b上的正方形，同于两个平方数之比。

因为a与b是在长度上可公约的，所以：a比b同于两个数之比。设其比值为c比d（命题X.5）。

那么，因为a比b等于c比d，同时，a上的正方形与b上的正方形的比值是a比b的平方；相似图形的比值是它们对应边比值的平方；c的平方比d的平方是c与d比值的平方；在两个平方数之间有一个比例中项，且平方数比平方数是对应边比值的平方，所以：在a上的正方形比在b上的正方形同于c的平方比d的平方（命题VI.20及其推论、命题VIII.11）。

再，设a上的正方形比b上的正方形如同c的平方比d的平方。

那么：a与b在长度上是可公约量。

因为：a上的正方形比b上的正方形同于c的平方比d的平方，同时，a上的正方形比b上的正方形是a比b的平方，且c的平方比d的平方是c比d的平方。

所以：a比b同于c比d，所以：a与b是长度可公约量（命题X.6）。

再令：a与b在长度上是不可公约量。

那么：a上的正方形比b上的正方形不同于两个平方数之比。

如果a上的正方形比b上的正方形同于两个平方数之比，那么：a与b又是可公约量。

但是它们不可公约，所以：a上的正方形比b上的正方形不同于两个平方数之比。

最后，令：a上的正方形比b上的正方形不是两个平方数之比。

那么：a与b是不可公约量。

因为，如果a与b是可公约量，那么：在a上的正方形比在b上的正方形的比值同于两个平方数之比。

但这不成立，所以：a与b是不可公约量。

所以：两条可公约量的线段上的正方形之比是两个平方数的比；如两正方形之比同于两个平方数之比，那么其边是可公约量。两条不可公约的线段上的正方形之比，不同于两个平方数之比；如两正方形之比不同于两平方数之比，那么其边是不可公约量。

证完

推 论1

这一命题表明：长度可公约的两条线段，它们的正方形也是可公约的；但是正方形可公约的，却不一定在长度上可公约。

引 理

在算术上已证明，两相似平面数之比同于两平方数之比，并且如果两个数之比同于两个平方数之比，那么它们是相似平面数（命题VIII.26及逆命题）。

推 论2

这一命题表明：非相似平面数即它们的边不成比例的数之比，不同于两个平方数之比。

因为，如果是，那么它们是相似平面数，这与假设矛盾。所以，非相似平面数之比不同于两个平方数之比。

注 解

这一命题陈述了线的公约法则，如果线段上的正方形的比是一个平方数比一个平方数，那么它们是可公约的。比如正方形的对角线和正方形的边是不可公约的，这是因为它们上的正方形的比率是2∶1，而2∶1不是一个平方数比一个平方数。

这一命题反复应用在本卷中的下一个命题以后，也应用在卷13的命题XIII.6、

XIII.11中。

命题X.10

找出与一条线段不可公约的两条线段，一个是仅长度不可公约，另一个是线段上的正方形不可公约。

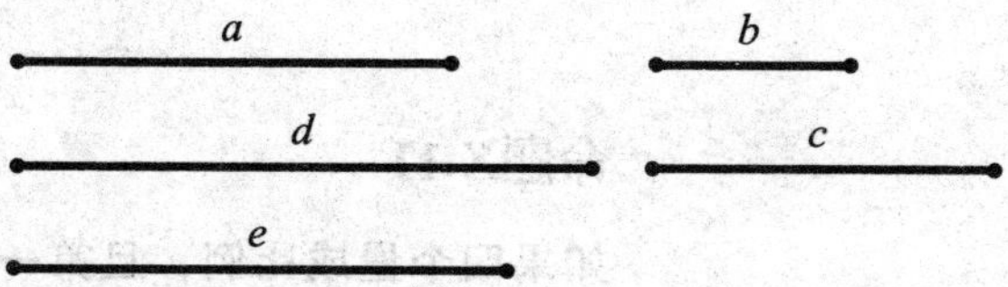

设：a为给定的线段。

求作：找出两条与a不可以公约的线段，其一仅为长度的不可公约，另一为线段上的正方形不可公约。

令：两条直线b和c，b比c的比值不同于两个平方数之比，即它们不是相似平面数，b比c同于在a上的正方形比在d上的正方形，因为：我们已经知道怎么作出（命题X.6及其推论）。

所以：a上的正方形与d上的正方形是可公约的量（命题X.6）。

又，因为b比c不同于两个正方形的比值，所以：a上的正方形比d上的正方形皆不是两个平方数之比。所以：a在长度上与d不可以公约（命题X.9）。

在a与d之间作一个比例中项e，所以，a比d等于a上正方形比e上正方形，但a与d是长度不可公约的，于是：a上的正方形与e上的正方形也是不可公约的。所以：a与e是正方不可公约量（命题X.11）。

所以：a的两条不可公约的线段d和e被发现，d仅仅在长度上不可公约，而e不仅在长度上同时在正方形上也不可公约。

证完

注 解

这一命题展示了定义XI.3中的线段。取线段d，于是a上的正方形比d上的正方形不是一个平方数比一个平方数。比如，如果a是一个正方形的边，d是该正方形的对角线，那么a上的正方形比d上的正方形的比率是1∶2，这不是一个平方数比一个平方数。所以，d与a是正方可公约的（比率d∶a 是2的平方根）。又，如果e是a和d的比率中项，那么e与a是正方不可公约的（比率e：a是2的四次平方根）。

很明显，这一命题是不真的。首先，它的证明应用了下一个命题。另外，“我们已经知道怎样做了”是显而易见的学生腔。最后，原始手稿中，这一命题没有标记数，而下一个命题的标记数则是命题10。

虽然不真，但这一命题还是有保留的价值，因为它在命题X.27和其他命题中也被利用。

命题X.11

如果四个量成比例，且第一个量与第二个量可公约，那么第三个量与第四个量也可公约；而如果第一个量与第二个量不可公约，那么第三个量与第四个量也不可公约。

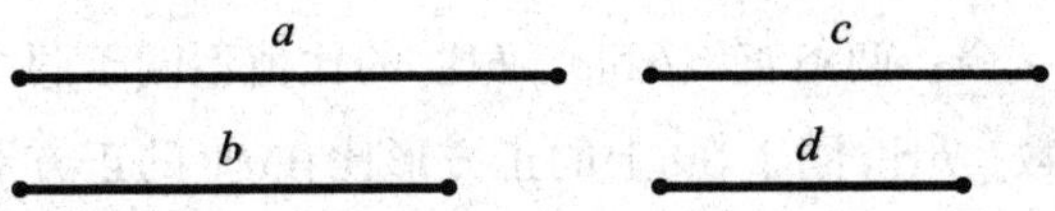

设：a、b、c、d为四个成比例的量，那么：a比b同于c比d，a与b是可公约量。

求证：c与d也是可公约量。

因为：a与b是可公约量，所以：a比b同于两个数之比（命题X.5）。

又，a比b同于c比d，所以：c比d也是两个数之比。所以：c与d是可公约量（命题V.11、X.6）。

再设：a与b是不可公约量。

求证：c与d也是不可公约量。

因为a与b是不可公约量，所以：c比d也不是两个数之比（命题X.7）。

又，a比b同于c比d，于是：c比d的比值也不是两个数之比。所以：c与d是不可公约量（命题V.11、X.8）。

所以：如果四个量成比例，且第一个量与第

□ 圆锥曲线

所谓圆锥曲线就是用平面在圆锥体上截出的平面图形，这最早是由柏拉图学派发现，不过，他们并不知道双曲线有两支。公元前259年，阿波罗尼在他八卷本的《圆锥曲线》中描述了他研究的圆锥曲线的主要成果。阿波罗尼对圆锥曲线的研究水平极高，他用纯几何的方法处理圆锥曲线问题相当复杂。另外，他的工作表现了高超的几何思维能力，是古希腊数学的登峰造极之作。图中的圆锥曲线：（A）双曲线；（B）抛物线；（C）椭圆；（D）圆。

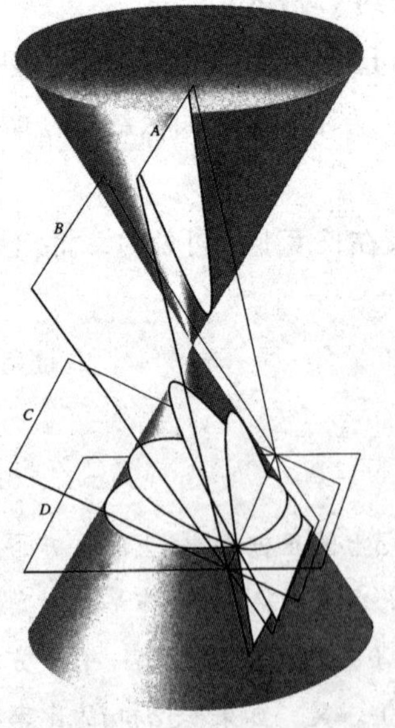

二个量可公约，那么第三个量与第四个量也可公约；而如果第一个量与第二个量不可公约，那么第三个量与第四个量也不可公约。

证完

注 解

这一命题更为直接的表述是，如果$a:b=c:d$，第一个比率是数字之比，那么第二个也是；反之则不是。这一命题反复应用在本卷命题X.14以后。也用在前面的一些命题中。显然，这不是欧几里得《原本》的原作。

命题X.12

与同一量可以公约的两个量也可以公约。

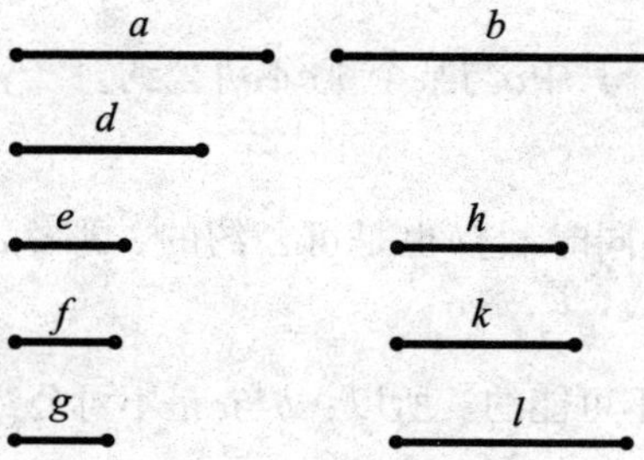

设：a、b每个数与c可以公约。

求证：a与b也可以公约。

因为a与c可以公约，于是：a比c的比值是两个数的比值，令其为d比e。又，因为c与b是可公约量，于是：c比b的比值同于两个数之比。令其为f比g（命题X.5）。

又，我们给出任意比值数，即d比e、f比g，作数h、k、l，使其成已知比，那么：d比e同于h比k，f比g同于k比l（命题VIII.4）。

因为a比c同于d比e，同时d比e同于h比k，那么：a比c同于h比k。又，因为c比b同于f比g，同时，f比g同于k比l，所以：c比b同于k比l（命题V.11）。

而，a比c同于h比k，所以：由首末比得，a比b同于h比l（命题V.22）。

所以：a比b的比值同于两个数之比，所以：a与b是可公约数。

所以：与同一量可以公约的两个量也可以公约。

证完

注 解

这一命题是命题VIII.4的应用。

在本卷下一个命题以后被频繁利用，也应用在命题XIII.11中。

命题X.13

如果两个量是可公约的，其中之一与某个量不可公约，那么另一个量与此量也不可公约。

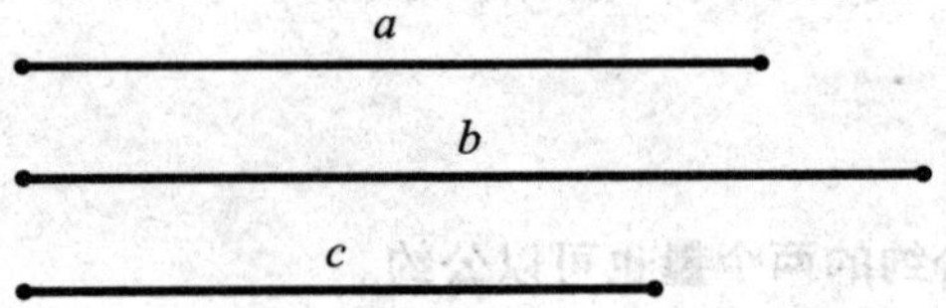

设：a和b是两个可公约量，其中a与某个量c不可公约。

求证：b也与c不可公约。

如果b与c是可以公约的，同时a与b也是可公约的，那么a与c也是可公约的（命题X.12）。

而a也与c不可公约，这是不可能的。所以：b与c是不可公约的。

所以：如果两个量是可公约的，其中之一与某个量不可公约，那么余下的量与此量也不可公约。

证完

注 解

这一命题是前一命题的逻辑变式。它在本卷命题X.18以后被频繁利用。

引 理

可以作一条线段，使其上的正方形等于已知的两条不等线段上的正方形之差。

设：AB和c是给定的两条不等线段，AB较大。

求：找出一个正方形等于AB上的正方形减去c上的正方形之差。

令：在AB上作半圆ADB，使AD等于c，连接DB（命题IV.1）。

那么很明显，$\angle ADB$是直角，且AB上的正方形与AD上的正方形之差等于DB

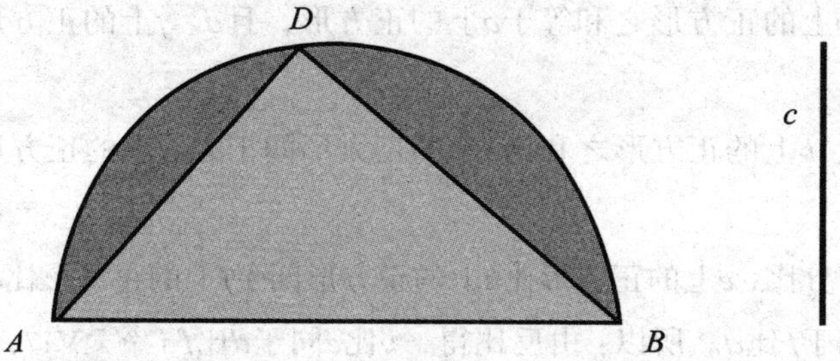

上的正方形（命题III.31、I.47）。

类似地，如果给出两条直线，那么可求得一个线段，使得这条线段上的正方形等于两个已知线段上的正方形之和。

令：AD和DB为给出的两条线段，现在找出一条线段，使其上的正方形等于AD和DB上的正方形之和。

令：AD、BD构成一个直角$\angle ADB$，连接AB。

显然，AB上的正方形等于AD和DB上的正方形之和（命题I.47）。

证完

命题X.14

如果四条线段成比例，且与第一条线上的正方形减去第二条线上的正方形所得的差相等的正方形的边与第一条线可以公约，那么，与第三条线上的正方形与第四条线上的正方形的差相等的正方形的边与第三条线可以公约。再，如果与第一条线上的正方形减去第二条线上的正方形所得的差的正方形的边与第一条线不可以公约，那么，与第三条线上的正方形减去第四条线上的正方形所得之差相等的正方形与第三条线不可以公约。

设：a、b、c、d是四条成比例的线段，于是：a比b同于c比d，再，a上的正方形大于在b上的正方形，其差等于e上的正方形，c上的正方形大于d上的正方形，其差等于f上的正方形。

求证：如果a与e是可公约的，那么c与f也是可公约的，又，如果a与e是不可公约的，那么c与f也是不可公约的。

因为a比b同于c比d，于是：在a上的正方形比在b上的正方形同于在c上的正方形比在d上的正方形（命题VI.22）。

而，e、b上的正方形之和等于a上的正方形，且d、f上的正方形之和等于c上的正方形。

所以：e、b上的正方形之和比b上的正方形同于d、f上的正方形之和比d上的正方形。

所以：由分比，e上的正方形比b上的正方形同于f上的正方形比d上的正方形。所以：e比b同于f比d。所以：由反比得，b比e同于d比f（命题V.17、VI.22，命题V.7及其推论）。

而，a比b同于c比d，所以：由首末比得，a比e同于c比f（命题V.22）。

所以：如果a与e是可公约量，那么c与f也是可公约量；而如果a与e是不可公约量，那么c与f也是不可公约量（命题X.11）。

所以：如果四条线段成比例，且与第一条线上的正方形减去第二条线上的正方形所得的差相等的正方形的边与第一条线可以公约，那么，与第三条线上的正方形与第四条线上的正方形的差相等的正方形的边与第三条线可以公约。再，如果与第一条线上的正方形减去第二条线上的正方形所得的差的正方形的边与第一条线不可以公约，那么，与第三条线上的正方形减去第四条线上的正方形所得之差相等的正方形与第三条线不可以公约。

证完

注 解

现代代数可以阐述这一情况，我们假定$a:b=c:d$，那么如果（a^2-b^2）：a是一个数字比率，于是（c^2-d^2）：c也是一个数字比率。因为（a^2-b^2）：a =（c^2-d^2）：c。

引理同于命题XI.23的引理。从X.31开始，这一命题应用在本卷的几个命题中。

命题X.15

如果两个可以公约的量相加，那么其和也分别与各量是可公约量；如果二量之和与其中之一量可以公约，那么该和与两个量也可以公约。

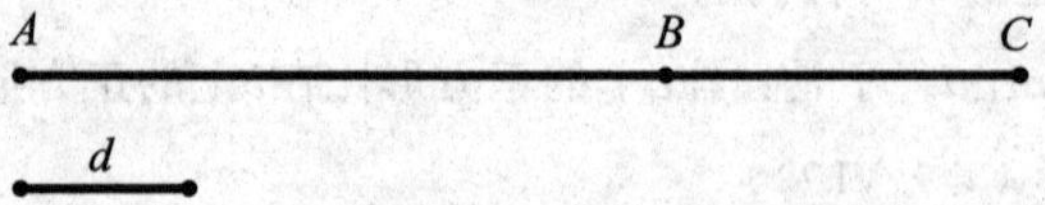

设：两个可公约量为AB、BC，它们相加和为AC。

求证：AC分别与AB和BC可以公约。

因为AB和BC是公约量，那么某个量可以测尽它们，设其为d。

因为d测尽AB和BC，于是：它也测尽AC，所以：d测尽AB、BC、AC，所以：AC分别与AB和BC是可公约量（定义X.1）。

再令AC与AB是可公约量。

那么：AB与BC也是可公约量。

因为AC和AB是可公约量，某个量可以测尽它们。设其为d。

因为d测尽AC和AB，所以：它也测尽余量BC（定义X.1）。

而它也测尽AB，所以：d测尽AB和BC，所以：AB和BC也是可公约量。

证完

注 解

这一命题是关于总量和差的公约性（通约性）的基础命题。从X.17开始，它频繁应用在本卷的命题中，也用在命题XIII.11中。

命题X.16

如果两个不可公约的量相加，那么其和与原来二量也是不可公约量；如果其和与其中的一量不可公约，那么与原始的两量也不可公约。

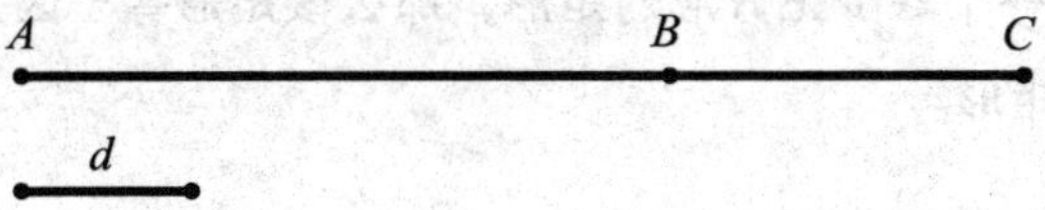

设：两个不可公约量AB、BC相加。

求证：总量AC与AB、BC中的任何一个也是不可公约的。

因为，如果CA和AB不是不可公约的，那么：总有某个量可以测尽它们，设其为d。

因为d测尽CA、AB，于是：它也测尽其余量BC，而它也测尽AB，所以：d测尽AB和BC。所以：AB和BC是可公约量。而它们被假设为不是可公约量，这是不可能的。

所以：没有量可测尽CA和AB。所以：CA和AB是不可公约量（定义X.1）。

类似地，也可证明AC和CB是不可公约量，所以：AC分别与AB、BC是不可公约量。

再设：AC与AB、BC中之一是不可公约量。

首先设它与AB是不可公约量。

那么：AB和BC也是不可公约量。

因为如果它们是可以公约的，那么：某个量将可以测尽它们，设其为d。

因为d测尽AB和BC，所以：d也测尽总量CA。而它也测尽AB，所以：d测尽CA、AB。所以：CA和AB是可公约量，而根据假设，它们也是不可公约量，这是不可能的。

所以：没有量可以测尽AB和BC，所以：AB和BC是不可公约量（定义X.1）。

所以：如果两个不可公约的量相加，那么其和与原来二量也是不可公约量；如果其和与其中的一量不可公约，那么与原始的两量也不可公约。

证完

注 解

这一命题是前一命题的逻辑变式，这里再一次证明。它应用在本卷从 X.18开始的几个命题中。

引 理

在一条线上作一个缺少正方形的矩形，那么该矩形等于因为作图而把原线段分成的两段构成的矩形。

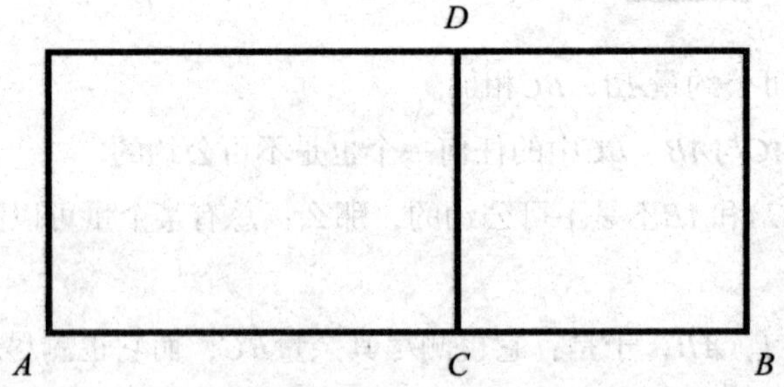

设：在线段AB上作缺少正方形DB的矩形AD。

求证：AD等于矩形的边AC与CB之乘积。

很显然，因为DB是正方形，DC等于CB，AD是AC与CD之积，即AC与CB之积。

证完

命题X.17

如果两条不等线段，在较大的一个上作一个矩形，使之等于小线段上正方形的四分之一而缺少一个正方形，且大线段被分成长度上可以公约的两部分，那么原来大线段上的正方形较小线段上的正方形大一个与大线段可以公约的线段上的正方形。

如果大线段上的正方形较小线段上的正方形大一个与大线段可以公约的线段上的正方形，且在大线段上作一个矩形等于小线段上的正方形的四分之一而缺少一个正方形，那么，大线段上被分成长度可公约的两个部分。

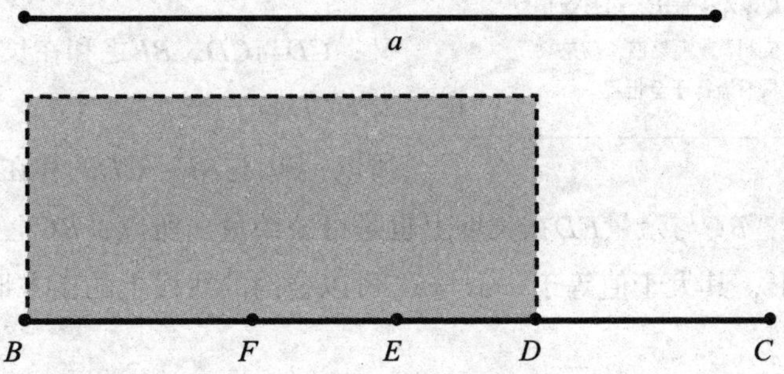

设：a和BC是两条不等线段，其中，BC较大，在BC上作矩形，使之等于较小线段a上的正方形的四分之一，即等于a的一半上的正方形，设其为矩形BD、DC，且BD与DC是可公约的量（引理）。

求证：BC上的正方形较a上的正方形大一个与BC可以公约的线段上的正方形。

令：在E点平分BC，使EF等于DE（命题I.10、I.3）。

于是：余量DC等于BF。又，因为：线段BC被E点分为相等的两部分，被D点分为不相等的两部分，于是：BD和DC构成的矩形加上ED上的正方形等于EC上的正方形（命题II.5）。

又，将它们四倍后同样正确，所以：四倍矩形BD、DC构成的矩形加DE上的

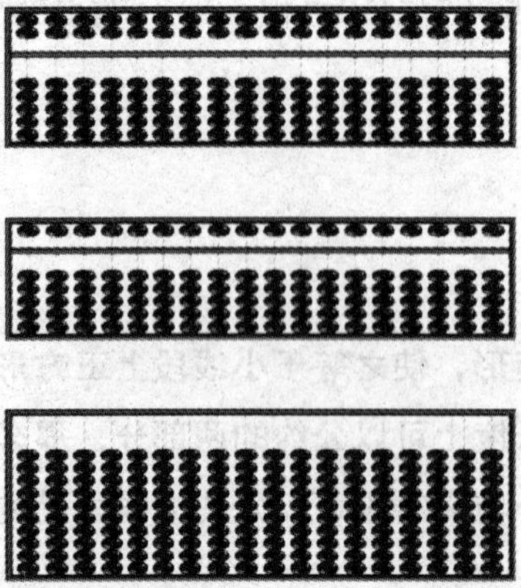

□ 算盘

作为计算工具的算盘是中国的独创，后于16世纪末传入日本和俄国。日本称算盘为“十露盘”，算珠由扁圆形改成菱形，梁上两珠改为一珠，盘窄而长，档数加至27。俄国的算盘则将若干铁条或木条横镶在木框内，每条穿10珠。这是纯粹的十进位制，直观易懂，后来它被用作儿童学算的工具而流行于全世界。

正方形的四倍，等于*EC*上的正方形的四倍。

而*a*上的正方形等于*BD*、*DC*所构成的矩形的四倍，且*DF*上的正方形等于*DE*上的正方形的四倍，因为*DF*是*DE*的两倍，又，*BC*上的正方形等于*EC*上的正方形的四倍，因为*BC*是*CE*的两倍。

所以：*a*与*DF*上的正方形之和等于*BC*上的正方形。所以：*BC*上的正方形大于*a*上的正方形，其大于值为一个*DF*上的正方形。

也可以证明出，*BC*与*DF*也是可公约量。

因为*BD*与*DC*是在长度上的可公约量，所以：*BC*与*CD*在长度上也是不可公约量（命题X.15）。

又，*CD*与*CD*、*BF*之和在长度上是可公约量，因为*CD*等于*BF*（命题X.6）。

所以：*BC*与*BF*、*CD*的和在长度上也是可公约量。所以：*BC*与余量*FD*在长度上也是可公约量。所以：*BC*上的正方形大于在*a*上的正方形，其大于值等于一个与*BC*可以公约的线段上的正方形（命题X.12、X.15）。

再设：在*BC*上的正方形大于*a*上的正方形，其大于值是与*BC*可以公约的量的直线上的正方形。在*BC*上作一个矩形，使之等于在*a*上的正方形的四分之一且缺少一个正方形，设其是*BD*和*DC*构成的矩形。

也可以证明，*BD*与*DC*在长度上是可公约的量。

在同一结构中，我们也能类似地证明，*BC*上的正方形大于*a*上的正方形，其大于值是与*BC*可公约的量的一条线段上的正方形（命题X.15）。

所以：*BC*与*FD*是在长度上可以公约的量，所以：*BC*与*BF*、*DC*之和也是在长度上可以公约的量。

而*BF*和*DC*之和与*DC*是可以公约的量。所以：*BC*与*CD*在长度上也是可以公约的量。

所以：由分比可得，*BD*与*DC*在长度上也是可以公约的量（命题X.6、X.12、

X.15）。

所以：如果两条不等线段，在较大的一个上作一个矩形，使之等于小线段上正方形的四分之一而缺少一个正方形，且大线段被分成长度上可以公约的两部分，那么原来大线段上的正方形较小线段上的正方形大一个与大线段可以公约的线段上的正方形。如果大线段上的正方形较小线段上的正方形大一个与大线段可以公约的线段上的正方形，且在大线段上作一个矩形等于小线段上的正方形的四分之一而缺少一个正方形，那么，大线段上被分成长度可公约的两个部分。

证完

注 解

代数可描述为，设b表示BC，DC是［$b-$（b^2-a^2）］/2，那么该命题的声明是：比率b：［$b-$（b^2-a^2）］/2 是一个数与一个数之比。也仅有（b^2-a^2）：a的比率是一个数与一个数之比。

引理也应用在下一个命题中。这一命题应用在本卷从命题X.54以后的几个命题中。

命题X.18

如果有两条不相等的线段，在大线段上作矩形，使之等于小线段上的正方形的四分之一且缺少一个正方形，如果分大线段为不可公约的部分，那么在大线段上的正方形大于小线段上的正方形，其大于的值等于与大的线段不可公约的量的一条线段上的正方形。如果大线段上的正方形大于小线段上的正方形，且其大于的值是与大线段成不可公约的量的一条线段上的正方形，且大线段上的矩形等于小线段上的正方形的四分之一且缺少一个正方形，那么，它将分它为不可公约的两个部分。

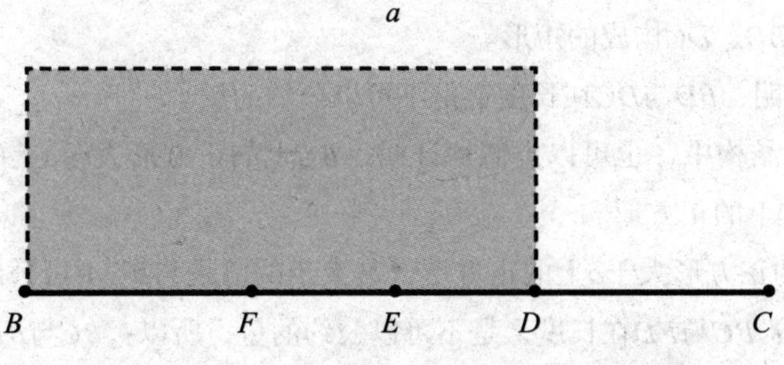

METHODUS
INVENIENDI
LINEAS CURVAS
Maximi Minimive proprietate gaudentes,
SIVE
SOLUTIO
PROBLEMATIS ISOPERIMETRICI
LATISSIMO SENSU ACCEPTI.
AUCTORE
LEONHARDO EULERO,
Professore Regio, & Academiæ Imperialis Scientiarum PETROPOLITANÆ Socio.
LAUSANNÆ & GENEVÆ,
Apud MARCUM-MICHAELEM BOUSQUET & Socios.
MDCCXLIV.

□ 欧拉的《求解方法》卷首页

1744年，俄国的“数学之父”欧拉严格证明了最小作用原理可以用于描述力学的质点运动，例如行星绕太阳的运动。并且这表明他相信能够发现寓于宇宙的每一现象之中的极大或极小原则。此结论载于他的著作《求解具有极大或极小性质之曲线的方法》，简称《求解方法》。这是阐述变分法的第一本教科书，也是数学史上最有名的著作之一。

设：a和BC是两条不等线段，其中BC较大，在BC上作平行四边形，使之等于在a上的正方形的四分之一且缺少一个正方形，设其为由BD、DC构成的矩形，BD与DC是在长度上不可公约的量（命题X.17、引理）。

求证：BC上的正方形大于a上的正方形，其大于的值是与BC不可公约的量的一条线段上的正方形。

在这同一结构中，我们可以类似地证明出BC上的正方形大于a上的正方形，其大于的值等于FD上的一正方形。

因为BD与DC是在长度上不可公约的，所以：BC与CD也在长度上是不可以公约的（命题X.16）。

而，DC与BF、DC之和是可以公约的量，所以：BC与FB、DC之和是不可以公约的量。所以：BC与FD在长度上也是不可以公约的量（命题X.6、X.13、X.16）。

又，BC上的正方形大于a上的正方形，其大于的值是FD上的正方形，所以：BC上的正方形大于a上的正方形，其大于的值是与BC不可以公约的线段上的正方形。

再，设BC上的正方形大于a上的正方形，其大于的值是与BC不可公约的线段上的正方形。在BC上作矩形，使之等于在a上的正方形的四分之一且缺少一个正方形，设其为BD、DC构成的矩形。

也可以证明，BD与DC在长度上是不可以公约的量。

在这同一结构中，也可以类似地证明，BC上的正方形大于a上的正方形，其大于的值是FD上的正方形。

而BC上的正方形大于a上的正方形，其大于的值是与BC不可公约的线段上的正方形，所以：BC与FD在长度上是不可以公约的量，所以：BC与BF、DC之和也是不可公约量（命题X.16）。

而BF、DC之和与DC在长度上是可公约量，所以：BC与DC在长度上也是不可公约的量，所以：由分比得，BD与DC在长度上也是不可以公约的量（命题X.6 、X.13、X.16）。

所以：如果有两条不相等的线段，在大线段上作矩形，使之等于小线段上的正方形的四分之一且缺少一个正方形，如果分大线段为不可公约的部分，那么在大线段上的正方形大于小线段上的正方形，其大于的值等于与大的线不可公约的量的一条线段上的正方形。如果大线段上的正方形大于小线段上的正方形，且其大于的值是与大线段成不可公约的量的一条线段上的正方形，且大线段上的矩形等于小线段上的正方形的四分之一且缺少一个正方形，那么，它将分它为不可公约的两个部分。

证完

注 解

这一命题是上一命题的逻辑变式。它频繁应用在本卷命题X.33以后的命题中。

引 理

因为已经证明在长度上可以公约的线段也总是在正方形上可以公约，同时那些在正方形上可以公约的量却不一定在长度上可以公约，当然，在长度上既可以公约也可以不公约。这表明，如果线段在长度上与一给定的有理线可以公约，它被称为有理的。有理的线段无论在长度上还是在正方形上皆可以公约，因为线段在长度上可以公约必然在正方形上也可以公约。

又，如果线段与给定的有理线在正方形上可以公约，那么，它在长度上也可以公约。这一情形也被称为有理的。有理线不仅在长度上，而且在正方形上也皆是可以公约的。但如果线段与给定的有理线仅在正方形上可以公约，在长度上不可以公约，这一情况也成为有理的，但仅为正方形可公约。

命题X.19

由长度可以公约的两条有理线构成的矩形是有理的。

设：矩形AC由两条在长度上可以公约的有理线AB和BC构成。

求证：*AC*是有理的。

令：在*AB*上作一个正方形*EABD*，那么*EABD*是有理的（命题I.46、定义X.4）。

因为：*AB*与*BC*在长度上是可以公约的，同时，*AB*等于*BD*，所以：*BD*与*BC*在长度上是可以公约的。

又，*BD*比*BC*同于*AD*比*AC*（命题VI.1）。

所以：*EABD*与*FAB*是可以公约的量（命题X.11）。

而*EABD*是有理的，所以：*FAB*也是有理的（定义X.4）。

所以：由长度可以公约的两条有理线构成的矩形是有理的。

证完

注 解

这是第一个处理有理线和有理正方形的命题。根据定义XI.3，有某一指定线段作为一个有理线段和正方形的标准，但这一命题并未提及。

在这一命题中，矩形*AB*和*BC*的边是有理线，这即意味着这些线段与标准线是正方可公约的，也即是它们上的正方形与标准的正方形是可公约的。同时也假定*AB*和*BC*相互可公约。所以矩形*AC*与*AB*上的正方形是可公约的，而它与标准正方形可公约，同理，矩形*AC*也一样。

这一命题应用在命题X.25开始以后的几个命题中。引理应用在命题X.23中。下一个命题是本命题的逆命题，但语言颇晦涩。

命题X.20

如果在一条有理线段上作一个有理矩形，那么其另一边也是有理的，且与原

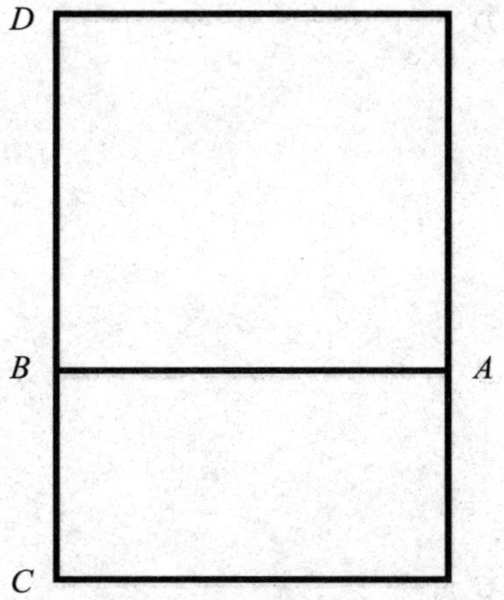

线段是可以公约的量。

设：有理矩形*AC*作在*AB*上，另一边为*BC*。

求证：*BC*是有理的，并在长度上与*AB*可以公约。

令：在*AB*上作正方形*AD*。那么：*AD*是有理的（命题I.46、定义X.4）。

因为*AC*是有理的，所以：*AD*与*AC*是可以公约的量。又，*AD*比*AC*同于*DB*比*BC*，所以：*DB*与*BC*也是可以公约的量。而*DB*等于*BA*，所以：*AB*与*BC*也是可以公约的量（命题VI.1、X.11）。

而*AB*是有理的，*BC*于是也是有理的，并在长度上与*AB*是可以公约的量。

所以：如果在一条有理线上作一个有理矩形，那么其另一边也是有理的，且与原线段是可以公约的量。

证完

注 解

这一命题是上一命题的逆命题。它频繁应用在本卷命题X.26以后的命题中。

命题X.21

仅在正方形上可以公约的两个有理线段构成的矩形是无理的，与该矩形相等的正方形的边也是无理的。后者被称为中项线。

设：矩形*AC*由仅在正方形上可以公约的有理线*AB*、*BC*构成。

求证：*AC*是无理的，等于它的正方形的边是无理的，其后者被称为中项线。

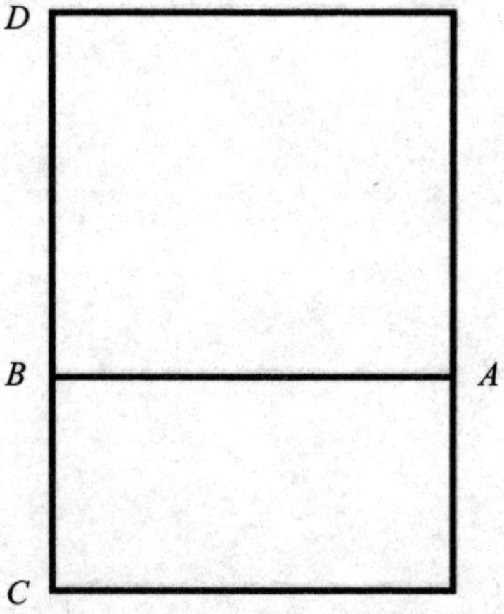

令：在AB上作正方形AD，那么AD是有理的（定义X.4）。

又，因为AB与BC在长度上是不可公约的，假定它们仅是正方形可公约，同时AB等于BD，所以：DB与BC也在长度上是不可公约的。

又，DB比BC同于AD比AC，所以：DA与AC是可以公约的（命题VI.1、X.11）。

而DA是有理的，所以：AC是无理的。所以：正方形的边AC也是无理的（定义X.4）。

后者被称为中项线。

证完

注 解

这一命题被频繁应用在本卷下一命题开始的命题中。

引 理

如果有两条线段，那么第一线段比第二线段同于第一线段上的正方形比该两条线段所构成的矩形。

设：FE和EG为给定的两条线段。

求证：FE比EG同于FE上的正方形比FE、EG构成的矩形。

令：作FE上的正方形DF，完成GD。

因为FE比EG同于FD比DG，FD是FE上的正方形，而DG是DE和EG构成的矩

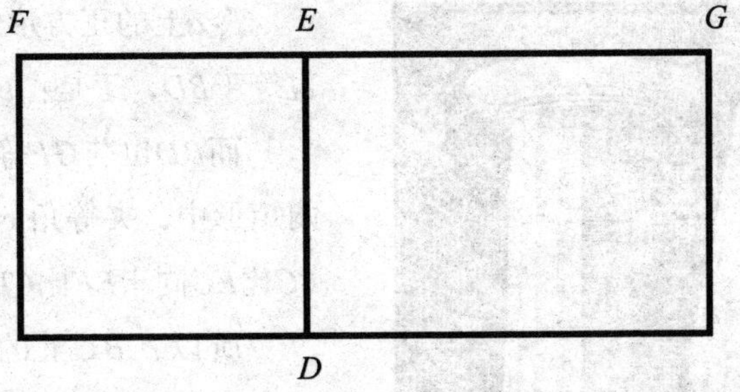

形，即FE与EG构成的矩形，所以：FE比EG同于FE上的正方形比FE、EG构成的矩形。

类似地，GE、EF构成的矩形比EF上的正方形，即是GD比FD，且同于GE比EF（命题VI.1）。

命题X.22

在一条有理线段上作矩形，使其等于中项线上的正方形，那么该矩形的另一边是有理的，且与原有理线段不可以公约。

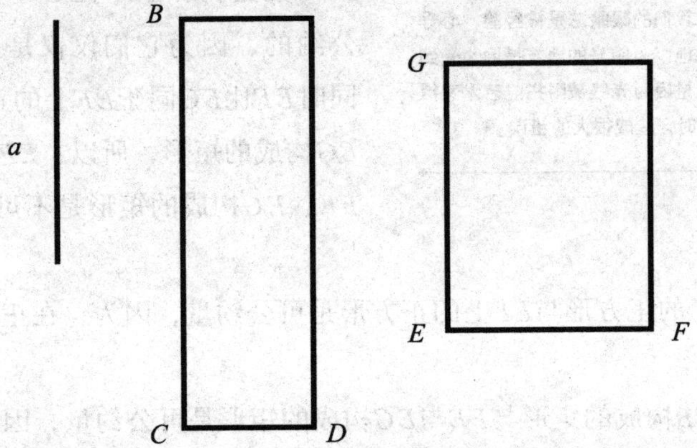

设：a是中项线，CB是有理线，作在BC上的矩形BD等于a上的正方形，CD是矩形的另一边。

求证：CD是有理的，并在长度上与CB可以公约。

因为a是中项线，那么：a上的正方形等于正方可公约量的两条线段构成的矩形（命题X.21）。

□ 多立克柱

多立克柱是约公元前6世纪时在古希腊确立起来的一种建筑柱式。多立克柱的特点是：柱身粗壮，由下而上逐渐缩小，柱身刻有凹槽，槽背成棱角，柱头没有花纹，比较简单。埃舍尔通过这件作品想要揭示的主题是：绘画是在二维平面上表现三维空间的"骗术"，我们的眼睛总是被经验、心理暗示欺骗，我们固执地以为明亮的地方是因为受到光照，而阴暗的地方是因为光线被阻拦。艺术家提醒我们，主观经验有时会造成很大的错误。

令a上的正方形等于GF，而该正方形也等于BD，于是：BD等于GF。

而BD也与GF等角，而相等并等角的两矩形中，夹等角的两边成反比，所以：BC比EG同于EF比CD（命题VI.14）。

所以：BC上的正方形比EG上的正方形同于EF上的正方形比CD上的正方形（命题VI.22）。

而CB上的正方形与EG上的正方形是可以公约的，因为它们的每条线段是有理的，所以：EF上的正方形与CD上的正方形也是可公约的（命题X.11）。

而EF上的正方形是有理的，所以：CD上的正方形也是有理的，所以：CD是有理的（定义X.4）。

又因为：EF与EG在长度上是不可公约的，因为它们仅仅是正方可公约。同时EF比EG同于EF上的正方形比FE、EG构成的矩形，所以：EF上的正方形与FE、EG构成的矩形是不可公约量（引理X.11）。

又，CD上的正方形与EF上的正方形是可公约量，因为，在正方形上的线段是有理的。

又DC和CB构成的矩形与FE与EG构成的矩形是可公约量，因为，它们等于a上的正方形，所以：CD上的正方形与DC、CB构成的矩形是不可公约量（命题X.13）。

又，CD上的正方形比DC、CB构成的矩形同于DC比CB，所以：DC、CB在长度上是不可公约量（引理X.11）。

所以：CD与CB在长度上是有理的，且是不可公约的。

所以：在一条有理线段上作矩形，使其等于中项线上的正方形，那么该矩形的另一边是有理的，且与原有理线段不可以公约。

证完

注 解

这一命题被频繁使用在本卷的下一命题开始的命题中。

命题X.23

一条线段与中项线可以公约，该线也是中项线。

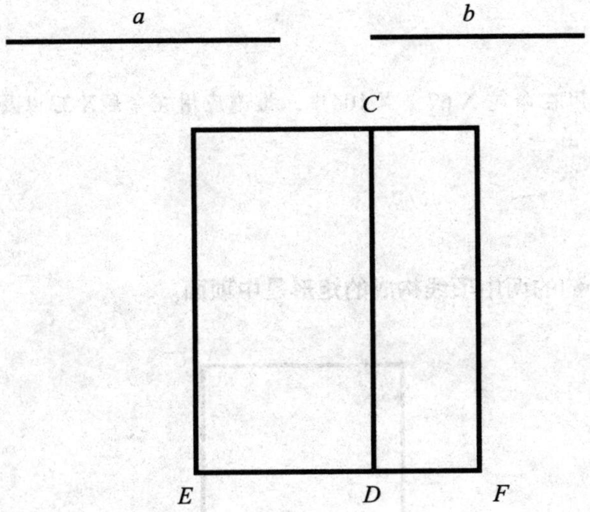

设：a是中项线，b与a可以公约。

求证：b也是中项线。

设：CD是给定的一个有理线段，在CD上作矩形CE，使之等于a上的正方形，作宽ED，那么ED是有理线段，并与CD在长度上不可公约。又，在CD上作矩形CF，使之等于b上的正方形，作宽DF。

因为a与b是可公约量，于是：a上的正方形与b上的正方形也是可公约量。而BC等于a上的正方形，CF等于b上的正方形，所以：EC与CF是可公约量。

又，EC比CF同于ED比DF，所以：ED与DF在长度上是可公约量（命题VI.1、X.11）。

而ED是有理的，并在长度上与DC不可以公约，所以：DF也是有理的，并与

DC在长度上不可以公约（命题X.13、定义X.3）。

所以：CD和DF是有理的，并仅仅是正方形可以公约。

又，如果一条线段上的正方形等于两条仅正方形可公约的有理线段构成的矩形，那么该线段是中项线，所以与CD、DF构成的矩形相等的正方形的边是中项线（命题X.21）。

又，b是等于CD和DF构成的矩形的正方形的边，所以：b就是中项线。

所以：一条线段与中项线可以公约，该线也是中项线。

证完

注 解

这一命题应用在命题 X.67 、X.104中，推论应用在命题X.33以及其他命题中，也应用在命题 X.27 中。

命题X.24

由长度可公约的两中项线构成的矩形是中项面。

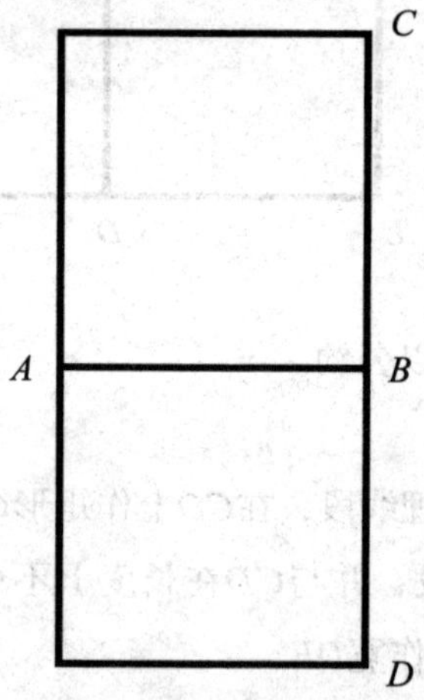

设：矩形AC由两长度可公约的中项线AB和BC构成。

求证：AC是中项面。

作AB上的正方形AD，那么：AD是中项面。

又，因为AB与BC是在长度上可公约的，同时AB等于BD，于是：DB与BC是在长度上可公约的。所以：*DA*与*AC*是可公约的（命题VI.1、X.11）。

而*DA*是中项面，所以：*AC*也是中项面（命题X.23及其推论）。

所以：由长度可公约的两中项线构成的矩形是中项面。

证完

命题X.25

由仅正方形可公约的两条中项线构成的矩形，或为有理面，或为中项面。

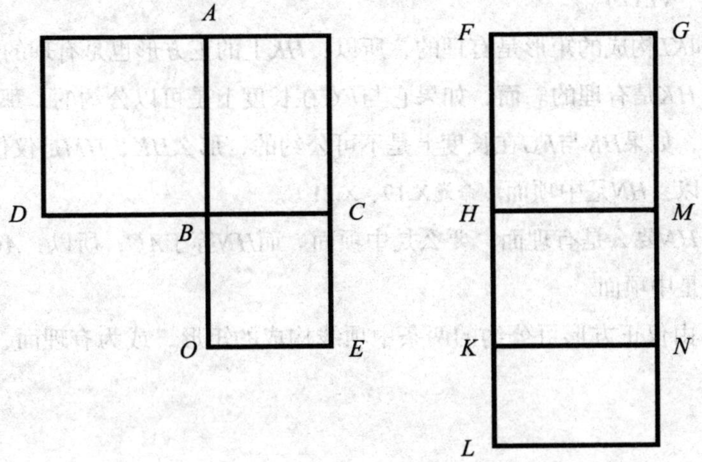

设：矩形*AC*是由仅正方形可公约的*AB*、*BC*构成的。

求证：*AC*要么是有理面，要么是中项面。

在*AB*、*BC*上作正方形*AD*、*BE*，那么：*AD*、*BE*是中项面。

作有理线*FG*，作矩形*GH*等于*AD*，其宽为*FH*；在*HM*上作矩形*MK*等于*AC*，宽为*HK*；同样，在*KN*上作矩形*NL*等于*BE*，宽为*KL*。那么*FH*、*HK*、*KL*便在同一线上。

因为*AD*、*BE*皆为中项面，而*AD*等于*GH*，同时*BE*等于*NL*，所以：矩形*GH*和*NL*也是中项面。

又，它们都是作在有理线*FG*上的，于是：每条直线*FH*、*KL*皆是有理线，并与*FG*在长度上不可以公约（命题X.22）。

又，因为*AD*与*BE*是可以公约的，所以：*GH*与*NL*是可以公约的，而*GH*比*NL*同于*FH*比*KL*。所以：*FH*与*KL*在长度上是可以公约的量（命题VI.1、X.11）。

所以：*FH*和*KL*是有理线，并在长度上可公约。所以：*FH*和*KL*构成的矩形是有理的。

又，因为*DB*等于*BA*，同时*OB*等于*BC*，所以：*DB*比*BC*同于*AB*比*BO*。

而*DB*比*BC*同于*DA*比*AC*，又，*AB*比*BO*同于*AC*比*CO*，所以：*DA*比*AC*同于*AC*比*CO*（命题VI.1）。

而*AD*等于*GH*，*AC*等于*MK*，又*CO*等于*NL*。所以：*GH*比*MK*同于*MK*比*NL*。所以：*FH*比*HK*同于*HK*比*KL*。所以：*FH*与*KL*构成的矩形等于*HK*上的正方形（命题VI.1、V.11、VI.17）。

而*FH*和*KL*构成的矩形是有理的，所以：*HK*上的正方形也是有理的。

所以：*HK*是有理的。而，如果它与*FG*在长度上是可以公约的，那么：*HN*是有理的。而，如果*HK*与*FG*在长度上是不可公约的，那么*HK*、*HM*是仅仅正方形可公约量，所以：*HN*是中项面（命题X.19、X.21）。

所以：*HN*要么是有理面，要么是中项面。而*HN*等于*AC*，所以：*AC*要么是有理面，要么是中项面。

所以：由仅正方形可公约的两条中项线构成的矩形，或为有理面，或为中项面。

证完

命题X.26

两个中项面之差是无理面。

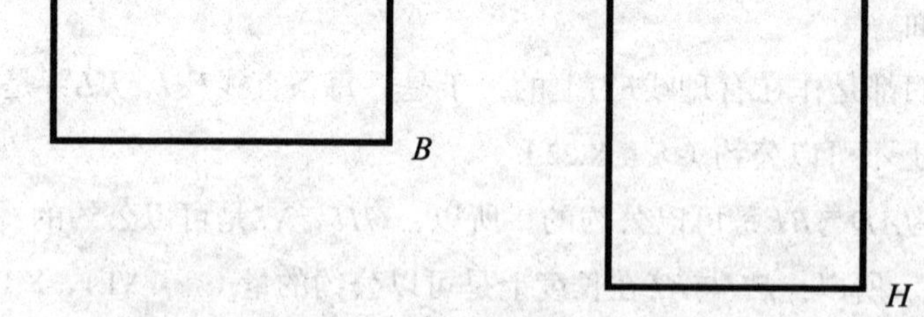

如果可能，设中项面AB与中项面AC之差是DB。作有理线EF，在EF上作矩形FH等于AB，宽为EH。

在FH中减去矩形FG，使之等于AC，那么：余量BD等于余量KH。

而DB是有理线，所以：KH也是有理线。

因为矩形AB、AC皆是中项面，而AB等于FH，同时AC等于FG，所以：矩形FH、FG也皆是中项面。

它们是作在有理线EF上的，所以：线段HE和EG是有理线，并与EF在长度上不可公约（命题X.22）。

因为DB是有理面，且等于KH，所以：KH是有理面，又，它是作在有理线段EF上的，所以：GH是有理的，并与EF在长度上可以公约（命题X.20）。

又，EG也是有理线条，且与EF在长度上不可以公约，所以：EG与GH在长度上是不可以公约的（命题X.13）。

□ 丢番图《算术》封页

在所有亚历山大后期的著作中，对古典希腊几何传统最离经叛道的当数丢番图的《算术》。这部具有东方色彩的问题集，用纯分析的途径处理数论与代数问题，可以看作是希腊算术与代数成就的最高标志。该书尤以不定方程的求解而著称，以致今人常把求整系数不定方程的整数解问题叫作“丢番图分析”。

又，EG比GH同于EG上的正方形比EG、GH构成的矩形，所以：EG上的正方形和EG与GH构成的矩形是不可公约的（命题X.11）。

又，EG、GH上的正方形与EG上的正方形是可以公约的，因为，两者皆为有理面，又，EG、GH构成矩形的两倍与EG、GH构成的矩形是可公约量，所以：EG、GH上的正方形之和与EG与GH构成的矩形的两倍是不可公约量（命题X.6、X.13）。

所以：EG、GH上的正方形之和加EG、GH构成的矩形的两倍即是EH上的正方形，与EG、GH上的正方形是不可公约的（命题II.4、X.16）。

又EG和GH上的正方形是有理面，所以：EH上的正方形是无理面（定义X.4）。

所以：EH是无理的，而它又是有理的，这是不可能的。

所以：两个中项面之差是无理面。

证完

注 解

这一命题应用在本卷命题X.42开始的几个命题中。

命题X.27

仅正方形可公约的两中项线，可以构成一个有理矩形。

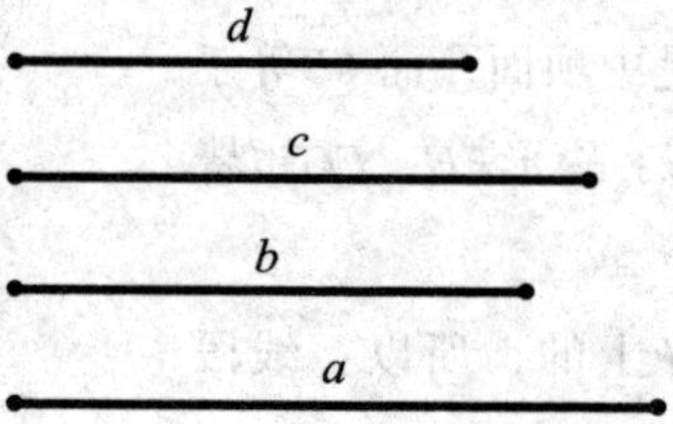

设：两条线a、b仅正方形可公约，在a、b之间作一个比例中项比c，使a比b同于c比d（命题X.10、VI.13、VI.12）。

那么，因为a和b是有理的，并是仅正方形可公约，所以：a和b构成的矩形，即c上的正方形便是中项面。所以：c是中项线（命题VI.17、X.21）。

又，因为a比b同于c比d，而a和b是仅正方形可公约量，所以：c和d也是仅正方形可公约量（命题X.11）。

而c是中项线。那么：d也是中项线（命题X.23）。

所以：c和d是仅正方形可公约的中项线。

以下进一步说明：它们也是有理矩形。

因为a比b同于c比d，那么，由更比得，a比c同于b比d（命题V.16）。

而a比c同于c比b，于是：c比b同于b比d。于是：c和d构成的矩形等于b上的正方形。而b上的正方形是有理面，所以：c和d构成的矩形也是有理面。

所以：仅正方形可公约的两中项线，可以构成一个有理矩形。

证完

命题X.28

仅正方形可公约的两条中项线，可构成中项矩形。

设：有理线a、b、c是仅正方可公约的线，作a、b间的比例中项d，使b比c同于d比e（命题X.10、VI.13、VI.12）。

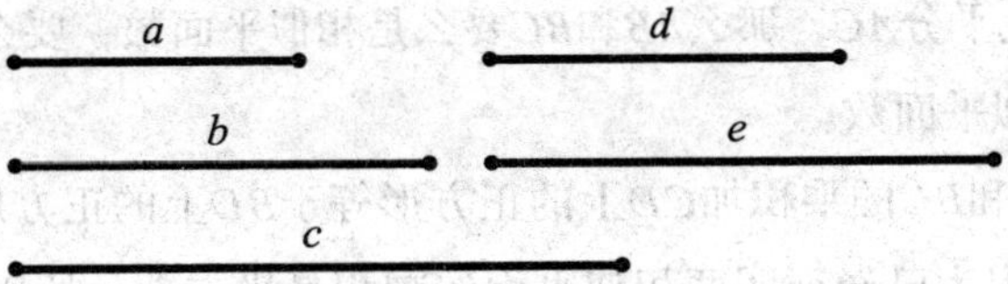

因为a、b是有理线，并是仅正方可公约量，那么：a与b构成的矩形，即d上的正方形是中项面。所以：d是中项线（命题VI.17、X.21）。

又因为：b和c是仅正方可公约量，而b比c同于d比e，那么：d和e也是仅正方可公约量（命题X.11）。

又，d是中项线，于是：e也是中项线（命题X.23）。

所以：d和e是仅正方可公约的中项线。

以下进一步说明：它们也构成一个中项矩形。

因为：b比c同于d比e，那么：由更比得，b比d同于c比e（命题V.16）。

又，b比d同于d比a，所以：d比a同于c比e，所以：a、c构成的矩形等于d、e构成的矩形（命题VI.16）。

又，a、c构成的矩形是中项面，于是：d、e构成的矩形也是中项面（命题X.21）。

所以：仅正方可公约的两条中项线，可构成中项矩形。

证完

注 解

命题本身应用在命题X.75中。

引理1

可以找到两个平方数，它们的和也是平方数。

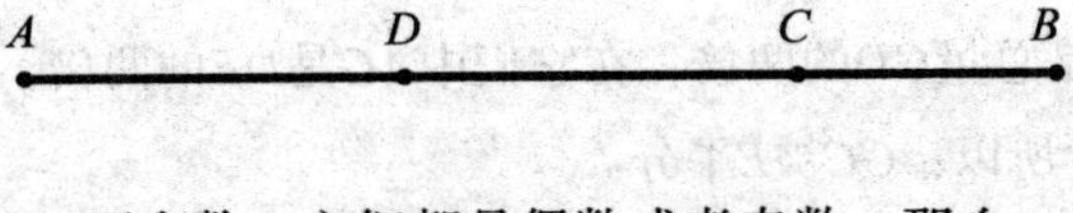

设：有AB、BC两个数，它们都是偶数或者奇数。那么：无论从偶数中减去一个偶数，还是从奇数中减去一个奇数，其余值是偶数。于是：余值AC是个偶数（命题IX.24、IX.26）。

令：在D点上平分AC，那么AB和BC要么是相似平面数，要么是平方数，而平方数本身也是相似平面数。

现在因为AB和BC的乘积加CD上的正方形等于BD上的正方形。又AB和BC的乘积是正方形，因为已经证明两相似平面的乘积是平方数，所以：两个平方数，AB与BC的乘积以及CD的平方被发现，当它们相加时，得到BD的平方（命题II.6、IX.1）。

又，很明显，另两个平方数也可求出，即BD的平方和CD的平方，它们的差也是一个平方数，即AB、BC的乘积是一个平方数，且无论AB和BC是什么样的相似平面。

但当它们不是相似平面数时，该两个平方数，即BD的平方和DC的平方被发现出来，其差为AB与BC的乘积，它不是一个平方数。

证完

引理2

可以找到两个平方数，它们的和不是一个平方数。

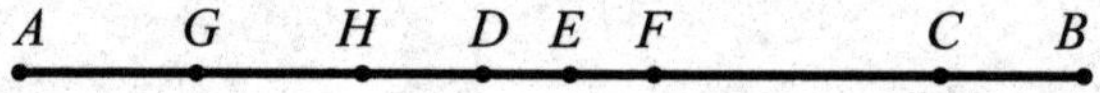

设：AB和BC的乘积是一个平方数，CA是偶数，D平分CA。

很明显，AB、BC的乘积加CD的平方等于BD的平方（命题X.28、引理1）。

减去单位DE，那么：AB、BC的乘积加CE的平方小于BD的平方。

求证：AB、BC的乘积加CE的平方不是一个平方数。

如果它是一个平方数，那么它要么等于BE的平方，要么小于BE的平方，而不可能大于，因为单位是不可以再分的。

首先，如果可能，设AB与BC的乘积加上CE的平方等于BE的平方，GA是单位DE的两倍。

因为总量AC是总量CD的两倍，在它们中AG是DE的两倍，所以：余值GC也是余值EC的两倍，所以：GC被E平分。

所以：GB、BC的乘积加CE的平方等于BE的平方（命题II.6）。

而AB、BC的乘积加CE的平方根据假定也等于BE的平方，所以：GB、BC的乘积加上CE的平方等于AB、BC的乘积加CE的平方。

又，如果，减去共同的CE上的平方，那么：AB就等于GB，这是荒谬的。

所以：AB、BC的乘积加CE的平方不等于BE的平方。

进一步说，它也小于BE的平方。

因为，如果可能，设其等于BF的平方，HA是DF的两倍。

那么现在，HC也是CF的两倍，那么：CH在F点上被平分，同理，HB、BC的乘积加FC的平方等于BF的平方。

而假设AB、BC的乘积加CE的平方也等于BF的平方。

于是：HB、BC的乘积加CF的平方也等于AB、BC的乘积加CE的平方，这是荒谬的。

所以：AB、BC的乘积加CE的平方不小于BE的平方。

又，已经证明它也不等于BE的平方。

所以：AB、BC的乘积加CE的平方不是一个平方数。

所以：可以找到两个平方数，它们的和不是一个平方数。

证完

命题X.29

在仅正方可公约的两有理线上作正方形，大线段上的正方形大于小线段上的正方形，其差为与大线段在长度上可以公约的一条线段的正方形。

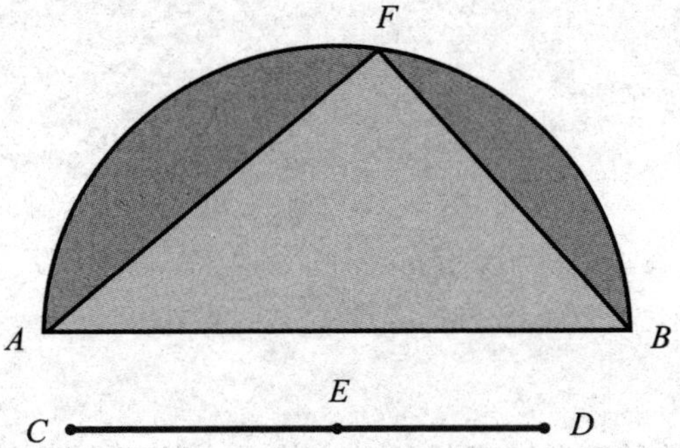

设：AB为有理线，CD和DE是平方数，所以它们的差CE不是平方数（命题X.28、引理1）。

在AB上作半圆AFB，使DC比CE同于BA上的正方形比AF上的正方形，连接FB（命题X.6及其推论）。

因为BA上的正方形比AF上的正方形同于DC比CE，所以：BA上的正方形比AF上的正方形同于数DC比数CE。所以：BA上的正方形与AF上的正方形是可公约量（命题X.6）。

而，AB上的正方形是有理的，所以：AF上的正方形也是有理的。所以：AF也是有理的（定义X.4）。

又因为：DC比CE不同于一个平方数比一个平方数，则BA上的正方形与AF上的正方形的比不同于一个平方数与一个平方数的比。所以：AB与AF在长度上是不可公约的（命题X.9）。

所以：BA、AF仅是正方可公约有理线。

又，因为DC比CE同于BA上的正方形比AF上的正方形，所以，由换比可得，CD比DE同于AB上的正方形比BF上的正方形（命题V.19及其推论，命题III.31、I.47）。

而CD比DE同于一个平方数比一个平方数，所以：AB的平方比BF的平方同于一个平方数比一个平方数。所以：AB与BF是在长度上可以公约的量（命题X.9）。

又，AB上的正方形等于AF、BF上的正方形之和，所以：AB上的正方形大于AF上的正方形，其大于值是与AB可以公约的BF上的正方形。

所以：两条仅正方可公约的有理线段BA、AF被找出来，其中较大的线段AB上的正方形大于较小线段AF上的正方形，其大于的值是与AB在长度上可以公约的线段BF上的正方形。

证完

注 解

这一命题应用在命题X.31和X.32中。

命题X.30

在仅正方可公约的两条有理线段，大线段上的正方形大于小线段上的正方形，其大于值是与大线段在长度上可以公约的一条线段上的正方形。

设：有理线AB，CE和ED是两个平方数，它们的和CD不是平方数。在AB上作半圆AFB，使DC比CE同于BA上的正方形比AF上的正方形。连接FB（命题X.29、引理2、命题X.6及其推论）。

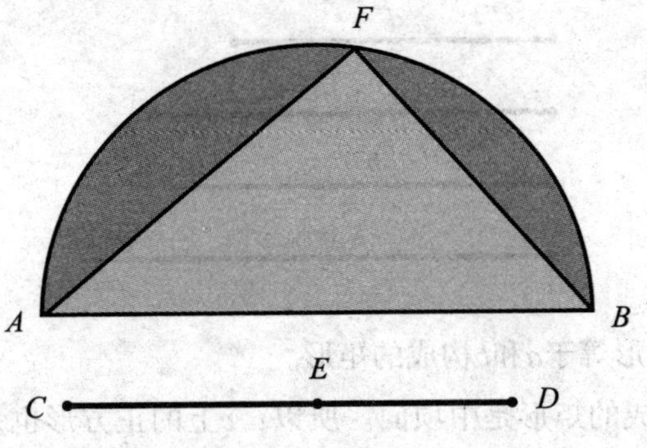

那么，类似于前面命题，我们可以证明*BA*、*AF*是仅正方可公约有理线段。

因为*DC*比*CE*同于*BA*上的正方形比*AF*上的正方形，所以：由换比可得，*CD*比*DE*同于*AB*上的正方形比*BF*上的正方形（命题V.19及其推论，命题III.31、I.47）。

而，*CD*比*DE*不同于一个正方形比一个正方形，所以：*AB*上的正方形比*BF*上的正方形也不同于一个平方数比一个平方数。所以：*AB*与*BF*是在长度上不可公约的量（命题X.9）。

又，*AB*上的正方形大于*AF*上的正方形，其大于值是与*AB*不可公约的线*FB*上的正方形。

所以：*AB*和*AF*是仅正方可公约线段，且*AB*上的正方形大于*AF*上的正方形，其大于的值是与*AB*在长度上不可公约的线*FB*上的正方形。

所以：在仅正方可公约的两条有理线段，大线段上的正方形大于小线段上的正方形，其大于值是与大线段在长度上可以公约的一条线段上的正方形。

证完

注 解

这一命题应用在下一命题开始的三个命题之中。

命题X.31

两条仅正方可公约的中项线，构成一个有理矩形，大线段上的正方形大于小线段上的正方形，其大于的值是与大线段在长度上可公约的线段上的正方形。

设：两条有理线*a*和*b*是仅正方可公约线段，*a*上的正方形较大，*b*上的较小，那么其差是与*a*在长度上可以公约的线段上的正方形（命题X.29）。

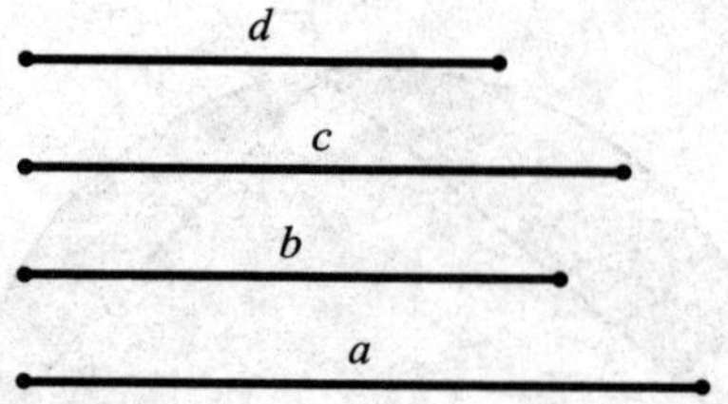

令：c上的正方形等于a和b构成的矩形。

那么：a和b构成的矩形是中项面。所以：c上的正方形也是中项面。所以：c也是中项线（命题X.21）。

令：c和d构成的矩形等于b上的正方形。

那么：b上的正方形是有理的。所以：c和d构成的矩形也是有理的。又，因为：a比b同于a、b构成的矩形比b上的正方形，同时，c上的正方形等于a和b构成的矩形，而c和d构成的矩形等于b上的正方形，所以：a比b同于c上的正方形比c、d构成的矩形。

又，c上的正方形比c和d构成的矩形同于c比d。

所以：a比b同于c比d。

又，a与b是仅正方可公约量，所以：c与d也是仅正方可公约量（命题X.11）。

又，c是中项线，所以：d也是中项线（命题X.23）。

因为a比b同于c比d，而a上的正方形大于b上的正方形，其差是与a可公约的线段上的正方形，所以：c上的正方形大于d上的正方形，其差是与c可以公约的线段上的正方形（命题X.14）。

所以：仅知两条仅正方可公约的中项线c和d，一个有理矩形被找出来，c上的正方形大于d上的正方形，其差是与c在长度上可公约的线段上的正方形。

类似地，也可以证明出，当a上的正方形大于b上的正方形，其差是与a不可公约的线段上的正方形时，c上的正方形大于d上的正方形，其差是与c不可公约的线段上的正方形（命题X.30）。

所以：两条仅正方可公约的中项线，构成一个有理矩形，大线段上的正方形大于小线段上的正方形，其大于的值是与大线段在长度上可公约的线段上的正方形。

证完

注解

这一命题应用在命题X.34和X.35中。

命题X.32

两条仅正方可公约的中项线，构成一个中项矩形，大线上的正方形大于小线上的正方形，其差为与大线可公约的线段上的正方形。

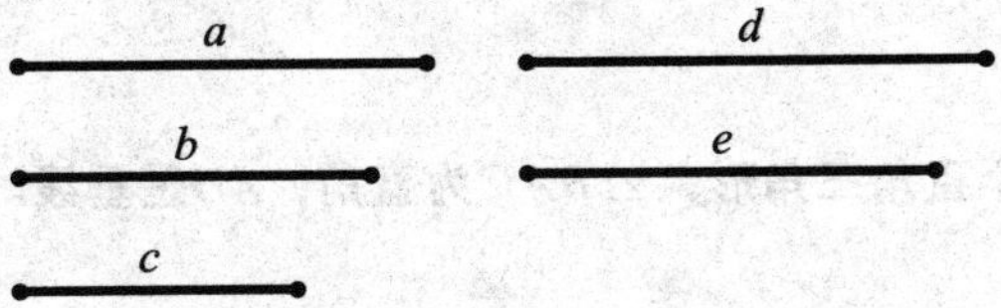

设：*a*、*b*、*c*是仅正方可公约的三条有理线，*a*上的正方形大于*c*上的正方形，其差是与*a*可以公约的线段上的正方形。*d*上的正方形等于*a*和*b*构成的矩形（命题X.29）。

那么，*d*上的正方形是中项面，于是：*d*也是中项线（命题X.21）。

设：*d*、*e*构成的矩形等于*b*、*c*构成的矩形。

那么，因为*a*、*b*构成的矩形比*b*、*c*构成的矩形同于*a*比*c*，同时*d*上的正方形等于*a*、*b*构成的矩形；又，*d*、*e*构成的矩形等于*b*、*c*构成的矩形，所以：*a*比*c*同于*d*上的正方形比*d*、*e*构成的矩形。

又，*d*上的正方形比*d*、*e*构成的矩形同于*d*比*e*，*a*比*c*同于*d*比*e*。而*a*与*c*是仅正方可公约量，所以：*d*与*e*也是仅正方可公约量（命题X.11）。

又，*d*是中项线，所以：*e*也是中项线（命题X.23）。

又，因为*a*比*c*同于*d*比*e*，同时*a*上的正方形大于*c*上的正方形，其差为与*a*可以公约的线段上的正方形，所以：*d*上的正方形大于*e*上的正方形，其差是与*d*可以公约的线段上的正方形（命题X.14）。

那么进一步说：*d*和*e*构成的矩形也是中项面。

因为*b*、*c*构成的矩形等于*d*、*e*构成的矩形，同时，*b*、*c*构成的矩形是中项面，所以：*d*、*e*构成的矩形也是中项面（命题X.21）。

所以：两个中项线*d*、*e*是仅正方可公约的，且构成中项矩形，大线上的正方形大于小线上的正方形，其差为与大线可公约的线段上的正方形。

类似地又可以证明，当a上的正方形大于c上的正方形，其差为与a可公约的线段上的正方形时，d上的正方形大于e上的正方形，其差是与d可公约的线段上的正方形（命题X.30）。

所以：两条仅正方可公约的中项线，构成一个中项矩形，大线上的正方形大于小线上的正方形，其差为与大线可公约的线段上的正方形。

证完

引理

设：ABC为一个直角三角形，$\angle BAC$为直角，AD是垂线。

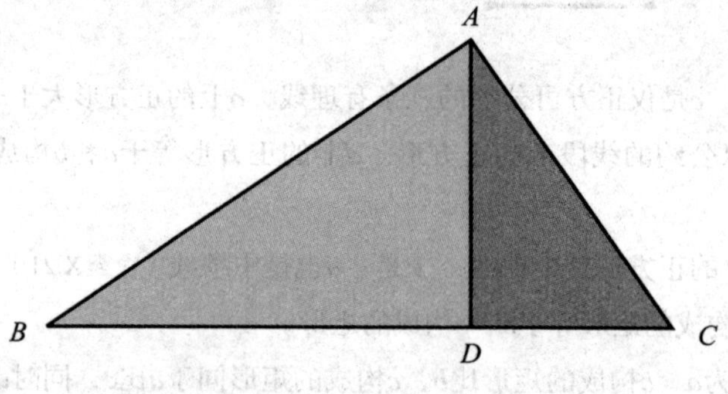

求证：CB、BD构成的矩形等于BA上的正方形，BC、CD构成的矩形等于CA上的正方形，BD、DC构成的矩形等于AD上的正方形，BC、AD构成的矩形等于BA、AC构成的矩形。

首先，CB、BD构成的矩形等于BA上的正方形。

因为在直角三角形中，AD垂直于底边，于是：三角形ABD、三角形ADC皆与三角形ABC相似，且它们彼此相似（命题VI.8）。

因为三角形ABC相似于三角形ABD，那么：CB比BA同于BA比BD。于是：CB、BD构成的矩形等于AB上的正方形。同理，BC、CD构成的矩形也等于AC上的正方形（命题VI.17）。

因为，如果在一个直角三角形中，直角向边引的线垂直于底边，那么该垂线也是所分底边两段的比例中项线，所以：BD比DA同于AD比DC。

所以：BD、DC构成的矩形等于AD上的正方形（命题VI.8及其推论、命题VI.17）。

那么：BC、AD构成的矩形也等于BA、AC构成的矩形。因为：如上所述，三角形ABC相似于三角形ABD，那么：BC比CA同于BA比AD（命题VI.4）。

所以：BC、AD构成的矩形等于BA、AC构成的矩形（命题VI.16）。

证完

命题X.33

两条正方不可公约的线段，其上的正方形之和是有理的，它们构成的矩形是中项面。

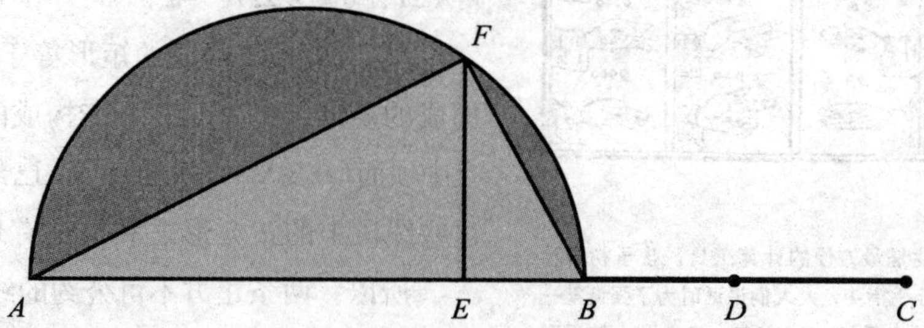

设：两条正方可公约的有理线段AB和BC，AB上的正方形大于BC上的正方形，其差是与AB不可公约的线上的正方形（命题X.30）。

在D点平分BC，在AB上作矩形，使之等于BD或DC上的正方形且缺少一个正方形，设其为AE、EB构成的矩形（命题VI.28）。

在AB上作半圆AFB，作EF与AB成直角，连接AF和FB。

因为：AB和BC是不等线段，AB上的正方形大于BC上的正方形，其差是与AB不可公约的线段上的正方形，同时，在AB上作的矩形等于BC上的正方形的四分之一，即是AB的一半的正方形，即为AE和EB构成的矩形。所以：AE与EB是不可公约量（命题X.18）。

又，AE比EB同于BA、AE构成的矩形比AB、BE构成的矩形，同时，BA和AE构成的矩形等于AF上的正方形，AB和BE构成的矩形等于BF上的正方形。所以：AF上的正方形与FB上的正方形是不可公约量。所以：AF、FB是正方不可公约量。

因为AB是有理的，那么：AB上的正方形也是有理的，于是：AF、FB上的正方形之和也是有理的（命题I.47）。

又，因为AE和BE构成的矩形等于EF上的正方形，根据假设，AE和EB构成的矩形也等于BD上的正方形，于是：FE等于BD。于是：BC是FE的两倍。于是：AB和BC构成的矩形与AB、EF构成的矩形也是可公约量。

又，AB和BC构成的矩形是中项面，所以：AB和EF构成的矩形也是中项面（命题X.21、命题X.23及其推论）。

又，AB和EF构成的矩形等于AF和FB构成的矩形，所以：AF和FB构成的矩形也是中项面（命题X.32、引理）。又，已经证明，这些线段上的正方形之和也是有理的。

所以：两条正方不可公约的线段AF、FB被找出，其上的正方形之和是有理的，它们构成的矩形是中项面。

证完

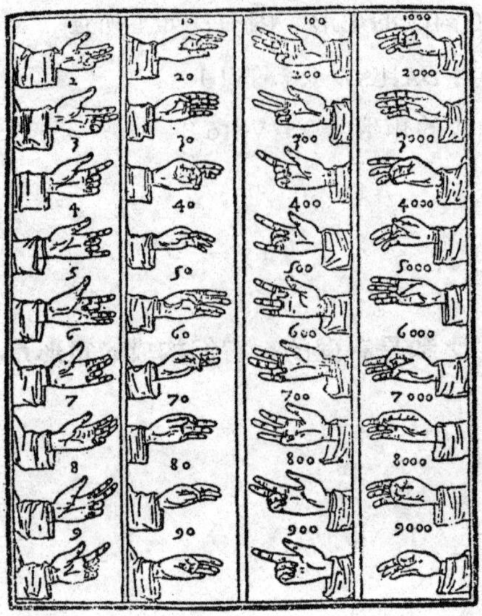

□ **指算**

手指可能是最方便的计算工具，孩子初学计算，总是先扳手指头，大人们说话时为了强调某一数字也常常伸出手指。1494年，意大利人帕乔利（1445—1517年）著《算术、几何、比与比例集成》，该书总结了自中世纪以来的几乎全部数学知识，对传播数学起了一定的作用。其中特别介绍了指算法，并给出了图中的用手指表示数目的方法。

注 解

引理的第一部分完成命题I.47，但是其证明依赖卷6中的相似三角形。

这一命题应用在命题X.39和X.76中。

命题X.34

两条正方不可公约的线，它们的正方形之和是中项面，它们构成的矩形是有理的。

设：两条中项线AB、BC是正方可公约的，它们构成的矩形是有理的，AB上的正方形大于BC上的正方形，其差是与AB不可公约的线段上的正方形（命题X.31）。

在AB上作半圆ADB，再在AB上作矩形，使之等于BE上的正方形且缺少一个正方形，及AF、FB构成的矩形，那么：AF、FB在长度上是不可公约的（命题

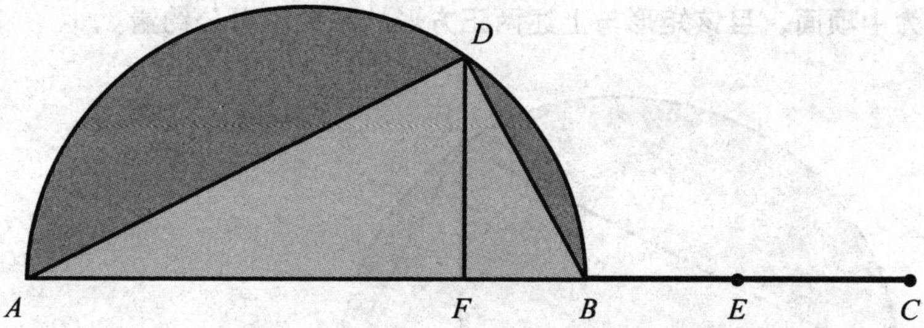

VI.28、X.18）。

从F点作FD，使之与AB形成直角，连接AD、DB。

因为AF与FB是在长度上不可公约的，所以：BA、AF构成的矩形与AB、BF构成的矩形也是不可公约的（命题X.11）。

又，BA与AF构成的矩形等于AD上的正方形，AB与BF构成的矩形等于DB上的正方形，所以：AD上的正方形与DB上的正方形也是不可公约的。

又，因为AB上的正方形是中项面，所以：AD与DB上的正方形之和也是中项面（命题III.31、I.47）。

又，因为BC是DF的两倍，所以：AB、BC构成的矩形也是AB与FD构成的矩形的两倍。

又，AB、BC构成的矩形是有理的，所以：AB、FD构成的矩形也是有理的（命题X.6）。

又，AB、FD构成的矩形等于AD、DB构成的矩形，所以：AD、DB构成的矩形也是有理的（命题X.33、引理）。

所以：两条正方不可公约的线段AD、DB被发现，它们的正方形之和是中项面，它们构成的矩形是有理的。

证完

注 解

这一命题应用在命题X.40中。

命题X.35

两条正方不可公约的线段可以证得，其上的正方形之和是中项面，它们构成

的矩形亦为中项面，且该矩形与上述两正方形的和是不可公约量。

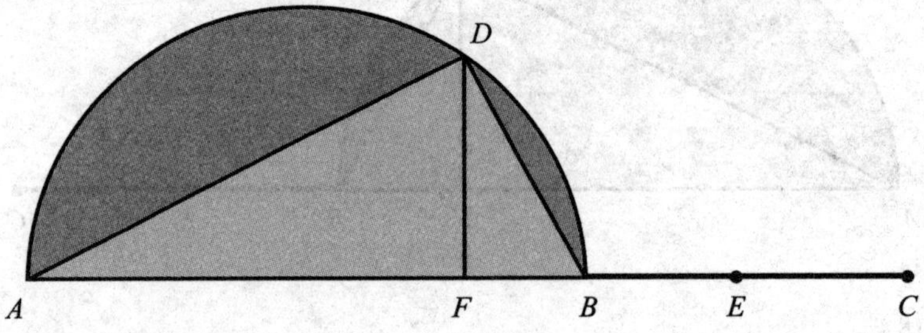

设：两条中项线*AB*、*BC*是仅正方可公约的，它们构成中项矩形，*AB*上的正方形大于*BC*上的正方形，其差为与*AB*不可公约的线段上的正方形，在*AK*上作半圆*ADB*，作如前所述的图形（命题X.31）。

因为*AF*与*FB*在长度上是不可公约的，于是：*AD*与*DB*也是正方形不可公约的量（命题X.18、X.11）。

因为*AB*上的正方形是中项面，所以：*AD*、*DB*上的正方形之和也是中项面（命题III.31、I.47）。

因为*AF*、*FB*构成的矩形等于*BE*、*DF*之一上的正方形，所以：*BE*等于*DF*。所以：*BC*是*FD*的两倍。所以：*AB*、*BC*构成的矩形是*AB*、*FD*构成的矩形的两倍。而*AB*、*BC*构成的矩形是中项面，所以：*AB*、*FD*构成的矩形也是中项面（命题X.32及其推论）。

又，它等于*AD*、*DB*构成的矩形，所以：*AD*、*DB*构成的矩形也是中项面（命题X.33、引理）。

因为*AB*与*BC*是在长度上不可公约的，同时，*CB*与*BE*是可公约的，于是：*AB*与*BE*在长度上也是不可公约的。于是：*AB*上的正方形与*AB*、*BE*构成的矩形也是不可公约的（命题X.13、X.11）。

而，*AD*、*DB*上的正方形之和等于*AB*上的正方形，*AB*、*FD*构成的矩形，即*AD*、*DB*构成的矩形，等于*AB*、*BE*构成的矩形。所以：*AD*、*DB*上的正方形之和与*AD*、*DB*构成的矩形是不可公约的（命题I.47）。

所以：正方不可公约的两条线段*AD*、*DB*，其上的正方形之和是中项面，它们构成的矩形亦为中项面，且该矩形与上述两正方形的和是不可公约量。

证完

注 解

这一命题应用在命题X.41和X.78中。

命题X.36

两条仅正方可公约的有理线段相加，其和是无理的，我们称之为二项线。

设：两条仅正方可公约的线段AB、BC相加。

求证：其和AC是无理的。

因为：AB与BC是长度上不可公约的，它们是仅正方可公约的。

而AB比BC同于AB、BC构成的矩形比BC上的正方形，所以：AB与BC构成的矩形与BC上的正方形是不可公约的（命题X.11）。

又，AB、BC构成的矩形的两倍与AB、BC构成的矩形是可公约的，AB、BC上的正方形之和与BC上的正方形是可公约的，因为AB和BC是仅正方可公约有理线段，所以：AB、BC构成的矩形的两倍与AB、BC上的正方形之和是不可公约量（命题X.6、X.15、X.13）。

又，由合比可得，AB、BC构成的矩形的两倍加AB、BC上的正方形，即AC上的正方形与AB、BC上的正方形之和是不可公约的（命题II.4、X.16）。

因为，AB、BC上的正方形之和是有理的，所以：AC上的正方形是无理的。所以：AC也是无理的。

我们称之为二项线（定义X.4）。

所以：两条仅正方可公约的有理线段相加，其和是无理的，我们称之为二项线。

证完

注 解

这一命题从本卷下一命题开始有大量的应用。

命题X.37

如果仅正方可公约的两条中项线，构成一个有理矩形，那么，两中项线之和是无理的，此线段被称为第一双中项线。

设：两条中项线AB、BC是仅正方可公约线段，构成一个有理矩形。将两线段相加得AC。

求证：总量AC是无理的。

因为AB与BC是在长度上不可公约的，所以：AB、BC上的正方形之和与AB、BC构成的矩形的2倍也是不可公约的，由合比可得，AB和BC上的正方形之和加上AB、BC构成的矩形的2倍，即AC上的正方形，与AB、BC构成的矩形是不可公约的（命题X.36、II.4、X.16）。

又，AB、BC构成的矩形是有理的，因为，根据假设，AB、BC是构成一个有理矩形的两线段，所以：AC上的正方形是无理的。所以：AC是无理的。我们把它称为第一双中项线（定义X.4）。

所以：如果仅正方可公约的两条中项线，构成一个有理矩形，那么，两中项线之和是无理的，此线段被称为第一双中项线。

证完

注 解

这一命题应用在命题X.43以及其他几个命题中。

命题X.38

如果仅正方可公约并构成一个中项矩形的两条中项线相加，那么两中项线段之和是无理的，我们称此线段为第二双中项线。

设：两条中项线AB、BC仅正方可公约，并构成一个中项矩形。两线相加。

求证：AC是无理的。

令：DE为有理线段，在DE上作矩形DF，使之等于AC上的正方形，DG为宽（命题I.44）。

因为AC上的正方形等于AB、BC上的正方形与AB、BC构成的矩形的2倍之和，令EH是在DE上作的矩形等于AB、BC上的正方形之和，那么：余值HF等于AB、BC构成的矩形的2倍（命题II.4）。

因为AB、BC两条线段皆为中项线，于是：AB、BC上的正方形也是中项面。根

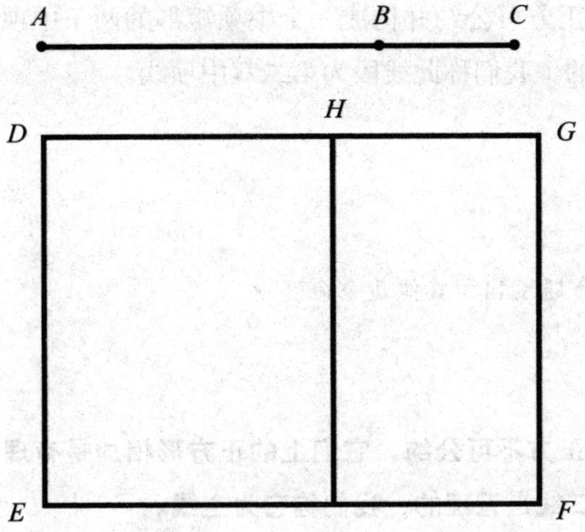

据假设，AB、BC构成的矩形的2倍也是中项面。又，EH等于AB、BC上的正方形之和，同时，FH等于AB与BC构成的正方形的2倍，所以：EH和HF皆是中项面。

又，它们是作在有理线段DE上的，所以：DH、HG皆是有理线段，并与DE在长度上不可公约（命题X.22）。

因为AB、BC在长度上不可公约，且AB比BC同于AB上的正方形比AB、BC构成的矩形，所以：AB上的正方形与AB、BC构成的矩形是不可公约的（命题X.11）。

又，AB、BC上的正方形之和与AB上的正方形是可公约的，AB、BC构成的矩形的2倍与AB、BC构成的矩形是可公约量（命题X.15、X.6）。

所以：AB、BC上的正方形之和与AB、BC构成的矩形的2倍是不可公约的（命题X.13）。

又，EH等于AB、BC上的正方形之和，且HF等于AB、BC构成的矩形的2倍。

所以：EH与HF是不可公约的，所以：DH与HG也是在长度上不可公约的（命题VI.1、X.11）。

所以：DH、HG是仅正方可公约的有理线段，所以：DG是无理的（命题X.36）。

又，DE是有理的，构成一条无理线段和一条有理线段的矩形是无理面。

所以：面DF是无理的，而与DF相等的正方形的边是无理的（命题 X.20 、定义X.4）。

而AC是等于DE的正方形的边，所以：AC是无理的。

我们称它为第二双中项线。

所以：如果仅正方可公约并构成一个中项矩形的两条中项线相加，那么两中项线段之和是无理的，我们称此线段为第二双中项线。

证完

注 解

本命题应用在命题X.44和其他几个命题中。

命题X.39

如果两条线段正方不可公约，它们上的正方形相加是有理的；且它们构成中项矩形，那么，此二线是无理的，我们称它为主线。

设：两条线段AB、BC是正方不可公约量，两线段相加得AC（命题X.33）。

求证：AC是无理的。

因为AB、BC构成的矩形是中项面，所以：AB、BC构成的矩形的两倍也是中项面（命题X.6、命题X.23及其推论）。

又，AB、BC上的正方形之和是有理的，所以：AB、BC构成的矩形的两倍和AB与BC上的正方形之和是不可公约的。所以：AB、BC上的正方形之和加上AB、BC构成的矩形的两倍，即是AC上的正方形。也与AB、BC上的正方形之和不可公约。所以：AC上的正方形是无理的，所以：AC也是无理的。

所以：我们称它为主线（命题X.16、定义X.4）。

证完

注 解

这一命题应用在本卷的命题X.57和其他几个命题中。

命题X.40

如果两条线段正方不可公约，它们的正方形之和是中项面，而它们构成的矩形是有理的，并与二线段正方形之和不可公约，那么，两线段之和是无理的。我们称它为两中项面有理面之和的边。

设：两条线段AB、BC是正方不可公约量，它们相加得AC（命题X.34）。

那么：AC是无理的。

因为AB、BC上的正方形是中项面，同时，AB、BC构成的矩形的两倍是有理的，所以：AB、BC上正方形之和与AB、BC构成的矩形的两倍是不可公约的。所以：AC上的正方形与AB、BC构成的矩形的两倍也是不可公约的（命题X.16）。

而，AB与BC构成的矩形的两倍是有理的，所以：AC上的正方形是无理的（定义X.4）。

所以：AC是无理的。我们称它为两中项面有理面之和的边。

证完

注 解

这一命题应用在本卷的命题X.46和其他几个命题之中。

命题X.41

如果两条正方不可公约线段上的正方形之和是中项面，且它们构成的矩形也是中项面，并与它们的正方形之和不可公约，那么两条线段之和是无理的。我们称该线为两中项面之和的边。

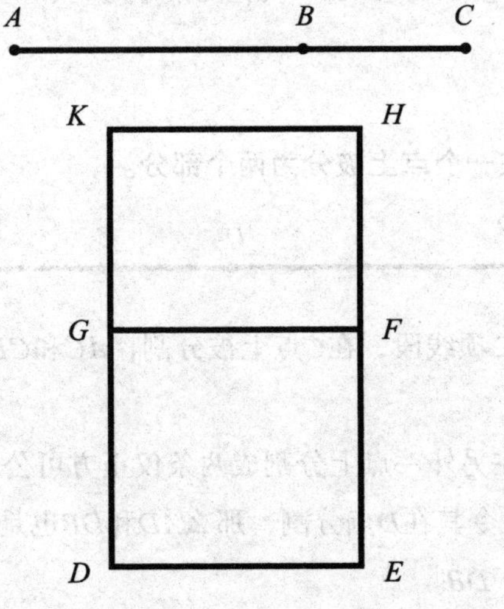

设：两条线段AB、BC是正方不可公约的，它们相加得AC（命题X.35）。

求证：AC是无理的。

令：作有理线段DE，在DE上作矩形DF，使之等于AB、BC上的正方形之和。再作矩形GH，使之等于AB、BC构成的矩形的两倍，那么，总量DH等于AC上的正方形（命题II.4）。

现在，因为AB、BC上的正方形之和是中项面，并等于DF，所以：DF也是中项面。而它是作在有理线DE上的，所以：DG与DE是在长度上不可公约的有理线。同理，GK与GF，即DE，也是在长度上不可公约的有理线（命题X.22）。

因为AB和BC上的正方形之和与AB及BC构成的矩形的两倍是不可公约的，所以：DF与GH是不可公约的，所以：DG与GK也是不可公约的（命题VI.1、X.11）。

又，它们是有理的，所以：DG、GK是仅正方可公约的有理线，所以：DK是被称为二项线的无理线（命题X.36）。

又，DE是有理的，所以：DH是无理的，且与它相等的正方形的边是无理的（定义X.4）。

又，AC是等于HD的正方形的边，所以：AC是无理的。

所以：我们称该线为两中项面之和的边。

证完

注 解

这一命题应用在本卷的命题X.65和其他几个命题之中。

命题X.42

一条二项线仅能在一个点上被分为两个部分。

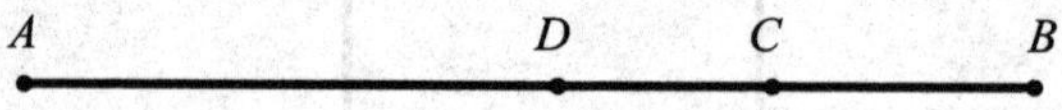

设：AB是给定的二项线段，在C点上被分割，AC和CB是仅正方可公约的有理线段。

求证：AB不可能在另外一点上分割成两条仅正方可公约的线段。

因为，假如可能，令其在D点分割，那么AD和DB也是仅正方可公约的线段。

这表明，AC不同于DB。

否则，AD也就同于CB，而AC比CB同于BD比DA，于是：AB在D点被分割便同于在C点被分割。这与假设是矛盾的。

所以：AC不同于DB。

同理，点D和点C离中点不相等。

所以：AC、CB上的正方形之和与AD、DB上的正方形之和的差，等于AD、DB构成的矩形的两倍与AC、CB构成的矩形的两倍的差。因为：AC、CB上的正方形加AC、CB构成的矩形的两倍，与AD、DB上的正方形加AD、DB构成的矩形的两倍，都等于AB上的正方形（命题II.4）。

又，AC、CB上的正方形之和与AD、DB上的正方形之和的差是有理面，因为两者都是有理面。所以：AD、DB构成的矩形的两倍与AC、CB构成的矩形的两倍的差也是个有理面。然而，它们是中项面，这是荒谬的，因为：两个中项面的差不可能是有理面（命题X.21、X.26）。

所以：一条二项线不可能在不同的点上分为两段，所以：它只能被一点分为两段。

所以：一条二项线仅能在一个点上被分为两个部分。

证完

注 解

这一命题应用在命题X.47中。

命题X.43

第一双中项线仅能在一点上被分为两段。

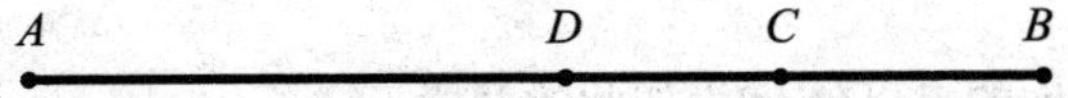

设：AB为第一双中项线，在C点被分为两段，使得：AC、CB成为两条仅正方可公约的中项线，并可构成一个有理矩形（命题X.37）。

那么：不可能有另外一个点分AB为如此两段。

假如可能有另外一点，令其为D点，那么：AD、DB也是仅正方可公约的中项线，并构成一个有理矩形。

那么，因为AD、DB构成的矩形的两倍与AC、CB构成的矩形的两倍的差，等于AC、CB上的正方形之和与AD、DB上的正方形之和的差；同时，AD、DB构成的矩形的两倍与AC、CB构成的矩形的两倍的差为一个有理面，因为两者皆为有理面，所以：AC、CB上的正方形之和与AD、DB上的正方形之和的差为一个有理面。然而，它们是中项面，这是荒谬的（命题X.26）。

所以：第一双中项线不可能在不同的点上分为两段，所以：它只能在一个点上被分为两段。

所以：第一双中项线仅能在一点上被分为两段。

证完

命题X.44

一个第二双中项线只可在一点被分为两段。

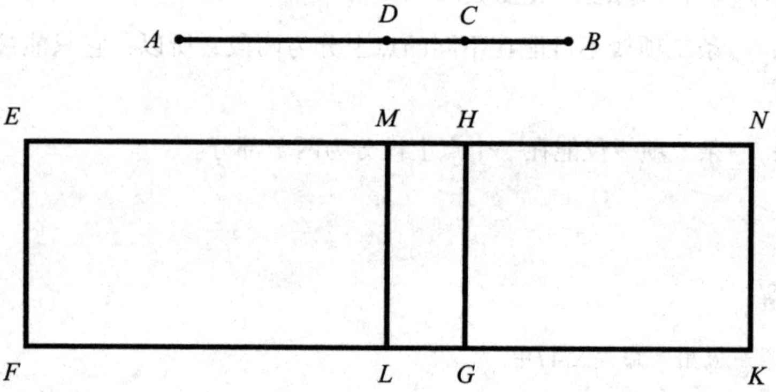

设：AB为一个第二双中项线，被C点切分，使AB、CB成为两条仅正方可公约线，其构成的矩形是中项面。显然，C不是AB的平分点，因为它们长度上是不可公约的（命题X.38）。

求证：没有其他的点可分AB为如此的两段。

假如可能有另外一点，令其为D点，那么：AC、DB是不同的，而AC假设较大，那么：正如我们上面的证明，AD、DB上的正方形之和小于AC、CB上的正方形之和。

假定AD、DB是仅正方可公约的两条中项线。并构成一个有理矩形（命题X.32、引理）。

令：作一条有理线段EF，在EF上作矩形EK等于AB上的正方形，从中减去等于AC、CB上的正方形之和的EG。那么：其余值HK等于AC、CB构成的矩形的两倍。

又，从中减去等于AD、DB上的正方形之和的EL，它已被证明小于AC、CB上的正方形之和，那么：余值MK也等于AD、DB构成的矩形的两倍（命题X.32、引理）。

那么，现在，AC、CB上的正方形是中项面，所以：EG是中项面。

又，它们是作在有理线段EF上的，所以EH与EF在长度上是不可公约的（命题X.22）。

同理，HN与EF在长度上也是不可公约的。

又，因为AC、CB是两条中项线段，并仅正方可公约，于是：AC、CB是在长度上不可公约的。

又，AC比BC同于AC上的正方形与AC、CB构成的矩形之比，于是：AC上的正方形与AC、CB构成的矩形不可公约（命题X.11）。

而AC、CB上的正方形之和与AC上的正方形是可公约的，因为：AC和CB仅正方可公约（命题X.15）。

又，AC、CB构成的矩形的两倍与AC、CB构成的矩形是可公约的（命题X.6）。

所以：AC、CB上的正方形与AC、CB构成的矩形的两倍是不可公约的（命题X.13）。

又，EG等于AC、CB上的正方形之和，而HK等于AC、BC构成的矩形的两倍，所以：EG与HK是不可公约的。所以：EH与HN在长度上也是不可公约的（命题VI.1、X.11）。

又，它们是有理的，所以：EH和HN是有理线段，并仅正方可公约。

如果两条仅正方可公约的有理线段相加，那么其总量是无理的，它被称为二项线（命题X.36）。

所以：EN是一个二项线，在H点上被切分，同理，EM、MN也可证明是有理线，仅正方可公约；EN是在不同的点H、M上被切分的二项线。EH不同于MN，因为AC、CB上的正方形之和大于AD、DB上的正方形之和。

而AD、DB上的正方形之和大于AD、DB构成的矩形的两倍，所以：AC、BC上的正方形之和，即EG，远远大于AD、DB构成的矩形的两倍，即MK，所以：

*EH*也大于*MN*。所以：*EH*不同于*MN*。

所以：一个第二双中项线只可在一点被分为两段。

证完

命题X.45

一条主线仅能在一点上被分为两段。

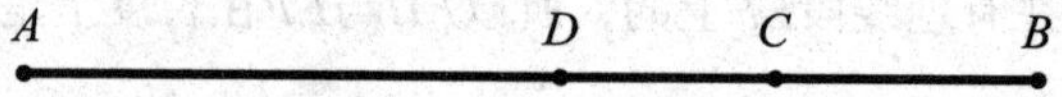

设：*AB*为主线，在*C*点上被切分，使*AC*、*CB*成为正方不可公约的。且*AC*、*CB*上的正方形之和是有理的，而*AC*、*CB*构成的矩形是中项面（命题X.39）。

求证：*AB*不可能在另一个点上分为如此的两段。

假如可能有另外一点，令其在*D*点被切分，那么*AD*、*DB*是仅正方不可公约的量，而*AD*、*DB*上的正方形之和是有理的，但，它们构成的矩形是中项面。

那么，因为*AC*、*CB*上的正方形之和，与*AD*、*DB*上的正方形之和的差，等于*AD*、*DB*构成的矩形的两倍和*AC*与*CB*构成的矩形的两倍的差；同时，*AC*、*CB*上正方形的和与*AD*、*DB*上的正方形之和的差是有理面，因为两者皆是有理面。然而，它们是中项面，这是不可能的（命题X.26）。

所以：一条主线不可能在不同的点上被切分。

所以，*AD*、*DB*构成的矩形的两倍，与*AC*、*CB*所构成的矩形的两倍之差是有理面。

所以：一条主线仅能在一点上被分为两段。

证完

命题X.46

一个中项面有理面和的边仅能在一点上被分为两段。

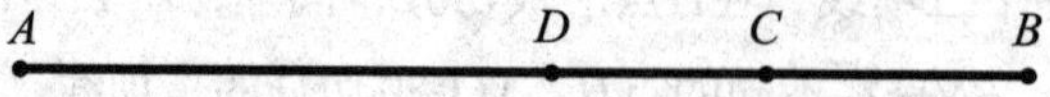

设：*AB*为一条有理面中项面和的边，在*C*点被切分，那么：*AC*、*CB*是正方不可公约量，*AC*、*CB*上的正方形之和是中项面，而*AC*、*CB*构成的矩形的两倍是有理的（命题X.40）。

求证：没有另外的一个点可以切分AB为如此的两段。

假设可能有另外一点，设它为D点，那么：AD、DB也是正方不可公约量，且AD、DB的正方形之和是中项面，AD、DB构成的矩形的两倍是有理的。

那么因为：AC、CB构成的矩形的两倍与AD、DB构成的矩形的两倍的差，等于AD、DB的正方形之和与AC、CB的正方形之和的差。

同时，AC、CB构成的矩形与AD、DB构成的矩形的两倍之差是有理面，所以：AD、DB上的正方形之和与AC、CB上的正方形之和的差是有理面，然而，它们是中项面，这是不可能的（命题X.26）。

所以：一个中项面有理面和的边仅能在一点上被分为两段。

证完

命题X.47

一个两中项面之和的边，仅能在一点上被分为两段。

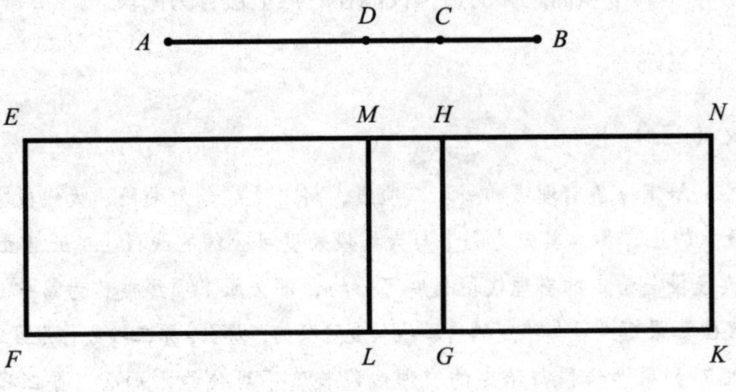

设：AB在C点上被切分，那么：AC、CB是正方不可公约的，AC、CB上的正方形之和是中项面，而AC、CB构成的矩形是中项面，AC、CB构成的矩形与它们上的正方形也是不可公约的（命题X.41）。

求证：没有另外的点可以分AB为两段，满足给定的条件。

假设可能有这样一点，令其为D点，那么：AC当然不同于BD，而AC被假设为大。

令：作一条有理线段EF，在EF上作矩形EG等于AC、CB上的正方形之和，并作矩形HK等于AC、CB构成的矩形的两倍，那么：总量EK等于AB上的正方形（命题II.4）。

又，在EF上作矩形EL，使之等于AD、DB上的正方形之和，那么：其余值，AD、DB构成的矩形的两倍，等于余值MK。

又因为：根据假设，AC、CB上正方形之和是中项面。所以：EG也是中项面。

又，它是作在有理线段EF上的，于是：HE是有理线段，并与EF在长度上不可公约（命题X.22）。

同理，HN也是有理线段，并与EF在长度上是不可公约的，又因为：AC、CB上的正方形之和与AC、CB构成的矩形的两倍是不可公约的。所以：EG与GN也是不可公约的。所以：EH与NH也是不可公约的（命题VI.1、X.11）。

又，它们是有理的，于是：EH和HN是有理线段，并是仅正方可公约的。所以：EN是一条二项线段，并在H点上被切分（命题X.36）。

同理，可以证明EN也在M点被切分。而EH不同于MN，所以：一条二项线段被分成了不同的点，这是荒谬的（命题X.36）。

所以：一个两中项面之和的边，仅能在一点上被分为两段。

证完

定 义（二）

定义X.5 给定一条有理线和一个二项线，将二项线分为两段，大线段上的正方形大于小线段上的正方形，其差为一个与大线段长度可公约的线段上的正方形。

如果大线段与给定的有理线段长度可公约，那么原二项线被称为第一二项线。

定义X.6 如果短线段与给定的有理线长度可公约，那么，原二项线称为第二二项线。

定义X.7 如果两线段与给定的有理线段长度不可公约，那么，原二项线称为第三二项线。

定义X.8 如果大线段上的正方形大于小线段上的正方形，其差为一个与大线段长度可公约的线段上的正方形，如果大线段与给定的有理线段长度可公约，那么，原二项线被称为第四二项线。

定义X.9 如果小线段与给定的有理线段长度可公约，那么，该二项线称为第五二项线。

定义X.10 两线段皆不可公约，则称为第六二项线。

命题X.48

求第一二项线。

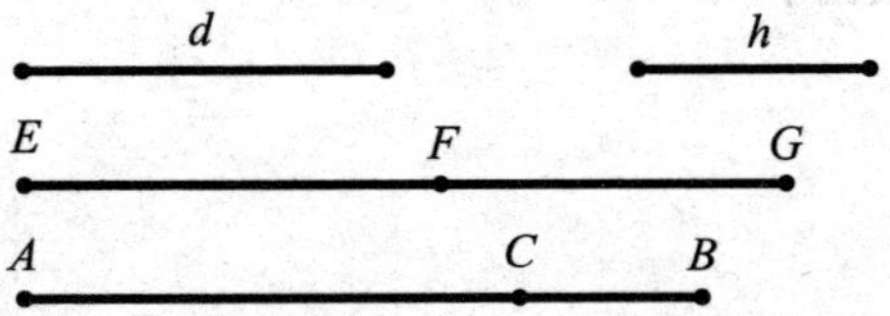

设：两个数AC、CB，AB比BC是一个平方数比一个平方数，但它们的和比CA不是一个平方数比一个平方数（命题X.28、引理）。

设：任意有理线段d，使EF与d在长度上是可公约的。那么：EF也是有理线段。

令：数BA比AC同于EF上的正方形比FG上的正方形（命题X.6及其推论）。

而，AB比AC是一个数比一个数，于是：EF上的正方形比FG上的正方形也是一个数比一个数。于是：EF上的正方形与FG上的正方形是可公约的（命题X.6）。

又，EF是有理线，于是：FG也是有理线。因为BA比AC不是一个平方数比一个平方数，所以：EF上的平方比FG上的平方不是一个平方数比一个平方数。所以：EF与FG在长度上是不可公约的（命题X.9）。

所以：EF和FG是仅正方可公约的有理线段。所以：EG是二项线（命题X.36）。

那么：它也是一个第一二项线。

因为：数BA比AC同于EF上的正方形比FG上的正方形，同时，BA大于AC。所以：EF上的正方形也大于FG上的正方形。

令：FG、h上的正方形之和等于EF上的正方形。

因为，BA比AC同于EF上的正方形比FG上的正方形。

于是：由转换比可得，AB比BC同于EF上的正方形比h上的正方形（命题V.19及其推论）。

又，AB比BC是一个平方数比一个平方数，所以：EF上的正方形比h上的正方形也是一个平方数比一个平方数。

所以：EF与h是在长度上可公约的。所以：EF上的正方形大于FG上的正方形，其差为与EF可公约的一条线段上的正方形（命题X.9）。

又，*EF*和*FG*是有理的，而*EF*与*d*是长度上可公约的。

所以：*EG*是一个第一二项线。

所以：第一二项线被求出。

证完

命题X.49

求第二二项线。

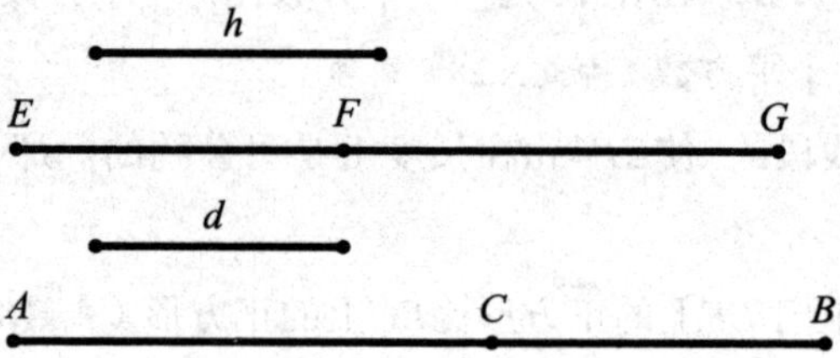

设：*AC*、*CB*两个数，它们的和*AB*比*BC*之比是一个平方数比一个平方数。但*AB*比*AC*不是一个平方数比一个平方数。作一条有理线段*d*，使*EF*与*d*在长度上可以公约，于是：*EF*是有理线段。

作以下比例，使*CA*比*AB*同于*EF*上的正方形比*FG*上的正方形，那么：*EF*上的正方形与*FG*上的正方形是可公约量。所以：*FG*也是有理线段（命题X.6及其推论）。

那么，因为：*CA*比*AB*不是一个平方数比一个平方数，*EF*上的正方形比*FG*上的正方形也不是一个平方数比一个平方数。

所以：*EF*与*FG*是在长度上不可公约的。所以：*EF*和*FG*是仅正方可公约的有理线。所以：*EG*是二项线（命题X.9、X.36）。

还可以证明，它是一个第二二项线。

因为：由反比可得，数*BA*比*AC*同于*GF*上的正方形比*FE*上的正方形。同时，*BA*大于*AC*，所以：*GF*上的正方形大于*FE*上的正方形（命题V.7及其推论）。

令：*EF*、*h*上的正方形之和等于*GF*上的正方形，那么，由换比可得，*AB*比*BC*同于*FG*上的正方形比*h*上的正方形（命题V.19及其推论）。

而，*AB*比*BC*是一个正方形比一个正方形，所以：*FG*上的正方形比*h*上的正方形是一个平方数比一个平方数。

所以：*FG*与*h*是长度可公约的量。所以：*FG*上的正方形大于*FE*上的正方形，其差是一个与FG可以公约的线段上的正方形（命题X.9）。

又，FG、FE是仅正方可公约的有理线，EF与d是长度可公约量。

所以：EG是一个第二二项线。

所以：第二二项线被求出。

证完

命题X.50

求第三二项线。

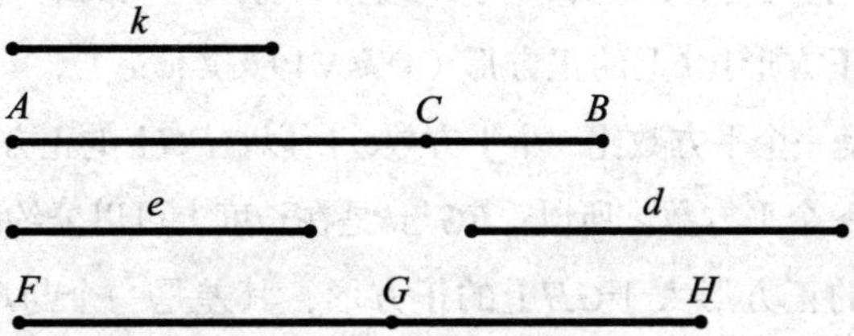

设：两个数AC、CB之和AB比BC是一个平方数比一个平方数，但AB比AC不是一个平方数比一个平方数。

再设：另一个数d不是平方数，d与BA、AC之比皆不是一个平方数比一个平方数。

再设：任意有理线段e，使d比AB同于e上的正方形比FG上的正方形。那么：e上的正方形与FG上的正方形是可公约的量（命题X.6及其推论）。

又，e是有理的，所以：FG也是有理的。又因为：d比AB不是一个平方数比一个平方数，e上的正方形比FG上的正方形也不是一个平方数比一个平方数。所以：e与FG是长度不可公约量（命题X.9）。

其次，作出如下比例。

再令：数BA比AC同于FG上的正方形比GH上的正方形。那么：FG上的正方形与GH上的正方形是可公约量（命题X.6及其推论）。

又，FG是有理的，所以：GH也是有理的。又因为：BA比AC不是一个平方数比一个平方数，FG上的正方形比HG上的正方形也不是一个平方数比一个平方数。所以：FG与GH是长度不可公约量（命题X.9）。

所以：FG和GH是仅正方可公约的有理线段。所以：FH是二项线（命题X.36）。

进一步说：它也是一个第三二项线。

又因为：d比AB同于e上的正方形比FG上的正方形，而BA比AC同于FG上的正方形比GH上的正方形。所以：由首末比可得，d比AC同于e上的正方形比GH上的正方形（命题V.22）。

又，d比AC不是一个平方数比一个平方数，e上的正方形比GH上的正方形也不同于一个平方数比一个平方数。所以：e与GH是在长度上不可公约的（命题X.9）。

因为：BA比AC同于FG上的正方形比GH上的正方形。所以：FG上的正方形大于GH上的正方形。

再令：GH、k上的正方形之和等于FG上的正方形。那么：由转换比可得，AB比BC同于FG上的正方形比k上的正方形（命题V.19及其推论）。

而，AB比BC是一个平方数比一个平方数，所以：FG上的正方形比k上的正方形也等于一个平方数比一个平方数。所以：FG与k是在长度上可以公约的（命题X.9）。

所以：FG上的正方形大于GH上的正方形，其差是一个与FG在长度上可以公约的量（命题X.9）。

又，FG、GH是仅正方可公约的有理线段，那么：它们皆在长度上与e不可以公约。

所以：FH是一个第三二项线。

所以：第三二项线被求出。

证完

命题X.51

求第四二项线。

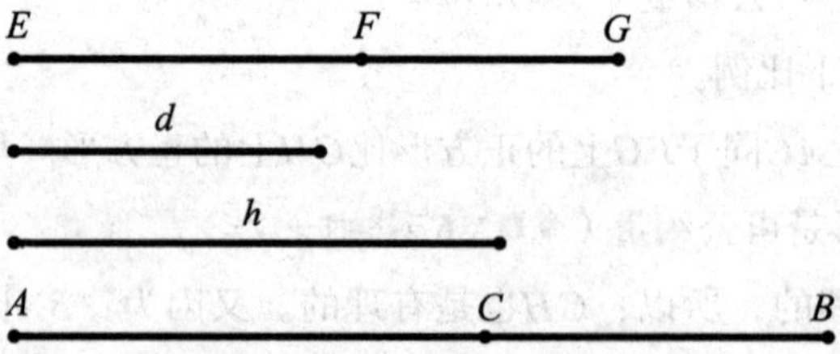

设：两个数AC、CB，它们的和AB比BC、AC都不是一个平方数比一个平方数。

再设：d是有理线段，EF与d在长度上是可公约的。那么：EF也是有理的。

令：数BA比AC同于EF上的正方形比FG上的正方形。那么：EF上的正方形与FG上的正方形是可公约的。所以：FG也是有理的（命题X.6及其推论）。

那么因为：BA比AC不是一个平方数比一个平方数，EF上的正方形比FG上的正方形也不是一个平方数比一个平方数。所以：EF与FG是长度上不可以公约的（命题X.9）。

所以：EF和FG是仅正方可公约的有理线。于是：EG是二项线。

那么进一步说：它也是一个第四二项线。

因为：BA比AC同于EF上的正方形比FG上的正方形。所以：EF上的正方形大于FG上的正方形。

令：FG与h上的正方形之和等于EF上的正方形。那么：由转换比可得，数AB比BC同于EF上的正方形比h上的正方形（命题V.19及其推论）。

而AB比BC不是一个平方数比一个平方数，所以：EF上的正方形比h上的正方形也不是一个平方数比一个平方数。

所以：EF与h是长度上不可公约的。所以：EF上的正方形大于GF上的正方形，其差是一个与EF不可公约的线段上的正方形（命题X.9）。

又，因为：EF、FG是仅正方可公约的有理线段，而EF与d是长度可公约的。所以：EG是一个第四二项线。

所以：第四二项线被求出。

证完

命题X.52

求第五二项线。

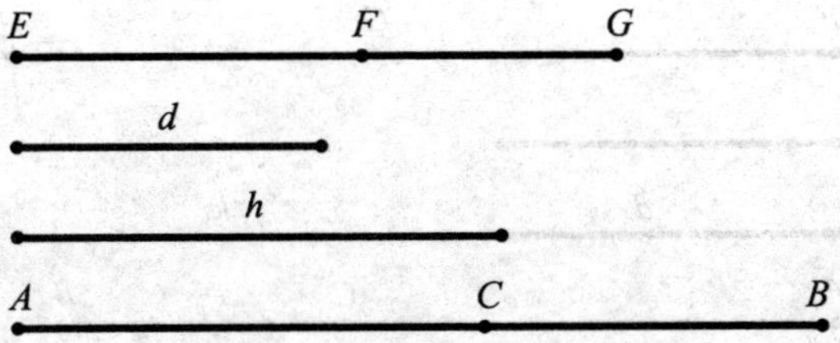

设：两个数AC、CB，AB分别与它们相比，皆不同于一个平方数比一个平方数。设一条任意有理线d，使EF与d可公约。那么EF是有理的。

令：CA比AB同于EF上的正方形比FG上的正方形（命题X.6及其推论）。

而CA比AB不是一个平方数比一个平方数，所以：EF上的正方形比FG上的正方形也不是一个平方数比一个平方数。

所以：EF、FG是仅正方可公约的有理线段。所以：EG是个二项线（命题X.36、X.9）。

那么进一步说：它也是第五二项线。

因为CA比AB同于EF上的正方形比FG上的正方形，所以：由反比得，BA比AC同于FG上的正方形比EF上的正方形。所以：GF上的正方形大于FE上的正方形（命题V.7及其推论）。

再令：EF、h上的正方形之和等于GF上的正方形。那么：由换比可得，数AB比BC同于GF上的正方形比h上的正方形（命题V.19及其推论）。

而，AB比BC不同于一个平方数比一个平方数，所以：FG上的正方形比h上的正方形也不同于一个平方数比一个平方数。

所以：FG与h是不可公约量。所以：FG上的正方形大于FE上的正方形，其差是一个与FG不可公约的线段上的正方形（命题X.9）。

又，GF、FE是仅正方可公约的有理线段，小线段EF与d在长度上可公约。

所以：EG是一个第五二项线。

所以：第五二项线被求出。

证完

命题X.53

求第六二项线。

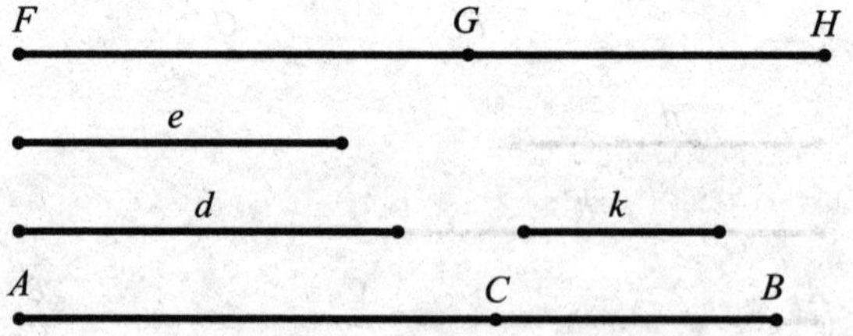

设：两个数AC、CB，它们的和AB分别与它们相比都不是一个平方数比一个平方数。再设另一个非平方数d，与BA、AC的比也不是一个平方数比一个平方数。

再设：e为一条任意有理线，使d比AB同于e上的正方形比FG上的正方形。那么：e上的正方形与FG上的正方形是可公约量，而e是有理的。所以：FG也是有理的（命题X.6、推论）。

那么因为：d比AB不同于一个平方数比一个平方数，e上的正方形比FG上的正方形也不是一个平方数比一个平方数。所以：e与FG是长度上不可公约的（命题X.9）。

又，作BA比AC同于FG上的正方形比GH上的正方形，那么：FG上的正方形与HG上的正方形是可公约量（命题X.6及其推论）。

所以：HG上的正方形是有理的。所以：HG是有理的。

又，因为：BA比AC不同于一个平方数比一个平方数，FG上的正方形比GH上的正方形也不是一个平方数比一个平方数。所以：FG与GH是长度上不可公约的（命题X.9）。

所以：FG、GH是仅正方可公约的有理线段。所以：FH是二项线（命题X.36）。

也可以证明，它也是第六二项线。

因为：d比AB同于e上的正方形比FG上的正方形，BA比AC同于FG上的正方形比GH上的正方形。所以：由首末比可得，d比AC同于e上的正方形比GH上的正方形（命题V.22）。

又，d比AC不同于一个平方数比一个平方数，所以：e上的正方形比GH上的正方形也不是一个平方数比一个平方数。所以：e与GH是在长度上不可公约的（命题X.9）。

又，也可以证明，e也与FG是不可以公约的，于是：FG、GH分别与e在长度上是不可以公约的。

又因为：BA比AC同于FG上的正方形比GH上的正方形。所以：FG上的正方形大于GH上的正方形。

再令：GH、k上的正方形之和等于FG上的正方形。那么：由转换比可得，AB比BC同于FG上的正方形比k上的正方形（命题V.19及其推论）。

又，AB比BC不同于一个平方数比一个平方数，FG上的正方形比k上的正方形也不同于一个平方数比一个平方数。

所以：FG与k是长度上不可以公约的。所以：FG上的正方形大于GH上的正方形，其差等于一个与FG在长度上不可以公约的线段上的正方形（命题X.9）。

又FG、GH是仅正方可公约的有理线，它们与e也是在长度上不可公约的有理线。

所以：FH是一个第六二项线。

所以：第六二项线被求出。

证完

引理

设：有两个正方形$AFBD$、$GBEC$，使它们的边DB、BE在同一条线上，那么，FB也和BG是在同一条线上。

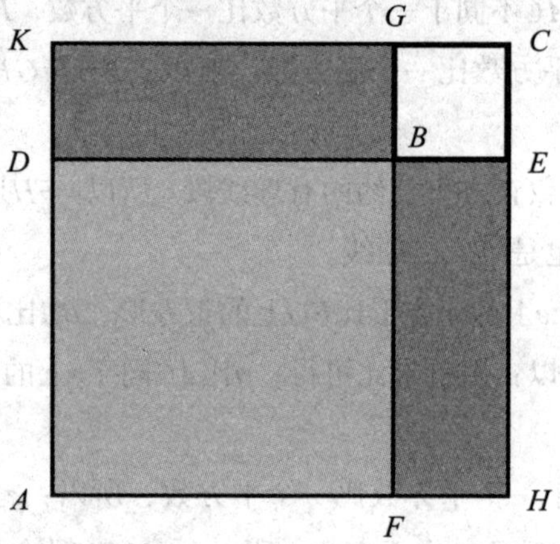

完成平行四边形$KAHC$。

求证：四边形$AHCK$是个正方形，四边形$DBGK$是正方形$AFBD$、正方形$BECG$之间的比例中项，进一步，四边形$DECK$是正方形$AHCK$、四边形$CGBE$之间的比例中项。

因为DB等于BF、BE等于BG，所以DE等于FG。

而，DE分别等于线段AH和KC，又，FG分别等于线段AK和HC，所以：线段AH和KC也分别等于AK和HC（命题I.34）。

所以：平行四边形$AHCK$是等边的，并它也是矩形，所以：四边形$AHCK$是个正方形。

因为：FB比BG同于DB比BE。同时，FB比BG同于AB比DG，又DB比BE同于DG比BC，所以：AB比DG同于DG比BC（命题VI.1、VI.11）。

所以：四边形*DBGK*是在正方形*AFBD*、正方形*BECG*的比例中项。

进一步说：四边形*DECK*也是四边形*AHCK*、正方形*BECG*的比例中项。

因为：*AD*比*DK*同于*KG*比*GC*，因为它们分别相等。由合比可得，*AK*比*KD*同于*KC*比*CG*。同时，*AK*比*KD*同于*AC*比*CD*，且*AC*比*CG*同于*DC*比*CB*，所以：四边形*AHCK*比四边形*DECK*同于四边形*DECK*比正方形*BECG*（命题V.18、VI.1、VI.11）。

所以：四边形*DECK*是正方形*AHCK*和正方形*BECG*的比例中项。

证完

命题X.54

如果一个面由一个有理线段和第一二项线构成，那么，该面的边是无理线，我们称为二项线的无理线段。

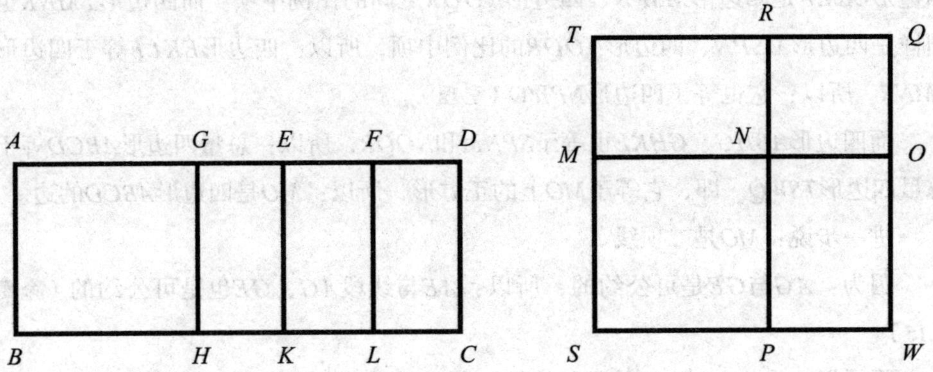

设：面*ABCD*是由有理线段*AB*和第一二项线*AD*构成。

求证：面*ABCD*的边是无理线，我们称为二项线的无理线。

因为：*AD*是一个第一二项线，设*E*为其分点，*AE*较大。那么很明显，*AE*、*ED*是仅正方可公约的有理线，*AE*上的正方形大于*ED*上的正方形，其差是一个与*AE*可公约的线段上的正方形。且*AE*与有理线段*AB*是在长度上可公约的（定义X.5）。

令：在*F*点上平分*ED*。

那么因为：*AE*上的正方形大于*ED*上的正方形，其差是一个与*AE*可公约的线段上的正方形。在大线段*AE*上作一个等于*ED*上的正方形的四分之一，即等于*EF*上的正方形，且缺少一个正方形的矩形，那么，*AE*被分为长度可公约的两段（命题X.17）。

在AE上作AG、GE构成的矩形，使之等于EF上的正方形。那么：AG是与EG在长度上可公约的。

从G、E、F作GH、EK、FL，使之分别平行于直线AB、CD，作正方形SN等于矩形AH，且正方形NQ等于GK。再设MN与NO在一条直线上，那么：RN与NP也是在一条直线上。完成平行四边形SWQT，那么：平行四边形SWQT是正方形（命题II.4、引理）。

那么因为AG、GE构成的矩形等于EF上的正方形，所以：AG比EF同于FE比EG（命题VI.17）。

所以：AH比EL同于EL比KG。所以：四边形EFLK是四边形ABHG、四边形GHKE之间的比例中项（命题VI.1）。

而四边形ABHG等于四边形MSPN，四边形GHKE等于四边形RNOQ，所以：四边形EKLF是四边形MSPN、四边形NOQR之间的比例中项。而四边形TMNR也同样是四边形MSPN、四边形NOQR的比例中项，所以：四边形EKLF等于四边形TMNR。所以：它也等于四边形NPWO（引理）。

而四边形ABHG、GHKE也等于SPNM和NOQR，所以：总量四边形ABCD等于总量四边形TSWQ。即，它等于MO上的正方形，所以：MO是四边形ABCD的边。

进一步说：MO是二项线。

因为：AG与GE是可公约的，所以：AE与线段AG、GE也是可公约的（命题X.15）。

而根据假设，AE与AB是可公约的，所以：AG、GE与AB也是可公约的（命题X.12）。

又，AB是有理的，所以：直线AG、GE也是有理的。所以：四边形ABHG、GHKE构成的矩形是有理的，而四边形ABHG与GHKE是可公约的（命题X.19）。

又，四边形ABHG等于SPNM，而四边形GHKE等于RNOQ，所以：四边形MSPN和RNOQ之和，即是MN、NO上的正方形，它们也是有理的，并可公约。

因为：AE与ED是长度上不可公约的，同时AE与AG是可公约的，DE与EF是可公约的。所以：AG与EF也是不可公约的。所以：四边形ABHG与EFLK也是不可公约的（命题X.13、VI.1、X.11）。

又，四边形ABHG等于MSPN，四边形EKLF等于MNRJ，所以：四边形MSPN

与$MNRJ$也是不可公约的，而四边形$SPNM$比$MNRJ$同于PN比NR。所以：PN与NR是不可公约的（命题VI.1、X.11）。

又，PN等于MN，NR等于NO，所以：MN与NO是不可公约的。

又，MN上的正方形与NO上的正方形是可以公约的，并皆为有理的。

所以：MN和NO是仅正方可公约的有理线段。

所以：MO是四边形$ABCD$边的二项线。

所以：如果一个面由一个有理线段和第一二项线构成，那么，该面的边是无理线，我们称为二项线的无理线段。

证完

注 解

本命题前的引理已应用在命题X.60、X.11中，这一命题应用在命题X.71中。

命题X.55

如果一个面由一条有理线和第二二项线构成，那么，我们称该面的边是一个第一双中项线的无理线段。

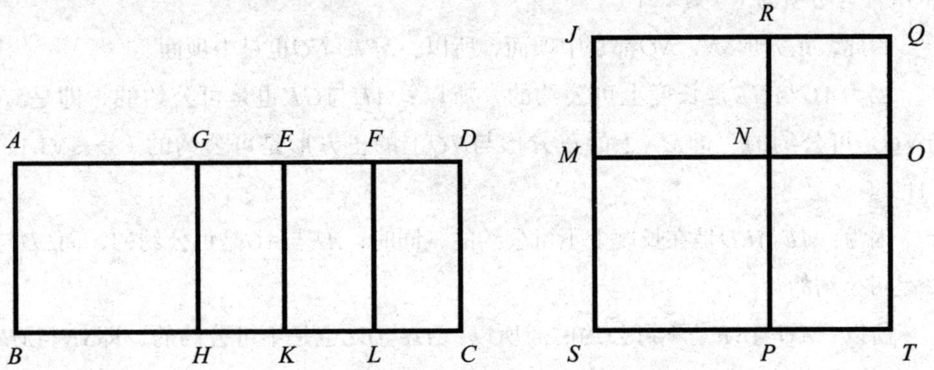

设：面$ABCD$是由有理线段AB和第二二项线AD构成的。

求证：AC面的边是一个第一双中项线。

因为：AD是一个第二二项线，在E点分为两段，且AE是大线。

那么：AE、ED是仅正方可公约的有理线段，AE上的正方形大于DE上的正方形，其差是一个与AE可公约的线段上的正方形。

小线ED是一个与AB在长度上可公约的线（定义X.6）。

作：F点平分ED，在AE上作一个缺少正方形的由AG、GE构成的矩形，使之等于EF上的正方形。那么：AG与GE是在长度上可公约的（命题X.17）。

作：过G、E、F作GH、EK、FL，使之分别平行于AB、CD。作正方形SN等于平行四边形AH，而在NQ上的正方形等于GK，再设MN与NO在一条直线上。

那么：RN与NP也在一条直线上。

完成正方形SQ。

前面已经证明，MR是SN和NQ的比例中项，并等于EL，MO是面AC的边。

现在要证明MO是第一双中项线。

因为：AE与ED是长度不可公约的。而ED与AB是可公约的，所以：AE与AB是不可公约的（命题X.13）。

因为AG与EG是可公约的，所以：AE分别与线段AG、GE也是可公约的（命题X.15）。

而，AE与AB是在长度上不可公约的，所以：AG、GE与AB也是不可公约的（命题X.13）。

所以：BA、AG以及BA、GE是两对仅正方可公约的有理线段。所以：矩形AH和GK皆为中项面（命题X.21）。

因此，正方形SN、NQ都是中项面，所以：MN、NO也是中项面。

因为AG与GE是长度上可公约的，所以：AH与GK也是可公约的，即是SN与NQ是可公约的，即MN上的正方形与NO上的正方形是可公约的（命题VI.1、X.11）。

因为：AE与ED是在长度上不可公约的，同时，AE与AG是可公约的，而ED与EF是可公约的。

所以：AG与EF是不可公约的。所以：AH与EL也是不可公约的，即SN与MR是不可公约的，即是PN与NR是不可公约的，即MN与NO在长度上是不可公约的（命题X.13、VI.1、X.11）。

又，MN和NO已被证明皆为中项线，并正方可公约，所以：MN、NO是仅正方可公约的两中项线。

那么进一步说：它们也构成一个有理矩形。

因为根据假设，DE是分别与AB、EF线可以公约的，所以：EF与EK也是可公约的（命题X.12）。

又，它们皆是有理线，所以：四边形*EKLF*，即四边形*MNRJ*是有理线，而*MNRJ*是*MN*与*NO*构成的矩形（命题X.19）。

又，如果两个仅正方可公约的中项线构成一个有理矩形，则两中项线的和是无理的，它被称为一个第一双中项线。

所以：*MO*是一个第一双中项线（命题X.37）。

所以：如果一个面由一条有理线和第二二项线构成，那么，1`我们称该面的边是一个第一双中项线的无理线段。

证完

注 解

这一命题应用在命题X.71中。

命题X.56

如果一个面由一条有理线和第三二项线构成，那么，该面的边是无理的，我们称它为一个第二双中项线。

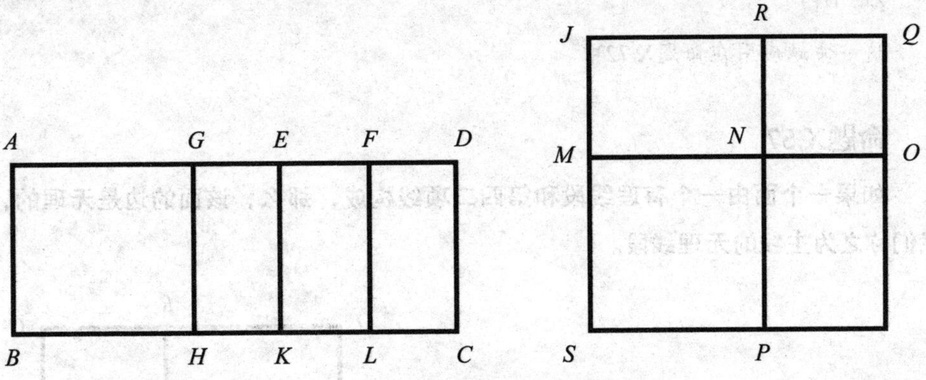

设：面*ABCD*是由有理线*AB*和第三二项线*AD*构成的，在*E*点分*AD*为两段，*AE*较大。

求证：面*ABCD*的边是无理的，我们称为第二双中项线。

仿前题作图形。

那么因为*AD*是一个第三二项线，所以：*AE*、*ED*是仅正方可公约的有理线，

AE上的正方形大于ED上的正方形，其差是一个与AE可公约的线段上的正方形，且AE、ED与AB也是长度上可公约的量（定义X.7）。

那么，依照前面的方法可证明MO是面$ABCD$的边，而MN和NO是仅正方可公约的中项线。

所以：MO是一个双中项线。

下一步，可以证明，它也是一个第二双中项线。

因为DE与AB，即DE与EK在长度上是不可公约的，而DE与EF是可公约的，所以：EF与EK是长度上不可公约的（命题X.13）。

又，它们是有理线，所以：FE和EK是仅正方可公约的有理线。

所以：面$EKLF$，即面$JMNR$是中项面（命题X.21）。

又，它是由MN、NO构成的，所以：MN、NO构成的矩形是中项面。

所以：MO是一个第二双中项线（命题X.38）。

所以：如果一个面由一条有理线和第三二项线构成，那么，该面的边是无理的，我们称它为一个第二双中项线。

证完

注 解

这一命题应用在命题X.72中。

命题X.57

如果一个面由一个有理线段和第四二项线构成，那么，该面的边是无理的，我们称之为主线的无理线段。

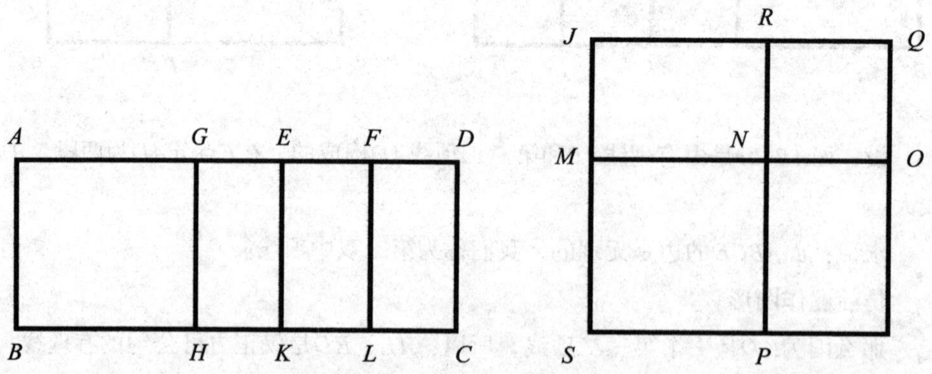

设：面$ABCD$是由有理线段AB和第四二项线AD构成的，E点分AD成两段，AE较大。

求证：面$ABCD$的边是无理线段，我们称之为主线的无理线段。

因为AD是一个第四二项线，所以：AE、ED是仅正方可公约的有理线段，AE上的正方形大于ED上的正方形，其差为一个与AE不可公约的线段上的正方形。而AE是与AB在长度上可公约的（定义X.8）。

令：在F点平分DE，在AE上作AG与GE构成的矩形等于EF上的正方形。那么：AG与GE是在长度上不可公约的（命题X.18）。

作：GH、EK、FL平行于AB，且其余作图如前题。

□ **哥德巴赫猜想**

1742年6月7日，德国数学家哥德巴赫在给欧拉的一封信中提出了自己的猜想。哥德巴赫猜想的原始陈述相当含糊，欧拉和华林将其进一步明确化，但均未证明这个命题。哥德巴赫猜想略经修改后的表述为：每个不小于9的奇数可以表示成3个奇素数之和（奇数情形）；每个不小于6的偶数可以表示为2个奇素数之和（偶数情形）。

那么，显然，MO是AC的边。

还可以证明，MO是被称为主线的无理线。

因为AG与EG是不可公约的，所以：四边形$ABHG$与$GHKE$是不可公约的，即是，四边形$SPNM$与$NOQR$是不可公约的。所以：MN和NO是正方不可公约的（命题VI.1、X.11）。

因为AE与AB是可公约的，所以：四边形$ABKE$是有理的，而它等于MN、NO上的正方形之和。所以：MN、NO上的正方形之和也是有理的（命题X.19）。

因为：DE与AB是在长度上不可公约的，即与KE不可公约的。同时，DE与EF是可公约的，所以：EF与EK是在长度上不可公约的（命题X.13）。

所以：EK和EF是仅正方可公约的有理线段。所以：LE，即面$MNRJ$是中项面（命题X.21）。

又，它也是由MN和NO构成的，所以：MN、NO构成的矩形是中项面。

又，MN、NO上的正方形之和是有理面，而MN、NO是正方不可公约的。

又，如果，两条正方不可公约的线上的正方形之和是有理的，且它们构成的矩形是中项面，那么该两线段之和是无理的，被称为主线。

所以：*MO*是无理线段，且是面*ABCD*的边（命题X.39）。

所以：如果一个面由一个有理线段和第四二项线构成，那么，该面的边是无理的，我们称之为主线的无理线段。

证完

注 解

这一命题应用在命题X.70中。

命题X.58

如果一个面是由一条有理线段和第五二项线构成，那么，该面的边是无理的，我们称之为中项面有理面和的边的无理线段。

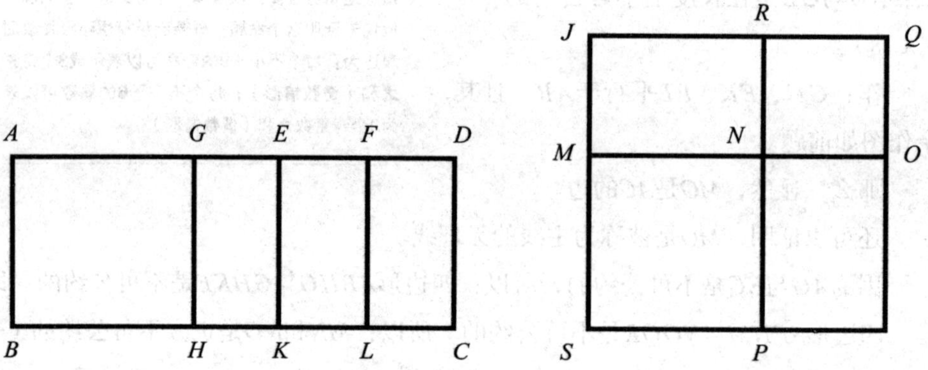

设：面*ABCD*是由有理线段*AB*和第五二项线*AD*构成的，*E*分*AD*为两段，*AE*较大。

求证：面*ABCD*的边是无理的，我们称它为中项面有理面和的边的无理线段。

如前作图，那么，*MO*是面*ABCD*的边。

也可以证明*MO*是一个中项面有理面和的边。

因为*AG*与*GE*是不可公约的，所以：面*ABHG*与*GHKE*也是不可公约的，也即是*MN*上的正方形与*NO*上的正方形不可公约。所以：*MN*、*NO*是正方不可公约的（命题X.18、VI.1、X.11）。

因为AD是第五二项线，而ED较小，所以：ED与AB是长度上可公约的（定义X.9）。

而AE与ED是不可公约的，所以：AB与AE也是长度不可公约的。所以：AK，即是MN、NO上的正方形之和，是中项面（命题X.13、X.21）。

因为：DE与AB、EK是长度上可公约的。同时，DE与EF是可公约的，所以：EF与EK也是可公约的（命题X.12）。

又，EK是有理的，所以：面$EKLF$，即面$MNRJ$，即MN、NO构成的矩形也是有理的（命题X.19）。

所以：MN、NO是正方不可公约的线段，它们上的正方形之和是中项面，它们构成的矩形是有理的。

所以：MO是一条中项面有理面和的边，即是面$ABCD$的边（命题X.40）。

所以：如果一个面是由一条有理线段和第五二项线构成，那么，该面的边是无理的，我们称之为中项面有理面和的边的无理线段。

证完

注 解

这一命题应用在命题X.71中。

命题X.59

如果一个面由一条有理线和第六二项线构成，那么，该面的边是无理的，我们称为两中项面和的边的无理线段。

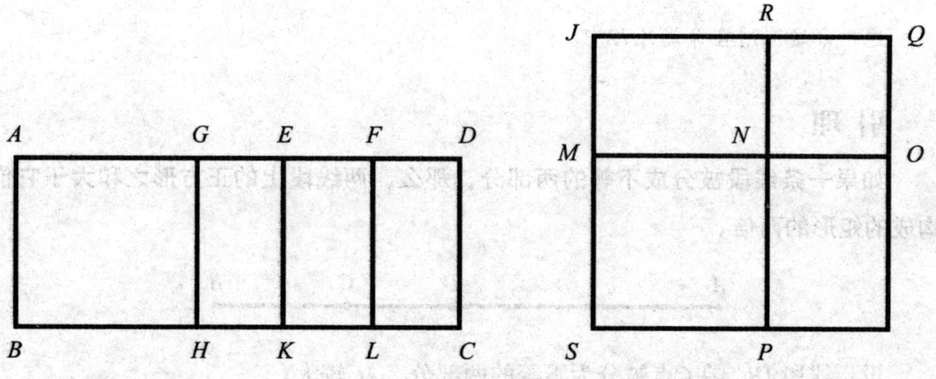

设：面*ABCD*是由有理线*AB*与第六二项线*AD*构成的，在*E*点上分*AD*，*AE*较大。

求证：面*ABCD*的边是两中项面和的边。

如前题作图形。

很明显，*MO*是面*ABCD*的边，且*MN*与*NO*是正方不可公约的。

那么因为*EA*与*AB*是长度不可公约的，所以：*EA*、*AB*是仅正方可公约的有理线段。所以：面*ABKE*，即是*MN*、*NO*上的正方形之和，并是中项面（命题X.21）。

又因为*ED*与*AB*是长度不可公约的，所以：*FE*与*EK*也是不可公约的。所以：*FE*和*EK*是仅正方可公约的有理线。所以：面*EKLF*，即是面*JMNR*，也是*MN*、*NO*构成的矩形，是中项面（命题X.13、X.21）。

因为*AE*与*EF*是不可公约的，所以：面*ABKE*与面*EKLF*也是不可公约的（命题VI.1、X.11）。

而面*ABKE*是*MN*、*NO*上的正方形之和，而面*EKLF*是*MN*、*NO*构成的矩形，所以：*MN*、*NO*上的正方形之和与*MN*、*NO*构成的矩形是不可公约的。

又，它们皆为中项面，而*MN*、*NO*是正方不可公约的。

所以：*MO*两中项面和的边，即是四边形*ABCD*的边（命题X.41）。

所以：如果一个面由一条有理线和第六二项线构成，那么，该面的边是无理的，我们称为两中项面和的边的无理线段。

证完

注 解

这一命题应用在命题X.72中。

引 理

如果一条线段被分成不等的两部分，那么，两线段上的正方形之和大于它们构成的矩形的两倍。

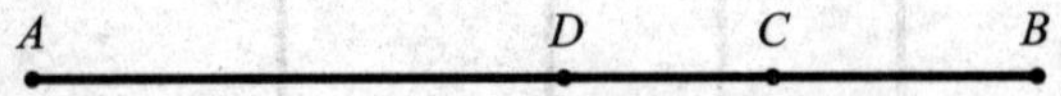

设：线段*AB*，在*C*点被分为不等的两部分，*AC*较大。

求证：AC、CB上的正方形之和大于AC、CB构成的矩形的两倍。

设：在D点平分AB。

因为：D是AB上中点，而C不是。于是：AC、CB构成的矩形与CD上的正方形之和等于AD上的正方形。于是：AC、CB构成的矩形小于AD上的正方形。

所以：AC、CB构成的矩形小于AD上的正方形的两倍（命题II.5）。

而，AC、CB上的正方形之和等于AD和DC上的正方形之和的两倍，所以：AC、CB上的正方形之和大于AC、CB构成的矩形的两倍（命题II.9）。

证完

命题X.60

若一条有理线段上的矩形与一个二项线上的正方形相等，那么，该矩形的另一边是第一二项线。

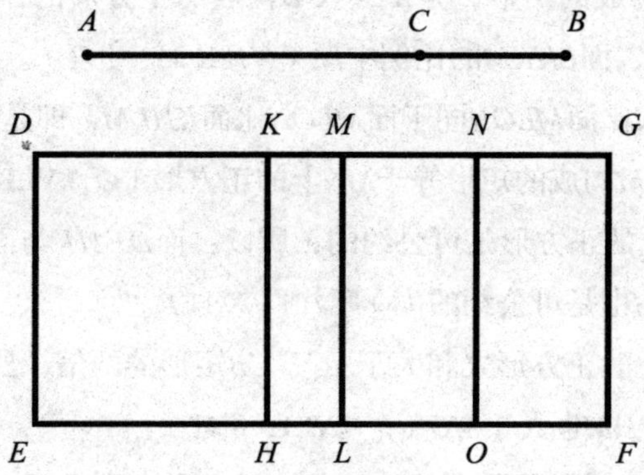

设：AB是二项线，在C点上被分开，AC较大，DE为有理线段。面DEFG是作在DE上的矩形，它等于AB上的正方形，DG为另一边。

求证：DG是第一二项线。

作在DE上的矩形DEHK等于AC上的正方形，而面KHLM等于BC上的正方形，那么其余值，即AC、CB构成的矩形的两倍等于面MLFG。

在N点平分MG，作NO平行于ML或GF。那么，矩形MLON、NOFG皆等于AC、CB构成的矩形。那么因为：AB是一个二项线，在C点被分开。于是：AC、CB是仅正方可公约的有理线（命题X.36）。

所以：AC和CB上的正方形是相互可公约的。所以：AC、CB上的正方形之和也是有理的。而且，这个和也等于面*DELM*。所以：面*DELM*是有理的（命题X.15）。

又，它也是作在有理线*DE*上的，所以：*DM*是有理的，且与*DE*是在长度上可公约的（命题X.20）。

又因为*AC*、*CB*是仅正方可公约的，所以：*AC*、*CB*构成的矩形的两倍，即面*MLFG*，是中项面（命题X.21）。

又，它是作在有理线*ML*上的，所以：*MG*是有理的，且与*ML*即*DE*是在长度上不可公约的（命题X.22）。

而，*MD*与*DE*是在长度上可公约的有理线。所以：*DM*与*MG*是在长度上不可公约的（命题X.13）。

又，它们也是有理线，所以：*DM*和*MG*是仅正方可公约的有理线。所以：*DG*是二项线（命题X.36）。

也可以证明，它也是一个第一二项线。

因为*AC*、*CB*构成的矩形，是*AC*、*CB*构成的正方形的比例中项，所以：面*MLON*也是面*DEHK*、面*LHKM*的比例中项（命题X.54、引理）。

所以：面*DEHK*比面*MLON*同于面*MLON*比面*KHLM*，即是*DK*比*MN*同于*MN*比*MK*。所以：*DK*、*KM*构成的矩形等于*MN*上的正方形（命题VI.1、VI.17）。

因为*AC*、*CB*上的正方形是可公约的，所以：面*DEHK*与面*KHLM*也是可公约的。所以：*DK*与*KM*也是可公约的（命题VI.1、X.11）。

因为*AC*、*CB*上的正方形之和大于*AC*、*CB*矩形的两倍，所以：面*DELM*也大于面*MLFG*。所以：*DM*也大于*MG*（命题VI.1、引理）。

又，*DK*、*KM*构成的矩形等于*MN*上的正方形，即等于*MG*上的正方形的四分之一，而*DK*与*KM*是可公约的。又，如果两条不等线段，在大线段上作一个缺少一正方形且等于小线段上正方形四分之一的矩形，且大线段上两部分长度可公约，那么大线段上的正方形大于小线段上的正方形，其差是一个与大线段可公约的正方形（命题X.17）。

所以，*DM*上的正方形比*MG*上的正方形大，其差是一个与*DM*可公约的线段上的正方形。

所以：*DM*、*MG*是有理的，*DM*较大，并与*DE*是在长度上可以公约的有理线段。

所以：*DG*是一个第一二项线（定义X.5）。

所以：若一条有理线段上的矩形与一个二项线上的正方形相等，那么，该矩形的另一边是第一二项线。

证完

注 解

这一命题应用在命题X.72和X.111中。

命题X.61

作在一条有理线上的矩形与一个第一双中项线上的正方形相等，那么，该矩形的另一边是第二二项线。

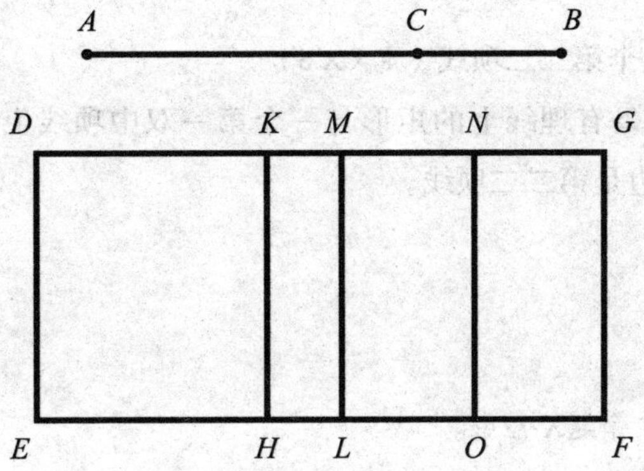

设：*AB*是一个第一双中项线，在*C*点上分成两个部分，其中*AC*较大，设一条有理线段*DE*，在*DE*上作矩形*DEFG*等于*AB*上的正方形，*DG*为宽。

求证：*DG*是一个第二二项线。

如前所述作图。

那么因为*AB*是一个第一双中项线，在*C*点分开，于是：*AC*、*CB*是仅正方可公约的两中项线，并包含一个有理矩形。所以：*AC*、*BC*上的正方形也是中项面（命题X.37、X.21）。

所以：面*DELM*是中项面，又它也是作在有理线*DE*上的。所以：*MD*是有理的，且与*DE*是长度不可公约的（命题X.15、X.23，命题X.22及其推论）。

又因为*AC*、*CB*构成的矩形的两倍是有理的，所以：面*MLFG*也是有理的。

又，它也是作在有理线*ML*上的，所以：*MG*是有理的，且与*ML*，即*DE*也是长度上可公约的。所以：*DM*与*MG*是长度不可公约的（命题X.20、X.13）。

又，它们是有理的，所以：*DM*和*MG*是仅正方可公约的有理线。所以：*DG*是二项线（命题X.36）。

也可以证明，它也是一个第二二项线。

因为*AC*和*CB*上的正方形之和大于*AC*、*CB*构成的矩形的二倍，所以：面*DELM*也大于面*MLFG*，所以：*DM*也大于*MG*（命题VI.1）。

因为*AC*上的正方形与*CB*上的正方形是可公约的，所以：面*DEHK*与*KHLM*也是可公约的。所以：*DK*与*KM*是可公约的（命题VI.1、X.11）。

又，*DK*、*KM*构成的矩形等于*MN*上的正方形，所以：*DM*上的正方形大于*MG*上的正方形，其差为一个与*DM*可公约的线上的正方形。又，*MG*与*DE*是长度可公约的（命题X.17）。

所以：*DG*是一个第二二项线（定义X.6）。

所以：作在一条有理线上的矩形与一个第一双中项线上的正方形相等，那么，该矩形的另一边是第二二项线。

证完

注 解

这一命题应用在命题X.72中。

命题X.62

如果一条有理线段上的矩形与一个第二双中项线上的正方形相等，那么，该矩形的另一边是第三二项线。

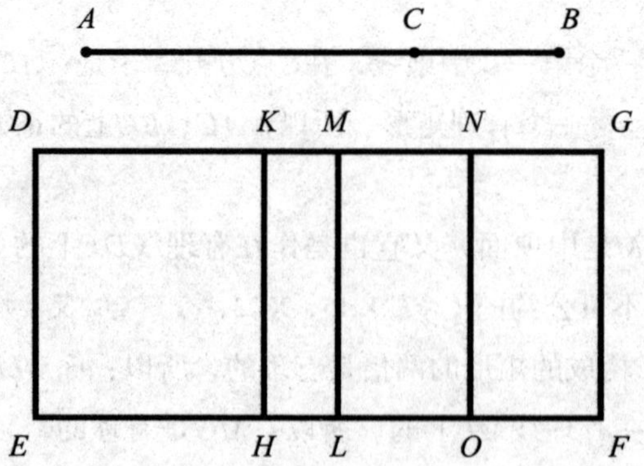

设：AB是一个第二双中项线，点C分AB为两段，AC较大。设DE为一任意有理线，在DE上作矩形$DEFG$等于AB上的正方形，DG为宽。

求证：DG是一个第三二项线。

如前所述作图。

那么因为AB是一个第二双中项线，在C点被切分，所以：AC和CB是正方可公约的两中项线，并构成中项面矩形。所以：AC、CB上的正方形之和也是中项面（命题X.38、X.15，命题X.23及其推论）。

又，它也等于面$DELM$，所以：面$DELM$也是中项面，又，它是作在有理线DE上的，所以：MD是有理的，且与DE也是长度不可公约的（命题X.22）。

同理，MG是有理的，且与ML，即与DE也是长度上不可公约的，所以：线段DM、MG是有理的，且与DE是长度上不可公约的。

因为AC与CB是长度上不可公约的，而AC比CB同于AC上的正方形比AC、CB构成的矩形，所以：AC上的正方形与AC、CB构成的矩形是不可公约的（命题X.11）。

因此：AC、CB上的正方形之和与AC、CB构成的矩形的两倍是不可公约的，DL与MF是不可公约的。所以：DM与MG也是不可公约的（命题X.12、X.13、VI.1、X.11）。

又，它们是有理的，所以：DG是二项线（命题X.36）。

也可证明，它是一个第三二项线。

类似地，我们可以推断，DM大于MG，且DK与KM是可公约的。

又，DK、KM构成的矩形等于MN上的正方形，所以：DM上的正方形大于MG上的正方形，其差为一个与DM可公约的线段上的正方形。

又线段DM、MG皆与DE在长度上不可公约。

所以：DG是一个第三二项线（定义X.7）。

所以：如果一条有理线段上的矩形与一个第二双中项线上的正方形相等，那么，该矩形的另一边是第三二项线。

证完

注 解

这一命题应用在命题X.72中。

命题X.63

如果一条有理线段上的矩形与一条主线上的正方形相等，那么，该矩形的另一边是第四二项线。

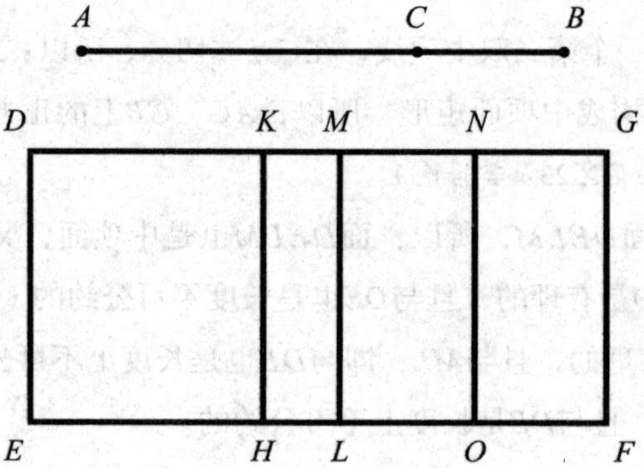

设：*AB*是一条主线，*C*点分*AB*为两段，*AC*大于*CB*，设*DE*是一条有理线段，在*DE*上作矩形*DEFG*等于*AB*上的正方形，宽为*DG*。

求证：*DG*是一个第四二项线。

如前所述作图形。

因为*AB*是一条主线，*C*点分开*AB*，所以：*AC*、*CB*是正方不可公约线段，且它们上的正方形之和是有理的，而由它们构成的矩形是中项面（命题X.39）。

因为*AC*、*CB*上的正方形之和是有理的，于是：面*DELM*是有理的。于是：*DM*也是有理的，并与*DE*在长度上可公约（命题X.20）。

又因为*AC*、*CB*构成的矩形的两倍，即面*MLFG*，是中项面，且它是作在有理线*ML*上的，所以：*MG*也是有理的，并与*DE*在长度上不可公约（命题X.22）。

所以：*DM*、*MG*也是长度不可公约的。所以：*DM*、*MG*是仅正方可公约的有理线。所以：*DG*是二项线（命题X.13、X.36）。

其次可证明*DG*也是一个第四二项线。

类似以上方法，我们也能证明*DM*大于*MG*，*DK*、*KM*构成的矩形等于*MN*上的正方形。

因为*AC*上的正方形与*CB*上的正方形是不可公约的，所以：四边形*DEHK*与*LHKM*也是不可公约的。所以：*DK*与*KM*也是不可公约的（命题VI.1、X.11）。

而，如果有两条不等线段，在大线段上的矩形等于小线段上正方形的四分之一旦缺少一个正方形，且它分它为不可公约的两部分，那么，大线段上的正方形大于小线段上的正方形，其差是一个与大线段在长度上不可公约的线段上的正方形。

所以：DM上的正方形大于MG上的正方形，其差是一个与DM不可公约的线段上的正方形（命题X.18）。

又，DM和MG是正方可公约的有理线，而DM与给定的有理线DE是可公约的。所以：DG是一个第四二项线（定义X.8）。

所以：如果一条有理线段上的矩形与一条主线上的正方形相等，那么，该矩形的另一边是第四二项线。

证完

注 解

这一命题应用在命题X.72中。

命题X.64

一条有理线段上的矩形与一个中项面有理面和的边之上的正方形相等，那么，该矩形的另一边是第五二项线。

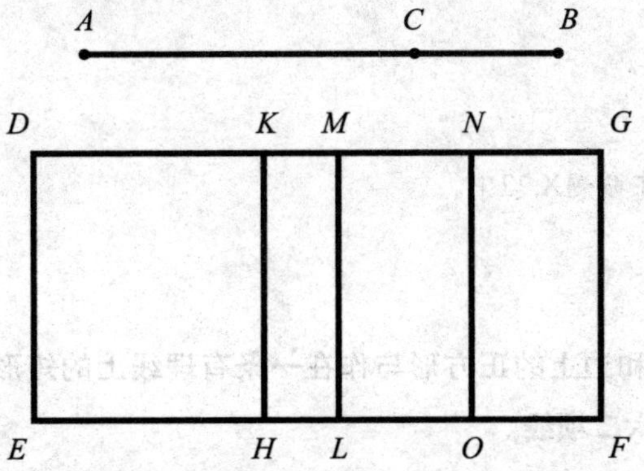

设：AB是一条中项面有理面和的边，点C分AB为两段，AC较大，设DE为一条有理线，在DE上作矩形$DEFG$等于AB上的正方形，DG为宽。

求证：DG是一个第五二项线。

按如上所述作图。

因为：AB是在C点被分开的一条中项面有理面和的边，所以：AC、CB是正方不可公约的线，它们之上正方形的和是中项面，而它们构成的矩形是有理的（命题X.40）。

那么因为AC、CB上正方形之和是中项面，所以：面$DELM$是中项面。所以：DM是有理的，且与DE是长度不可公约的（命题X.22）。

又因为：AC和CB构成的矩形的两倍，即面$MLFG$，是有理的。所以：MG是有理的，并与DE是可公约的量（命题X.20）。

所以：DM与MG是长度不可公约的。所以：DM、MG是仅正方可公约的有理线段。所以：DG是二项线（命题X.13、X.36）。

那么进一步说：它也是第五二项线。

因为：可以类似地证明，DK、KM构成的矩形等于MN上的正方形，而DK与KM是长度上不可公约的。所以：DM上的正方形大于MG上的正方形，其差是一个与DM不可公约的线段上的正方形（命题X.18）。

又，DM、MG是仅正方可公约的，且较小的MG与DE是在长度上可公约的。所以：DG是一个第五二项线。

所以：一条有理线段上的矩形与一个中项面有理面和的边之上的正方形相等，那么，该矩形的另一边是第五二项线。

证完

注 解

这一命题应用在命题X.72中。

命题X.65

一个两中项面和边上的正方形与作在一条有理线上的矩形相等，那么，该矩形的另一条边是第六二项线。

设：AB是两中项面和的边，在C点被分开，AC大于CB，设DE为一条有理线段，在DE上作矩形$DEFG$等于AB上的正方形，DG为宽。

求证：DG是一个第六二项线。

根据上述作图形。

因为：AB是在C点被分的两中项面和的边。所以：AC、CB是正方可公约的线段，且它们上的正方形之和是中项面，而它们构成的矩形是有理面，进一步，它

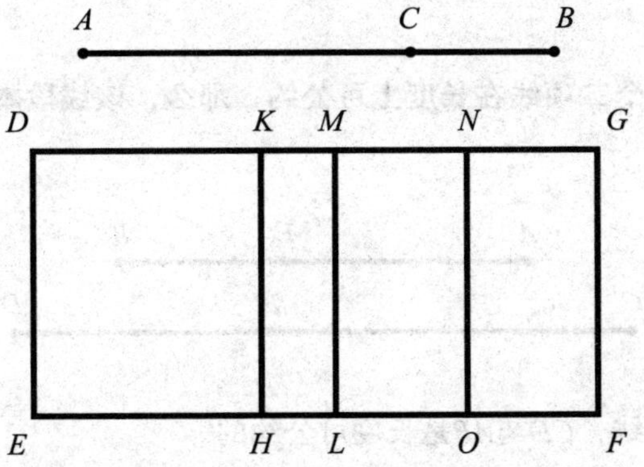

们上的正方形之和与它们为边的矩形是不可公约的（命题X.41）。

所以：依据以前的证明，矩形$DELM$、$MLFG$皆为中项面。又，它们是作在有理线DE上的，所以：线段DM、MG与DE是长度不可公约的有理线段（命题X.22）。

因为：AC、CB上的正方形之和与AC、CB构成的矩形的两倍是不可公约的，所以：四边形$DELM$与$MLFG$是不可公约的。

所以：DM、MG也是不可公约的（命题VI.1、X.11）。

所以：DM、MG是仅正方可公约的有理线。所以：DG是二项线（命题X.36）。

那么进一步说：它是一个第六二项线。

类似地，我们也可证明DK、KM构成的矩形等于MN上的正方形，而DK与KM是长度不可公约的量，同理，DM上的正方形大于MG上的正方形，其差为一个与DM在长度上不可公约的线上的正方形。

又，线段DM、MG与已给定的有理线DE都不是长度上可公约的。

所以：DG是一个第六二项线。

所以：两个中项面之和的边之上的正方形是作在一条有理线上的矩形，那么，该矩形的另一条边是第六二项线（定义X.10）。

证完

注 解

这一命题应用在命题X.72中。

命题X.66

一条线段与一个二项线在长度上可公约，那么，该线段本身也是二项线，并是同级的。

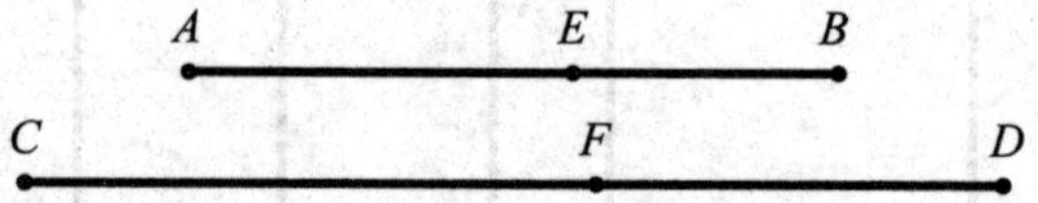

设：*AB*是二项线，*CD*与*AB*是长度可公约的。

求证：*CD*也是二项线，并与*AB*同级。

因为：*AB*是二项线，在*E*点分开，令*AE*较大，那么，*AE*、*EB*是仅正方可公约的有理线（命题X.36）。

作比例，使*AB*比*CD*同于*AE*比*CF*，那么：其余值*EB*比余值*FD*同于*AB*比*CD*（命题VI.12、V.19）。

而且*AB*与*CD*是长度可公约的，所以：*AE*与*CF*、*EB*与*FD*都是可公约的（命题X.11）。

又，*AE*、*EB*是有理的，所以：*CF*、*FD*也是有理的。

又，*AE*比*CF*同于*EB*比*FD*，所以：由换比可得，*AE*比*EB*同于*CF*比*FD*（命题V.11、V.16）。

而*AE*、*EB*是仅正方可公约的，所以：*CF*、*FD*是仅正方可公约的（命题X.11）。

又，它们也是有理的，所以：*CD*是二项线（命题X.36）。

那么进一步说：它与*AB*也是同级。

因为：*AE*上的正方形大于*EB*上的正方形，其差为一个与*AE*可公约的或者不可公约的线段上的正方形。

那么，如果*AE*上的正方形大于*EB*上的正方形，其差为一个与*AE*可公约的线段上的正方形，那么，*CF*上的正方形也大于*FD*上的正方形，其差为一个与*CF*可公约线段上的正方形（命题X.14）。

又，如果*AE*与给定的有理线可公约，那么：*CF*也与它可公约。所以：*AB*和*CD*皆是第一二项线，即它们是同级的（命题X.12、定义X.5）。

又，如果*EB*与给定的有理线可公约，那么：*FD*也与它可公约。所以：*CD*与

*AB*是同级的，皆为第二二项线（命题X.12、定义X.6）。

又，如果*AE*、*EB*与给定的有理线不可公约，那么：*CF*、*FD*也与它不可公约。所以：*AB*、*CD*皆是第三二项线（命题X.13、定义X.7）。

又，如果*AE*上的正方形大于*EB*上的正方形，其差是一个与*AE*不可公约的线段上的正方形，那么：*CF*上的正方形也大于*FD*上的正方形，其差是一个与*CF*不可公约的线段上的正方形（命题X.14）。

又，如果*AE*与给定的线段可公约，那么：*CF*也与它可公约，因此，*AB*、*CD*是第四二项线（定义X.8）。

又，如果*EB*与给定的有理线可公约，那么*FD*也可公约，因此：*AB*、*CD*是第五二项线（定义X.9）。

又，如果*AE*、*EB*与给定的有理线都不可公约，那么：*CF*或*FD*与给定的有理线也可公约。因此：*AB*和*CD*是第六二项线（定义X.10）。

所以：一条线段与一个二项线在长度上可公约，那么，该线段本身也是二项线，并是同级的。

证完

命题X.67

一条线段与一个双中项线可公约，那么该线段也是双中项线，并且是同级的。

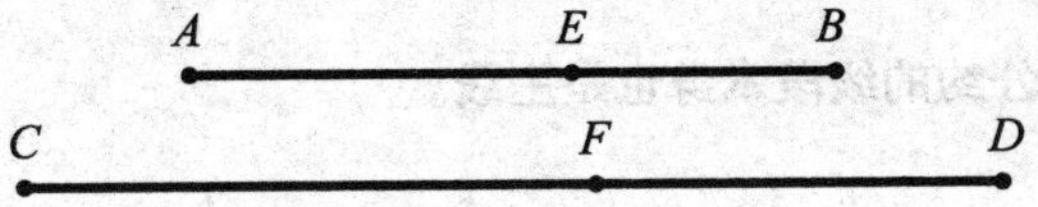

设：*AB*为双中项线，*CD*与*AB*是长度上可公约的。

求证：*CD*也是双中项线，并与*AB*同级。

因为：*AB*是双中项线，在*E*点被分为两段。所以，*AE*、*EB*是仅正方可公约的两中项线。

作比例，使*AB*比*CD*同于*AE*比*CF*，那么：其余值*EB*比余值*FD*同于*AB*比*CD*（命题V.19）。

又，*AB*与*CD*是长度可公约的，所以：*AE*、*EB*与*CF*、*FD*分别可公约（命题X.11）。

又，AE、EB是中项线，所以：CF、FD也是中项线（命题X.23）。

因为：AE比EB同于CF比FD，AE、EB是仅正方可公约量。所以：CF、FD也是仅正方可公约量（命题V.11、X.11）。

而它们也被证明了是中项线，所以：CD是双中项线。

还要进一步说：它与AB在同一级。

因为AE比EB同于CF比FD，所以：AE上的正方形比AE、EB构成的矩形同于CF上的正方形比CF、FD构成的矩形。所以：由更比可得，AE上的正方形比CF上的正方形同于AE、EB构成的矩形比CF、FD构成的矩形（命题V.16）。

而AE上的正方形与CF上的正方形是可公约的，所以：AE、EB构成的矩形与CF、FD构成的矩形是可公约的。

如果AE、EB构成的矩形是有理的，那么：CF、FD构成的矩形也是有理的。因此，CD和AB皆是一个第一双中项线，而如果AE、EB构成的矩形是中项面，那么：CF、FD构成的矩形也是中项面。所以：CD、AB各是一个第二双中项线（命题X.37、命题X.23及其推论、命题X.38）。

所以：一条线段与一个双中项线可公约，那么该线段也是双中项线，并且是同级的。

证完

命题X.68

一条与主线可公约的线段本身也是主线。

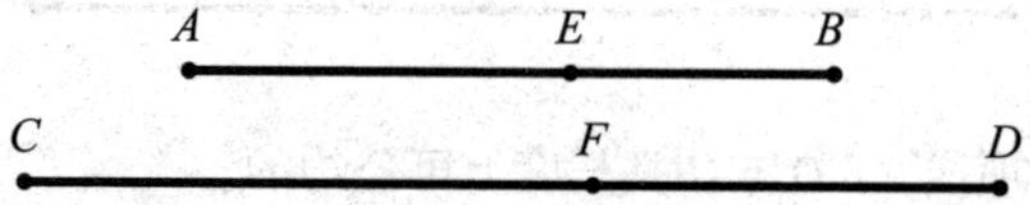

设：AB是条主线，CD与AB是可公约的。

求证：CD也是条主线。

令：E点分AB为两段。那么：AE、EB是正方可公约的两条线段，且它们上的正方形之和是有理的，由它们构成的矩形是中项面（命题X.39）。

根据前述作图。

因为：AB比CD同于AE比CF，同于EB比FD。所以：AE比CF同于EB比FD（命题V.11）。

而AB与CD是可公约的，所以：AE、EB与CF、FD分别也是可公约的（命题X.11）。

因为：AE比CF同于EB比FD，由更比可得，AE比EB同于CF比FD；由合比，AB比BE同于CD比DF（命题V.16、V.18）。

所以：AB上的正方形比BE上的正方形同于CD上的正方形比DF上的正方形（命题VI.20）。

同理，我们也可证明，AB上的正方形比AE上的正方形同于CD上的正方形比CF上的正方形。

所以：AB上的正方形比AE、EB上的正方形的和同于CD上的正方形比CF、FD上的正方形的和。所以：由更比可得，AB上的正方形比CD上的正方形也同于AE、EB上的正方形的和比CF和FD上的正方形的和（命题V.16）。

又，AB上的正方形与CD上的正方形是可公约的，所以：AE、EB上的正方形的和与CF、FD上的正方形的和也是可公约的。

又，AE、EB上的正方形之和是有理的，所以：CF、FD上的正方形之和也是有理的。

同理，AE、EB构成的矩形的两倍与CF、FD构成的矩形的两倍可公约，而AE、EB构成的矩形的两倍是中项面，所以：CF、FD构成的矩形的两倍也是中项面（命题X.23及其推论）。

所以：CF、FD是正方不可公约的，它们上的正方形的面积之和是有理的，而由它们构成的矩形是中项面。

所以：CD是无理线段，被称为主线（命题X.39）。

所以：一条与主线可公约的线段本身也是主线。

证完

命题X.69

一条线段与一条中项面有理面和的边可公约，那么，该线段也是一条有理线与中项面有理面和的边。

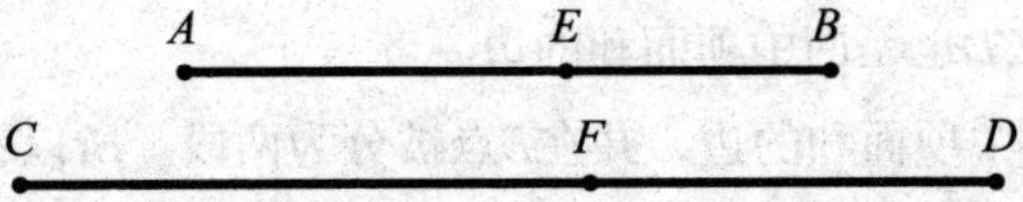

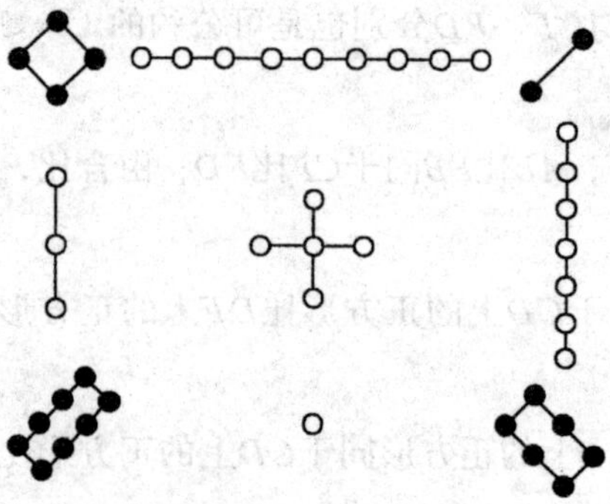

□ 洛书图

中国人对幻方的兴趣主要是因为它与占卜有关。传说公元前3000年，大禹得到了两个纵横图表的幻方。一个得之于从黄河腾飞而出的龙马，马背上画有从一到十组成的方阵，称为“河图”。另一个得之于黄河支流的洛河里浮出的神龟，龟壳上有由一到九的点组成的三行纵横图，称之为“洛书”。洛书图是世界上最古老的幻方，其中，纵、横、斜任何一条直线上的数字之和均为十五。

设：*AB*是中项面有理面和的边，*CD*与*AB*是可公约的。

可以证明，*CD*也是中项面有理面和的边。

令：在*E*点分*AB*，那么，*AE*、*EB*是正方不可公约的线段，且它们上的正方形的和是中项面，而构成的矩形是有理面（命题X.40）。

根据上述作图。

那么我们也可同样证明，*CF*、*FD*是正方不可公约的，且*AE*、*EB*上的正方形之和与*CF*、*FD*上的正方形之和是可公约的，并*AE*、*EB*构成的矩形与*CF*、*FD*构成的矩形是可公约的，所以：*CF*、*FD*上的正方形之和也是中项面，且*CF*、*FD*构成的矩形是有理的。所以：*CD*是一条中项面有理面和的边。

所以：一条线段与一条中项面有理面和的边可公约，那么，该线段也是一条有理线与中项面有理面和的边。

证完

命题X.70

一条线段与两中项面和的边可公约，那么，它也是两中项面和的边。

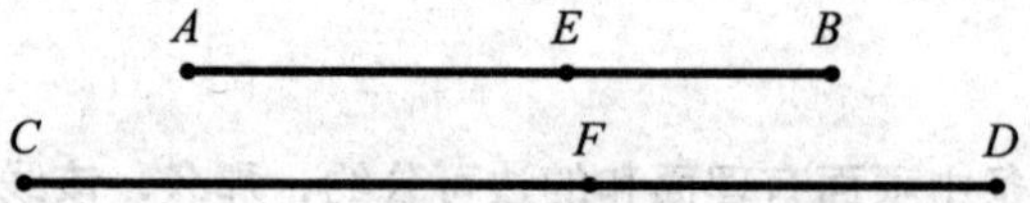

设：*AB*是两中项面和的边，而*CD*与*AB*是可公约的。

也可以证明，*CD*也是两中项面和的边。

因为：*AB*是两中项面和的边，并在*E*点被分为两段。所以：*AE*、*EB*是正方不可公约的，且它们上的正方形之和是个中项面，且它们构成的矩形也是中项面，那么，*AE*、*EB*上的正方形之和与*AE*、*EB*构成的矩形是不可公约的（命题X.41）。

根据上述作图。

我们同样也可证明，*CF*、*FD*是正方不可公约的，且*AE*、*EB*上的正方形之和与*CF*、*FD*上的正方形之和是可公约的，*AE*、*EB*构成的矩形与*CF*、*FD*构成的矩形也是可公约的。

所以：*CF*、*FD*上的正方形之和是中项面，*CF*、*FD*构成的矩形也是中项面。进一步，*CF*、*FD*上的正方形之和与*CF*、*FD*构成的矩形是不可公约的。

所以：*CD*是两中项面和的边。

所以：一条线段与两中项面和的边可公约，那么，它也是两中项面和的边。

证完

命题X.71

如果一个有理面和一个中项面相加，可产生四条无理线，即一个二项线，或者一个第一双中项线，或者一个主线，或者一个中项面有理面和的边。

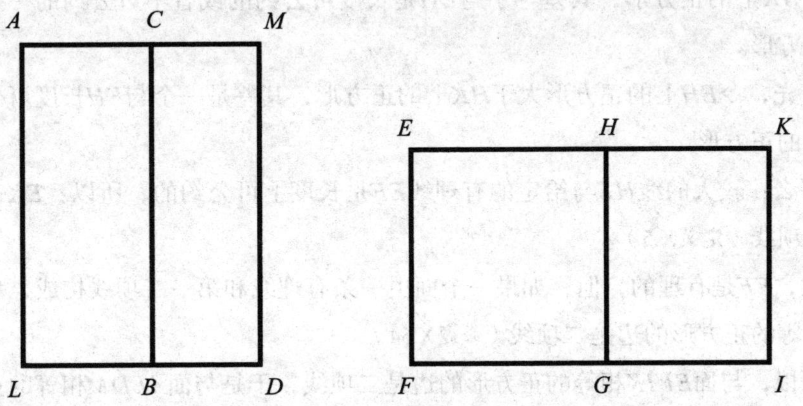

设：面*ALBC*是有理面，面*CBDM*是中项面。

求证：与面*ALDM*相等的正方形的边也是一个二项线或者一个第一双中项线或者一个主线或者是一个中项面有理面和的边。

因为：*AB*要么大于*CD*，要么小于*CD*。

首先，令*AB*大于*CD*，设：有理线段*EF*，在*EF*上作矩形*EG*等于*AB*，*EH*为另一条边；在*HG*上作矩形*HI*等于*DC*，*HK*是另一边。

那么因为：面*ALBC*是有理面，且等于面*EFGH*。所以：面*EFGH*也是有理面，且它是作在*EF*上的，*EH*为宽。于是：*EH*是有理的，且与*EF*是长度上可公约的（命题X.20）。

又因为：面*CBDM*是中项面，且等于面*HGIK*。所以：面*HGIK*也是中项面。且它是作在有理线*EF*上的，*HK*为宽，所以：*HK*是有理的，且与*EF*是长度不可公约的（命题X.22）。

因为：面*CBDM*是中项面，同时，面*ALBC*是有理面。所以：面*ALBC*与面*CBDM*是不可公约的，所以：面*EKGH*与面*HGIK*是不可公约的。

又面*EKGH*比面*HGIK*同于*EH*比*HK*，所以：*EH*与*HK*也是在长度上不可公约的（命题VI.1、X.11）。

又，它们都是有理的，所以：*EH*、*HK*是仅正方可公约的有理线。所以：*EK*是一条二项线，并在*H*点被分为两段（命题X.36）。

因为：面*ALBC*大于面*CBDM*，同时面*ALBC*等于面*EFGH*，面*CBDM*等于面*HGIK*。所以：面*EFGH*也大于面*HGIK*。所以：*EH*也大于*HK*。所以：*EH*上的正方形大于*HK*上的正方形，其差等于与*EH*是长度可公约的或者不可公约的一条线段上的正方形。

首先，令*EH*上的正方形大于*HK*上的正方形，其差是一个与*EH*长度可公约的线段上的正方形。

那么：较大的线*HE*与给定的有理线*EF*是长度上可公约的，所以：*EK*是一个第一二项线（定义X.5）。

又，*EF*是有理的，但，如果一个面由一条有理线和第一二项线构成，那么与此面相等的正方形的边是二项线（命题X.54）。

所以，与面*EFIK*相等的正方形的边是二项线，于是与面*ALDM*相等的正方形的边也是二项线。

又，令*EH*上的正方形大于*HK*上的正方形，其差为一个与*EH*不可公约的线段上的正方形。

那么：较大线*EH*与给定的有理线*EF*是长度可公约的。所以：*EK*是一个第四二项线（定义X.8）。

又，*EF*是有理的，而如果一个面由一条有理线和第四二项线构成，那么，其面的边是无理的，被称为主线，所以：与面*EFIK*相等的正方形的边是主线。所以：与面*ALDM*相等的正方形的边也是主线（命题X.57）。

又，令：面*ALBC*小于面*CBDM*。

那么：面*EFGH*也小于面*HGIK*。所以：*EH*也小于*HK*。

那么：*HK*上的正方形大于*EH*上的正方形，其差是一个与*HK*可公约或者不可公约的线段上的正方形。

首先，令*HK*上的正方形大于*EH*上的正方形，其差是一个与*HK*长度可公约的线段上的正方形。

那么：较小线*EH*与给定的有理线段*EF*是在长度上可公约的。所以：*EK*是一个第二二项线（定义X.6）。

又*EF*是有理的，但，如果一个矩形面由一条有理线和第二二项线构成，那么：与这个矩形相等的正方形的边是一个第一双中项线。所以：与面*EFIK*相等的正方形的边是一个第一双中项线。所以：与面*ALDM*相等的正方形的边也是一个第一双中项线（命题X.55）。

又，令：*HK*上的正方形大于*HE*上的正方形，其差为一个与*HK*上可公约的线段上的正方形。

又，较小线*EH*与给定的有理线*EF*是可公约的，所以：*EK*是一个第五二项线（定义X.9）。

又，*EF*是有理的，而，如果一个面由一条有理线和第五二项线构成，那么：与此面相等的正方形的边是一个中项面有理面和的边（命题X.58）。

所以：与面*EFIK*相等的正方形的边是一个中项面有理面和的边。所以：与面*ALDM*相等的正方形的边也是一个中项面有理面和的边。

所以：如果一个有理面和一个中项面相加，可产生四条无理线，即一个二项线，或者一个第一双中项线，或者一个主线，或者一个中项面有理面和的边。

证完

命题X.72

如果将两个不可公约的中项面相加，那么，将产生两无理线段，即要么是一个第二双中项线，要么是两个中项面之和的一条边。

设：两中项面*AMBC*、*CBDN*是不可公约的，令它们相加。

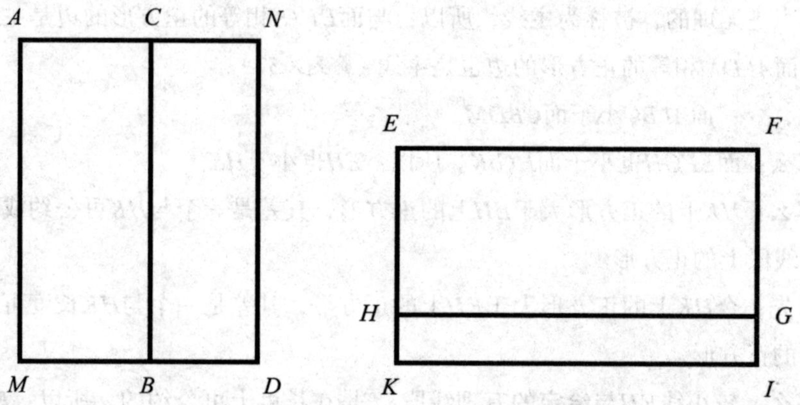

求证：与面$AMDN$相等的正方形的边要么是一个第二双中项线，要么是个两中项面和的边。

因为：面$AMBC$要么大于面$CBDN$，要么小于面$CBDN$。

首先，令面$AMBC$大于面$CBDN$。

令：给定有理线EF，在EF上作矩形$EHGF$等于矩形$AMBC$，EH为宽；矩形$HKIG$等于矩形$CBDN$，HK为宽。

那么因为：面$AMBC$、面$CBDN$皆为中项面。所以：面$EHGF$、面$HKIG$也皆是中项面。

而它们是作在有理线段EF上的矩形，EH、HK为其宽，所以：EH、HK的每一个是有理的，且与EF在长度上是不可公约的（命题X.22）。

因为：面$AMBC$与面$CBDN$不可公约，而面$AMBC$等于面$EHGF$，面$CBDN$等于面$HKIG$。所以：面$EHGF$与面$HKIG$是不可公约的。

又，面$EHGF$比面$HKIG$同于EH比HK，所以：EH与HK是长度上不可公约的（命题VI.1、X.11）。

所以：EH、HK是仅正方可公约的有理线段。所以：EK是二项线（命题X.36）。

又，EH上的正方形大于HK上的正方形，其差是一个与EH可公约或者不可公约的线段上的正方形。

首先，令EH上的正方形大于HK上的正方形，其差为一个与EH在长度上可公约的线段上的正方形。

那么：EH或者HK与给定的有理线EF是长度上不可公约的。所以：EK是一个第三二项线（定义X.7）。

又，*EF*是有理的，而，如果一个矩形面由一条有理线和第三二项线构成，那么，与此面相等的正方形的边是一个第二双中项线，所以：与面*EKIF*，即面*AMDN*相等的正方形的边是一个第二双中项线（命题X.56）。

其次，设*EH*上的正方形比*HK*上的正方形大，其差是一个与*EH*不可公约的线段上的正方形。

那么，线段*EH*、*HK*与*EF*是长度上不可公约的，所以：*EK*是一个第六二项线（定义X.10）。

所以：如果一个矩形面由有理线和第六二项线构成，那么，与该面相等的正方形的边是一个两中项面和的边。所以：与面*AMDN*相等的正方形的边也是一个两中项面和的边（命题X.59）。

所以：如果将两个不可公约的中项面相加，那么，将产生两无理线段，即要么是一个第二双中项线，要么是两个中项面之和的一条边。

证完

附加命题

二项线和它之后的无理线段，既不同于中项线，也不相互相同。

因为：如果在一条有理线段上作与中项线上正方形相等的矩形，那么该矩形的另一边是有理的，且与原有理线段是长度上不可公约的（命题X.22、X.60）。

如果在一条有理线段上作与二项线上正方形相等的矩形，那么矩形的另一边是第一二项线（命题X.60）。

如果在一条有理线段上作与第一双中项线上的正方形相等的矩形，那么该矩形的另一边是第二二项线（命题X.61）。

如果在一条有理线段上作与第二双中项线上的正方形相等的矩形，那么该矩形的另一边是第三二项线（命题X.62）。

如果在一条有理线段上作与主线上的正方形相等的矩形，那么该矩形的另一边是第四二项线（命题X.63）。

如果在一条有理线段上作与中项面有理面和的边上的正方形相等的矩形，那么该矩形的另一边是第五二项线（命题X.64）。

如果在一条有理线段上作与两中项面和的边上的正方形相等的矩形，那么该矩形的另一边是第六二项线（命题X.65）。

以上所述的矩形的另一边，既与第一条有理线不同，又彼此不同；与第一条有理线不同，因为它们是有理的，且又彼此不同，是因为它们不同级。所以：这些无理线段彼此不同。

命题X.73

如果从一条有理线段中减去与该线仅正方可公约的有理线段，那么，其余值是无理线段，我们称之为余线。

设从有理线段*AB*中减去与*AB*仅正方可公约的有理线段*BC*。

求证：*AC*是无理线段，我们称之为余线。

因为：*AB*与*BC*是长度不可公约的，*AB*比*BC*同于*AB*上的正方形比*AB*、*BC*构成的矩形，所以：*AB*上的正方形与*AB*、*BC*构成的矩形是不可公约的（命题X.11）。

但*AB*、*BC*上的正方形之和与*AB*上的正方形可公约，*AB*、*BC*构成的矩形的两倍与*AB*、*BC*构成的矩形是可公约的（命题X.15、X.6）。

又因为：*AB*、*BC*上的正方形之和等于*AB*、*BC*构成的矩形的两倍加上*CA*上的正方形。所以：*AB*、*BC*上的正方形之和也与*AC*上的正方形是不可公约的（命题II.7、X.13、X.16）。

又，*AB*、*BC*上的正方形之和是有理的，所以：*AC*是无理的。

我们称*AC*为余线（定义X.4）。

证完

注解

这一命题在本卷命题X.75以后被大量使用。也用在命题XIII.6、XIII.11中。

命题X.74

如果从一个中项线减去与此线仅正方可公约的中项线，且以此两中项线构成的矩形是有理面，那么，余线段是无理的，我们称之为第一中项余线。

设从中项线AB中减去与AB仅正方可公约的中项线BC，且AB、BC构成的矩形是有理的。

求证：其余值AC是无理的，我们称之为第一中项余线。

因为：AB、BC是中项线，AB、BC上的正方形也是中项面。而AB、BC构成的矩形的两倍是有理的，所以：AB、BC上的正方形之和与AB、BC构成的矩形的两倍是不可公约的。

所以：AB、BC构成的矩形的两倍与余值AC上的正方形也是不可公约的。因为，如果总量与分量的量值不可公约，那么：原始量值也是不可公约的（命题II.7、X.16）。

又，AB、BC构成的矩形的两倍是有理的，所以：AC上的正方形是无理的。所以：AC是无理的。

我们称AC为第一中项余线（定义X.4）。

证完

注 解

这一命题应用在本卷命题X.80开始以后的几个命题之中。

命题X.75

如果从一条中项线减去一个与它仅正方可公约，且又与原中项线构成的矩形为中项面的中项线，那么，所余线段是无理的，我们称其为第二中项余线。

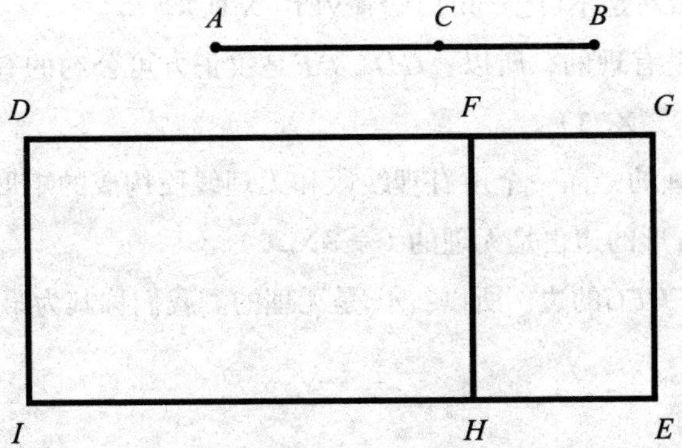

设：从中项线*AB*上减去与*AB*仅正方可公约的中项线段*CB*，*AB*、*BC*构成的矩形是中项面（命题X.28）。

求证：余值*AC*是无理的，我们称*AC*为第二中项余线。

令：给定有理线段*DI*，在*DI*上作矩形*DIEG*等于*AB*、*BC*上的正方形之和，*DG*为另一边。

在*DI*上作矩形*DIHF*等于*AB*、*BC*构成的矩形的两倍，*DF*为宽。

于是：余值矩形*FHEG*等于*AC*上的正方形（命题II.7）。

因为：*AB*、*BC*上的正方形是中项面，并可公约。所以：面*DIEG*也是中项面（命题X.15、命题X.23及其推论）。

面*DIEG*也是有理线段*DI*上的矩形，*DG*为另一边，于是：*DG*是有理的，并与*DI*是长度上不可公约的（命题X.22）。

又因为：*AB*与*BC*构成的矩形是中项面。所以：*AB*与*BC*构成的矩形的两倍也是中项面，并等于面*DIHF*。所以：面*DIHF*也是中项面（命题X.23及其推论）。

又，它是作在有理线段*DI*上的，*DF*为宽，于是：*DF*是有理的，并与*DI*在长度上不可公约（命题X.22）。

因为：*AB*、*BC*是仅正方可公约的。所以：*AB*与*BC*是长度不可公约的。所以：*AB*上的正方形与*AB*、*BC*构成的矩形也是不可公约的（命题X.11）。

AB、*BC*上的正方形之和与*AB*上的正方形是可公约的，*AB*、*BC*构成的矩形的两倍与*AB*、*BC*构成的矩形是可公约的，所以：*AB*、*BC*的矩形的两倍与*AB*、*BC*上的正方形之和是不可公约的（命题X.15、X.6、X.13）。

又，面*DIEG*等于*AB*、*BC*上的正方形之和，面*DIHF*等于*AB*、*BC*构成的矩形的两倍，所以：面*DIEG*与面*DIHF*是不可公约的。而面*DIEG*比面*DIHF*同于*GD*比*DF*。所以：*GD*与*DF*是不可公约的（命题VI.1、X.11）。

又，它们皆是有理的，所以：*GD*、*DF*是仅正方可公约的有理线段。所以：*FG*是一个余线（命题X.73）。

又，*DI*是有理的，而一个由有理线段和无理线段构成的矩形是无理的，且与该矩形相等的正方形的边也是无理的（命题X.20）。

又，*AC*是面*FHEG*的边，所以：*AC*是无理的。我们称其为第二中项余线。

证完

注解

这一命题应用在本卷X.81开始以后的几个命题之中。

命题X.76

如果从一条线段中减去一条与该线段是正方不可公约的线段，且它们上的正方形的和是有理的，而它们构成的矩形是中项面，那么，余线段是无理的，我们称之为次线。

从AB中减去与AB正方不可公约的量BC，满足给定的条件（命题X.33）。

求证：余值AC是无理线，我们称之为次线。

因为：AB、BC上的正方形之和是有理的，同时AB、BC构成的矩形的两倍是中项面。所以：AB、BC上的正方形之和与AB、BC构成的矩形的两倍是不可公约的，变化可得，AB、BC上的正方形之和与余量，即AC上的正方形，是不可公约的。

但是，AB、BC上的正方形都是有理的，所以：AC上的正方形是无理的。所以：AC是无理的（命题II.7、X.16）。

又，AB、BC上的正方形是有理的，所以：AC上的正方形是无理的。所以：AC是无理的。我们称之为次线。

证完

注解

这一命题应用在本卷X.82开始以后的几个命题之中。

命题X.77

从一条线段上减去与该线段正方不可公约的量，且该量与原线段上的正方形的和是中项面，但它们构成的矩形的两倍是有理的，那么，余量是无理的，我们称其为中项面有理面差的边。

从线段AB中减去与AB不可公约的线段BC，满足给定的条件。

求证：余量AC是无理线段。

因为：AB、BC上的正方形之和是中项面，同时，AB、BC构成的矩形的两倍是有理的。所以：AB、BC上的正方形之和与AB、BC构成的矩形的两倍是不可公约的。

所以：余量，即AC上的正方形，与AB、AC构成的矩形的两倍也是不可公约的（命题II.7、X.16）。

AB、BC矩形的两倍是有理的，所以：AC上的正方形是无理的。所以：AC是无理的。我们称AC为中项面有理面差的边。

证完

注 解

这一命题应用在本卷X.83及以后的几个命题之中。

命题X.78

如果从一条线段中减去与该线段正方不可公约的线段，且该量与原线段上的正方形之和是中项面。且由它们构成的矩形的两倍也是中项面，它们上的正方形之和与它们构成的矩形的两倍不可公约，那么，余量是无理的，我们称其为两中项面差的边。

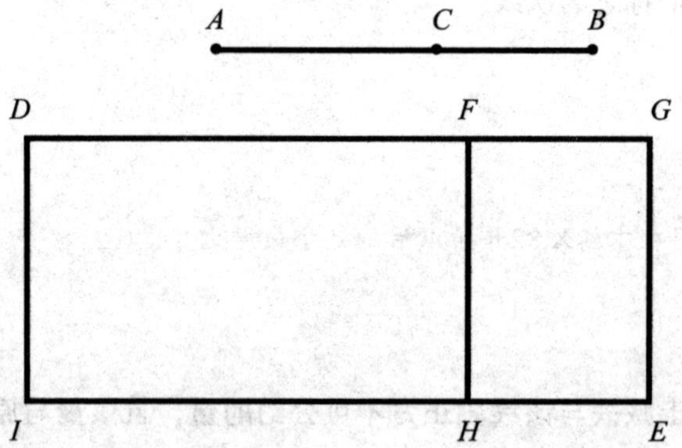

从线段AB中减去与AB正方不可公约的线段BC，满足给定条件（命题X.35）。

求证：余量AC是无理的，我们称其为两中项面差的边。

作一条有理线段DI，在DI上作面$DIEG$等于AB、BC上的正方形之和。DG为另一边。又作矩形$DIHF$等于AB、BC构成的矩形的两倍，那么：余量面$FHEG$等于AC上的正方形。所以：AC是等于正方形$EGFH$的边。

那么因为：AB、BC上的正方形之和是中项面，且等于面$DIEG$，所以：面$DIEG$是中项面。

又，它也是作在有理线DI上的，DG为另一边。所以：DG是有理的，并与DI在长度上不可公约（命题X.22）。

又因为：AB、BC构成的矩形的两倍是中项面，并等于面$DIHF$。所以：面$DIHF$是中项面。

又，它是作在有理线段DI上的，DF为另一边；所以：DF也是有理的，且与DI在长度上是不可公约的（命题X.22）。

因为：AB、BC上的正方形之和与AB、BC构成的矩形的两倍是不可公约的。所以：面$DIEG$与面$DIHF$也是不可公约的。

又，面$DIEG$比面$DIHF$同于DG比DF，所以：DG与DF是不可公约的（命题X.11、VI.1）。

又，它们皆是有理的，所以：GD、DF是仅正方可公约的有理线段。

所以：FG是一条余线（命题X.73）。

又，FH是有理的，但是由一条有理线段和余线构成的矩形是无理的，且与该矩形相等的正方形的边是无理的（命题X.20）。

又，AC是与正方形$FHEG$相等的正方形的边，所以：AC是无理的。我们称其为两中项面差的边。

证完

注 解

这一命题应用在本卷X.84开始以后的几个命题之中。

命题X.79

只有一条有理线段，当它与余线相加时，该线段与总线段成正方可公约。

设：AB为余线，BC与之相加，于是AC、CB是仅正方可公约的有理线段（命

题X.73）。

求证：没有另外的有理线段加到*AB*上，能使该线段与总线段仅正方可公约。

如果还有另外的线段符合条件，令*BD*是加入的线段，那么：*AD*、*DB*是仅正方可公约的有理线段（命题X.73）。

那么因为：*AB*、*DB*上的正方形之和与*AD*、*DB*构成的矩形的两倍之差等于*AC*、*CB*上的正方形之和与*AC*、*CB*构成的矩形的两倍之差，因为两者超出的是同一个量，即*AB*上的正方形。所以：变更后可得，*AD*、*DB*上的正方形之和与*AC*、*CB*上的正方形之和的差，等于*AD*、*DB*构成的矩形的两倍与*AC*、*CB*构成的矩形的两倍之差（命题II.7）。

又，*AD*、*DB*上的正方形之和减去*AC*、*CB*上的正方形之和，其差为一个有理面。因为它们皆是有理面，所以：*AD*、*DB*构成的矩形的两倍减去*AC*、*CB*构成的矩形的两倍，其差为一个有理面。这是不可能的，因为：它们皆是中项面，而一个中项面减去一个中项面不可能得一个有理面（命题X.21、X.26）。

所以：没有另外的有理线段加到*AB*上，能使该线段与总线段仅正方可公约。

所以：只有一条有理线段与一条余线相加能使该线段与总线段成仅正方可公约的量。

所以：只有一条有理线段，当它与余线相加时，该线段与总线段成正方可公约。

证完

注 解

这一命题应用在命题X.81、X.84中。

命题X.80

只有一条中项线与一条第一中项余线相加，能使该中项线与总线成仅正方可公约的量，且它们构成的矩形是有理的。

设：*AB*是一条第一中项余线，*BC*与*AB*相加，那么，*AC*、*CB*是仅正方可公约的两中项线，且*AC*、*CB*构成的矩形是有理的（命题X.74）。

求证：没有另外的线段与AB相加，能使该线段与总线段仅正方可公约。

假定，还有另外能加的线段BD，那么：AD、DB是仅正方可公约的中项线，AD、DB构成的矩形是有理的（命题X.74）。

那么因为：AD和DB上的正方形之和与AD、DB构成的矩形的两倍之差，也等于AC、CB上的正方形之和与AC、CB构成的矩形的两倍之差。

因为，它们超过的是同一个量，即AB上的正方形，所以变更后，AD、DB上的正方形之和与AC、CB上的正方形之和的差，也等于AD、DB构成的矩形的两倍与AC、CB构成的矩形的两倍之差（命题II.7）。

又，AD、DB构成的矩形的两倍与AC、CB构成的矩形的两倍之差是一个有理面，因为它们皆是有理面。

所以：AD、DB上的正方形之和与AC、CB上的正方形之和的差也是有理面。这是不可能的，因为它们皆是中项面，而一个中项面减去一个中项面不可能得有理面（命题X.15、命题X.23及其推论、命题X.26）。

所以：只有一条中项线与一条第一中项余线相加，能使该中项线与总线成仅正方可公约的量，且它们构成的矩形是有理的。

证完

命题X.81

只有一条中项线与一条第二中项余线相加，能使该中项线与总线仅正方可公约，且它们构成的矩形是中项面。

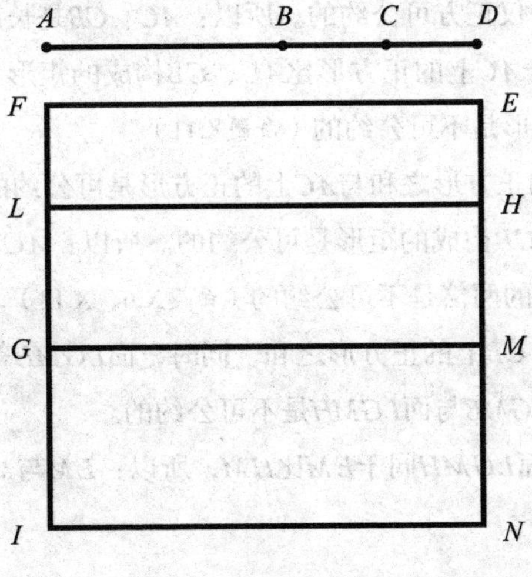

设：AB是一个第二中项余线，BC与AB相加，那么AC、CB是仅正方可公约的中项线，AC、CB构成的矩形是中项面（命题X.75）。

求证：没有另外的中项线与AB相加能使该中项线与总线成仅正方可公约量，且它们构成的矩形是中项面。

假定还有另外一条中项线符合条件，设它为BD，令BD、AB相加，那么AD、DB也是仅正方可公约的中项线，AD、DB构成的矩形是中项面（命题X.75）。

给定一条有理线段EF，在EF上作面FGME等于AC、CB上的正方形之和，宽为EM。作面LGMH等于被减去的AC、CB构成的矩形的两倍，宽为HM。那么：余量FLHE等于AB上的正方形。

所以：AB是与面FLHE相等的正方形的边（命题II.7）。

又，EF上作FINE等于AD、DB上的正方形之和，EN为宽。而面FLHE也等于AB上的正方形，所以：余量HI等于AD、DB上的矩形的两倍（命题II.7）。

又因为：AC、CB是中项线。所以：AC、CB上的正方形也是中项面，且它们的和等于面FGME。所以：FGME也是中项面（命题X.15、命题X.23及其推论）。

又，它也是作在有理线EF上的，EM为宽，所以：EM是有理的，且与EF是长度不可公约的（命题X.22）。

又因为：AC、CB的矩形是中项面，AC、CB的矩形的两倍也是中项面，且等于面LGMH。所以：面LGMH也是中项面（命题X.23及其推论）。

又，它是作在有理线EF上的，HM为宽，所以：HM也是有理的，且与EF是长度不可公约的（命题X.22）。

因为：AC、CB是仅正方可公约的。所以：AC、CB是长度不可公约的。

又，AC比CB同于AC上的正方形比AC、CB构成的矩形，所以：AC上的正方形与AC、CB构成的矩形是不可公约的（命题X.11）。

又，AC、CB上的正方形之和与AC上的正方形是可公约的，同时AC、CB构成的矩形的两倍与AC、CB构成的矩形是可公约的。所以：AC、CB上的正方形之和与AC、CB构成的矩形的两倍是不可公约的（命题X.6、X.13）。

又，EG等于AC、CB上的正方形之和，同时，面LGMH等于AC、CB构成的矩形的两倍，所以：面FGME与面LGMH是不可公约的。

又，面FGME比面LGMH同于EM比HM，所以：EM与MH是长度不可公约的（命题VI.1、X.11）。

又，它们皆是有理的，所以：EM和MH是仅正方可公约的有理线段。所以：EH是一条余线，且HM与之相加（命题X.73）。

同理，我们也能证明HN也与之相加，所以：不同的线段与余线相加，且它们与总线成仅正方可公约的量，这是不可能的（命题X.79）。

所以：只有一条中项线与一条第二中项余线相加，能使该中项线与总线成仅正方可公约的量，且它们构成的矩形是中项面。

证完

命题X.82

只有一条线段与次线相加，使该线段与总线成正方不可公约量，它们上的正方形之和是有理的，它们构成的矩形的两倍是中项面。

设：AB是次线，BC与之相加，那么AC、CB是正方不可公约的，它们上的正方形之和是有理的，以它们为边构成的矩形的两倍是中项面（命题X.76）。

求证：没有另外的线段与AB相加，能满足以上的条件。

如果可能，令它为BD，那么，AD、DB皆是正方不可公约的量，皆满足以上条件（命题X.76）。

那么因为：AD、DB上的正方形之和与AC、CB上的正方形之和的差，也等于AD、DB构成的矩形的两倍与AC、CB构成的矩形的两倍之差。同时，AD、DB上的正方形之和与AC、CB上的正方形之差为一个有理面，因为它们皆是有理面。所以：AD、DB构成的矩形的两倍与AC、CB构成的矩形的两倍之差也是有理面，这是不可能的，因为它们皆是中项面（命题X.26）。

所以：只有一条线段与次线相加，使该线段与总线成正方不可公约量，它们上的正方形之和是有理的，它们构成的矩形的两倍是中项面。

证完

命题X.83

只有一条线段与一个中项面有理面差的边相加，能使该线段与总线段成正方不可公约的量，它们上的正方形之和是中项面，它们构成的矩形的两倍是有理面。

设：AB是一个中项面有理面差的边，BC是加到AB上的线段，那么AC、CB是正方不可公约的线段，且满足上述条件（命题X.77）。

求证：没有另外的线段与AB相加能满足以上条件。

如果有一条另外的线段，令线段BD能满足，那么AD、DB是正方不可公约的线段，能满足给定的条件（命题X.77）。

如前所述，AD、DB上的正方形与AC、CB上的正方形之差也等于AD、DB构成的矩形的两倍与AC、CB构成的矩形的两倍之差，同时，AD、DB构成的矩形的两倍与AC、CB构成的矩形的两倍之差是一个有理面，因为它们皆是有理面。所以：AD、DB上的正方形之和与AC、CB上的正方形之和的差是一个有理面。这是不可能的，因为它们皆是中项面（命题X.26）。

所以：只有一条线段与一个中项面有理面差的边相加，能使该线段与总线段成正方不可公约的量，它们上的正方形之和是中项面，它们构成的矩形的两倍是有理面。

证完

命题X.84

只有一条线段与两中项面之差相加，能使该线段与总线段正方不可公约，且它们上的正方形之和是中项面，它们构成的矩形的两倍是中项面，且与它们上的正方形之和不可公约。

设：AB为两中项面差的边，BC与之相加，那么AC、CB是正方不可公约的线段，且满足上述的条件（命题X.78）。

求证：没有另外的线段与AB相加能满足以上的条件。

如果存在另外的线段，令其为BD与AB相加能满足，那么AD、DB也是正方不可公约的量，AD、DB上的正方形之和是中项面，且AD、DB构成的矩形的两倍也是中项面。AD、DB上的正方形之和与AD、AB构成的矩形的两倍是不可公约的（命题X.78）。

设定一条有理线段EF，在EF上作为EG等于AC、CB上的正方形之和，EM为另一边。又在EF上作面LGMH等于AC、CB构成的矩形的两倍，HM为另一边，那

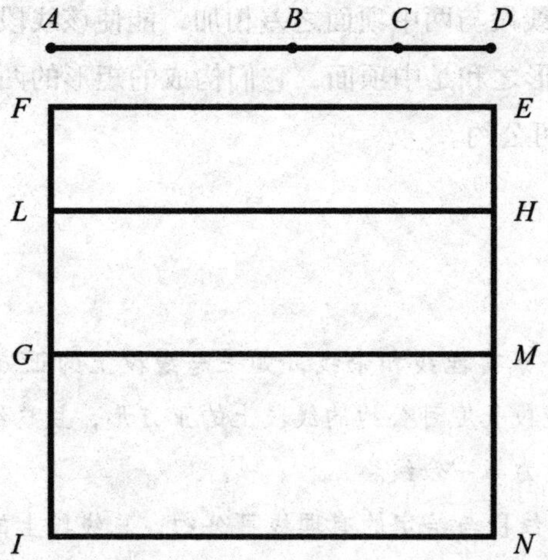

么：余量，即AB上的正方形等于面FLHE。所以：AB是与面FLHE相等的正方形的边（命题II.7）。

又，作面FINE等于AD、DB上的正方形之和，EN为另一边。

而且AB上的正方形也等于面FLHE，所以：余量，即AD、DB构成的矩形的两倍等于面LINH（命题II.7）。

那么因为：AC、CB上的正方形之和是中项面，并等于面KGME。所以：面KGME也是中项面。而它也是作在有理线EF上的，所以：EM是有理的，并与EF是长度上不可公约的（命题X.22）。

又因为：AC、CB构成矩形的两倍是中项面，且等于面LGMH。所以：面LGMH也是中项面。而它是作在有理线段EF上的，所以：HM是有理的，并与EF是长度不可公约的（命题X.22）。

因为：AC、CB上的正方形与AC、CB构成的矩形的两倍不可公约。所以：面FGME与面LGMH也是不可公约的。所以：EM与MH也是长度不可公约的（命题VI.1、X.11）。

又，它们皆是有理的，所以：EM、MH是仅正方可公约的有理线段。所以：EH是一个余线，另一条余线HM与之相加（命题X.73）。

同理，我们也能证明EH也是条余线，且HN是加到它上面的余线。所以：不同的有理线段加到一条余线上，且与总线段仅正方可公约，这已被证明是不可能的（命题X.79）。

所以：只有一条线段与两中项面之差相加，能使该线段与总线段正方不可公约，且它们上的正方形之和是中项面，它们构成的矩形的两倍是中项面，且与它们上的正方形之和不可公约。

证完

定义（三）

定义X.11 给定一条有理线和余线，如果总线段上的正方形大于加线上的正方形，其差为一个与总线段长度可公约的线段上的正方形，且总线段与给定的有理线段长度可公约，此余线称为第一余线。

定义X.12 如果加线段与给定的有理线可公约，总线段上的正方形大于加线上的正方形，其差为一个与总线段可公约的线段上的正方形，此余线称为第二余线。

定义X.13 如果总线段和加线段两者皆与给定的有理线长度不可公约，且总线段上的正方形大于加线上的正方形，其差为一个与总线段可公约的线段上的正方形，此余线称为第三余线。

定义X.14 又，总线段上的正方形大于加线段上的正方形，其差为一个与总线段不可公约的线段上的正方形。此外，总线段与给定的有理线长度可公约，此余线称为第四余线。

定义X.15 如果加线段，与已知有理线段是长度可公约的，则此线称为第五余线。

定义X.16 如果全线段及加线段两者与给定有理线段都是长度不可公约的，则此余线称为第六余线。

命题X.85

求第一余线。

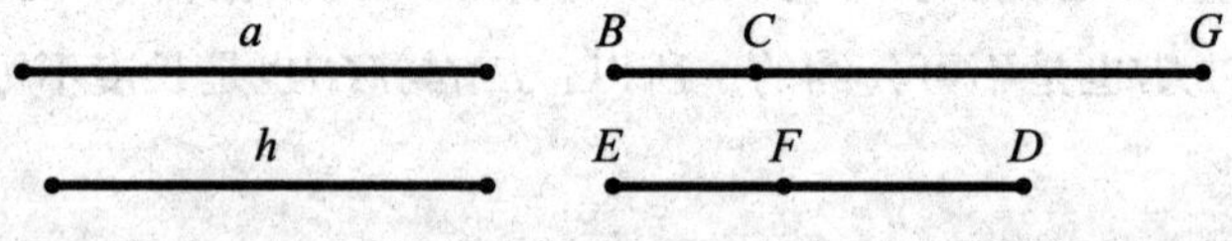

设：给定一条有理线段a，使BG与a在长度上可公约，那么BG也是有理线段。

再设：给定两个平方数DE、EF，它们的差FD不是一个平方数。

那么：ED、DF的比值是一个平方数比一个平方数。

作比例，ED比DF同于BG上的正方形比GC上的正方形，那么：BG上的正方形与*GC*上的正方形是可公约的（命题X.6及其推论、X.6）。

又，*BG*上的正方形是有理的，所以：*GC*上的正方形也是有理的，所以：*GC*也是有理的。

因为*ED*比*DF*不同于一个平方数比一个平方数，所以：*BG*上的正方形比*GC*上的正方形的比值也不是一个平方数比一个平方数。所以：*BG*与*GC*是长度不可公约的（命题X.9）。

又，二者皆是有理的，于是：*BG*、*GC*是仅正方可公约的。所以：*BC*是一条余线（命题X.73）。

那么：它也是一个第一余线。

为此，设*h*上的正方形是*BG*上正方形与*GC*上正方形的差。

那么，因为*ED*比*FD*同于*BG*上正方形比*GC*上的正方形，所以：由换比可得，*DE*比*EF*同于*GB*上的正方形比*h*上的正方形（命题V.19及其推论）。

又，*ED*比*EF*同于一个平方数比一个平方数，因为每个都是平方数，所以：*GB*上的正方形与*h*上的正方形的比值也是一个平方数比一个平方数。所以：*BG*与*h*是长度可公约的（命题X.9）。

又，*BG*上的正方形大于*GC*上的正方形，其差为一个*h*上的正方形。

所以：*BG*上的正方形大于*GC*上的正方形，其差是一个与*BG*是长度可公约的线段上的正方形。

又，总线段*BG*与给定的有理线段*a*是长度可公约的。

所以：*BC*是一个第一余线。所以：第一余线*BC*被找出来（定义X.12）。

证完

命题X.86

求第二余线。

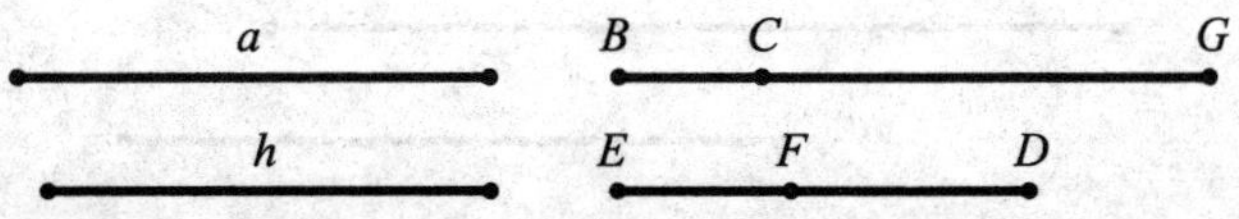

设：给定一条有理线段*a*，使*GC*与*a*长度可公约。那么：*GC*是有理线段。再给定两个平方数*DE*、*EF*，它们的差*DF*不是平方数。

作比例，*FD*比*DE*同于*CG*上的正方形比*GB*上的正方形（命题X.6推论）。

那么：CG上的正方形与GB上的正方形可公约（命题X.6）。

又，CG上的正方形是有理的，所以：GB上的正方形也是有理的。所以：BG是有理线段。又，因为GC上的正方形比GB上的正方形不是一个平方数比一个平方数，所以：CG与GB是长度上不可公约的（命题X.9）。

又，它们皆是有理的，所以：CG、GB是仅正方可公约的有理线段。所以：BC是一条余线（命题X.73）。

我们进一步说：它也是一条第二余线。

令：h上的正方形是BG上的正方形与GC上的正方形之差。

因为BG上的正方形比GC上的正方形同于数ED比DF，所以：由换比可得，BG上的正方形比h上的正方形同于DE比EF（命题V.19及其推论）。

又，DE和EF每个数皆是平方数，所以：BG上的正方形比h上的正方形同于一个平方数比一个平方数。所以：BG与h长度可公约（命题X.9）。

又，BG上的正方形大于GC上的正方形，其差为h上的一个正方形。所以：BG上的正方形大于GC上的正方形，其差为一个与BG长度可公约的有理线段上的正方形。

又，CG与给定的有理线段a是可公约的，所以：BC是一个第二余线（定义X.12）。

所以：第二余线被求出来。

证完

命题X.87

求第三余线。

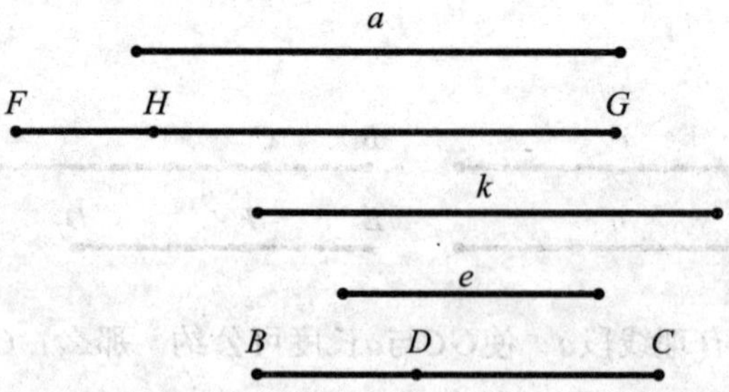

设：给一条有理线段a，作三个数e、BC、CD，它们的相互比值不是一个平

方数比一个平方数，但CB比BD同于一个平方数比一个平方数。

作比例，令e比BC同于a上的正方形比FG上的正方形，令BC比CD同于FG上的正方形比GH上的正方形（命题X.6及其推论）。

因为：e比BC同于a上的正方形比FG上的正方形，所以：a上的正方形与FG上的正方形是可公约的（命题X.6）。

又，a上的正方形是有理的，所以：FG上的正方形也是有理的，所以：FG是有理的。

因为e比BC不是一个平方数比一个平方数，所以：a上的正方形比FG上的正方形也不同于一个平方数比一个平方数。所以：a与FG是长度不可公约的（命题X.9）。

又，因为BC比CD同于FG上的正方形比GH上的正方形，所以：FG上的正方形与GH上的正方形是可公约的（命题X.6）。

而FG上的正方形是有理的，所以：GH上的正方形也是有理的。所以：GH是有理的。

又，因为BC比CD不是一个平方数比一个平方数，所以：FG上的正方形比GH上的正方形也不是一个平方数比一个平方数。所以：FG与GH是长度不可公约的（命题X.9）。又，两者都是有理的。

所以：FG与GH是仅正方可公约的有理线。所以：FH是一条余线（命题X.73）。

进一步说：它也是一条第三余线。

因为e比BC同于a上的正方形比FG上的正方形，BC比CD同于FG上的正方形比HG上的正方形，所以：由首末比可得，e比CD同于a上的正方形比HG上的正方形（命题V.22）。

但是，e比CD不是一个平方数比一个平方数，a上的正方形比GH上的正方形也不是一个平方数比一个平方数，所以：a与GH是长度上不可公约的（命题X.9）。

所以：FG或者GH与给定的有理线段a皆是长度不可公约的。

设：k上的正方形等于FG上的正方形与GH上的正方形之差。

因为BC比CD同于FG上的正方形比GH上的正方形，所以：由换比可得，BC比BD同于FG上的正方形比k上的正方形（命题V.19推论）。

而BC比BD是一个平方数比一个平方数，所以：FG上的正方形比k上的正方形也是一个平方数比一个平方数。

所以：*FG*与*k*是长度可公约的。*FG*上的正方形大于*GH*上的正方形，其差为一个与*FG*可公约的线段上的正方形（命题X.9）。

又，*FG*或*GH*皆是与给定的有理线段*a*不是长度可公约的，所以：*FH*是一个第三余线（定义X.13）。

所以：第三余线*FH*被求证出来。

证完

命题X.88

求第四余线。

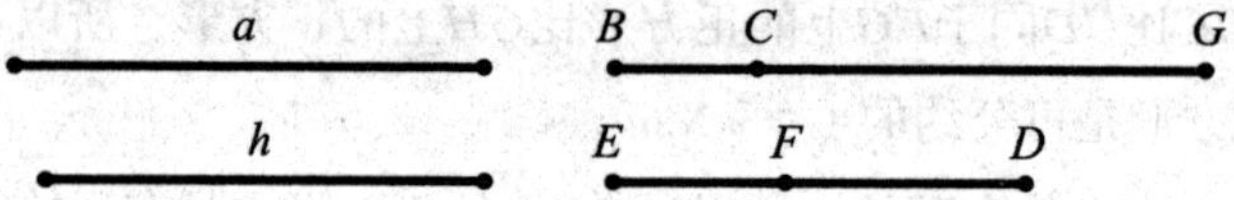

给定有理线段*a*，*BG*与*a*是长度上可公约的，所以*BG*也是有理线段。设，两个数*DF*、*FE*，且总量*DE*与它们每个的比不是一个平方数比一个平方数。

作比例，*DE*比*EF*同于*BG*上的正方形比*GC*上的正方形，那么，*BG*上的正方形与*GC*上的正方形是可公约的（命题X.6、推论X.6）。

又，*BG*上的正方形是有理的，所以：*GC*上的正方形也是有理的，所以：*GC*是有理的。

那么，因为*DE*比*EF*不是一个平方数比一个平方数，所以：*BG*上的正方形比*GC*上的正方形也不是一个平方数比一个平方数。所以：*BG*与*GC*是长度不可公约的（命题X.9）。

又，它们皆是有理的，所以：*BG*、*GC*是仅正方可公约的有理线段。所以：*BC*是一条余线（命题X.73）。

设：*h*上的正方形等于*BG*上的正方形与*GC*上的正方形之差。

因为*DE*比*EF*同于*BG*上的正方形比*GC*上的正方形，所以：由换比可得，*ED*比*DF*同于*GB*上的正方形比*h*上的正方形（命题V.19及其推论）。

又，*ED*比*DF*不是一个平方数比一个平方数，*GB*上的正方形比*h*上的正方形也不是一个平方数比一个平方数。所以：*BG*与*h*是长度不可公约的（命题X.9）。

又，*BG*上的正方形大于*GC*上的正方形，其差为一个*h*上的正方形，所以：*BG*

上的正方形大于GC上的正方形，其差为一个与BG长度不可公约的有理线段上的正方形。

又，总线段BG与给定的有理线段a是长度可公约的量，所以：BC是一个第四余线。

于是：第四余线被求证出来（定义X.14）。

证完

命题X.89

求第五余线。

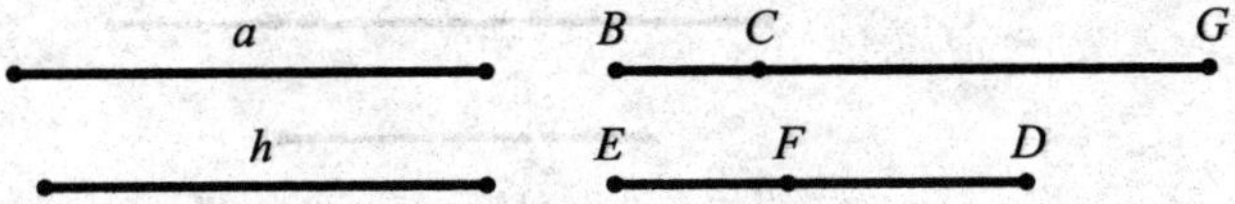

给定有理线段a，设CG与a是长度可公约的，那么，CG是有理的。

给定两个数DF、FE，且使DE与DF、FE的比值不是一个平方数比一个平方数。再作比例，FE比ED同于CG上的正方形比GB上的正方形。

那么GB上的正方形也是有理的，所以：BG也是有理的（命题X.6）。

那么，因为DE比EF同于BG上的正方形比GC上的正方形，同时，DE比EF不是一个平方数比一个平方数，所以：BG上的正方形比GC上的正方形也不是一个平方数比一个平方数。所以：BG与GC是长度上不可公约的（命题X.9）。

又，它们皆是有理的，所以：BG、GC是仅正方可公约的有理线段。所以：BC是一条余线（命题X.73）。

进一步说：它也是一条第五余线。

设：h上的正方形等于BG上的正方形与GC上的正方形之差。

因为：BG上的正方形比GC上的正方形同于DE比EF，所以：由换比可得，ED比DF同于BG上的正方形比h上的正方形（命题V.19及其推论）。

又，ED比DF不是一个平方数比一个平方数，BG上的正方形比h上的正方形也不是一个平方数比一个平方数，所以：BG与h是长度不可公约的（命题X.9）。

又，BG上的正方形大于GC上的正方形，其差为h上的正方形，所以：GB上的正方形大于GC上的正方形，其差为一个与GB长度上不可公约的有理线段上的正方形。

又，CG与给定的有理线段a是长度上可公约的，所以：BC是一条第五余线

（定义X.15）。

于是：第五余线被求证出来。

证完

命题X.90

求第六余线。

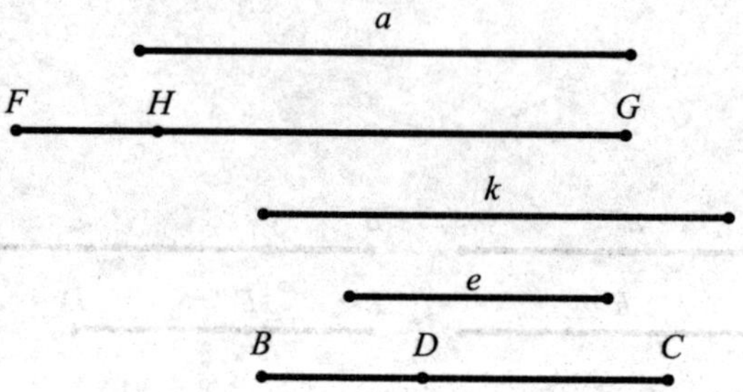

给定有理线*a*，给定三个数*e*、*BC*、*CD*，且它们的相互比不是一个平方数比一个平方数，再设*CB*比*BD*也不是一个平方数比一个平方数。

作比例，使*e*比*BC*同于*a*上的正方形比*FG*上的正方形，*BC*比*CD*同于*FG*上的正方形比*GH*上的正方形（命题X.6及其推论）。

那么，因为*e*比*BC*同于*a*上的正方形比*FG*上的正方形，所以：*a*上的正方形与*FG*上的正方形是可公约的（命题X.6）。

又，*a*上的正方形是有理的，所以：*FG*上的正方形也是有理的，所以：*FG*也是有理的。

因为*e*比*BC*不是一个平方数比一个平方数，所以：*a*上的正方形比*FG*上的正方形也不是一个平方数比一个平方数，所以：*a*与*FG*是长度不可公约的（命题X.9）。

又，因为*BC*比*CD*同于*FG*上的正方形比*GH*上的正方形，所以：*FG*上的正方形与*GH*上的正方形是可公约的（命题X.6）。

又，*FG*上的正方形是有理的，所以：*GH*上的正方形也是有理的。所以：*GH*也是有理的。

因为*BC*比*CD*不是一个平方数比一个平方数，所以：*FG*上的正方形比*GH*上的正方形也不是一个平方数比一个平方数。所以：*FG*与*GH*是长度不可公约的（命题X.9）。

又，两者都是有理的，所以FG、GH是仅正方可公约的有理线段。因此，FH是一条余线。

进一步说：它也是一条第六余线。

因为e比BC同于a上的正方形比FG上的正方形，而BC比CD同于FG上的正方形比GH上的正方形，所以：由首末比可得，e比CD同于a上的正方形比GH上的正方形（命题V.22）。

又，e比CD不是一个平方数比一个平方数，所以：a上的正方形比GH上的正方形也不是一个平方数比一个平方数。所以：a与GH是长度不可公约的。所以：线段FG、GH皆与有理线a不是长度可公约的（命题X.9）。

令：k上的正方形等于FG上的正方形与GH上的正方形之差。

因为BC比CD同于FG上的正方形比GH上的正方形，所以：由换比可得，CB比BD同于FG上的正方形比k上的正方形（命题V.19及其推论）。

又，CB比BD不是一个平方数比一个平方数，所以：FG上的正方形比k上的正方形也不是一个平方数比一个平方数，所以：FG与k是长度不可公约的（命题X.9）。

又，FG上的正方形大于GH上的正方形，其差为一个k上的正方形，所以：FG上的正方形大于GH上的正方形，其差为一个与FG长度不可公约的线段上的正方形（定义X.16）。

又，线段FG、GH与所给出的有理线段不是可公约的，所以，FH是一条第六余线。

于是：第六余线被求证出来。

证完

命题X.91

如果一个面是由一条有理线和一条第一余线构成的，那么，与该面相等的正方形的边是一条余线。

设：面$ACBD$是由有理线段AC和第一余线AD构成的。

求证：与该面相等的正方形的边是一条余线。

因为：AD是一条第一余线，设DG是它的加线段。

那么：AG、GD是仅正方可公约的有理线段，且总线段AG与给定的有理线段AC是可公约的。

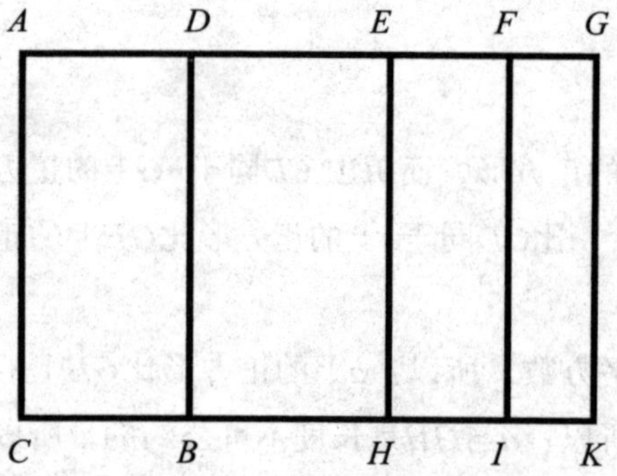

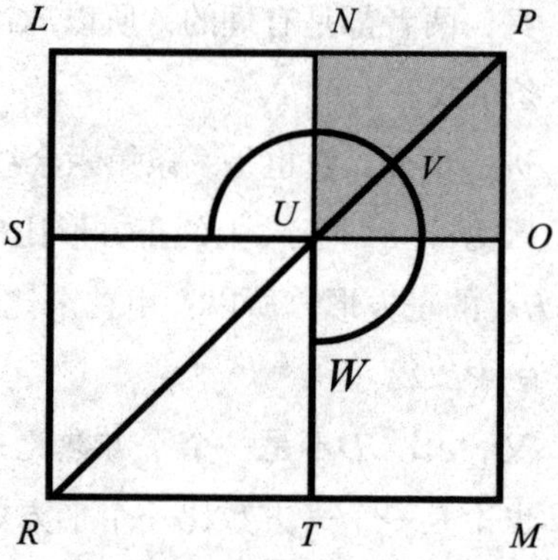

又：AG上的正方形大于GD上的正方形，其差为一个与AG是长度可公约的线段上的正方形（命题X.73、定义X.12）。

所以，如果在AG上作矩形，使之等于DG上的正方形的四分之一且缺少一个正方形，那么：它被分为可公约的两个部分（命题X.17）。

在E点平分DG，在AG上作矩形，使之等于EG上的正方形且缺少一个正方形的矩形AF、FG，于是：AF与FG是长度可公约的。

分别过点E、F、G作EH、FI和GK平行于AC。

那么，因为AF与FG是长度可公约的，所以：AG分别与线段AF、FG也是长度可公约的（命题X.15）。

又，AG与AC是长度可公约的，所以：AF与FG皆与AC是长度可公约的（命题X.12）。

又，AC是有理的，所以：AF、FG也皆是有理的，所以：面$ACIF$、面$FIKG$构成的矩形也是有理的（命题X.19）。

那么，因为DE与EG是长度可公约的，所以：DG分别与DE、EG也是长度可公约的（命题X.15）。

又，DG是有理的，并与AC长度不可公约，所以：DE、EG皆与AC是长度不可公约的有理线段。所以：面$DBHE$、面$EHKG$构成的矩形是中项面（命题X.13、X.21）。

现在，作正方形$LRMP$等于正方形$ACIF$，从中减去与它有共同$\angle LPM$的正方形$NUOP$等于面$FIKG$，那么：正方形$LRMP$、正方形$NUOP$的对角线在一条直线上（命题VI.26）。

令：PR为它们的对角线，并作图。

因为AF、FG构成的矩形等于EG上的正方形，所以：AF比EG同于EG比FG（命题VI.17）。

而AF比EG同于面$ACIF$比面$EHKG$，而EG比FG同于面$EHKG$比KF，所以：面$EHKG$是面$ACIF$、面$FIKG$的比例中项（命题VI.1、V.11）。

又，前面已经证明，面$NTMP$也是面$LRMP$、面$NUOP$之间的比例中项，而面$ACIF$等于面$LRMP$，面$FIKG$等于面$NUOP$。所以：面$NTMP$也等于面$EHKG$。而面$EHKG$等于面$ACBD$，且面$NTMP$等于面$LSOP$，所以，面$DBKG$等于折尺形UVW和面$NUOP$的和。

而面$ACKG$也等于面$LRMP$、面$NUOP$之和，所以：余值$ACBD$等于面$SRTU$。

又，RT等于LN，所以：LN上的正方形等于正方形$ACBD$。所以：LN是与正方形$ACBD$相等的正方形的边。

其次可证明LN是一条余线。

因为每一个矩形$ACIF$、$FIKG$是有理的，且它们分别等于面$LRMP$、面$NUOP$，所以每个正方形$LRMP$、$NUOP$，即分别为LP、PN上的正方形，也是有理的，因此，LP、PN也是有理的。又因为，面$DBHE$是中项面，且等于面$LSOP$，所以面$LSOP$也是中项面。

于是，因为面$LSOP$是中项面，而面$NUOP$是有理的，所以面$LSOP$与面$NUOP$不可公约。

又，面$LSOP$比面$NUOP$同于LP比PN，所以：LP与PN是长度不可公约的（命题VI.1、X.11）。

又，它们皆是有理的，所以：LP、PN是仅正方可公约的有理线段，所以：LN是一条余线（命题X.73）。

又，它是与面$ACBD$相等的正方形的边，所以：与面$ACBD$相等的正方形的边是一条余线。

所以：如果一个面是由一条有理线和一条第一余线构成的，那么，与该面相等的正方形的边是一条余线。

证完

注 解

这一命题应用在命题X.108中。

命题X.92

如果一个面是由一条有理线段与一条第二余线构成的，那么，与该面相等的正方形的边是一条中项线的第一余线。

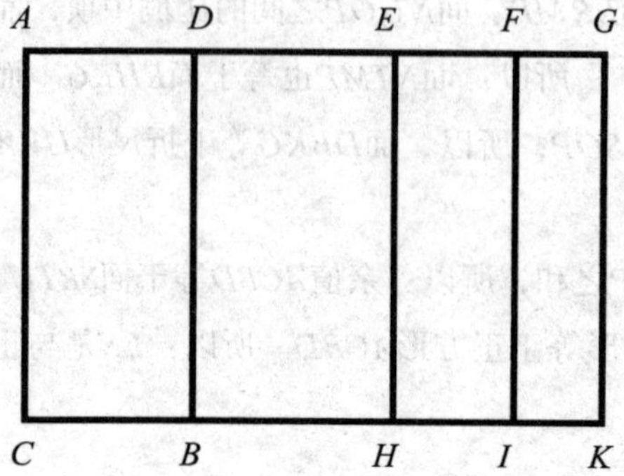

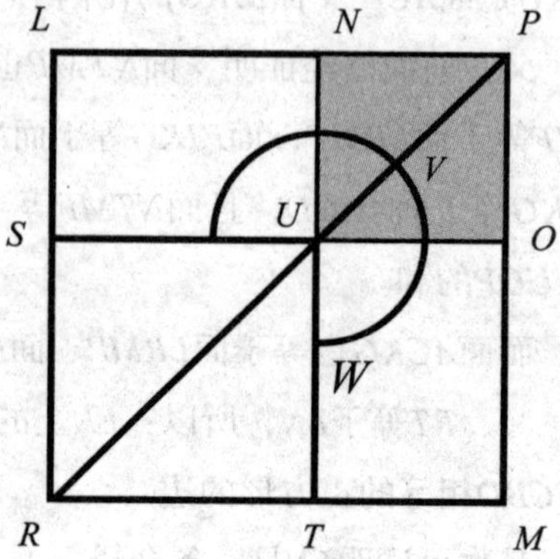

设：面*ACBD*是由有理线段*AC*和第二余线*AD*构成的。

求证：与*ACBD*相等的正方形的边是一条第一中项余线。

设*DG*是加到*AD*上的加线段，那么：*AG*和*GD*是仅正方可公约的有理线段，且加线*DG*与给定的有理线段*AC*是可公约的。同时，总线段*AG*上的正方形大于加线*GD*上的正方形，其差为一个与*AG*长度可公约的线段上的正方形（命题X.73、定义X.12）。

因为*AG*上的正方形大于*GD*上的正方形，其差为一个与*AG*可公约的线段上的正方形，所以：如果作在*AG*上的矩形等于*GD*上的正方形的四分之一，并缺少一个正方形，那么，它分*AG*为可公约的两个部分（命题X.17）。

那么，在*E*点平分*DG*，在*AG*上作矩形等于*EG*上的正方形，并缺少一个正方形，令其为*AF*、*FG*构成的矩形，那么：*AF*、*FG*是长度可公约的。

所以：*AG*分别与*AF*、*FG*也是长度可公约的（命题X.15）。

又，*AG*是有理的，并与*AC*长度不可公约，所以：*AF*、*FG*分别与*AC*也是长度不可公约的。所以：面*ACIF*、*FIKG*是中项面（命题X.13、X.21）。

又，因为*DE*与*EG*是可公约的，所以：*DG*分别与直线*DE*和*EG*也是可公约的（命题X.15）。

又，*DG*与*AC*是长度可公约的。

所以：矩形*DBHE*、*EHKG*是有理的（命题X.19）。

作正方形*LRMP*等于*ACIF*，减去等于面*FIKG*的并与面*LRMP*有公共∠*LPM*的正方形*NUOP*，那么：*LRMP*和*NUOP*上的正方形在同一对角线上（命题VI.26）。

设：*PR*为其对角线。并作图。

因为面*ACIF*、面*FIKG*是中项面，并分别等于*LP*、*PN*上的正方形，*LP*、*PN*上的正方形也是中项面，所以：*LP*、*PN*也是仅正方可公约的两中项线。

因为：*AF*、*FG*的矩形等于*EG*上的正方形，所以：*AF*比*EG*同于*EG*比*FG*，同时，*AF*比*EG*同于面*ACIF*比面*EHKG*，而*EG*比*FG*同于面*EGKG*比面*FIKG*，所以：*EK*是*AI*、*FK*的比例中项（命题VI.17、VI.1、V.11）。

又，面*NTMP*也是面*LRMP*、面*NUOP*上的比例中项，而面*ACIF*等于面*LRMP*，同时面*FIKG*等于面*NUOP*。所以：面*NTMP*也等于*EK*。

而*DH*等于*EK*，*LO*等于*MN*，所以：总量*DK*等于折尺形*UVW*与面*NUOP*之和。

那么，因为总量*AK*等于*LM*、*NO*之和，且*DK*等于折尺形*UVW*与面*NUOP*之和，所以：余量*ACBD*等于*SRTU*。

又，正方形*SRTU*等于*LN*上的正方形，所以：*LN*上的正方形等于面*ACBD*。所以：*LN*是与面*ACBD*相等的正方形的边。

进一步说：*LN*是一条第一中项余线。

因为面*EHKG*是有理的，并等于面*LSOP*，所以：面*LSOP*即*LP*与*PN*构成的矩形，是有理的。

又，面*NUOP*已经被证明是中项面，所以：面*LSOP*与面*NUOP*是不可公约的。

又，面*LSOP*比面*NUOP*同于*LP*比*PN*，所以：*LP*、*PN*是长度不可公约的（命题VI.1、X.11）。

所以：*LP*、*PN*是仅正方可公约的中项线，且构成一个有理矩形。所以：*LN*是一条第一中项余线（命题X.74）。

且，它是与面*ACBD*相等的正方形的边。

所以：与面*ACBD*相等的正方形的边是一条第一中项余线。

所以：如果一个面是由一条有理线段与一条第二余线构成的，那么，与该面相等的正方形的边是一条中项线的第一余线。

证完

注 解

这一命题应用在命题X.109中。

命题X.93

如果一个面由一条有理线段和一条第三余线构成，那么，与该面相等的正方形的边是一条第二中项余线。

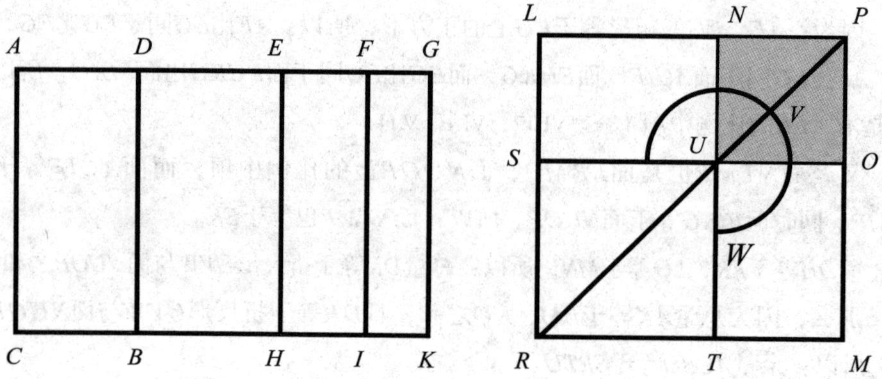

设：面ACBD是由有理线AC和第三余线AD构成的。

求证：与面ACBD相等的正方形的边是一条第二中项余线。

设：DG是加在AD上的加线段。那么：AG、GD是仅正方可公约的有理线段，AG、GD分别与给定的有理线段AC不是长度可公约的。同时，AG上的正方形大于加线DG上的正方形，其差为一个与AG可公约的线段上的正方形（定义X.7）。

那么，因为AG上的正方形大于GD上的正方形，其差为一个与AG可公约的线段上的正方形，所以：如果在AG上作矩形，使之等于DG上的正方形的四分之一，并缺少一个正方形，它分AG为可公约的两个部分（命题X.17）。

在E点平分DG，在AG上作矩形，使之等于EG上的正方形并缺少一个正方形，设其为AF、FG构成的矩形。过点E、F、G作EH、FI、GK平行于AC。

那么：AF、FG是可公约的。所以：AI与FK也是可公约的（命题VI.1、X.11）。

因为AF、FG是长度可公约的，所以：AG分别与线段AF、FG是长度可公约的（命题X.15）。

又，AG是有理的，并与AC是长度不可公约的，所以：AF、FG也是有理的且与AC是长度不可公约的（命题X.13）。

所以：面ACIF与面FIKG是中项面（命题X.21）。

又，因为DE与EG是长度可公约的，所以：DG分别与线段DE、EG是长度可公约的（命题X.15）。

又，GD是有理的，并与AC在长度上不可公约，所以：线段DE、EG也是有理的，并与AC在长度上不可公约。所以：面$DBHE$与面$EHKG$构成的矩形是中项面（命题X.13、X.21）。

因为AG、GD是仅正方可公约的，所以：AG与GD是长度不可公约的。

又，AG与AF是长度可公约的，DG与EG也是长度可公约的。所以：AF与EG是长度不可公约的（命题X.13）。

又，AF比EG同于面$ACIF$比面$EHKG$，所以：面$ACIF$与$EHKG$是不可公约的（命题VI.1、X.11）。

现在，作正方形$LRMP$等于面$ACIF$，又作正方形$NUOP$等于$FIKG$且它与$LRMP$有公共$\angle LPM$。那么：面$LRMP$和$NUOP$在同一对角线上（命题VI.26）。

设：PR为其对角线，并作图。

那么，因为AF、FG构成的矩形等于EG上的正方形，所以：AF比EG同于EG比FG（命题VI.17）。

又，AF比EG同于面$ACIF$比面$EHKG$，EG比FG同于面$EHKG$比面$FIKG$，所以：面$ACIF$比面$EHKG$同于面$EHKG$比面$FIKG$。所以：面$EHKG$是面$ACIF$、面$FIKG$的比例中项（命题VI.1、VI.11）。

又，面$MPNT$也是面$LRMP$、$NUOP$上的正方形的比例中项，而面$ACIF$等于面$LRMP$，且面$FIKG$等于面$NUOP$，所以：面$EHKG$也等于面$MPNT$。

又，面$MPNT$等于面$LSOP$，且面$EHKG$等于面$DBHE$，所以：总量$DBKG$也等于折尺形UVW与面$NUOP$的和。

又，面$ACKG$等于面$LRMP$、$NUOP$之和，所以：余值$ACBD$等于面$SRTU$，即LN上的正方形，所以：LN是与面$ACBD$相等的正方形的边。

那么我说：LN是一条第二中项线。

因为面$ACIF$、$FIKG$已被证明为中项面，并分别等于LP、PN上的正方形，所以：LP和PN上的正方形也是中项面，所以：LP和PN是中项线。

因为面$ACIF$与$FIKG$是可公约的，所以：LP上的正方形与PN上的正方形也是可公约的（命题VI.1、X.11）。

又，因为已经证明，面$ACIF$与$EHKG$是不可公约的，所以：面$LRMP$与$NTMP$

也是不可公约的，即LP上的正方形与LP、PN构成的矩形是不可公约的。于是：LP与PN也是长度不可公约的（命题VI.1、X.11）。

所以：LP、PN是仅正方可公约的两中项线。

那么我说：它们也构成一个中项面。

因为面$EHKG$已被证明为中项面，并等于LP、PN构成的矩形，所以：LP与PN构成的矩形也是中项面。所以：LP、PN是仅正方可公约的两中项线，并构成一个中项面。

所以：LN是一条第二中项余线，并是面$ACBD$的边（X.75）。

所以：与面$ACBD$相等的正方形的边是一条第二中项余线。

所以：如果一个面由一条有理线和一条第三余线构成，那么，与该面相等的正方形的边是一条第二中项余线。

证完

注解

这一命题应用在命题X.110中。

命题X.94

如果一个面由一条有理线段与一条第四余线构成，那么，与该面相等的正方形的边是次线。

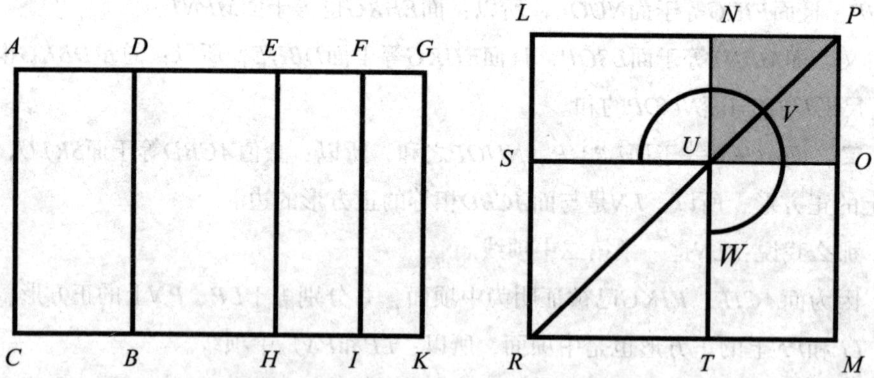

设：有理线段AC与第四余线AD构成面$ACBD$。

求证：与面$ACBD$相等的正方形的边是次线。

令DG是加在AD上的加线段，于是：AG、GD是仅正方可公约的有理线段，AG与给定的有理线段AC是长度可公约的，且总线段AG上的正方形大于加线段DG上的正方形，其差为一个与AG长度不可公约的线段上的正方形（定义X.14）。

因为AG上的正方形大于GD上的正方形，其差为一个与AG长度不可公约的线段上的正方形，如果在AG上作矩形，使之等于DG上的正方形的四分之一并缺少一个正方形，那么：它分AG为不可公约的两段（命题X.18）。

在E点平分DG，在AG上作矩形，使之等于EG上的正方形并缺少一个正方形，设其为AF、FG构成的矩形，那么：AF与FG是长度不可公约的。

过E、F、G点作EH、FI、GK平行于AC、BD。

因为AG是有理的，且与AC是长度可公约的，所以：总线段AK是有理的（命题X.19）。

又，因为DG与AC是长度不可公约的，且它们皆是有理线段，所以：面$DBKG$是中项面（命题X.21）。

又，因为AF与FG是长度不可公约的，所以：面$ACIF$与$FIKG$是不可公约的（命题VI.1、X.11）。

现在，作正方形$LRMP$等于正方形$ACIF$，又作正方形$NUOP$等于正方形$FIKG$且它与正方形$LRMP$有公共角$\angle LPM$。

所以：正方形$LRMP$、$NUOP$上的正方形是在同一条对角线上。设它们的对角线为PR。并作图（命题VI.26）。

因为AF、FG构成的矩形等于EG上的正方形，所以：AF比EG同于EG比FG（命题VI.17）。

又，AF比EG同于面$ACIF$比$EHKG$，又EG比FG同于面$EHKG$比$FIKG$，所以：面$EHKG$是$ACIF$、$FIKG$的比例中项（命题VI.1、V.11）。

又，面$NTMP$也是面$LRMP$、$NUOP$的比例中项，而面$ACIF$等于面$LRMP$，且面$FIKG$等于$NUOP$，所以：面$EHKG$也等于面$NTMP$。

又，面$DBHE$等于面$EHKG$，面$LSOP$等于面$MTNP$，所以：总量$DBKG$等于折尺形UVW与面$NUOP$的和。

那么，因为总量ACK扎腾G等于LM、NO之和，且DK等于折尺形UVW与正方形NO之和，所以：余量AB等于ST，即LN上的正方形。所以：LN是与面AB相等的正方形的边。

那么我说：LN是被称为次线的无理线段。

因为面ACKG是有理的，并等于LP、PN上的正方形之和，所以：LP、PN上的正方形之和是有理的。

又，因为面DBKG是中项面，且面DBKG等于LP、PN构成的矩形的两倍，所以：LP、PN构成的矩形的两倍是中项面。

又，因为面ACIF已经被证明与面FIKG是不可公约的，所以：LP上的正方形与PN上的正方形也是不可公约的。

所以：LP、PN是正方不可公约的有理线段，且它们上的正方形之和是有理的，它们构成的矩形的二倍是中项面。

所以：LN是被称为次线的有理线段，它也是与面ACBD相等的正方形的边（命题X.76）。

所以：与面ACBD相等的正方形的边是次线。

所以：如果一个面由一条有理线段与一条第四余线构成，那么，与该面相等的正方形的边是次线。

证完

注解

这一命题应用在命题X.108中。也应用在命题XIII.11中。

命题X.95

如果一个面是由一条有理线段与一条第五余线构成，那么，与该面相等的正方形的边是一个中项面有理面差的边。

设：面AB是由一条有理线段AC与第五余线AD构成的。

求证：与面AB相等的正方形的边是一个中项面有理面差的边。

令DG是AD上的加线段，那么，AG、GD是仅正方可公约的两有理线段，加线段GD与给定的有理线段AC是长度可公约的，总线AG上的正方形大于加线段DG上的正方形，其差为一个与AG不可公约的线段上的正方形（定义X.15）。

所以：如果在AG上作矩形，使之等于DG上的正方形的四分之一并缺少一个正方形，它分AG为不可公约的两部分（命题X.18）。

在E点平分DG，在AG上作矩形，使之等于EG上的正方形并缺少一个正方

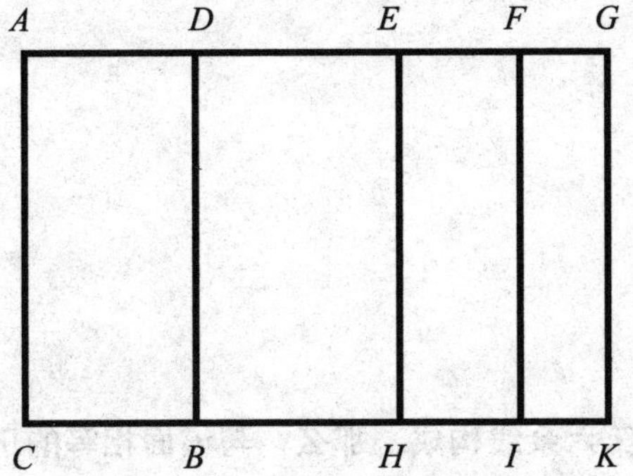

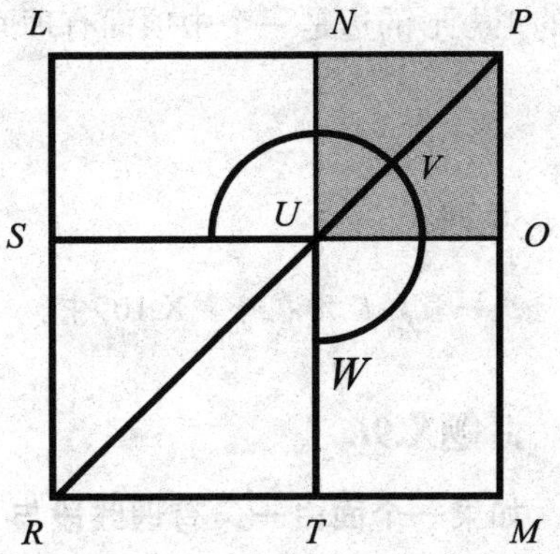

形，设其为AF、FG构成的矩形，那么：AF与FG是长度不可公约的。

现在，因为AG与CA是长度不可公约的，且它们皆是有理的，所以：面$ACKG$是中项面（命题X.21）。

又，因为DG是有理的，并与AC是长度可公约的，所以：面$DBKG$是有理的（命题X.19）。

现在，作正方形$LRMP$等于$ACIF$，又作正方形$NUOP$等于$FIKG$，且它与面$LRMP$有公共角$\angle LPM$。那么：面$LRMP$、$NUOP$是在同一条对角线上。

设对角线为PR，且作图（命题VI.26）。

同样，我们可证明LN是与面$ACBD$相等的正方形的边。

那么我说：LN是一个中项面有理面差的边。

因为面$ACKG$已经被证明是个中项面，并等于LP、PN上的正方形之和，所以：LP、PN上的正方形之和是中项面。

又因为，面$DBKG$是有理的，且等于LP、PN构成的矩形的两倍，于是后者也是有理的。

又因为，面$ACIF$与面$FIKG$是不可公约的，所以，LP上的正方形与PN上的正方形也是不可公约的。所以，LP、PN是正方不可公约的两条线段，且它们上的正方形的和是中项面，但由LP、PN构成的矩形的两倍是有理的。

所以：余量LN是被称为中项面有理面差的边的无理线段，它也是与面$ACBD$相等的正方形的边（命题X.77）。

所以：与面$ACBD$相等的正方形的边是一个中项面有理面的差。

所以：如果一个面是由一条有理线段与一条第五余线构成，那么，与该面相等的正方形的边是一个中项面有理面的差的边。

证完

注 解

这一命题应用在命题X.109中。

命题X.96

如果一个面由一条有理线段与一条第六余线构成，那么，与该面相等的正方形的边是两中项面差的边。

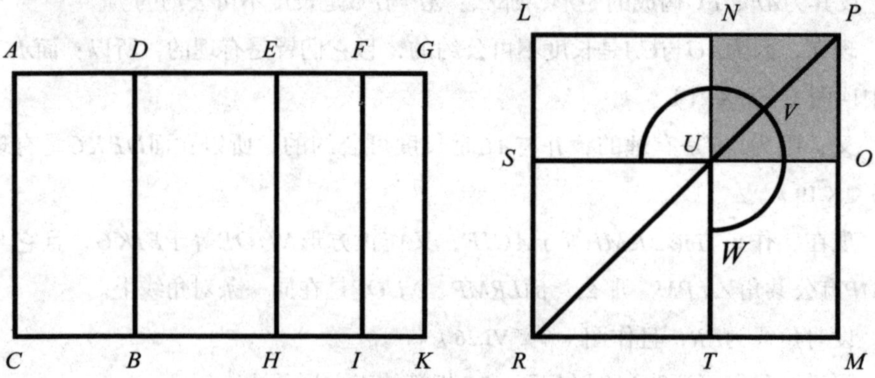

设：面*ACBD*是由有理线段*AC*与第六余线*AD*构成的。

求证：与面*ACBD*相等的正方形是一个两中项面差的边。

令*DG*是*AD*的加线段，那么：*AG*、*GD*是仅正方可公约的两有理线段，它们与给定的有理线段*AC*不是长度可公约的。

且，总线段*AG*上的正方形大于加线段*DG*上的正方形，其差为一个与*AG*长度不可公约的线段上的正方形（定义X.16）。

因为*AG*上的正方形大于*GD*上的正方形，其差为一个与*AG*长度不可公约的线段上的正方形，所以：如果在*AG*上作矩形，使之等于*DG*上的正方形的四分之一并缺少一个正方形。那么：它分*AG*为不可公约的两个部分（命题X.18）。

在*E*点平分*DG*，在*AG*上作矩形，使之等于*EG*上的正方形并缺少一个正方形，设其为*AF*、*FG*构成的矩形，那么：*AF*与*FG*是长度不可公约的。

而，*AF*比*FG*同于面*ACIF*比面*FIKG*，所以：面*ACIF*与面*FIKG*是不可公约的

（命题X.11）。

因为AG、AC是仅正方可公约的两有理线段，所以：AK是中项面，又因为：AC、DG是长度不可公约的有理线段，面$DBKG$也是中项面（命题X.21）。

现在，因为AG和GD是仅正方可公约的，所以：AG与GD是长度不可公约的。

又AG比GD同于面$ACKG$比$DBKG$，所以：面$ACKG$与面$DBKG$是不可公约的（命题VI.1、X.11）。

现在，作正方形$LRMP$等于$ACIF$，又作正方形$NUOP$等于$FIKG$，并有公共角$\angle LPM$，那么：正方形$LRMP$、$NUOP$有相同的对角线（命题VI.26）。

令PR为其对角线，并作图，那么，同样，我们也能证明LN是与面$ACBD$相等的正方形的边。

那么：LN是一个两中项面之差的边。

因为面$ACKG$已被证明是中项面，并等于LP、PN上的正方形之和，所以：LP、PN上的正方形之和是中项面。又，因为面$DBKG$已被证明是中项面，并等于LP、PN构成的矩形的两倍，所以：LP与PN构成的矩形的两倍也是中项面。

因为面$ACKG$已被证明与DK是不可公约的，所以：LP、PN上的正方形之和也与LP、PN构成的矩形的两倍是不可公约的。又，因为面$ACIF$与$FIKG$是不可公约的，所以：LP上的正方形与PN上的正方形也是不可公约的。

所以：LP、PN是正方不可公约的线段，它们上的正方形之和是中项面，它们构成的矩形的两倍是中项面，进一步，它们上的正方形之和与它们构成的矩形的两倍也是不可公约的。

所以：LN是被称为两中项面差的无理线段，它是与面AB相等的正方形的边，所以：与面AB相等的正方形的边是一个中项面与一个中项面之差（命题X.78）。

所以：如果一个面由一条有理线段与一条第六余线构成，那么，与该面相等的正方形的边是两中项面之差的边。

证完

注 解

这一命题应用在命题X.110中。

命题X.97

在有理线段上作一个矩形使它等于一个余线上的正方形，那么，其另一边是第一余线。

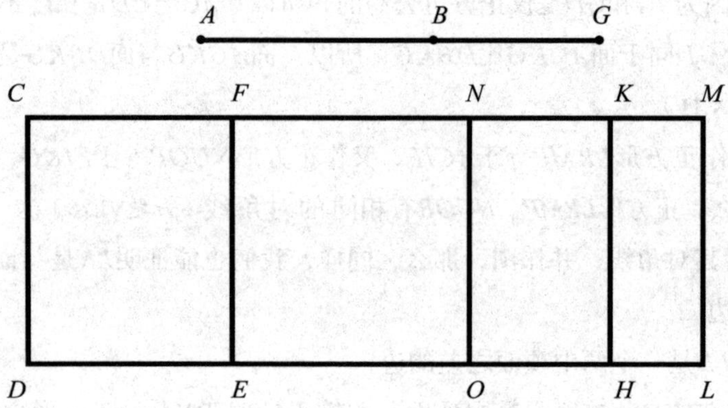

设：*AB*是条余线，*CD*是有理线段，在*CD*上作矩形*CDEF*，使之等于*AB*上的正方形，*CF*为宽。

那么我说：*CF*是一条第一余线。

令*BG*是*AB*上的加线，那么：*AG*、*GB*是仅正方可公约的有理线段（命题X.73）。

在*CD*上作矩形*CDHK*等于*AG*上的正方形，再作矩形*KHLM*，使之等于*BG*上的正方形。

那么， 总量*CDLM*等于*AG*、*GB*上的正方形之和，且正方形*CDEF*等于*AB*上的正方形，所以：余量*FELM*等于*AG*、*GB*构成的矩形的两倍（命题II.7）。

在*N*点平分*FM*。过*N*点作*NO*，使之平行于*CD*，那么：*FO*、*LN*构成的矩形等于*AG*、*GB*构成的矩形。

现在，因为*AG*、*GB*上的正方形都是有理的，面*DLMC*等于*AG*、*GB*上的正方形之和，所以：面*CDLM*是有理的。

又，面*CDLM*是作在有理线段*CD*上的，并以*CM*为宽，所以：*CM*是有理的，并与*CD*长度可公约（命题X.20）。

又，因为*AG*、*GB*构成的矩形的两倍是中项面，且面*FELM*等于*AG*、*GB*构成的矩形的两倍，所以：面*FELM*是中项面。

且它是作在有理线段*CD*上的，并以*FM*为宽，所以：*FM*是有理的，并与*CD*长度不可公约（命题X.22）。

因为AG和GB上的正方形是有理的，同时AG、GB构成的矩形的两倍是中项面，所以：AG、GB上的正方形之和与AG、GB构成的矩形的两倍是不可公约的。

又，面$CDLM$等于AG、GB上的正方形之和，且面$FELM$等于AG、GB构成的矩形的两倍，所以：面$CDLM$与面$FELM$是不可公约的。

又，面$CDLM$比面$FELM$等于CM比FM，所以：CM与FM是长度不可公约的（命题VI.1、X.11）。

又，它们是有理的，所以：CM、MF是仅正方可公约的有理线段。所以：CF是一条余线（命题X.73）。

我进一步说：它也是一条第一余线。

因为AG、GB构成的矩形是AG、GB上的正方形的比例中项，面$CDHK$等于AG上的正方形，正方形$KHLM$等于BG上的正方形，矩形$NOLM$等于AG、BG构成的矩形，所以：面$NOLM$也是矩形$CDHK$、正方形$KHLM$的比例中项。所以：矩形$CDHK$比矩形$NOLM$同于矩形$NOLM$比矩形$KHLM$。

又，矩形$CDHK$比矩形$NOLM$同于CK比NM，矩形$NOLM$比矩形$KHLM$同于NM比KM，所以：CK、KM构成的矩形等于NM上的正方形，即是FM上的正方形的四分之一（命题VI.1、VI.17）。

因为AG上的正方形与GB上的正方形是正方可公约的，所以：矩形$CDHK$与矩形$KHLM$也是正方可公约的。

又，矩形$CDHK$比矩形$KHLM$同于CK比KM，所以：CK与KM是可公约的（命题VI.1、X.11）。

因为：CM和MF是两条不等线段，在CM上作CK、KM构成的矩形，使之等于FM上的正方形的四分之一且缺少一个正方形，同时CK与KM是可公约的。

所以：CM上的正方形大于MF上的正方形，其差为一个与CM长度可公约的线段上的正方形（命题X.17）。

又，CM与给定的有理线段CD是长度可公约的，所以：CF是一条第一余线（定义X.12）。

所以：在有理线段上作一个矩形使它等于一条余线上的正方形，那么，其另一边是第一余线。

证完

注解

这一命题应用在命题X.111中。也应用在命题XIII.6中。

命题X.98

在有理线段上作矩形等于第一中项余线上的正方形，那么其另一边是一条第二余线。

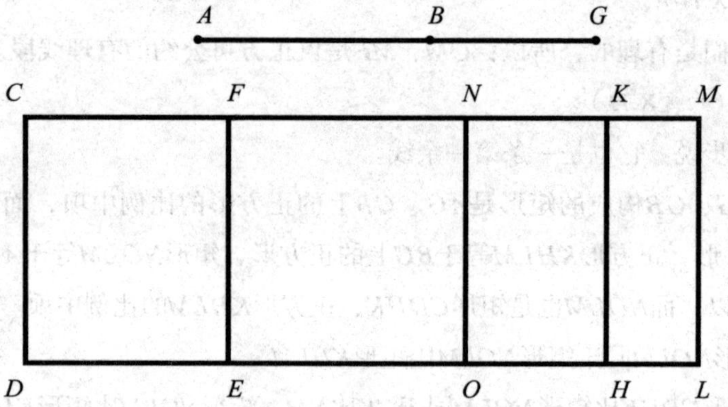

设：*AB*是一条第一中项余线，且*CD*是有理线段，在*CD*上作矩形*CDEF*，使之等于*AB*上的正方形，*CF*是另一边。

求证：*CF*是一条第二余线。

令*BG*是*AB*的加线段，那么：*AG*、*GB*是仅正方可公约的两中项线，它们构成一个有理矩形（命题X.74）。

在*CD*上作矩形*CDHK*等于*AG*上的正方形，*CK*为另一边，再作矩形*KHLM*等于*GB*上的正方形，*KM*为另一边。

所以：总量*CDLM*等于*AG*、*GB*上的正方形之和。所以：面*CDLM*也是中项面（命题X.15、命题X.23及其推论）。

又，它也是作在一条有理线段*CD*上的，并以*CM*为宽，所以：*CM*是有理的，并与*CD*长度不可公约（命题X.22）。

现在，因为总量*CDLM*等于*AG*、*GB*上的正方形之和，且*AB*上的正方形等于正方形*CDEF*，所以：余下的*AG*、*GB*构成的矩形的两倍等于矩形*FELM*（命题II.7）。

又，*AG*、*GB*构成的矩形的两倍是有理的，所以：矩形*EFML*是有理的。

又，它也是作在有理线段*FE*上的，并以*FM*为另一边，所以：*FM*是有理的，且与*CD*也是长度可公约的（命题X.20）。

现在，因为*AG*、*GB*上的正方形之和，即面*CDLM*是中项面，同时，*AG*、*BG*构成的矩形的两倍，即矩形*FELM*，是有理的，所以：面*CDLM*与面*FELM*是不可公约的。

又，矩形*CDLM*比矩形*FELM*同于*CM*比*FM*，所以：*CM*与*FM*是长度不可公约的（命题VI.1、X.11）。

又，它们皆是有理的，所以：*CM*和*MF*是仅正方可公约的有理线段，所以：*CF*是一条余线（命题X.73）。

进一步说：它也是一条第二余线。

在*N*点分*FM*，过*N*作*NO*，使之平行于*CD*，那么：矩形*FEON*、*NOLM*构成的矩形等于*AG*、*GB*构成的矩形。

那么，因为*AG*与*GB*构成的矩形是*AG*、*GB*上的正方形的比例中项，*AG*上的正方形等于矩形*CDHK*，*AG*、*GB*构成的矩形等于矩形*NOLM*，且*BG*上的正方形等于正方形*KHLM*，所以：矩形*NOLM*也是矩形*CDHK*、正方形*KHLM*的比例中项，面*CDHK*比矩形*NOLM*同于矩形*NOLM*比矩形*KHLM*。

又，矩形*CDHK*比矩形*NOLM*同于*CK*比*NM*，而矩形*NOLM*比矩形*KHLM*同于*NM*比*MK*，所以：*CK*比*NM*同于*NM*比*KM*，*CK*、*KM*构成的矩形等于*NM*上的正方形，即*FM*上的正方形的四分之一（命题VI.1、V.11、VI.17）。

因为*CM*、*MF*是两个不等线段，*CK*、*KM*构成的矩形是作在大线段*CM*上的，并等于*MF*上的正方形的四分之一且缺少一个正方形，且分*CM*为可公约的两段，所以：*CM*上的正方形大于*MF*上的正方形，其差为一个与*CM*长度可公约的线段上的正方形（命题X.17）。

又，加线*FM*与给定的有理线段*CD*是长度可公约的，所以：*CF*是一条第二余线（定义X.12）。

所以：在有理线段上作矩形等于第一中项余线上的正方形，那么其另一边是一条第二余线。

证完

注 解

这一命题应用在命题X.111中。

命题X.99

作在一条有理线段上的矩形，等于第二中项余线上的正方形，那么另一条边是一条第三余线。

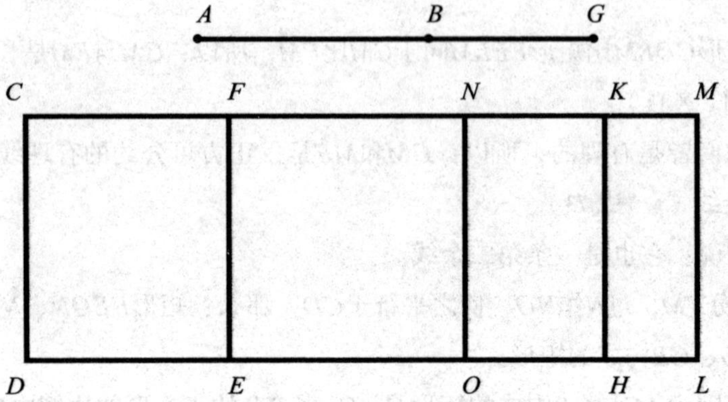

设：*AB*是一条第二中项余线，*CD*是有理线段，在*CD*上作矩形*CDEF*等于*AB*上的正方形，*CF*为另一边。

求证：*CF*是一条第三余线。

令*BG*是*AB*的加线段，所以：*AG*、*GB*是仅正方可公约的中项线，并构成一个矩形为中项面（命题X.75）。

在*CD*上作矩形*CDHK*等于*AG*上的正方形，*CK*为另一边，在*KH*上作矩形*KHLM*等于*BG*上的正方形，*KM*为另一边，那么，总量*CDLM*等于*AG*、*GB*上的正方形之和，所以：总量*CDLM*也是中项面（命题X.15、命题X.23及其推论）。

又，总量*CDLM*是作在有理线段*CD*上的，*CM*为另一边，所以：*CM*是有理的，并与*CD*是长度不可公约的（命题X.22）。

那么，总量*CDLM*也等于*AG*、*GB*上的正方形之和，且正方形*CDEF*等于*AB*上的正方形，所以：矩形*FELM*等于*AG*、*GB*构成的矩形的两倍（命题II.7）。

在*N*点平分*FM*，作*NO*平行于*CD*，那么：矩形*FEON*、*NOLM*分别等于*AG*、*GB*构成的矩形。

又，*AG*、*GB*构成的矩形是中项面，所以：面*FELM*也是中项面。

又，它也是作在有理线段*EF*上的，并以*FM*为宽，所以：*FM*也是有理的，且与*CD*也是长度不可公约的（命题X.22）。

因为*AG*、*GB*是仅正方可公约的，所以：*AG*与*GB*是长度不可公约的，所以：

AG上的正方形与AG、GB构成的矩形是不可公约的（命题VI.1、X.11）。

又，AG、GB上的正方形之和与AG上的正方形是可公约的，且AG、GB构成的矩形的两倍与AG、GB构成的矩形是可公约的，所以：AG、GB上的正方形之和与AG、GB构成的矩形的两倍是不可公约的（命题X.13）。

又，矩形$CDLM$等于AG、GB上的正方形之和，且矩形$FELM$等于AG与GB构成的矩形的两倍，所以：矩形$CDLM$与矩形$FELM$也是不可公约的。

又，矩形$CDLM$比矩形$FELM$同于CM比FM，所以：CM、FM是长度不可公约的（命题VI.1）。

又，它们都是有理的，所以：CM、MF是仅正方可公约的有理线段，所以：CF是一条余线（命题X.73）。

进一步说：它也是一条第三余线。

因为AG上的正方形与GB上的正方形是可公约的，所以：面$CDHK$与面$KHLM$也是可公约的，所以：CK与KM也是可公约的（命题VI.1、X.11）。

因为AG、GB构成的矩形是AG、GB上的正方形的比例中项，面$CDHK$等于AG上的正方形，面$KHLM$等于GB上的正方形，面$NOLM$等于AG与GB构成的矩形，所以：面$NOLM$是面$CDHK$、面$KHLM$的比例中项，面$CDHK$比面$NOLM$同于面$NOLM$比面$KHLM$。

又，面$CDHK$比面$NOLM$同于CK比NM，面$NOLM$比面$KHLM$同于NM比KM，所以：CK比MN同于MN比KM。所以：CK、KM构成的矩形等于MN上的正方形，即FM上的正方形的四分之一（命题VI.1、V.11）。

又，因为CM、MF是两条不等线段，且在CM上作等于FM上正方形的四分之一且缺少一正方形的矩形，且分CM为可公约的两段，于是：CM上的正方形大于MF上的正方形，其差为一个与CM可公约的线段上的正方形（命题X.17）。

又，线段CM、MF与给定的有理线段CD长度不可公约，所以：CF是一条第三余线。

所以：作在一条有理线段上的矩形，等于第二中项余线上的正方形，那么另一条边是一条第三余线（定义X.13）。

证完

注 解

这一命题应用在命题X.111中。

命题X.100

作在一条有理线段上的矩形等于次线上的正方形，则其另一边是第四余线。

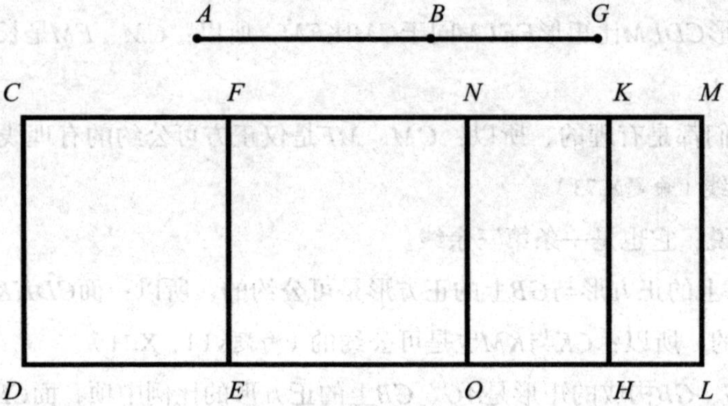

设：*AB*为一条次线，*CD*为一条有理线段，在*CD*上作矩形*CDEF*等于*AB*上的正方形，*CF*为另一边。

求证：*CF*是第四余线。

令*BG*为*AB*的加线段，那么：*AG*、*GB*是正方不可公约的线段。

AG、*GB*上的正方形之和是有理面，而*AG*、*GB*构成的矩形的两倍是中项面（命题X.76）。

在*CD*上作矩形*CDHK*等于*AG*上的正方形，*CK*为另一边，作矩形*KHLM*等于*BG*上的正方形，*KM*为另一边，那么：总量*CDLM*等于*AG*、*GB*上的正方形之和。

又，*AG*、*GB*上的正方形之和是有理的，所以：*CDLM*也是有理的。又，它也是作在有理线段*CD*上的，*CM*为另一边，所以：*CM*也是有理的，并与*CD*长度可公约（命题X.20）。

因为总量*CDLM*等于*AG*、*GB*上的正方形之和，且正方形*CDEF*等于*AB*上的正方形，所以：余量*FELM*等于*AG*、*GB*构成的矩形的两倍（命题II.7）。

在*N*点平分*FM*。过*N*点作*NO*，使之平行于直线*CD*、*ML*，那么：矩形*FEON*、*NOLM*均等于*AG*、*GB*构成的矩形。

又，因为AG、GB构成的矩形的两倍是中项面，并等于矩形$FELM$，所以：矩形$FELM$也是中项面。又，它也是作在有理线段FE上的，FM为另一边，所以：FM是有理的，并与CD长度不可公约（命题X.22）。

因为AG、GB上的正方形之和是有理的，同时，AG、GB构成的矩形的两倍是中项面，所以：AG、GB上的正方形之和与AG、GB构成的矩形的两倍是不可公约的。

又，矩形$CDLM$等于AG、GB上的正方形之和，且矩形$FELM$等于AG、GB构成的矩形的两倍，所以：矩形$CDLM$与矩形$FELM$是不可公约的。

而矩形$CDLM$比矩形$FELM$同于CM比MF，所以：CM、MF是长度不可公约的（命题VI.1、X.11）。

又，它们都是有理的，所以：CM、MF是仅正方可公约的有理线段，所以：CF是一条余线（命题X.73）。

进一步说：它也是一条第四余线。

因为AG、GB是正方不可公约的，所以：AG上的正方形与GB上的正方形也是不可公约的。

又，面$CDHK$等于AG上的正方形，面$KHLM$等于GB上的正方形，所以：面$CDHK$与面$KHLM$是不可公约的。

又，面$CDHK$比面$KHLM$同于CK比KM，所以：CK与KM是长度不可公约的（命题VI.1、X.11）。

因为AG、GB构成的矩形是AG、GB上的正方形的比例中项，AG上的正方形等于面$CDHK$，GB上的正方形等于面$KHLM$，AG、GB构成的矩形等于矩形$NOLM$，所以：矩形$NOLM$是面$CDHK$、面$KHLM$的比例中项，所以：面$CDHK$比面$NOLM$同于面$NOLM$比面$KHLM$。

又，面$CDHK$比面$NOLM$同于CK比NM，而面$NOLM$比面$KHLM$同于NM比KM，所以：CK比MN同于MN比KM（命题VI.1、V.11）。

所以：CK、KM构成的矩形等于MN上的正方形，即等于FM上的正方形的四分之一（命题VI.17）。

因为CM、MF是两条不等线段，CK、KM构成的矩形是作在CM上等于MF上的正方形的四分之一且缺少一个正方形，它分CM为不可公约的两段，所以：CM上的正方形大于MF上的正方形，其差为一个与CM不可公约的线段上的正方形

（命题X.18）。

又，总线CM与给定的有理线段CD是长度可公约的，所以：CF是一条第四余线（定义X.14）。

所以：作在一条有理线段上的矩形等于次线上的正方形，则其另一边是第四余线。

证完

注 解

这一命题应用在命题X.111中。

命题X.101

一条有理线段上作的矩形等于中项面有理面差的边上的正方形，那么，其另一边是一条第五余线。

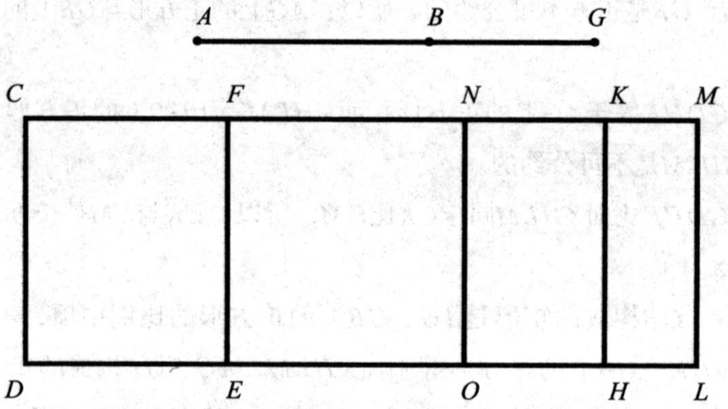

设：线段AB是一个中项面有理面差的边，CD是一条有理线段，在CD上作矩形$CDEF$等于AB上的正方形，CF为另一边。

求证：CF是一条第五余线。

令BG是AB上的加线段，那么：AG、GB是正方不可公约的线段，它们上的正方形之和是中项面，且AG、GB构成的矩形的两倍是有理面（命题X.77）。

在CD上作矩形$CDHK$等于AG上的正方形，作矩形$KHLM$等于GB上的正方形，那么：总量$CDLM$等于AG、GB上的正方形之和。

又，AG、GB上的正方形之和是中项面。

所以：面$CDLM$是中项面。

又，它也是作在有理线段CD上的，CM为另一边，所以：CM是有理的，且与CD是不可公约的（命题X.22）。

因为总量$CDLM$等于AG、GB上的正方形之和，其中，正方形$CDEF$等于AB上的正方形，所以：余量$FELM$等于AG、GB构成的矩形的两倍（命题II.7）。

在N点平分FM，过N点作NO平行于CD、ML，那么：矩形$FEON$、$NOLM$均等于AG、GB构成的矩形。

又，因为AG、GB构成的矩形的两倍是有理的，并等于矩形$FELM$，所以：矩形$FELM$是有理的。

又，它也是作在有理线段EF上的，FM为另一边，所以：FM是有理的，并与CD是长度可公约的（命题X.20）。

现在，因为面$CDLM$是中项面，面$FELM$是有理面，所以：面$CDLM$与面$FELM$是不可公约的。

又，面$CDLM$比面$FELM$同于CM比MF，所以：CM与MF是长度不可公约的（命题VI.1、X.11）。

又，它们皆是有理的，所以：CM、MF是仅正方可公约的有理线段，所以：CF是一条余线（命题X.73）。

进一步说：它也是一条第五余线。

同样地，我们也能证明CK、KM构成的矩形等于NM上的正方形，即FM上的正方形的四分之一。

又，因为AG上的正方形与GB上的正方形是不可公约的，同时，AG上的正方形等于面$CDHK$，GB上的正方形等于面$KHLM$，所以：面$CDHK$与面$KHLM$是不可公约的。

又，面$CDHK$比面$KHLM$同于CK比KM，所以：CK与KM是长度不可公约的（命题VI.1、X.11）。

又，CM、MF是两条不等线段，在CM上作一个矩形等于FM上的正方形的四分之一，并缺少一个正方形，它分CM为不可公约的两段，所以：CM上的正方形大于MF上的正方形，其差为一条与CM不可公约的线段上的正方形（命题X.18）。

又，加线段FM与给定的有理线段CD是可公约的，所以：CF是一条第五余线（定义X.15）。

所以：一条有理线段上作的矩形，等于中项面有理面差的边上的正方形，那么，其另一边是一条第五余线。

证完

注 解

这一命题应用在命题X.111中。

命题X.102

在一条有理线段上作矩形等于两中项面差的边上的正方形，那么，其另外一边是一条第六余线。

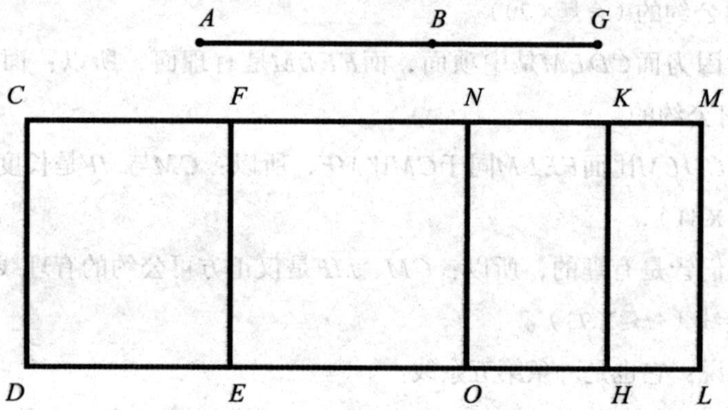

设：*AB*是两中项面差的边，*CD*是一条有理线段，在*CD*上作矩形*CDEF*等于*AB*上的正方形，*CF*为另一边。

求证：*CF*是一条第六余线。

令*BG*是*AB*上的加线段，那么：*AG*、*GB*是正方不可公约的，它们上的正方形之和是中项面，*AG*、*GB*构成的矩形是中项面，*AG*、*GB*上的正方形之和与*AG*、*GB*构成的矩形的两倍是不可公约的（命题X.78）。

现在，在*CD*上作矩形*CDHK*等于*AG*上的正方形，*CK*为另一边，再作面*KHLM*等于*BG*上的正方形，那么：总量*CDLM*也等于*AG*、*GB*上的正方形之和，所以：面*CDLM*也是中项面。

又，它也是作在有理线段*CD*上的，*CM*为另一边，所以：*CM*是有理的，并与*CD*在长度上不可公约（命题X.22）。

因为面$CDLM$等于AG、GB上的正方形之和，其中，正方形$CDEF$等于AB上的正方形，所以：余量$FELM$等于AG、GB构成的矩形的两倍。而AG、GB构成矩形的两倍是中项面，所以：$FELM$也是中项面（命题II.7）。

又，它也是作在有理线段FE上的，FM为另一边，所以：FM是有理的，并与CD是长度不可公约的（命题X.22）。

因为AG、GB上的正方形之和与AG、GB矩形的两倍是不可公约的，面$CDLM$等于AG、GB上的正方形之和，且面$FELM$等于AG、GB构成的矩形的两倍，所以：面$CDLM$与面$FELM$是不可公约的。

又，面$CDLM$比$FELM$同于CM比MF，所以：CM与MF是长度不可公约的，又，它们皆是有理的（命题VI.1、X.11）。

所以：CM、MF是仅正方可公约的有理线段。所以：CF是一余线（命题X.73）。

进一步说：它是一条第六余线。

因为面$FELM$等于AG、GB构成的矩形的两倍，在N点平分FM，过N点作NO平行于CD，所以：矩形$FEON$、$NOLM$均等于AG、GB构成的矩形。

AG、GB是正方不可公约的，所以AG上的正方形与GB上的正方形是不可公约的。但是面$CDHK$等于AG上的正方形，KL等于GB上的正方形，所以CH与KL是不可公约的。

又，面$CDHK$比面$HLMK$同于CK比KM。

所以：CK与KM是不可公约的（命题VI.1、X.11）。

因为AG、GB构成的矩形是AG、GB上的正方形的比例中项，面$CKHD$等于AG上的正方形，面$KHLM$等于GB上的正方形，面$NOLM$等于AG、GB构成的矩形，所以：面$NOLM$也是面$CDHK$、面$KHLM$的比例中项。

所以：面$CDHK$比面$NOLM$同于面$NOLM$比面$KHLM$。又，因为同理，CM上的正方形大于MF上的正方形，其差为一个与CM不可公约的线段上的正方形（命题X.18）。

所以：它们皆与给定的有理线段CD不可公约，CF是一条第六余线（定义X.16）。

所以：在一条有理线段上作矩形等于两中项面差的边上的正方形，那么，其另外一边是一条第六余线。

证完

注解

这一命题应用在命题X.111中。

命题X.103

一条与余线是长度可公约的线段仍是余线，且两者是同级。

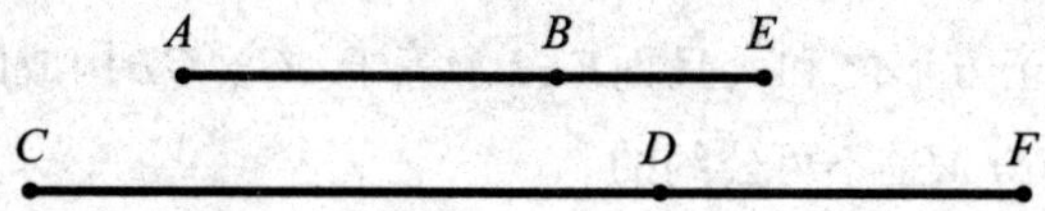

设：AB是一条余线，CD与AB是长度可公约的。

那么我说：CD也是条余线，并与AB是同级。

因为AB是一条余线，令BE是它的加线段，于是：AE、EB是仅正方形可公约的有理线段（命题X.73）。

作比例，使BE比DF等于AB比CD，那么：一个比一个同于前项和比后项和，所以：总线段AE比总线段CF同于AB比CD（命题VI.12、V.12）。

又，AB与CD是长度可公约的，所以：AE与CF也是长度可公约的，而BE与DF也是长度可公约的（命题X.11）。

又，AE、EB是仅正方可公约的有理线段，所以：CF、FD也是仅正方可公约的有理线段（命题X.13）。

现在，因为AE比CF同于BE比DF，所以：由更比可得，AE比EB同于CF比FD，又，AE上的正方形大于EB上的正方形，其差为一个与AE可公约或者不可公约的线段上的正方形（命题V.16）。

如果，AE上的正方形大于EB上的正方形，其差为一个与AE可公约的线段上的正方形，那么：CF上的正方形也大于FD上的正方形，其差为一个与CF可公约的线段上的正方形（命题X.14）。

又，如果AE与给定的有理线段长度上可公约，那么，CF与它们也就可公约；如果BE与所给定的有理线段长度可公约，那么DF与它们也可公约；再，如果线段AE、EB与所给定的有理线段不可公约，那么，线段CF、FD也就不可公约（命题X.12、X.13）。

又，如果AE上的正方形大于EB上的正方形，其差为一个与AE不可公约的线段上的正方形，则：CF上的正方形也就大于FD上的正方形，其差为一个与CF不可公约的线段上的正方形（命题X.14）。

又，如果AE与给定的有理线段长度可公约，那么CF与它们也可公约；如果EB与所给定的有理线段可公约，那么DF与它们也可公约；再，如果AE、EB与所给定的有理线段皆不可公约，那么，CF和FD与它们也不可公约。所以：CD是一条余线，并与AB在同一级（命题X.12、X.13）。

所以：一条与余线是长度可公约的线段仍是余线，且两者是同级。

证完

命题X.104

与一条中项余线是长度可公约的线段，也是中项余线，且它们在同一级。

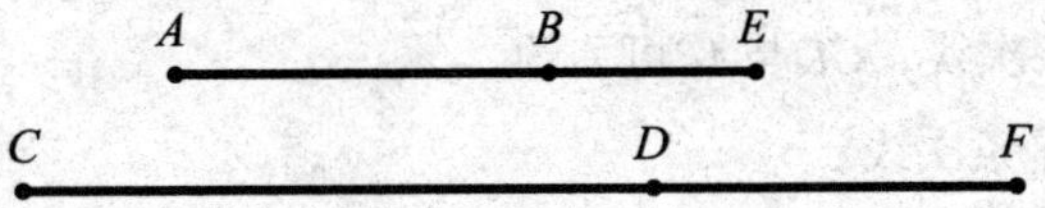

设：AB是一条中项余线，CD与AB长度可公约。

求证：CD也是一条中项余线，并与AB在同一级。

因为AB是一条中项余线，令EB是它的加线段，那么：AE、EB是仅正方可公约的中项线（命题X.74、X.75）。

作比例，使AB比CD同于BE比DF，那么：AE与CF也是可公约的，BE与DF也是可公约的（命题VI.12、V.12、X.11）。

而，AE、EB是仅正方可公约的中项线，所以：CF、FD也是仅正方可公约的中项线（命题X.23、X.13）。

所以：CD是一条中项余线（命题X.74、X.75）。

进一步说：它也与AB在同一级。

因为AE比EB同于CF比FD，所以：AE上的正方形比AE、EB构成的矩形同于CF上的正方形比CF、FD构成的矩形。

又，AE上的正方形与CF上的正方形可公约，所以：AE、EB构成的矩形与CF、FD构成的矩形也可公约（命题V.16、X.11）。

所以：如果AE、EB构成的矩形是有理的，那么，CF、FD构成的矩形也是有理的。而如果AE与EB构成的矩形是中项面，那么，CF与FD构成的矩形也是中项面（定义X.4 、命题X.23及其推论）。

所以：CD是一个中项余线，并与AB在同一级（命题X.74、X.75）。

所以：与一条中项余线是长度可公约的线段，也是中项余线，且它们在同一级。

证完

命题X.105

与一条次线可公约的线段也是次线。

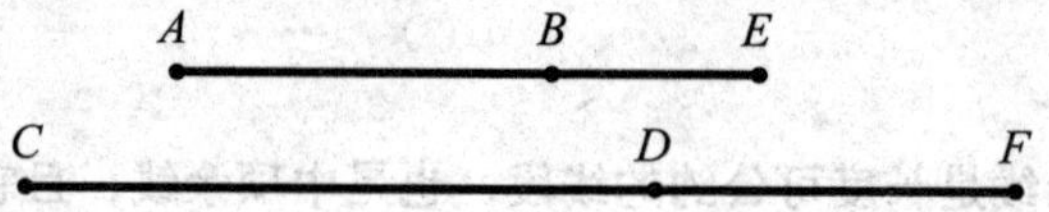

设：AB是一条次线，CD与AB可公约。

求证：CD也是条次线。

作与前述相同的图形，那么，因为AE、EB是正方不可公约的，所以：CF、FD也是正方不可公约的（命题X.76、X.13）。

现在，因为AE比EB同于CF比FD，所以：AE上的正方形比EB上的正方形同于CF上的正方形比FD上的正方形（命题V.12、V.16、VI.22）。

所以：由合比可得，AE、EB上的正方形之和比EB上的正方形同于CF、FD上的正方形之和比FD上的正方形（命题V.18）。

又，BE上的正方形与DF上的正方形是可公约的，所以：AE、EB上的正方形之和与CF、FD上的正方形之和也是可公约的（命题V.16、X.11）。

又，AE、EB上的正方形之和是有理的，所以：CF、FD上的正方形之和也是有理的（命题X.76 、定义X.4）。

又，因为AE上的正方形比AE、EB构成的矩形同于CF上的正方形比CF、FD构成的矩形，同时，AE上的正方形与CF上的正方形是可公约的。

所以：AE、EB构成的矩形与CF、FD构成的矩形也是可公约的。

又，AE、EB构成的矩形是中项面，所以：CF、FD构成的矩形也是中项面（命题X.76、命题X.23及其推论）。

所以：CF和FD是正方不可公约的，它们上的正方形之和是有理的。而它们构成的矩形是中项面，所以：CD是次线（命题X.76）。

所以：与一条次线可公约的线段也是次线。

证完

命题X.106

与一个中项面有理面差的边可公约的线段，也是一个中项面有理面差的边。

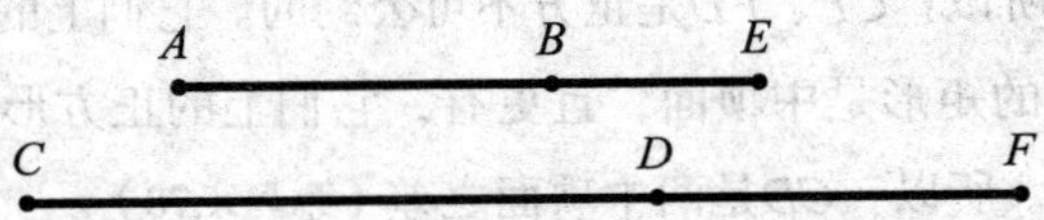

设：AB是一个中项面有理面差的边，CD与AB可公约。

求证：CD也是一个中项面有理面差的边。

令BE是AB上的加线段，于是：AE、EB是正方不可公约的线段，AE、EB上的正方形之和是中项面，它们所构成的矩形是有理面（命题X.77）。

如前述作相同图。

类似前面的方法，那么我们能证明，CF与FD的比值同于AE与EB的比值，AE、EB上的正方形之和与CF、FD上正方形之和可公约。且AE、EB构成的矩形与CF、FD构成的矩形可公约，所以：CF、FD也是正方不可公约的线段，它们上的正方形之和是中项面，而它们构成的矩形是有理的。

所以：CD是一个中项面有理面差的边（命题X.77）。

所以：与一个中项面有理面差的边可公约的线段，也是一个中项面有理面差的边。

证完

命题X.107

与两中项面差的边可公约的线段，也是两中项面之差。

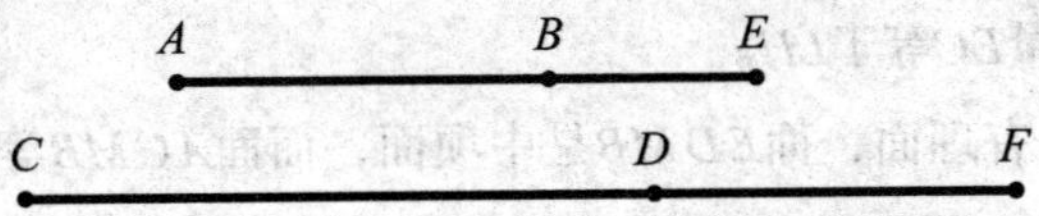

设：AB为一个两中项面差的边，CD与AB可公约。

求证：*CD*也是两中项面差的边。

令：*BE*是*AB*上的加线段。那么：*AE*和*EB*是正方不可公约的，它们上的正方形的和是中项面，它们构成的矩形是中项面，并且，它们上的正方形之和与它们构成的矩形是不可公约的（命题X.78）。

现在，如前所证，*AE*、*EB*分别与*CF*、*FD*是可公约的，*AE*、*EB*上的正方形之和与*CF*、*FD*上的正方形之和是可公约的，*AE*、*EB*构成的矩形与*CF*、*FD*构成的矩形是可公约的，所以：*CF*、*FD*是正方不可公约的。它们上的正方形之和是中项面，且由它们构成的矩形是中项面，且更有，它们上的正方形的和与它们构成的矩形是不可公约的，所以：*CD*是两中项面之差（命题X.78）。

所以：与两中项面差的边可公约的线段，也是两中项面之差。

证完

命题X.108

从一个有理面中减去一个中项面，那么，与余面相等的正方形的边是两条无理线段之一，它要么是一条余线，要么是一条次线。

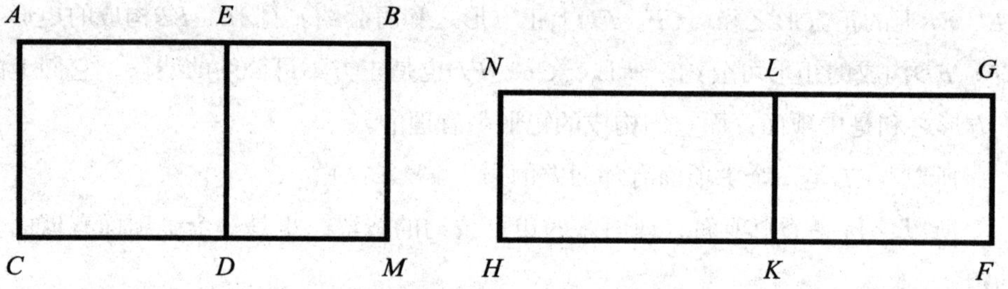

设：从有理面*ACMB*中减去一个中项面*EDMB*。

求证：与余面*ACDE*相等的正方形的边是两条无理线段之一，它或者是一条余线，或者是一条次线。

给定有理线段*FG*，在*FG*上作矩形*NHFG*等于面*ACMB*，再作面*LKFG*等于面*EDMB*，那么：余量*EC*等于*LH*。

因为*ACMB*是有理面，面*EDMB*是中项面，而面*ACMB*等于矩形*NHFG*；面*EDMB*等于面*LKFG*，所以面*NHFG*是有理面，且面*LKFG*是中项面。

因为它们皆是作在有理线段*FG*上的，所以：*FH*是有理的，且与*FG*是长度可公约的。同时，FK是有理的，并与FG是长度不可公约的，所以：FH与FK是长度不可公约的（命题X.20、X.22、X.13）。

所以：FH、FK是仅正方可公约的有理线。所以：KH是一条余线，且，KF是它的加线段（命题X.73）。

现在，HF上的正方形大于FK上的正方形，其差为一个与HF可公约或不可公约的线段上的正方形。

首先，设HF上的正方形较FK上的正方形大一个与它可公约线段上的正方形。

那么：总线段HF与给定的有理线FG是长度可公约的。

所以：KH是一条第一余线（定义X.12）。

又，与一个由一条有理线段和一条第一余线构成的矩形相等的正方形的边，是一条余线，所以：与面$NHKL$相等的正方形的边，即与面$ACDE$相等的正方形的边，是一条余线（命题X.91）。

又，如果，HF上的正方形大于FK上的正方形，其差为一个与HF不可公约的线段上的正方形，同时，总线段FH与给定的有理线段FG是长度可公约的，那么：KH是一条第四余线（定义X.14）。

又，与一个由一条有理线段和一条第四余线构成的矩形相等的正方形的边是一条次线（命题X.94）。

所以：从一个有理面中减去一个中项面，那么，与余面相等的正方形的边是两条无理线段之一，它要么是一条余线，要么是一条次线。

证完

命题X.109

如果从一个中项面中减出一个有理面，那么，与余面相等的正方形的边是两条无理线段之一，它要么是一条第一中项余线，要么是一条中项面有理面差的边。

设：从中项面$BACE$中减去有理面$BADM$。

求证：与余面$MECD$相等的正方形的边是两条无理线段之一，它要么是一条第一中项余线，要么是一条中项面有理面差的边。

给定有理线段FG，作出这些面，那么：FH是有理的，并与FG是长度不可公约的。同时，KF是有理的，并与FG是长度可公约的，所以：FH、FK是仅正方可公约的有理线段（命题X.13）。

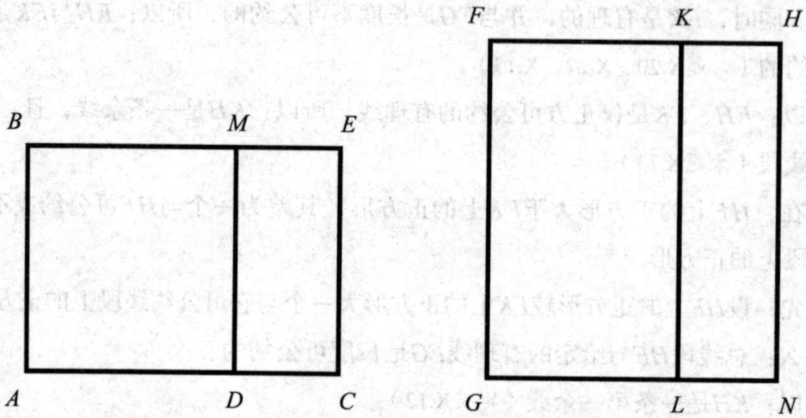

所以：KH是一条余线，且FK是它的加线段（命题X.73）。

现在，HF上的正方形大于FK上的正方形，其差为一个与HF可公约或不可公约线段上的正方形。

如果HF上的正方形比FK上的正方形大一个与HF可公约的线段上的正方形，同时加线段FK与给定的有理线段FG是长度可公约的，那么：KH是一个第二余线（定义X.12）。

又，FG是有理的，所以：与面$KLNH$相等的正方形的边，即与EC相等的正方形的边，是一条第一中项余线（命题X.92）。

又，如果HF上的正方形大于FK上的正方形，其差是与HF不可公约的线段上的正方形，同时，加线FK与给定的有理线段FG是长度可公约的，那么：KH是一条五余线。所以：与EC相等的正方形的边是一条中项面有理面差的边（定义X.15、命题X.95）。

所以：如果从一个中项面中减出一个有理面，那么，与余面相等的正方形的边是两条无理线段之一，它要么是一条第一中项余线，要么是一条中项面有理面差的边。

证完

命题X.110

如果从一个中项面减去一个与此面不可公约的中项面，那么，与余面相等的正方形的边是两无理线段之一，它要么是一条第二中项余线，要么是一条两中项

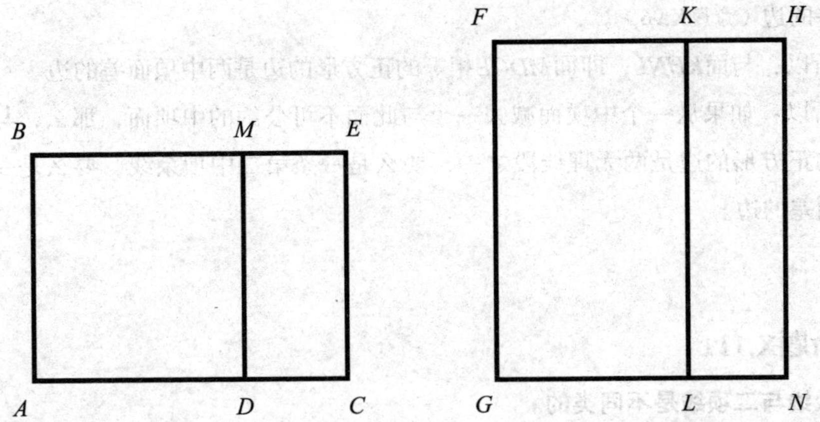

面差的边。

如前图，设从中项面$BACE$中减去一个与面$BACE$不可公约的量$BADM$。

求证：与ED相等的正方形的边是两条无理线段之一，它要么是一条第二中项余线，要么是两中项面差的边。

因为矩形$BACE$和$BADM$是中项面，而矩形$BACE$和$BADM$是不可公约的，所以：线段FH、FK是有理的，并与FG是长度不可公约的（命题X.22）。

因为矩形$BACE$和$BADM$是不可公约的，即面$GNHF$与面$GLKF$是不可公约的，所以：HF与FK也是不可公约的（命题VI.1、X.11）。

所以：FH、FK是仅正方可公约的有理线段。所以：KH是一条余线（命题X.73）。

那么，如果FH上的正方形大于FK上的正方形，其差为一个与FH可公约的线段上的正方形，同时，线段FH、FK是与给定的有理线段FG不是长度可公约的，那么，KH是一条第三余线（定义X.13）。

又，KL是有理线段，而由一条有理线段和一条第三余线构成的矩形是无理的，又，与它相等的正方形的边是无理的，被称为第二中项余线，所以：与面$LNHK$相等的正方形的边，即与ED相等的正方形的边是一条第二中项余线（命题X.93）。

又，如果FH上的正方形大于FK上的正方形，其差为一个与FH不可公约的线段上的正方形，同时，线段HF、FK与FG皆不是长度可公约的，于是：KH是一条第六余线（定义X.16）。

又，与由一条有理线段和第六余线构成的矩形相等的正方形的边是一条两中项面差的边（命题X.96）。

所以：与面$KHNL$，即面$MDCE$相等的正方形的边是两中项面差的边。

所以：如果从一个中项面减去一个与此面不可公约的中项面，那么，与余面相等的正方形的边是两无理线段之一，要么是一条第二中项余线，要么是一条两中项面差的边。

证完

命题X.111

余线与二项线是不同类的。

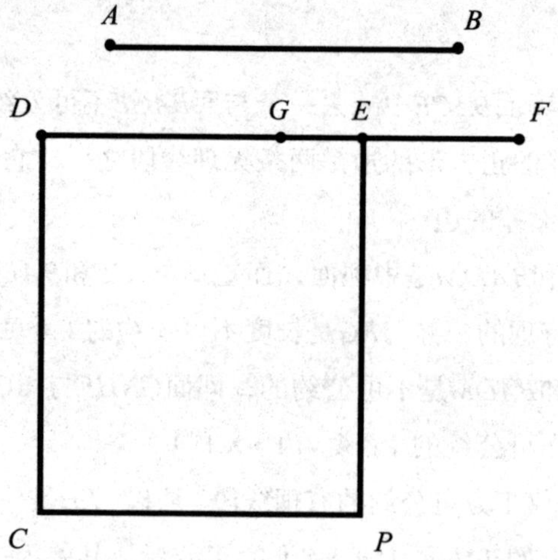

设：AB是余线。

求证：AB是与二项线不同类的。

如果可能，假设它们同类，给定有理线段DC，在DC上作矩形$DCPE$等于AB上的正方形，DE为其另一边。

那么，因为：AB是一条余线，DE是一条第一余线（命题X.97）。

设：EF是DE的加线段，那么，DF、FE是仅正方可公约的有理线段，DF上的正方形大于FE上的正方形，其差为一个与DF可公约的线段上的正方形。且DF与给定的有理线段DC是长度上可公约的（定义X.12）。

又，因为AB是二项线，所以：DE是第一二项线（命题X.60）。

在G点分DE为两段，令DG较大，那么，DG、GE是仅正方可公约的，DG上的正方形大于GE上的正方形，其差为一个与DG可公约的线段上的正方形。且大线段DG与给定的有理线段DC是长度可公约的（定义X.5）。

所以：DF与DG也是长度可公约的。所以：余量GF与DF也是长度可公约的（命题X.12、X.15）。

又，DF与EF是长度不可公约的，所以：FG与EF也是长度不可公约的（命题X.13）。

所以：GF、FE是仅正方可公约的。所以：EG是余线，但它也是有理线，这是不可能的（命题X.73）。

所以：余线不可能与二项线同类。

综 述

余线和它以下的无理线既不同于中项线，也彼此不同。

因为，如果在一个有理线段上作与中项线上的正方形相等的矩形，那么另一边是有理的，且与原有理线段长度不可公约（命题X.22）。

同时，如果在一个有理线段上作一个与余线上正方形相等的矩形，那么矩形另一边为第一余线（命题X.97）。

如果在一条有理线段上作与第一中项余线上的正方形相等的矩形，那么，矩形另一边是第二余线（命题X.98）。

如果在一条有理线段上作与第二中项余线上的正方形相等的矩形，那么，矩形另一边为第三余线（命题X.99）。

如果在一条有理线段上作与一条次线上的正方形相等的矩形，那么，矩形另一边为第四余线（命题X.100）。

如果在一条有理线段上作与一个中项面有理面差的边上的正方形相等的矩形，那么，矩形另一边为第五余线（命题X.101）。

如果在一条有理线上作与一个两中项面差的边上的正方形相等的矩形，那么，矩形另一边为第六余线（命题X.102）。

因为以上得到的矩形的另一边与第一个不同，并彼此不同，与第一个不同，因为它是有理的；彼此不同，因为它们不同级；显然，这些无理线段本身也是互不相同的。

又，余线已被证明与二项线不同类（命题X.111）。

但是，如果在有理线段上作等于余线以下的线段上的正方形，其矩形另一边依次为相应级的余线，同样，在有理线段上作等于二项线以下的线段上的正方形，其矩形另一边依次为相应级的二项线。这样，余线以下的无理线段不同，二项线以下无理线段也不同，所以，共有十三条无理线段：

中项线；二项线；第一双中项线；第二双中项线；主线；中项面有理面的边；两中项面和的边；余线；第一中项余线；第二中项余线；次线；中项面有理面差的边；两中项面差的边。

证完

命题X.112

在二项线上作矩形等于一个有理线段上的正方形，则矩形的另一边为一余线，该余线的两段与二项线的两项可公约，且有同比，且余线与二项线有相同的级。

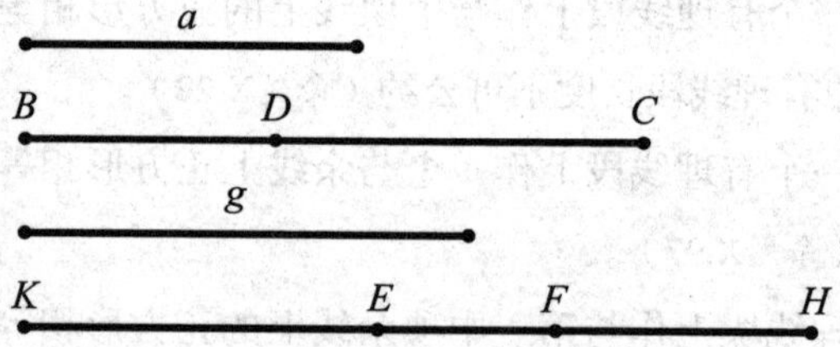

设：a为一条有理线段，BC为二项线，DC较大，BC、EF构成的矩形等于a上的正方形。

求证：EF是一条余线，它的两段与CD、DB是可公约的，并有相同的比，且，EF与BC有相同的级。

再，令BD、g构成的矩形等于a上的正方形。

那么，因为BC、EF构成的矩形等于BD、g构成的矩形，所以：CB比BD同于g比EF，而CB大于BD，所以：g也就大于EF（命题VI.16、V.14）。

令EH等于g，那么CB比BD同于HE比EF，所以：由分比可得，CD比BD同于HF比FE（命题V.17）。

作比例，使HF比FE同于FK比KE，那么：总量HK比总量KF同于FK比KE，因为：前项之一比后项之一同于全部前项和比全部后项和（命题V.12）。

又，FK比KE同于CD比DB，所以：HK比KF同于CD比DB（命题V.11）。

又，*CD*上的正方形与*DB*上的正方形是可公约的，所以：*HK*上的正方形与*KF*上的正方形是可公约的（命题X.36、VI.22、X.11）。

又，*HK*上的正方形比*KF*上的正方形同于*HK*比*KE*，因为：三条线段*HK*、*KF*、*KE*是成比例的。

所以：*HK*与*KE*是长度可公约的，*HE*与*EK*也是长度可公约的（定义V.9、命题X.15）。

现在，因为*a*上的正方形等于*EH*与*BD*构成的矩形，同时，*a*上的正方形是有理的，所以：*EH*与*BD*构成的矩形也是有理的。

又，它也是作在有理线*BD*上的，所以：*EH*是有理的，并与*BD*是长度可公约的，所以：与*EH*可公约的*EK*也是有理的，并与*BD*长度可公约（命题X.20）。

那么，因为*CD*比*DB*同于*FK*比*KE*，同时，*CD*、*DB*是仅正方可公约的，所以：*FK*、*KE*也是仅正方可公约的。

而*KE*是有理的，所以：*FK*也是有理的（命题X.11）。

所以：*FK*、*KE*是仅正方可公约的有理线段。

所以：*EF*是一个余线（命题X.73）。

现在，*CD*上的正方形大于*DB*上的正方形，其差是一个与*CD*可公约或不可公约的线段上的正方形。

如果*CD*上的正方形大于*DB*上的正方形，其差为一个与*CD*可公约线段上的正方形，那么：*FK*上的正方形也大于*KE*上的正方形，其差为一个与*FK*可公约的线段上的正方形（命题X.14）。

而如果*CD*与给定的有理线段长度可公约，那么，*FK*与该线段可公约；如果*BD*与给定的有理线段也可公约，那么，*KE*也与它可公约；反之，*CD*、*DB*与给定的有理线段不可公约，那么，*FK*、*KE*也与它不可公约（命题X.11、X.12）。

又，如果*CD*上的正方形大于*DB*上的正方形，其差为一个与*CD*不可公约的线段上的正方形，那么：*FK*上的正方形也大于*KE*上的正方形，其差为一个与*FK*不可公约的线段上的正方形（命题X.14）。

又，如果*CD*与给定的线段可公约，那么，*FK*与它也可公约；如果*BD*与给定的有理线段可公约，那么，*KE*与它也可公约；但如果*CD*、*DB*与给定的有理线段不可公约，那么，*FK*、*KE*与它也不可公约。

于是：*FE*是一条余线，它们的两段*FK*、*KE*与二项线的两段*CD*、*DB*是可公约的，又，它们的比相同，且EF与BC有相同的级。

所以：在二项线上作矩形等于一个有理线段上的正方形，则矩形的另一边为一余线，该余线的两段与二项线的两项可公约，且有同比，且余线与二项线有相同的级。

证完

注 解

注意，证明的开始部分不是命题V.14的调用，而是它的交替形式。参见V.14的注解。

命题X.113

在余线上作一个等于有理线段上的正方形的矩形，那么矩形另一边是个二项线，且二项线的两段与余线的两段是可公约的，且它们的比相同，二项线与余线有相同的级。

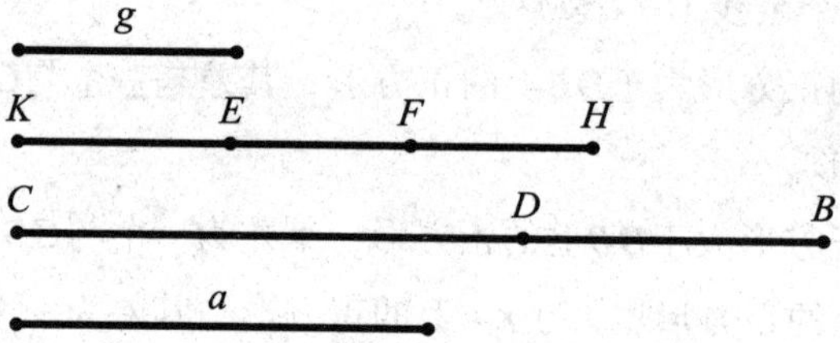

设：a是有理线段，BD是余线，BD、KH构成的矩形等于a上的正方形，那么当有理线a上的正方形作在余线BD上时，KH是它的另一边。

求证：KH是一个二项线，它的两段与余线BD的两段可公约，并有相同比，且KH与BD有相同的级。

令DC是BD上的加线段，那么：BC、CD是仅正方可公约的有理线段。

令：BC与g构成的矩形也等于a上的正方形（命题X.73）。

但是，a上的正方形是有理的，所以：BC、g构成的矩形也是有理的。又，它是作在有理线段BC上的，所以：g是有理的，并与BC长度可公约（命题X.20）。

现在，因为BC、g构成的矩形等于BD、KH构成的矩形，所以：CB比BD同于KH比g，而BC大于BD，所以：KH也大于g（命题VI.16、V.14）。

作KE等于g，于是：KE与BC是长度可公约的。

因为CB比BD同于HK比KE，所以：由换比可得，BC比CD同于KH比HE（命题V.19及其推论）。

作比例，使KH比HE同于HF比FE，于是：余量KF比FH同于KH比HE，即BC比CD（命题V.19）。

又，BC、CD是仅正方可公约的，所以：KF、FH也是仅正方可公约的（命题V.11）。

因为KH比HE同于KF比FH，同时，KH比HE同于HF比FE，所以：KF比FH同于HF比FE。于是，第一个比第三个同于第一个上的正方形比第二个上的正方形，所以：KF比FE同于KF上的正方形比FH上的正方形（命题V.11、定义V.9）。

又，KF上的正方形与FH上的正方形是可公约的，因为KF、FH是正方可公约的，所以：KF与FE是长度可公约的，KF与KE也是长度可公约的（命题X.11、X.15）。

又，KE是有理线段，并与BC是长度可公约的（命题X.12）。所以KF也是有理的且与BC是长度可公约的。

因为：BC比CD同于KF比FH，由更比可得，BC比KF同于DC比FH（命题V.16）。

又，BC与KF是可公约的。

所以：FH与CD也是长度可公约的（命题X.11）。

又，BC、CD是仅正方可公约的有理线段，所以：KF、FH是仅正方可公约的有理线段，所以：KH是二项线（定义X.3、命题X.36）。

现在，如果BC上的正方形大于CD上的正方形，其差为一个与BC可公约的线段上的正方形，那么：KF上的正方形也大于FH上的正方形，其差为一个与KF可公约的线段上的正方形（命题X.14）。

又，如果BC与给定的有理线段长度可公约，那么，KF与所给定的有理线段也是长度可公约；如果CD与给定的有理线段长度可公约，那么，FH与它也可公约；而如果BC、CD与给定的有理线段不是长度可公约的，那么，KF、FH也不可公约。

又，如果BC上的正方形大于CD上的正方形，其差为一个与BC不可公约线上的正方形，那么，KF上的正方形也大于FH上的正方形，其差为一个与KF不可公约的线段上的正方形（命题X.14）。

又，如果BC与给定的有理线段长度可公约，那么，KF与它也是长度可公约的；如果CD与给定的有理线段长度可公约，那么，FH与它也是长度可公约的；而如果BC、CD与给定的有理线段不是长度可公约的，那么，KF、FH与它也不是长度可公约的。

所以：KH是二项线，且它的两段KF、FH与余线的两段BC、CD是可公约的，并有相同比，且KH与BD有相同的级。

所以：在余线上作一个等于有理线段上的正方形的矩形，那么矩形另一边是条二项线，且二项线的两段与余线的两段是可公约的，且它们的比相同，二项线与余线有相同的级。

证完

命题X.114

如果一个矩形由一条余线和一条二项线构成，且余线的两段与二项线的两段可公约，并有相同比，那么，与此矩形相等的正方形的边是有理的。

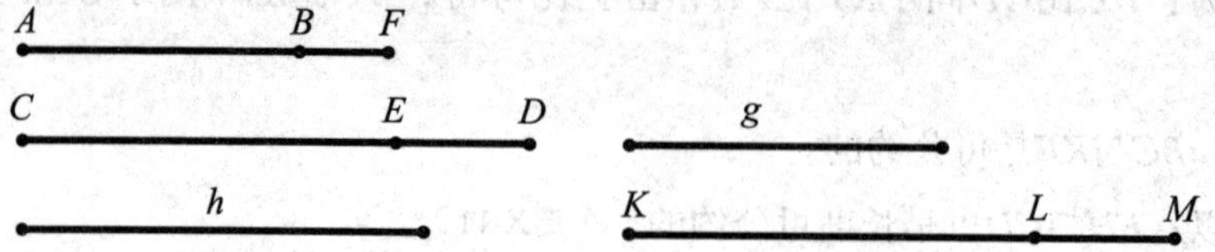

设：由AB、CD构成的矩形中，AB为余线，CD为二项线，CE是CD的大段，二项线的两段CE、ED与余线的两段AF、FB可公约，并有相同比，与AB、CD构成矩形相等的正方形的边为g。

求证：g是有理的。

给定有理线段h，在CD上作矩形等于h上的正方形，KL为另一边，那么：KL是余线。

令：两段KM、ML与二项线的两段CE、ED可公约，并有相同比（命题X.112）。

而，CE、ED与AF、FB也可公约，并有相同比，所以：AF比FB同于KM比ML。

所以：由更比可得，AF比KM同于BF比LM。所以：余量AB比余量KL同于AF比KM（命题V.19）。

又，AF与KM是可公约的。

所以：AB与KL也是可公约的（命题X.12、X.11）。

又，AB比KL同于CD、AB构成的矩形比CD、KL构成的矩形，所以：CD、AB构成的矩形与CD、KL构成的矩形也可公约（命题VI.1、X.11）。

又，CD、KL构成的矩形等于h上的正方形，所以：CD、AB构成的矩形与h上的正方形是可公约的。

又，g上的正方形等于CD、AB构成的矩形，所以：g上的正方形与h上的正方形是可公约的。

又，h上的正方形是有理的，所以：g上的正方形也是有理的。

所以：g是有理的，且它也是与CD、AB构成的矩形相等的正方形的边。

所以：如果一个矩形由一条余线和一条二项线构成，且余线的两段与二项线的两段可公约，并有相同比，那么，与此矩形相等的正方形的边是有理的。

证完

推 论

这一命题也向我们表明，两无理线段构成的矩形也可以是一个有理面。

命题X.115

从一条中项线所产生的无穷个无理线，没有任何一个与以前的无理线段相同。

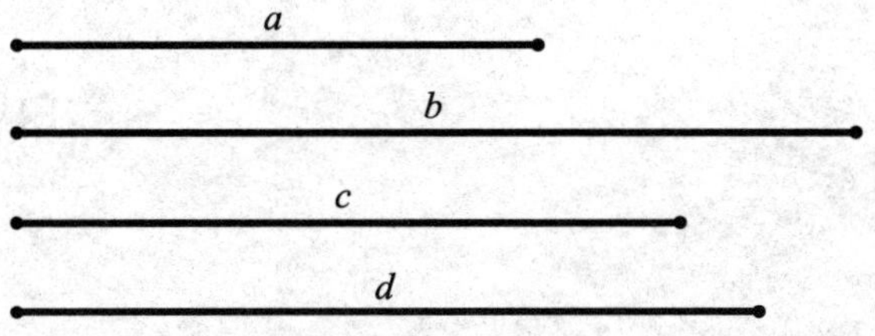

设：a为中项线。

求证：从a产生的无穷个无理线段中，没有一条与以前的无理线段相同。

给定一条有理线段b，令c上的正方形等于b、a构成的矩形，那么，c是无理的，因为：一条无理线和有理线构成的矩形是无理的（定义X.4、命题X.20）。

又，它也与前面的线段不同，因为：以前任意一个无理线段上的正方形都不等于一个有理线段上的矩形，而这个矩形的另一边是中项线。

又，令d上的正方形等于b、c构成的矩形，那么：d上的正方形是无理的（命题X.20）。

所以：d是无理的，且它也不同于以前任意的无理线段。因为：在有理线段上作等于以前任一无理线段上的正方形的矩形，而另一边不是c（定义X.4）。

类似地，如果将这种排列无限继续下去，显然，从一条中项线能产生无穷多条无理线段，且没有一条能与前面的任意一条相同。

所以：从一条中项线所产生的无穷个无理线，没有任何一个与以前的无理线段相同。

证完

第 11 卷
立体几何

CHAPTER 11

立体几何是欧氏空间几何的传统名称，实际上这大致上就是我们生活的空间。一般作为平面几何的后续课程。毕达哥拉斯学派的立体几何的主要成就为正多面体作图，他们称正多面体为“宇宙形”。一般认为所有正多面体作图都与毕达哥拉斯学派有关。正五边形的作图则与著名的“黄金分割”问题有关。毕达哥拉斯学派当然知道这种分割的性质，据说他们正是以正五边形的五条对角线构成的五角星作为自己学派的标志。

本卷论述立体几何。

本卷提要

※定义XI.14，球体的定义。

※定义XI.25，正多面体的定义。

※命题XI.3，两个平面的交集是一条直线。

※命题XI.6，两条垂直于同一平面的直线相互平行。

※命题XI.11、XI.12，作垂直于一个平面的直线。

※命题XI.14，两个垂直于同一直线的平面相互平行。

※命题XI.23，怎么作一个立体角。

※命题XI.39，棱柱的量。

定 义

定义XI.1 立体有长、宽和高。

定义XI.2 立体之表为面。

定义XI.3 一条直线与平面相交，当平面上与之相交的所有直线皆与它成直角时，称该直线与平面成直角。

定义XI.4 在两相交平面之一内作直线与交线成直角，当此直线与另一平面成直角时，则称两平面相交成直角。

定义XI.5 一条直线与平面相交，过直线上一点向平面作垂线，那么该直线与连接交点和垂足的连线所形成的角，称为直线与平面的倾角。

定义XI.6 在两个相交平面的交线上任取一点，经过此点在两个平面内作交线的垂线，二垂线所夹的锐角成为两平面的倾角。

定义XI.7 一对平面倾角与另一对平面倾角相等时，称它们有相似倾角。

定义XI.8 总不相交的两个平面称为平行平面。

定义XI.9 相等个数的相似平面构成的立体图形称为相似立体图形。

定义XI.10 相似且相等并个数相等的平面构成的立体图形称为相似且相等的立体图形。

定义XI.11 不在同一平面内多于两条线且交于一点的线全体构成的图形称为立体角。换句话说，由不在同一个平面内且多于两个，又交于一点的平面角所构成的图形称为立体角。

定义XI.12 几个交于一点的面及另外一个构成的图形，在此面与交点之间的部分称为棱锥。

定义XI.13 棱柱是一个立体图形，它由一些平面构成，其中两个面相对、相等、相似、平行，且其他各面为平行四边形。

定义XI.14 固定一个半圆的直径，旋转半圆到起点位置时所形成的图形称为球。

定义XI.15 球的轴是半圆绕成球时的不动直径。

定义XI.16 球心是半圆的圆心。

定义XI.17 球的直径是过球心的任意直线被球面所截出的线段。

定义XI.18 固定直角三角形的一条直角边，旋转直角三角形到起点位置，所形成的图形称为圆锥。

如果固定的一直角边与另一直角边相等，所形成的圆锥称为直角圆锥；如果小于另一边，则称为钝角圆锥；如果大于另一边则称为锐角圆锥。

定义XI.19 直角三角形绕成圆锥时，不动的那条直角边称为圆锥的轴。

定义XI.20 直角三角形的另一边经旋转后所成的圆面称为圆锥的底。

定义XI.21 固定矩形的一边，绕这一边旋转矩形到起点位置，所形成的图形称为圆柱。

定义XI.22 矩形绕成圆柱时的不动边，称为圆柱的轴。

定义XI.23 矩形绕成圆柱时，相对的两边旋转成的两个圆面，称为圆柱的底。

定义XI.24 圆柱或圆锥，如果它们轴与底的直径成比例，圆柱称为相似圆柱，圆锥称为相似圆锥。

定义XI.25 六个相等的正方形构成的立体图形，称为立方体。

定义XI.26 八个全等的等边三角形所构成的立体图形，称为正八面体。

定义XI.27 二十个全等的等边三角形构成的立体图形，称为正二十面体。

定义XI.28 十二个相等的等边且等角的五边形所构成的立体图形，称为正十二面体。

命题XI.1

一条直线不可能一部分在平面内，而另一部分在平面外。

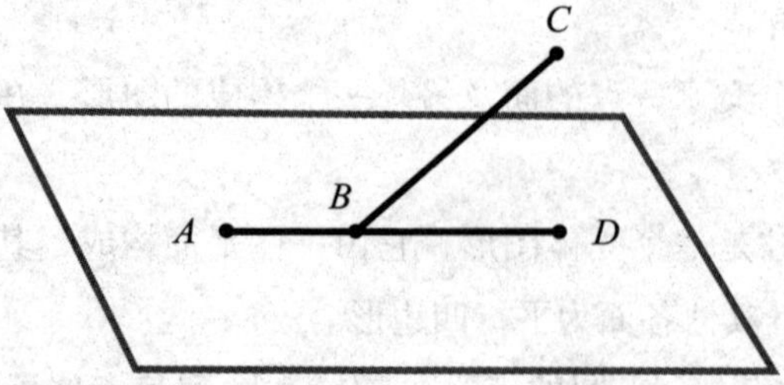

如果一条直线可能一部分在平面内，另一部分在平面外。设直线*ABC*的*AB*部分在平面内，而*BC*部分在平面外。

于是，在平面内的直线*AB*，就有一条直线可以和它连成同一条直线，设其为*BD*，于是，*AB*便是两条直线*ABC*和*ABD*的共同部分，这是不可能的，因为：如果我们以*B*为圆心以*AB*为半径作圆，那么，两条直径切出不相等的圆弧。

所以：一条直线不可能一部分在平面内，而另一部分在平面外。

证完

注 解

在本命题中，欧几里得混淆了直线与线段的概念，以至于在证明过程中把“线段”也当成直线了。在以下许多命题中也有类似现象。

命题XI.2

两条相交直线，在一个平面内，它们构成的三角形，也皆在一个平面内。

设：两条直线*AB*和*CD*相交于*E*点。

那么我说：*AB*、*CD*是在一个平面内，且每个三角形也在一个平面内。

在*EC*和*EB*上任选一点*F*和*G*，连接*CB*、*FG*，再作*FH*和*GK*。

求证：首先，三角形*ECB*是在一个平面内。

如果三角形*ECB*的一部分，三角形*FHC*或者三角形*GBK*，在一个平面内，余下的部分在平面外，那么，直线*EC*或者*EB*也就会一部分在平面内，一部分在平面外。

又，如果三角形*ECB*的一部分*FCBG*在原平面内，而余下的部分在另一平面内，那么，直线*EC*、*EB*的一部分也就在原平面内，而余下的部分在另一平面。这已被证明是荒谬的（命题XI.1）。

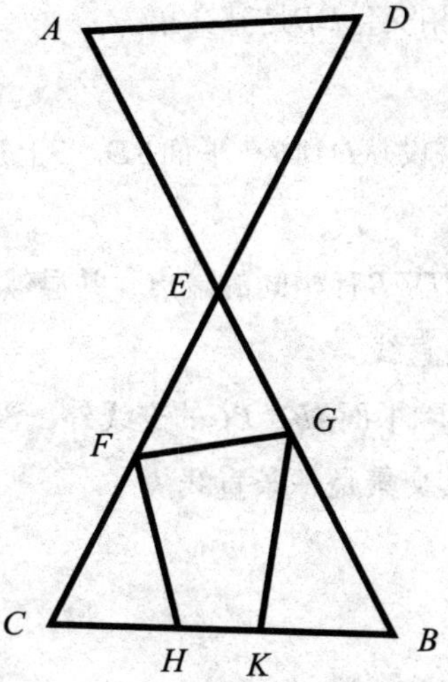

所以：三角形*ECB*是在一个平面内。

又，无论三角形*ECB*在哪样一个平面内，*EC*和*EB*也与它在同一平面内；又，*EC*和*EB*所在的平面，也是*AB*和*CD*所在的平面（命题XI.1）。

所以：直线*AB*和*CD*位于一个平面内，且每个三角形也位于同一平面内。

所以：两条相交直线，在一个平面内，它们构成的三角形，也皆在一个平面内。

证完

命题XI.3

两平面相交，其交集是一条直线。

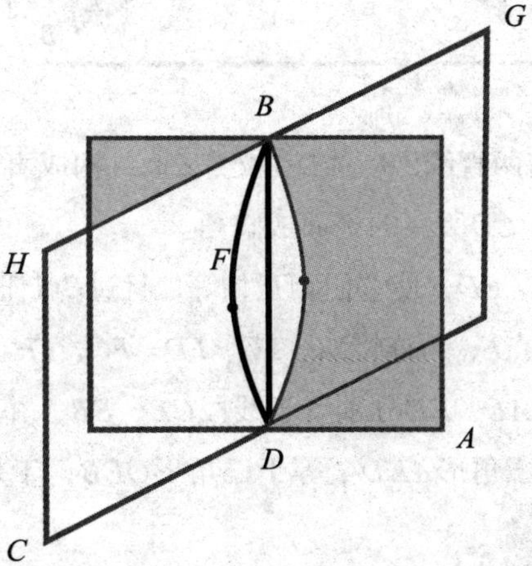

设：*AB*和*BC*两个平面相交，*DB*是其交集。

求证：*DB*是条直线。

因为，如果不是直线，设从*D*到*B*在平面*BDAG*上连接的直线为*DEB*，在平面*BHCD*上连接的直线为*DFB*。

那么：两条直线*DEB*和*DFB*有相同的端点，并显然构成一个面，这是荒谬的。

所以：*DEB*和*DFB*不是直线。

同样，我们可以证明，除平面*AB*、*BC*的交线外，没有任何线能连接从*D*到*B*。

所以：两平面相交，其交集是一条直线。

证完

命题XI.4

如果一条直线与另两条相交直线垂直于交点上，那么，它也与两相交线所在的平面垂直。

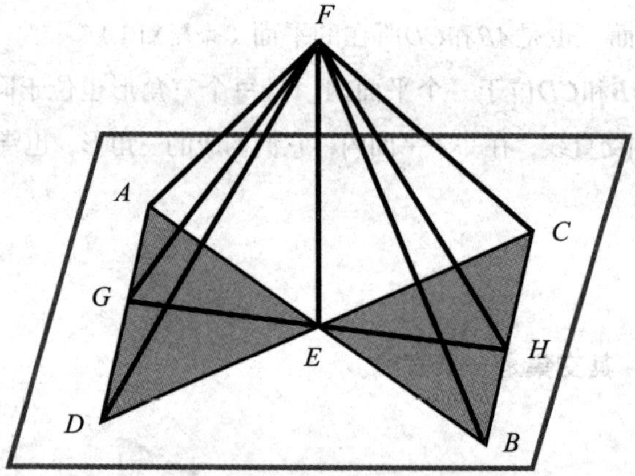

设：一直线*EF*，与两直线*AB*、*CD*在交点*E*上，构成直角。

求证：*EF*也与*AB*、*CD*所在的平面成直角。

切分*AE*、*EB*、*CE*、*ED*，使它们相互相等，且过*E*点任意引一直线*GEH*，连接*AD*、*CB*。取*EF*上任意一点*F*，再连接*FA*、*FG*、*FD*、*FC*、*FH*、*FB*（命题XI.2、I.3）。

现在，因为，线段*AE*、*ED*分别等于线段*CE*、*EB*，并且夹角也相等。所以，底边*AD*等于底边*CB*，三角形*AED*全等于三角形*CEB*，于是：∠*DAE*等于∠*EBC*（命题I.15、I.4）。

又，∠*AEG*也等于∠*BEH*，所以：三角形*AGE*和*BEH*是有两个角及夹边分别相等的两个三角形，夹边即*AE*、*EB*。所以：其余的边也相等，即*GE*等于*EH*，*AG*等于*BH*（命题I.15、I.26）。

又，因为*AE*等于*EB*，同时*FE*是直角处的公共边，所以：底边*FA*等于底边*FB*（命题I.4）。

同理，*FC*等于*FD*。

又，因为*AD*等于*CB*，*FA*也等于*FB*，边*FA*、*AD*与边*FB*、*BC*分别相等，且已证明底边*FD*等于底边*FC*，所以：∠*FAD*等于∠*FBC*（命题I.8）。

又，因为已经证明*AG*等于*BH*，且*FA*也等于*FB*，边*FA*、*AG*分别与边*FB*、*BH*相等，且∠*FAG*已被证明等于∠*FBH*。所以：底边*FG*等于底边*FH*（命题I.4）。

又，因为：*GE*已被证明等于*EH*，且*EF*是公共边，边*GE*、*EF*分别等于边*HE*、*EF*，且底边*FG*等于底边*FH*。所以：∠*GEF*等于∠*HEF*（命题I.8）。

所以：∠*GEF*和∠*HEF*皆是直角。

所以：*FE*过*E*与直线*GH*成直角。

同理，我们已经证明*FE*和已知平面与它相交的一切直线皆成直角。

而一条直线与平面相交，当平面上与之相交的点上的所有线皆与它成直角时，称该直线与平面成直角（定义XI.3）。所以，*FE*与平面成直角。

而该平面经过*AB*、*CD*。

所以：*FE*与过*AB*、*CD*的平面成直角。

所以：如果一条直线与两条相交直线垂直于交点上，那么，它也与两相交线所在的平面垂直。

证完

命题XI.5

如果一条直线与三条交于一点的直线形成直角，那么，该三条直线在一个平面上。

设：一条直线*AB*与三条直线*BC*、*BD*、*BE*交于一点*B*，并与它们成直角。

求证：*BC*、*BD*、*BE*在同一个平面。

因为，假定它们不在同一平面，令*BD*、*BE*在一个平面，而*BC*在另一个平面，过*AB*和*BC*作一个平面（命题XI.3）。

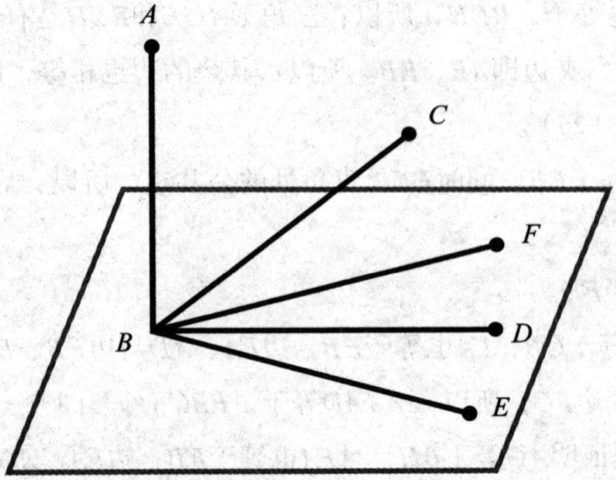

那么：它与原平面的交集是一条直线，令其为BF，于是：三条直线AB、BC、BF是在同一个平面，即过AB、BC的平面。

现在，因为AB与直线BD、BE成直角，所以：AB也与BD、BE所在的平面成直角（命题XI.4）。

又，过BD、BE的平面是原平面，所以：AB与原平面成直角。

于是：AB也与原平面内过B点的所有直线成直角（定义XI.3）。

又，在原平面内的BF与AB相交，所以：$\angle ABF$是直角。又，根据假设，$\angle ABC$也是直角，所以：$\angle ABF$等于$\angle ABC$，且，它们在同一平面，这是不可能的。

所以：直线BC不在平面以外。所以：三条直线BC、BE、BD是在同一平面上。

所以：如果一条直线与三条交于一点的直线形成直角，那么，该三条直线在一个平面上。

证完

命题XI.6

如果两条直线与同一平面成直角，那么，该两直线平行。

设：AB、CD与同一已知平面成直角。

求证：AB平行于CD。

令：它们与已知平面交于B、D点。

连接BD，在已知平面内作DE与BD成直角，再取DE等于AB（命题I.11、I.3），连接BE、AE及AD。

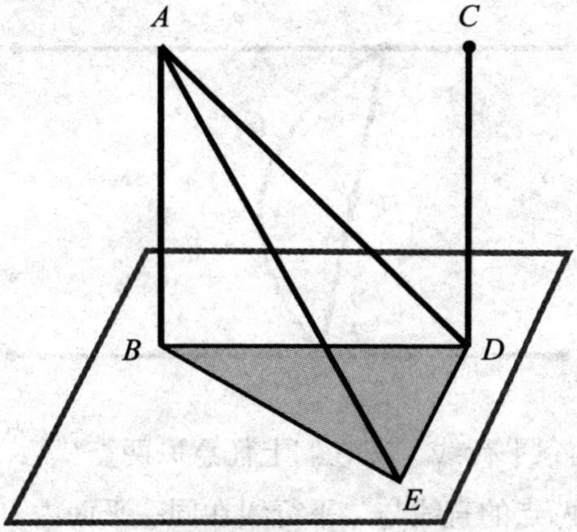

现在，因为：AB与已知平面成直角，它也和该平面内与此直线相交的一切直线成直角（定义XI.3）。

又，直线BD、BE在已知平面内，并与AB相交，所以：∠ABD和∠ABE是直角。同理，∠CDB和∠CDE也是直角。

又，因为AB等于DE，且BD是公共边，所以：AB、BD分别等于ED、DB。且它们各自交成直角。所以：底边AD等于底边BE（命题I.4）。

又，因为AB等于DE，同时AD等于BE，AB、BE分别等于ED、DA，且AE是它们的公共底边，所以：∠ABE等于∠EDA（命题I.8）。

又，∠ABE是直角，所以：∠EDA也是直角，ED与DA成直角。

又，它也与直线BD、DC成直角。所以：ED与三条线BD、DA、DC成直角。所以：三条线BD、DA、DC在同一个平面内（命题XI.5）。

又，无论BD、DA在一个什么样的平面内，AB也在同一平面内，因为，每个三角形在同一平面内（命题XI.2）。

所以：直线AB、BD、DC在同一个平面内，∠ABD、∠BDC皆为直角。所以：AB平行于CD（命题I.28）。

所以：如果两条直线与同一平面成直角，那么，该两直线平行。

证完

命题XI.7

两条平行线上各取一点，连接该两点的直线与原两平行线在同一平面内。

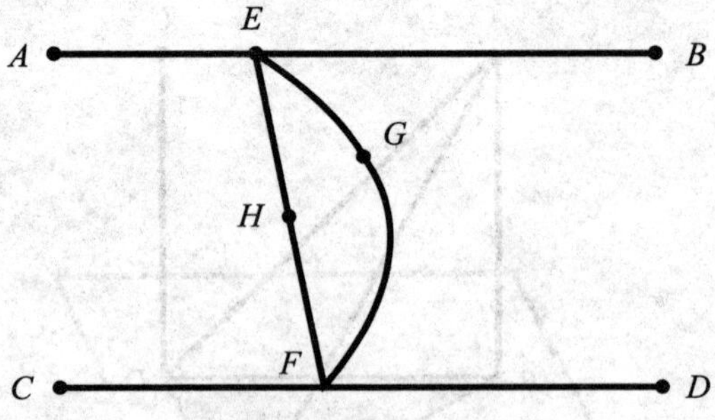

设：*AB*、*CD*为两条平行线，在它们上任意取两点*E*、*F*，连接它们。

求证：连接*E*、*F*两点的直线与二平行线在同一平面内。

假设它们不在同一平面，设两点*E*、*F*的连接线在另外一个平面内，设其为*EGF*，过*EGF*作一平面，它与二平行线所在的平面交于一条直线，令其为*EF*（命题XI.3）。

于是，两直线*EGF*和*EF*构成一个面，这是不可能的，所以：从*E*到*F*的连线不在平面外。

所以：*E*、*F*所在的直线在平行线*AB*、*CD*所在的平面内。

所以：两条平行线上各取一点，连接该两点的直线与原两平行线在同一平面内。

证完

命题XI.8

两条平行线中的一条与一平面成直角，那么，另一条也与该平面成直角。

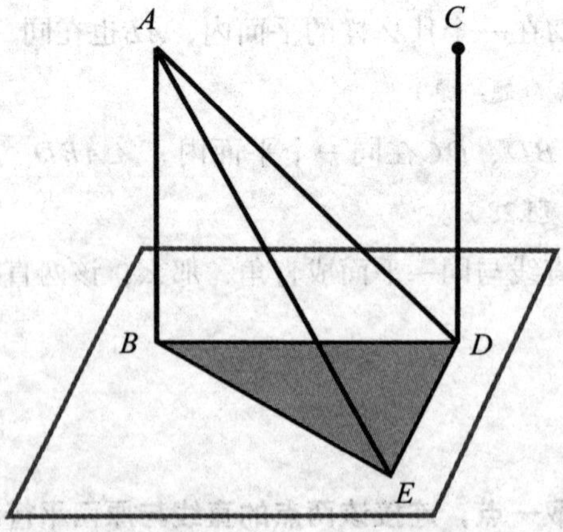

设：AB、CD是两条平行线，其中的一条AB与给定平面成直角。

求证：CD也与给定的同一平面成直角。

令AB、CD与给定平面相交于B、D两点，连接BD，那么AB、CD、BD是在同一平面内（命题XI.7）。

在已知平面内作DE，使之与BD成直角，再使DE等于AB，再连接BE、AE、AD（命题I.11、I.3）。

现在，因为AB与已知平面成直角，所以：AB也和平面上与它相交的所有直线成直角，$\angle ABD$、$\angle ABE$是直角（定义XI.3）。

又，因为直线BD与平行线AB、CD相交，所以：$\angle ABD$、$\angle CDB$之和等于两个直角（命题I.29）。

又，$\angle ABD$是直角，所以：$\angle CDB$也是直角，CD与BD成直角。

又，因为AB等于DE，而BD是公共边，AB、BD分别等于ED、DB，且$\angle ABD$等于$\angle EDB$，它们皆是直角，所以：底边AD等于底边BE（命题I.4）。

又，因为AB等于DE，且BE等于AD，于是AB、BE分别等于ED和DA，AE是公共底边，所以：$\angle ABE$等于$\angle EDA$（命题I.8）。

又，$\angle ABE$是直角，所以：$\angle EDA$也是直角，所以：ED与AD成直角。

又，它也与DB成直角，所以：ED也与过BD和DA的平面成直角（命题XI.4）。所以：ED也与经过BD、DA平面内的与它们相交的任何直线成直角。

而DC也在BD、DA决定的平面内，因为：AB、BD是在BD、DA决定的平面内，且DC也在AB、BD决定的平面内。

所以，ED与DC成直角，于是：CD与DE也成直角。而CD与BD也成直角。所以：CD与二直线DE和DB在交点D处成直角。

所以：CD与过DE、DB的平面成直角（命题XI.4）。又，过DE、DB的平面是给定的平面，所以：CD与给定的平面成直角。

所以：两条平行线中的一条与一平面成直角，那么，另一条也与该平面成直角。

证完

命题XI.9

两条直线平行于与它们不在一个平面内的同一直线，那么，它们互相平行。

设：直线AB、CD平行于EF，但它和它们不在同一平面内。

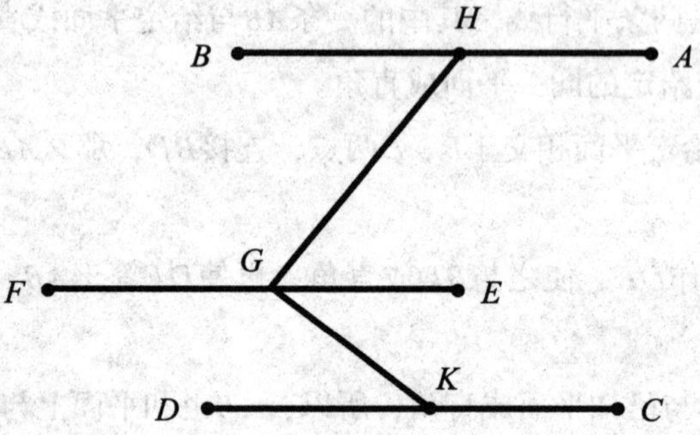

求证：*AB*也平行*CD*。

在*EF*上任取一点*G*，在*EF*、*AB*所在的平面内过*G*点作*GH*，使之与*EF*成直角，在*EF*、*CD*所在的平面内作*GK*，使之与*EF*成直角（命题I.11）。

因为，*EF*与*GH*、*GK*成直角，所以：*EF*也与过*GH*、*GK*的平面成直角（命题XI.4）。

又，*EF*与*AB*平行，所以：*AB*也与经过*HG*、*GK*的平面成直角（命题XI.8）。

同理，*CD*也与经过*HG*、*GK*的平面成直角，所以：直线*AB*、*CD*都与过*HG*、*GK*的平面成直角。

又，如果两条直线与同一平面成直角，那么，二直线平行，所以：*AB*平行于*CD*（命题XI.6）。

所以：两条直线平行于与它们不在一个平面内的同一直线，那么，它们互相平行。

证完

命题XI.10

两条相交直线平行于不在同一平面的另两条相交直线，那么，它们构成的夹角相等。

设：*AB*、*BC*为两条相交直线，平行于不在同一平面内的另两条相交直线*DE*、*EF*。

求证：∠*ABC*等于∠*DEF*。

切取*AB*、*BC*、*ED*、*EF*，使它们相互相等，连接*AD*、*CF*、*BE*、*AC*、*DF*（命题I.3）。现在，因为*BA*平行并等于*ED*，所以：*AD*也平行并等于*BE*。

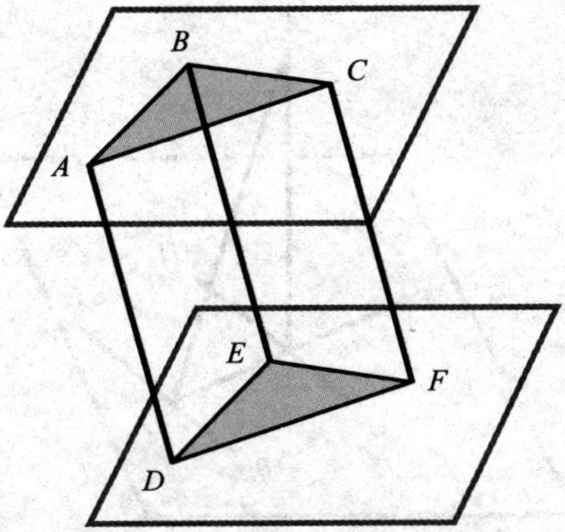

同理，CF也平行并等于BE（命题I.33）。

于是：直线AD、CF平行并等于BE。而两条不在一个平面内的直线平行于同一直线，那么，它们互相平行，所以：AD平行并等于CF（命题XI.9）。

又，AC、DF与它们相连，所以：AC也平行并等于DF（命题I.33）。

现在，因为AB、BC分别等于DE、EF，且底边AC等于底边DF，所以：∠ABC等于∠DEF（命题I.8）。

所以：两条相交线直线平行于不在同一平面的另两条相交直线，那么，它们构成的夹角相等。

证完

命题XI.11

从平面外的一点可向已知平面作一垂线。

设：A为给定的平面外的一点。

求作：从A点向已知平面作垂线。

在给定的平面内作任意直线BC，从A点作AD垂直于BC（命题I.12）。

如果AD垂直于已知平面，于是，所求的直线已经作出。

而如果不是，从D点在已知平面内作DE，使之与BC垂直，再从A点作AF，使之垂直于DE，再从F点作GH，使之平行于BC（命题I.11、I.12、I.31）。

因为BC与直线DA、DE成直角，所以：BC与过ED、DA的面也成直角（命题XI.4）。

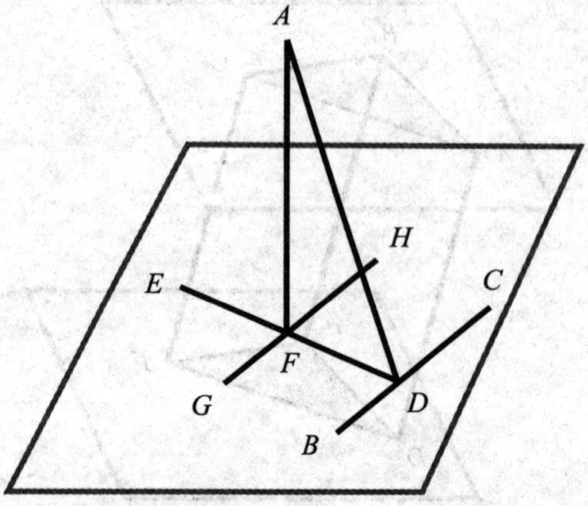

又，GH平行于BC，而两条平行线中的一条与一平面成直角，那么，另一条也与该平面成直角。

所以：GH与经过ED、DA的平面也成直角（命题XI.8）。

所以：GH与经过ED、DA平面内并与GH相交的一切直线成直角（定义XI.3）。

又，AF与GH相交，并在经过ED、DA的平面内，所以GH与FA成直角，所以：FA与GH也成直角。且AF也与DE成直角，所以：AF与直线GH、DE皆成直角。

又，如果一条直线与两条相交直线垂直于交点上，那么，它也与两相交线形成的平面垂直。所以：FA与经过ED、GH的平面成直角。

又，经过ED、GH的平面是给定的平面，所以：AF与给定的平面成直角。

所以：从平面外的一点可向已知平面作一垂线。

证完

命题XI.12

过已知平面内的一个已知点可作该平面的垂线。

设：给定平面上的点A。

求：作出一条直线与平面成直角。

从平面外任意一点B，作BC，使之垂直于平面；再过A点作AD平行于BC（命题XI.11、I.31）。

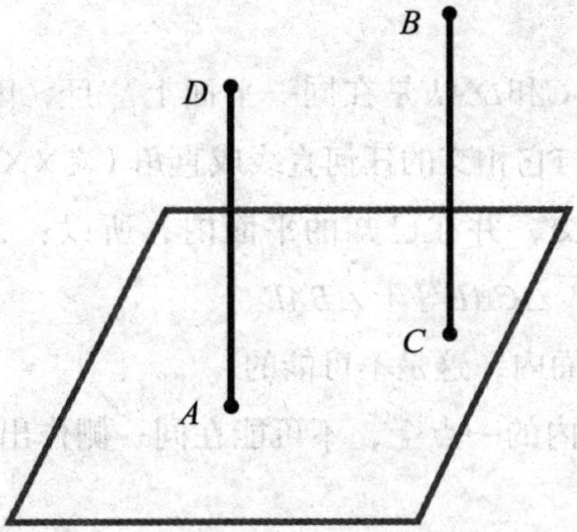

那么，因为AD、BC是两条平行线，其中之一的BC与给定的平面成直角，所以：另一条AD也与该平面成直角（命题XI.8）。

所以：已知平面内的点A，作出了直线AD与该平面成直角。

所以：过已知平面内的一个已知点可作该平面的垂线。

证完

命题XI.13

过平面内的一点，不可能在同一侧作出两条与该平面垂直的直线。

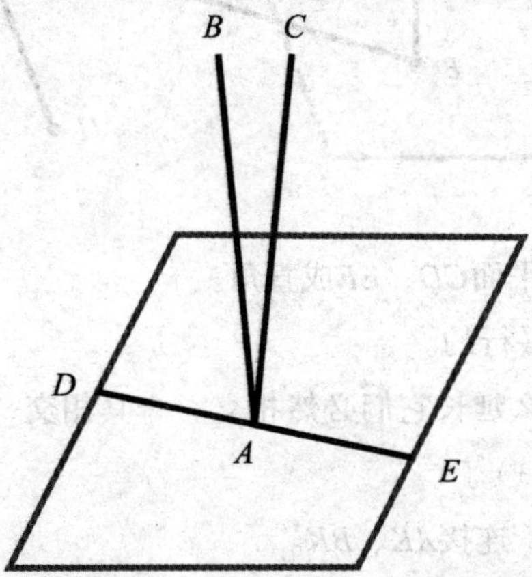

假设过一点能够作出两条线，在平面同侧，从点A作出了两条垂直于该平面的直线AB、AC。

过A点作经过BA、AC的平面，它们相交于一条直线，令其为DAE（命题

XI.3）。

于是：直线AB、AC和DAE是在同一平面上。且，因为CA与已知平面成直角，它也与已知平面内与它相交的任何直线成直角（定义XI.3）。

又，DAE与CA相交，并在已知的平面内，所以：$\angle CAE$是直角。同理，$\angle BAE$也是直角，所以：$\angle CAE$等于$\angle BAE$。

又，它们在同一平面内，这是不可能的。

所以：在一个平面内的一点上，不可能在同一侧作出两条与该平面垂直的直线。

证完

命题XI.14

与同一直线成直角的两个面是平行的。

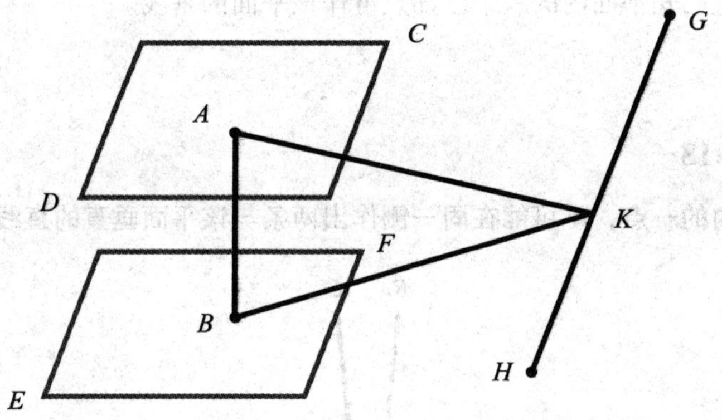

设：直线AB与两个平面CD、EF成直角。

求证：两个平面是平行的。

假如不是这样，那么延长它们必然相交。令其相交，交集是一条直线，令其为GH（定义XI.8、命题XI.3）。

在GH上任取一点K，连接AK、BK。

因为AB与平面EF成直角，所以：AB与BK也成直角，BK是平面EF上的延伸线。所以：$\angle ABK$是直角。同理，$\angle BAK$也是直角（定义XI.3）。

于是：在三角形ABK中，$\angle ABK$与$\angle BAK$之和等于两个直角，这是不可能的（命题I.17）。

所以：平面CD、EF延伸后不能相交，平面CD、EF平行（定义XI.8）。

所以：与同一直线成直角的两个面是平行的。

证完

命题XI.15

两相交直线平行于不在同一平面的另两相交直线，那么，两对相交直线构成的平面相互平行。

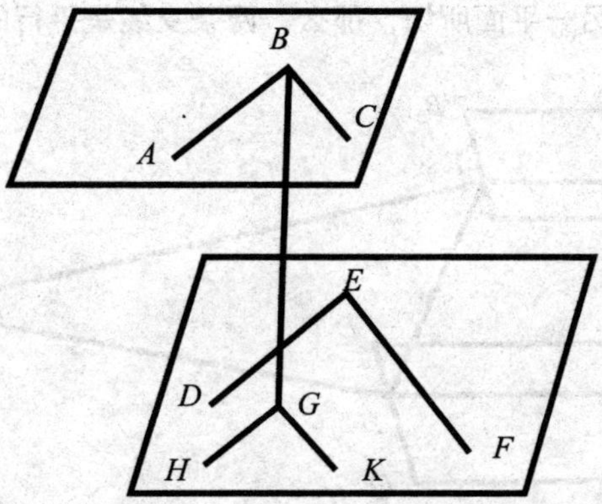

设：两相交直线AB、BC平行于不在同一平面的另两相交直线DE、EF。

求证：AB、BC构成的平面平行于DE、EF构成的平面。

过B作直线BG垂直于经过DE、EF的平面（命题XI.11）。

过G作GH平行于ED，作GK平行于EF（命题I.31）。

现在，因为BG与经过DE、EF的平面成直角，那么：它与经过DE、EF平面并与它相交的任何直线成直角（定义XI.3）。

但是，直线GH、GK与BG相交，并过DE、EF的平面，所以：$\angle BGH$和$\angle BGK$是直角。

又，因为BA平行于GH，所以：$\angle GBA$、$\angle BGH$之和是两个直角（命题XI.9、I.29）。

又，$\angle BGH$是直角，所以：$\angle GBA$也是直角，GB与BA成直角。同理，GB与BC也成直角。

又，因为直线GB与两相交的直线BA、BC成直角，所以：GB也与经过BA、BC的平面成直角（命题XI.4）。

又，与同一直线成直角的两个面是平行的。所以：经过*AB*、*BC*的平面平行于经过*DE*、*EF*的平面（命题XI.14）。

所以：两相交直线平行于不在同一平面的另两相交直线，那么，两对相交直线构成的平面相互平行。

证完

命题XI.16

两个平行平面被另一平面所切，那么，两条交线是平行的。

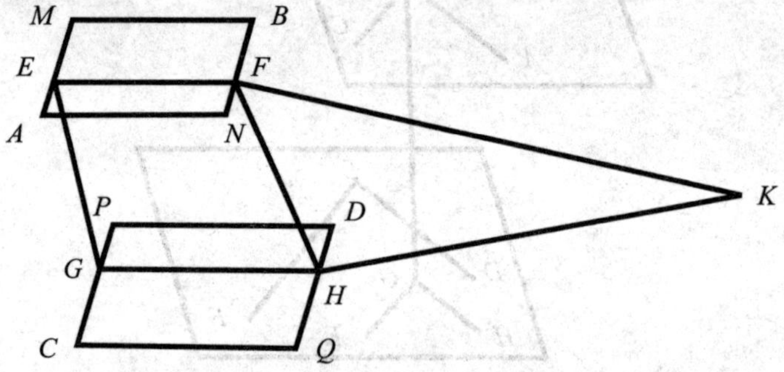

设：两平行平面*ANBM*、*PCQD*被平面*EFHG*所切，*EF*、*GH*是它们的交线（命题XI.3）。

求证：*EF*平行于*GH*。

假设两交线不平行，那么：延长*EF*、*GH*，它们必然相交，或在*F*、*H*一侧，或在*E*、*G*一侧。

首先，令其在*F*、*H*一侧相交于*K*点。

现在，因为*EFK*在平面*AB*上，所以：*EFK*上的所有点在平面*AB*上。而*K*是直线*EFK*上的一个点，所以：*K*在平面*ANBM*上。同理，*K*也在平面*PCQD*上，所以：平面*ANBM*、*CQDP*延长后相交（命题XI.1）。

又，它们不相交，因为：根据假设，它们是平行的。所以：如果在*F*、*H*一方上延长直线*EF*、*GH*，它们不相交。

同理，我们也能证明在*E*、*G*方向上延长直线*EF*、*GH*，它们也不相交。

又，在两方都不相交的直线是平行的。

所以：*EF*平行于*GH*。

所以：两个平行平面被另一平面所切，那么，两条交线是平行的。

证完

命题XI.17

如果两直线被平行平面所切，那么，所切得的线段有相同的比。

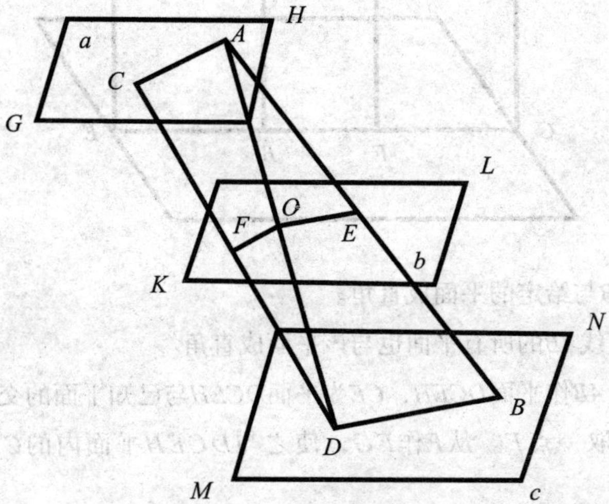

设：两条直线AB、CD被平行的平面a、b、c所切，切点分别是A、E、B和C、F、D。

那么我说：线段AE比EB等于CF比FD。

连接AC、BD、AD，使AD与平面b相交于O点，连接EO和FO。

那么，因为两个平行平面b、c被平面$EBDO$所切，所以它们的交线EO平行于BD。同理，因为两平行平面a、b被平面$AOFC$所切，所以它们的交线AC平行于OF（命题XI.16）。

又，因为线段EO平行于BD，BD为三角形ABD的一边，所以：成比例地，AE比EB等于AO比OD。又，因为FO平行于CA，CA为三角形ADC的一边，成比例地，AO比OD等于CF比FD（命题VI.2）。

又，已经证明AO比OD等于AE比EB，所以：AE比EB等于CF比FD（命题V.11）。

所以：如果两直线被平行平面所切，那么，所切得的线段有相同的比。

证完

命题XI.18

如果一条直线与一个平面成直角，那么经过该直线的所有平面与该平面也成直角。

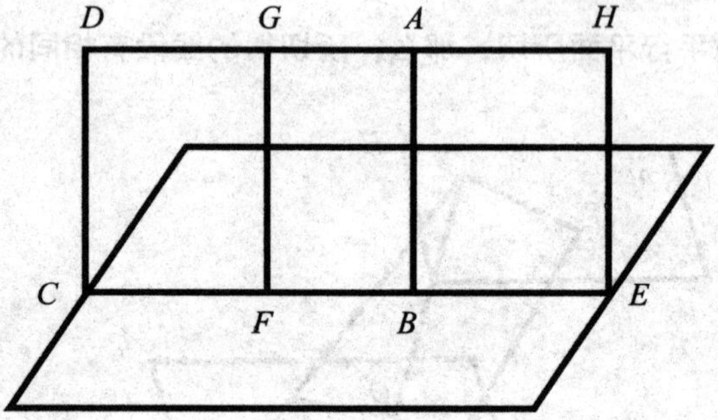

设：直线AB与给定的平面成直角。

求证：过直线AB的所有平面也与该平面成直角。

令：过直线AB作平面$DCEH$，CE为平面$DCEH$与已知平面的交线。

在CE上任取一点F。从F作FG，使之与$DCEH$平面内的CE成直角（命题I.11）。

现在，因为AB与给定的平面成直角，所以：AB也与给定平面内与它相交的任何直线成直角，AB也与CE成直角，$\angle ABF$是直角（定义XI.3）。

又，$\angle GFB$也是直角，所以：AB平行于FG（命题I.28）。

又，AB与给定的平面成直角，所以：FG也与给定的平面成直角（命题XI.8）。

又，在两相交平面之一内作直线与交线成直角时，则两平面成直角。而平面DE内的直线FG与交线CE成直角，已经证明也与给定平面成直角，所以：DE与给定平面成直角（定义XI.4）。

同理，也可以证明经过AB的所有平面与给定的平面成直角。

所以：如果一条直线与一个平面成直角，那么经过该直线的所有平面与该平面也成直角。

证完

命题XI.19

如果两相交平面与另一平面相交成直角，那么，它们的交线也与该平面成直角。

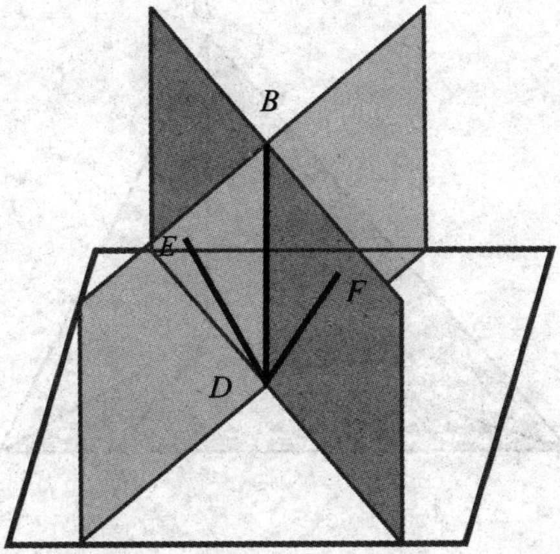

设：两个相交平面*AB*、*BC*与一个已知平面相交，*BD*为其交线。

求证：*BD*与已知平面成直角。

假设不是这样，从*D*点作*DE*与*AB*平面内的*AD*成直角，再作*DF*与*BC*平面内的*CD*成直角（命题I.11）。

那么，因为平面*AB*与已知平面成直角，且在平面*AB*内所作的*DE*与交线*AD*成直角，所以：*DE*与已知平面成直角（定义XI.4）。

同样，我们也可证明*DF*与已知平面也成直角，所以：从同一点*D*有两条直线在同一侧与已知平面成直角。这是不可能的（命题XI.13）。

所以：除了平面*AB*、*BC*的交线*DB*以外，没有能从*D*点作出的直线与已知平面成直角。

所以：如果两相交平面与另一平面相交成直角，那么，它们的交线也与该平面成直角。

证完

命题XI.20

如果一个立体角由三个平面角构成，那么，任意两平面角之和大于第三角。

设：*A*点的角为一立体角，它是由平面∠*BAC*、∠*CAD*、∠*DAB*构成的。

求证：∠*BAC*、∠*CAD*、∠*DAB*中的任意两个角之和大于余下的一个角。

如果∠*BAC*、∠*CAD*、∠*DAB*互等，那么，很显然，两角之和大于余下的一

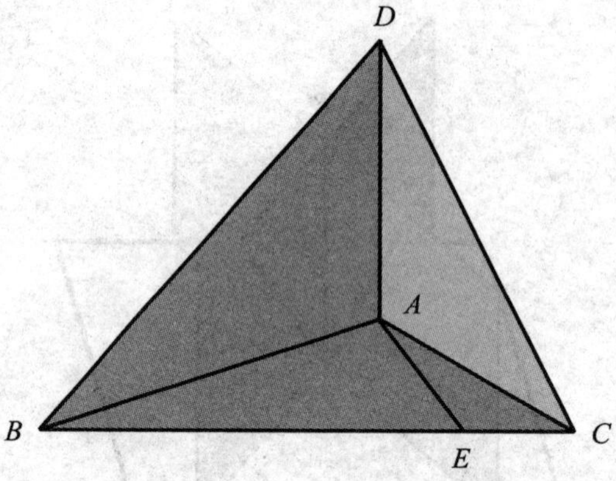

个角。

如果不相等，令∠*BAC*较大，在经过*BA*、*AC*的平面中，过直线*AB*上的点*A*作∠*BAE*等于∠*DAB*；使*AE*等于*AD*，再过点*E*引一条直线*BEC*与直线*AB*、*AC*相交于*B*、*C*；连接*DB*、*DC*（命题I.23、I.3）。

那么，因为*DA*等于*AE*，*AB*是公共边，所以：两条边等于两条边。又，∠*DAB*等于∠*BAE*，所以：底边*DB*等于底边*BE*（命题I.4）。

又，因为*BD*、*DC*两边之和大于*BC*，其中，*DB*已被证明等于*BE*，所以：余值*DC*大于余值*EC*（命题I.20）。

又，因为*DA*等于*AE*，*AC*是公共边，底边*DC*大于底边*EC*，所以：∠*DAC*大于∠*EAC*（命题I.25）。

而，∠*BAE*等于∠*DAB*，所以：∠*DAB*、∠*DAC*之和大于∠*BAC*。

同理，我们也能证明任意两个余下的角之和大于另一个余下的角。

所以：如果一个立体角由三个平面角构成，那么，任意两平面角之和大于第三角。

证完

命题XI.21

任何一个由平面角构成的立体角，其平面角之和小于四个直角（360°）。

设：*A*点的角为一个立体角，它是由平面角∠*BAC*、∠*CAD*和∠*DAB*构成的。

求证：∠*BAC*、∠*CAD*和∠*DAB*之和小于四个直角。

在直线*AB*、*AC*、*AD*上分别任意取点*B*、*C*、*D*，连接*BC*、*CD*、*DB*。

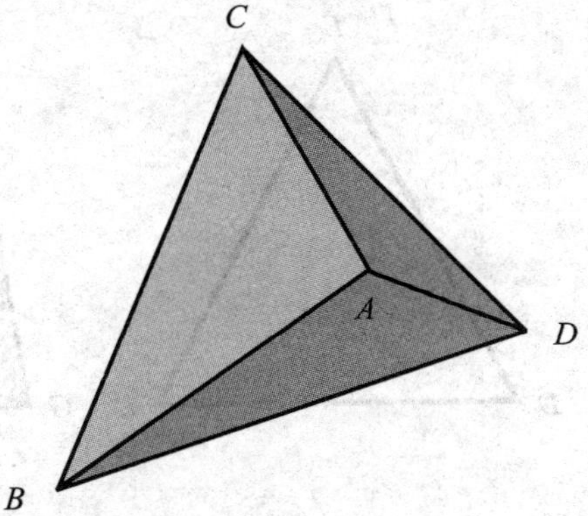

那么，因为在B点的立体角是由平面角$\angle CBA$、$\angle ABD$、$\angle CBD$构成的，而任意两个角的和大于其余下的一个角，所以：$\angle CBA$、$\angle ABD$之和大于$\angle CBD$（命题XI.20）。

同样，$\angle BCA$、$\angle ACD$之和大于$\angle BCD$，$\angle CDA$、$\angle ADB$之和大于$\angle CDB$，所以：六个角$\angle CBA$、$\angle ABD$、$\angle BCA$、$\angle ACD$、$\angle CDA$、$\angle ADB$之和大于三个角$\angle CBD$、$\angle BCD$、$\angle CDB$之和。

又，三个角$\angle CBD$、$\angle BDC$、$\angle BCD$之和等于两个直角，所以：六个角$\angle CBA$、$\angle ABD$、$\angle BCA$、$\angle ACD$、$\angle CDA$、$\angle ADB$之和大于两个直角（命题I.32）。

又，因为三个三角形ABC、ACD、ADB的各个三角形内角之和等于两个直角，所以：这三个三角形的九个角$\angle CBA$、$\angle ACB$、$\angle BAC$、$\angle ACD$、$\angle CDA$、$\angle CAD$、$\angle ADB$、$\angle DBA$、$\angle BAD$之和等于六个直角。其中，它们的六个角$\angle ABC$、$\angle BCA$、$\angle ACD$、$\angle CDA$、$\angle ADB$、$\angle DBA$之和大于两个直角。所以：余下的三个角$\angle BAC$、$\angle CAD$、$\angle DAB$构成的立体角，其平面角的和小于四个直角。

所以：任何一个由平面角构成的立体角，其平面角之和小于四个直角。

证完

命题X I.22

如果有三个平面角，任意两角的和大于余下的角，且夹这些角的两边都相等，那么，连接这些相等线段的端点的三条线段可作一个三角形。

设：有三个平面角$\angle ABC$、$\angle DEF$、$\angle GHK$，它们的任意两角的和大于

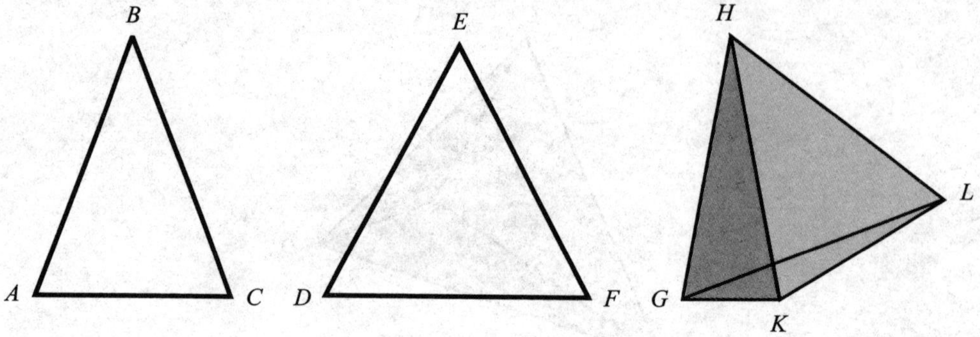

余下的角。于是：∠*ABC*、∠*DEF*之和大于∠*GHK*，∠*DEF*、∠*GHK*之和大于∠*ABC*，且∠*GHK*、∠*ABC*之和大于∠*DEF*。且线段*AB*、*BC*、*DE*、*EF*、*GH*、*HK*相等。连接*AC*、*DF*、*GK*。

那么我说：可作一个三角形，其边分别等于*AC*、*DF*、*GK*，即线段*AC*、*DF*、*GK*的任意两边的和大于余下的一边。

现在，如果有∠*ABC*、∠*DEF*、∠*GHK*彼此相等，即表明，*AC*、*DF*、*GK*也相等，可以作边等于*AC*、*DF*、*GK*的三角形彼此相等（命题I.4、I.1）。

但是，如果它们不相等。在线段*HK*的*H*点上作∠*KHL*，使之等于∠*ABC*。令*HL*等于线段*AB*、*BC*、*DE*、*EF*、*GH*、*HK*中的任意一条。连接*KL*、*GL*（命题I.23、I.3）。

那么，因为*AB*、*BC*两边分别等于*KH*、*HL*两边，在∠*ABC*等于∠*KHL*，于是：底边*AC*等于底边*KL*（命题I.4）。

又，因为∠*ABC*、∠*GHK*之和大于∠*DEF*，同时，∠*ABC*等于∠*KHL*，所以：∠*GHL*大于∠*DEF*。

又，因为*GH*、*HL*两边分别等于*DE*、*EF*两边，所以：∠*GHL*大于∠*DEF*。所以：底边*GL*大于底边*DF*（命题I.24）。

又，*GK*、*KL*之和大于*GL*，所以：*GK*、*KL*之和大于*DF*。

又，*KL*等于*AC*，所以：*AC*、*GK*之和大于余下的线段*DF*。

同理，我们也能证明*AC*、*DF*之和大于*GK*，且*DF*、*GK*之和大于*AC*。

所以：可作一个三角形，其边分别等于*AC*、*DF*、*GK*（命题I.24）。

所以：如果有三个平面角，任意两角的和大于余下的角，且夹这些角的两边都相等，那么，连接这些相等线段的端点的三条线段可作一个三角形。

证完

命题XI.23

在三个平面角中，如果任意两个角的和大于余下的一个角，且三个角之和小于四个直角，那么，依据这三个角可作一个立体角（命题XI.20、XI.21）。

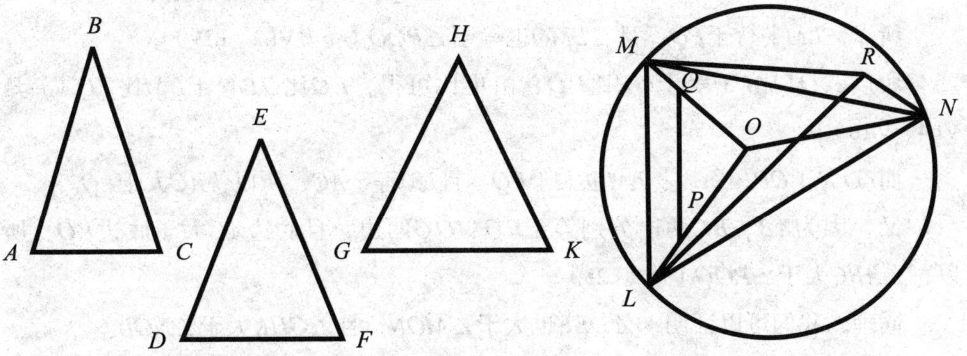

设：∠ABC、∠DEF、∠GHK为给定的三个平面角，它们的任意两个角的和大于余下的一个角，且三个角的和小于四个直角。

求证：作一个立体角，使其等于∠ABC、∠DEF、∠GHK。

截分AB、BC、DE、EF、GH、HK，使它们分别相等，连接AC、DF和GK（命题I.3）。

那么，可作一个三边分别等于AC、DF、GK的三角形，因此可作三角形LMN，使AC等于LM，DF等于MN，GK等于NL（命题XI.22）。

以O为圆心，作三角形LMN的外接圆LMN，连接LO、MO、NO（命题IV.5、III.1）。

那么我说：AB大于LO。

因为：如果不是，AB要么等于LO，要么小于。

首先，令其相等，于是，因为AB等于LO，同时，AB等于BC，LO等于OM，于是：AB、BC两边分别等于LO、OM两边。又，根据假设，底边AC等于底边LM，所以：∠ABC等于∠LOM（命题I.8）。

同理，∠DEF也等于∠MON，且∠GHK等于∠NOL，所以：∠ABC、∠DEF、∠GHK三个角之和等于∠LOM、∠MON、∠NOL三个角之和。

又，∠LOM、∠MON、∠NOL三个角之和等于四个直角，所以：∠ABC、∠DEF、∠GHK三个角之和等于四个直角。

又，根据假设，它们的和也小于四个直角。这是荒谬的。所以：AB不等于LO。

进一步说：AB小于LO不成立。

因为，如果可能成立，作OP等于AB，OQ等于BC，连接PQ（命题I.3）。

那么，因为AB等于BC，所以：OP也等于OQ，于是：余值LP等于QM。

所以：LM平行于PQ，且∠LMO也等于∠PQO（命题VI.2、I.29）。

所以：OL比LM等于OP比PQ，由更比可得，LO比OP等于LM比PQ（命题VI.4、V.16）。

而LO大于OP，所以：LM也大于PQ。且LM等于AC，所以：AC大于PQ。

又，因为AB、BC两边分别等于PO、OQ两边，且底边AC大于底边PQ，所以：∠ABC大于∠POQ（命题I.25）。

同理，我们可以证明，∠DEF也大于∠MON，且∠GHK大于∠NOL。

所以：三个角∠ABC、∠DEF、∠GHK之和大于三个角∠LOM、∠MON、∠NOL之和。又，根据假设，三个角∠ABC、∠DEF、∠GHK之和小于四个直角，所以：三个角∠LOM、∠MON、∠NOL之和远远小于四个直角。而它的和又等于四个直角，这是荒谬的，所以：AB不小于LO。

又已证明是不等的，所以AB大于LO。

再，从点O作OR与圆平面LMN成直角，于是：OR上的正方形等于AB上的正方形减去LO上的正方形。连接RL、RM、RN（命题XI.12、引理）。

那么，因为RO与圆平面LMN成直角，所以：RO也与线段LO、MO、NO皆成直角。又，因为LO等于OM，OR是公共边，且和LO、ON都成直角，所以：底边RL等于底边RM（定义XI.3、命题I.4）。

同理，RN也等于线段RL、RM，所以：三条线段RL、RM、RN相互相等。

又，根据假设，OR上的正方形等于AB上的正方形减去LO上的正方形，所以：AB上的正方形等于LO、OR上的正方形之和。

又，LR上的正方形等于LO、OR上的正方形之和，这是因为，∠LOR是直角。所以，AB上的正方形等于RL上的正方形，所以，AB等于RL。

但是，线段BC、DE、EF、GH、HK都等于AB。这时，线段RM、RN等于RL，所以：线段AB、BC、DE、EF、GH、HK中每一条都等于线段RL、RM、RN中任一条（命题I.47）。

因为LR、RM两边分别等于AB、BC两边，根据假设，底边LM等于底边AC，所以：$\angle LRM$等于$\angle ABC$。同理，$\angle MRN$等于$\angle DEF$，且$\angle LRN$等于$\angle GHK$（命题I.8）。

所以作出了由$\angle LRM$、$\angle MRN$、$\angle LRN$在点R构成的立体角，且$\angle LRM$、$\angle MRN$、$\angle LRN$分别等于已知$\angle ABC$、$\angle DEF$、$\angle GHK$。

所以：在三个平面角中，如果任意两个角的和大于余下的一个角，且三个角之和小于四个直角，那么，依据这三个角可作一个立体角（命题XI.20、XI.21）。

证完

引 理

但是，怎样作OR上的正方形，使之等于AB上的正方形减去LO上的正方形呢？（参见命题XI.23最右边的图）

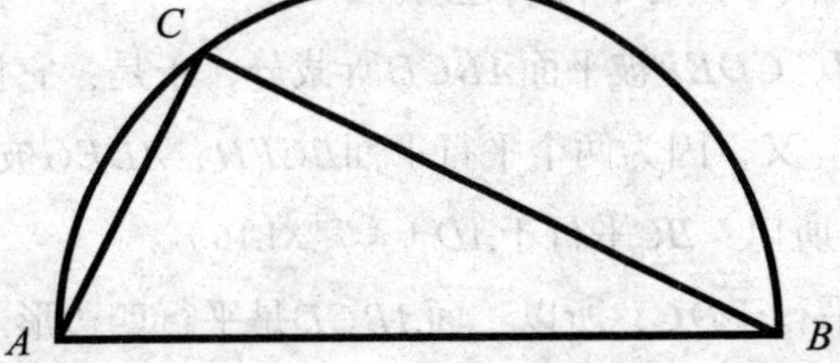

作法如下：

取线段AB、LO，令AB较大，在AB上作半圆ACB，取AC等于线段LO，并不大于直径AB。连接CB（命题IV.1）。

因为$\angle ACB$是半圆ACB内的弓形角，所以：$\angle ACB$是直角（命题III.31）。

所以：AB上的正方形等于AC、CB上的正方形之和（命题I.47）。

于是：AB上的正方形减去AC上的正方形等于CB上的正方形。而AC等于LO。所以：AB上的正方形减去LO上的正方形等于CB上的正方形。

所以：如果我们截分OR等于BC，那么，AB上的正方形大于LO上的正方形，所大的部分是OR上的正方形。

命题XI.24

如果一个立体图形是由平行平面构成的，那么：其相对的平面相等且为平行四边形。

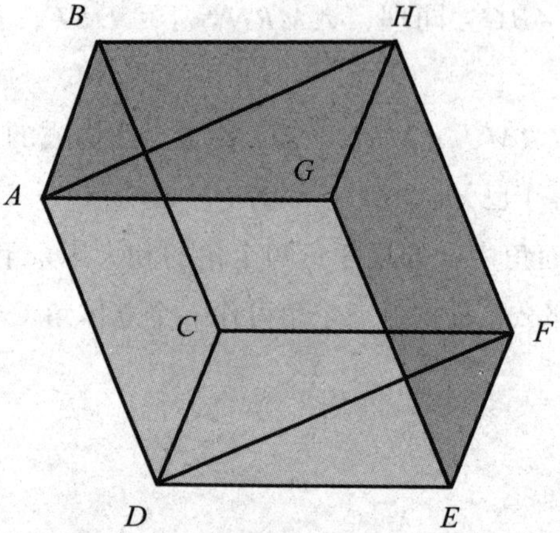

设：立体图形CDHG是由6个平面构成的。

求证：相对的面相等且为平行四边形。

因为平面BAGH、CDEF被平面ABCD所截分，于是：它们的交线是平行的。所以：AB平行于DC。又，因为两个平行平面BCFH、ADEG被平面ABCD所截，它们的交线是平行的，所以：BC平行于AD（命题XI.16）。

而AB已被证明平行于DC，所以：面ABCD是平行四边形。同理，我们也可以证明面ADEG、面CDEF、面GHFE、面BCFH、面 ABHG皆为平行四边形。

连接AH、DF。

那么，因为AB平行于DC，且BH平行于CF，所以：AB、BH两条线段相交，并平行于与它们不在同一平面内的两条相交线DC、CF。所以：它们的夹角相等。

所以：∠ABH等于∠DCF（命题XI.10）。

又，因为两边AB、BH分别等于DC和CF，且∠ABH等于∠DCF，所以：底边AH等于底边DF，且三角形ABH等于三角形DCF（命题I.34、I.4）。

又，平行四边形ABHG是三角形ABH的两倍，且平行四边形CDEF是三角形DCF的两倍，所以：平行四边形ABHG等于平行四边形CDEF（命题I.34）。

同理，我们也可证明面ABCD等于面GEFH，面ADEG等于面BCFH。

所以，如果一个立体图形是由平行平面构成的，那么：其相对的平面相等且为平行四边形。

证完

命题XI.25

如果一个平行六面体被一个平行于一双相对面的平面所截，那么，底比底等于立体比立体。

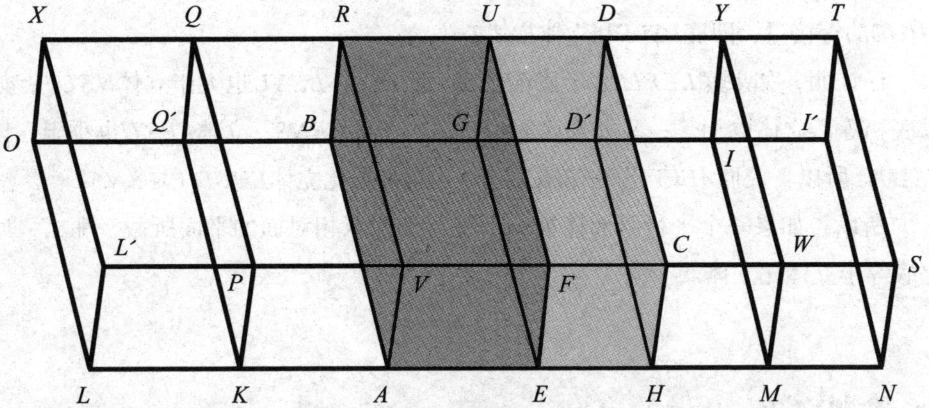

设：平行六面体*ABCD*被平行于两相对面*RBAV*、*D′HCD*的平面*UGEF*所截。

那么我说：底*AEFV*比底*EHCF*等于立体*ABFU*比立体*EGCD*。

向两端延长*AH*。再任意取若干线段*AK*、*KL*等于*AE*，*HM*、*MN*等于*EH*。完成平行四边形*LL′PK*、*PVAK*、*CHMW*、*WMNS*及补形立体*LKXQ*、*KAQR*、*HMDY*、*MNYT*（命题I.3、I.31）。

那么，因为线段*LK*、*KA*、*AE*彼此相等，所以：平行四边形*LL′KP*、*PKAV*、*VAEF*相互相等，平行四边形*OQ′KL*、*Q′BAK*、*BGEA*彼此相等，且平行四边形*LL′XO*、*KPQQ′*、*AVRB*彼此相等，因为它们是相对面。

同理，平行四边形*FEHC*、*CWMH*、*WSNM*彼此相等，四边形*HD′GE*、*HMID′*、*IMNI′*彼此相等，且*DH*、*MY*、*NT*彼此相等（命题XI.24）。

所以：在立体*KLQX*、*KAQR*、*AERU*中，彼此有三个平面相等。而三个平面等于它的三个对面，所以：三个立体*KLQX*、*KAQR*、*AERU*彼此相等。同理，三个立体*DHUD*、*HMDY*、*MNYT*也彼此相等。

所以：无论底面*LEFL′*是*AEFV*的多少倍，立体*LEXU*也是立体*AERU*的相等倍。

同理，无论成*FENS*是面*EFCH*的多少倍，立体*ENUT*也是立体*EHUD*的相等倍（定义XI.10）。

又，如果底面$LEFL'$等于底面$ENSF$，立体$LEXU$也等于立体$ENUT$；如果底面$LEFL'$大于底面$FENS$，那么立体$LEXU$也大于立体NU。

所以：有四个量值，两个底面$AEFV$、$EFCH$和两个立体$AERU$、$EHUD$，已知底$AEFV$和立体$AERU$的等倍量，即底$LEFL'$和立体$LEXU$，已知底$HCFE$和立体$EHUD$的等倍量，即底$NSFE$和立体$ENUT$。

已证明，如果底$LEFL'$大于底$FENS$，那么立体$LEXU$也大于立体$NEUT$；如果底相等，立体也相等；又如果底面$LEFL'$小于面$FENS$，立体$LEXU$也小于立体$ENUT$。所以：底面$AEFV$比底$FEHC$等于立体$AERU$比立体$EHUD$（定义V.5）。

所以：如果一个平行六面体被一个平行于一双相对面的平面所截，那么，底比底等于立体比立体。

证完

命题XI.26

给定一条直线和该直线上的一个点之上的立体角，可作另一个相等立体角。

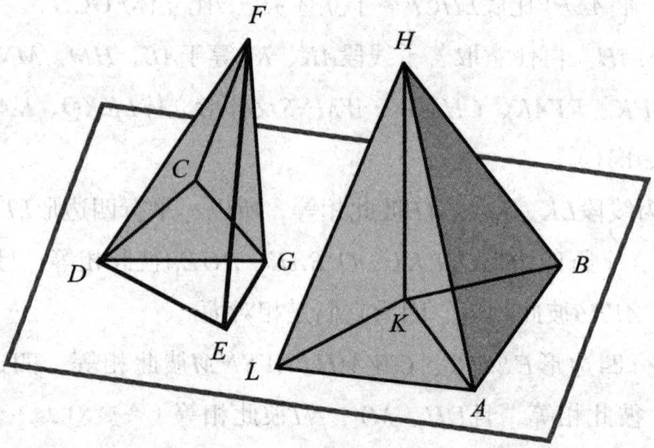

设：A是给定直线AB上的一个点，且在D点处由$\angle EDC$、$\angle EDF$、$\angle FDC$构成一个立体角。

求作：在线段AB上的A点，作立体角等于D点上的立体角。

在DF上任取一点F，过F作FG垂直于过ED、DC的平面，且与平面相交于G。连接DG（命题XI.11）。

在直线AB的A点上，作$\angle BAL$等于$\angle EDC$，作$\angle BAK$等于$\angle EDG$，且使AK等于DG，从点K作KH，使它和经过BA、AL的平面成直角。且设KH等于GF，连接HA（命题XI.12）。

那么：在A点的立体角是由$\angle BAL$、$\angle BAH$、$\angle HAL$组成的，并等于D点由$\angle EDC$、$\angle EDF$、$\angle FDC$组成的立体角。

截分DE等于AB，连接HB、BK、FE、GE。

那么，因为FG与已知平面成直角，所以：它也与在该平面内与它相交的所有直线成直角，所以：$\angle FGD$、$\angle FGE$是直角。同理，$\angle HKA$、$\angle HKB$也是直角（定义XI.3）。

又，因为KA、AB两边分别等于GD、DE两边，且它们也包含相等角，所以：底KB等于底GE。而KH也等于GF，且它们是直角，所以：HB也等于FE，又，因为AK、KH两边分别等于DG、GF两边，它们是直角，所以：底AH等于底FD（命题I.4）。

又，AB等于DE，所以：HA、AB两边分别等于DF、DE两边。又，底HB等于底FE。所以：$\angle BAH$等于$\angle EDF$。同理，$\angle HAL$也等于$\angle FDC$（命题I.8）。

又，$\angle BAL$也等于$\angle EDC$。所以：在线段AB的点A上的立体角等于给定的在D点上的立体角。

证完

命题XI.27

根据一条已知线段上的已知平行六面体，可作一个相似的且有相似位的平行六面体。

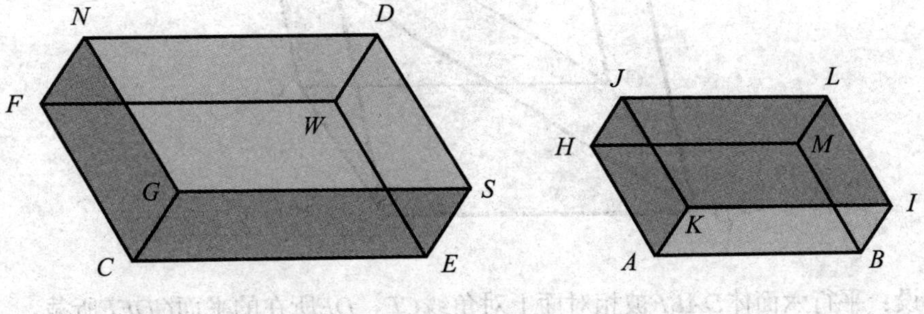

设：AB是给定的线段，$CNED$是给定的平行六面体。

求作：在*AB*上作一个平行六面体，使之与*CD*相似且有相似位。

在线段*AB*的*A*点上作一个由∠*BAH*、∠*HAK*、∠*KAB*构成的立体角，使之等于立体角∠*C*，于是：∠*BAH*等于∠*ECF*，∠*BAK*等于∠*ECG*，∠*KAH*等于∠*GCF*。于是：*EC*比*CG*等于*BA*比*AK*，*GC*比*CF*等于*KA*比*AH*（命题XI.26、VI.12）。

所以：由首末比可得，*EC*比*CF*等于*BA*比*AH*（命题V.22）。

完成平行四边形*HAMB*和补形立体*ABJL*。

那么，因为*EC*比*CG*等于*BA*比*AK*，且夹相等∠*ECG*、∠*BAK*的边成比例，所以：平行四边形*CGSE*相似于平行四边形*ABIK*。同理，平行四边形*HAKJ*相似于平行四边形*CGNF*，面*CEFW*也相似于面*HABM*。

所以：立体*CEND*的三个平行四边形相似于立体*ABJL*的三个平行四边形。而前者的三个与它们对面的平行四边形相似且相等，后面三个和它们对面的平行四边形也相似且相等。所以：立体*CEND*相似于立体*AAJL*（定义XI.9）。

所以：根据一条已知线段上的已知平行六面体，可作一个相似且有相似位的平行六面体。

证完

命题XI.28

如果一个平行六面体被一个相对面上的对角线所在的平面所截，那么该平面平分该六面体。

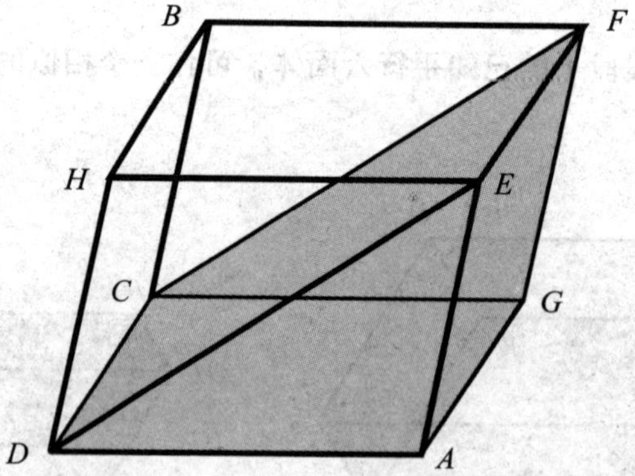

设：平行六面体*DABF*被相对面上对角线*CF*、*DE*所在的平面*CDEF*所截。

那么我说：立体*DABF*被平面*CDEF*所平分。

因为三角形CGF等于三角形CFB，而三角形ADE等于三角形DEH，同时平行四边形$CDAG$等于平行四边形$BHEF$，因为它们相对面，又，面$EAGF$等于$CDHB$，所以：两个三角形CGF、ADE与三个平行四边形面$EAGF$、$AGCC$、$CDEF$构成的棱柱，等于两个三角形CFB、DEH与三个平行四边形$CDHB$、$BHEF$、$CDEF$构成的棱柱，因为它们是由同样多的相等面构成的（命题I.34、定义XI.10）。

于是，立体$ADFB$被平面$CDEF$所平分。

所以：如果一个平行六面体被一个相对面上的对角线所在的平面所截，那么该平面平分该六面体。

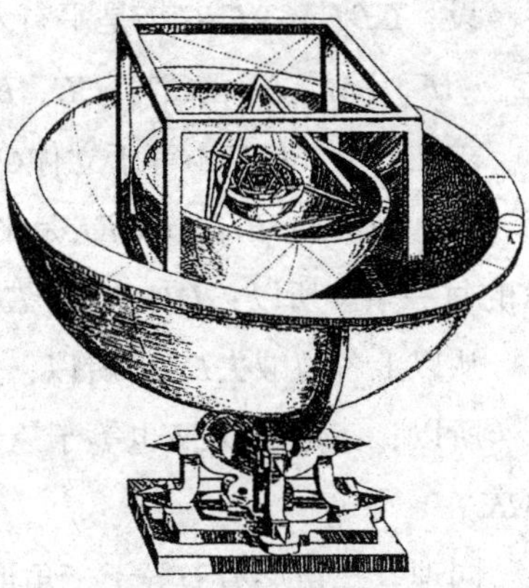

□ 五个柏拉图立体

立方体、正四面体、正八面体、正十二面体和正二十面体即“柏拉图立体”。柏拉图认为：标记程序井然的宇宙的这五个立体就是宇宙立体。开普勒把五个正立方体放置于相邻的球面之间，放置的形式为：任何一个宇宙球面均内接一个宇宙立体，同时又内接于下一个更高大的立体。这是开普勒伟大的天文学生涯的开端，并表明了他推测性的思维方式，许多大科学家也在其科学探索中仿照这种推测性。

证完

命题XI.29

同底同高的两个平行六面体，如果它们侧棱的端点在同一直线上，那么它们相等。

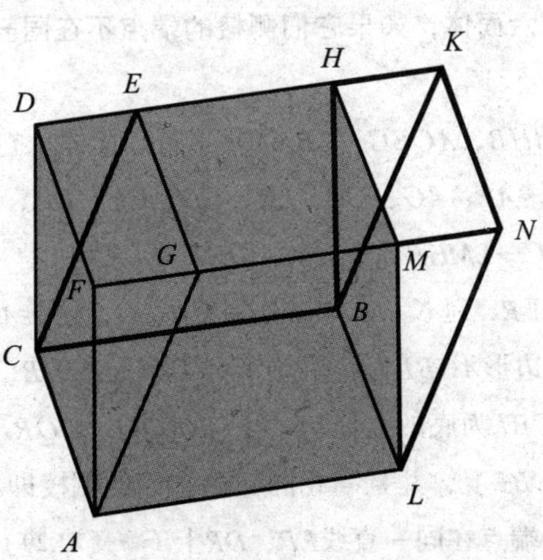

设：$CBFM$、$CBGN$是平行六面体，在同一底AB上，并同高。如果它们侧棱AG、AF、LM、LN、CD、CE、BH、BK之端点在同一直线FN、DK上。

求证：立体$CBFM$等于立体$CBGN$。

因为图形$DCBH$、$CBEK$是平行四边形，所以：CB等于线段DH，也等于线段EK的每一条。所以：DH也等于EK（命题I.34）。

从以上各边减去EH，所以：余值DE等于余值HK。

所以：三角形DCE也等于三角形HBK，而平行四边形$DFGE$等于平行四边形$HMKN$。

同理，三角形AFG等于三角形MLN（命题I.8、I.4、I.36）。

又，平行四边形$AFDC$等于平行四边形$BLMH$，$CEGA$等于$BKNL$，因为它们是相对面。所以：由两个三角形AFG、DCE和三个平行四边形$AFDC$、$DFGE$、$CAGE$构成的棱柱等于由两个三角形MLN、HBK和三个平行四边形$BLMH$、$HMNK$、$BLNK$构成的棱柱（定义XI.10）。

令以平行四边形$ALBC$为底，对面是$GEHM$立体加到每一个棱柱上，于是：立体$CBFM$等于立体$CBGN$。

所以：同底同高的两个平行六面体，如果它们侧棱的端点在同一直线上，那么它们相等。

证完

命题XI.30

同底同高的平行六面体，如果它们侧棱的端点不在同一直线上，那么它们相互相等。

设：$AFDC$—$LMHB$、$ACEG$—$LBKN$是平行六面体，它们有公共的底AB，且同高。它们底上的侧棱AF、AG、LM、LN、CD、CE、BH、BK不在同一线上。

求证：立体$AFDC$—$LMHB$等于立体$ACEG$—$LBKN$。

作NK、DH相交于R，延长FM、GE分别至P、Q，连接AO、LP、CQ、BR。

那么，以平行四边形$ACBL$为底的立体$AFDC$—$LMHB$，$FDHM$是其相对面，等于以平行四边形$ACBL$为底的立体$LBCA$—$PRQO$，$OQRP$是其相对面。因为，它们是在共同的底$ACBL$上，并且高相同，而它们的侧棱即AF、AO、LM、LP、CD、CQ、BH、BR的端点在同一直线EP、DR上（命题XI.29）。

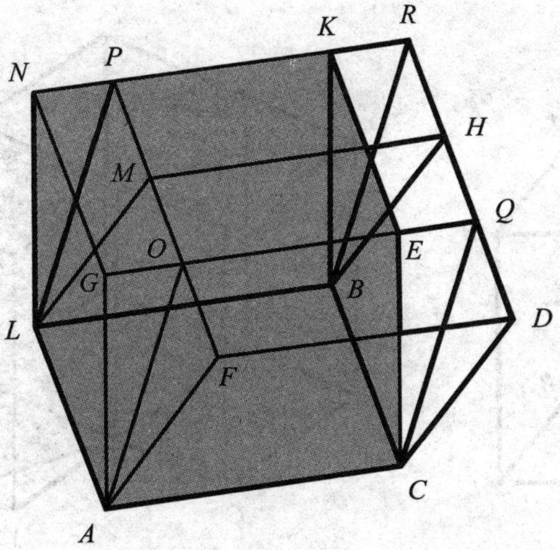

又，以平行四边形*ACBL*为底的立体*LBCA*—*PRQO*，*OQRP*是其相对面，且等于以平行四边形*ACBL*为底的立体*LACB*—*NGEK*，*GEKN*是其相对面。同理，它们在相同的底*ACBL*上，且有等高，它们的侧棱即*AG*、*AO*、*CE*、*CQ*、*LN*、*LP*、*BK*、*BR*的端点在同一线段*CQ*、*NR*上（命题XI.29）。

于是：立体*ACDF*—*LBHM*等于立体*LACB*—*NGEK*。

所以：同底同高的平行六面体，如果它们侧棱的端点不在同一直线上，那么它们相互相等。

证完

命题XI.31

等底等高的平行六面体彼此相等。

设：平行六面体*ALBH*—*GMEK*、*CRDP*—*OSFQ*的底*AB*、*CD*相等，且高相等。

求证：立体*ALBH*—*GMEK*等于立体*CRDP*—*OSFQ*。

首先，令两个平行四边形的侧棱*HK*、*BE*、*AG*、*LM*、*PQ*、*DF*、*CO*、*RS*与底*AB*或*CD*成直角。

延长线段*CR*得线段*RT*，在线段*RT*的*R*点上作∠*TRU*等于∠*ALB*。使*RT*等于*AL*，*RU*等于*LB*。完成底*RTXS*上的立体*RTWU*—SD_1VX（命题I.23、I.3、I.31）。

现在，因为*TR*、*RU*两边分别等于*AL*、*LB*两边，且夹角相等，所以：平行四

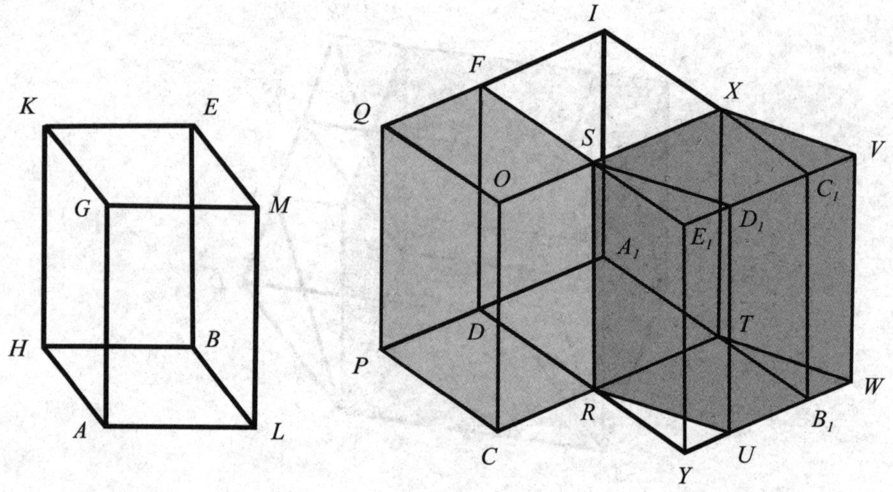

边形$RUWT$相等并相似于平行四边形$HALB$。又因为，AL等于RT，LM等于RS，它们交成直角，所以：平行四边形$RTXS$等于并相似于平行四边形$ALMG$。

同理，平行四边形$EBLM$等于并相似于$SRUD_1$。

所以：立体$ALBH—GMEK$的三个平行四边形相似并等于立体$RUWT—SD_1VX$的三个平行四边形。而前三个相似并等于三个相对面的平行四边形，后三个相似并等于它们的相对面的平行四边形，所以：总立体$ALBH—GMEK$等于总立体$RUWT—SD_1VX$（命题XI.24、定义XI.10）。

延长DR、WU相交于Y，过T作A_1TB_1平行于DY，延长PD至A_1，完成补形立体$RYB_1T—SE_1C_1X$、$DRTA_1—FSXI$（命题I.31）。

于是，以$SRTX$为底、E_1YB_1G为其相对面的立体$RYB_1T—SE_1C_1X$等于以平行四边形$RTXS$为底、D_1UWV为其相对面的立体$RTWU—SD_1VX$。因为它们在同一个底$RTXS$上，且有等高，它们的侧棱即RY、RU、TB_1、TW、SE_1、SD_1、XC_1、XV上的端点在一对线段YW、E_1V上。而立体$RTWU—SD_1VX$等于$ALBH—GMEK$，所以：立体$RYB_1T—SE_1C_1X$也等于立体$ALBH—GMEK$（命题XI.29）。

又，因为平行四边形$RUWT$等于平行四边形YT，它们在同一底RT上并在同一平行线RT、YW之间。且$RUWT$等于$RCPD$，因为，它也等于$ACBH$，所以：平行四边形RYB_1T也等于$RCPD$（命题I.35）。

而，$DRTA_1$是另一个平行四边形，所以：底$RCPD$比$DRTA_1$等于YB_1TR比$DRTA_1$（命题V.7）。

又，因为平行六面体$PCTA_1$—$QOXI$被平面$DRSF$所截，并平行于相对面，所以：底$CRDP$比底$DRTA_1$等于立体$PCRD$—$QOSF$比立体$DRTA_1$—$FSXI$（命题XI.25）。

又，底$PCRD$比$DRTA_1$等于RYB_1T—$DRTA$，所以：立体$PCRD$—$QOSF$比立体$DRTA_1$—$FSXI$等于立体RYB_1T—SE_1C_1X比$FSXI$（命题V.11）。

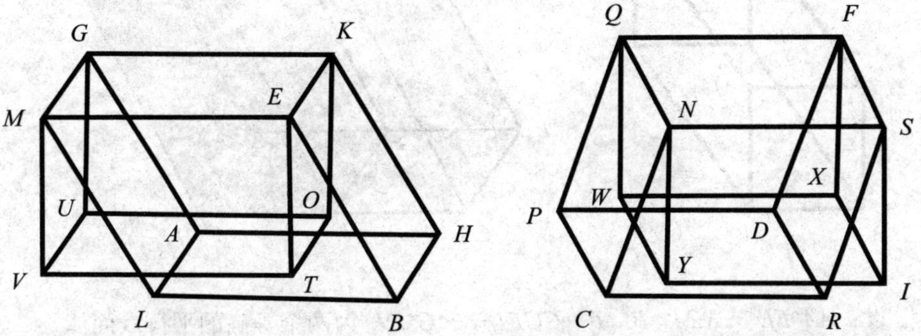

所以：立体$PCRD$—$QOSF$、RYB_1T—SE_1C_1X与$DRTA_1$—$FSXI$的比值相等。所以：立体$PCRD$—$QOSF$等于立体RYB_1T—SE_1C_1X。而RYB_1T—SE_1C_1X已经被证明等于立体$ALBH$—$GMEK$，所以：立体$ALBH$—$GMEK$也等于$PCRD$—$QOSF$（命题V.9）。

再，设两立体的侧棱AG、HK、BE、LM、CN、PQ、DF、RS与AB、CD不构成直角。

那么我说：立体$ALBH$—$GMEK$等于立体$PCRD$—$QOSF$。

过K、E、G、M、Q、F、N、S作KO、ET、GU、MV、QW、FX、NY、SI垂直于给定的平面，再令它们与此平面相交于O、T、U、V、W、X、Y、I（命题XI.11）。连接OT、OU、UV、TV、WX、WY、YI、IX。

那么，立体$UVTO$—$MEKG$等于立体$QNSF$—$WYIX$，因为它们在等底KM、QS上，且有等高，它们的侧棱与它们的底成直角（同上）。

又，立体$UVTO$—$MEKG$等于立体$ALBH$—$GMEK$，$QNSF$—$WYIX$等于$PDRC$—$QFSN$，因为它们同底等高，同时，它们侧棱的端点不在同一直线上（命题XI.30）。

所以：立体$ALBH$—$GMEK$也等于立体$PCRD$—$QOSF$。

所以：等底等高的平行六面体彼此相等。

证完

命题XI.32

等高的两个平行六面体的比等于两底的比。

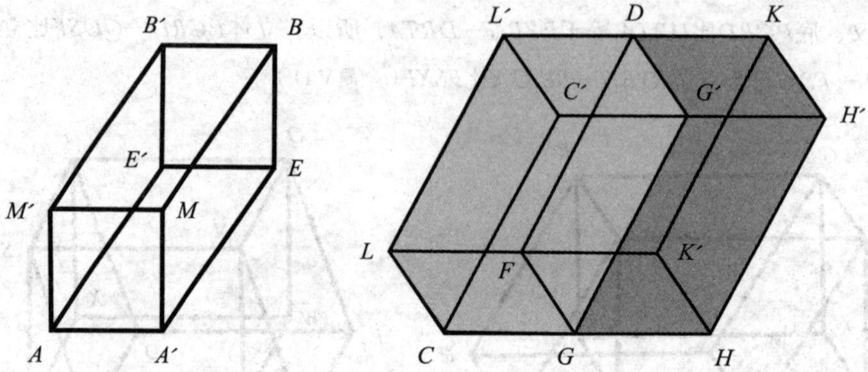

设：$AA'EE'$—MM' B' B、$CGFL$—$C'G'DL'$为两个等高的平行六面体。

求证：立体$AA'EE'$—$MM'B'B$、$CGFL$—$C'G'DL'$的比等于两底的比，即立体$AA'EE'$—$MM'B'B$比立体$CGFL$—$C'G'DL'$等于底AE比底CF。

在FG处作FH等于AE，并以FH为底CD为高作一个平行六面体$FGHK'$—$DG'H'K$（命题I.45、I.31）。

那么，立体$AA'EE'$—$MM'B'B$等于立体$FGHK'$—$DG'H'K$，因为它们是在等底AE、FH上，并与$CGFL$—$C'G'DL$，有等高（命题XI.31）。

又，因为六面体$CC'H'H$—$LL'KK'$被平面$DG'GF$所截，$DG'GF$平行于它的相对面，所以：立体$CC'G'G$—$LL'DF$比立体$GG'H'H$—$FDKK'$等于底$FGCL$比底$FK'HG$（命题XI.25）。

又，底$FK'HG$等于底$AA'EE'$，且立体$GHK'F$—$G'H'KD$等于立体$AA'EE'$—$M'MBB'$，所以：立体$AA'EE'$—$M'MBB'$比立体$CC'G'G$—$LL'DF$等于底$AA'EE'$比底$CGFL$。

所以：等高的两个平行六面体的比等于两底的比。

证完

命题XI.33

相似平行六面体的比等于它们的对应边的三次比。

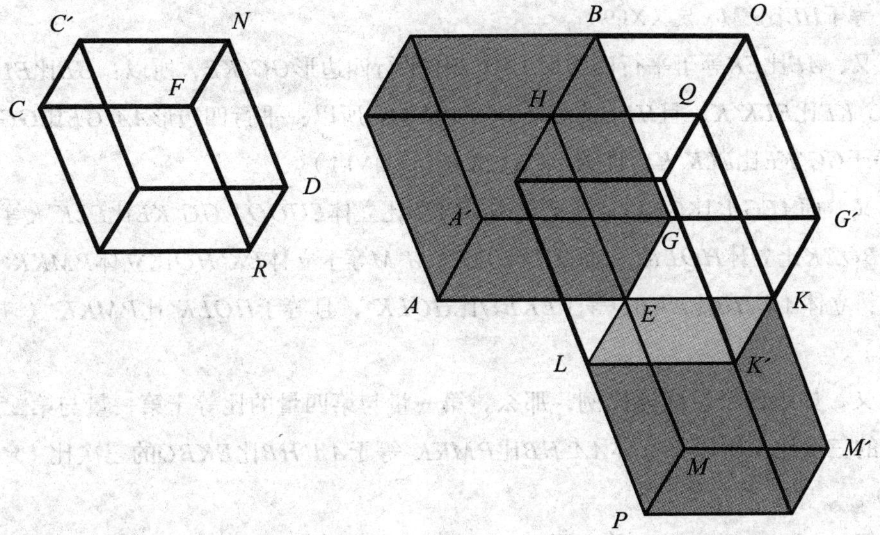

设：$AA'BH$和$CFC'D$是相似平行六面体，AE与CF是对应边。

那么我说：立体$AA'BH$比立体$CFC'D$的比值是AE比CF的三次比。

分别在AE、GE、HE的延长线上作EK、EL、EM，使EK等于CF，EL等于FN，EM等于FR，作平行四边形$ELK'K$和补形平行六面体$K'KPM$（命题I.3、I.31）。

现在，因为KE、EL两边分别等于CF、FN两边，同时，$\angle KEL$等于$\angle CFN$，$\angle AEG$也等于$\angle CFN$，$AA'BH$、$CFC'D$是相似立体，所以：平行四边形$ELK'K$相似并等于平行四边形$CC'NF$。

同理，平行四边形$EKM'M$相似并等于$CR'RF$，$ELPM$相似并等于$FNDR$。

所以：立体$PMK'K$的三个平行四边形相似并等于立体$R'C'FN$的三个平行四边形。

而前三个平行四边形相似且等于它们的相对面，后三者也相似并等于它们的相对面，所以：总立体$PMK'K$也相似并等于总立体$CFC'D$（命题XI.24、定义XI.10）。

作平行四边形$GG'KE$，再以平行四边形$GG'KE$、KL为底，以AB为等高作立体$EKBO$、$LK'HQ$（命题I.31）。

那么，因为立体$AA'HB$、$C'DCF$是相似的，所以AE比CF等于EG比FN，且等于EH比FR，而CF等于EK，FN等于EL，FR等于EM，所以：AE比EK等于EG比

EL，等于HE比EM（定义XI.9）。

又，AE比EK等于平行四边形AA′GE比平行四边形GG′KE，所以：GE比EL等于GG′KE比ELK′K，且HE比EM等于QE比KM。所以：平行四边形AA′GE比GG′KE等于GG′KE比ELK′K，且等于QE比KM（命题VI.1）。

又，面AEGA′比GEKG′等于立体AA′HB比立体EGOQ。GG′KE比ELK′K等于立体BOEK比立体HQLK′。面QHKE比EKM′M等于立体LK′HQ比立体PMKK′，所以：立体AA′HB比EKBO等于EKBO比HQLK′，且等于HQLK′比PMKK′（命题XI.32）。

又，如果四个量成连比例，那么，第一量与第四量的比等于第一量与第二量的比的三次比，所以：立体AA′HB比PMKK′等于AA′HB比EKBO的三次比（定义V.10）。

又，AA′HB比EKBO等于平行四边形AA′GE比平行四边形GEKG′，且等于线段AE比EK，于是：立体AA′HB比立体PMKK′也等于AE比EK的三次比（命题VI.1）。

又，立体PMKK′等于立体R′C′FN，线段EK等于线段CF，所以：立体AA′HB比立体R′C′FN也等于它们的对应边AE比CF的三次比。

所以：相似平行六面体的比等于它们的对应边的三次比。

证完

推 论

如果四条线成连比，那么，第一比第四线段等于第一线段上的平行六面体比与之相似的第二线段上的平行六面体，因为第一比第四线段等于第一比第二线段的三次比。

命题XI.34

在相等的平行六面体中，底与高成逆比例；相反，底与高成逆比例的平行六面体彼此相等。

设：AHBF、CNRD为两个平行六面体。

求证：平行六面体AHBF、CNRD的底和高成逆比例，即底HAEL比底QCNP等于立体CNRD之高比立体AAHB之高。

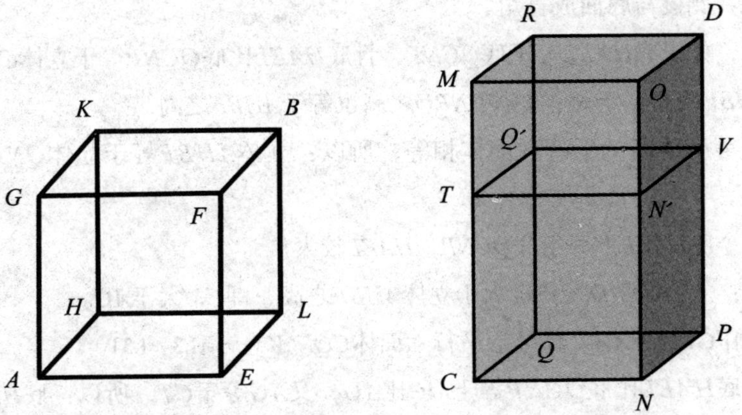

首先，令侧棱*AG*、*EF*、*LB*、*HK*、*CM*、*NO*、*PD*、*QR*与底成直角。

那么我说：底*HAEL*比底*QCNP*等于*CM*比*AG*。

如果底*AHLE*等于底*CNPQ*，且立体*AHBF*等于立体*CNRD*，那么，*CM*等于*AG*，因为等高的两个平行六面体之比等于两底之比，且底*AHLE*比*CNPQ*等于*CM*比*AG*，这表明，在平行六面体*AB*、*CD*中，它们的底与高成逆比（命题XI.32）。

再，令底*AHLE*不等于底*CNPQ*，且*AHLE*较大。

现在，立体*AHBF*等于立体*CNRD*，于是：*CM*也大于*AG*。

作*CT*等于*AG*，以*CNPQ*为底（命题I.3、I.31）。在其上作补形平行六面体*CQN′V*，其高为*CT*。

现在，因为立体*AHBF*等于立体*CNRD*，而*CQN′V*是与它们不同的另一立体，等量与同一量的比也相等，所以：立体*AHBF*比立体*CQN′V*等于立体*RDCN*比立体*CQN′V*（命题V.7）。

又，立体*AHBF*比立体*CQN′V*等于底*HAEL*比底*QCNP*，因为立体*AHBF*和*CQN′V*有等高。且立体*CNRD*比立体*CQN′V*等于底*MTQ′R*比底*TCQQ′*，且等于*CM*比*CT*，所以：底*HAEL*比底*NLQP*等于*MC*比*CT*（命题XI.32、XI.25、VI.1）。

而*CT*等于*AG*，所以：底*HAEL*比底*NCQP*等于*MC*比*AG*。

所以：在平行六面体*AHBF*、*CNRD*中，底与高成逆比例。

又，在平行六面体*AHBF*、*CNRD*中，设底与高成逆比，即底*HAEL*比底*NCQP*等于立体*CNRD*的高比立体*AHBF*之高。

求证：立体*AHBF*等于立体*CNRD*。

再设：侧棱与底面成直角。

现在，如果底*HAEL*等于底*QCNP*，且底*HAEL*比底*QCNP*等于立体*CNRD*之高比立体*AHBF*之高。于是：立体*CNRD*之高也等于*AHBF*之高。

又，等底等高的平行六面体相等，所以：立体*AHBF*等于立体*CNRD*（命题XI.31）。

再，令底*HAEL*不等于底*QCNP*，*HAEL*较大。

于是：立体*CNRD*之高也大于立体*AHBF*之高，即*CM*大于*AG*。

又，作*CT*等于*AG*，作补形平行六面体*CQN′V*（命题I.3、I.31）。

因为底*HAEL*比底*QCNP*等于*MC*比*AG*，又*AG*等于*CT*，所以：底*HAEL*比底*QCNP*等于*CM*比*CT*。

又，底*HAEL*比底*QCNP*等于立体*AHBF*比立体*CQN′V*，因为，立体*AHBF*、*CQN′V*等高，且*CM*比*CT*等于底*MCQR*比底*TQ′QC*，且还等于立体*CNRD*比立体*CQN′V*（命题XI.32、VI.1、XI.25）。

所以：立体*AHBF*比立体*CQN′V*等于立体*CNRD*比立体*CQN′V*。

所以：立体*AHBF*、*CNRD*与*CQN′V*有相等比值。所以：立体*AHBF*等于立体*CNRD*（命题V.9）。

现在，令侧棱*FE*、*BL*、*GA*、*HK*、*ON*、*DP*、*MC*、*RQ*与它们的底不成直角。过*F*、*G*、*B*、*K*、*O*、*M*、*D*、*R*点作垂线，使与过*EH*、*NQ*的平面成直角，并交平面于*S*、*T*、*U*、*V*、*W*、*X*、*Y*、A_1，作补形立体*VTBF*和*RDXW*（命题X.11）。

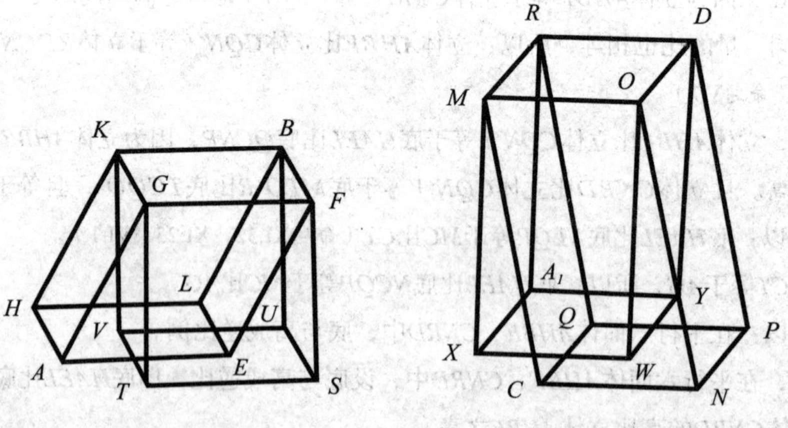

那么我说：在这种情况下，如果立体*AHBF*、*CNRD*相等，那么：底与高成逆

比，即底*AHLE*比底*CQPN*等于立体*CNRD*之高比立体*AHBF*之高。

因为立体*AHBF*等于立体*CNRD*，*AHBF*等于*TSKB*，它们在同底*FK*上且有等高，且立体*CNRD*等于立体*RDXW*，它们也有同底*RMOD*且有等高，所以：立体*KBTS*也等于立体*RDXW*（命题XI.29、XI.30）。

所以：底*KGFB*比底*RMOD*等于立体*RDXW*之高比立体*KBTS*之高。而底*KBFG*等于底*HAEL*，又底*RMOD*等于底*QCNP*，所以：底*HAEL*比底*QCNP*等于立体*RDXW*比立体*KBTS*之高（同上）。

又，立体*RDXW*、*KBTS*与立体*CNRD*、*AHBF*分别等高，所以：底*HAEL*比底*QCNP*等于立体*CNRD*之高比立体*AHBF*之高。

所以：在平行六面体*AHBF*、*CNRD*中，底与高成逆比例。

再，在平行六面体*AHBF*、*CNRD*中，底与高成逆比，即底*EH*比底*NQ*等于立体*CNRD*之高比立体*AHBF*之高。

那么：立体*AHBF*等于立体*CNRD*。

在这同一结构中，因为：底*HAEL*比底*QCNP*等于立体*CNRD*之高比立体*AHBF*之高，又，底*HAEL*等于底*KGFB*，且*QCNP*等于*RMOD*，所以：底*KGFB*比底*RMOD*等于立体*CBRD*之高比立体*AHBF*之高。

而立体*AHBF*、*CNRD*与立体*KBTS*、*RDXW*分别有等高，所以：底*KGFB*比底*RMOD*等于立体*RDXW*之高比立体*KBTS*之高。

所以：平行六面体*KBTS*和*RDXW*中，底与高成逆比，所以：立体*KBTS*等于立体*RDXW*（同上）。

又：立体*KBTS*等于*AHBF*，因为它们有同底*KGFB*且有等高，且立体*RDXW*等于立体*CNRD*。所以：立体*AHBF*也等于立体*CNRD*（命题XI.29、XI.30）。

所以：在相等的平行六面体中，底与高成逆比例；相反，底与高成逆比例的平行六面体彼此相等。

证完

命题XI.35

如果有两个相等的平面角，过其顶点分别在平面外作直线，与原直线分别成等角，在所作二直线上任取一点，从该点向原来角所在的平面作垂线，其垂线与平面的交点和角顶点的连线与面外直线相交成等角。

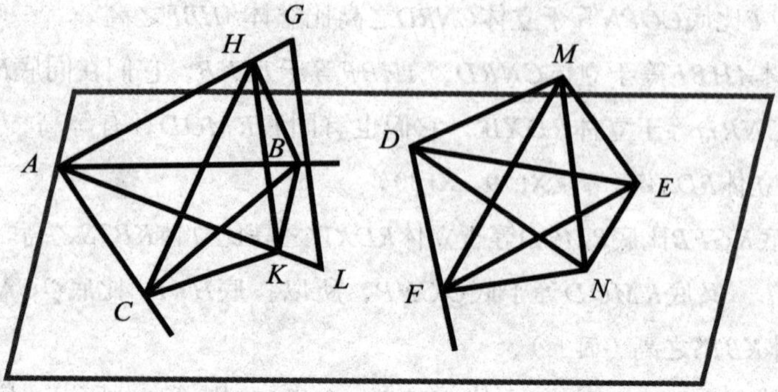

设：∠*BAC*、∠*EDF*是两个相等的直线角，从点*A*、*D*作面外*AG*、*DM*，使它们和原直线所成的角分别相等，即∠*MDE*等于∠*GAB*，∠*MDF*等于∠*GAC*。

在*AG*、*DM*上任意取点*G*、*M*，从点*G*、*M*分别作*GL*、*MN*，使之分别垂直于过*AB*、*AC*的平面，以及过*ED*、*DF*的平面，且和两平面各交于*L*、*N*。连接*LA*、*ND*（命题XI.11）。

那么我说：∠*GAL*等于∠*MDN*。

作*AH*等于*DM*，再过点*H*作直线*HK*，使之平行于*GL*（命题I.3、I.31）。

因为*GL*垂直于过*BA*、*AC*的平面，所以：*HK*也垂直于过*BA*、*AC*的平面（命题XI.8）。

过点*K*、*N*作*KC*、*NF*、*KB* 、*NE*，使它们分别垂直于直线*AC*、*DF*、*AB*、*DE*，连接*HC*、*CB*、*MF*、*FE*（命题I.12）。

因为*HA*上的正方形等于*HK*、*KA*上的正方形之和，而*KC*、*CA*上的正方形之和等于*KA*上的正方形，所以：*HA*上的正方形等于*HK*、*KC*、*CA*上的正方形之和（命题I.47）。

又，*HC*上的正方形等于*HK*、*KC*上的正方形之和，所以：*HA*上的正方形等于*HC*、*CA*上的正方形之和。所以：∠*HCA*是直角。

同理，∠*DFM*也是直角（命题I.47、I.48）。

所以：∠*ACH*等于∠*DFM*，而∠*HAC*等于∠*MDF*。

所以：*MDF*、*HAC*是有两个角和一条夹边对应相等的两个三角形，即等角所对的边*HA*等于*MD*。所以：它们的余边也对应相等，所以*AC*也等于*DF*（命题I.26）。

同理，我们也可以证明*AB*等于*DE*。

因为AC等于DF，AB等于DE，CA、AB分别等于FD、DE，且$\angle CAB$也等于$\angle FDE$，所以：底BC等于底EF，两个三角形全等。所以：$\angle ACB$等于$\angle DFE$（命题I.4）。

又，直角$\angle ACK$等于直角$\angle DFN$，所以：$\angle BCK$等于$\angle EFN$。同理，$\angle CBK$也等于$\angle FEN$。

所以：BCK、EFN是有两角及其夹边对应相等的两个三角形，即BC等于EF。所以：余边也相等，CK等于FN（命题I.26）。

又AC也等于DF，所以：AC、CK分别等于DF、FN，它们的夹角皆是直角。所以：底AK等于底DN（命题I.4）。

又，因为AH等于DM，所以：AH上的正方形等于DM上的正方形。

而AK、KH上的正方形之和等于AH上的正方形，因为$\angle AKH$是直角，又，DN、NM上的正方形之和等于DM上的正方形，$\angle DNM$是直角，所以：AK、KH上的正方形之和等于DN、NM上的正方形之和。其中，AK上的正方形等于DN上的正方形，所以：KH上的余量等于NM上的正方形，HK等于MN（命题I.47）。

又，因为，HA、AK分别等于MD、DN，又，底HK等于底MN，所以：$\angle HAK$等于$\angle MDN$（命题I.8）。

所以：如果有两个相等的平面角，过其顶点分别在平面外作直线，与原直线

□ **贝特朗悖论**

1899年，法国学者贝特朗提出：在半径为r的圆内，PL有机选择弦，计算弦长短过圆内接正三角形边长的概率。根据对PL有机选择的不同解，可以得到不同答案：(1)考虑与某确定方向平行的弦，则所求概率为二分之一；(2)考虑从圆上某固定点P引出的弦，所求概率为三分之一；(3)考虑弦的中点落在圆的某个部分的概率与该部分的面积成正比，则所求概率为四分之一。这类悖论的矛头直击概率概念本身，强烈地刺激了概率论基础的严格化。

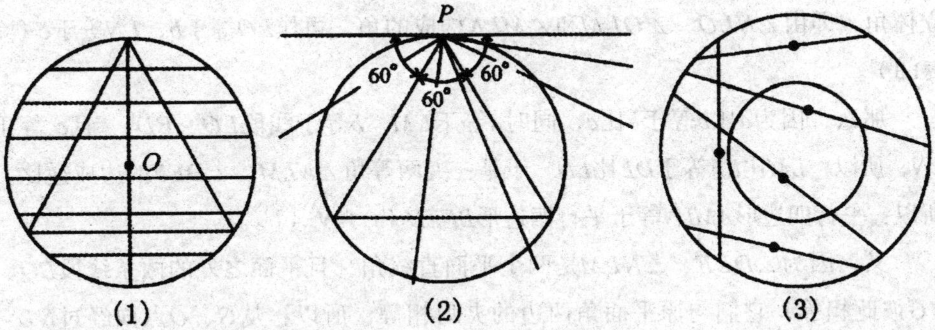

(1)　　(2)　　(3)

分别成等角，在所作二直线上任取一点，从该点向原来角所在的平面作垂线，其垂线与平面的交点和角顶点的连线与面外直线相交成等角。

证完

推 论

这一命题也同时表明，如果两个相等的平面角，从角顶作与之不在同一平面的相等线段，且此线段与原角两边夹角分别相等，那么，从面外线段端点向角所在的平面所作的垂线相等。

命题XI.36

如果三条线段成比例，那么以这三条线段构成的平行六面体，等于在中项上作的等边且与前面作成的立体等角的平行六面体。

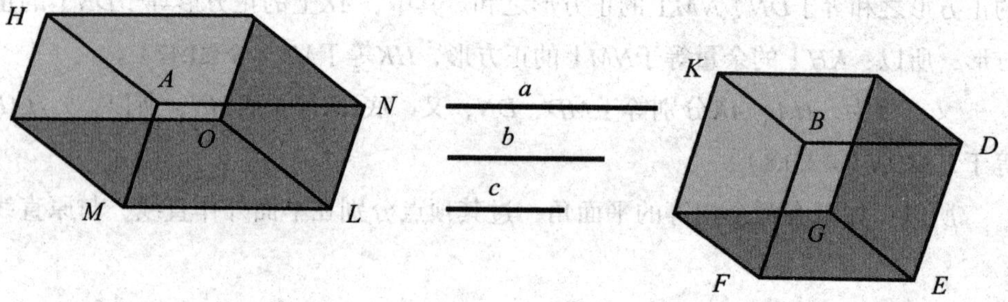

设：a、b、c三条线段成比例，于是a比b等于b比c。

那么我说：a、b、c构成的立体等于在b上作出的等边且与立体等角的立体。

令：在点E的立体角由$\angle DEG$、$\angle GEF$、$\angle FED$构成，线段DE、GE、EF等于b。作平行六面体$KBGE$。再作LM等于a。在直线LM上的L点作立体角等于E点的立体角，即由$\angle NLO$、$\angle OLM$和$\angle MLN$构成的角。再作LO等于b，LN等于c（命题I.3）。

那么，因为a比b等于b比c，同时a等于LM，b等于线段LO、ED，且c等于LN，所以：LM比EF等于DE比LN。于是：夹两等角$\angle NLM$、$\angle DEF$的边成逆比。所以：平行四边形$AMLN$等于平行四边形$BFED$（命题VI.4）。

又，因为$\angle DEF$、$\angle NLM$是两个平面直线角，且平面之外的两条线段LO、EG彼此相等，它们与原平面角两边的夹角相等，所以：从G、O点向经过NL、

LM和DE、EF的平面所作的垂线彼此相等。所以：立体$HAOL$和$KBGE$等高（命题XI.35、推论）。

又，等底等高的平行六面体彼此相等，所以：立体$HAOL$等于立体$KBGE$（命题XI.31）。

又，$HAOL$是由a、b、c构成的立体，而$KBGE$是b上的立体，所以：由a、b、c构成的平行六面体等于以b为边且与原立体等角的立体。

所以：如果三条线段成比例，那么以这三条线段构成的平行六面体，等于在中项上作的等边且与前面作成的立体等角的平行六面体。

证完

命题XI.37

如果四条线段成比例，那么，它们上的相似且位置相似的平行六面体也成比例；如果相似且位置相似的平行六面体成比例，那么，构成它们的四条线段成比例。

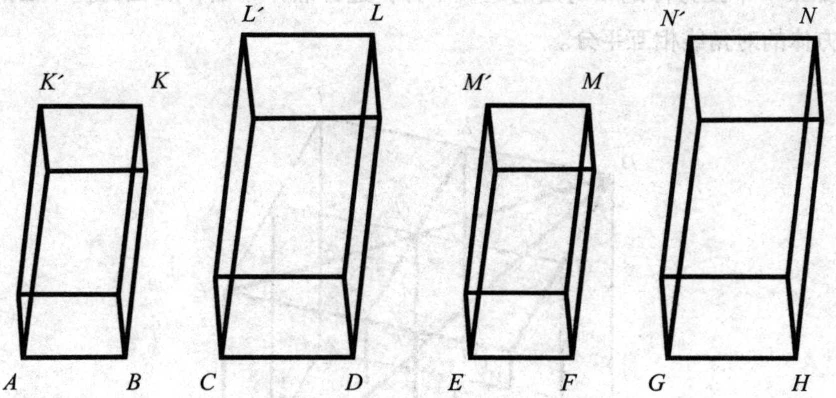

设：AB、CD、EF、GH四条线成比例，即AB比CD等于EF比GH；在AB、CD、EF、GH上作相似且位置相似的平行六面体$ABKK'$、$CDLL'$、$EFMM'$、$GHN'N$。

求证：平行六面体$ABKK'$比$CDLL'$等于$EFMM'$比$GHN'N$。

因为平行六面体$ABKK'$与$CDLL'$相似，所以：$ABKK'$比$CDLL'$等于AB与CD的三次比。

同理，$EFMM'$比$GHN'N$等于EF与GH的三次比（命题XI.33）。

又，*AB*比*CD*等于*EF*比*GH*。

所以：*ABKK′*比*CDLL′*等于*EFMM′*比*GHN′N*。

又，立体*EFMM′*比立体*GHN′N*等于立体*ABKK′*比立体*CDLL′*。

那么我说：线段*AB*比*CD*等于*EF*比*GH*。

又，因为立体*ABKK′*比*CDLL′*等于*AB*与*CD*的三次比，*EFMM′*比*GHN′N*等于*EF*与*GH*的三次比，又，立体*ABKK′*比*CDLL′*等于*EFMM′*比*GHN′N*，所以：*AB*比*CD*等于*EF*比*GH*（命题XI.33）。

所以：如果四条线段成比例，那么，它们上的相似且位置相似的平行六面体也成比例；如果相似且位置相似的平行六面体成比例，那么，构成它们的四条线段成比例。

证完

命题XI.38

如果一个立方体的相对面的边被平分，过分点作平面，那么这些平面的交线与立方体的对角线相互平分。

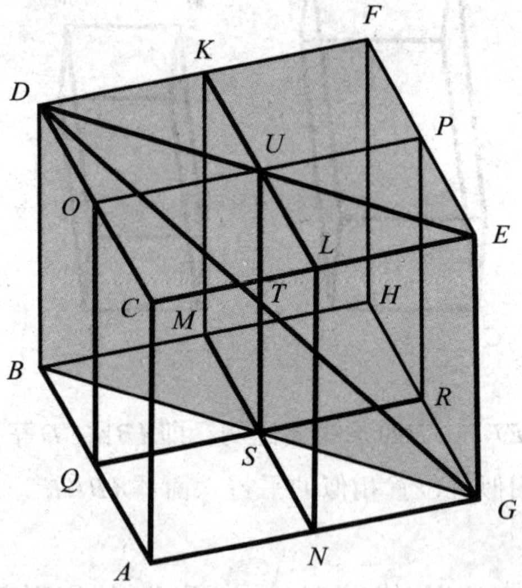

设：立体*AGDF*的相对面的平面*CDFE*、*AGHB*被点*K*、*L*、*M*、*N*、*O*、*Q*、*P*、*R*所平分，过这些点作平面*KMNL*、*OQRP*，*US*为两面的交线，*DG*是立体*AF*的对角线。

那么我说：UT等于TS，DT等于TG。

连接DU、UE、BS、SG。

那么，DO平行于PE，所以：内错角$\angle DOU$、$\angle UPE$彼此相等（命题I.29）。

因为DO等于PE，OU等于UP，且两边所夹的角相等，所以：底DU等于底UE，三角形DOU全等于三角形PUE。所以：$\angle OUD$等于$\angle PUE$（命题I.4），DUE是直线。

同理，BSG也是直线，BS等于SG（命题I.14）。

因为CA等于并平行于DB，同时CA也等于并平行于EG，所以：DB等于并平行于EG（命题XI.9）。

又，连接它们的端点的是线段DE、BG，所以：DE平行于BG（命题I.33）。

所以：$\angle EDT$等于$\angle BGT$，因为它们是内错角，又$\angle DTU$等于$\angle GTS$（命题I.29、I.15）。且有对应边相等。

所以：三角形DTU、三角形GTS是两角相等并夹边相等的三角形，即DU等于GS，因为它们分别是DE、BG的一半。所以：余边等于余边，DT等于TG，UT等于TS（命题I.26）。

所以：如果一个立方体的相对面的边被平分，过分点作平面，那么这些平面的交线与立方体的对角线相互平分。

命题XI.39

如果有两个等高的棱柱，分别以平行四边形和三角形为底，且如果平行四边形是三角形的两倍，那么，两棱柱相等。

设：$ABCDEF$和$GHKLMN$是两个等高棱柱，其中一个以平行四边形$AEFC$为

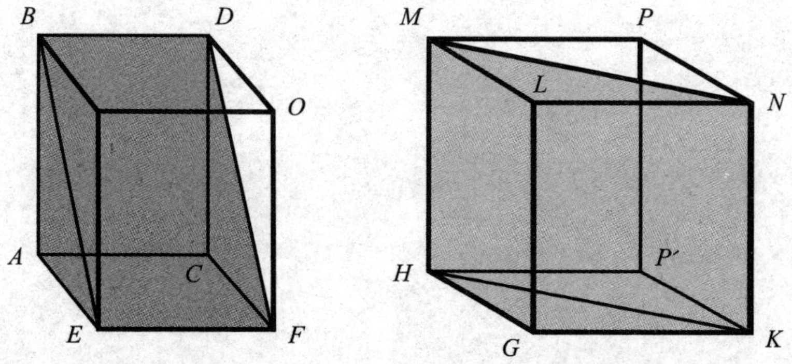

底，另一个以三角形GHK为底，且平行四边形$AEFC$是三角形GHK的两倍。

求证：棱柱$ABCDEF$等于棱柱$GHKLMN$。

作立体$AEDO$和立体$GKMP$。

因为平行四边形$AEFC$是三角形GHK的两倍，平行四边形$HGKP'$也是三角形GHK的两倍，所以：平行四边形$AEFC$等于平行四边形$HGKP'$（命题I.34）。

而，等高等底的平行六面体彼此相等，所以：立体$AEDO$等于立体$MPGK$（命题XI.31）。

又，棱柱$ABCDEF$是立体$AEDO$的一半，且棱柱$GHKLMN$是立体$MPGK$的一半，所以：棱柱$ABCDEF$等于棱柱$GHKLMN$（命题XI.28）。

所以：如果有两个等高的棱柱，分别以平行四边形和三角形为底，且如果平行四边形是三角形的两倍，那么，两棱柱相等。

证完

第 12 卷
立体的测量

CHAPTER 12

公元6世纪，印度数学家阿耶波多出版了《阿耶波提亚》一书。这本书由33首诗组成。第一首是祝福辞，接着是平方、立方、平方根的计算规则。其中有17首诗与几何学有关，11首诗与算术和代数有关。他在第10首诗里阐述了圆周率的值：π=62832/20000=3.1416。这是他之后1000年内最精确的数字。

本卷继续论述立体几何。重点在立体的测量。

本卷提要

※命题XII.2，圆的面与它们直径上的正方形成比例。

※命题XII.6、XII.7，一个三角形棱柱可以分成三个等量的棱锥，等底等高的棱锥是棱柱的三分之一。

※命题XII.10，一个圆锥是等底等高圆柱的三分之一。

※命题XII.11，圆柱与圆锥与它们的高成比例。

※命题XII.18，球的体积比等于直径的三次比。

命题XII.1

圆内接相似多边形之比等于该圆直径上的正方形之比。

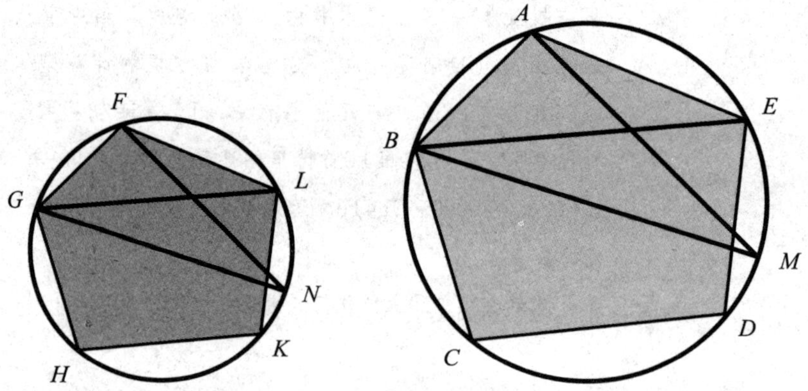

设：*ABC*、*FGH*是两个圆，*ABCDE* 和*FGHKL*是内接于圆的相似多边形。*BM*、*GN*分别为圆的直径。

那么我说：*BM*上的正方形比*GN*上的正方形等于多边形*ABCDE*比多边形*FGHKL*。

连接*BE*、*AM*、*GL*和*FN*。

那么，因为多边形*ABCDE*相似于多边形*FGHKL*，所以：∠*BAE*等于∠*GFL*，且*BA*比*AE*等于*GF*比*FL*（定义VI.1）。

于是，三角形*BAE*、三角形*GFL*有一个角相等，即∠*BAE*等于∠*GFL*，它们的夹边成比例，所以：三角形*ABE*与三角形*FGL*是等角三角形。所以：∠*AEB*等于

∠*FLG*（命题VI.6）。

又，∠*AEB*等于∠*AMB*，因为它们在同一圆周上，且∠*FLG*等于∠*FNG*，所以∠*AMB*等于∠*FNG*。但直角∠*BAM*也等于直角∠*GFN*，所以：其余的角也相等。

所以：三角形*ABM*与三角形*FGN*是等角三角形（命题III.31、I.32）。

所以：它们成比例，*BM*比*GN*等于*BA*比*GF*（命题VI.4）。

又，*BM*上的正方形比*GN*上的正方形是*BM*与*GN*的二次比，且多边形*ABCDE*比多边形*FGHKL*是*BA*与*GF*的二次比（命题VI.20）。

所以：*BM*上的正方形比*GN*上的正方形等于多边形*ABCDE*比多边形*FGHKL*。

所以：圆内接相似多边形之比等于该圆直径上的正方形之比。

证完

注 解

命题VI.20陈述相似多边形的比是它们对应边的平方比，所以，需要找出对应边与外接圆的直径的比。

这一命题是为下一个命题做的准备，在下一个命题中，证明圆之比等于以它们直径为边的正方形之比。其联系是圆可以被认为是多边形的无限靠近，所以如果多边形与正方形成比例，那么圆也与正方形成比例。这一命题的严格性受到质疑。

命题XII.2

圆与圆之比等于直径上的正方形之比。

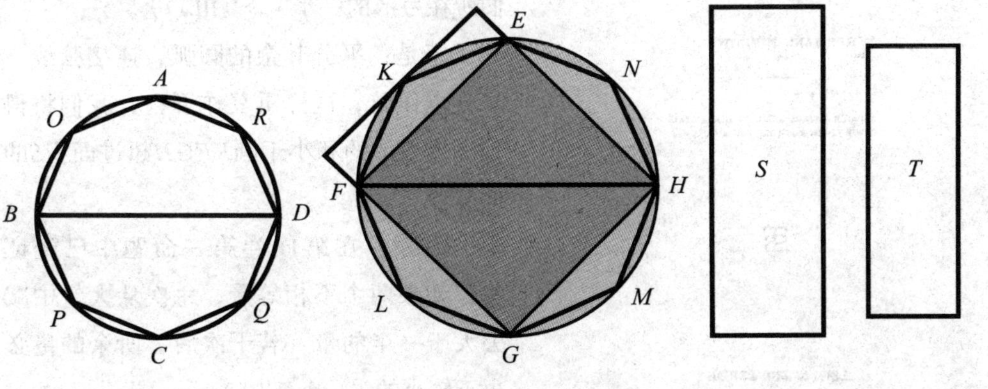

设：*ABCD*、*EFGH*是圆，*BD*、*FH*分别为它们的直径。

求证：圆$ABCD$比圆$EFGH$等于BD上的正方形比FH上的正方形。

因为：如果BD上的正方形比FH上的正方形不等于圆$ABCD$比圆$EFGH$，那么，BD上的正方形比FH上的正方形小于或大于圆$ABCD$比圆$EFGH$的面积。

首先，令成比例的面积S小于圆$EFGH$。

令：正方形$EFGH$内接于圆$EFGH$，那么，内接正方形大于圆$EFGH$的一半。因为，如果过点E、F、G、H作圆的切线，那么，正方形$EFGH$等于圆外切正方形的一半，而圆小于外切正方形，于是：正方形$EFGH$大于圆$EFGH$的一半（命题IV.6、III.17）。

过点K、L、M、N二等分圆弧EF、FG、GH、HE。连接EK、KF、FL、LG、GM、MH、HN、NE。

于是：三角形EKF、三角形FLG、三角形GMH、三角形HNE的每一个也大于三角形所在的弓形的一半。因为，如果过点K、L、M、N向圆作切线，在线段EF、FG、GH、HE上作平行四边形，那么，三角形EKF、三角形FLG、三角形GMH、三角形HNE的每一个皆是所在平行四边形的一半，同时，包含它的弓形小于它所在的平行四边形，于是：三角形EKF、三角形FLG、三角形GMH、三角形HNE皆大于它们所在弓形的一半（命题III.17）。

于是：平分其余的圆弧，连接弦线，从分点作弦，这样重复作下去，我们将得到一个弓形的和小于圆$EFGH$超过面积S的部分。

因为：在第10卷第一命题中已经证明，如果两个不相等量，每次从大量中减去大于一半的量，若干次后，所余的量必小于较小的量（命题X.1）。

令：圆$EFGH$的EK、KF、FL、LG、

□ 闵可夫斯基的论文

法国数学家、物理学家拉格朗日对力学研究的特色在于，他把时间表示成与三个空间维相当的另一个维度，这使得物理学家和数学家变得习惯于四维世界。1909年，美籍德国数学家、天文学家赫尔曼·闵可夫斯基认为：动力学就是四维世界的几何学，恰如静力学是人们原有的三维世界里的几何学一般。事实上，这是一条纯几何的变分原理，它确定了闵可夫斯基四维空间的造型。

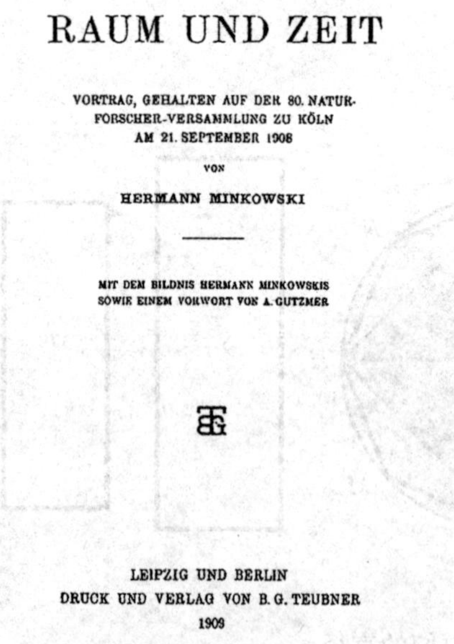
RAUM UND ZEIT

VORTRAG, GEHALTEN AUF DER 80. NATURFORSCHER-VERSAMMLUNG ZU KÖLN AM 21. SEPTEMBER 1908

VON

HERMANN MINKOWSKI

MIT DEM BILDNIS HERMANN MINKOWSKIS SOWIE EINEM VORWORT VON A. GUTZMER

LEIPZIG UND BERLIN
DRUCK UND VERLAG VON B. G. TEUBNER
1909

GM、MH、HN、NE上的弓形之和小于圆与面积S的差。

所以余下的多边形EKFLGMHN大于面积S。

令：内接于圆ABCD的多边形AOBPCQDR，相似于多边形EKFLGMHN；

所以BD上的正方形比FH上的正方形，等于多边形AOBPCQDR比多边形EKFLGMHN（命题XII.1）。

但是，BD上的正方形比FH上的正方形如同圆ABCD比面积S；所以，圆ABCD比面积S如同多边形AOBPCQDR比多边形EKFLGMHN（命题V.11）。

所以由更比，圆ABCD比内接多边形如同面积S比多边形EKFLGMHN（命题V.16）。

但是圆ABCD大于内接于它的多边形，所以面积S大于多边形EKFLGMHN。

但是它也小于多边形EKFLGMHN，这是不可能的。

所以，BD上的正方形比FH上的正方形不同于圆ABCD比圆EFGH小的面积；类似地，我们也可以证明EFGH比一个小于圆ABCD的面积，不同于FH上的正方形比BD上的正方形。

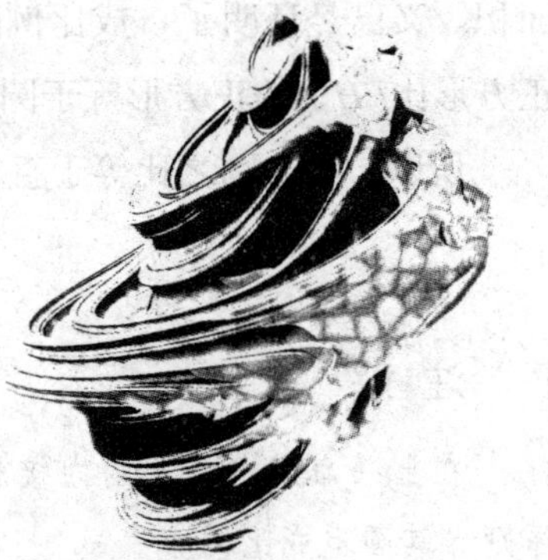

□ **四元朱利娅集合**

普通几何学研究的对象一般都是具有整数的准数，比如零维的点、一维的线、二维的面、三维的立体乃至四维的时空。但近十几年来，产生了新兴的分形几何学，空间具有不一定是整数的维，而存在一个分数维数。具体地说，就是客观自然界中许多事物，具有自相似的“层次”结构，具有无穷层次适当的放大或缩小几何尺寸，整个结构并不改变复杂的物理现象。电子计算机图形显示协助人们推开分形几何的大门，这座具有无穷层次结构的宏伟建筑每一角落里都存在无限嵌套的回廊，促使数学家们深入研究。图中的四元朱利娅集合是一个四维分形的三维切片，它具有自相似的层次结构，适当放大或缩小几何尺寸，整个结构不变。

其次，可证得圆ABCD比一个大于圆EFGH的面积，也不同于BD上的正方形比FH上的正方形。

假设可能，令成比例的较大的面积是S。

所以，由逆比，FH上的正方形比DB上的正方形，等于面积S比圆ABCD。

但是，面积S比圆ABCD等于圆EFGH比小于圆ABCD的一个面积。

所以，FH上的正方形比BD上的正方形等于圆EFGH比小于圆ABCD的某个面积。已经证明了这是不可能的。

所以，BD上的正方形比FH上的正方形不同于圆ABCD比大于圆EFGH的某个面积。又已经证明了：成比例的小于圆*EFGH*的面积是不存在的，所以，*BD*上的正方形比*FH*上的正方形等于圆*ABCD*比圆*EFGH*。

所以，圆与圆之比等于直径为边的正方形之比。

证完

注 解

在上一命题中，圆的内接相似多边形与圆的直径上的正方形成比例。根据相似原则，其圆也成比例。

引 理

若面积*S*大于圆*EFGH*，那么，可得面积*S*比圆*ABCD*同于圆*EFGH*比小于圆*ABCD*的某个面积。

设：面积*S*比圆*ABCD*同于圆*EFGH*比面积*T*。

求证：面积*T*小于圆*ABCD*。

因为，面积*S*比圆*ABCD*同于圆*EFGH*比面积*T*，所以由更比，面积*S*比圆*EFGH*等于圆*ABCD*比面积*T*。

但是，面积*S*大于圆*EFGH*，所以圆*ABCD*大于面积*T*。

因此，面积*S*比圆*ABCD*同于圆*EFGH*比小于圆*ABCD*的某个面积。

命题XII.3

任何以三角形为底的棱锥皆可分为两个相等，并与原棱锥相似又以三角形为底的三棱锥；并可分为两个相等的棱柱，两棱柱之和大于原棱锥的一半。

设：棱锥的底为三角形*ABC*，*D*为其顶点。

求证：棱锥*ABCD*可分为两个相等且相似的棱锥，它以三角形为底，且与原棱锥相似；且可分为两个相等的棱柱，两棱柱之和大于原棱锥的一半。

在点*E*、*F*、*G*、*H*、*K*、*L*上平分*AB*、*BC*、*CA*、*AD*、*DB*、*DC*，连接*HE*、*EG*、*GH*、*HK*、*KL*、*LH*、*KF*、*FG*。

因为*AE*等于*EB*，而*AH*等于*DH*，所以：*EH*平行于*DB*。同理，*HK*也平行于*AB*。所以：*HEBK*是一个平行四边形。所以：*HK*等于*EB*（命题VI.2、I.34）。

但是，*EB*等于*EA*，所以：*AE*也等于*HK*。

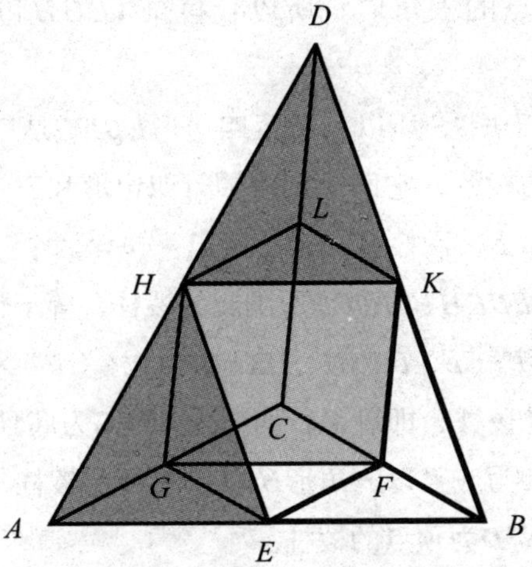

又，AH也等于HD，所以：两边EA、AH分别等于两边KH、HD，$\angle EAH$等于$\angle KHD$。所以：底EH等于底KD（命题I.4）。

所以：三角形AEH相似并等于三角形HKD。同理，三角形AHG也相似并等于三角形HLD。

现在，因为两线段EH、HG相交，并平行于两相交线段KD、DL。并不在一个平面内，所以：它们所夹的角相等，所以$\angle EHG$等于$\angle KDL$（命题XI.10）。

又，因为EH、HG分别等于KD、DL，且$\angle EHG$等于$\angle KDL$，所以：底EG等于底KL。所以：三角形EHG相似并等于三角形KDL。同理，三角形AEG也相似并等于三角形HKL（命题I.4）。

所以：以三角形AEG为底且H为顶点的棱锥相似并等于以三角形HKL为底且以D为顶点的棱锥（定义XI.10）。

又，因为，HK平行于三角形ADB的一边AB，于是三角形ADB与三角形DHK是等角三角形，所以：它们的边成比例，三角形ADB相似于三角形DHK。同理，三角形DBC也相似于三角形DKL，三角形ADC也相似于三角形DLH（命题I.29、定义VI.1）。

现在，因为直线BA、AC彼此相交并分别平行于不在同一平面的相交线段KH和HL，于是：它们所夹的角相等。所以：$\angle BAC$等于$\angle KHL$（命题XI.10）。

又，BA比AC等于KH比HL，所以：三角形ABC相似于三角形HKL。

所以：以三角形ABC为底且以D为顶点的棱锥，相似并等于以三角形

*HKL*为底且以*D*为顶点的三角形。所以：棱锥*AEGH*和*HKLD*相似于原棱锥*ABCD*。

又，因为，*BF*等于*FC*，所以：平行四边形*EBFG*是三角形*GFC*的两倍。又因为，如果两个等高的棱柱，它们分别以平行四边形和三角形为底，且平行四边形是三角形的两倍，那么，两棱柱相等。所以：包含两个三角形*BKF*、*EHG*及三个平行四边形*EBFG*、*EBKH*、*HKFG*所围成的棱柱，等于包含两个三角形*GFC*、*HKL*及三个平行四边形*KFCL*、*LCGH*、*HKFG*的棱柱（命题XI.39）。

又，很明显，每个棱柱，即以平行四边形*EBFG*为底且以线段*HK*作为对棱的棱柱，与以三角形*GFC*为底且以三角形*HKL*为对面的棱柱，大于以三角形*AEG*、三角形*HKL*为底且以*H*、*D*为顶点的棱柱。

因为，如果连接线段*EF*、*EK*，以平行四边形*EBFG*为底、以线段*HK*作为对棱的棱柱，大于以*EBF*为底以*K*为顶点的棱锥。

又，以三角形*EBF*为底、以*K*为顶点的棱锥等于以三角形*AEG*为底、以*H*为顶点的棱锥，因为：它们由相似且相等的平面构成。

于是，以平行四边形*EBFG*为底、以线段*HK*作为对棱的棱柱，大于以三角形*AEG*为底、以*H*为顶点的棱锥。而以平行四边形*EBFG*为底，以线段*HK*为对棱的棱柱等于以三角形*GFC*为底，且以三角形*HKL*为对面的棱柱，又，以三角形*AEG*为底以*H*为顶点的棱锥等于以三角形*HKL*为底、以*D*为顶点的棱锥。

所以：两个棱柱之和大于分别以三角形*AEG*、三角形*HKL*为底，以*H*和*D*为顶点的棱锥之和。所以：以三角形*ABC*为底、以*D*为顶点的原棱锥被分为了两个彼此相等的棱锥和两个相等的棱柱，且分为了两个棱柱的和大于原棱锥的一半。

所以：任何以三角形为底的棱锥皆可分为两个相等，并与原棱锥相似又以三角形为底的三棱锥；并可分为两个相等的棱柱，两棱柱之和大于原棱锥的一半。

证完

注解

这一命题及接下来的六个命题处理的是棱锥的量。前两个命题依赖于命题XII.5（棱锥之比等于它们的底之比）。在上一卷里，命题XI.32说等高的平行六面体之比等于它们的底之比，命题XI.28 说，三棱柱是平行六面体的一半，这两个命题暗示了本命题可以转移到以三角形为底的棱柱上来，在命题XII.3~XII.5中已经被证明。

命题XII.4

如果有两个以三角形为底且等高的棱锥，分别被分成两个相似于原棱锥的两个相等棱锥，和两个相等的棱柱，那么，其中一个棱锥的底比另一个棱锥的底，等于一个棱锥中的所有棱柱之和比另一个棱柱内同样个数的棱柱之和。

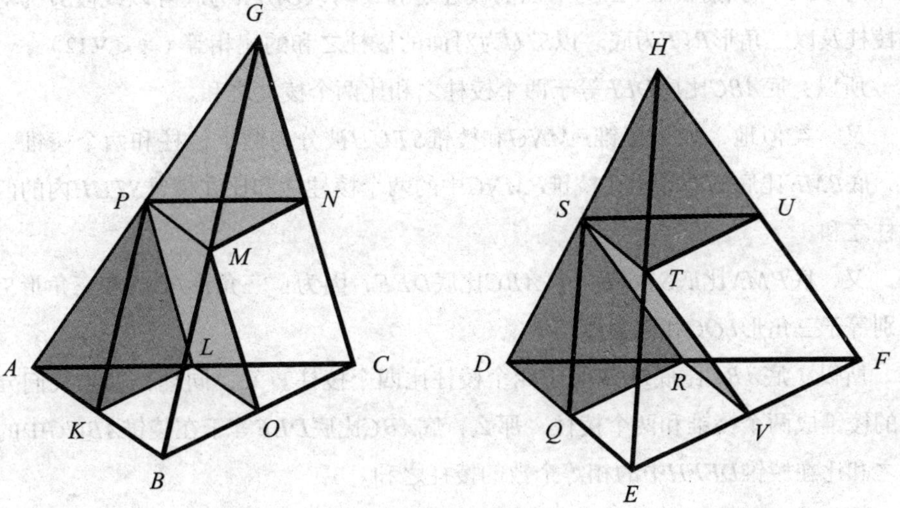

设：有以三角形*ABC*、三角形*DEF*为底且等高的棱锥，*G*和*H*分别为顶点；且它们皆分为两个相等并与原棱锥相似的棱锥和两个相等的棱柱（命题XII.3）。

求证：底*ABC*比底*DEF*等于棱锥*ABCG*中的棱柱之和比在棱锥*DEFH*中的同等个数的棱柱之和。

因为*BO*等于*OC*，*AL*等于*LC*，所以：*LO*平行于*AB*，三角形*ABC*相似于三角形*LOC*。同理，三角形*DEF*也相似于三角形*RVF*。

又，因为*BC*是*CO*的两倍，且*EF*是*FV*的两倍，所以：*BC*比*CO*等于*EF*比*FV*。

又，在*BC*、*CO*上作两个相似且位置相似的直线图形*ABC*、*LOC*；再在*EF*、*FV*上作两个相似且位置相似的直线图形*DEF*、*RVF*；于是：三角形*ABC*比三角形*LOC*等于三角形*DEF*比三角形*RVF*（命题VI.22）。

于是，由更比可得，三角形*ABC*比三角形*DEF*等于三角形*LOC*比三角形*RVF*。

而三角形LOC比三角形RVF等于以三角形LOC为底且以三角形PMN为对面的棱柱比以三角形RVF为底、以STU为对面的棱柱（命题V.16 引理）。

所以：三角形ABC比三角形DEF等于以LOC为底、以PMN为对面的棱柱比以三角形RVF为底、以STU为对面的棱柱。

又，两个棱柱之比，等于以平行四边形$KBOL$为底、以线段PM为对棱的棱柱比以平行四边形$QEVR$为底、以线段ST为对棱的棱柱（命题XI.39）。

所以：两个棱柱之比，再以平行四边形$KBOL$为底、以PM为对面的棱柱，及以三角形LOC为底且以PMN为对面的棱柱之和，与以$QEVR$为底且以线段ST为对棱的棱柱及以三角形RVF为底、以STU为对面的棱柱之和的比相等（命题V.12）。

所以：底ABC比底DEF等于两个棱柱之和比两个棱柱之和。

又，类似地，如果棱锥$PMNG$和棱锥$STUH$被分为两个棱柱和两个棱锥，那么，底PMN比底STU等于在棱锥$PMNG$中的两个棱柱之和比在棱锥$STUH$内的两个棱柱之和。

又，底PMN比底STU等于底ABC比底DEF，因为：三角形PMN和三角形STU分别等于三角形LOC和三角形RVF。

所以：底ABC比底DEF等于四个棱柱比四个棱柱。又，同理，如果我们分余下的棱锥成两个棱锥和两个棱柱，那么，底ABC比底DEF等于在棱锥$ABCG$中的棱柱之和比在棱锥$DEFH$中的相等个数的棱柱之和。

所以：如果有两个以三角形为底且等高的棱锥，分别被分成两个相似于原棱锥的两个相等棱锥，和两个相等的棱柱，那么，其中一个棱锥的底比另一个棱锥的底，等于一个棱锥中的所有棱柱之和比另一个棱柱内同样个数的棱柱之和。

证完

引 理

三角形LOC比三角形RVF等于以三角形LOC为底，且以PMN为对面的棱柱比以三角形RVF为底、以STU为对面的棱柱。

设：两棱柱等高。

求证：两棱柱的相互比等于底LOC比底RVF。

在下页图中（见命题XII.5），从G、H点分别向平面ABC、DEF作垂线。这即是说，它们是相等的，因为根据假设，两棱锥是等高的（命题XI.11）。

那么，因为两条线段GC和从G点所作的线段被平行平面ABC、PMN所截，所以：它们的截线有相等的比（命题XI.17）。

又，GC被平面PMN在N点所平分，所以：从G点向平面ABC所作的垂线也被平面所平分。同理，从H向平面DEF所作的垂线段也被平面STU所平分。

又，从G、H点向平面ABC、平面DEF所作的垂线相等，所以：从三角形PMN、三角形STU向平面ABC、平面DEF所作的垂线也相等。

所以：以三角形LOC、三角形RVF为底，以三角形PMN、三角形STU为对面的棱柱是等高的。

于是，由上述两棱柱构成的等高的两个平行六面体之比等于它们的底边之比。所以：它们的一半，即两棱柱的相互比等于底LOC比底RVF（命题XI.32、XI.28）。

证完

注 解

这一命题从属于下一命题XII.5，在下一个命题中，以三角形为底且等高的棱锥与它们的底成比例。

命题XII.5

以三角形为底且等高的棱锥之比等于两底之比。

设：两个以三角形ABC、DEF为底，以点G、H为顶点且等高的棱锥。

求证：底ABC比底DEF等于棱锥$ABCG$比棱锥$DEFH$。

因为，如果棱锥$ABCG$比棱锥$DEFH$不等于底ABC比底DEF，那么：底ABC比底DEF也不等于棱锥$ABCG$比小于或者大于棱锥$DEFH$的某个立体。

首先，令其属于第一种情况，其中成比例的是一个较小的立体W。

将棱锥$DEFH$分为两个相等且相似于原棱锥的棱锥，和两个相等的棱柱。

而两个棱柱大于原棱锥的一半（命题XII.3）。

再，类似地两分所得棱锥，依次继续，直到由棱锥$DEFH$得到某些小于棱锥$DEFH$与立体W的差的棱锥（命题X.1）。

令：所得棱锥是$DQRS$和$STUH$。那么：其余量，即在棱锥$DEFH$内剩下的棱柱之和大于立体W。

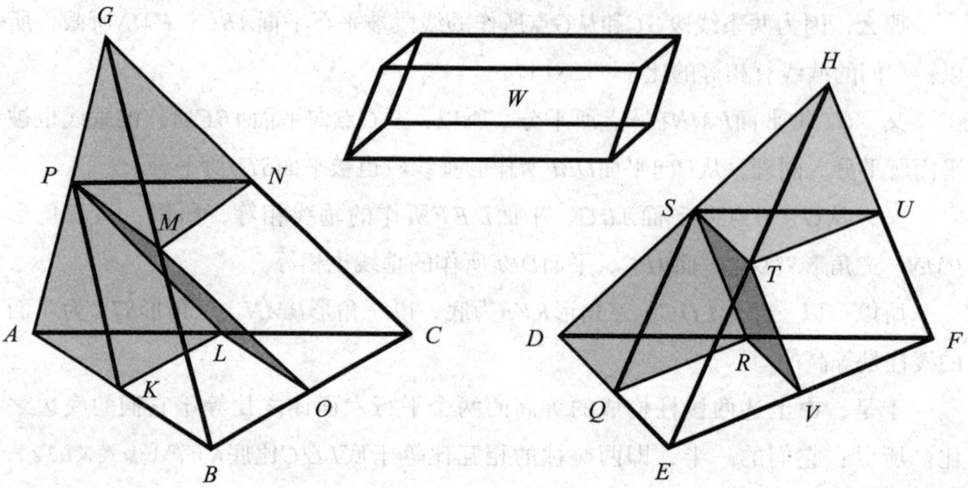

类似地，依照分棱锥*DEFH*的次数，再分棱锥*ABCG*，于是：底*ABC*比底*DEF*等于在棱锥*ABCG*中的棱柱之和比棱锥*DEFH*中的棱柱之和（命题XII.4）。

又，底*ABC*比底*DEF*等于棱锥*ABCG*比立体*W*，于是：棱锥*ABCG*比立体*W*等于在棱锥*ABCG*中的棱柱之和比在棱锥*DEFH*中的棱柱之和。所以：由更比可得，棱锥*ABCG*比在它中的棱柱之和等于立体*W*比在棱锥*DEFH*中的棱柱之和（命题V.11、V.16）。

又，棱锥*ABCG*大于在它中的所有棱柱之和，所以：立体*W*也大于在棱锥*DEFH*中的所有棱柱之和。

又，它也小于，这是不可能的。

所以：棱柱*ABCG*比小于棱锥*DEFH*的任何立体也不等于底*ABC*比底*DEF*。

类似地，也可以证明，棱锥*DEFH*比小于棱锥*ABCG*的任何立体也不等于底*DEF*比底*ABC*。

进一步说，棱锥*ABCG*比任何大于棱锥*DEFH*的立体也不等于底*ABC*比底*DEF*。

因为：如果可能，令其比较大的立体*W*有此比。

于是：由反比可得，底*DEF*比底*ABC*等于立体*W*比棱锥*ABCG*。

又，以前已经证明，立体*W*比立体*ABCG*等于棱锥*DEFH*比某个小于棱锥*ABCG*的立体，所以：底*DEF*比底*ABC*等于棱锥*DEFH*比小于棱锥*ABCG*的某个立体，这已经证明是荒谬的（命题XII.2、V.11）。

所以：棱锥*ABCG*比任何大于棱锥*DEFH*的立体不等于底*ABC*比底*DEF*。

这点已证明是不合理的。

所以：底ABC比底DEF等于棱锥$ABCG$比棱锥$DEFH$。

所以：以三角形为底且等高的棱锥之比等于两底之比。

证完

注 解

下一命题归纳这一命题，棱锥之底可能是任意多边形，不仅仅是三角形。在下一命题中，本命题用来表明棱柱可以被切分为三个相等的棱锥。

命题XII.6

以多边形为底且等高的棱锥之比等于两底的比。

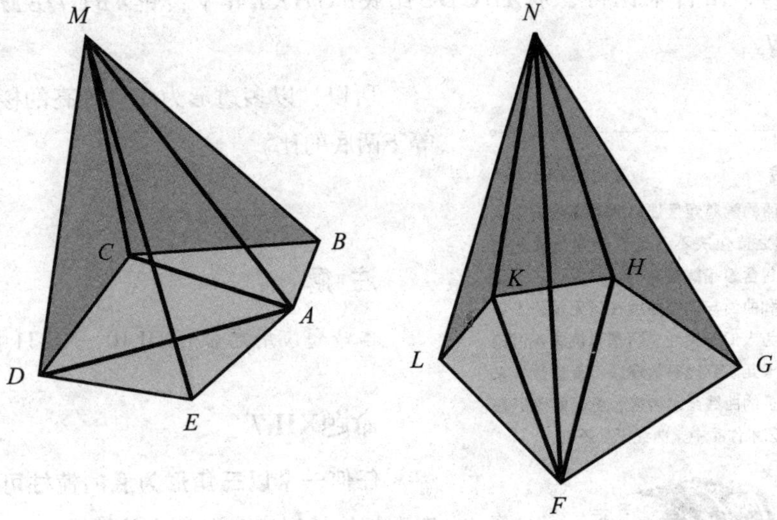

设：两个棱锥以多边形$ABCDE$和多边形$FGHKL$为底，M、N为顶点且等高。

求证：底$ABCDE$比底$FGHKL$等于棱锥$ABCDEM$比棱锥$FGHKLN$。

连接AC、AD、FH和FK。

那么，因为$ABCM$和$ACDM$是两个以三角形为底且等高的棱锥，所以：它们的相互比等于它们的底之比。所以：底ABC比底ACD等于棱锥$ABCM$比棱锥$ACDM$。又，由合比可得，底$ABCD$比底ACD等于棱锥$ABCDM$比棱锥$ACDM$（命题XII.5、V.18）。

又，底ACD比底ADE等于棱锥ACDM比棱锥ADEM（命题XII.5）。

所以：由首末比可得，底ABCD比底ADE等于棱锥ABCDM比棱锥ADEM（命题V.22）。

又，由合比可得，底ABCDE比底ADE等于棱锥ABCDEM比棱锥ADEM。类似地，也可以证明，底FGHKL比底FGH等于棱锥FGHKLN比棱锥FGHN（命题V.18）。

又，因为，ADEM和FGHN是两个以三角形为底且等高的棱锥，所以：底ADE比底FGH等于棱锥ADEM比棱锥FGHN（命题XII.5）。

又，底ADE比底ABCDE等于棱锥ADEM比棱锥ABCDEM。所以：由首末比可得，底ABCDE比底FGH等于棱锥ABCDEM比棱锥FGHN（命题V.22）。

但是，底FGH比底FGHKL等于棱锥FGHN比棱锥FGHKLN。

所以，由首末比得，底ABCDE比底FGHKL等于棱锥ABCDEM比棱锥FGHKLN。

所以：以多边形为底且等高的棱锥之比等于两底的比。

证完

注 解

本命题应用在命题XII.10、XII.11中。

命题XII.7

任何一个以三角形为底的棱柱可以分成三个相等的以三角形为底的棱锥。

设：以三角形ABC为底的棱柱且DEF为其对面。

求证：棱柱ABCDEF可分为三个以三角形为底的彼此相等的棱锥。

连接BD、EC和CD。

因为ABED是个平行四边形，BD为其对角线，于是：三角形ABD全等于三角形

□ **对数螺线**

这只美丽的鹦鹉螺呈现出对数螺线的迷人形态。自然之造化决不满足于一些简单的图形，它往往包含着错综复杂的数学设计。千姿百态的曲线和曲面与圆锥曲线在尚无解析工具的情况下就为人们所关注。阿基米德深入讨论过螺线，笛卡儿研究过对数螺线。变量数学来临之后，更多的曲线纷至沓来，竞相媲美。在人类创作的艺术作品中，曲线无处不在。

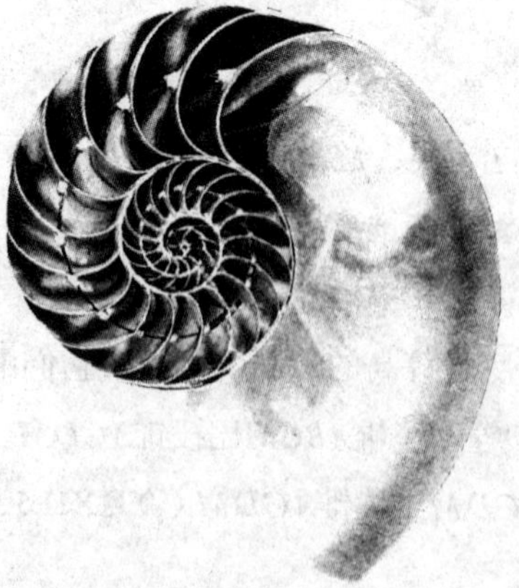

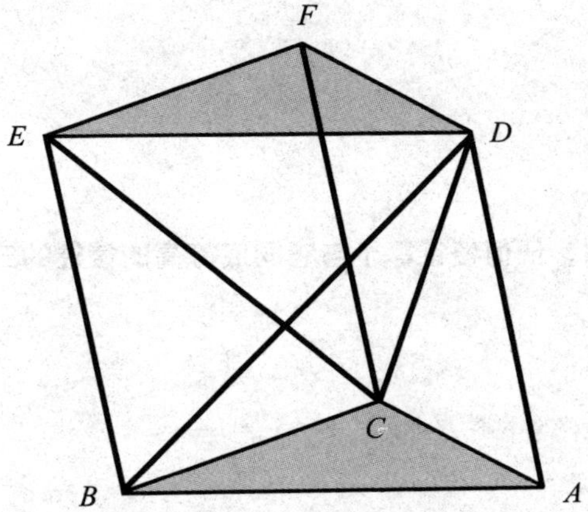

EBD。于是：以三角形*ABD*为底且*C*为其顶点的棱锥等于以三角形*DEB*为底以*C*为顶点的棱锥（命题I.34、XII.5）。

又，以三角形*DEB*为底且以*C*为顶点的棱锥，等于以三角形*EBC*为底且以*D*为顶点的棱锥，因为它们由共同的面构成。

所以：以三角形*ABD*为底且以*C*为顶点的棱锥也等于以三角形*EBC*为底且以*D*为顶点的棱锥。

又，因为，*FCBE*是平行四边形，*CE*为其对角线，于是：三角形*CEF*等于三角形*CBE*（命题I.34）。

所以：以三角形*BCE*为底、以*D*为顶点的棱锥等于以三角形*ECF*为底、以*D*为顶点的棱锥（命题XII.5）。

又，以三角形*BCE*为底、以*D*为顶点的棱锥也已被证明等于以三角形*ABD*为底、以*C*为顶点的棱锥，所以：以三角形*CEF*为底、以*D*为顶点的棱锥等于以三角形*ABD*为底、以*C*为顶点的棱锥。所以：棱柱*ABCDEF*被分成三个相互相等的棱锥，且皆以三角形为底。

又，以三角形*ABD*为底、以*C*为顶点的棱锥等于以三角形*CAB*为底、以*D*为顶点的棱锥，因为它们由相等的平面构成，且以三角形*ABD*为底、以*C*为顶点的棱锥，已经被证明是以三角形*ABC*为底、*DEF*为其对面的棱柱的三分之一。所以：以*ABC*为底、以*D*为顶点的棱锥等于以相等底*ABC*为底、以*DEF*为对面的棱柱的三分之一。

所以：任何一个以三角形为底的棱柱可以分成三个相等的以三角形为底的

棱锥。

证完

推 论

这一命题也表明，任何棱锥等于与它同底等高的棱柱的三分之一。

注 解

本命题应用在以下两个命题中。

命题XII.8

以三角形为底的相似棱锥之比是它们对应边的三次比。

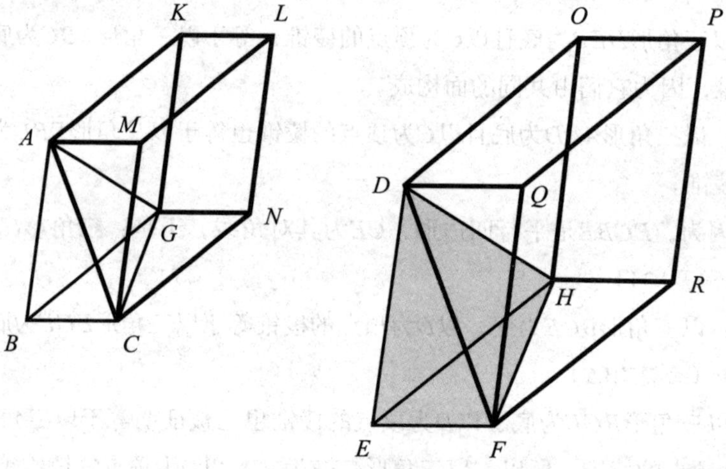

设：有以三角形ABC、三角形DEF为底，以G、H为顶点的两个相似且有相似位置的棱锥。

求证：棱锥ABCG比棱锥DEFH等于BC与EF的三次比。

作平行六面体BGML和平行六面体EHQP。

那么，因为棱锥ABCG与棱锥DEFH相似，所以：∠ABC等于∠DEF，∠GBC等于∠HEF，∠ABG等于∠DEH；且AB比DE等于BC比EF，又等于BG比EH。

又，因为AB比DE等于BC比EF，且夹等角的边对应成比例，所以：平行四边形ABCM相似于平行四边形DQFE。同理，BCNG也相似于EFRHE，ABGK相似于

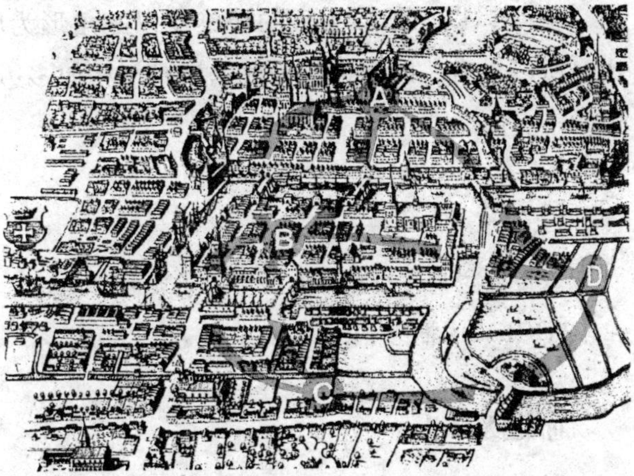

□ 哥尼斯堡七桥问题

哥尼斯堡是东普鲁士的首都，普莱格尔河横贯其中。河中有一小岛，河上有七座桥，将被河流隔开的三片市区A、C、D和小岛B连接起来。一天，有人提出疑问：能不能每座桥只走一遍，最后又回到原来的位置。1736年，欧拉证明了这样的路线是不可能的。欧拉把两座小岛和河的两岸分别看作四个点，而把七座桥看作是这四个点之间的连线，并且给出了所有能够一笔画出来的图形所应具有的条件。哥尼斯堡七桥问题被看作是拓扑学的先声。

EHOD。

所以：三个平行四边形*ABCM*、*ABGK*、*BCNG*分别相似于*DEFG*、*EHOD*、*EFRH*。且三个平行四边形*ABCM*、*ABGK*、*BCNG*分别相似且相等于它们的对面，*DEFG*、*EHOD*、*EFRH*也分别相似且相等于它们的三个对面（命题XI.24）。

所以：立体*BGML*和立体*EHQP*是由同样多的相似面构成的。所以：立体*BGML*相似于立体*EHQP*。

又，相似平行六面体之比是它们对应边的三次比，所以：立体*BGML*比立体*EHQP*等于它们的对应边*BC*与*EF*的三次比（命题XI.33）。

所以：立体*BGML*比立体*EHQP*等于棱锥*ABCG*比棱锥*DEFH*，棱锥是平行六面体的六分之一，因为，棱柱是平行六面体的一半，且又是棱锥的三倍。所以：棱锥*ABCG*比棱锥*DEFH*等于它们的对应边*BC*与*EF*的三次比（命题XI.28、XII.7）。

所以：以三角形为底的相似棱锥之比是它们对应边的三次比。

证完

引 理

这一命题也表明，以多边形为底的相似棱锥的比，等于它们对应边的三次比。

因为，如果把它们分成以三角形为底的棱锥，把以相似多边形为底的也分为同样个数的彼此相似的三角形，各对应三角形之比等于整体之比。

于是：两棱锥各对应的以三角形为底的棱锥的比，等于两棱锥内以三角形为底的所有棱锥之和的比，即是等于以原多边形为底的棱锥之比。

但是，以三角形为底的棱锥比以三角形为底的棱锥等于它们对应边的三次比；所以也有，以多边形为底的棱锥与相似多边形为底的棱锥的比等于它们对应边的三次比。

注 解

本命题应用在命题XII.12中，表明相似圆锥之比是它们底的直径的三次比，也用在命题XII.17的推论中。

命题XII.9

以三角形为底的相等的棱锥，底与高成逆比例；反之，底与高成逆比例的棱锥是相等棱锥。

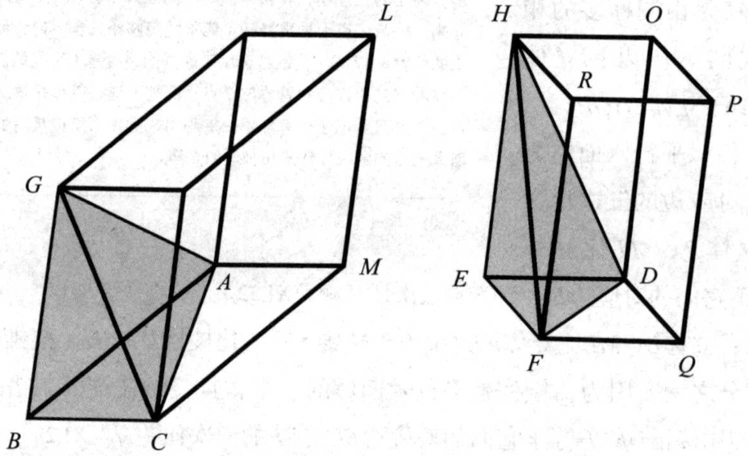

设：有以三角形*ABC*、三角形*DEF*为底、以*G*、*H*为顶点的两个相等的棱锥。

求证：在棱锥*ABCG*和棱锥*DEFH*之中，底与高成逆比例，即底*ABC*比底*DEF*等于*DEFH*之高比棱锥*ABCG*之高。

作平行六面体*BGML*和平行六面体*EHQP*。

那么，因为，棱锥*ABCG*等于棱锥*DEFH*，且立体*BGML*是棱锥*ABCG*的六倍，立体*EHQP*是棱锥*DEFH*的六倍，所以：立体*BGML*等于立体*EHQP*。

又，在相等平行六面体中，底与高成逆比，所以：底*BM*比底*EQ*等于立体*EHQP*之高比立体*BGML*之高（命题XI.34）。

又，底*BM*比底*EQ*等于三角形*ABC*比三角形*DEF*，所以：三角形*ABC*比三角形*DEF*等于立体*EHQP*之高比立体*BGML*之高（命题I.34、V.11）。

又，立体*EHQP*之高与棱锥*DEFH*之高相同，且立体*BGML*之高与棱锥*ABCG*之高相同，所以：底*ABC*比底*DEF*等于棱锥*DEFH*之高比棱锥*ABCG*之高。

所以：在棱锥*ABCG*和棱锥*DEFH*中，它们的底与高成逆比。

进一步，在棱锥*ABCG*和棱锥*DEFH*中，设它们的底与高成逆比，即底*ABC*比底*DEF*等于棱锥*DEFH*之高比棱锥*ABCG*之高。

那么我说：棱锥*ABCG*等于棱锥*DEFH*。

在相同的图中，因为，底*ABC*比底*DEF*等于棱锥*DEFH*之高比棱锥*ABCG*之高，同时，底*ABC*比底*DEF*等于平行四边形*BM*比平行四边形*EQ*，所以：平行四边形*BM*比平行四边形*EQ*等于棱锥*DEFH*之高比棱锥*ABCG*之高（命题V.11）。

又，棱锥*DEFH*之高与平行六面体*EHQP*之高相同，棱锥*ABCG*之高与平行六面体*BGML*之高相同，所以：底*BM*比底*EQ*等于平行六面体*EHQP*之高比平行六面体*BGML*之高。

又，当底与高成逆比时，平行六面体相等（命题XI.34）。

所以平行六面体*BGML*等于平行六面体*EHQP*。

又，棱锥*ABCG*等于平行六面体*BGML*的六分之一，棱锥*DEFH*等于平行六面体*EHQP*的六分之一，所以：棱锥*ABCG*等于棱锥*DEFH*。

所以：以三角形为底的相等的棱锥，底与高成逆比例；反之，底与高成逆比例的棱锥是相等棱锥。

证完

注解

至本命题，关于棱锥量的理论已经完成，下几个命题是关于圆锥、圆柱的理论。

□ 施瓦茨周期曲面

法国数学家施瓦茨求解了并非位于同一平面的最简围线C的普拉蒂奥问题。这是带有四条边缘的多边形，其棱边不在同一平面上，人们称之为四边形折线。施瓦茨考察了一条很特殊的四边形折线，一个绕着正面体的六条棱边中的四条回路。他于1865年发表了研究结果，表述了所构成的三种模型。这些模型的构架由细金属丝制成，所包围的极小曲面由胶膜组成。图中所示的即为施瓦茨极小周期曲面的一部分。

命题XII.10

任何圆锥是与它同底等高的圆柱的三分之一。

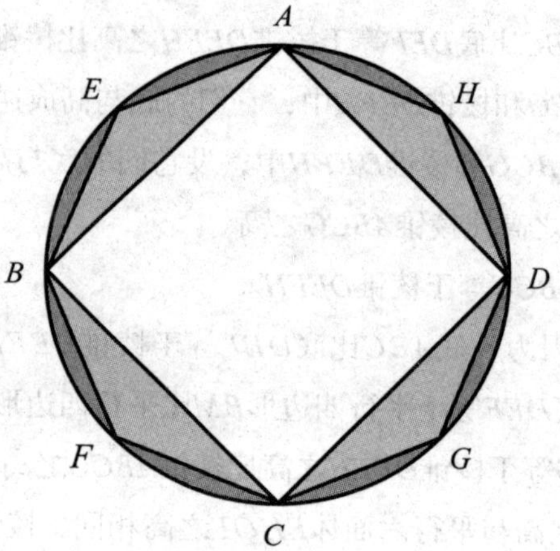

设：一圆柱与圆锥同底，即圆*ABCD*；它们有相等的高。

求证：圆锥是圆柱的三分之一，即圆柱为圆锥的三倍。

因为：如果圆柱不是圆锥的三倍，那么，圆柱要么大于圆锥的三倍，要么小于圆锥的三倍。

首先，令其大于三倍。

令：正方形*ABCD*内接于圆*ABCD*，那么，正方形*ABCD*大于圆*ABCD*的一半，在正方形*ABCD*上作一与圆柱等高的棱柱（命题IV.6）。

那么，这样作出的棱柱大于圆柱的一半，因为，如果我们在圆*ABCD*上也作一个外切正方形，圆*ABCD*的内接正方形等于圆外切正方形的一半，它们上作的平行六面体等高，而等高的平行六面体之比等于它们的底之比，所以：正方形*ABCD*上的棱柱是圆*ABCD*外切正方形上的棱柱的一半（命题IV.7、XI.32、XI.28、XII.6、XII.7推论）。

又，圆柱小于圆*ABCD*外切正方形上的棱柱，所以，同圆柱等高的正方形*ABCD*上的棱柱大于圆柱一半。

在*E*、*F*、*G*、*H*点平分出*AB*、*BC*、*CD*、*DA*，连接*AE*、*EB*、*BF*、*FC*、*CG*、*GD*、*DH*、*HA*，于是：三角形*AEB*、三角形*BFC*、三角形*CGD*、三角形*DHA*皆大于圆*ABCD*的弓形的一半，如同前面的证明（命题XII.2）。

在三角形AEB、三角形BFC、三角形CGD、三角形DHA上分别作与圆柱等高的棱柱，那么，每个棱柱大于包含它的弓形圆柱的一半。因为，如果我们过E、F、G、H点作平行于AB、BC、CD、DA的平行线，在它们上完成平行四边形，且在其上作高等于圆柱的平行六面体。又：在三角形AEB、三角形BFC、三角形CGD、三角形DHA上的棱柱是各个立体的一半，又，弓形圆柱的和小于平行六面体的和。

于是：在三角形AEB、三角形BFC、三角形CGD、三角形DHA上的棱柱的和大于包含它们的弓形圆柱的和的一半（命题I.31）。

于是：二等分余下的弧，连接它们的分点，在每个三角形上作与圆柱等高的棱柱，依次继续下去，就能得到一弓形圆柱的和小于圆柱超过三倍圆锥的部分（命题X.1）。

设：得到一些弓形圆柱，分别是AE、EB、BF、FC、CG、GD、DH、HA。于是：以多边形AEBFCGDH为底并与圆柱等高的棱柱，大于圆锥的三倍。

又，以多边形AEBFCGDH为底且与圆柱等高的棱柱是以多边形AEBFCGDH为底且与圆锥同顶点的棱锥的三倍。所以：以多边形AEBFCGDH为底并与圆锥同顶点的棱锥大于以圆ABCD为底的圆锥（命题XII.7推论）。

又，它也小于圆锥，因为圆锥包含棱锥，这是不可能的。

所以：圆柱不大于圆锥的三倍。

进一步说：它也不小于圆锥的三倍。

因为，如果可能，令圆柱小于圆锥的三倍，因此，反之，圆锥大于圆柱的三分之一。

令正方形ABCD内接于圆ABCD，于是：正方形ABCD大于圆ABCD的一半（命题IV.6）。

现在，在正方形ABCD上作一个顶点与圆锥顶点相同的棱锥，于是：该棱锥大于圆锥的一半。前面已经证明，如果我们作圆的外切正方形，那么，正

□ **庞加莱猜想**

数学家们早已知道，任意一个十二维单连通闭曲面都与二维封面同胚。1904年，法国数学家、物理学家庞加莱猜测对于三维情形应有同样的事实成立，即任意一个三维单连通闭流形必与三维球面同胚。这就是庞加莱猜想。以后，它又被推广到几维情形，被称为“广义庞加莱猜想”。作为拓扑学中的一个基本问题，庞加莱猜想吸引了众多数学家的兴趣。

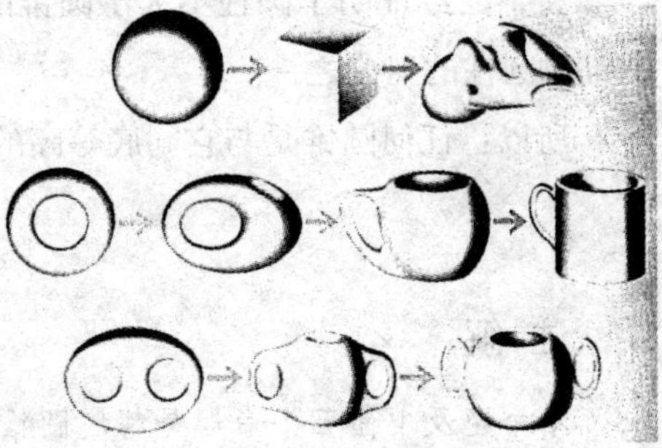

方形*ABCD*是外切正方形的一半。如果我们在两正方形上作与圆锥等高的平行六面体，即棱柱，那么，正方形*ABCD*上的棱柱是圆外切正方形棱柱的一半，因为它们之比等于底与底之比（命题XI.32）。

于是：它们的三分之一相比也等于这个比。所以：以正方形*ABCD*为底的棱锥是圆外切正方形上棱锥的一半。

又，外切正方形上的棱锥大于圆锥，因为，外切正方形为边的棱锥包含圆锥。

所以：正方形*ABCD*上的棱锥大于具有同一顶点的圆锥的一半。

过点*E*、*F*、*G*、*H*作等分弧*AB*、*BC*、*CD*、*DA*，连接*AE*、*EB*、*BF*、*FC*、*CG*、*GD*、*DH*、*HA*，那么，每个三角形*AEB*、三角形*BFC*、三角形*CGD*、三角形*DHA*大于圆*ABCD*上包含它的弓形的一半。

现在，在三角形*AEB*、三角形*BFC*、三角形*CGD*、三角形*DHA*上作与圆锥有同顶点的棱锥。因此：在同种情况下，每个棱锥大于包含它的弓形圆锥的一半。

因此，再平分圆弧，连接分点，在每一个三角形上作与圆锥有同顶点的棱锥。依次继续，那么将得到一些弓形圆锥之和小于圆锥超过圆柱的三分之一的部分（命题X.1）。

令：已经给出了这些弓形圆柱，它们为*AE*、*EB*、*BF*、*FC*、*CG*、*GD*、*DH*、*HA*上的弓形圆柱。于是，以多边形*AEBFCGDH*为底且与圆锥有同顶点的棱锥，大于圆柱的三分之一。

但是，以多边形*AEBFCGDH*为底且与圆锥同顶点的棱锥是以多边形*AEBFCGDH*为底且与圆柱等高的棱柱的三分之一。所以：以多边形*AEBFCGDH*为底且与圆柱等高的棱柱大于以圆*ABCD*为底的圆柱。

但棱柱又小于圆柱，因为圆柱包含棱柱，这是不可能的。

所以：圆柱不小于圆锥的三倍。

又，已经证明了圆柱不大于圆锥的三倍，所以：圆柱是圆锥的三倍；所以：圆锥是圆柱的三分之一。

所以：任何圆锥是与它同底等高的圆柱的三分之一。

证完

注解

本命题及下面五个命题是解决圆锥和圆柱的理论。本命题解决的是圆锥与圆柱的量的相互转化。

命题XII.11

等高的圆锥和圆柱之比等于它们的底之比。

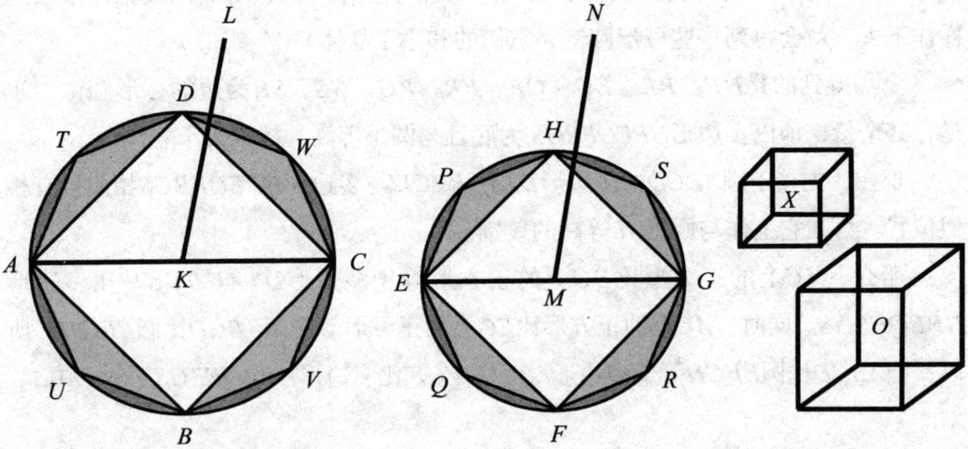

设：有等高的圆锥和圆柱，它们的底分别是圆*ABCD*和圆*EFGH*，*KL*、*MN*是它们的轴，*AC*、*EG*是它们底的直径。

求证：圆*ABCD*比圆*EFGH*等于圆锥*AL*比圆柱*EN*。

因为，如果不是，那么圆*ABCD*比圆*EFGH*等于圆锥*AL*与小于或是大于圆锥*EN*的某一立体之比。

首先：令符合此比的是一较小立体*O*，再令立体*X*等于圆锥*EN*与较小的立体*O*的差。

所以：圆锥*EN*等于立体*O*与*X*之和。

作圆*EFGH*的内接正方形*EFGH*。于是：正方形大于圆的一半（命题IV.6）。

又，在正方形*EFGH*上作与圆锥等高的棱锥，于是：该棱锥大于圆锥的一半，因为，如果作圆的外切正方形，且在它之上作与圆锥等高的棱锥，那么，内接棱锥是外切棱锥的一半，因为它们的比等于它们的底之比，同时，该圆锥小于外切棱锥（命题XII.6）。

过点*P*、*Q*、*R*、*S*等分圆弧*EF*、*FG*、*GH*、*HE*，连接*HP*、*PE*、*EQ*、*QF*、*FR*、*RG*、*GS*、*SH*。

所以：每个三角形HPE、三角形EQF、三角形FRG、三角形GSH大于包含它的弓形的一半。

在每个三角形HPE、三角形EQF、三角形FRG、三角形GSH上作与圆锥等高的棱锥，于是：每个棱锥皆大于包含它相应的弓形上的圆锥的一半。

于是：连接二等分得到的弧，在每个三角形上作与圆锥等高的棱锥。依次这样作下去，就会得到一些弓形圆锥，它们的和小于立体X（命题X.1）。

令：得到的是HP、PE、EQ、QF、FR、RG、GS、SH为边的弓形圆锥。于是，其余量，即以多边形$HPEQFRGS$为底且与圆锥等高的棱锥大于立体O。

现在，内接于圆$ABCD$的多边形$DTAUBVCW$与多边形$HPEQFRGS$相似且有相似位置。再在它上作与圆锥AL等高的棱锥。

那么，AC上的正方形比EG上的正方形等于多边形$DTAUBVCW$比多边形$HPEQFRGS$。同时，AC上的正方形比EG上的正方形等于圆$ABCD$比圆$EFGH$。所以：圆$ABCD$比圆$EFGH$等于多边形$DTAUBVCW$比多边形$HPEQFRGS$（命题XII.1、XII.2）。

又，圆$ABCD$比圆$EFGH$等于圆锥AL比立体O，多边形$DTAUBVCW$比多边形$HPEQFRGS$等于以多边形$DTAUBVCW$为底且以L为顶点的棱锥比以多边形$HPEQFRGS$为底且以N为顶点的棱锥（命题XII.6）。

所以：圆锥AL比立体O等于以多边形$DTAUBVCW$为底、以L为顶点的棱锥比以多边形$HPEQFRGS$为底、以N为顶点的棱锥。所以：由更比可得，圆锥AL比它内的棱锥等于立体O比圆锥EN里的棱锥（命题V.11、V.16）。

又，圆锥AL大于它内的棱锥，所以：立体O也大于圆锥EN内的棱锥。

而它又小于圆锥EN的棱锥，这是荒谬的。

所以：圆锥AL比小于圆锥EN的任何立体不等于圆$ABCD$比圆$EFGH$。

类似地，我们也可证明圆锥EN比任何小于圆锥AL的立体都不等于圆$EFGH$比圆$ABCD$。

那么进一步说：圆锥AL比大于圆锥EN的某个立体，不等于圆$ABCD$比圆$EFGH$。

因为，如果可能，令符合该比的较大的立体O；于是：由反比可得，圆$EFGH$比圆$ABCD$等于立体O比圆锥AL。

而，立体O比圆锥AL等于圆锥EN比某个小于圆锥AL的立体，所以：圆$EFGH$

比圆ABCD等于圆锥EN比某个小于圆锥AL的立体，这已经证明了是不可能的。

所以，圆锥AL比大于圆锥EN的某一立体不同于圆ABCD比圆EFGH。

又，已经证明了，符合这个比而小于立体EN的立体是不存在的。

所以：圆ABCD比圆EFGH等于圆锥AL比圆锥EN。

又，圆锥比圆锥等于圆柱比圆柱，因为圆柱是圆锥的三倍。所以：圆ABCD比圆EFGH等于它们上的等高的圆柱之比（命题XII.10）。

所以：等高的圆锥和圆柱之比等于它们的底之比。

证完

注 解

本命题应用在命题XII.13、XII.14、XII.15中。

命题XII.12

相似圆锥或相似圆柱之比等于它们底的直径的三次比。

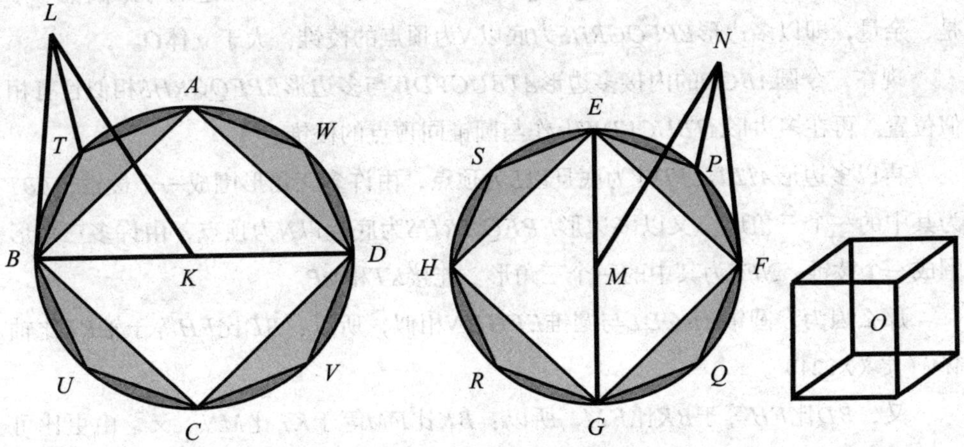

设：有相似圆锥和相似圆柱，它们的底分别是圆ABCD、圆EFGH，直径分别是BD、FH，轴分别是KL、MN。

求证：以圆ABCD为底且以L为顶点的圆锥比以圆EFGH为底且以N为顶点的圆锥等于BD与FH的三次比。

因为，如果，圆锥ABCDL比圆锥EFGHN不等于BD与FH的三次比，那么，圆锥$ABCDL$与某一小于或大于圆锥$EFGHN$的一个立体的比等于BD与FH的三次比。

首先，有这个比的是较小的立体O。又令：正方形$EFGH$内接于圆$EFGH$；于是：正方形$EFGH$大于圆$EFGH$的一半（命题IV.6）。

现在，令正方形$EFGH$上有一个与圆锥同顶点的棱锥，于是：该棱锥大于圆锥的一半。再令点P、Q、R、S等分圆弧EF、FG、GH、HE；连接EP、PF、FQ、QG、GR、RH、HS、SE。

于是：三角形EPF、三角形FQG、三角形GRH、三角形HSE皆大于圆$EFGH$中包含它的弓形的一半。

又，分别在三角形EPF、三角形FQG、三角形GRH、三角形HSE上作与圆锥同顶点的棱锥。

于是：每个棱锥也大于包含它们的弓形圆锥上的锥体的一半。

于是：二等分得到的圆弧，作弦，在每个三角形上作与圆锥同顶点的棱锥。这样依次作下去，我们将得到一些弓形圆锥，其和小于圆锥$EFGHN$超过立体O的部分（命题X.1）。

令：这样得到EP、PF、FQ、QG、GR、RH、HS、SE为边的弓形圆锥。于是，余量，即以多边形$EPFQGRHS$为底以N为顶点的棱锥，大于立体O。

现在，令圆$ABCD$的内接多边形$ATBUCVDW$与多边形$EPFQGRHS$相似且有相似位置。再在多边形$ATBUCVDW$上作与圆锥同顶点的棱锥。

再以多边形$ATBUCVDW$为底且以L为顶点，由许多三角形围成一个棱锥，LBT为其中的一个三角形。又以多边形$EPFQGRHS$为底且以N为顶点，由许多三角形围成一个棱锥，NFP为其中的一个三角形。连接KT和MP。

那么因为，圆锥$ABCDL$与圆锥$EFGHN$相似，所以：BD比FH等于轴KL比轴MN（定义XI.24）。

又，BD比FH等于BK比FM，所以：BK比FM等于KL比MN。又，由更比可得，BK比KL等于FM比MN（命题V.16）。

又，夹等角的边成比例，即$\angle BKL$等于$\angle FMN$，所以：三角形BKL相似于三角形FMN（命题VI.6）。

又，因为BK比KT等于FM比MP，它们夹等角，即$\angle BKT$等于$\angle FMP$，无论$\angle BKT$在圆心K的四个直角占多少部分，$\angle FMP$也在圆心M的四个直角占同样多的部分。因为夹等角的边成比例，所以：三角形BKT与三角形FMP相似（命题

VI.6）。

又，因为已经证明了BK比KL等于FM比MN，同时BK等于KT，且FM等于PM，于是：TK比KL等于PM比MN。又，夹等角的边成比例，即$\angle TKL$等于$\angle PMN$，因为它们是直角，所以：三角形LKT相似于三角形NMP（命题VI.6）。

又，因为三角形LKB与三角形NMF相似，所以：LB比BK等于NF比FM。又因为，三角形BKT和三角形FMP是相似的，所以：KB比BT等于MF比FP。所以：由首末比可得，LB比BT等于NF比FP（命题VI.6）。

又因为，三角形LTK与三角形NPM是相似的，所以：LT比TK等于NP比PM。又因为，三角形TKB与三角形PMF是相似的，所以：KT比TB等于MP比PF。所以：由首末比可得，LT比TB等于NP比PF（命题VI.6）。

□ **海岛算经**

从公元220年东汉分裂到公元581年隋朝建立，这段时期史称魏晋南北朝。这是中国历史上的动荡时期，同时也是思想相对活跃的时期。学术界思辨之风再起，数学上也兴起了论证的趋势。在许多研究以注释《周髀算经》《九章算术》的杰出代表中，首推魏国的刘徽。刘徽除了《九章算术注》还有其他许多数学成果，特别是他关于勾股测量的章节，后来更被单独刊行，被称为《海岛算经》。该书是对古代数理天文学中的重差术的进一步发展，成为勾股测量学的典籍。

又，已经证明TB比BL等于PF比FN。所以：由首末比可得，TL比LB等于PN比NF（命题V.22）。

所以：在三角形LTB、三角形NPF中，它们的边成比例。所以，三角形LTB、三角形NPF是等角的，因此：它们也是相似的（命题VI.5、定义VI.1）。

所以，以三角形BKT为底且以L为顶点的棱锥相似于以三角形FMP为底且以N为顶点的棱锥，因为，它们由相似且数量相等的平面构成（定义XI.9）。

而，两个以三角形为底的相似棱锥之比等于它们相应边的三次比（命题XII.8）。

所以：棱锥$BKTL$比棱锥$FMPN$等于BK与FM的三次比。

类似地，过A、W、D、V、C、U向K作直线，过E、S、H、R、G、Q向M作直线，在每个三角形上作与圆锥同顶点的棱锥，我们可以证明，每对相似棱锥的比等于对应边BK与FM的三次比，即BD与FH的三次比。

又，前项之一比后项之一等于前项之和比后项之和（命题V.12）。

所以，棱锥$BKTL$比棱锥$FMPN$等于以多边形$ATBUCVDW$为底、以点L为顶点的整体棱锥比多边形$EPFQGRHS$为底、以点N为顶点的整体棱锥。

因此也得到以多边形$ATBUCVDW$为底、以点L为顶点的棱锥比以多边形$EPFQGRHS$为底、点N为顶点的棱锥等于BD与FH的三次比。

又，根据假设，以圆$ABCD$为底且以L为顶点的圆锥比立体O也等于BD与FH的三次比，所以：以圆$ABCD$为底且以L为顶点的圆锥比立体O也等于以多边形$ATBUCVDW$为底且以L为顶点的棱锥比以多边形$EPFQGRHS$为底、以N为顶点的棱锥。所以：由更比可得，以圆$ABCD$为底、以L为顶点的圆锥比包含在它内部的以多边形$ATBUCVDW$为底、以L为顶点的棱锥等于立体O比以多边形$EPFQGRHS$为底、以N为顶点的棱锥（命题V.16）。

但是此圆锥大于它内部的棱锥，因为圆锥包含棱锥。所以：立体O也大于以多边形$EPFQGRHS$为底、以N为顶点的棱锥。但它又小于，这是不可能的。

所以：以圆$ABCD$为底、以L为顶点的圆锥比任何小于以圆$EFGH$为底、以N为顶点的圆锥的立体都不等于BD与FH的三次比。

类似地，我们可以证明，圆锥$EFGHN$与任何小于圆锥$ABCDL$的立体的比不等于FH与BD的三次比。

那么进一步说，圆锥$ABCDL$比任何大于圆锥$EFGHN$的立体不等于BD与FH的三次比。

因为，如果可能，令有一个较大的立体O满足此比。于是：由反比可得，立体O比圆锥$ABCDL$等于FH与BD的三次比。而立体O比圆锥$ABCDL$等于圆锥$EFGHN$比某个小于圆锥$ABCDL$的立体。

所以：圆锥$EFGHN$比某个小于圆锥$ABCDL$的立体也等于FH与BD的三次比，这已证明是不可能的。

所以：圆锥$ABCDL$比大于圆锥$EFGHN$的任何立体不可能等于BD与FH的三次比。

又，已经证明，与一个小于圆锥$EFGHN$的立体的比不可能是BD与FH的三次比。所以：圆锥$ABCDL$比圆锥$EFGHN$等于BD与FH的三次比。

又，圆锥比圆锥等于圆柱比圆柱，因为同底等高的圆柱是圆锥的三倍，所以：圆柱与圆柱之比是BD与FH的三次比（命题XII.10）。

所以：相似圆锥或相似圆柱之比等于它们底的直径的三次比。

证完

注 解

本命题在其余命题中再未被利用。

命题XII.13

如果一个圆柱被平行于它底面的平面所截，那么，所截圆柱之比等于轴之比。

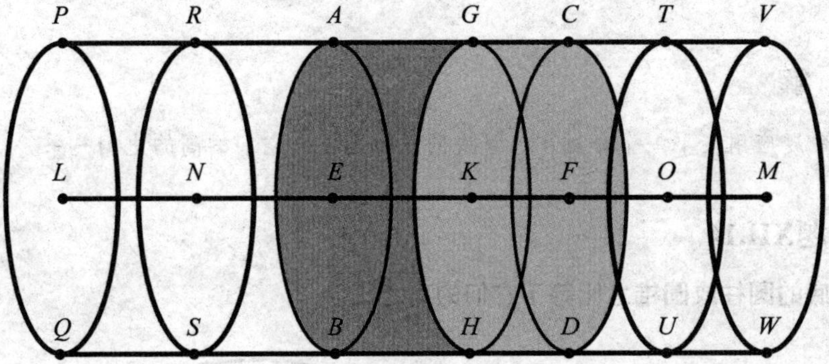

设：圆柱AD被平行于它的底面AB、CD的平面GH所截，平面GH与轴相交于K。

求证：圆柱BG比圆柱GD等于轴EK比轴KF。

在两个方向上延长轴线EF，至点L、M，再任意取轴EN、NL等于轴EK，再取FO、OM等于FK；再令LM为轴的圆柱PW，其底为圆PQ、VW。过点N、O作平行于AB、CD的平面，且平行于圆柱PW的底，再以N、O为圆心作圆RS、TU。

那么，因为轴LN、NE、EK互等，所以：圆柱QR、RB、BG彼此之比等于它们的底之比（命题XII.11）。

又，底是相等的，所以：圆柱QR、RB、BG也彼此相等。

又，因为轴LN、NE、EK彼此相等，圆柱QR、RB、BG也彼此相等，前者的个数等于后者的个数，所以：轴KL比轴EK是圆柱QG比GB的同倍量。

同理，轴MK比轴KF是圆柱WG比GD的同倍量。

又，如果轴KL等于轴KM，那么，圆柱QG也等于圆柱GW；如果轴KL大于轴KM，那么圆柱QG也大于圆柱GW；如果轴小于，那么圆柱也小于。所以：有四个量，即两个轴EK、KF和两个圆柱BG、GD；已经取定了轴EK和圆柱BG的同倍量，即轴LK及圆柱QG，又取定了KF和圆柱GD的同倍量，即轴KM及圆柱GW。又已经证明：如果轴KL大于轴KM，那么，圆柱QG大于圆柱GW；如果轴KL等于轴KM，那么圆柱QG也等于圆柱GW；如果轴KL小于KM，那么圆柱QG也小于圆柱GW。所以：轴EK比轴KF等于圆柱BG比圆柱GD（定义V.5）。

所以：如果一个圆柱被平行于它底面的平面所截，那么，所截圆柱之比等于轴之比。

证完

注 解

本命题应用在下一个命题中，解决同底的圆柱与它们的高的比例关系。

命题XII.14

等底的圆柱或圆锥之比等于它们的高之比。

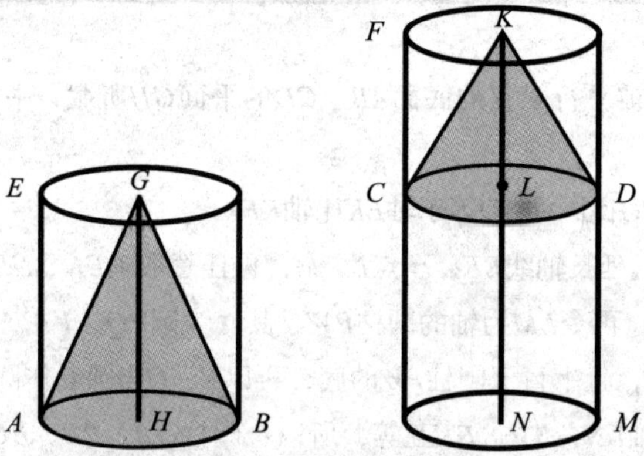

设：EB、FD是两个等底的圆柱，底分别为圆AB、CD。

求证：圆柱EB比圆柱FD等于轴GH比轴KL。

延长轴线KL至N点，作LN等于轴GH，设CM是以LN为轴的圆柱（命题I.3）。

那么，因为圆柱EB和CM是等高的，所以：它们之比等于底之比（命题

XII.11）。

又，它们的底彼此相等，所以：圆柱EB和圆柱CM也彼此相等。

又，因为圆柱FM被平行于其底的平面CD所截，所以：圆柱CM比圆柱FD等于轴LN比轴KL（命题XII.13）。

又，圆柱CM等于圆柱EB，且轴LN等于轴GH，所以：圆柱EB比圆柱FD等于轴GH比轴KL。

又，圆柱EB比圆柱FD等于圆锥ABG比圆锥CDK。所以：轴GH比轴KL等于圆锥ABG比圆锥CDK，也等于圆柱EB比圆柱FD（命题XII.10）。

所以：等底的圆柱或圆锥之比等于它们的高之比。

证完

□ 对称之美

对称，作为美的艺术标准，是超越时代和地域的。上图为敦煌壁画A444窟“圆兴”；下图为埃舍尔的作品《圆的极限》，二者皆反映出一种非欧对称，是庞加莱非欧几何模型的艺术再现。

注 解

命题XII.11表明，圆锥或圆柱同它们的底成比例；本命题表明也与它们的高成比例。

命题XII.15

在相等的圆柱或圆锥中，底与高成逆比；反之，在圆柱或圆锥中，凡底与高成逆比，那么它们相等。

设：有相等圆柱，底分别为$ABCD$和$EFGH$，AC、EG是底的直径，KL、MN是它们的轴，即也为圆柱或圆锥的高。

完成圆柱AO、EP。

求证：圆柱AO、EP的底与高成逆比，即底$ABCD$比底$EFGH$等于高MN比高KL。

因为：高LK要么等于MN，要么不等于。

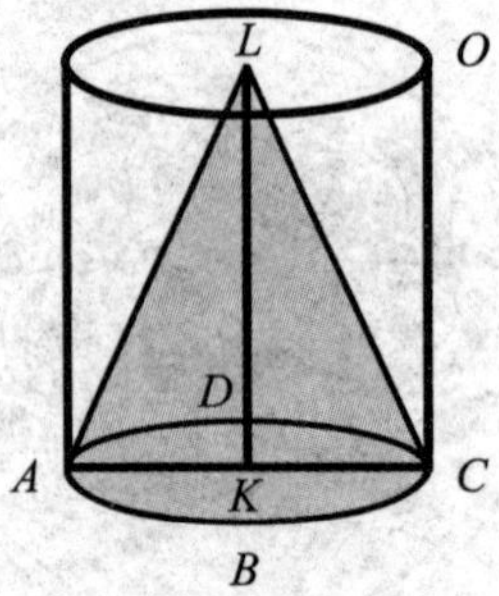

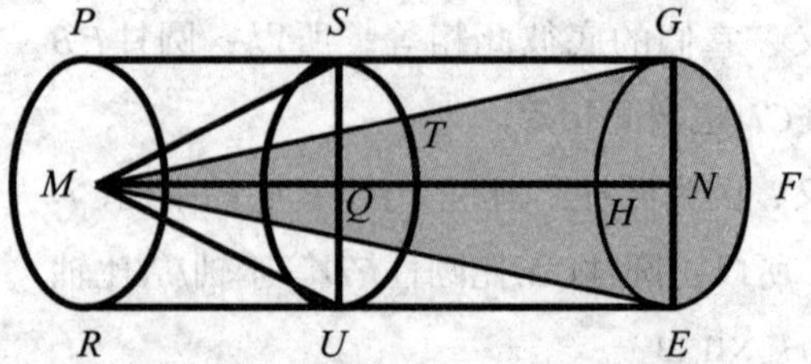

首先，令其等于。

那么，圆柱*AO*也等于圆柱*EP*。而等高的圆柱或圆锥之比等于底之比，所以：底*ABCD*等于底*EFGH*（命题XII.11）。

因此：由逆比可得，底*ABCD*比底*EFGH*等于高*MN*比高*KL*。

又，令高*LK*不等于*MN*，*MN*较大。

从*MN*上截取*QN*等于*KL*，于是：过点*Q*作平面*TUS*截圆柱*EP*而平行于圆*EFGH*、*RP*所在的平面，且令圆柱*ES*以圆*EFGH*为底、以*NQ*为高。

现在，因为圆柱*AO*等于圆柱*EP*，所以：圆柱*AO*比圆柱*ES*等于圆柱*EP*比圆柱*ES*（命题V.7）。

又，圆柱*AO*比圆柱*ES*等于底*ABCD*比底*EFGH*，因为，圆柱*AO*、圆柱*ES*有等高。又，圆柱*EP*比圆柱*ES*等于高*MN*比高*QN*，因为，圆柱*EP*被平行于相对二底面的平面所截。所以：底*ABCD*比底*EFGH*等于高*MN*比高*QN*（命题XII.11、XII.13、V.11）。

又，高*QN*等于高*KL*，所以：底*ABCD*比底*EFGH*等于高*MN*比高*KL*。

所以：在圆柱*AO*、圆柱*EP*中，底与高成逆比。

又，在圆柱*AO*、圆柱*EP*中，如果底与高成逆比例，即底*ABCD*比底*EFGH*等于高*MN*比高*KL*。

那么我说：圆柱*AO*与圆柱*EP*相等。

在这同一个结构的上图中，因为，底*ABCD*比底*EFGH*等于高*MN*比高*KL*，且高*KL*等于高*QN*，所以：底*ABCD*比底*EFGH*等于高*MN*比高*QN*。

又，底*ABCD*比底*EFGH*等于圆柱*AO*比圆柱*ES*，因为它们有等高。又，高*MN*比高*QN*等于圆柱*EP*比圆柱*ES*，所以：圆柱*AO*比圆柱*ES*等于圆柱*EP*比圆柱*ES*（命题XII.11、XII.13、V.11）。

所以：圆柱*AO*等于圆柱*EP*（命题V.9）。

又，圆锥也同理（命题XII.10）。

所以：在相等的圆柱或圆锥中，底与高成逆比；反之，在圆柱或圆锥中，凡底与高成逆比，那么它们相等。

证完

注 解

本命题的证明实际上适应于更广泛的情况，不仅仅适应于圆锥与圆柱，当量x与另两个量y和z成比例时，如y不变，那么x与z也成比例，当x不变，那么，y与z相互成比例。

至本命题，关于圆柱与圆锥的量的理论完成，余下的三道命题解决的是球的量的问题。

命题XII.16

给定两个同心圆，可以作内接于大圆的偶数边等边多边形，使之不切于小圆。

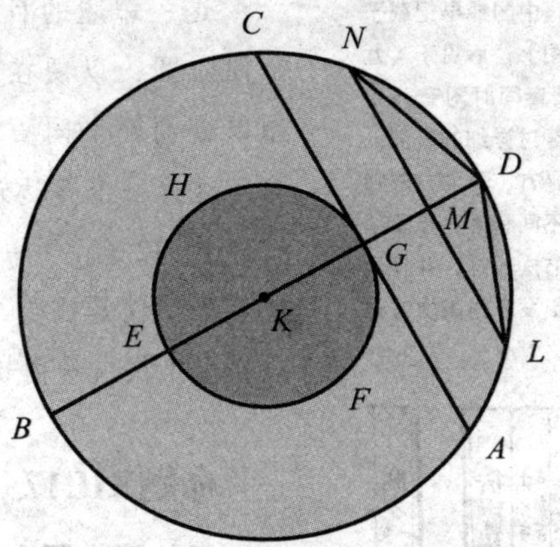

设：*ABCD*和*EFGH*是两个给定的同心圆，圆心是*K*。

求作：在大圆*ABCD*内作一个内切的偶数边等边多边形，与圆*EFGH*不能与其相切。

过圆心*K*作*BKD*，再过点*G*作*GA*，使之与线段*BD*成直角，且延长至点*C*（命题I.11）。

于是：AC与圆$EFGH$相切（命题III.16及其推论）。

于是：等分圆弧BAD，再等分它的一半，连续重复进行，我们将得到一个小于AD的圆弧（命题X.1）。

令其为LD。

从L作LM垂直于BD，延长至N，连接LD、DN（命题I.12）。

所以：LD等于DN（命题III.3、I.4）。

现在，因为LN平行于AC，AC切于圆$EFGH$，所以：LN与圆$EFGH$不相切。所以：LD、DN远不能与圆$EFGH$相切。

如果在圆$ABCD$内连续作等于LD的弦，那么将得到内接于$ABCD$的偶数边的等边多边形，它与小圆$EFGH$不相切。

所以：给定两个同心圆，可以作内接于大圆的偶数边等边多边形，使之不切于小圆。

证完

□ **《周髀》中的开方术**

关于二次方程的公式解法，中国最早记载于《周髀算经》中的《勾股圆方图》，后见于《九章算术》中的《少广》章，该章同时附有开平方、开立方的法则。近世学者经过详细的研究，确认这是世界上关于多位数开平方、开立方法则的最早记载。除了符号、格式不同和某些步骤稍有差异之外，它和现在的开方方法一样，并且可以推广用于解二次方程，后来更发展为高次方程的数值解法。

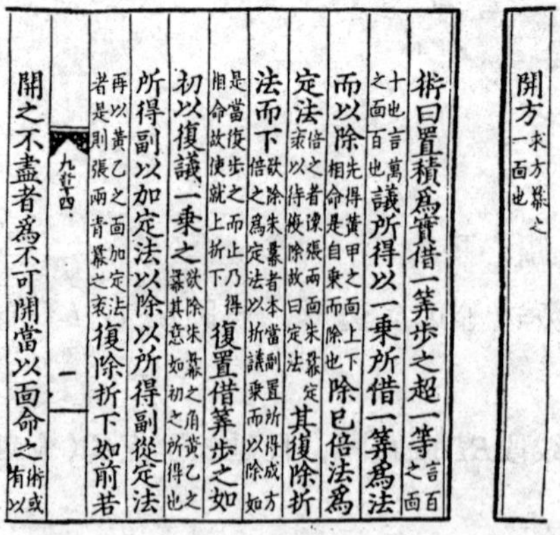
開方求方冪之一面也
術曰置積爲實借一算步之超一等言百之面十也言萬之面百也
議所得以一乘所借一算爲法
而以除先得黃甲之面上下相命是自乘而除也除已倍法爲
定法倍之者豫張兩面朱冪定袤以待復除故曰定法其復除折
法而下欲除朱冪者本當副置所得成方倍之爲定法以折議乘而以除如是當復步之而止乃得相命故使就上折下
復置借算步之如初以復議一乘之欲除朱冪之角黃乙之冪其意如初之所得也
所得副以加定法以除以所得副從定法
再以黃乙之面加定法者是則張兩青冪之袤復除折下如前若
九章四
開之不盡者爲不可開當以面命之術或有以

注 解

这一命题的目的是根据多边形分离两个同心圆，以便在下一命题中作三维立体图以分割两个同心球。这一结构实际上产生了这样一个多边形，其边数是2的幂，如8，16，32等。下一命题要求一个多边形其边数不仅仅是偶数，而且是4的倍数。同时也要求不仅仅是内切圆。

命题XII.17

已知两个同心球，可在大球内作内接多面体，与小球不相切。

设：有两个同心球，球心为A。

求作：在大球内作一个内接多面体与小球面不相切。

令：过球心的平面截该球。那么，所

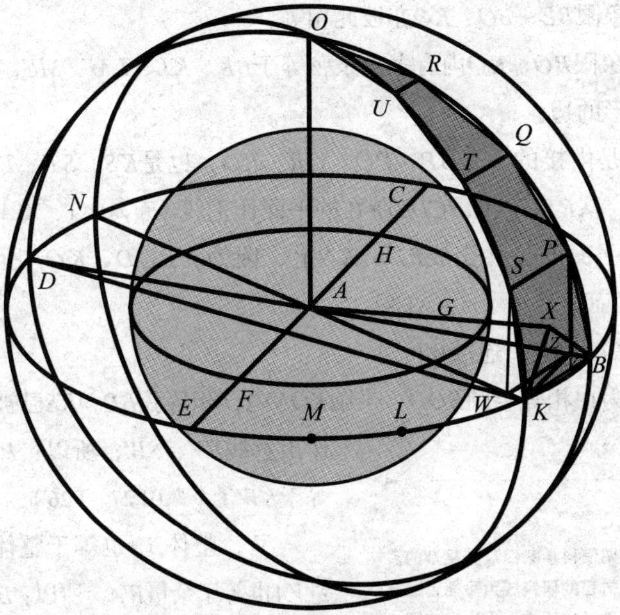

截面为一个圆，因为，球是半圆绕直径旋转而成的。因此，在任何位置我们都能得到半圆，由此经过半圆平面在球面上截出一个圆（定义XI.14）。

又，这也表明，该圆是最大的圆，因为，是球的直径，自然也是半圆和这个圆的直径，它大于所有经过圆内或球内的线段。

令：*BCDE*是大球内的一个圆，且*FGH*是小球内的一个圆。在它们内作两条直径*BD*、*CE*，并相互垂直（命题I.11）。

于是：已知的两个圆*BCDE*、*FGH*是同心圆，在较大圆*BCDE*内作一个内接的偶数边的等边多边形，它与小圆*FGH*不相切（命题XII.16）。

令：*BK*、*KL*、*LM*、*ME*是象限*BE*内的边，连接*KA*，并延长至*N*。再从点*A*作直线*AO*垂直于圆*BCDE*所在的平面，且与球面相互交于*O*（命题XI.12）。

又，过*AO*及线段*BD*、*KN*作平面，它们与球面截出最大圆，这是合理的。

令已经作出了它们，在它们中，*BOD*、*KON*是*BD*、*KN*上的半圆。

现在，因为*OA*与圆*BCDE*所在的平面垂直，所以：过*OA*的所有平面也与*BCDE*所在的平面垂直。因此：半圆*BOD*、半圆*KON*和圆*BCDE*所在平面也垂直（命题XI.18）。

又，因为半圆*BED*、半圆*BOD*、半圆*KON*相等，它们是在相等直径*BD*、*KN*

上的，所以：象限*BE*、*BO*、*KO*亦彼此相等。

所以：在象限*BO*、*KO*内有多少条弦等于*BK*、*KL*、*LM*、*ME*，就在象限*BE*上有多少条多边形的边。

令：它们是内接的，是*BP*、*PQ*、*QR*、*RO*，也是*KS*、*ST*、*TU*、*UO*，连接*SP*、*TQ*、*UR*，从*P*、*S*点向*BCDE*所在的平面作垂线（命题IV.1、XI.11）。

它们落在平面的公共交线*BD*、*KN*上，因为，*BOD*、*KON*所在的平面与圆*BCDE*所在的平面成直角（定义XI.4）。

令它们是*PV*、*SW*，连接*WV*。

现在，因为在相等半圆*BOD*、半圆*KON*内，相等弦*BP*、*KS*已被截出，并已经作出垂线*PV*、*SW*，所以：*PV*等于*SW*，*BV*等于*KW*（命题III.27、I.26）。

又，整体*BA*也等于整体*KA*，所以：余量*VA*也等于余量*WA*。所以：*BV*比*VA*等于*KW*比*WA*。所以：*WV*平行于*KB*（命题VI.2）。

又，因为弦*PV*、*SW*皆与圆*BCDE*所在的平面成直角，所以：*PV*平行于*SW*（命题XI.6）。

又，已经证明，它们也相等，所以：*WV*、*SP*相等且平行（命题I.33）。

又，因为，*WV*平行于*SP*，且*WV*平行于*KB*，所以：*SP*也平行于*KB*（命题XI.9）。

又，连接*BP*、*KS*的端点，所以四边形*KBPS*在同一平面，因为，如果两条直线平行，在它们每一条上任取一点，连接这些点的线与此二平行线在同一平面上。同理，四边形*SPQT*、四边形*TQRU*也在同一平面上（命题XI.7）。

又，三角形*URO*也在一个平面上。如果我们从*P*、*S*、*Q*、*T*、*R*、*U*点向*A*作连线，那么，就作出了在弧*BO*、*KO*之间的

□ 龙形图函数

电子计算机的发明使科学家们对更复杂的多变量方程以及非线性方程的研究成为可能，计算机使科学家有了新的数学实验室。也许现在评价计算机的影响还为时过早，但是数学的性质已经发生了变化，这种变化为我们研究生活哲理以及宇宙的结构带来了根本的变化，同人一样，数学是不可测的。图中展示的龙形函数图由计算机描绘而成，由函数F（Z）=Z^2－M生成。Z是复平面的点，M是原值，黑色表示当迭代次数趋向无穷时，函数值也趋向无穷的Z区域。

一个多面体，它包含了四边形*KBPS*、四边形*SPQT*、四边形*TQRU*以及三角形*URO*为底且以*A*为顶点的棱锥（命题XI.2）。

又，如果我们在边*KL*、*LM*、*ME*的每一个上像在*BK*上一样作同样的图，再在其余三个象限内也给出同样的图，于是：得到一个由棱锥构成的内接于球的多面体，它是由前述的四边形和三角形*URO*以及与它们对应的其他一些四边形和三角形为底且以*A*为顶点的棱锥构成。

那么我说：可证前述多面体不切于圆*FGH*生成的球面。

从*A*点作*AX*垂直于四边形*KBPS*所在的平面，且相交于平面的*X*点，连接*XB*、*XK*（命题XI.11）。

那么，因为*AX*与*KBPS*所在的平面成直角，所以：它也和四边形所在平面上所有和它相交的直线成直角。所以：*AX*与*BX*、*XK*皆成直角（定义XI.3）。

又，因为*AB*等于*AK*，所以：*AB*上的正方形等于*AK*上的正方形，*AX*、*XB*上的正方形之和等于*AB*上的正方形。因为，在*X*点的角是直角，*AX*、*XK*上的正方形等于*AK*上的正方形（命题I.47）。

所以：*AX*、*XB*上的正方形之和等于*AX*、*XK*上的正方形之和。

从每个中减去*AX*上的正方形，于是：余量即*BX*上的正方形等于余量即*XK*上的正方形。所以：*BX*等于*XK*。

类似地，我们也能证明，连接*X*到*P*的线段分别等于线段*BX*、*XK*。

所以：以*X*为圆心且以*XB*或*XK*为半径的圆过点*P*、*S*，且*KBPS*是圆内接四边形。

现在，因为*KB*大于*WV*，而*WV*等于*SP*，所以：*KB*大于*SP*。而*KB*分别等于线段*KS*和*BP*，所以：*KS*、*BP*皆大于*SP*。

又，因为，*KBPS*是圆内的四边形，且*KB*、*BP*、*KS*相等，且*PS*小于它们，且*BX*是圆的半径。所以：*KB*上的正方形大于*BX*上的正方形的两倍。

从*K*点作*KZ*垂直于*BV*（命题I.12）。

那么，因为*BD*小于两倍*DZ*、*BD*比*DZ*等于*DB*、*BZ*构成的矩形比*DZ*、*ZB*构成的矩形，如果*BZ*上的一个正方形，在*ZD*上的平行四边形，那么，*DB*、*BZ*构成的矩形也小于*DZ*、*ZB*构成的矩形的两倍。

又，如果连接*KD*，那么，*DB*、*BZ*构成的矩形等于*BK*上的正方形，且*DZ*、*ZB*构成的矩形等于*KZ*上的正方形。所以：*KB*上的正方形小于*KZ*上的正方形的两倍（命题I.46、III.31，命题VI.18及其推论）。

又，*KB*上的正方形大于*BX*上的正方形的两倍，所以：*KZ*上的正方形大于*BX*上的正方形。又，因为，*BA*等于*KA*，所以：*BA*上的正方形等于*AK*上的正方形。

又，*BX*、*XA*上的正方形之和等于*BA*上的正方形，且*KZ*、*ZA*上的正方形之和等于*KA*上的正方形，所以：*BX*、*XA*上的正方形之和等于*KZ*、*ZA*上的正方形之和。在它们中，*KZ*上的正方形大于*BX*上的正方形，所以：余量，即*ZA*上的正方形小于*XA*上的正方形（命题I.47）。

所以：*AX*大于*AZ*，*AX*比*AG*大得多。

又，*AX*是多面体底上的一条垂线，且*AG*在小球的球面上，因此：多面体与小球的球面不相切。

所以：已知两个同心球，可在大球内作内接多面体，与小球不相切。

证完

推 论

如果一个在另外一个球里的内接多面体相似于球*BCDE*的内接多面体，那么，在球*BCDE*的内接多面体比在另一球的内接多面体等于此二球直径的三次比。

因为：此二立体可以依顺序分为相似且数量相等的棱锥。

而，相似棱锥之比等于它们对应边的三次比。所以：以四边形*KBPS*为底、以*A*为顶点的棱锥比另一球内按顺序相似棱锥等于对应边与对应边的三次比，即以*A*为球心的球的半径与另一球的半径的三次比（命题XII.18及其推论）。

类似地，在以*A*为心的球中的每个棱锥比另一球中按顺序相似的棱锥等于*AB*与另一球的半径的三次比。

又，前项之一比后项之一等于所有前项之和比所有后项之和，因此：在以*A*为球心的球内的整体多面体比另一球内的整体多面体等于*AB*与另一球半径的三次比，即，直径*BD*与另一球直径的三次比（命题V.12）。

证完

注 解

本命题及其推论的目的是分离同心的球，以便在下一个命题（XII.18）中证明球之比，是其直径的三次比。

命题XII.18

球之比等于它们直径的三次比。

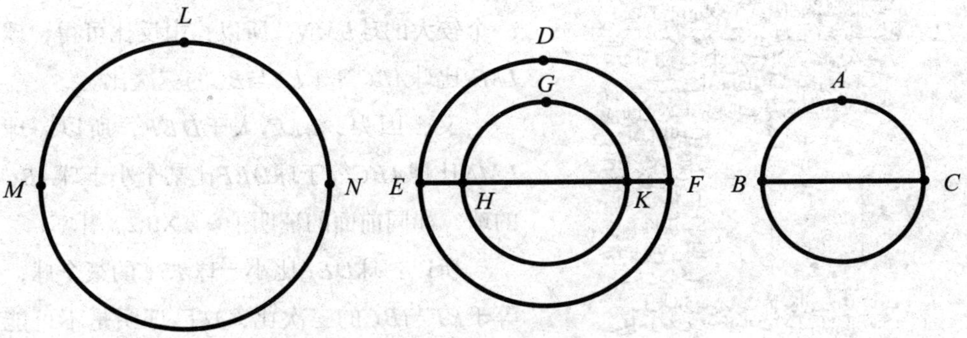

设：*ABC*和*DEF*为球，它们的直径分别为*BC*、*EF*。

求证：球*ABC*比球*DEF*等于*BC*与*EF*的三次比。

如果球*ABC*与球*DEF*之比不等于*BC*与*EF*的三次比，那么，球*ABC*与某个小于或者大于球*DEF*的球之比，等于*BC*与*EF*的三次比。

首先，令球*GHK*等于此比。

令球*DEF*与球*GHK*是同心的，再令在大球*DEF*内有一个内接多面体，它与小球*GHK*不相切（命题XII.17）。

又，在球*ABC*内作内接多面体相似于球*DEF*内的内接多面体。所以：在球*ABC*内的内接多面体比在球*DEF*内的内接多面体，等于*BC*与*EF*的三次比（命题XII.17及其推论）。

又，球*ABC*比球*GHK*等于*BC*与*EF*的三次比，所以：球*ABC*比球*GHK*等于球*ABC*内的多面体比球*DEF*内的多面体，又，由更比可得，球*ABC*比在它内的多面体等于球*GHK*比球*DEF*内的多面体（命题V.16）。

又，球*ABC*大于在它内的多面体。所以：球*GHK*也大于球*DEF*内的多面体（命题V.14）。

又，它也小于球*DEF*中的多面体，因为，它包含它。所以：球*ABC*比小于球*DEF*的某个球不等于*BC*与*EF*的三次比。

类似地，我们也可证明，球*DEF*比小于球*ABC*的某个球也不等于*EF*与*BC*的三次比。

进一步说：球ABC比任意一个大于球DEF的球不等于BC与EF的三次比。

因为，如果可能，令能有这个比值的是一个较大的球LMN，所以：由反比可得，球LMN比球ABC等于EF与BC的三次比。

又，因为，LMN大于DEF，所以：球LMN比球ABC等于球DEF比某个小于球ABC的球，如同前面的证明（命题XII.2、引理）。

所以：球DEF比小于球ABC的某个球，等于EF与BC的三次比，这已证明是不可能的。所以：球ABC比某个大于球DEF的球不等于BC与EF的三次比。

又，已证明，球ABC比某小于球DEF的球，也不等于BC与EF的三次比。

所以：球ABC比球DEF等于BC与EF的三次比。

所以：球之比等于它们直径的三次比。

证完

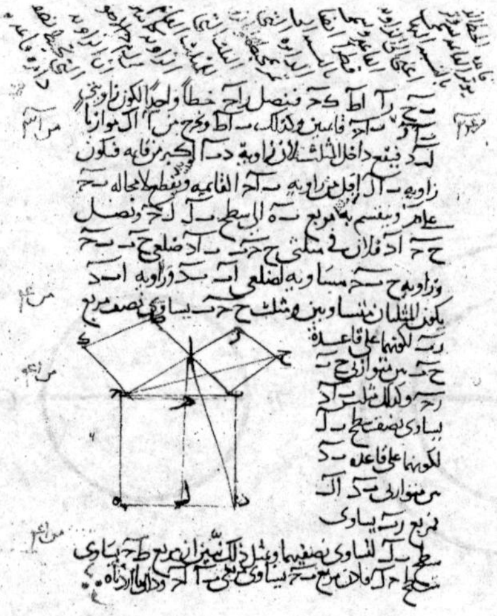

□ 阿拉伯教科书中的毕达哥拉斯定理

有一个数学定理是每一个人在学校都要学习的，这个定理就是毕达哥拉斯定理。但是远在毕达哥拉斯出生前，这一定理就早已广为人知。这一定理的存在使得我们可以比较不同文化背景下的古代数学家的数学模式及他们关注的问题。

注解

本命题是该卷的结束命题。

本命题是重要的，它是球体研究的开始。欧几里得在命题XII.10中已证明了同底同高圆锥是其圆柱的三分之一，但他没有发现球与圆柱的比率。在欧几里得以后一个世纪，阿基米德解决了这一问题，同时他也解决了更困难的球的面的问题。球同圆柱的比率为4∶3，因为圆柱的体积，同其底与高成比例，于是球、圆柱、圆锥的体积皆可根据圆面积求得。使用代数项表示，即是，设π代表圆与圆半径上的正方形的比率，圆柱、圆锥的底面半径和高均为r和h，那么圆柱的体积是πr^2h；圆锥是$\pi r^2h/3$；以r为半径的球体的体积是$4\pi r^3/3$。

第 13 卷
作正多面体

CHAPTER 13

1623年，伽利略在《分析家》中说道：“这是一部关于哲学的著作。这里，我指的就是我们眼前的宇宙。但是，如果没有第一个人像本书那样去理解宇宙的内部性质以及去描述宇宙的特征，那么，我们就不能理解宇宙。本书使用数学的语言，用三角、圆和其他几何图形来描述宇宙的几何特征。只有这样，人类才能理解宇宙。否则，人类就只能像是进入迷宫一般，左右徘徊。”

本卷仍然论述立体几何，重点是正多面体的作图。

本卷提要

※命题XIII.9，作圆内的六面体和十面体。黄金比率。

※命题XIII.10，作六面体和十面体的内切圆。黄金比率。

※命题XIII.10，当五面体、六面体、十面体内接于一圆，五面体的一边上的正方形等于六面体的一边上的正方形与十面体一边上的正方形之和。

※命题XIII.13、XIII.14、XIII.15、XIII.16、XIII.17，作各种正多面体形。

※命题XIII.18，对前面五个正多面体进行比较。

命题XIII.1

如果一条线段被分成中外比，那么，大线段与原线段一半之和上的正方形，等于原线段一半上的正方形的五倍。

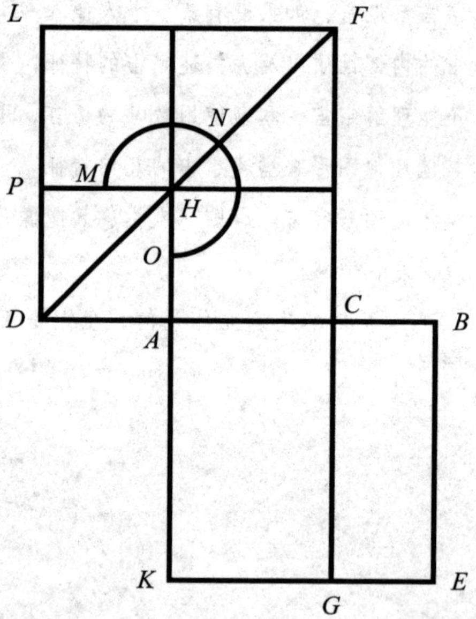

设：线段AB在C点被分为中外比，AC为大线。延长线段CA到D，使AD等于AB的一半。

求证：CD上的正方形是AD上的正方形的五倍。

在AB、DC上分别作正方形AE、DF，且设在DF上的图形已作成，令FC过G点

（命题I.46）。

那么，因为AB在C点被分为中外比，所以：由AB、BC构成的矩形等于AC上的正方形。又，CE是由AB、BC构成的矩形，且FH是AC上的正方形；所以：CE等于FH（定义VI.3、命题VI.17）。

又，因为BA是AD的两倍，同时BA等于KA，且AD等于AH，所以：KA也是AH的两倍。

又，KA比AH同于CK比CH，所以：CK是CH的两倍。又，LH、HC之和也是CH的两倍，所以：KC等于LH、HC之和（命题VI.1）。

又，CE已被证明等于HF，所以：AE上的整体正方形等于折尺形MNO。

又，因为：BA是AD的两倍，所以：BA上的正方形等于AD上的正方形的四倍，即，AE等于DH的四倍。

又，AE等于折尺形MNO，所以：折尺形MNO也是AP的四倍；所以：整体DF是AP的五倍。

又，DF是DC上的正方形，AP是DA上的正方形，所以：CD上的正方形是DA上的正方形的五倍。

所以：如果一条直线被分成中外比，那么，大线段与原线段一半之和上的正方形，等于原线段一半上的正方形的五倍。

证完

注 解

这一命题应用在命题XIII.16 、XIII.17中作二十面体和十二面体的边。

命题XIII.2

如果一条线段上的正方形是它的部分线段为边的正方形的五倍，那么，这些线段的两倍被分成中外比时，其中较长的线是原线的所余部分。

设：线段AB上的正方形是它的部分线段AC上的正方形的五倍，令CD是AC的两倍。

求证：当CD被分成中外比时，较大线段是CB。

在AB、CD上分别作正方形AF、CG，在AF上作图形，作出BE（命题I.46）。

现在，因为BA上的正方形是AC上的正方形的五倍，所以：正方形$ABFC$是正

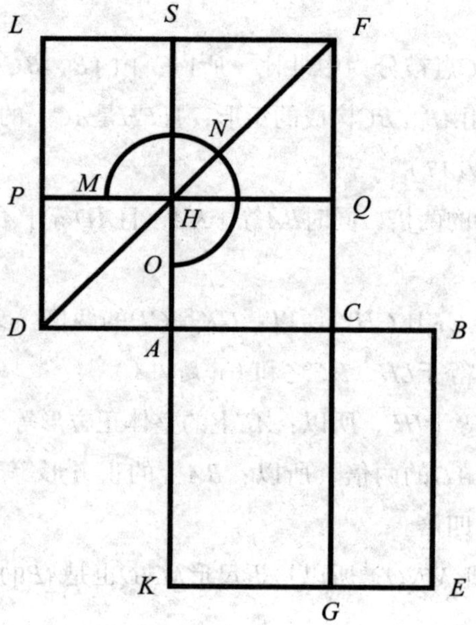

方形$ACHP$的五倍。所以：折尺形MNO是正方形$ACHP$的四倍。

又，因为DC是CA的两倍，所以：DC上的正方形是CA上的正方形的四倍，即，正方形$CKGD$是正方形$ACHP$的四倍。而折尺形MNO也是正方形$ACHP$的四倍，所以：折尺形MNO等于正方形$CKGD$。

又，因为DC是CA的两倍，同时，DC等于CK，而AC等于CH，所以：KB也等于BH的两倍（命题VI.1）。

又，面$LPHS$、面$HCBD$之和也是面$HCBD$的两倍，所以：面$CKEB$等于面$LPHS$、面$IICBQ$之和。

又，总折尺形MNO也被证明等于总$CKGD$，所以：余量$SHQF$等于面$BEGD$。

又，面$BEGD$等于CD、DB构成的矩形，因为，CD等于DG，且$SHQF$是CB上的正方形，所以：CD、DB构成的矩形等于CB上的正方形。

所以：DC比CB同于CB比BD。又，DC大于CB，所以：CB也大于BD。

所以：当线段CD被分成中外比时，CB是较大线段。

所以：如果一条线段上的正方形是它的部分线段为边的正方形的五倍，那么，这些线段的两倍被分成中外比时，其中较长的线是原线的所余部分。

证完

引理

也可证明出：两倍AC大于BC。

如果不是，设BC是CA的两倍。

于是：BC上的正方形等于CA上的正方形的四倍。

所以：BC、CA上的正方形之和是CA上的正方形的五倍。而，根据假设，BA上的正方形也是CA上的正方形的五倍。

所以：BA上的正方形等于BC、CA上的正方形之和，这是不可能的（命题VI.1）。所以：CB不是AC的两倍。

类似地，我们也可以证明出，线段CA的两倍不小于CB；因为这更不合理了。

所以：AC的两倍大于CB。

证完

注 解

这一命题没有在《原本》中再得以利用，它是命题XIII.1的逆命题。

命题XIII.3

如果一条线段被分成中外比，那么，较小线段与大线段的一半之和上的正方形，是大线段一半上的正方形的五倍。

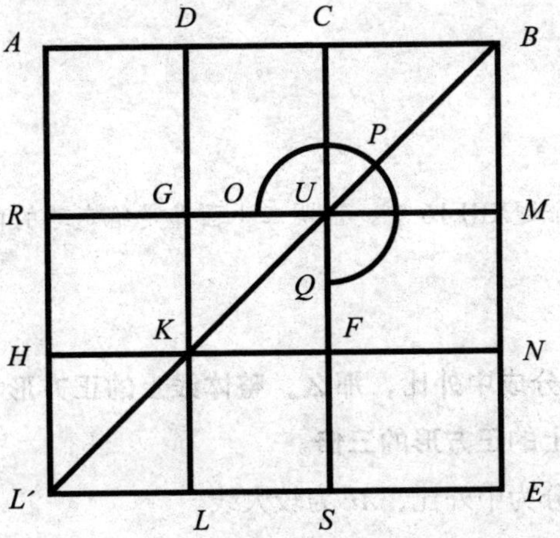

设：点C分线段AB为中外比，AC为较大线段，AC被D点平分。

求证：BD上的正方形是DC上的正方形的五倍。

作正方形AL′EB是AB上的正方形，且设已作出图形（命题I.46）。

因为AC是DC的两倍，所以：AC上的正方形是DC上的正方形的四倍，即面RL′SU是面GKFU的四倍。

又，因为AB、BC构成的矩形等于AC上的正方形，而面CSEB是AB、BC构成的矩形，所以：面CSEB等于面RL′SU。

又，面RL′SU是面GKFU的四倍，所以：面CSEB也是面GKFU的四倍。

又，因为AD等于DC，所以：HK也等于KF。

因此：正方形GKFU等于正方形HL′LK。

所以：GK等于KL，即，MN等于NE，因此：正方形UFNM等于FSEN。

而，正方形UFNM等于DGUC，所以：DGUC等于FSEN。

以上两正方形与CFNB相加，所以：折尺形OPQ等于CSEB。

又，面CSEB已经被证明等于GKFU的四倍，所以：折尺形OPQ也等于正方形GKFU的四倍，所以：折尺形OPQ和正方形GKFU之和等于GKFU的五倍。

又，折尺形OPQ与正方形GKFU之和是正方形DKNB。又，DKNB是DB上的正方形，且GKFU是DC上的正方形，所以：DB上的正方形是DC上的正方形的五倍。

所以：如果一条线段被分成中外比，那么，较小线段与大线段的一半之和上的正方形，是大线段一半上的正方形的五倍。

证完

注 解

这一结果应用在命题XIII.16中，证明二十面体是给定球的内接多面体。

命题XIII.4

如果一条线段被分成中外比，那么，整体线上的正方形与较小线段上的正方形之和，是较大线段上的正方形的三倍。

设：AB在C点被分为中外比，AC为较大线。

求证：AB、BC上的正方形之和是CA上的正方形的三倍。

在AB上作正方形ADEB，且设图形已作出（命题I.46）。

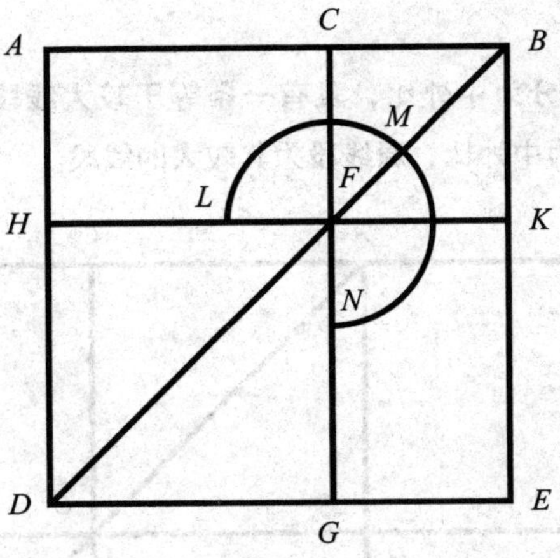

那么，因为AB在C点被分成中外比，AC为较大线段，于是：AB、BC构成的矩形等于AC为边的正方形（定义VI.3、命题VI.17）。

又，$AHKB$是由AB、BC构成的矩形。且$HDGF$是AC上的正方形，所以：正方形$AHKB$等于$HDGF$。

又，因为面$AHFC$等于$EKFG$，令正方形$CFKB$与以上两个面相加，于是，整体$AHKB$等于整体$CBEG$，所以：面$AHKB$、$CGEB$之和等于AK的两倍。而AK、CE之和等于折尺形LMN与正方形$CFKB$之和，所以：折尺形LMN与正方形$CFKB$之和是面$AHKB$的两倍。

又，进一步，面$AHKB$也被证明等于面$HDGF$，所以：折尺形LMN与正方形$CFKB$、面$HDGF$之和是正方形$HDGF$的三倍。

又，折尺形LMN与正方形$CFKB$、面$HDGF$之和是整体正方形$ADEB$、$CFKB$之和，它也是AB、BC上的正方形之和，同时面$HDGF$是AC上的正方形。

所以：AB、BC上的正方形之和是AC上的正方形的三倍。

所以：如果一条线段被分成中外比，那么，整体线上的正方形与较小线段上的正方形之和，是较大线段上的正方形的三倍。

证完

注 解

这一命题和下面三个命题皆是为命题XIII.17做的准备，在这一命题中，作十二面体。

命题XIII.5

如果一条线段被分为中外比，且有一条等于较大线段的线段与之相加，那么，整体线段也被分为中外比，原线段为其较大的线段。

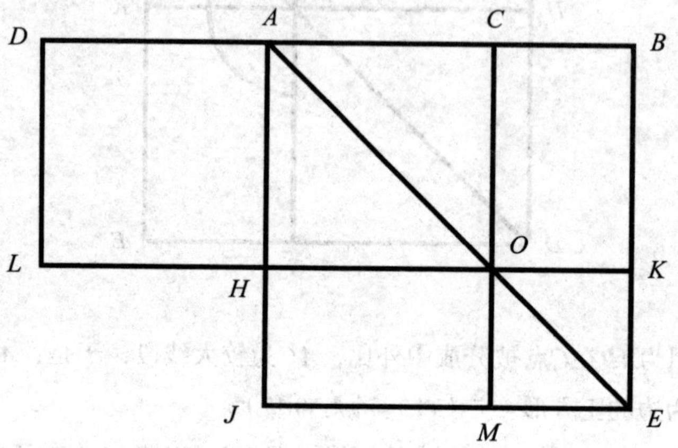

设：线段*AB*在*C*点被分为中外比，*AC*为较大线段，*AD*等于*AC*。

求证：*DB*在*A*点被分为中外比，原线段*AB*是大线段。

在*AB*上作正方形*AJEB*，且设已作出图形（命题I.46）。

因为*AB*在*C*点被分成中外比，所以：*AB*、*BC*构成的矩形等于*AC*上的正方形（定义VI.3、命题VI.17）。

又，面*CMEB*是*AB*、*BC*构成的矩形，*AHOC*是*AC*上的正方形，所以：面*CMEB*等于*AHOC*。

又，面*HJEK*等于面*CMEB*，且*DLHA*等于*AHOC*，所以：*DLHA*也等于*HJEK*。

所以：整体*DLKB*等于整体*AJEB*。

又，*DLKB*是由*BD*、*DA*构成的矩形，因为*AD*等于*DL*，且*AJEB*是*AB*上的正方形，所以：*BD*、*DA*构成的矩形等于*AB*上的正方形。

所以：*DB*比*BA*同于*BA*比*AD*，且*DB*大于*BA*，所以：*BA*也大于*AD*（命题VI.17、V.14）。

所以：*DB*在*A*点被分成中外比，*AB*为大线段。

所以：如果一条线段被分为中外比，且有一条等于较大线段的线段与之相加，那么，整体线段也被分为中外比，原线段为其较大的线段。

证完

注 解

这一命题应用在命题XIII.17中，一个十二面体被作出。

命题XIII.6

如果一条有理线被分成中外比，那么，两部分线段是无理线段，称为余线。

设：*AB*在*C*点被分成中外比，*AC*为较大线。

求证：线段*AC*、*CB*是被称为余线的无理线段。

延长*BA*，使*AD*等于*BA*的一半。

那么，因为线段*AB*被分为中外比，在大线段*AC*上加*AD*，*AD*是*AB*的一半，于是：*CD*上的正方形是*DA*上的正方形的五倍（命题XIII.1）。

所以：*CD*上的正方形比*DA*上的正方形同于一个数比一个数。所以：*CD*上的正方形与*DA*上的正方形是可公约的（命题X.6）。

又，*DA*上的正方形是有理的，因为*DA*是有理的，*AB*的一半是有理的，所以：*CD*上的正方形也是有理的。所以：*CD*也是有理的（命题X.4）。

又，因为*CD*上的正方形比*DA*上的正方形不同于一个平方数与一个平方数之比，所以：*CD*与*DA*是长度不可公约的，*CD*、*DA*是仅正方可公约的有理线，*AC*是余线（命题X.9、X.73）。

又，因为*AB*被分成中外比，且*AC*是大线段，所以：*AB*、*BC*构成的矩形等于*AC*上的正方形（定义VI.3、命题VI.17）。

□ 巴克沙手稿

印度有文字可考的历史最早记录发生在吠陀时期，时间跨度从公元前3世纪到公元10世纪。1881年发掘出的巴克沙手稿，成为公元前2世纪至公元3世纪期间印度数学的唯一见证。这些书写在桦树皮上的手稿，记载有丰富的数学内容，涉及分数、平方根、数列、收支与利润计算。特别值得注意的是，手稿中出现了完整的十进制数码，其中用到“·”来表示数码“0”。

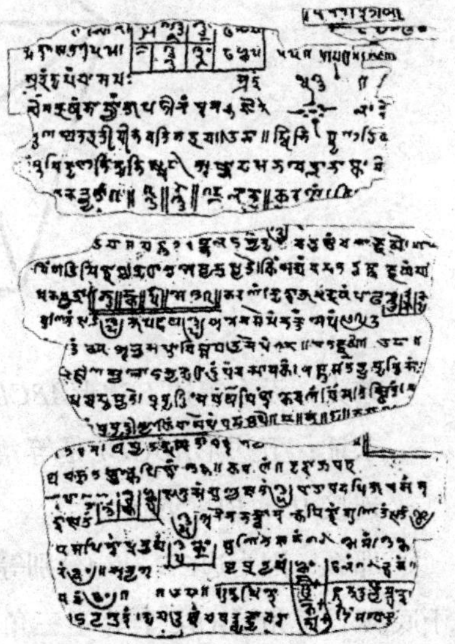

所以：余线AC上的正方形，如果等于有理线段AB、BC构成的矩形。而余线为边的正方形如果等于一条有理线段和第一余线构成的矩形，于是：CB是第一余线。又，CA也被证明为一条余线（命题X.97）。

所以：如果一条有理线被分成中外比，那么，两部分线段是无理线段，称为余线。

证完

注 解

赫斯认为，本命题是后人伪造插入进来的。

这一命题应用在命题XIII.17的十二面体建造之中，以证明五边形的边是无理线（称为余线）。

命题XIII.7

如果一个等边的五边形，有三个相邻或者不相邻的角相等，那么，它是等角五边形。

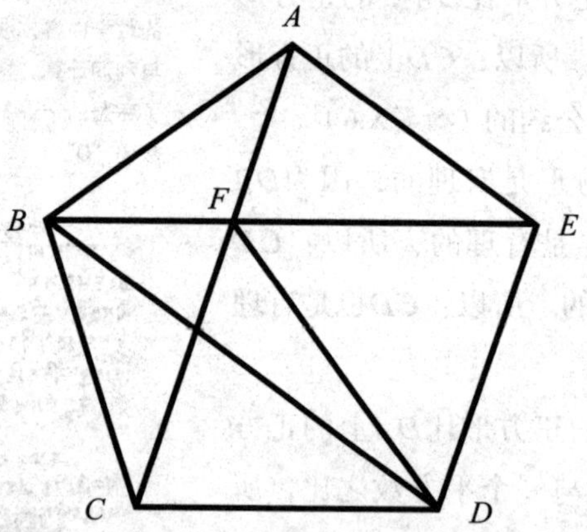

首先，设在等边五边形$ABCDE$中，相邻角$\angle BAE$、$\angle ABC$、$\angle BCD$相互相等。

求证：五边形$ABCDE$是等角的。

连接AC、BE、FD。

那么，因为边CB、BA分别等于边BA、AE，且$\angle CBA$等于$\angle BAE$，所以：底AC等于底BE，三角形ABC全等于三角形ABE，即，它们是对着等边的角，即$\angle BCA$等于∠*BEA*，且∠*ABE*等于∠*CAB*（命题I.4）。

因此：边*AF*也就等于边*BF*（命题I.6）。

又，整体*AC*等于整体*BE*，所以：余量*FC*等于余量*FE*。又，*CD*等于*DE*。所以：边*FC*、*CD*分别等于边*FE*、*ED*，且底*FD*是它们的公共边。所以：∠*FCD*等于∠*FED*（命题I.8）。

又，∠*BCA*也被证明等于∠*AEB*，所以：整体∠*BCD*等于整体∠*AED*。且，根据假设，∠*BCD*等于在*A*、*B*点的角。所以：∠*AED*也等于在*A*点和*B*点的角。类似地，我们可以证明，∠*CDE*也等于在*A*点、*B*点和*C*点的角，所以：五边形*ABCDE*是等角的。

再设：已知等角不是相邻角，即*A*、*C*、*D*处的角是相等的。

求证：在这一情况下，五边形*ABCDE*也是等角的。

连接*BD*。

那么，因为*BA*、*AE*两边分别等于*BC*、*CD*两边，且它们包含等角，所以：底*BE*等于底*BD*，三角形*ABE*全等于三角形*BCD*，所以∠*AEB*等于∠*CDB*（命题I.4）。

又，∠*BED*也等于∠*BDE*，因为边*BE*等于边*BD*（命题I.5）。

所以：整体∠*AED*也等于整体∠*CDE*。

又，根据假设，∠*CDE*等于在*A*点和*C*点的角，所以：∠*AED*也等于在*A*点和*C*点的角。

同理，∠*ABC*也等于在*A*、*C*、*D*点的角，所以：五边形*ABCDE*是等角的。

所以：如果一个等边的五边形有三个相邻或者不相邻的角相等，那么，它是等角五边形。

证完

注 解

本命题被命题XIII.17所用。

命题XIII.8

如果在正五边形中，用线段依次连接相对两角，那么，其连线交成中外比，且大线等于五边形的边。

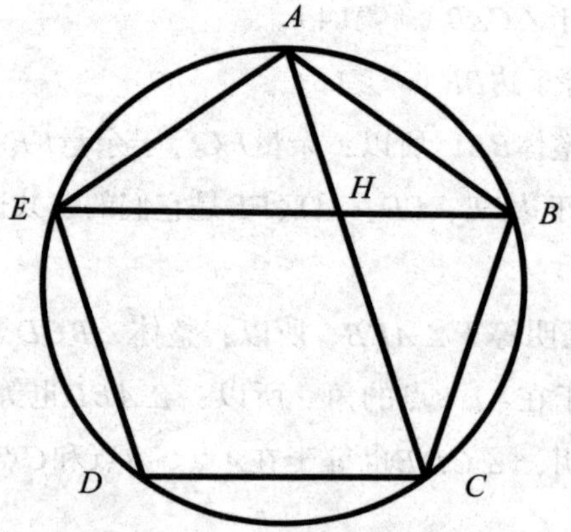

设：在正五边形*ABCDE*中，对角线*AC*、*BE*在*H*点相交。

求证：它们皆在*H*点被分成中外比，其大线等于五边形的边。

在圆*ABCDE*上作内接五边形*ABCDE*（命题IV.14）。

那么，因为两条线段*EA*、*AB*等于两条线段*AB*、*BC*，它们所夹的角相等，所以：底*BE*等于底*AC*，三角形*ABE*等于三角形*ABC*，且，余角分别等于余角，即等边所对的角（命题I.4）。

所以：∠*BAC*等于∠*ABE*，∠*AHE*是∠*BAH*的两倍（命题I.32）。

又，∠*EAC*是∠*BAC*的两倍，因为：弧*EDC*也是弧*CB*的两倍（命题III.28、VI.33）。

所以：∠*HAE*等于∠*AHE*。

因此：线段*HE*也等于线段*EA*，即*AB*（命题I.6）。

又，因为线段*BA*等于*AE*，所以：∠*ABE*也等于∠*AEB*（命题I.5）。

又，∠*ABE*已经被证明等于∠*BAH*，所以：∠*BEA*也等于∠*BAH*。

又，∠*ABE*是三角形*ABE*与三角形*ABH*的公共角，所以：∠*BAE*等于∠*AHB*。所以：三角形*ABE*与三角形*ABH*是等角三角形（命题I.32）。

所以：成比例地，*EB*比*BA*同于*AB*比*BH*（命题VI.4）。

又，*BA*等于*EH*，所以：*BE*比*EH*同于*EH*比*HB*。

又，*BE*大于*EH*，所以：*EH*大于*HB*（命题VI.14）。

所以：*BE*在*H*点被分成中外比，且大线段*HE*等于正五边形的边。

类似地，我们可以证明出，*AC*也在*H*点被分为中外比，大线*CH*等于五边形的边。

所以：如果在正五边形中，用线段依次连接相对两角，那么，其连线交成中外比，且大线等于五边形的边。

证完

注 解

这一命题应用在命题XIII.11的证明中，以作内接于圆（直径为有理线段）的正五边形，该边是无理线段。

命题XIII.9

如果内接于同一个圆内的正六边形的一边和正十边形的一边相加，那么，总线段可分成中外比，且大线段是正六边形的一边。

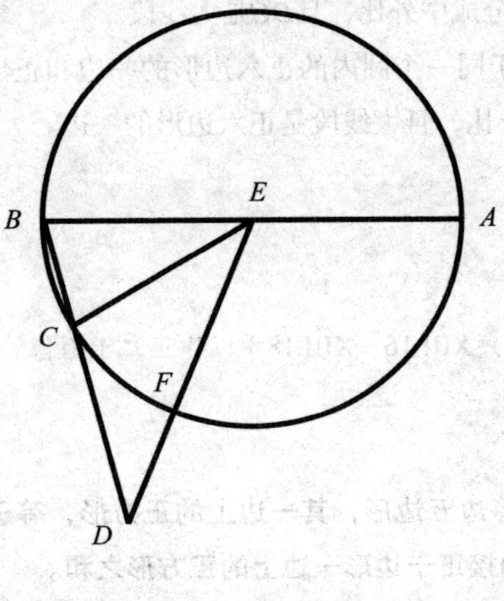

设：*ABC*为圆，*BC*是内接于圆的正十边形的边，*CD*是内接于圆的正六边形的边，且它们在同一直线上。

求证：总线段*BD*被分成中外比，*CD*是大线段。

令：*E*为圆心，连接*EB*、*EC*、*ED*，延长*EB*至*A*（命题III.1）。

因为*BC*是正十边形的边，所以：弧*ACB*是弧*BC*的五倍，弧*AC*是弧*CB*的四倍。

又，弧*AC*比弧*CB*同于∠*AEC*比∠*CEB*，所以：∠*AEC*是∠*CEB*的四倍（命题

VI.33）。

又，因为∠*EBC*等于∠*ECB*，所以：∠*AEC*是∠*ECB*的两倍（命题I.5、I.32）。

又，线段*EC*等于*CD*，因为：它们等于内接于圆*ABC*的正六边形的边，所以：∠*CED*也等于∠*CDE*，∠*ECB*是∠*EDC*的两倍（命题IV.15及其推论，命题I.5、I.32）。

又，∠*AEC*已经证明等于∠*ECB*的两倍，所以：∠*AEC*等于∠*EDC*的四倍。又，∠*AEC*已经被证明等于∠*BEC*的四倍，所以：∠*EDC*等于∠*EBC*。

又，∠*EBD*是两个三角形*BEC*和*BED*的公共角，所以：∠*BED*等于∠*ECB*。所以：三角形*EBD*与三角形*EBC*是等角三角形（命题I.32）。

所以：有比例，*DB*比*BE*同于*EB*比*BC*（命题VI.4）。

又，*EB*等于*CD*，所以：*BD*比*DC*同于*DC*比*CB*。又，*BD*大于*DC*，所以：*DC*大于*CB*。

所以：线段*BD*被分成中外比，且*DC*是大线段。

所以：如果内接于同一个圆内的正六边形的一边和正十边形的一边相加，那么，总线段可分成中外比，且大线段是正六边形的一边。

证完

注 解

这一结果应用在命题XIII.16、XIII.18中以作正二十面体。

命题XIII.10

一个内接于圆的等边五边形，其一边上的正方形，等于同圆内的内接正六边形一边上的正方形与内接正十边形一边上的正方形之和。

设：*ABCDE*为圆，等边五边形*ABCDE*内接于圆*ABCDE*。

求证：五边形*ABCDE*一边上的正方形等于圆*ABCDE*的内接正六边形一边上的正方形和内接正十边形一边上的正方形之和。

令：*F*为圆心，连接*AF*延长至*G*点，连接*FB*，从*F*作*FH*垂直于*AB*且交圆于*K*，交*AB*于*H*，连接*AK*、*KB*，从*F*作*FL*垂直于*AK*且交圆于*M*，交*AK*于*L*，连接*KN*（命题III.1、I.12）。

因为弧*ABCG*等于弧*AEDG*，其中，弧*ABC*等于弧*AED*，所以：余量弧*CG*等于

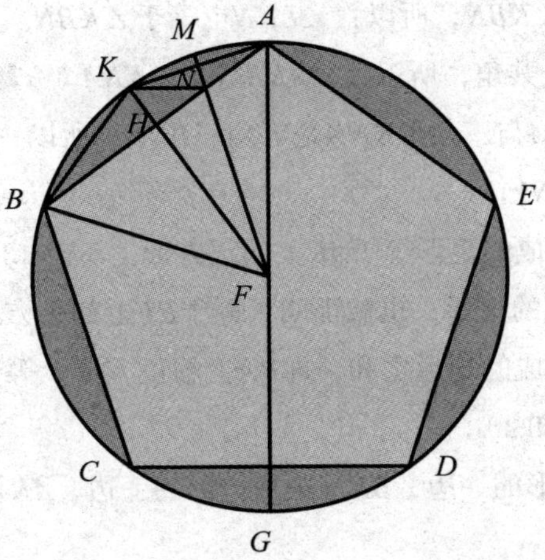

余量弧GD。

而，CD属于一个正五边形的边，所以：CG属于一个正十边形的边。

又，因为FA等于FB，FH是垂线，所以：$\angle AFK$等于$\angle KFB$（命题I.5、I.26）。

因此，弧AK等于弧KB，所以：弧AB等于弧BK的两倍。所以：线段AK是正十边形的一边。同理，AK是KM的两倍（命题III.26）。

现在，因为弧AB是弧BK的两倍，同时，弧CD等于弧AB，所以：弧CD也是弧BK的两倍。

又，弧CD也是弧CG的两倍，所以：弧CG等于弧BK。而BK是KM的两倍，因为KA也是KM的两倍，所以：CG也是KM的两倍。

再进一步，弧CB也是弧BK的两倍，因为，弧CB等于弧BA。所以：弧GB也是弧BM的两倍。因此：$\angle GFB$是$\angle BFM$的两倍（命题VI.33）。

又，$\angle GFB$是$\angle FAB$的两倍，因为$\angle FAB$等于$\angle ABF$。所以：$\angle BFN$等于$\angle FAB$。

又，$\angle ABF$是两个三角形ABF、BFN的公共角，所以：$\angle AFB$等于$\angle BNF$。所以三角形ABF与三角形BFN是等角三角形（命题I.32）。

所以：成比例地，线段AB比BF同于FB比BN。所以：AB与BN构成的矩形等于BF上的正方形（命题VI.4、VI.17）。

又，因为AL等于LK，同时LN是公共边，且$\angle LKN$与$\angle ALN$均为直角，所以：底KN等于底AN。所以：$\angle LKN$也等于$\angle LAN$（命题I.4）。

又，$\angle LAN$等于$\angle KBN$，所以：$\angle LKN$也等于$\angle KBN$。又，在A点的角是两个三角形AKB、AKN的公共角，所以：$\angle AKB$等于$\angle KNA$（命题I.32）。

所以：三角形KBA与三角形KNA是等角三角形。所以：成比例地，线段BA比AK同于KA比AN（命题VI.1）。

所以：BA、AN构成的矩形等于AK上的正方形（命题VI.17）。

又，AB与BN构成的矩形，也被证明了等于BF上的正方形，所以：AB、BN构成的矩形与BA、AN构成的矩形之和，即BA上的正方形，等于BF上的正方形、AK上的正方形之和（命题II.2）。

又，BA是正五边形的一边，BF是正六边形的一边，AK是正十边形的一边（命题IV.15及其推论）。

所以：一个内接于圆的等边五边形，其一边上的正方形，等于同圆内的内接正六边形一边上的正方形与正十边形一边上的正方形之和。

证完

注 解

这一结果应用在命题XIII.16中。

命题XIII.11

如果圆的直径为有理线，那么，这个圆的内接等边五边形的边是被称为次线的无理线。

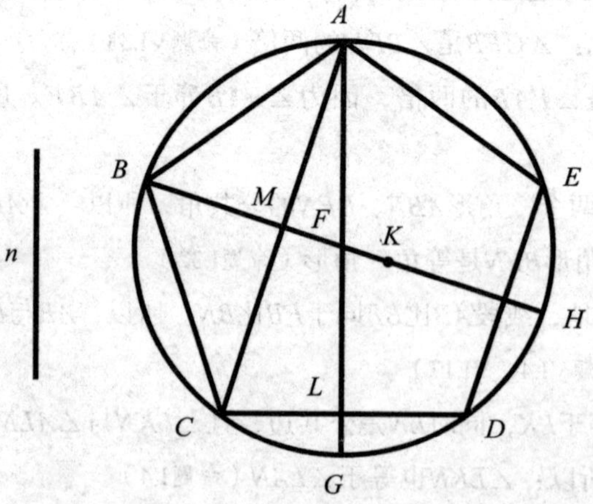

设：在圆*ABCDE*中，直径是有理线，内接等边五边形*ABCDE*被作出。

以*F*为圆心，连接*AF*、*FB*，延长它们至点*G*、*H*，再连接*AC*，作*AF*的四分之一*FK*（命题III.1、VI.9）。

现在，因为*AF*是有理的，所以：*FK*也是有理的。而*BF*也是有理的，所以：整体*BK*是有理的。

又，因为弧*ACG*等于弧*ADG*，且在它们中，弧*ABC*等于弧*AED*，所以：余量*CG*等于余量*GD*。

又，如果我们连接*AD*，那么，在点*L*处的角是直角，*CD*是*CL*的两倍。

同理，在*M*点的角也是直角，且*AC*是*CM*的两倍。

那么，因为：$\angle ALC$等于$\angle AMF$，且$\angle LAC$是两个三角形*ACL*和*AMF*的公共角，所以：$\angle ACL$等于$\angle MFA$（命题I.32）。

所以：三角形*ACL*与三角形*AMF*是等角三角形。所以：成比例地，*LC*比*CA*同于*MF*比*FA*。且取两前项的两倍，所以：*LC*的两倍比*CA*同于*MF*的两倍比*FA*。

又，*MF*的两倍比*FA*同于*MF*比*FA*的一半，所以：*LC*的两倍比*CA*同于*MF*比*FA*的一半。

取两后项的一半，所以：*LC*的两倍比*CA*的一半，同于*MF*比*FA*的四分之一。

又，*DC*是*LC*的两倍，*CM*是*CA*的一半，*FK*是*FA*的四分之一，所以：*DC*比*CM*同于*MF*比*FK*。

又，由合比可得，*DC*、*CM*之和比*CM*同于*MK*比*KF*。所以：*DC*、*CM*之和上的正方形比*CM*上的正方形，等于*MK*上的正方形比*KF*上的正方形（命题V.18）。

又，因为当五边形两相对角的连线*AC*被分为中外比时，大线段等于五边形的边，即*DC*，同时，大线段与整体之一半之和上的正方形是整体之一半上的正方形的五倍，而*CM*是整体*AC*的一半。所以：*CM*、*DC*之和上的正方形是*CM*上的正方形的五倍（命题XIII.8、XIII.1）。

又，已经证明*DC*、*CM*之和上的正方形比*CM*上的正方形同于*MK*上的正方形比*KF*上的正方形，所以：*MK*上的正方形是*KF*上的正方形的五倍。

又，*KF*上的正方形是有理的，因为它的直径是有理的，所以：*MK*上的正方形也是有理的。所以：*MK*是有理的。

又，因为*BF*是*FK*的四倍，所以：*BK*是*KF*的五倍，所以：*BK*上的正方形是*KF*上的正方形的二十五倍。

又，MK上的正方形是KF上的正方形的五倍，所以：BK上的正方形是KM上的正方形的五倍，BK上的正方形比KM上的正方形不同于平方数比平方数。所以：BK与KM是长度不可公约量（命题X.9）。

又，它们皆是有理的。所以：BK、KM是仅正方可公约的有理线段。

又，如果从一条有理线段减去一条与它仅正方可公约的有理线段，那么，余量是无理的，即一条余线，所以：MB是一条余线，而MK是它上面的加线段（命题X.73）。

进一步说，MB也是一条第四余线。

设：n上的正方形等于BK上的正方形与KM上的正方形之差。所以：BK上的正方形与KM上的正方形之差等于n上的正方形。

又，因为KF与FB是可公约的，由合比可得，KB与FB可公约，而FB与BH可公约，所以：BK与BH也可公约（命题X.15、X.12）。

又，因为BK上的正方形是KM上的正方形的五倍，所以：BK上的正方形比KM上的正方形等于5：1。所以：由反比可得，BK上的正方形比n上的正方形等于5：4，而此比不是平方数比平方数。所以：BK与n是不可公约的。所以：BK上的正方形与KM上的正方形的差的正方形的边与BK不可公约（命题V.19、命题X.9及其推论）。

因为，整体BK上的正方形与加线段KM上的正方形的差的正方形的边与BK不可公约，且整体BK与给定的有理线段BH是可公约的，所以：MB是一条第四余线（命题III.4）。

又，由一条有理线和第四余线构成的矩形是无理的，且与此矩形相等的正方形的边是条无理次线（命题X.94）。

又，AB上的正方形等于HB、BM构成的矩形，因为，当连接AH时，三角形ABH与三角形ABM是等角三角形，且HB比BA等于AB比BM。

所以：五边形的边AB是一条无理次线。

所以：如果圆的直径为有理线，那么，这个圆的内接等边五边形的边是被称为次线的无理线。

证完

注解

本命题应用在命题XIII.16中，以阐释正五边形的边是无理线段，也被称为次线。

命题XIII.12

如果一个等边三角形内接于一圆，那么，三角形一边上的正方形是圆的半径上的正方形的三倍。

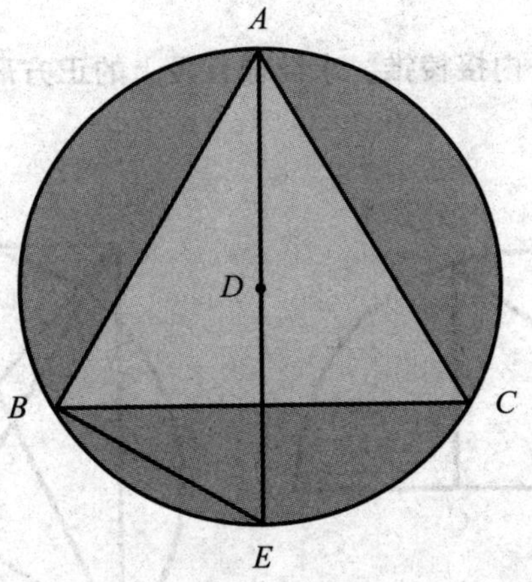

设：*ABC*为圆，等边三角形*ABC*内接于圆*ABC*。

求证：三角形*ABC*一边上的正方形是圆半径上的正方形的三倍。

令：*D*为圆*ABC*的圆心，连接*AD*并延长至*E*，连接*BE*（命题III.1）。

那么，因为三角形*ABC*是等边三角形，所以：弧*BEC*是圆周*ABC*的三分之一。所以：弧*BE*是圆周的六分之一。所以：线段*BE*属于正六边形的边。所以：它等于半径*DE*（命题IV.15及其推论）。

又，因为*AE*是*DE*的两倍，所以：*AE*上的正方形是*ED*上的正方形的四倍，即是*BE*上的正方形的四倍。

又，*AE*上的正方形等于*AB*、*BE*上的正方形之和，所以：*AB*、*BE*上的正方形之和等于*BE*上的正方形的四倍（命题III.31、I.47）。

所以：由分比可得，*AB*上的正方形是*BE*上的正方形的三倍。而*BE*等于*DE*，所以：*AB*上的正方形是*DE*上的正方形的三倍。

所以：三角形一边上的正方形是圆半径上的正方形的三倍。

所以：如果一个等边三角形内接于一圆，那么，三角形一边上的正方形是圆的半径上的正方形的三倍。

证完

注 解

本命题应用在下一命题中以作四面体。

命题XIII.13

在给定的球内作一内接棱锥，求证球直径上的正方形是棱锥一边上的正方形的一倍半。

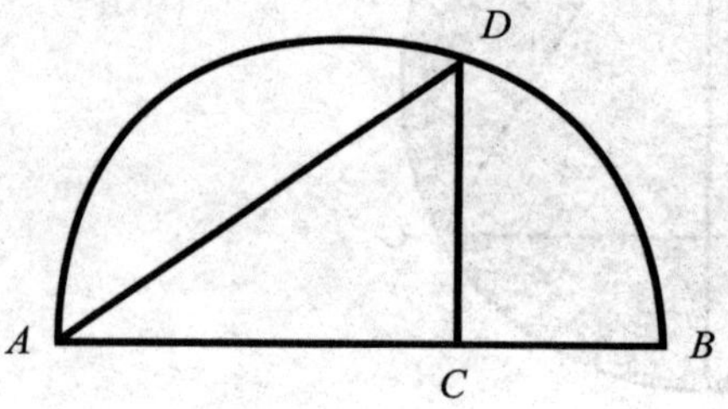

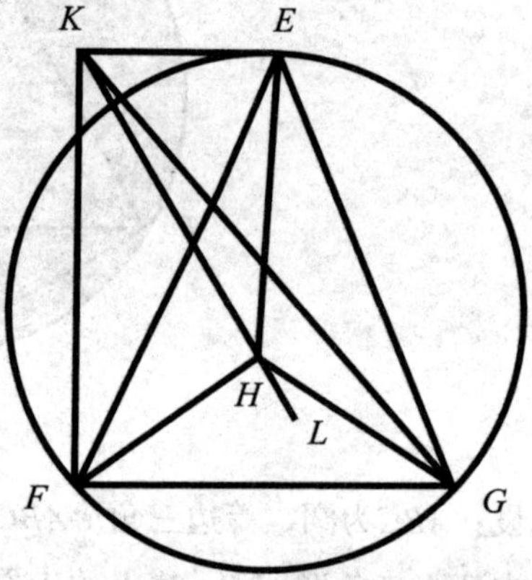

设：已知球的直径是*AB*，在*C*点切分为*AC*和*CB*，使*AC*等于两倍*CB*，在*AB*上作半圆*ADB*，从*C*点作*CD*与*AB*成直角，连接*DA*（命题VI.9、I.11）。

再设：圆*EFG*的半径等于*DC*，作内接于圆*EFG*的等边三角形*EFG*，*H*为圆心，连接*EH*、*HF*、*HG*（命题I.1、IV.2）。

再设：从点*H*作*HK*与圆*EFG*所在的平面成直角，切分*HK*等于线段*AC*，连接*KE*、*KF*、*KG*（命题XI.12、I.3）。

那么，因为*KH*与圆*EFG*所在的平面成直角，所以：它也与圆*EFG*所在的平面上的一切与它相交的直线成直角。而线段*HE*、*HF*、*HG*皆与它相交，所以：*HK*与*HE*、*HF*、*HG*皆成直角（定义XI.3）。

又，因为*AC*等于*HK*，*CD*等于*HE*，而它们包含直角，所以：底*DA*等于底*KE*。同理，线段*KF*、*KG*也等于*DA*。

所以：线段*KE*、*KF*、*KG*彼此相等（命题I.4）。

又，因为*AC*是两倍*CB*，所以：*AB*是三倍*BC*。

又，后边将要证明，*AB*比*BC*同于*AD*上的正方形比*DC*上的正方形。

所以：AD上的正方形是DC上的正方形的三倍。而FE上的正方形也是EH上的正方形的三倍，DC等于EH，所以：DA也等于EF（命题XIII.12）。

又，已经证明，DA分别等于线段KE、KF、KG，所以：线段EF、FG、GE也分别等于线段KE、KF、KG。所以：四个三角形EFG、KEF、KFG、KEG均是等边三角形。

所以：四个等边三角形构成一个棱锥，三角形EFG为其底，K为其顶点。

现在，进一步，要求它内接于已知球，且证明球直径上的正方形是该棱锥一边上正方形的一倍半。

将线段KH延长成HL，且使HL等于CB（命题I.3）。

那么，因为AC比CD同于CD比CB，同时AC等于KH，CD等于HE，CB等于HL，所以：KH比HE同于EH比HL。所以：KH、HL构成的矩形等于EH上的正方形（命题VI.8及其推论、命题VI.17）。

又，$\angle KHE$、$\angle EHL$皆为直角，所以：KL上的半圆也过E（命题VI.8、III.31）。

那么，如果固定KL，使半圆从原来的位置旋转到开始位置，它也经过点F、G，因为：如果连接FL、LG，那么在F、G的是直角。且棱锥内接于已知球。因为球的直径KL等于已知球的直径AB，KH等于AC，且HL等于CB。

进一步说：球直径上的正方形是棱锥一边上正方形的一倍半。

因为AC是CB的两倍，所以：AB是BC的三倍。又，由反比可得，BA是AC的一倍半。

又，BA比AC同于BA上的正方形比AD上的正方形。所以：BA上的正方形也是AD上的正方形的一倍半。又，BA是给定的球的直径，且AD等于棱锥的边。

所以，这个球的直径上的正方形是棱锥上正方形的一倍半。

所以：在给定的球内作一内接棱锥；该球直径上的正方形是棱锥一边为边的正方形的一倍半。

证完

引 理

也可以证明AB比BC同于AD上的正方形比DC上的正方形。

设：已作出半圆图形，连接DB，在AC上作正方形$AEFC$。完成平行四边形FB（命题I.46）。

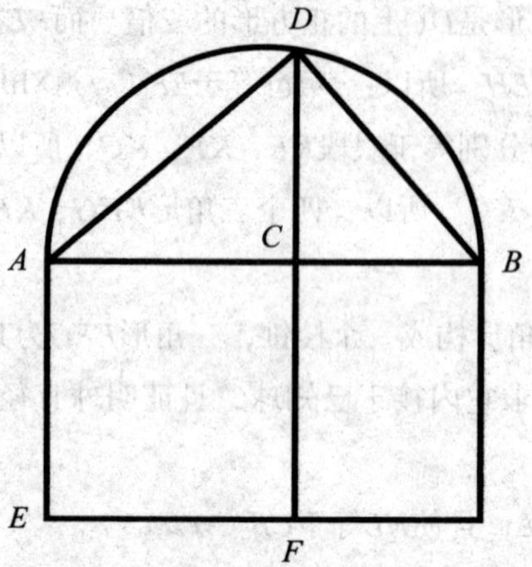

因为，三角形DAB与三角形DAC是等角三角形，所以：BA比AD同于DA比AC。所以：由AB、AC构成的矩形等于AD上的正方形（命题VI.8、VI.4、VI.17）。

又，因为AB比BC同于EB比BF，而EB是BA、AC构成的矩形，EA等于AC，BF是AC、CB构成的矩形。所以：AB比BC同于BA、AC构成的矩形比AC、CB构成的矩形（命题VI.1）。

又，BA、AC构成的矩形等于AD上的正方形，且AC、CB构成的矩形等于DC上的正方形，因为，垂线DC是底的线段AC、CB的比例中项，$\angle ADB$是直角。所以：AB比BC同于AD上的正方形比DC上的正方形（命题VI.8及其推论）。

证完

注 解

在命题XIII.18中，比较了五个正多边形，本命题的正四面体是其中一个。

命题XIII.14

作一个球的内接正八面体，如同前一命题的情况一样，球直径上的正方形是正八面体一边上的正方形的两倍。

设：直径AB是给定的球的直径，C点将其平分，在AB上作半圆ADB，从C点作CD垂直于AB，连接DB（命题I.11）。

再设：作正方形$EFGH$的边等于DB，连接HF、EG，从K点作直线KL垂直

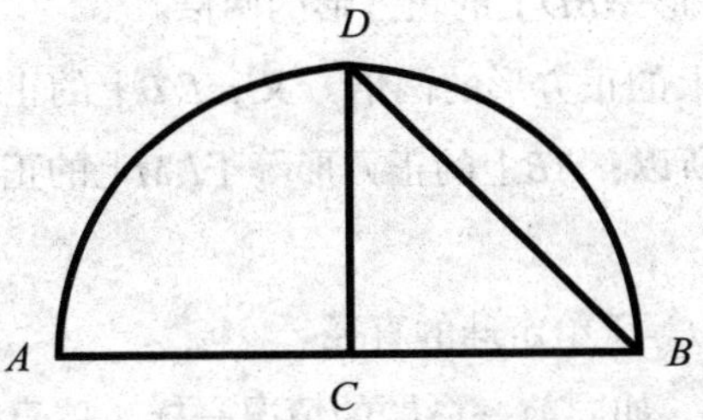

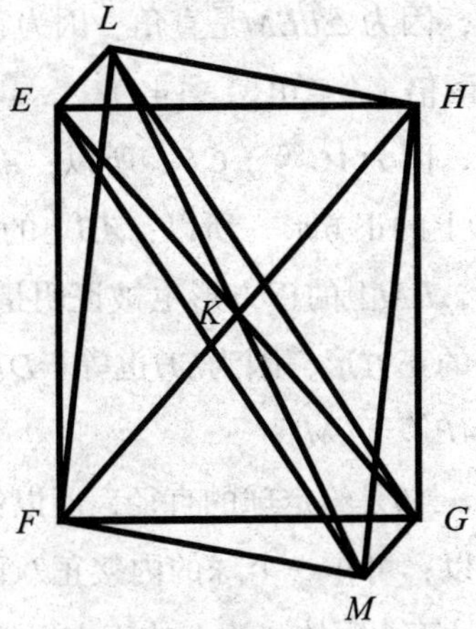

于正方形$EFGH$所在的平面，并使它穿过平面到另一端，取线段KM（命题I.46、XI.12）。

在直线KL、KM上取线段KL、KM等于线段EK、FK、GK、HK，连接LE、LF、LG、LH、ME、MF、MG、MH（命题I.3）。

那么，因为KE等于KH，且$\angle EKH$是直角，所以：HE上的正方形是EK上的正方形的两倍。因为LK等于KE，$\angle LKE$是直角，所以：EL上的正方形是EK上的正方形的两倍（命题I.47）。

又，HE上的正方形也被证明等于EK上的正方形的两倍，所以：LE上的正方形等于EH上的正方形。所以：LE等于EH。同理，LH也等于HE。

所以：三角形LEH是等边三角形。

类似地，我们也可证明，以正方形$EFGH$的边为底，以L、M为顶点的其余三角形也皆是等边三角形，于是：由八个等边三角形构成的正八面体被作出（定义XI.26）。

现在要求它内接于已知球，且球的直径上的正方形等于正八面体边上的正方形的两倍。

因为三条线段LK、KM、KE相等，所以：LM上的半圆也经过E。同理，如果固定LM，旋转半圆到原来位置，它也经过F、G、H，这样，正八面体内接于圆。

进一步说，它也内接于已知球。

因为，LK等于KM，同时KE是公共的，且它们夹直角，所以：底LE等于底EM（命题I.4）。

又，因为∠*LEM*是直角，因为它在半圆上，所以：*LM*上的正方形是*LE*上的正方形的两倍（命题III.31、I.47）。

又，因为*AC*等于*CB*，所以：*AB*是*BC*的两倍。又，*AB*比*BC*同于*AB*上的正方形比*BD*上的正方形，所以：*AB*上的正方形是*BD*上的正方形的两倍。

又，*LM*上的正方形也被证明是*LE*上的正方形的两倍。又，*DB*上的正方形等于*LE*上的正方形，因为*EH*也等于*DB*。所以：*AB*上的正方形等于*LM*上的正方形。所以：*AB*等于*LM*。

又，*AB*是给定球的直径，所以：*LM*等于给定球的直径。

所以：可作一个球的内接正八面体，如同前一命题的情况一样，球直径上的正方形是正八面体一边上的正方形的两倍。

证完

注 解

本命题应用在命题XIII.18中，比较多个正多面体。

命题XIII.15

如作棱锥一样，求作一个球的内接正方体；且证明球直径上的正方形是正方体一边上的正方形的三倍。

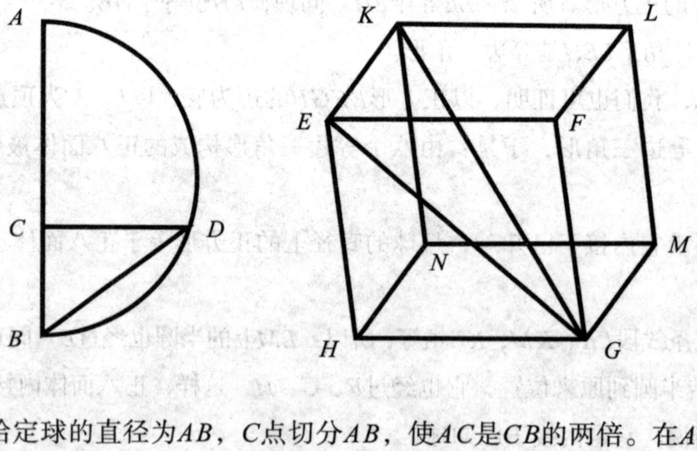

设：给定球的直径为*AB*，*C*点切分*AB*，使*AC*是*CB*的两倍。在*AB*上作半圆*ADB*，过*C*作*CD*垂直于*AB*，连接*DB*。又设，正方形*EFGH*的边等于*DB*，过*E*、*F*、*G*、*H*作*EK*、*FL*、*GM*、*HN*与正方形*EFGH*所在的平面垂直，从*EK*、*FL*、

GM、HN中截取EK、FL、GM、HN，分别等于EF、FG、GH、HE。连接KL、LM、MN、NK（命题VI.9、I.11、I.46、XI.12、I.3）。

所以：正方体$EFNM$被作出，它由六个相等的正方形构成（定义XI.25）。

求证：该正方体内接于已知圆，且球的直径上的正方形是正方体一边上的正方形的三倍。

连接KG、EG。

那么，因为$\angle KEG$是直角，因为KE也与平面$EHGF$成直角，当然，它也与直线EG成直角，所以：KG上的半圆过点E（定义XI.3）。

又，GF也与直线FL、FE皆成直角，所以：GF与平面$EFLK$也成直角。因此，如果连接FK，那么，GF也将与FK成直角。同理，GK上的半圆也过F。

类似地，它也过正方体其余的顶点。

如果固定KG，使半圆旋转到开始位置，那么，该正方体内接于一个球。

进一步证明，它也内接于已知球。

因为GF等于FE，在F点上的角是直角，所以：EG上的正方形是EF上的正方形的两倍。而EF等于EK，所以：EG上的正方形是EK上的正方形的两倍。因此：GE、EK上的正方形之和，即GK上的正方形是EK上的正方形的三倍（命题I.47）。

又，因为AB是BC的三倍，同时，AB比BC同于AB上的正方形比BD上的正方形，所以：AB上的正方形是BD上的正方形的三倍。

又，GK上的正方形也已被证明等于KE上的正方形的三倍。且KE等于DB，所以：KG也等于AB。又，AB是已知球的直径，所以：KG也等于已知球的直径。

所以：内接于已知球的正方体被作出，球直径上的正方形是正方体一边上的正方形的三倍。

证完

注 解

本命题应用在命题XIII.18中。

命题XIII.16

与前述命题一样，求作一个内接于球的正二十面体，且证明这个二十面体的边是被称为次线的无理线段。

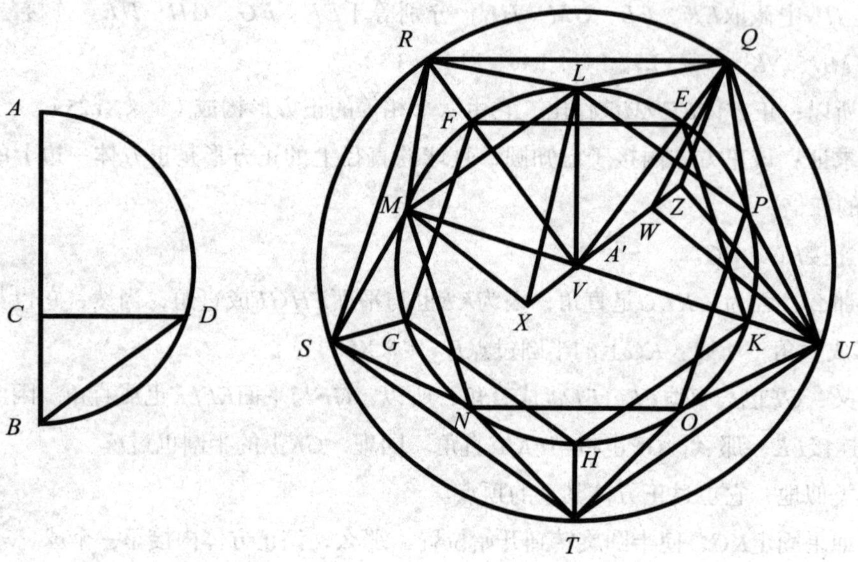

设：AB为给定球的直径，C点截分AB，使AC是CB的四倍，在AB上作半圆ADB，过C点作CD与AB成直角，连接DB（命题VI.9、I.11）。

再设：圆$EFGHK$的半径等于DB，且正五边形$EFGHK$内接于圆$EFGHK$，点L、M、N、O、P二等分弧EF、FG、GH、HK、KE，连接LM、MN、NO、OP、PL、EP（命题IV.11、I.9）。

于是：五边形$LMNOP$也是等边的，且线段EP属于十边形的边。

现在，过点E、F、G、H、K作直线EQ、FR、GS、HT、KU垂直于圆所在的平面，且使它们等于圆$EFGHK$的半径，连接QR、RS、ST、TU、UQ、QL、LR、RM、MS、SN、NT、TO、OU、UP、PQ（命题XI.12、I.3）。

现在，因为线段EQ、KU垂直于同一平面，于是：EQ平行于KU。

又，它们也相等。又，连接相等且平行线段的端点的线段，在同一方向相等且平行。所以：QU平行且等于EK（命题I.33）。

又，EK属于等边五边形的边，所以：QU也是内接于圆$QRSTU$的等边五边形的边。

同理，线段QR、RS、ST、TU皆属于内接于圆$QRSTU$的等边五边形的边。所以五边形$QRSTU$是等边的。

又，因为QE属于六边形，EP属于十边形，$\angle QEF$是直角，所以：QP属于五边形。因为，内接于同一圆的五边形的边上的正方形等于六边形的边上的正方形与十边形边上的正方形之和（命题XIII.10）。

同理，PU也是五边形的边，而QU也属于一个五边形，所以：三角形QPU是等边的。同理，三角形QLR、三角形RMS、三角形SNT、三角形TOU皆是等边的。

又，因为已经证明了线段QL、QP是五边形的边，LP也是五边形的边，所以：三角形QLP是等边的。

同理，三角形LRM、三角形MSN、三角形NTO、三角形OUP皆是等边的。

令：V为圆$EFGHK$的圆心，过V作VZ垂直于圆所在的平面，在另一个方向上延长为VX，截取VW，使它成为六边形的一边，且线段VX、WZ的每一边是十边形的一边，连接QZ、QW、UZ、EV、LV、LX、XM（命题III.1、XI.12）。

现在，因为线段VW、QE垂直于圆所在的平面，所以：VW平行于QE。而它们也相等，所以：EV、QW平行且相等（命题XI.6、I.33）。

又，EV属于一个六边形，所以：QW也属于一个六边形。又因为QW属于一个六边形，WZ属于一个十边形，且$\angle QWZ$是直角，所以：QZ属于一个五边形（命题XIII.10）。

同理，UZ也属于一个五边形，这是因为，如果我们连接VK、WU，那么，它们相等且相对，而VK是半径，属于一个六边形，所以：WU也属于一个六边形。但WZ属于一个十边形，且$\angle UWZ$是直角，所以：UZ属于一个五边形（命题IV.15及其推论、XIII.10）。

又，QU属于一个五边形，所以：三角形QUZ是等边的。同理，余下的以线段QR、RS、ST、TU为底且以Z为顶点的三角形也是等边的。

又，因为VL属于一个六边形，VX属于一个十边形，且$\angle LVX$是直角，所以：LX属于一个五边形（命题XIII.10）。

同理，如果我们连接属于六边形的MV，可以推出，MX也属于一个五边形。

又，LM也属于一个五边形，所以：三角形LMX是等边三角形。

类似地，也可以证明出，以线段MN、NO、OP、PL为底且以X为顶点的三角形皆是等边三角形。所以：一个二十面体已作出，它由二十个等边三角形构成（定义XI.27）。

现在进一步要求证明，该二十面体内接于已知球，且证明二十面体的边是称为次线的无理线段。

因为VW属于一个六边形，WZ属于十边形，所以：VZ在W点上被切分为中外比。且VW为大，所以：ZV比VW等于VW比WZ（命题XIII.9）。

又，VW等于VE，WZ等于VX，所以：ZV比VE等于EV比VX。

又，∠ZVE、∠EVX是直角，如果我们连接直线EZ、XZ，那么，∠XEZ将是直角，因为三角形XEZ和三角形VEZ是相似三角形。同理，ZV比VW等于VW比WZ，而ZV等于XW，VW等于WQ，所以：XW比WQ等于QW比WZ。

同理，如果连接QX，在Q处的角是直角，所以XZ上的半圆经过Q（命题VII.8、III.31）。

又如果，固定XZ，旋转此半圆到开始位置，它也经过Q，且过二十面体的其余顶点，因此，二十面体内接于一个球。

进一步说，它也内接于已知球。

在A'点等分VW（命题I.9）。

那么，因为线段VZ在W点被分成中外比，ZW为小，所以：ZW加大线段的一半，即WA'上的正方形等于大线段一半上的正方形的五倍。所以：ZA'上的正方形是A'W上的正方形的五倍（命题XIII.3）。

又，ZX是ZA'的两倍，VW是A'W的两倍，所以：ZX上的正方形是WV上的正方形的五倍。又因为，AC是CB的四倍，所以：AB是BC的五倍。

又，AB比BC同于AB上的正方形比BD上的正方形，所以：AB上的正方形是BD上的正方形的五倍（命题VI.8、定义V.9）。

又，ZX上的正方形也已经被证明是VW上的正方形的五倍，且DB等于VW，因为，它们皆等于圆EFGHK的半径。所以：AB也等于XZ。又AB是给定的球的直径，所以：XZ也等于给定的球的直径。

所以：该二十面体内接于已知球。

进一步说，该二十面体的边是被称为次线的无理线段。

因为球的直径是有理的，且它上的正方形是圆EFGHK的半径上的正方形的五倍，所以：圆EFGHK的半径也是有理的。因此：它的直径也是有理的。但是，如果一个等边五边形内接于一个直径有理的圆，那么，五边形的边是被称为次线的无理线（命题XIII.11）。

又，这个五边形EFGHK是这个二十面体的边。

所以：一个内接于球的正二十面体被作出，二十面体的边是被称为次线的无理线段。

证完

推论

以上命题也表明，此球直径上的正方形等于内接二十面体得出的圆半径上的正方形的五倍，且球的直径等于内接于该圆内的六边形的一边与十边形两边的和。

命题XIII.17

作球的内接十二面体，如前命题，且求证十二面体的边是被称为余线的无理线段。

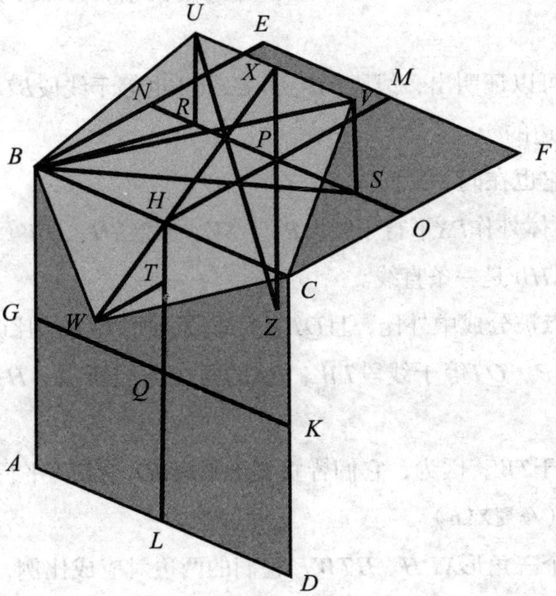

设：*ABCD*和*CBEF*是前述立方体的互相垂直的两个面，分别过*G*、*H*、*K*、*L*、*M*、*N*、*O*等分*AB*、*BC*、*CD*、*DA*、*EF*、*EB*、*FC*，连接*GK*、*HL*、*MH*、*NO*，再分别过*R*、*S*、*T*分*NP*、*PO*、*HQ*为中外比，且*RP*、*PS*、*TQ*为其大线段，从点*R*、*S*、*T*作*RU*、*SV*、*TW*与正方体的面成直角，且使它们分别等于*RP*、*PS*、*TQ*，连接*UB*、*BW*、*WC*、*CV*、*VU*（命题XIII.15、I.10、II.11、VI.30、XI.11、I.3）。

求证：五边形*UBWCV*是一个平面内的等边且等角的五边形。

连接*RB*、*SB*、*VB*。

那么，因为线段*NP*在*R*点被分成中外比，*RP*为大线段，所以：切线*PN*、*NR*上的正方形之和是*RP*上的正方形的三倍（命题XIII.4）。

又，*PN*等于*NB*，*PR*等于*RU*，所以：*BN*、*NR*上的正方形之和是*RU*上的正方形的三倍。

又，*BR*上的正方形等于*BN*、*NR*上的正方形之和，所以：*BR*上的正方形之和是*RU*上的正方形的三倍。因此，*BR*、*RU*上的正方形之和是*RU*上的正方形的四倍（命题I.47）。

又，*BU*上的正方形等于*BR*、*RU*上的正方形之和，所以：*BU*上的正方形之和是*RU*上的正方形的四倍，*BU*是*RU*的两倍。

又，*VU*也是*UR*的两倍，因为，*SR*也是*PR*的两倍，即*RU*的两倍，所以*BU*等于*UV*。

类似地，也可以证明出，线段*BW*、*WC*、*CV*也等于线段*BU*、*UV*。所以：五边形*BUVCW*是等边的。

进一步说，它也在同一平面内。

从*P*点向正方体外作*PX*平行于线段*RU*、*SV*，连接*XH*、*HW*（命题I.31）。

那么我说，*XHW*是一条直线。

因为*HQ*在*T*点被分成中外比，且*QT*为大线段，所以：*HQ*比*QT*等于*QT*比*TH*。

而*HQ*等于*HP*，*QT*等于线段*TW*、*PX*的每一条，所以：*HP*比*PX*等于*WT*比*TH*。

又，*PH*平行于*TW*，因为，它们皆垂直于平面*BD*，且*TH*平行于*PX*，因为它们皆垂直于平面*BF*（命题XI.6）。

又，如果两个三角形*XPH*、*HTW*，它们的两边对应成比例，将它们的边放在一起，且顶角重合，相应边平行，那么，其余两边在一条直线上，所以：*XH*与*HW*在一条直线上（命题VI.32）。

又，每条线段皆在同一平面内，所以：五边形*UBWCV*在一个平面内（命题XI.1）。

进一步说，它也是等角的。

因为线段*NP*在*R*点被分成中外比，*PR*为大线段，同时，*PR*等于*PS*，所以：*NS*也在*P*点被分为中外比。

又，*NP*是大线段，所以：*NS*、*SP*上的正方形之和是*NP*上的正方形的三倍（命题XIII.5、XIII.4）。

又，*NP*等于*NB*，*PS*等于*SV*，所以：*NS*、*SV*上的正方形之和是*NB*上的正方形的三倍。因此：VS、SN、NB上的正方形之和是NB上的正方形的四倍。

又，SB上的正方形等于SN、NB上的正方形之和，所以：BS、SV上的正方形之和。即是BV上的正方形，是NB上的正方形的四倍，因为，$\angle VSB$是直角。所以：VB是BN的两倍。

又，BC也是BN的两倍，所以：BV等于BC。

又，因为边BU、UV分别等于边BW、WC，且底BV等于底BC，所以：$\angle BUV$等于$\angle BWC$（命题I.8）。

类似地，我们可以证明，$\angle UVC$也等于$\angle BWC$。所以：三个角$\angle BWC$、$\angle BUV$、$\angle UVC$彼此相等。

又，如果在一个等边五边形中，有三个角彼此相等，那么，该五边形是等角五边形（命题XIII.7）。

又，已经证明了它们是等边的，所以：五边形$BUVCW$是等边等角的，且在立方体的边BC上。

如果在立方体的十二条边的每一条上都同样作图，那么，十二个等边且等角的五边形构成一个立体图，被称为十二面体（定义XI.28）。

现在，再求证它内接于已知球，且十二面体的边是被称为余线的无理线段。

延长XP成直线XZ。

于是，PZ与立方体的对角线相交，且彼此平分，因为，已经在第11卷的最后的定理中证明了（命题XI.38）。

令：它们相交于Z，所以Z是立方体外接球的球心，而ZP是立方体一边的一半。连接UZ。

现在，因为线段NS在P点被分成中外比，NP为大线段，所以：NS、SP上的正方形之和是NP上的正方形的三倍（命题XIII.4）。

又，NS等于XZ，因为，NP也等于PZ，XP等于PS。

而，PS也等于XU，因为，它也等于RP。所以：ZX、XU上的正方形之和是NP上的正方形的三倍。

又，UZ上的正方形等于ZX、XU上的正方形之和，所以：UZ上的正方形是NP上的正方形的三倍。

又，外接于正方体的球的半径上的正方形也是立方体一边的一半上的正方形的三倍，因为，如前所述怎样作球的内接立方体，且证明过，球直径上的正方形等于立方体一边上的正方形的三倍（命题XIII.15）。

又，如果两总量之比同于两半量之比，NP是立方体一边的一半，所以：UZ等于外接于立方体的球的半径。

又，Z为外接立方体的球的球心，所以：点U位于球面上。

类似地，我们可以证明出，十二面体的每个角的顶点也在球的面上，所以：十二面体内接于已知球。

进一步说：十二面体的边是被称为余线的无理线段。

因为，当NP被分成中外比时，RP是较大线段，并且，当PO被分成中外比时，PS是较大线段，当整体NO被分成中外比时，RS是较大线段。

因为NP比PR同于PR比RN，它们的两倍比也成立，又，部分之比等于同倍量之比，所以：NO比RS同于RS比NR与SO之和。

而NO大于RS，RS也大于NR与SO之和，所以：NO被分成中外比，且RS是较大线段（命题V.15）。

又，RS等于UV，所以：NO被分成中外比，UV是大线段。又，因为，球的直径是有理线段，且它上的正方形是正方体一边上的正方形的三倍，所以：NO是正方体，是有理的。

又，如果一条有理线段被分成中外比，那么所分的每条线段是被称为余线的无理线段。

所以：UV是十二面体的边，是条余线，是无理线段（命题XIII.6）。

证完

□ 达·芬奇的多面体

为了给数学家帕西里利的《神圣比例论》画插图，列昂纳多·达·芬奇绘制了一些多面体，图中这个多面体是规则立体之一，属内凹多面体。它的基础是一个正十二面体，每一个面都是一个正五边形，这个面向外凸起，就形成一个规则的五面锥体，这就是规则立体的构成。

推论

当一个正方体的边被分成中外比时，

大线是一个十二面体的边。

注 解

本命题和推论也应用在命题XIII.18 中，以比较多个正多边形。

命题XIII.18

给出五种立体图形的边，并将它们加以比较。

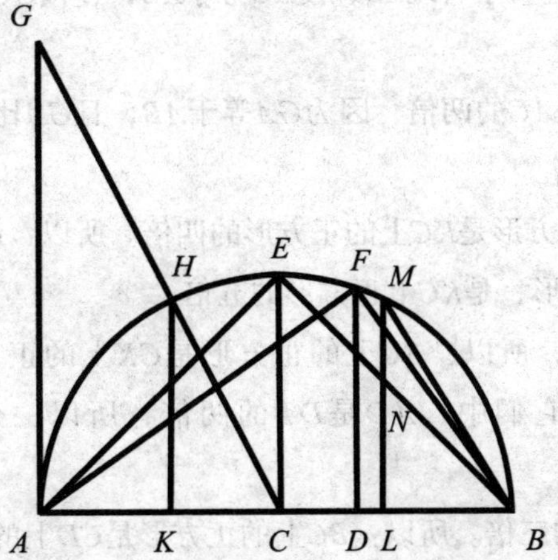

设：*AB*是已知球体的直径，在*C*点被切分，*AC*等于*CB*；又在*D*点被切分，*AD*是*DB*的两倍；在*AB*上作半圆*AEB*，从*C*、*D*点分别作*CE*、*DF*与*AB*垂直，连接*AF*、*FB*、*AE*、*EB*（命题I.11）。

那么，因为*AD*是*DB*的两倍，所以：*AB*是*BD*的三倍。代换后可得，*BA*是*AD*的一倍半。

又，*BA*比*AD*同于*BA*上的正方形比*AF*上的正方形，因为，三角形*AFB*与三角形*AFD*是等角三角形。所以：*BA*上的正方形是*AF*上的正方形的一倍半（定义V.9、命题VI.8）。

又，球的直径上的正方形也是棱锥的边上的正方形的一倍半，而*AB*是球的直径，所以：*AF*等于棱锥的边（命题XIII.13）。

又，因为*AD*是*DB*的两倍，所以：*AB*是*BD*的三倍。

而*AB*比*BD*同于*AB*上的正方形比*BF*上的正方形，所以：*AB*上的正方形是*BF*上的正方形的三倍（命题XIII.13）。

又，球的直径上的正方形也是立方体边上的正方形的三倍，*AB*是球直径，所以：*BF*是立方体的边（命题XIII.15）。

又，因为*AC*等于*CB*，所以：*AB*是*BC*的两倍。而*AB*比*BC*同于*AB*为边的正方形比*BE*上的正方形，所以：*AB*上的正方形是*BE*上的正方形的两倍。

又，球的直径上的正方形也是八面体的边上的正方形的两倍，又，*AB*是已知球的直径，所以：*BE*是八面体的边（命题XIII.14）。

再，从*A*点作*AG*垂直于直线*AB*，使*AG*等于*AB*，连接*GC*，从*H*作*HK*垂直于*AB*（命题I.11、I.3、I.12）。

那么，因为*GA*是*AC*的两倍，因为*GA*等于*AB*，且*GA*比*AC*同于*HK*比*KC*，所以：*HK*也是*KC*的两倍。

所以：*HK*上的正方形是*KC*上的正方形的四倍。所以：*HK*、*KC*上的正方形之和，即是*HC*上的正方形，是*KC*上正方形的五倍。

又，*HC*等于*CB*，所以：*BC*上的正方形是*CK*上的正方形的五倍。又，*AB*是*CB*的两倍，且在它们中，*AD*是*DB*的两倍，所以：余量*BD*是余量*DC*的两倍。

所以：*BC*是*CD*的三倍。所以：*BC*上的正方形是*CD*上的正方形的九倍。

而*BC*上的正方形是*CK*上的正方形的五倍，所以：*CK*上的正方形大于*CD*上的正方形。所以：*CK*大于*CD*。

作*CL*等于*CK*，从*L*作*LM*垂直于*AB*，连接*MB*（命题I.3、I.11）。

现在，因为*BC*上的正方形是*CK*上的正方形的五倍，且*AB*是*BC*的两倍，*KL*是*CK*的两倍，所以：*AB*上的正方形是*KL*上的正方形的五倍。

又，球的直径上的正方形也是内接二十面体的圆半径上的正方形的五倍。而*AB*是球的直径，所以：*KL*是内接二十面体的圆的半径。

所以：*KL*是圆内接六边形的边（命题XIII.16，命题IV.15及其推论）。

又，因为球的直径等于同圆中内接六边形一边和内接十边形两边的和，而*AB*是球的直径，同时，*KL*是六边形的边，*AK*等于*LB*，所以：*AK*、*LB*二线段皆是二十面体的内接于圆的十边形的边（命题XIII.16及其推论）。

又，因为*LB*属于一个十边形，*ML*属于一个六边形，因为*ML*等于*KL*，它也等于*HK*，与圆心同距，*HK*、*KL*是*KC*的两倍，所以：*MB*属于一个五边形（命题

□ 球体的象征

在数学家看来，球体是其表面为球的实心体。此乃从不同侧面看来都同样是完全滚圆的物体。均匀球的几何中心与其重心相重合。所以，这样的球体的平衡位置总是不确定的，它可以静止在一切位置上，而无论朝哪一方向轻轻一碰，都会使它滚动。并且，我们总是不能肯定它沿哪条路径滚动，因为若地面稍有不平，就会使它转向。所以球成为善于机变的命运女神的象征之一。

XIII.16及其推论）。又，五边形的一边是二十面体的一边，所以：*MB*属于一个二十面体（命题XIII.16）。

现在，因为*FB*是立方体的边，在*N*点切分它成中外比，*NB*为大线段，所以：*NB*是十二面体的边（命题XIII.17及其推论）。

又，因为：球的直径上的正方形是棱锥的边*AF*上的正方形的一倍半，也是八面体的边*BE*上的正方形的两倍与立方体边*FB*的三倍。

于是：球的直径上的正方形包含六个部分，棱锥上的正方形包含四个部分，八面体的边上的正方形包含三个部分，立方体的边上的正方形包含两个部分。

所以：棱锥一边上的正方形是八面体一边上正方形的三分之四，是立方体一边上的正方形的二倍，且八面体一边上的正方形是立方体一边上的正方形的一倍半。

所以：三种图形即棱锥、八面体、立方体的边的相互比是有理的。

但是，还余两种图形，即二十面体和十二面体，二图形的边的互比不是有理的，与前述的边之互比也不是有理的，因为，它们是无理的，一个为次线，另一个为余线（命题XIII.16、XIII.17）。

又，二十面体的边*MB*大于十二面体的边*NB*，是已经证明了的。

因为：三角形*FDB*与三角形*FAB*是等角三角形，因此边成比例，*DB*比*BF*同于*BF*比*AB*（命题VI.8、VI.4）。

又，因为三条线段成比例，第一线段比第三线段同于第一线段上的正方形比第二线段上的正方形，所以：*DB*比*BA*同于*DB*上的正方形比*BF*上的正方形。

所以，由反比可得，*AB*比*BD*同于*FB*上的正方形比*BD*上的正方形（定义V.9、命题VI.20及其推论）。

又，*AB*是*BD*的三倍，所以：*FB*上的正方形是*BD*上的正方形的三倍。

又，*AD*上的正方形也是*DB*上的正方形的四倍，因为，*AD*是*DB*的两倍，所以：*AD*上的正方形大于*FB*上的正方形。所以：*AD*大于*FB*。所以：*AL*就更大于*FB*。

又，当*AL*被分成中外比时，*KL*是大线段，因为，*LK*属于一个六边形，*KA*属于十边形，且当*FB*被分成中外比时，*NB*为大线段，所以：*KL*大于*NB*（命题XIII.9）。

又，*KL*等于*LM*，所以：*LM*大于*NB*。

所以：二十面体的一边*MB*大于十二面体的一边*NB*。

证完

评 述

进一步说，除这五种图形以外，不存在其他的由等边及等角且彼此相等的面构成的图形。

因为：一个立体角既不可能由两个三角形作出，也不可能由两个平面作出。

由三个三角形构成棱锥的角，由四个三角形构成八面体的角，由五个三角形构成二十面体的角；但是六个等边等角三角形一个顶点放在一起却不能构成一个立体角，因为：等边三角形的一个角是直角的三分之二，所以：六个角等于四个直角，这是不可能的，因为，一个立体角是由其和小于四直角的角构成的（命题XI.21）。

同理：六个以上平面角不可能构成一个立体角。

由三个正方形构成立方体的角，但是四个正方形不能构成立体角，因为它们的和又是四个直角。

由三个正五边形构成十二面体的角；但是四个这样的角却不能构成任何立体角，因为，一个等边五边形的角是直角的一又五分之一，因此，四个角之和大于四直角，这是不可能的。

同理，不可能由另外的多边形构成立体角。

引理

求证：正五边形的角是一个直角的一又五分之一。

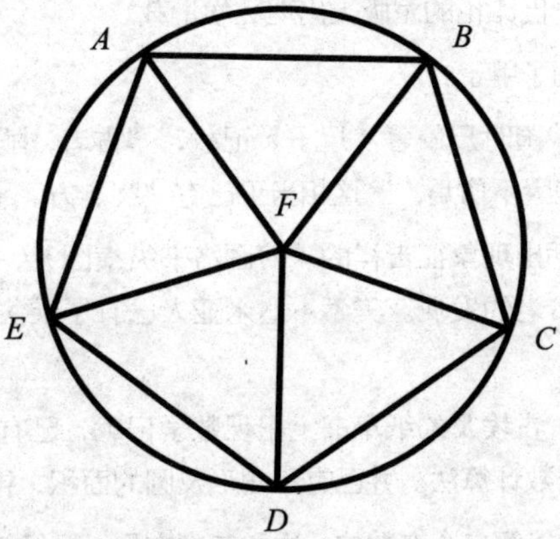

设：*ABCDE*是等边等角五边形，其外接圆是圆*ABCDE*，*F*为圆心，连接*FA*、*FB*、*FC*、*FD*、*FE*（命题IV.14）。

所以：它们在*A*、*B*、*C*、*D*、*E*点平分五边形各角。

又，因为在*F*点的角的和等于四个直角，且它们相等，所以：它们的每一个角，比如∠*AFB*，皆是一个直角的五分之四，所以：其余各∠*FAB*、∠*ABF*的和是一个直角的一又五分之一。

又，∠*FAB*等于∠*FBC*，所以：五边形的整体∠*ABC*是一个直角的一又五分之一。

证完

附录：数学的历史年谱

公元前

◎约前4000年，中国西安半坡的陶器上出现数字刻符。

◎前3000至前1700年，巴比伦的泥版上出现数学记载。

◎前2700年，大挠发明了甲子。

◎前2500年，据中国战国时尸佼著《尸子》记载，“古者，陲（注：传说为黄帝或尧时人）为规、矩、准、绳，使天下仿焉。”这相当于已有“圆、方、平、直”等形的概念。

◎前2100年，中国夏朝出现象征吉祥的《河图洛书纵横图》，即为“九宫算”，这被认为是现代“组合数学”最古老的发现。美索不达米亚人已有了乘法表，其中有使用六十进位制的算法。

◎前1900至前1600年，古埃及的纸草书上出现数学记载，已有基于十进制的计算法，将加法简化为乘法的算术、分数计算法。并已有三角形及圆的面积、锥台体积的度量法等。

◎前1950年，巴比伦人能解二个变数的一次和二次方程，已经知道“勾股定理”。

◎前1400年，中国殷代甲骨文，卜辞记录已有十进制记数，最大数字是30000。

◎前1050年，中国西周时期，“九数”成为“国子”的必修课程之一。

◎前6世纪，古希腊泰勒斯发展了初等几何学，开始证明几何命题。古希腊毕达哥拉斯学派认为数是万物的本原，宇宙的组织是数及其关系的和谐体系。证明了勾股定理，发现了无理数，引起了所谓第一次数学危机。印度人求出$\sqrt{2}=1.4142156$。

◎前462年左右，古希腊巴门尼德、芝诺等为代表的埃利亚学派指出了在运动和变化中的各种矛盾，提出了“飞矢不动”等有关时间、空间和数的芝诺悖论。

◎前5世纪，古希腊丘斯的希波克拉底研究了以直线及圆弧形所围成的平面图形的面积，指出相似弓形的面积与其弦的平方成正比，开始把几何命题按科学方式排列。

◎前4世纪，古希腊欧多克斯把比例论推广到不可公约量上，发现了“穷竭法”，开始在数学上作出以公理为依据的演绎推理。古希腊德谟克利特学派用“原子法”计算面积和体积，一个线段、一个面积或一个体积被设想为由很多不可分的“原子”所组成。提出圆锥曲线，得到了三次方程式的最古老的解法。古希腊亚里士多德等建立了亚里士多德学派，开始对数学、动物学等进行了综合的研究。

◎前400年，中国战国时期的《墨经》中记载了一些几何学的义理。

◎前380年，古希腊柏拉图学派指出数学对训练思维的作用，研究正多面体、不可公约量。

◎前350年，古希腊梅纳克莫斯发现三种圆锥曲线，并用以解立方体问题。古希腊色诺科拉底开始编写几何学的历史。古希腊的塞马力达斯开始设定简单方程组。

◎前335年，古希腊欧德姆斯开始编写数学史。

◎前3世纪，古希腊欧几里得的《几何原本》十三卷发表，把前人和他本人的发现系统化，确立几何学的逻辑体系，为世界上最早的公理化数学著作。

◎前3世纪，古希腊阿基米德研究了曲线图形和曲面体所围成的面积、体积，研究了抛物面、双曲面、椭圆面，讨论了圆柱、圆锥和半球之关系，还研究了螺线。战国时期的中国，筹算成为当时的主要计算方法，出现《庄子》《考工记》记载中的极限概念、分数运算法、特殊角度概念及对策论的例证。

◎前230年，古希腊埃拉托色尼提出素数概念，并发明了寻找素数的筛选法。

◎前3世纪至前2世纪，古希腊阿波罗尼发表了八卷《圆锥曲线学》，这是最早关于椭圆、抛物线和双曲线的论著。

◎前170年，湖北出现竹简算书《算数书》。

◎前150年，古希腊喜帕恰斯开始研究球面三角，奠定了三角术的基础。

◎约前1世纪，中国的《周髀算经》发表。其中阐述了“盖天说”和“四分历法”，使用分数算法和开方法等。

公元元年—999年

◎50至100年，继西汉张苍、耿寿昌删补校订之后，东汉时刘徽等人集注出版了《九章算术》，这是中国最早的数学专著，收集了246个问题的解法。

◎75年，古希腊海伦研究面积、体积计算方法、开方法，提出海伦公式。

◎1世纪左右，古希腊梅内劳发表《球学》，其中包括球的几何学，并附有球面三角形的讨论。古希腊希隆编撰了关于几何学的、计算的和力学科目的百科全书。在其《度量论》中，以几何形式推算出三角形面积的“希隆公式”。

◎100年左右，古希腊尼寇马克写了《算术引论》一书，此后算术开始成为独立学科。

◎150年左右，古希腊托勒密著《数学汇编》，求出圆周率为3.14166，并提出透视投影法与球面上经纬度的讨论，这是古代坐标的示例。

◎3世纪时，古希腊丢番图写成代数著作《算术》共十三卷，其中六卷保留至今，解出了许多定和不定方程式。

◎3世纪至4世纪，魏晋时期，中国赵爽在《勾股圆方图注》中列出了关于直角三角形三边之间关系的命题共21条。中国刘徽发明“割圆术”，并算得圆周率为3.1416；著作《海岛算经》，论述了有关测量和计算海岛的距离、高度的方法。

◎4世纪时，古希腊帕普斯的几何学著作《数学集成》问世，这是古希腊数学研究的手册。

◎约463年，中国祖冲之算出了圆周率的近似值到第七位小数，这比西方早了1000多年。

◎466至485年，中国三国时期的《张邱建算经》成书。

◎5世纪，印度阿耶波多著书研究数学和天文学，其中讨论了一次不定方程式的解法、度量术和三角学等，并做正弦表。

◎550年，中国南北朝甄鸾撰《五草算经》《五经算术》《算术记遗》。

◎6世纪，中国六朝时，祖日恒提出祖氏定律：若二立体等高处的截面积相等，则二者体积相等。西方直到17世纪才发现同一定律，称为卡瓦列利原理。隋代《皇极历法》内，已用"内插法"来计算日、月的正确位置（中国 刘焯）。

◎620年，中国唐朝王孝通著《辑古算经》，解决了大规模土方工程中提出的三次方程求正根的问题。

◎628年，印度婆罗摩笈多研究了定方程和不定方程、四边形、圆周率、梯形和序列。给出了方程$ax+by=c$（a、b、c是整数）的第一个一般解。

◎656年，中国唐代李淳风等奉旨著《"十部算经"注释》，作为国子监算学馆的课本。"十部算经"指：《周髀算经》《九章算术》《海岛算经》《张邱建算经》《五经算术》《五曹算经》《夏侯阳算经》《缀术》《缉古算经》。

◎727年，中国唐朝开元年间，僧一行编成《大衍历》，建立了不等距的内插公式。

◎820年，阿拉伯阿尔·花剌子模发表了《印度计数算法》，使西欧熟悉了十进位制。

◎850年，印度摩珂毗罗提出岭的运算法则。

◎约920年，阿拉伯阿尔·巴塔尼提出正切和余切概念，造出从0°到90°的余切表，用sin标记正弦，证明了正弦定理。

公元1000—1700年

◎1000至1019年，中国北宋刘益著《议古根源》，提出了"正负开方术"。

◎1050年，中国宋朝贾宪在《黄帝九章算术细草》中，创造了开任意高次幂的"增乘开方法"，并列出了二项式定理系数表，这是现代"组合数学"的早期发现。后人所称的"杨辉三角"即指此法。

◎1079年，阿拉伯卡牙姆完成了一部系统研究三次方程的书《代数学》，用圆锥曲线解三次方程。

◎1086至1093年，中国宋朝沈括在《梦溪笔谈》中提出"隙积术"和"会圆术"，开始高阶等差级数的研究。

◎11世纪，阿拉伯阿尔·卡尔希第一次解出了二次方程的根。

◎11世纪，埃及阿尔·海赛姆解决了“海赛姆”问题，即要在圆的平面上两点作两条线相交于圆周上一点，并与在该点的法线成等角。

◎12世纪，印度拜斯迦罗著《立剌瓦提》一书，这是东方算术和计算方面的重要著作。

◎1202年，意大利裴波那契发表《计算之书》，把印度—阿拉伯记数法介绍到西方。

◎1220年，意大利裴波那契发表《几何学实习》一书，介绍了许多阿拉伯资料中没有的示例。

◎1247年，中国宋朝秦九韶著《数书九章》共十八卷，推广了“增乘开方法”。书中提出的联立一次同余式的解法，比西方早570余年。

◎1248年，中国宋朝李治著《测圆海镜》十二卷，这是第一部系统论述“天元术”的著作。

◎1261年，中国宋朝杨辉著《详解九章算法》，用“垛积术”求出几类高阶等差级数之和。

◎1274年，中国宋朝杨辉发表《乘除通变本末》，叙述“九归”捷法，介绍了筹算乘除的各种运算法。

◎1280年，中国元朝王恂、郭守敬等在《授时历》中用招差法编制日月的方位表。

◎14世纪中叶前，中国开始应用珠算盘，并逐渐代替了筹算。

◎1303年，中国元朝朱世杰著《四元玉鉴》三卷，把“天元术”推广为“四元术”。

◎1464年，德国约米勒在《论各种三角形》（1533年出版）中，系统地总结了三角学。

◎1489年，德国魏德曼用“+”“-”表示正负。

◎1494年，意大利帕奇欧里发表《算术集成》，反映了当时所知道的关于算术、代数和三角学的知识。

◎1514年，荷兰贺伊克用“+”“-”作为加减运算的符号。

◎1535年，意大利塔塔利亚发现三次方程的解法。

◎1540年，英国雷科德用“=”表示相等。

◎1545年，意大利卡尔达诺、费尔诺在《大法》中发表了求三次方程一般代数解的公式。

◎1550至1572年，意大利邦别利出版《代数学》，其中引入了虚数，完全解决了三次方程的代数解问题。

◎1585年，荷兰斯蒂文提出分数指数概念与符号；系统导入了十进制分数与十进制小数的意义、计算法及表示法。

◎1591年左右，德国韦达在《美妙的代数》中首次使用字母表示数字系数的一般符号，推进了代数问题的一般讨论。

◎1596年，德国雷蒂卡斯从直角三角形的边角关系上定义了六个三角函数。

◎1596至1613年，德国奥脱、皮提斯库斯完成了六个三角函数的每间隔十秒的十五位小数表。

◎1614年，英国耐普尔制定了对数，做出第一张对数表，只做出圆形计算尺、计算棒。

◎1615年，德国开普勒发表《酒桶的立体几何学》，研究了圆锥曲线旋转体的体积。

◎1635年，意大利卡瓦列利发表《不可分连续量的几何学》，书中避免无穷小量，用不可分量制定了一种简单形式的微积分。

◎1637年，法国笛卡儿出版《几何学》，提出了解析几何，把变量引进数学，成为“数学中的转折点”。

◎1638年，法国费尔玛开始用微分法求极大、极小问题。

意大利伽利略发表《关于两种新科学的数学证明的论说》，研究距离、速度和加速度之间的关系，提出了无穷集合的概念，这本书被认为是伽利略重要的科学成就。

◎1639年，法国迪沙格发表了《企图研究圆锥和平面的相交所发生的事的草案》，这是近世射影几何学的早期工作。

◎1641年，法国帕斯卡发现关于圆锥内接六边形的“帕斯卡定理”。

◎1649年，法国帕斯卡制成帕斯卡计算器，它是近代计算机的先驱。

◎1654年，法国帕斯卡、费尔玛研究了概率论的基础。

◎1655年，英国瓦里斯出版《无穷算术》一书，第一次把代数学扩展到分析学。

◎1657年，荷兰惠更斯发表了关于概率论的早期论文《论机会游戏的演算》。

◎1658年，法国帕斯卡出版《摆线通论》，对“摆线”进行了充分的研究。

◎1665至1666年，英国牛顿发明微积分。

◎1673至1676年，德国莱布尼茨总述微积分原理。

◎1669年，英国牛顿、雷夫逊发明解非线性方程的牛顿—雷夫逊方法。

◎1670年，法国费尔玛提出“费尔玛大定理”。

◎1673年，荷兰惠更斯发表了《摆动的时钟》，其中研究了平面曲线的渐曲线和渐伸线。

◎1684年，德国莱布尼茨发表了关于微分法的著作《关于极大、极小以及切线的新方法》。

◎1686年，德国莱布尼茨发表了关于积分法的著作。

◎1691年，瑞士约·贝努利出版《微分学初步》，这促进了微积分在物理学和力学上的应用及研究。

◎1696年，法国洛比达发明求不定式极限的“洛比达法则”。

◎1697年，瑞士约·贝努利解决了一些变分问题，发现最速下降线和测地线。

公元1701—1800年

◎1704年，英国牛顿发表《三次曲线枚举》《利用无穷级数求曲线的面积和长度》《流数法》。

◎1711年，英国牛顿发表《使用级数、流数等的分析》。

◎1713年，瑞士雅·贝努利出版了概率论的第一本著作《猜度术》。

◎1715年，英国布·泰勒发表《增量方法及其他》。

◎1731年，法国克雷洛出版《关于双重曲率的曲线的研究》，这是研究空间解析几何和微分几何的最初尝试。

◎1733年，英国德·勒哈佛尔发现正态概率曲线。

◎1734年，英国贝克莱发表《分析学者》，副标题是《致不信神的数学家》，攻击牛顿的《流数法》，引起所谓的第二次数学危机。

◎1736年，英国牛顿发表《流数法和无穷级数》。

◎1736年，瑞士欧拉出版《力学或解析地叙述运动的理论》，这是用分析方法发展牛顿的质点动力学的第一本著作。

◎1742年，英国麦克劳林引进了函数的幂级数展开法。

◎1744年，瑞士欧拉导出了变分法的欧拉方程，发现某些极小曲面。

◎1747年，法国达朗贝尔等由弦振动的研究而开创偏微分方程论。

◎1748年，瑞士欧拉出版了系统研究分析数学的《无穷分析概要》，这是欧拉的主要著作之一。

◎1755至1774年，瑞士欧拉出版了《微分学》和《积分学》三卷。书中包括微分方程论和一些特殊的函数。

◎1760至1761年，法国拉格朗日系统地研究了变分法及其在力学上的应用。

◎1767年，法国的拉格朗日发现分离代数方程实根的方法和求其近似值的方法。

◎1770至1771年，法国拉格朗日把置换群用于代数方程式求解，这是群论的开始。

◎1772年，法国拉格朗日给出三体问题最初的特解。

◎1788年，法国拉格朗日出版了《解析力学》，把新发展的解析法应用于质点、刚体力学。

◎1794年，法国勒让德出版流传很广的初等几何学课本《几何学概要》。德国高斯研究测量误差，提出最小二乘法，于1809年发表。

◎1797年，法国拉格朗日发表《解析函数论》，不用极限的概念而用代数方法建立微分学。

◎1799年，法国蒙日创立画法几何学，在工程技术中应用颇多。德国高斯证明了代数学的一个基本定理：实系数代数方程必有根。

公元1801—1899年

◎1801年，德国高斯出版《算术研究》，开创近代数论。

◎1809年，法国蒙日出版了微分几何学的第一本书《分析在几何学上的应用》。

◎1812年，法国拉普拉斯出版《分析概率论》一书，这是近代概率论的先驱。

◎1816年，德国高斯发现非欧几何，但未发表。

◎1821年，法国柯西出版《分析教程》，用极限严格地定义了函数的连续、导数和积分，研究了无穷级数的收敛性等。

◎1822年，法国彭色列系统研究了几何图形在投影变换下的不变性质，建立了射影几何学。法国傅立叶研究了热传导问题，发明用傅立叶级数求解偏微分方程的边值问题，在理论和应用上都有重大影响。

◎1824年，挪威阿贝尔证明用根式求解五次方程的不可能性。

◎1826年，挪威阿贝尔发现连续函数的级数之和并非连续函数。俄国罗巴切夫斯基和匈牙利的波约改变欧几里得几何学中的平行公理，提出非欧几何学的理论。

◎1827至1829年，德国雅可比、挪威阿贝尔和法国勒阿德尔共同确立了椭圆积分与椭圆函数的理论，在物理、力学中都有应用。

◎1827年，德国高斯建立了微分几何中关于曲面的系统理论。德国莫比乌斯出版《重心演算》，第一次引进齐次坐标。

◎1830年，捷克波尔查诺给出一个连续而没有导数的所谓"病态"函数的例子。法国伽罗华在代数方程可否用根式求解的研究中建立群论。

◎1831年，法国柯西发现解析函数的幂级数收敛定理。德国高斯建立了复数的代数学，用平面上的点来表示复数，破除了复数的神秘性。

◎1835年，法国斯特姆提出确定代数方程式实根位置的方法。

◎1836年，法国柯西证明解析系数微分方程解的存在性。瑞士史坦纳证明具有已知周长的一切封闭曲线中包围最大面积的图形一定是圆。

◎1837年，德国狄利克莱第一次给出了三角级数的一个收敛性定理。

◎1840年，德国狄利克莱把解析函数用于数论，并且引入了"狄利克莱"级数。

◎1841年，德国雅可比建立了行列式的系统理论。

◎1844年，德国格拉斯曼研究多个变元的代数系统，首次提出多维空间的概念。

◎1846年，德国雅可比提出求实对称矩阵特征值的雅可比方法。

◎1847年，英国布尔创立了布尔代数，在后来的电子计算机中有重要应用。

◎1848年，德国库莫尔研究各种数域中的因子分解问题，引进了理想数。英国斯托克斯发现函数极限的一个重要概念——致收敛，但未能严格表述。

◎1850年，德国黎曼给出了“黎曼积分”的定义，提出函数可积的概念。

◎1851年，德国黎曼提出共形映照的原理，在力学、工程技术中应用颇多，但未给出证明。

◎1854年，德国黎曼建立了更广泛的一类非欧几何学——黎曼几何学，并提出多维拓扑流形的概念。俄国车比雪夫开始建立函数逼近论，利用初等函数来逼近复杂的函数。20世纪以来，电子计算机的应用，使函数逼近论有很大的发展。

◎1856年，德国维尔斯特拉斯确立极限理论中的一致收敛性的概念。

◎1857年，德国黎曼详细地讨论了黎曼面，把多值函数看成黎曼面上的单值函数。

◎1868年，德国普吕克在解析几何中引进一些新的概念，提出可以用直线、平面等作为基本的空间元素。

◎1870年，挪威李发现李群，并用以讨论微分方程的求积问题。德国克朗尼格给出了群论的公理结构，这是后来研究抽象群的出发点。

◎1872年，德国戴特金、康托尔、维尔斯特拉斯推进了数学分析的“算术化”，即以有理数的集合来定义实数。德国克莱因发表了“埃尔朗根纲领”，把每一种几何学都看成是一种特殊变换群的不变量论。

◎1873年，法国埃尔米特证明了e是超越数。

◎1876年，德国维尔斯特拉斯出版《解析函数论》，把复变函数论建立在了幂级数的基础上。

◎1881至1884年，美国吉布斯制定了向量分析。

◎1881至1886年，法国彭加勒连续发表《微分方程所确定的积分曲线》的论文，开创微分方程定性理论。

◎1882年，德国林德曼证明了圆周率是超越数。英国亥维赛制定运算微积，这是求解某些微分方程的简便方法，工程上常有应用。

◎1883年，德国康托尔建立了集合论，发展了超穷基数的理论。

◎1884年，德国弗莱格出版《数论的基础》，这是数理逻辑中量词理论的发端。

◎1887至1896年，德国达布尔出版了四卷《曲面的一般理论的讲义》，总结了一个世纪以来关于曲线和曲面的微分几何学的成就。

◎1892年，俄国李雅普诺夫建立运动稳定性理论，这是微分方程定性理论研究的重要方面。

◎1892至1899年，法国彭加勒创立自守函数论。

◎1895年，法国彭加勒提出同调的概念，开创代数拓扑学。

◎1899年，德国希尔伯特《几何学基础》出版，提出欧几里得几何学的严格公理系统，对数学的公理化思潮有很大影响。瑞利等人最早提出基于统计概念的计算方法——蒙特卡诺方法的思想。20世纪20年代德国柯朗、美国冯·诺伊曼等人发展了这个方法，后在电子计算机上获得广泛应用。

公元1900 — 1960年

◎1900年，德国希尔伯特，提出数学尚未解决的23个问题，引起了20世纪许多数学家的关注。

◎1901年，德国数学家希尔伯特，严格证明了狄利克莱原理，开创了变分学的直接方法，在工程技术的级拴问题中有很多应用。德国舒尔、弗洛伯纽斯，首先提出群的表示理论。此后，各种群的表示理论得到大量研究。意大利里齐、齐维塔，基本上完成张量分析，又名绝对微分学。确立了研究黎曼几何和相对论的分析工具。法国勒贝格，提出勒贝格测度和勒贝格积分，推广了长度、面积积分的概念。

◎1903年，英国罗素，发现集合论中的罗素悖论，引发了第三次数学危机。瑞典弗列特荷姆，建立线性积分方程的基本理论，是解决数学物理问题的数学工具，并为建立泛函分析作出了准备。

◎1906年，意大利赛维里，总结了古典代数几何学的研究。法国弗勒锡、匈牙利里斯，把由函数组成的无限集合作为研究对象，引入函数空间的概念，并开始形成希尔伯特空间。这是泛函分析的发源。德国哈尔托格斯，开始系统研究多个自变量的复变函数理论。俄国马尔可夫，首次提出“马尔可夫链”的数学模型。

◎1907年，德国寇贝，证明复变函数论的一个基本原理——黎曼共形映照定理。美籍荷兰人布劳威尔，反对在数学中使用排中律，提出直观主义数学。

◎1908年德国金弗里斯，建立点集拓扑学。德国策麦罗，提出集合论的公理化系统。

◎1909年，德国希尔伯特，解决了数论中著名的华林问题。

◎1910年，德国施坦尼茨，总结了19世纪末20世纪初的各种代数系统，如群、代数、域等的研究，开创了现代抽象代数。美籍荷兰人路·布劳威尔，发现不动点原理，后来又发现了维数定理、单纯形逼近法，使代数拓扑成为系统理论。

英国罗素、怀特海合著出版《数学原理》三卷，企图把数学归纳到形式逻辑中去，是现代逻辑主义的代表著作。

◎1913年，法国厄·加当、德国韦耳完成了半单纯李代数有限维表示理论，奠定了李群表示理论的基础。这在量子力学和基本粒子理论中有重要应用。德国韦耳研究黎曼面，初步产生了复流形的概念。

◎1914年，德国豪斯道夫提出拓扑空间的公理系统，为一般拓扑学建立了基础。

◎1915年，美籍德国人爱因斯坦、德国卡·施瓦茨西德把黎曼几何用于广义相对论，解出球对称的场方程，从而可以计算水星近日点的移动等问题。

◎1918年，英国哈台、立笃武特应用复变函数论方法来研究数论，建立解析数论。丹麦人爱尔兰为改进自动电话交换台的设计，提出排队论的数学理论。匈牙利里斯促使了希尔伯特空间理论的形成。

◎1919年，德国亨赛尔建立*P-adic*数论，这在代数数论和代数几何中有重要作用。

◎1922年，德国希尔伯特提出数学要彻底形式化的主张，创立数学基础中的形式主义体系和证明论。

◎1923年，法国厄·加当提出一般联络的微分几何学，将克莱因和黎曼的几何学观点统一起来，是纤维丛概念的发端。法国阿达玛提出偏微分方程适定性，解决二阶双曲型方程的柯西问题。波兰巴拿哈提出更广泛的一类函数空间——巴拿哈空间的理论。美国诺·维纳提出无限维空间的一种测度——维纳测度，这对概率论和泛函分析有一定作用。

◎1925年，丹麦哈·波尔创立概周期函数。英国费希尔以生物、医学试验为背景，开创了“试验设计”（数理统计的一个分支），也确立了统计推断的基本方法。

◎1926年，德国纳脱大体上完成对近世代数有重大影响的理想理论。

◎1927年，美国毕尔霍夫建立动力系统的系统理论，这是微分方程定性理论的一个重要方面。

◎1928年，美籍德国人理·柯朗提出解偏微分方程的差分方法。美国哈特莱首次提出通信中的信息量概念。德国格罗许、芬兰阿尔福斯和苏联拉甫连捷夫提出拟似共形映照理论，这在工程技术上有一定应用。

◎1930年，美国毕尔霍夫建立格论，这是代数学的重要分支，对射影几何、点集论及泛函分析都有应用。美籍匈牙利人冯·诺伊曼提出自伴算子谱分析理论并应用于量子力学。

◎1931年，瑞士德拉姆发现多维流形上的微分型和流形的上同调性质的关系，给拓扑学以分析工具。奥地利哥德尔证明了公理化数学体系的不完备性。苏联柯尔莫哥洛夫和美国费勒发展了马尔可夫过程理论。

◎1932年，法国亨·嘉当解决多元复变函数论的一些基本问题。美国毕尔霍夫、美籍匈牙利人冯·诺伊曼建立各态历经的数学理论。法国赫尔勃兰特、奥地利哥德尔、美国克林建立递归函数理论，这是数理逻辑的一个分支，在自动机和算法语言中有重要应用。

◎1933年，匈牙利奥·哈尔提出拓扑群的不变测度概念。苏联柯尔莫哥洛夫提出概率论的公理化体系。美国诺·维纳、丕莱制定复平面上的傅立叶变式理论。

◎1934年，美国莫尔斯创建大范围变分学的理论，为微分几何和微分拓扑提供了有效工具。美国道格拉斯等解决极小曲面的基本问题——普拉多问题，即求通过给定边界而面积为最小的曲面。苏联辛钦提出平稳过程理论。

◎1935年，波兰霍勒维奇等在拓扑学中引入同伦群，成为代数拓扑和微分拓扑的重要工具。法国龚贝尔开始研究产品使用寿命和可靠性的数学理论。

◎1936年，德国寇尼克系统地提出与研究图的理论，美国的贝尔治等对图的理论有很大的发展。20世纪50年代以后，由于在博弈论、规划论、信息论等方面的发展，而得到广泛应用。在荷兰范德凡尔登、法国外耳、美国查里斯基、意大利培·塞格勒等的努力下，现代的代数几何学开始形成。英国图灵、美国邱吉、克林等提出理想的通用计算机概念，同时建立了算法理论。美籍匈牙利人冯·诺伊曼建立算子环论，可以表达量子场论数学理论中的一些概念。苏联索波列夫提出偏微分方程中的泛函分析方法。

◎1937年，美国怀特尼证明微分流形的嵌入定理，这是微分拓扑学的创始。苏联彼得洛夫斯基提出偏微分方程组的分类法，得出某些基本性质。瑞士克拉默开始系统研究随机过程的统计理论。

◎1938年，法国布尔巴基学派编著的布尔巴基丛书《数学原本》开始出版，企图从数学公理结构出发，以非常抽象的方式叙述全部现代数学。

◎1940年，美国哥德尔证明连续统假说在集合论公理系中的无矛盾性。英国绍司威尔提出求数值解的松弛方法。苏联盖尔方特提出交换群调和分析的理论。

◎1941年，美国霍奇定义了流形上的调和积分，并用于代数流形，成为研究流形同调性质的分析工具。苏联谢·伯恩斯坦、日本的伊藤清开始建立马尔可夫过程与随机微分方程的联系。苏联盖尔方特创立赋范环理论，主要用于群上调和分析与算子环论。

◎1942年，美国诺·维纳、苏联的柯尔莫哥洛夫开始研究随机过程的预测，滤过理论及其在火炮自动控制上的应用，由此产生了“统计动力学”。

◎1943年，中国林士谔提出求代数方程数字解的林士谔方法。

◎1944年，美籍匈牙利人冯·诺伊曼等建立了对策论，即博弈论。

◎1945年，法国许瓦茨推广了古典函数概念，创立广义函数论，对微分方程理论和泛函分析有重要作用。美籍华人陈省身建立代数拓扑和微分几何的联系，推进了整体几何学的发展。

◎1946年，美国莫尔电子工程学校和宾夕法尼亚大学埃克特、莫希莱等人试制成功第一台电子计算机ENIAC。法国外耳建立现代代数几何学基础。中国华罗庚发展了三角和法研究解析数论。苏联盖尔方特、诺依玛克建立罗伦兹群的表示理论。

◎1947年，美国埃·瓦尔特创立统计的序贯分析法。

◎1948年，英国阿希贝造出稳态机，能在各种变化的外界条件下自行组织，以达到稳定状态。鼓吹这是人造大脑的最初雏形、机器能超过人等观点。美国诺·维纳出版《控制论》，首次使用“控制论”一词。美国申农提出通信的数学理论。美籍德国人弗里得里希斯、理·柯朗总结了非线性微分方程在流体力学方面的应用，推进了这方面的研究。波兰爱伦伯克、美国桑·麦克伦提出范畴论，这是代数中一种抽象的理论，企图将数学统一于某些原理。苏联康脱洛维奇将泛函分析用于计算数学。

◎1949年，英国剑桥大学制成第一台通用电子管计算机EDSAC。开始确立电子管计算机体系，通称第一代计算机。

◎1950年，英国图灵发表《计算机和智力》一文，提出机器能思维的观点。美国埃·瓦尔特提出统计决策函数的理论。英国大·杨提出解椭圆形方程的超松弛方法，这是目前电子计算机上常用的方法。美国斯丁路特、美籍华人陈省身、法国的艾勒斯曼共同提出纤维丛的理论。

◎1951年，美国霍夫曼、马·霍尔等大力发展“组合数学”，并应用于试验设计、规划理论、网络理论、信息编码等。

◎1952年，美国蒙哥马利等证明连续群的解析性定理，即希尔伯特第五问题。

◎1953年，美国基费等提出优选法，并先后发展了多种求函数极值的方法。

◎1955年，法国亨·嘉当、格洛辛狄克，波兰爱伦伯克制定同调代数理论。美国隆姆贝格提出求数值积分的隆姆贝格方法，这是目前电子计算机上常用的一种方法。瑞典荷尔蒙特等制定线性偏微分算子的一般理论。美国拉斯福特等提出解椭圆形或双线形偏微分方程的交替方向法。英国罗思解决了代数的有理迫近问题。

◎1956年，提出统筹方法（又名计划评审法），即一种安排计划和组织生产的数学方法。英国邓济希等提出线性规划的单纯形方法。苏联道洛尼钦提出解双曲型和混合型方程的积分关系法。

◎1957年，苏联庞特里雅金发现最优控制的变分原理。美国贝尔曼创立动态规划理论，它是使整个生产过程达到预期最佳目的的一种数学方法。美国罗森伯拉特等以美国康纳尔实验室的“感知器”的研究为代表，开始迅速发展图像识别理论。

◎1958年，欧洲*GAMM*小组、美国*ACM*小组创立算法语言*ALGOL*（58），后经改进又提出*ALGOL*（60）、*ALGOL*（68）等算法语言，用于电子计算机程序自动化。中国科学院计算技术研究所成功试制中国第一台通用电子计算机。

◎1959年，美国国际商业机器公司制成第一台晶体管计算机“*IBM* 7090”，第二代计算机——半导体晶体管计算机开始迅速发展。

◎1959至1960年，法国霍昆亥姆、美国儿·玻色、印度雷·可都利等提出的伽罗华域论在编码问题上开始应用，并发明*BCH*码。

◎1960年，美国卡尔门提出数字滤波理论，进一步发展了随机过程在制导系统中的应用。苏联克雷因、美国顿弗特建立非自共轭算子的系统理论。

文化伟人代表作图释书系全系列

第一辑

《自然史》〔法〕乔治·布封 / 著

《草原帝国》〔法〕勒内·格鲁塞 / 著

《几何原本》〔古希腊〕欧几里得 / 著

《物种起源》〔英〕查尔斯·达尔文 / 著

《相对论》〔美〕阿尔伯特·爱因斯坦 / 著

《资本论》〔德〕卡尔·马克思 / 著

第二辑

《源氏物语》〔日〕紫式部 / 著

《国富论》〔英〕亚当·斯密 / 著

《自然哲学的数学原理》〔英〕艾萨克·牛顿 / 著

《九章算术》〔汉〕张 苍 等 / 辑撰

《美学》〔德〕弗里德里希·黑格尔 / 著

《西方哲学史》〔英〕伯特兰·罗素 / 著

第三辑

《金枝》〔英〕J. G. 弗雷泽 / 著

《名人传》〔法〕罗曼·罗兰 / 著

《天演论》〔英〕托马斯·赫胥黎 / 著

《艺术哲学》〔法〕丹 纳 / 著

《性心理学》〔英〕哈夫洛克·霭理士 / 著

《战争论》〔德〕卡尔·冯·克劳塞维茨 / 著

第四辑

《天体运行论》〔波兰〕尼古拉·哥白尼 / 著

《远大前程》〔英〕查尔斯·狄更斯 / 著

《形而上学》〔古希腊〕亚里士多德 / 著

《工具论》〔古希腊〕亚里士多德 / 著

《柏拉图对话录》〔古希腊〕柏拉图 / 著

《算术研究》〔德〕卡尔·弗里德里希·高斯 / 著

第五辑

《菊与刀》〔美〕鲁思·本尼迪克特 / 著

《沙乡年鉴》〔美〕奥尔多·利奥波德 / 著

《东方的文明》〔法〕勒内·格鲁塞 / 著

《悲剧的诞生》〔德〕弗里德里希·尼采 / 著

《政府论》〔英〕约翰·洛克 / 著

《货币论》〔英〕凯恩斯 / 著

第六辑

《数书九章》〔宋〕秦九韶 / 著

《利维坦》〔英〕霍布斯 / 著

《动物志》〔古希腊〕亚里士多德 / 著

《柳如是别传》 陈寅恪 / 著

《基因论》〔美〕托马斯·亨特·摩尔根 / 著

《笛卡尔几何》〔法〕勒内·笛卡尔 / 著

第七辑

《蜜蜂的寓言》〔荷〕伯纳德·曼德维尔 / 著

《宇宙体系》〔英〕艾萨克·牛顿 / 著

《周髀算经》〔汉〕佚 名 / 著 赵 爽 / 注

《化学基础论》〔法〕安托万–洛朗·拉瓦锡 / 著

《控制论》〔美〕诺伯特·维纳 / 著

《月亮与六便士》〔英〕威廉·毛姆 / 著

第八辑

《人的行为》〔奥〕路德维希·冯·米塞斯 / 著

《纯数学教程》〔英〕戈弗雷·哈罗德·哈代 / 著

《福利经济学》〔英〕阿瑟·赛西尔·庇古 / 著

《量子力学》〔美〕恩利克·费米 / 著

《量子力学的数学基础》〔美〕约翰·冯·诺依曼 / 著

《黎曼几何》〔德〕玻恩哈德·黎曼 / 著

中国古代物质文化丛书

《长物志》
〔明〕文震亨 / 撰

《园冶》
〔明〕计　成 / 撰

《香典》
〔明〕周嘉胄 / 撰
〔宋〕洪刍　陈敬 / 撰

《雪宧绣谱》
〔清〕沈　寿 / 口述
〔清〕张　謇 / 整理

《营造法式》
〔宋〕李　诫 / 撰

《海错图》
〔清〕聂　璜 / 著

《天工开物》
〔明〕宋应星 / 著

《髹饰录》
〔明〕黄　成 / 著　扬　明 / 注

《工程做法则例》
〔清〕工　部 / 颁布

《清式营造则例》
梁思成 / 著

《中国建筑史》
梁思成 / 著

《文房》
〔宋〕苏易简　〔清〕唐秉钧 / 撰

《斫琴法》
〔北宋〕石汝砺　崔遵度　〔明〕蒋克谦 / 撰

《山家清供》
〔宋〕林　洪 / 著

《鲁班经》
〔明〕午　荣 / 汇编

《陶说》
〔清〕朱　琰　蓝　浦　许之衡 / 著

“锦瑟”书系

《浮生六记》
〔清〕沈　复 / 著　刘太亨 / 译注

《老残游记》
〔清〕刘　鹗 / 著　李海洲 / 注

《影梅庵忆语》
〔清〕冒　襄 / 著　龚静染 / 译注

《生命是什么？》
〔奥〕薛定谔 / 著　何　滟 / 译

《对称》
〔德〕赫尔曼·外尔 / 著　曾　怡 / 译

《智慧树》
〔瑞士〕荣　格 / 著　乌　蒙 / 译

《蒙田随笔》
〔法〕蒙　田 / 著　霍文智 / 译

《叔本华随笔》
〔德〕叔本华 / 著　衣巫虞 / 译

《尼采随笔》
〔德〕尼　采 / 著　梵　君 / 译

《乌合之众》
〔法〕古斯塔夫·勒庞 / 著　范　雅 / 译

《自卑与超越》
〔奥〕阿尔弗雷德·阿德勒 / 著　刘思慧 / 译